Materialistische Dialektik
in der physikalischen
und biologischen Erkenntnis

Akademie der Wissenschaften der DDR
Zentralinstitut für Philosophie

Schriften
zur Philosophie und ihrer Geschichte

26

Materialistische Dialektik in der physikalischen und biologischen Erkenntnis

Herausgegeben
von Herbert Hörz
und Ulrich Röseberg

Akademie-Verlag · Berlin
1981

Herausgeber und Leiter des Autorenkollektivs: Herbert Hörz, Ulrich Röseberg

Autoren:

Kapitel I Herbert Hörz

Kapitel II 1. Heinz Kühne; 2. Ulrich Röseberg;
3. Peter Franz, Eberhard Thomas, Wolfgang Viebahn

Kapitel III 1. Fritz Gehlhar; 2. Ulrich Röseberg;
3. Herbert Hörz, Ulrich Röseberg; 4. Fritz Gehlhar;
5. Herbert Hörz, Ulrich Röseberg

Kapitel IV 1. Peter Franz, Eberhard Thomas;
2. Peter Franz; 3. Rolf Löther

Kapitel V 1. Herbert Hörz; 2. Nina Hager,
3. Wolfgang Viebahn; 4. Evelyn Dölling; 5. Siegfried Paul; 6. Heinz Liebscher

Kapitel VI 1. John Erpenbeck, Ulrich Röseberg;
2. Karl-Friedrich Wessel; 3. John Erpenbeck, 3.3. John Erpenbeck,
Ulrich Röseberg; 4. Bernd Eichler

Sekretär des Objektes: Nina Hager

Wissenschaftlich-technische Arbeiten: Marie-Luise Körner, Martha Kronacher

Erschienen im Akademie-Verlag, DDR-1080 Berlin, Leipziger Str. 3—4

Lizenznummer: 202 · 100/6/81
Gesamtherstellung: VEB Druckerei „Thomas Müntzer", 5820 Bad Langensalza
Einbandgestaltung: Willi Bellert
Bestellnummer: 753 884 4 (2178/26) · LSV 0155
Printed in GDR
DDR 35,— M

Inhalt

Vorwort der Herausgeber

Die materialistische Dialektik als philosophische Theorie und Methode ist von außerordentlicher Bedeutung bei der Wahrnehmung der ideologischen, weltanschaulichen und heuristischen Funktion der marxistisch-leninistischen Philosophie. Sie hilft, weltanschauliche, erkenntnistheoretische und methodologische Probleme in der wissenschaftlichen Forschung und bei der philosophischen Deutung neuer Erkenntnisse zu lösen. Dazu ist es erforderlich, die Aussagen über die materialistische Dialektik durch die Analyse gesellschaftlicher Erfahrungen und wissenschaftlicher Einsichten in die gesellschaftliche und natürliche Entwicklung zu präzisieren.

Mit der vorliegenden Publikation wollen wir einen Beitrag zur Erforschung der materialistischen Dialektik leisten, der die Entwicklung zweier Wissenschaften philosophisch aufarbeitet. Wir haben die Physik und die Biologie gewählt, weil die philosophische Auseinandersetzung um deren Erkenntnisse seit dem 19. Jahrhundert an Stärke nicht nachgelassen hat. Beide Wissenschaften haben wichtiges Material für die Philosophie geliefert, dessen Verallgemeinerung Bedeutung für die Beantwortung philosophischer Fragen anderer Naturwissenschaften hat. Außerdem sind international die bisher von marxistisch-leninistischen Philosophen in Kooperation mit Naturwissenschaftlern geleisteten Beiträge zur Lösung der philosophischen Probleme dieser Wissenschaften besonders weit fortgeschritten. Die Darlegung der Resultate unserer Forschungsarbeit betrachten wir als einen Beitrag zum umfangreichen Meinungsstreit um die Bedeutung der materialistischen Dialektik als philosophische Theorie, Methode und Methodologie der naturwissenschaftlichen Forschung und um die Rolle naturwissenschaftlicher Erkenntnisse für die Entwicklung der materialistischen Dialektik selbst.

In Kapitel I werden, ausgehend von den Auffassungen der Klassiker des Marxismus-Leninismus, die theoretischen Positionen begründet, auf die wir uns in den folgenden Untersuchungen zur materialistischen Dialektik stützen werden. Sie sind das Fazit eines längeren Forschungsprozesses. Der damit gesteckte Rahmen ist weit genug, um eine Vielfalt diskussionswürdiger theoretischer Positionen zu Einzelfragen zu ermöglichen. Er ist aber keineswegs so weit, daß er eine theoretische Rechtfertigung positivistischer Aufhebung der Philosophie zuließe oder spekulatives naturphilosophisches Herangehen an Fragen der Wissenschaftsentwicklung begünstigen könnte.

Kapitel II erhellt den historischen Hintergrund der sich in der gegenwärtigen naturwissenschaftlichen und philosophischen Forschung zuspitzenden Probleme so weit, wie er für die nachfolgenden Untersuchungen von Belang ist.

Kapitel III und IV sind der Analyse einiger Konsequenzen gegenwärtiger physikalischer und biologischer Forschung für die Theorie der materialistischen Dialektik gewidmet. Dabei stehen im Kapitel III die mit der Relativitäts- und Quantentheorie verbundenen revolutionären Veränderungen des Theoriengebäudes der klassischen Physik im Mittelpunkt, während sich Kapitel IV vor allem der Darwinschen Evolutionstheorie und den nicht zuletzt durch die stürmische Entwicklung der Physik, Chemie, Informationstheorie, Kybernetik und anderer Wissenschaftsdisziplinen geförderten Erfolgen in der Molekularbiologie zuwendet.

Kapitel V behandelt schwerpunktmäßig Probleme und Aspekte zur Vertiefung und Präzisierung dialektisch-materialistischer Erkenntnistheorie und Methodologie, die sich aus dem neuen naturwissenschaftlichen Material und der Entwicklung des modernen naturwissenschaftlichen Methodengefüges ergeben. Einer der Vorzüge der materialistischen Dialektik besteht in der inneren *Einheit* von objektiver Dialektik (Ontologie), Dialektik des Erkenntnisprozesses (Gnoseologie) und subjektiver Dialektik (dialektische Logik). Deshalb ist stets der Zusammenhang zwischen den der objektiven Dialektik der Natur gewidmeten Kapiteln III und IV und dem Kapitel V zu berücksichtigen, das sich mit der Dialektik des Erkenntnisprozesses und der subjektiven Dialektik befaßt. Wir haben uns davon leiten lassen, daß die erkenntnistheoretischen Fragen, die unmittelbar von speziellen Untersuchungen in der Physik und der Biologie provoziert wurden, in den Kapiteln III und IV behandelt werden, während Kapitel V einige generelle Tendenzen erkenntnistheoretischer und methodologischer Forschungsarbeit im Zusammenhang mit der gegenwärtigen Wissenschaftsentwicklung untersucht (Formalisierung, Mathematisierung, Modelle).

Trotz des Zwangs zur Dialektik, den wir in der Geschichte der Physik, der Biologie und in der gegenwärtigen physikalischen und biologischen Forschung nachgewiesen haben, sind Antidialektik und Pseudodialektik nach wie vor die beherrschenden Tendenzen nichtmarxistischer Wissenschaftsphilosophie. Als wichtige Aspekte innerhalb der zum Teil naturwissenschaftlich begründeten Angriffe auf die materialistische Dialektik werden die Antidialektik der philosophy of science, des kritischen Realismus und des philosophischen Reduktionismus sowie die Pseudodialektik des Existentialismus und der Frankfurter Schule in Kapitel VI kritisch analysiert.

Die vorliegende Arbeit ist im Bereich Philosophische Fragen der Wissenschaftsentwicklung im Zentralinstitut für Philosophie der AdW der DDR entstanden. Sie ordnet sich in das Forschungsprofil dieses Institutes ein und stellt einen

Beitrag zur Realisierung der 1976 im Problemrat Philosophie/Wissenschaften beim Wissenschaftlichen Rat für marxistisch-leninistische Philosophie beschlossenen Forschungskonzeption dar. In dieser Arbeit spiegelt sich der Stand der Profilierung des Bereichs, seiner Arbeitsgruppen und jedes beteiligten Autors wider. Zugleich wird aber auch deutlich, daß es bei der Bearbeitung der hier behandelten Fragen objektiv unterschiedliche wissenschaftliche Voraussetzungen gibt. In manchen Bereichen der physikalischen und biologischen Forschung erlauben es die bisher geleisteten Vorarbeiten, bis zu philosophischen Hypothesen vorzustoßen, die als heuristische Hinweise der Philosophie für die naturwissenschaftliche Forschung anzusehen sind. In anderen Gebieten wiederum stehen die weltanschaulichen Konsequenzen mehr oder minder gesicherter naturwissenschaftlicher Ergebnisse im Mittelpunkt unserer philosophischen Bemühungen. An einigen Stellen sind wir über das Erfassen philosophisch relevanter naturwissenschaftlicher Entwicklungen vielleicht noch gar nicht genügend bis zur eigentlichen Lösung der damit verbundenen philosophischen Probleme vorgedrungen.

Viel zu wenig wurde bisher die Geschichte der einzelnen Wissenschaften im Zusammenhang mit der Produktivkraftentwicklung und der Entwicklung der Philosophie untersucht. Das gleiche gilt für die Analyse der erkenntnistheoretischen und methodologischen Probleme der Wissenschaftsentwicklung innerhalb der dialektischen Erkenntnistheorie und Methodologie. Wir versuchen den Mangel an historischen Arbeiten durch konkrete Fallstudien zu überwinden, die ebenso wie eine Reihe anderer Publikationen aus unserem Bereich die Arbeit zum Thema dieses Buches flankieren. Im Mittelpunkt unserer weiteren Forschungsarbeiten werden Fragen nach der Einheit der Physik, philosophisch-ethische Probleme der Biowissenschaften und erkenntnistheoretische und methodologische Fragen, wie die Rolle der Modelle, das Verhältnis von experimenteller, mathematischer und historischer Methode sowie der Mathematisierung der Wissenschaften, stehen. Das gleichzeitig mit dem vorliegenden Buch fertiggestellte Projekt „Experiment — Modell — Theorie“, das in Kooperation mit sowjetischen Kollegen entstanden ist, weist in die letztere Richtung. Es führt die Überlegungen aus Kapitel V weiter. Das mit polnischen Kollegen veröffentlichte Buch „Gesetz — Entwicklung — Information“ ging den Arbeiten zum Kapitel IV voraus.

Das vorliegende Buch ist das Produkt einer mehrjährigen Gemeinschaftsarbeit. Sie ist wesentlich durch helfende Kritik unserer Kooperationspartner (Philosophen, Naturwissenschaftler, Pädagogen) innerhalb und außerhalb des Zentralinstituts für Philosophie der AdW der DDR gefördert worden. Ihnen allen sei an dieser Stelle unser Dank ausgesprochen.

Herbert Hörz
Ulrich Röseberg

Kapitel I
Materialistische Dialektik und Naturwissenschaften

F. Engels stellte die Forderung, die „Dialektik als Wissenschaft von den Zusammenhängen im Gegensatz zur Metaphysik zu entwickeln"[1]. Er faßte „die Dialektik als die Wissenschaft von den allgemeinsten Gesetzen *aller* Bewegung" und betonte, „daß ihre Gesetze Gültigkeit haben müssen für die Bewegung ebensosehr in der Natur und der Menschengeschichte wie für die Bewegung des Denkens"[2]. Bewegung ist Veränderung überhaupt, von der einfachen Ortsveränderung über die prozessierende Struktur bis zur Qualitätsänderung und damit zur Entwicklung.

Die materialistische Dialektik untersucht die Formen des objektiven Zusammenhangs, die Bewegungs- und Entwicklungsgesetze als philosophische Wissenschaft. Sie ist die Wissenschaft von den allgemeinsten Beziehungen und Gesetzen der Struktur, Veränderung und Entwicklung in Natur, Gesellschaft und Bewußtsein. Da Philosophie die theoretische Grundlage der Weltanschauung ist und ein System von Antworten auf die Fragen nach dem Ursprung, der Existenzweise und Entwicklung der Welt, der Quelle des Wissens, der Stellung des Menschen in der Welt, dem Charakter des gesellschaftlichen Fortschritts und dem Sinn des Lebens darstellt, handelt es sich bei den allgemeinsten philosophischen Erkenntnissen immer um Antworten auf diese Fragen. *Philosophisch* relevant sind auch alle naturwissenschaftlichen Erkenntnisse, die Beiträge zu diesen Antworten leisten. Das herauszuarbeiten ist Aufgabe der philosophischen Verallgemeinerung, die über die Präzisierung allgemeiner philosophischer Aussagen und über die Bestätigung und Widerlegung philosophischer Hypothesen verläuft.

Philosophische Aussagen haben verschiedene Allgemeinheitsgrade. Die für die Begründung der Weltanschauung wesentlichen philosophischen Erkenntnisse, die die allgemeinsten Beziehungen und Gesetze erfassen, werden in einem Forschungsprozeß für bestimmte Bereiche präzisiert. Dabei werden philosophische Hypothesen als wissenschaftlich begründete Vermutungen über den zukünftigen

1 F. Engels, Dialektik der Natur, in: Karl Marx/Friedrich Engels, Werke (im folgenden MEW), Bd. 20, Berlin 1973, S. 348.
2 Ebenda, S. 530.

Beitrag einer Wissenschaft zur Philosophie bzw. über die mögliche Übertragbarkeit einer Denkweise aus einer Wissenschaft in eine andere aufgestellt und überprüft.[3]

Damit die marxistisch-leninistische Philosophie ihre weltanschauliche, ideologische und heuristische Funktion gegenüber der naturwissenschaftlichen Forschung erfüllen kann, sind die allgemeinsten Aussagen der materialistischen Dialektik anhand der Wissenschaftsgeschichte, der Einsichten in den realen Forschungsprozeß und der theoretischen Erkenntnisse der Naturwissenschaften zu präzisieren, sind weltanschaulich-erkenntnistheoretische Fragen zu beantworten, philosophische Hypothesen zu überprüfen und die erkenntnis- und methodenkritische Seite der dialektischen Denkmethode zu nutzen. Beiträge dazu wurden in der DDR durch die weitere Ausarbeitung des dialektischen Determinismus, insbesondere durch die Untersuchungen zur statistischen Gesetzesstruktur,[4] durch die Konkretisierung der dialektischen Entwicklungskonzeption mit Hilfe biologischer Erkenntnisse, durch Überlegungen zum Verhältnis von Information und Evolution, durch das Verständnis des Kosmos als Entwicklungsprozeß,[5] durch die Analyse erkenntnistheoretisch-methodologischer Probleme[6] und durch die Ausarbeitung weltanschaulicher Positionen und humanistischer Standpunkte zur Rolle der Naturwissenschaften für den wissenschaftlich-technischen und gesellschaftlichen Fortschritt geleistet.[7]

Die materialistische Dialektik hat in ihrer Beziehung zur Naturwissenschaft selbst schon eine Geschichte, die reich an Ergebnissen, Auseinandersetzungen und Problemen ist. Sie hat sich als weltanschauliche und erkenntnistheoretisch-methodologische Grundlage wissenschaftlichen Arbeitens dort bewährt, wo ihre Erkenntnisse methodisch und methodologisch richtig genutzt werden. Die materialistische Dialektik muß sich in der wissenschaftlichen Forschung stets aufs neue bewähren. Dabei sind die gesicherten Erkenntnisse gegen einseitige Interpretationen, revisionistische Entstellungen und Angriffe bürgerlicher Ideologen zu verteidigen, indem vor allem die philosophischen Probleme konstruktiv gelöst werden, die mit neuen naturwissenschaftlichen Theorien und Methoden auftauchen. Zugleich ist in der weltanschaulich-ideologischen Auseinander-

3 Vgl. H. Hörz, Marxistische Philosophie und Naturwissenschaften, Berlin 1976, S. 115ff.

4 Vgl. H. Hörz, Die Beziehungen der marxistisch-leninistischen Philosophie zu den anderen Wissenschaften, in: Marxistisch-leninistische Philosophie in der DDR, Berlin 1974, S. 169ff.; H. Hörz, Der dialektische Determinismus in Natur und Gesellschaft, Berlin 1974; U. Röseberg, Determinismus und Physik, Berlin 1975.

5 Vgl. Gesetz — Entwicklung — Information, Hrsg.: H. Hörz/Č. Nowiński, Berlin 1978, die Beiträge von K. Fuchs-Kittowski, P. Franz, R. Löther.

6 Vgl. Experiment — Modell — Theorie (im Druck).

7 Vgl. H. Hörz, Mensch contra Materie?, Berlin 1976; H. Ley, Über die Schwierigkeiten des Einzelwissenschaftlers, Berlin 1973.

setzung auch immer wieder die Frage nach den Leistungen der Klassiker des Marxismus-Leninismus und nach dem Wert ihrer Aussagen für die moderne Naturwissenschaft zu beantworten.

1. Zur Entwicklung der materialistischen Dialektik in ihrer Bedeutung für die Naturwissenschaft

Die Bedeutung der materialistischen Dialektik für die Naturwissenschaft ist nur zu ermessen, wenn die Rolle der marxistisch-leninistischen Philosophie als Einheit von philosophischem Materialismus, materialistischer Dialektik und historischem Materialismus in der Geschichte des Denkens berücksichtigt wird. Der dialektische und historische Materialismus ist eine Revolution im philosophischen Denken, mit der die Philosophie selbst zur Wissenschaft wurde. Das hatte wesentliche Auswirkungen für das Verhältnis von Philosophie und Naturwissenschaften. Spekulative Naturphilosophie und Metaphysik konnten auf dieser Grundlage überwunden werden.

Die Klassiker des Marxismus-Leninismus betonten die Rolle der Naturwissenschaft für die Entwicklung der Produktivkräfte. Naturwissenschaft ist gesellschaftliche Arbeit zur Aufdeckung von Beziehungen und Gesetzen der Natur, zur Nutzung dieser Erkenntnisse für die schöpferische Konstruktion von Modellen als Grundlage bewußter Gestaltung natürlicher Prozesse im Interesse des Menschen. Marx, Engels und Lenin analysierten die gesellschaftliche Determination der naturwissenschaftlichen Forschungsarbeit. Sie zeigten, daß ihr Ziel, ihre Organisation, die Auswertung der Erkenntnisse, deren weltanschauliche Relevanz und philosophische Deutung durch die gesellschaftlichen Verhältnisse bedingt sind. Die vormarxistische Philosophie dagegen erkannte die wesentliche Bedeutung der bewußten *gegenständlichen* Tätigkeit der Menschen für die Entwicklung der philosophischen Auffassungen noch nicht bzw. unterschätzte in Gestalt der klassischen bürgerlichen deutschen Philosophie vor allem die Rolle der Industrie als der wirklichen Beziehung des Menschen zur Natur. Das hebt nicht die Bedeutung der theoretischen Überlegungen von Kant bis Hegel über die Aktivität des Subjekts, über die Arbeit als Verwirklichung von Zwecken auf, denn damit sind philosophische Voraussetzungen für Marx gegeben, die Rolle der gegenständlichen Praxis zu begreifen. Nur verhinderte die idealistische Position, das Wesen des Menschen als Ensemble der konkret-historischen gesellschaftlichen Verhältnisse zu fassen, wobei die Produktionsverhältnisse die bestimmenden gesellschaftlichen Verhältnisse sind. Dies vermochte auch die Gesellschaftsauffassung Feuerbachs nicht zu leisten.

Marx schrieb 1844: „Die Naturwissenschaften haben eine enorme Tätigkeit entwickelt und sich ein stets wachsendes Material angeeignet. Die Philosophie ist ihnen indessen ebenso fremd geblieben, wie sie der Philosophie fremd blieben. Die momentane Vereinigung war nur eine phantastische Illusion. Der Wille war da, aber das Vermögen fehlte."[8] Um diese Illusion aufzuheben und die wirkliche Vereinigung durchzuführen, bedurfte es der Ausarbeitung der wissenschaftlichen Philosophie und solcher gesellschaftlichen Verhältnisse, in denen die wissenschaftliche Philosophie theoretische Grundlage praktischer Politik ist. Der Sozialismus schafft die wesentlichen gesellschaftlichen Grundlagen für die weltanschauliche, politisch-ideologische und moralische Einheit von Philosophen und Naturwissenschaftlern bei der Entwicklung der Wissenschaften, bei der Nutzung ihrer Erkenntnisse in der gesellschaftlichen Praxis und bei der Lösung weltanschaulicher und erkenntnistheoretisch-methodologischer Probleme. Die umfangreiche Arbeit in der Sowjetunion und in anderen sozialistischen Ländern zur Festigung des Bündnisses zwischen marxistisch-leninistischen Philosophen und Naturwissenschaftlern zeigt, daß diese Einheit Bestand hat.

Friedrich Engels hat mit seinen Arbeiten zu philosophischen Problemen der Naturwissenschaften dazu beigetragen, das qualitativ neue Verhältnis der Philosophie zur Naturwissenschaft zu begründen und die Bedeutung des dialektischen Materialismus als heuristisches Erkenntnismittel für die naturwissenschaftliche Forschungsarbeit zu zeigen. Wer seine Arbeiten aufmerksam liest, wird ihn nie in der Rolle des philosophischen Richters über naturwissenschaftliche Theorien finden. Wohl aber zeigt er den philosophischen Kern in den Ansichten führender Naturwissenschaftler. Er hob die weltanschauliche Bedeutung der Entdeckung der Zelle, des Energieerhaltungssatzes und der Darwinschen Entwicklungstheorie hervor. In der Philosophie, wozu auch die philosophischen Auffassungen von Naturwissenschaftlern gehören, war Engels ein strenger Kritiker.

Aufmerksam studierte er die Ergebnisse der Naturwissenschaften in seiner Zeit. Hatte er sich bis zu seiner Übersiedlung nach London im Jahre 1870 mit der Beziehung der Naturwissenschaft zur gesellschaftlichen Entwicklung befaßt, aber auch schon die Rolle der dialektischen Gesetze in der Natur untersucht, so kann man die folgende Zeit als die Hauptetappe seiner Beschäftigung mit philosophischen Problemen der Naturwissenschaften ansehen. In einem Brief vom 30. Mai 1873 teilte er Marx die Grundideen seiner dialektischen Auffassung zur Naturwissenschaft mit. Es ging ihm vor allem um die Bewegung als Daseinsweise der Materie, wobei der Hauptgegenstand der Naturwissenschaften die Untersuchung der Bewegungsformen ist. Marx sollte darüber urteilen, ob die von Engels entwickelte Konzeption brauchbar ist. „Wenn Ihr

8 K. Marx, Ökonomisch-philosophische Manuskripte, in: MEW, Ergänzungsband, Teil I, Berlin 1974, S. 543.

glaubt,“ schrieb Engels, „daß was an der Sache ist, so sprecht nicht davon, damit mir nicht irgendein lausiger Engländer die Sache stiehlt, das Verarbeiten wird immer noch viel Zeit erfordern.“[9] Marx zeigte den Brief dem Chemiker Carl Schorlemmer, und dessen Randbemerkungen weisen aus, daß er mit den Ideen von Engels einverstanden war. Engels begann mit der Ausarbeitung, mußte sie jedoch unterbrechen, um sich mit Eugen Dühring auseinanderzusetzen. Dafür nutzte er sein bereits gesammeltes Material. Nach Abschluß des „Anti-Dühring“ setzte er 1878 die Arbeit an der „Dialektik der Natur“ fort. 1882 teilte er Marx mit, daß er dieses Buch nun bald beenden wolle. Da Marx am 14. März 1883 starb, unterbrach Engels die eigene Arbeit, um die hinterlassenen Manuskripte von Marx für den Druck fertigzustellen. Durch diese Belastung und viele andere Verpflichtungen konnte Engels das geplante Werk „Dialektik der Natur“ nicht beenden.

Trotz des fragmentarischen Charakters vieler Notizen geben die gesammelten Manuskripte einen tiefen Einblick in das dialektische Verständnis der naturwissenschaftlichen Entwicklung durch Friedrich Engels. Sein Buch enthält viele programmatische Ideen, die, mit den Aussagen Lenins verbunden, für die heutige Analyse weltanschaulich bedeutsamer naturwissenschaftlicher Entdeckungen wichtig sind. Engels analysierte die Entwicklung des dialektischen Denkens seiner Zeit und konnte so die rationelle Bedeutung der Hegelschen Dialektik herausarbeiten. Dabei gab er in Auseinandersetzung mit dem mechanischen Materialismus und speziell dem mechanischen Determinismus eine dialektisch-materialistische Deutung der Physik. Die weltanschaulich bedeutsamen Entdeckungen des 19. Jahrhunderts nutzte er, um zu zeigen, wie die Naturwissenschaft dabei war, die materielle Einheit der Welt nachzuweisen. Nach Engels ist diese keineswegs auf die quantitativen Beziehungen qualitativ identischer kleinster Teilchen zu reduzieren. Der objektive Zufall wurde von ihm als Erscheinungsform der Notwendigkeit gefaßt, die keinen auf das Gesetz reduzierbaren Zusammenhang darstellt. Die Entwicklung der Natur vom Niederen zum Höheren wurde aus natürlichen Ursachen erklärt, die dialektische Einheit verschiedener Bewegungsformen betont und die Existenz der dialektischen Grundgesetze in der Natur nachgewiesen.

Im Vorwort zum „Anti-Dühring“ von 1886 charakterisierte Engels den materialistischen Standpunkt zur Dialektik. „Und endlich konnte es sich für mich nicht darum handeln“, schrieb er, „die dialektischen Gesetze in die Natur hineinzukonstruieren, sondern sie in ihr aufzufinden und aus ihr zu entwickeln.“[10] Der französische Molekularbiologe Jacques Monod unternahm 1970 in einem

9 F. Engels, Brief an Marx vom 30. Mai 1873, in: MEW, Bd. 33, Berlin 1976, S. 80f.
10 F. Engels, Herrn Eugen Dührings Umwälzung der Wissenschaft („Anti-Dühring“), in: MEW, Bd. 20, a. a. O., S. 12.

vieldiskutierten Buch den Versuch, „die großen Gedanken der Begründer des dialektischen Materialismus zu rekonstruieren". Bei ihm erschien dabei die Dialektik als eine Konsequenz der angeblich auch von Engels unterstellten Hegelschen Identität von Denken und Sein. Er schrieb, sich auf Engels berufend: „Da also das Denken Teil und Reflex der universellen Bewegung ist und da es sich dialektisch bewegt, muß das Entwicklungsgesetz des Universums dialektisch sein."[11] Monod sah seinen Rekonstruktionsversuch selbst als anfechtbar an. Was er jedoch tat, ist mehr als anfechtbar. Es ist eine völlige Verkehrung des materialistischen Standpunktes von Engels zu dem idealistischen von Hegel. Das gab Monod die Möglichkeit, die Dialektik als wissenschaftsfremd zu bezeichnen. Allerdings, wenn sie ein ausgedachtes Schema wäre, nach dem sich die Wirklichkeit zu richten habe, dann befänden sich die dialektischen Philosophen im Zustand schlimmster spekulativer Naturphilosophie. Die Dialektik als Wissenschaft muß die in der Naturwissenschaft widergespiegelte objektive Dialektik erfassen und ihre Vorstellungen über die Wirklichkeit nicht nach den existierenden Prinzipien formen, sondern die Prinzipien, soweit sie die objektive Dialektik, die Dialektik des Erkenntnisprozesses und die subjektive Dialektik als Widerspiegelung der objektiven erfassen, nutzen, um zu philosophischen Aussagen zu kommen, die den Erkenntnisfortschritt fördern helfen. Engels betonte: „Es ist also die Geschichte der Natur wie der menschlichen Gesellschaft, aus der die Gesetze der Dialektik abstrahiert werden."[12] Sicher gab es und wird es auch in Zukunft Beispiele geben, in denen „Dialektiker" die Wirklichkeit idealistisch interpretieren, indem sie die Tatsachen nicht in ihrem eigenen, sondern in einem phantastischen Zusammenhang betrachten. Aber das spekulative Ausdenken von Naturzusammenhängen durch solche „Dialektiker" kann nicht der materialistischen Dialektik als Wissenschaft angelastet werden.

Zum 30. Todestag von Engels erschien 1925 seine „Naturdialektik" in der Sowjetunion in deutscher und russischer Sprache. Damit wurden erstmals der Öffentlichkeit die gesammelten Manuskripte eines der Begründer der wissenschaftlichen Weltanschauung der Arbeiterklasse zu den philosophischen Problemen der Naturwissenschaft zugänglich gemacht. Bis dahin waren sie von Eduard Bernstein verwahrt worden, der den literarischen Nachlaß von Engels verwaltete. Der Parteivorstand der deutschen Sozialdemokratie hatte sich ein Gutachten von Leo Arons anfertigen lassen, in dem die mathematisch-naturwissenschaftlichen Erörterungen von Engels negativ beurteilt wurden. Das 1925 von Albert Einstein angeforderte Gutachten, dem nur ein Teil der Manuskripte vorgelegt wurde, empfahl die Veröffentlichung der „Naturdialektik" wegen der geschichtlichen Bedeutung des Verfassers als eines der Begründer des Marxis-

11 J. Monod, Zufall und Notwendigkeit, München 1971, S. 48.
12 F. Engels, Dialektik der Natur, in: MEW, Bd. 20, a. a. O., S. 348.

mus. Einstein meinte jedoch, daß die Arbeit „weder vom Standpunkt der Physik noch vom Standpunkt der Geschichte der Physik ein besonderes Interesse" biete.[13] Das hätte Bernstein vielleicht wiederum veranlaßt, von einer Publikation abzusehen. Doch D. Rjasanow erhielt die Manuskripte und gab sie als zweiten Band des Marx-Engels-Archivs heraus. Diese Arbeit belebte den Meinungsstreit um die philosophischen Probleme der Naturwissenschaften durch den Nachweis von der existierenden objektiven Naturdialektik und von der Rolle der wissenschaftlichen materialistischen Dialektik als weltanschaulicher, erkenntnistheoretischer und methodologischer Grundlage wissenschaftlichen Arbeitens, die sich spontan in der Entwicklung der Naturwissenschaft durchsetzt und deren bewußte Mißachtung zu einseitigen Folgerungen und Fehlurteilen führt.

Selbst Theoretiker, die sich zum Marxismus bekannten, schätzten die Rolle der Dialektik manchmal einseitig oder falsch ein. Die Dialektik gelte nur für die Gesellschaft, wurde verschiedentlich behauptet. Sie decke sich mit der Mechanik. Manche forderten, zum Empiriokritizismus überzugehen.[14] In der Auseinandersetzung mit dem Empiriokritizismus hatte Lenin in seiner Arbeit „Materialismus und Empiriokritizismus", ohne die „Dialektik der Natur" zu kennen, aber gestützt auf die anderen Arbeiten von Marx und Engels, besonders auf den „Anti-Dühring", die Fehlerhaftigkeit derartiger Auffassungen nachgewiesen. Dabei betonte er, daß eine Revision der durch die Entwicklung der Naturwissenschaft überholten naturphilosophischen Sätze von Engels eine unumgängliche Forderung des Marxismus sei.[15]

Engels hatte das Wissen seiner Zeit genutzt. Manche seiner Aussagen sind deshalb mit dem heutigen Wissen neu zu präzisieren. Wer jedoch den philosophischen Materialismus oder die materialistische Dialektik preisgibt, revidiert Grundprinzipien, die die marxistisch-leninistische Philosophie als Wissenschaft von anderen Philosophien unterscheidet.

Sicher leuchtet das Argument von Werner Heisenberg manchem Naturwissenschaftler und Philosophen ein, man könne „nicht vernünftigerweise erwarten, daß jene Denker, die vor über hundert Jahren den dialektischen Materialismus eingeführt haben, die Entwicklung der Quantentheorie hätten vorhersehen können. Ihre Begriffe von Materie und Wirklichkeit konnten unmöglich den Ergebnissen unserer heutigen verfeinerten experimentellen Technik angepaßt sein."[16] Hier sind jedoch zwei Diskussionsebenen vermengt. Lenin unterschied

13 A. Deborin, Materialistische Dialektik und Naturwissenschaft, in: Unter dem Banner des Marxismus, Bd. I/1925/26, S. 429.

14 Vgl. J. Luppol, Zur Frage des Verhältnisses des Marxismus zur Naturwissenschaft, in: Unter dem Banner des Marxismus, Bd. II/1928, S. 202.

15 Vgl. W. I. Lenin, Materialismus und Empiriokritizismus, in: Werke, Bd. 14, Berlin 1964, S. 250.

16 W. Heisenberg, Physik und Philosophie, Berlin(West) 1959, S. 144.

die Frage nach der Quelle des Wissens von der Frage nach der Struktur der Materie. Aussagen über letztere sind immer abhängig vom Stand unserer naturwissenschaftlichen Erkenntnisse. Philosophische Aussagen, die mit diesen Erkenntnissen verbunden werden, und das geschieht ständig, weil sonst nur Denkschemata ohne Bedeutung für den wissenschaftlichen Erkenntnisprozeß wiederholt würden, müssen überprüft und, wenn nötig, neu präzisiert werden. So können heute Aussagen über die Unendlichkeit der Materie, über das Verhältnis von Gesetz und Zufall, über die Rolle der Mathematik usw. mit Hilfe neuer wissenschaftlicher Erkenntnisse präziser gefaßt werden. Was jedoch die philosophische Frage nach der Quelle unseres Wissens betrifft, so ist sie mit der durch die Praxis und die Entwicklung der Wissenschaften bestätigten materialistischen Auffassung beantwortet, daß Quelle unseres Wissens das ist, was außerhalb und unabhängig von unserem Bewußtsein existiert, von diesem erkannt werden kann und wird. In der philosophischen Forschung werden die Auffassungen präzisiert, wie diese Erkenntnis der objektiven Realität vor sich geht. Damit werden neue Einsichten in die Dialektik des Erkenntnisprozesses, der Begriffs- und Theorienentwicklung gewonnen. Der materialistische Standpunkt verlangt, die Einheit von Materie und Bewegung, die objektive und subjektive Dialektik sowie die Dialektik der Erkenntnis konkret zu untersuchen.

Engels machte seine Anmerkungen zur Dialektik der Natur in einer Zeit, als die Mehrheit der Naturwissenschaftler mechanisch-materialistische Positionen, wie den mechanischen Determinismus und die Rückführbarkeit komplizierter Prozesse auf mechanische Vorgänge, vertrat. Nur wenige Theoretiker analysierten kritisch die Grundlagen der klassischen Mechanik. Die Elektronen waren noch nicht entdeckt, der radioaktive Zerfall der Elemente nicht bekannt. Selbst Hertz und Helmholtz lösten sich nicht vollständig vom Prinzip der Rückführbarkeit auf die Mechanik. Die Dialektik erschien in agnostizistischen Auffassungen versteckt und als Beziehung zwischen niedriger und höher entwickelten Bewegungsformen. Im genetischen Zusammenhang wurde sie erst allmählich begriffen.

Das 20. Jahrhundert ist reich an naturwissenschaftlichen Entdeckungen. Vor allem die Relativitäts-, Quanten- und Elementarteilchentheorie sowie Fragen der Kosmogonie und Kosmologie führten zu vielen philosophisch-weltanschaulichen Diskussionen, und die Entwicklung der Molekularbiologie zwang dazu, die dialektisch-materialistische Entwicklungstheorie zur Lösung weltanschaulicher, erkenntnistheoretischer und methodologischer Probleme einzusetzen.

Schon Engels hatte festgestellt, daß mit jeder epochemachenden Entdeckung der Naturwissenschaft der Materialismus seine Form ändern müsse.[17] Leider fehlen wissenschaftshistorische Arbeiten, die Engels' Auffassung von Darwin,

17 Vgl. F. Engels, Ludwig Feuerbach und der Ausgang der klassischen deutschen Philosophie, in: MEW, Bd. 21, Berlin 1962, S. 278.

Maxwell, Thomson, zur Elektrizität, zur Wärme, zum Verhältnis von Physik und Chemie usw. tiefgründig analysieren. Engels war auf die Ergebnisse der Naturwissenschaft seiner Zeit angewiesen, aber er übernahm sie kritisch. Solche dialektisch-konstruktiven Auffassungen halfen bei der philosophischen Deutung neuer Erkenntnisse. So wurde beispielsweise in der KPD-Zeitung „Rote Fahne" zum 50. Geburtstag A. Einsteins festgestellt, daß die Einsteinsche Relativitätstheorie die Grundauffassungen des Marxismus bestätigt. Sie sei keineswegs mit dem philosophischen Relativismus in Verbindung zu bringen, der von Engels und Lenin schon einer vernichtenden Kritik unterzogen worden ist.[18]

Engels gab eine dialektisch-materialistische Deutung der vorliegenden naturwissenschaftlichen Erkenntnisse, besonders der klassischen Physik. Das zu betonen ist um so wichtiger, als wir manchmal die Auffassung finden, daß die klassische Physik mit dem mechanischen und die moderne Physik mit dem dialektischen Materialismus zu verbinden wäre. Daraus leiten dann einige Physiker in kapitalistischen Ländern ab, man brauche sich mit Engels nicht zu befassen, da er die moderne Physik nicht kannte. Engels entwickelte die Grundprinzipien der dialektisch-materialistischen Naturauffassung aus der Kritik des mechanischen Materialismus und aus der dialektisch-materialistischen Deutung der klassischen Physik. Diese Grundauffassungen werden auch durch die moderne Physik bestätigt, dabei selbstverständlich teilweise präzisiert, aber nicht widerlegt. Sie sind deshalb geeignet, als philosophische Ausgangsthesen bei der philosophischen Interpretation moderner naturwissenschaftlicher Erkenntnisse zu dienen. Dazu gehören die Auffassung von der Bewegung als Daseinsweise der Materie und von Raum und Zeit als Existenzformen der Materie ebenso wie die dialektische Beziehung von Quantität und Qualität, die gegen die vollständige Reduzierung der anderen Naturwissenschaften auf die klassische Physik gerichtet wurde. Aus der Kritik des mechanischen Determinismus wurden die Grundprinzipien des dialektischen Determinismus mitbestimmt. Die Natur wurde nicht länger in ihrer Unveränderlichkeit unterstellt, sondern in ihrem historischen Entwicklungsprozeß begriffen.

Sicher gibt es eine Reihe von Auffassungen bei Engels, die durch die Entwicklung der Naturwissenschaft heute in bestimmter Hinsicht als problematisch gelten. Dazu gehören seine Ausführungen zum Äther, zu der mechanischen Grundform der Bewegung und zum ewigen Kreislauf. Zugleich machen diese Beispiele aber auch die Problematik sachlicher Einschätzung deutlich.

Engels hatte betont, daß „jetzt von den bedeutendsten Forschern fast allgemein die Elektrizität als eine Bewegung von Ätherteilchen angesehn" wird und hoffte,

18 Vgl. J. Lenz, Relativitätstheorie und dialektischer Materialismus, in: Rote Fahne vom 14. 3. 1929, Nr. 62 (Beilage).

daß es gelingt „die Mechanik des Äthers" darzustellen.[19] Die Entwicklung der Physik zeigte, daß Schwierigkeiten entstehen, wenn man die Eigenschaften des Äthers experimentell zu erfassen sucht. Einstein und Infeld schilderten diese Situation später mit den Worten: „So rückte einer der dramatischsten Augenblicke in der Geschichte der Naturwissenschaften heran. Alle an die Äthervorstellung geknüpften Annahmen hatten zu nichts geführt. Alle Experimente lieferten negative Ergebnisse."[20] Engels war es um den möglichen Qualitätswechsel der Energieform von mechanischer Bewegung zur Wärme und Elektrizität gegangen. Deshalb hatte er betont: „Aber bei den elektrischen und Wärmeerscheinungen kommen doch wieder in erster Linie Molekularbewegungen in Betracht, wie dies nicht anders sein kann, solange wir über den Äther so wenig wissen."[21] Die mögliche Entdeckung des Äthers sollte nach Engels nicht außer acht gelassen werden, aber das eigentliche Problem war das dialektische Verständnis des Energieerhaltungssatzes. Diesen erfaßte er nicht nur nach der Seite der quantitativen Erhaltung, sondern auch nach der Seite der qualitativen Umwandlung: „Mit der Molekularbewegung erst erhält der Formwechsel der Bewegung seine volle Freiheit. Während, an der Grenze der Mechanik, die Massenbewegung nur einzelne andre Formen annehmen kann: Wärme oder Elektrizität, sehen wir hier eine ganz andre Lebendigkeit des Formwechsels: Wärme geht über in Elektrizität in der Thermosäule, wird identisch mit dem Licht auf gewisser Stufe der Strahlung, erzeugt ihrerseits wieder mechanische Bewegung; Elektrizität und Magnetismus, ein ähnliches Geschwisterpaar bildend wie Wärme und Licht, schlagen um, nicht nur ineinander, sondern auch in Wärme und Licht und ebenfalls in mechanische Bewegung."[22]

Nicht der Äther war für Engels entscheidend, sondern der mit der dialektisch-materialistischen Auffassung von der Bewegung als Veränderung überhaupt verbundene Nachweis vom existierenden ewigen Formwechsel. Er schrieb: „Alle Bewegung schließt mechanische Bewegung, Ortsveränderung größter oder kleinster Teile der Materie in sich, und *erste* Aufgabe, aber auch nur *erste*, der Wissenschaft ist, diese zu erkennen. Aber diese mechanische Bewegung erschöpft die Bewegung überhaupt nicht. Bewegung ist nicht bloß Ortsveränderung, sie ist auf den übermechanischen Gebieten auch Qualitätsänderung."[23] Es ging nicht um mögliche Qualitätsänderungen, die von der Mechanik erfaßt werden, sondern um einen wesentlichen Punkt in der Auseinandersetzung mit dem mechanischen Materialismus, der qualitative Unterschiede auf quantitative Beziehungen identischer kleinster Teilchen zurückführen wollte. Engels pole-

19 F. Engels, Dialektik der Natur, in: MEW, Bd. 20, a. a. O., S. 391.
20 A. Einstein/L. Infeld, Die Evolution der Physik, Hamburg 1956, S. 119.
21 F. Engels, Dialektik der Natur, in: MEW, Bd. 20, a. a. O., S. 391.
22 Ebenda.
23 Ebenda, S. 517.

misierte dagegen: „Und doch läuft die ‚mechanische‘ Auffassung auf nichts andres hinaus. Sie erklärt alle Veränderungen aus Ortsveränderung, alle qualitativen Unterschiede aus quantitativen, und übersieht, daß das Verhältnis von Qualität und Quantität reziprok ist, daß Qualität ebensogut in Quantität umschlägt, wie Quantität in Qualität, daß eben Wechselwirkung stattfindet. Wenn alle Unterschiede und Änderungen der Qualität auf quantitative Unterschiede und Änderungen, auf mechanische Ortsveränderung zu reduzieren sind, dann kommen wir mit Notwendigkeit zu dem Satz, daß alle Materie aus *identischen* kleinsten Teilchen besteht, und alle qualitativen Unterschiede der chemischen Elemente der Materie verursacht sind durch quantitative Unterschiede in der Zahl und örtlichen Gruppierung dieser kleinsten Teilchen zu Atomen. So weit sind wir aber noch nicht.“[24]

A. K. Timirjaseff vertrat später die Auffassung, Engels habe gemeint, wir würden diese Rückführung tatsächlich erreichen: „Das, was Engels einer fernen Zukunft überlassen hatte, hat sich nun verwirklicht. Heute wissen wir, daß die Atome aus ‚Protonen‘, Wasserstoffatomkernen und Elektronen aufgebaut sind. Wir wissen, daß die einzelnen ‚Arten‘, die chemischen Elemente, aus mehreren ‚Unterarten‘, Isotopen, bestehen, wobei das Atomgewicht dieser ‚Isotopen‘ ein ganzes Vielfaches des Atomgewichts des ‚Protons‘ ist.“[25] Wiederum 50 Jahre später stellen wir fest, daß die Elementarteilchen eine Struktur besitzen, aus Fundamentalteilchen aufgebaut sind und die Materie selbst unerschöpflich ist. Schon die Redaktion hatte zum Artikel von Timirjaseff angemerkt, daß sie dessen Auffassung, die „Dialektik der Natur“ rechtfertige das Bestreben, alle Naturerscheinungen letzten Endes auf rein quantitative Beziehungen kleinster Materieteilchen zurückzuführen, nicht teile.[26] Dieses Beispiel verweist uns darauf, gegenwärtige Erkenntnisse der Naturwissenschaften sorgfältig zu analysieren, um sie nicht vorzeitig zu verabsolutieren.

Engels ging stets mit Vorsicht an neue Erkenntnisse heran, wie seine Ausführungen zum Äther zeigen, machte aber dabei zugleich auf ihren philosophischen Gehalt aufmerksam. So hat er mit Marx die Bedeutung der Darwinschen Entwicklungstheorie für die weltanschauliche Auseinandersetzung betont, sich mit den biologischen Grundlagen der Menschwerdung befaßt und auf die Dialektik von Notwendigkeit und Zufall, von Erhaltung und Entwicklung in der biologischen Evolution verwiesen. Intensiv wurde bereits um die philosophischen Probleme der Physik diskutiert. Ihre Behandlung durch die Klassiker des Marxismus-Leninismus hat große Bedeutung für die Behandlung philo-

24 Ebenda, S. 517f.

25 K. A. Timirjaseff, Engels' Naturdialektik und die moderne Physik, in: Unter dem Banner des Marxismus, Bd. I/1925/26, S. 468f.

26 Vgl. ebenda, S. 459.

sophischer Probleme der Biologie, die heute vor allem durch die Entdeckung des genetischen Codes neue Dimensionen erhalten.

Die Frage nach der Grundstruktur molekularen Verhaltens war zur Zeit von Engels nicht geklärt. Er untersuchte die objektive Dialektik auf dieser Ebene und hob als Grundform der Bewegung die Annäherung und Entfernung, Attraktion und Repulsion hervor. Das machte es möglich, die Dialektik der Molekularbewegung zu erfassen, die Bewegung als Daseinsweise der Materie zu begreifen. Bei ihm hieß es: „Die ganze uns zugängliche Natur bildet ein System, einen Gesamtzusammenhang von Körpern, und zwar verstehn wir hier unter Körpern alle materiellen Existenzen vom Gestirn bis zum Atom, ja bis zum Ätherteilchen, soweit dessen Existenz zugegeben. Darin, daß diese Körper in einem Zusammenhang stehn, liegt schon einbegriffen, daß sie aufeinander einwirken, und diese ihre gegenseitige Einwirkung ist eben die Bewegung. Es zeigt sich hier schon, daß Materie undenkbar ist ohne Bewegung. Und wenn uns weiter die Materie gegenübersteht als etwas Gegebenes, ebensosehr Unerschaffbares wie Unzerstörbares, so folgt daraus, daß auch die Bewegung so unerschaffbar wie unzerstörbar ist."[27]

Gegenüber dem materialistischen Grundgedanken ist die Feststellung zweitrangig, daß die Elementarteilchenphysik inzwischen die Umwandlung der Teilchen ineinander festgestellt hat und so zu einer kritischen Analyse der Auffassung von der Ortsveränderung als Annäherung und Entfernung auffordert. Eine Kritik überholter Teilauffassungen darf nicht mit der revisionistischen Beseitigung von Grundstandpunkten verwechselt werden. Das gilt auch für Engels' Theorie vom ewigen Kreislauf.[28]

Die Materieformen sind einzeln vergänglich und erhalten sich doch im ewigen Kreislauf der Materie. Sie sind voneinander abhängig und doch relativ selbständig. Auch die Menschheit kann nach Engels auf einem Planeten verschwinden, wird jedoch auf anderen sich wieder entwickeln. Nicht die Reduktion der qualitativen Vielfalt auf *eine* Qualität, seien es Atome oder die Wärme, wird hier gefordert, sondern die Erhaltung aller qualitativ bestimmten Formen behauptet. Zwar vergehen sie in einer bestimmten Zeit und auf bestimmten Planeten, entstehen aber zu anderen Zeiten auf anderen Planeten wieder.

Vielleicht ist das Bild des ewigen Kreislaufs nicht unbedingt angebracht. Vernunftbegabte Wesen müssen nicht unbedingt an einer Stelle vernichtet werden, um woanders wieder zu entstehen. Aber der große Grundgedanke von Engels, der schon bei den Griechen eine Rolle spielte, bleibt bestehen. Die unerschöpfliche Materie ist Ursache ihrer selbst. Die Materieformen entstehen und vergehen. Aber die Entwicklung hört nicht auf. Qualitative Formen der Materie

27 F. Engels, Dialektik der Natur, in: MEW, Bd. 20, a. a. O., S. 355.
28 Vgl. ebenda, S. 327.

werden, wenn sie vergehen, auch wieder entstehen. Nichts ist in seinen wesentlichen Seiten einmalig und unwiederholbar. Das Individuum stirbt, aber die Gesellschaft existiert weiter. Der Untergang von Gesellschaften an bestimmten Orten ist mit dem möglichen Entstehen an anderen Orten verbunden. Indem der Mensch sich entwickelte, wurde der Kreis geschlossen. Mit der menschlichen Gesellschaft existieren die möglichen qualitativ unterschiedlichen Bewegungsformen in Natur und Gesellschaft strukturell miteinander verbunden. Der Mensch als Naturwesen gestaltet in bestimmten gesellschaftlichen Verhältnissen die existierende Natur für seine Zwecke um. Er produziert bewußt seine Existenzbedingungen, erweitert seinen Gesichtskreis und dringt in die Materiestruktur ein, deren Gesetze er zur Produktion einer künstlichen Umwelt ausnutzt.

Die Betrachtung einiger Ideen von Engels zeigt, daß die philosophische Analyse den Zusammenhang zwischen naturwissenschaftlicher Entwicklung einer bestimmten Zeit und präzisierten dialektischen Aussagen berücksichtigen muß, wenn sie die heuristische Bedeutung der materialistischen Dialektik hervorheben will. Die materialistische Dialektik als Wissenschaft unterscheidet sich einerseits von allen vorangegangenen dialektischen Überlegungen durch die prinzipiell materialistische Haltung, die Tatsachen in ihrem eigenen objektiven Zusammenhang zu analysieren und sie nicht in phantastische Beziehungen einzuordnen. Gerade dieses materialistische Grundprinzip wurde bei der Kritik der Relativitätstheorie, der Genetik und bei der Mißachtung von Erkenntnissen zur biologischen Evolution durch einige „Dialektiker" in der Vergangenheit nicht beachtet. Andererseits nimmt die materialistische Dialektik alle wichtigen Ideen aus der naturwüchsigen Dialektik der antiken Denker, aus der klassischen deutschen Philosophie und weiteren Quellen auf.

W. I. Lenin hat in seiner Auseinandersetzung mit dem Empiriokritizismus vor allem den materialistischen Standpunkt verteidigt und schöpferisch eine Reihe von dialektischen Beziehungen untersucht. Er hat wesentliche erkenntnistheoretische Fragen beantwortet. Dabei ging es ihm vor allem um die Beziehung zwischen relativer und objektiver Wahrheit, die Rolle der Praxis im Erkenntnisprozeß, die Widerspiegelungsauffassung und die Analyse der „Krise der Physik". Von heuristischer Bedeutung ist seine Erkenntnis von der Unerschöpflichkeit der Materie. Er sprach davon, daß das Elektron so unerschöpflich sei wie das Atom, um die Ablehnung der Idee einer absoluten Substanz durch den dialektischen Materialismus zum Ausdruck zu bringen, der „auf dem zeitweiligen, relativen, annähernden Charakter aller dieser *Marksteine* in der Erkenntnis der Natur durch die fortschreitende Wissenschaft des Menschen" beharrt.[29] Unendlichkeit der Materie heißt ewiger Formwandel materieller

29 W. I. Lenin, Materialismus und Empiriokritizismus, in: Werke, Bd. 14, a. a. O., S. 262.

Prozesse, Unerschöpflichkeit der Objekte, Eigenschaften und Beziehungen und damit Unerschöpflichkeit der Raum-Zeit-Strukturen.[30]

Daraus ergibt sich die erkenntniskritische Seite materialistischer Dialektik. Sie hebt solche Aspekte gegenwärtiger Erkenntnisse hervor, die ungenügend den objektiven Zusammenhang, die Veränderung und Entwicklung berücksichtigen. Materialistische Dialektik als Denkmethode fordert neue Erkenntnisse.

So haben die Klassiker des Marxismus-Leninismus wesentliche Beziehungen wie die zwischen Kausalität und Gesetz, Notwendigkeit und Zufall, Möglichkeit und Wirklichkeit, Absolutem und Relativem und die Grundgesetze der Dialektik vom Übergang von einer Qualität zur anderen, neuen und höheren Qualität durch quantitative und qualitative Änderungen im Rahmen der alten Qualität, vom dialektischen Widerspruch als Quelle der Veränderung und Entwicklung und von der Negation der Negation erkannt.

Die philosophische Verallgemeinerung naturwissenschaftlicher Erkenntnisse vollzieht sich heute unter Ausnutzung der Grundprinzipien durch präzisierte philosophische Aussagen und durch philosophische Hypothesen und deren Überprüfung. Insofern haben die Arbeiten von Marx, Engels und Lenin für uns aktuelle Bedeutung. Sie formulierten in ihren Arbeiten zu lösende Aufgaben, theoretische Einsichten und methodische Hinweise, die in der weiteren Forschungsarbeit zu nutzen sind.

2. Die materialistische Dialektik als Einheit von Theorie, Methode und Methodologie

Die materialistische Dialektik als Wissenschaft von den allgemeinsten Beziehungen und Gesetzen der Struktur, Veränderung und Entwicklung in Natur, Gesellschaft und Bewußtsein deckt die objektiven Formen des Zusammenhanges der Objekte und Prozesse auf, analysiert ihre Bedingtheit (Kausalität) und Bestimmtheit (Gesetz) mit anderen Objekten und Prozessen und begreift sie in ihrer Veränderung und Entwicklung. Die Einheit der Welt besteht in ihrer Materialität. Sie ist eine Einheit von wesentlichen und unwesentlichen, notwendigen und zufälligen, stabilen und veränderlichen, niedriger und höher entwickelten Zusammenhängen, deren Formen gegenseitiger Bedingtheit wissenschaftlich durch die materialistische Dialektik erforscht werden. So zeigen naturwissenschaftliche Erkenntnisse über relativ stabile Systeme das Wesen in der Erscheinung,

30 Vgl. H. Hörz, Materiestruktur, Berlin 1971, S. 283ff.; H.-J. Treder, Philosophische Probleme des physikalischen Raumes, Berlin 1974.

die Notwendigkeit im Zufall, die Formierung des Inhalts, die unter bestimmten Bedingungen verwirklichte Möglichkeit. Die materialistische Dialektik hebt hervor, daß die Struktur des Systems nicht absolut stabil ist. Jedes System unterliegt der Veränderung. Dabei entstehen neue und höhere Qualitäten. Der Kern der materialistischen Dialektik ist die Erforschung objektiver dialektischer Widersprüche als Quelle der Entwicklung. Die dialektisch-materialistische Entwicklungskonzeption umfaßt die Tendenz zur Höherentwicklung als Einheit von Höherentwicklung, Stagnation, Regression und Herausbildung aller Elemente einer Entwicklungsphase.

Da unsere Vorstellungen, Begriffe und Theorien Widerspiegelungen der objektiven Realität sind, kommt in ihnen die objektive Dialektik zum Ausdruck. Wir erkennen den Zusammenhang und die Veränderung der Begriffe, die Entwicklung der Theorien durch Experimente und theoretische Verallgemeinerungen, durch Hypothesen und Modelle, durch Beobachtungen und Beschreibungen. Die Dialektik unserer Erkenntnisresultate (*subjektive Dialektik*) ist in erster Linie Widerspiegelung der Dialektik in Natur und Gesellschaft (*objektive Dialektik*). Die subjektive Dialektik drückt aber auch das tiefere Eindringen der menschlichen Erkenntnis (*Dialektik des Erkenntnisprozesses*) in das Wesen der objektiven Realität aus. Objektive Dialektik, subjektive Dialektik und Dialektik des Erkenntnisprozesses werden von der materialistischen Dialektik wissenschaftlich untersucht, wobei diese das Prinzip des *Determinismus* — das heißt die Anerkennung der Bedingtheit und Bestimmtheit der Objekte und Prozesse im objektiven Zusammenhang mit anderen Objekten und Prozessen — organisch mit dem *Entwicklungsprinzip* — das heißt der Anerkennung objektiver dialektischer Widersprüche als Quelle der Entwicklung, des Übergangs von einer Qualität zur anderen, neuen und höheren durch quantitative und qualitative Veränderungen im Rahmen der Ausgangsqualität und der Tendenz zur Höherentwicklung — verbindet.

Die Gesamtheit ihrer theoretischen Aussagen ist Grundlage für *methodische* Anforderungen an die wissenschaftliche Arbeit und die Aufstellung von Handlungsanweisungen für die praktische Tätigkeit. Dieser methodische Aspekt der materialistischen Dialektik fordert die Untersuchung und Berücksichtigung der objektiven Beziehungen in den untersuchten Systemen, ihrer Hierarchie und ihrer Wechselbeziehungen mit anderen Faktoren, der Veränderung und Entwicklung der Systeme. Er ist gegen die verschiedensten Erscheinungsformen der Metaphysik gerichtet, die wesentliche Zusammenhänge und Veränderungen nicht berücksichtigt oder die Quelle der Entwicklung vernachlässigt.

Der *methodologische* Aspekt der materialistischen Dialektik fordert die dialektische Analyse des Systems der einzelwissenschaftlichen Methoden, um den Zusammenhang, die Veränderung und Entwicklung der verschiedenen Methoden zu erkennen. Hier werden die methodischen Forderungen der materialistischen

Dialektik zur theoretischen Erforschung des Systems der Methoden genutzt, was wiederum von methodischer Bedeutung sein kann. Als Hypothese wollen wir formulieren, daß das System der Methoden innerhalb der Eckpunkte der experimentellen, der logisch-mathematischen und der historischen Methode begriffen werden kann und alle anderen Methoden als Beziehungen zwischen diesen Eckpunkten zu erklären sind. Zu beachten ist, daß die materialistische Dialektik selbst eine sich verändernde und entwickelnde Methode ist. Die materialistische Dialektik kann in ihrer methodologischen Bedeutung keine der im Methodengefüge enthaltenen oder neu entstandenen Methoden ersetzen. Sie zeigt deren Bedeutung und relative Grenzen, untersucht ihren inneren Zusammenhang, ihre Veränderung und Entwicklung und erweist sich somit als Grundlage wissenschaftlicher Methodenkritik. Erst die Nutzung aller wissenschaftlichen Methoden zur Gewinnung neuer Erkenntnisse läßt die Bedeutung der Dialektik als Theorie des Zusammenhangs der erreichten Erkenntnisse, ihrer Veränderung und Entwicklung als Theorie des Methodensystems und als wissenschaftlich-philosophische Grundlage der Methodenkritik hervortreten. Elementare methodische Fehler naturwissenschaftlicher Forschungsarbeit können durch Dialektik nicht kompensiert werden.

Es könnte die Frage auftauchen, ob es richtig ist, die Methodologie so eng an die materialistische Dialektik der marxistisch-leninistischen Philosophie und damit an die Weltanschauung der Arbeiterklasse und ihrer Verbündeten zu binden oder sie sogar mit der materialistischen Dialektik in ihrer methodologischen Funktion zu identifizieren. Es gibt zwei Richtungen in der methodologischen Forschung. Die eine, positivistisch orientierte, versucht, eine von Weltanschauung freie Methodologie unabhängig von der Philosophie zu entwickeln. Das ist prinzipiell nicht möglich. Es wäre jedoch möglich, Methodologie als Einzelwissenschaft zu betreiben. Die zweite Richtung entwickelt die Methodologie durch ihre Ausarbeitung innerhalb der Philosophie, als philosophische Disziplin.

Nach K. R. Popper soll es in der Methodologie überhaupt ohne Weltanschauung gehen. Zwar kann nach ihm die Aufgabe der empirischen Wissenschaften, befriedigende Erklärungen zu finden, kaum verstanden werden, wenn wir nicht Realisten sind, die etwas anerkennen, was entdeckt werden kann. „Und doch scheint es mir", schreibt er, „daß wir in der Methodologie weder einen metaphysischen Realismus voraussetzen müssen noch irgendwelchen Nutzen aus ihm ziehen können, abgesehen davon, daß er uns intuitiv helfen kann. Denn nachdem uns einmal gesagt worden ist, daß es das Ziel der empirischen Wissenschaft ist, zu erklären, und daß die befriedigendsten Erklärungen die am strengsten prüfbaren und am strengsten geprüften sind, ist uns alles gesagt worden, was wir als Methodologen brauchen."[31]

31 K. R. Popper, Objektive Erkenntnis — ein evolutionärer Entwurf, Hamburg 1973, S. 227.

Schon diese Feststellung wirft jedoch selbst eine Vielzahl weltanschaulich-philosophischer Probleme auf, die von der Frage nach der Quelle unseres Wissens, über die Möglichkeiten des Erkennens, die Kriterien der Prüfbarkeit, die Rolle von Erklärungen bis zum Verhältnis von Wahrheit und Wert wissenschaftlicher Theorien reichen. Die Beantwortung dieser Frage hat Auswirkungen auf die Methodologie. So kann die ungenügende Berücksichtigung des Aspekts der Veränderung und Entwicklung von Systemen zu einer Überschätzung des strukturellen Aspekts führen und damit einseitige Erklärungen hervorrufen. Gerade der Streit um das Verifikationsprinzip im logischen Positivismus hat den weltanschaulichen Hintergrund methodologischer Bemühungen gezeigt. Das kommt auch in einer späten Einsicht R. Carnaps zum Ausdruck: „Manche meiner psychologischen Freunde denken, daß wir Empiristen für die zu engen Schranken, die die Psychologen sich auferlegten, verantwortlich sind. Vielleicht überschätzen sie den Einfluß, den die Philosophen im allgemeinen auf die Wissenschaftler ausüben; aber wir sollten uns vielleicht als im gewissen Grad schuldig bekennen. Desto mehr sollten wir jetzt die geänderte Auffassung betonen, die dem arbeitenden Wissenschaftler mehr Freiheit in der Wahl seines begrifflichen Werkzeuges gewährt.“[32]

Häufig wird zwischen starken, das heißt dem Forschungsprozeß strenge Regeln auferlegenden, und schwachen Methodologien, das heißt allgemeinen Rahmentheorien für methodisches Vorgehen, unterschieden. Sicher ist das Poppersche Schema, das von einem Problem ausgeht (P_1) eine Schar vorläufiger Lösungen betrachtet (VL_n), dann die Fehlerbeseitigung (FB) berücksichtigt, um zu einem neuen Problem zu kommen (P_2), in der Form $P_1 \rightarrow VL \rightarrow FB \rightarrow P_2$ einer schwachen Methodologie zuzurechnen, obwohl von ihm auch stärkere Forderungen formuliert werden.[33] Ist es aber überhaupt sinnvoll, solche schwachen methodologischen Forderungen weiter zu verfolgen, die ohne Analyse der Erkenntnisschwierigkeiten objektiver Dialektik und der Dialektik des Erkenntnisprozesses einen ganz allgemeinen Rahmen für die Erkenntnis geben wollen? Wesentlich sind doch heuristische Hinweise, die in der Methodologie fruchtbar sind, wenn sie auf der Übertragung von Denkweisen und Methoden von einer Wissenschaft auf andere oder auf präzisierten philosophischen Überlegungen beruhen. Damit ist die Methodologie an die Philosophie gebunden, und es wird wichtig, ob es sich um eine *wissenschaftliche* Philosophie handelt oder nicht. Die Methodologie hat als philosophische Disziplin aber auch die Aufgabe, die Existenz methodologisch relevanter Forschungen in der Logik, Mathematik, Kybernetik und anderen Wissenschaften zu berücksichtigen, deren Ergebnisse nicht direkt in Zusammenhang mit philosophischen Grundpositionen stehen.

32 R. Carnap, Theoretische Begriffe der Wissenschaft, in: Zeitschrift f. phil. Forschung, Bd. XIV/1960, S. 579.

33 Vgl. K. R. Popper, Objektive Erkenntnis — ein evolutionärer Entwurf, a. a. O., S. 270.

Das Scheitern starker Methodologien des Empirismus, von denen Carnap spricht, liegt weniger daran, daß der Versuch gemacht wurde, methodologische Probleme zu lösen, sondern vielmehr am undialektischen Absolutheitsanspruch der entsprechenden starken Methodologie mit der Forderung nach Rückführung der Theorien auf Protokollsätze und deren empirischer Überprüfung. Die Aufstellung von Schemata für die Beziehungen von Explanans und Explanandum erfordert zugleich die Analyse der Begriffe wie Gesetz, Bedingungen, Ereignis und die Aufdeckung ihres dialektischen Zusammenhangs. Die Rücknahme starker Methodologien, um dem Wissenschaftler mehr Freiheit in der Wahl seines begrifflichen Werkzeugs zu geben, ist noch keine Lösung des Problems. Das Grundproblem der Methodologie lautet: Wie kann man aus der bisherigen theoretischen und methodischen Erfahrung eine solche Theorie verallgemeinern, die den Zusammenhang der Methoden, ihre Veränderung und Entwicklung erklärt, aus der zugleich methodische Überlegungen mit heuristischer Bedeutung für den weiteren Erkenntnisprozeß abzuleiten sind. Damit ist nicht gesagt, daß man Methoden nicht länger als Mengen von Handlungsregeln verstehen könne. Man darf aber eine solche Bestimmung des Methodenbegriffes nicht überschätzen.

Auch in der Methodologie gilt, daß theoretische Klarheit über die untersuchten Beziehungen, das heißt über das System der Methoden, Voraussetzung für fruchtbare methodische Überlegungen ist. Es ist zu berücksichtigen, daß methodologische Überlegungen, wenn sie in einer Theorie zusammengefaßt werden, philosophisch-weltanschauliche Grundlagen besitzen, die die Widerspiegelungs-, Wahrheits- und Praxisauffassung betreffen, mit denen methodologische Forderungen begründet werden. Welche das sind, muß konkret-historisch ausgearbeitet werden. Bewußte Gegner der Dialektik können zwar methodisch richtig arbeiten, aber keine wissenschaftliche Methodologie als philosophische Disziplin, das heißt die Theorie über den Zusammenhang, die Veränderung und Entwicklung der Methoden begründen, obgleich sie durch begründete Reflexionen über ihre methodische Arbeit Beiträge dazu zu leisten vermögen. Denken wir etwa an Ergebnisse logischer Positivisten bei der Sprachanalyse, des Strukturalismus, des Operationalismus und an die Bedeutung vieler Überlegungen von hervorragenden Naturwissenschaftlern zu ihrer methodischen Arbeit. Bewußte Dialektiker sind nicht vor Fehlern bei der Entwicklung der Methodologie gefeit. Deshalb ist für sie die ständige Methodenkritik ihrer eigenen Arbeit unabdingbar.

Ein wesentlicher Beitrag zur Ausarbeitung der Methodologie, das heißt der Theorie des Zusammenhangs, der Veränderung und Entwicklung der Methoden, ist die theoretische Erfassung des Systems der Methoden in seinen dialektischen Beziehungen. Diese Theorie hat selbst wieder einen methodischen Aspekt, nämlich die Aufstellung von Regeln und Handlungsanweisungen für den Forschungsprozeß.

Ausgehend von der Analyse des wissenschaftlichen Erkenntnisprozesses, der einerseits durch die vom Menschen zur Erkenntnisgewinnung eingesetzte objektive Analyse von Objekten und Prozessen im Experiment und andererseits durch die schöpferische subjektive Synthese analysierter Erkenntnisse in der Theorie bestimmt ist, kann man die *experimentelle Methode* — als Bestandteil der praktisch-gegenständlichen Tätigkeit des Menschen zur Erkenntnis der Welt mittels objektiver Analyse und praktischer Synthese — und die *mathematische Methode* — als Prototyp theoretisch-schöpferischen Denkens — als zwei Eckpunkte dieses Methodensystems betrachten. Die logische Methode wird als wesentliche Voraussetzung der mathematischen Methode betrachtet, die im Sinne mathematischer Denkweise als das Entwerfen widerspruchsfreier Strukturen in ideellen Systemen verstanden wird. Die schöpferisch-theoretische Erkenntnis leistet in ihrer synthetisierenden Funktion zwei wesentliche Beiträge für die begriffliche Erfassung der objektiven Realität. Einerseits verallgemeinert sie gewonnene Teilerkenntnisse aus der im Experiment durchgeführten objektiven Analyse, wobei sie auch schon verallgemeinerte Erkenntnisse berücksichtigt. Andererseits entwirft sie ideelle Strukturen von Systemen mit ideellen Objekten, konstruiert theoretisch mögliche objektive Sachverhalte.

Die Mathematik, hier als Wissenschaft von den möglichen formalisierbaren Strukturen von Systemen ideeller Objekte verstanden, zeigt diese Einheit von Synthese und Konstruktion, von Verallgemeinerung und Entwurf. Insofern ist die Widerspiegelungsfunktion der Mathematik eine Einheit von Darstellungs- und heuristischer Funktion.

Die experimentelle Methode, mit ihren Schritten von der Aufstellung überprüfbarer Hypothesen, über die gedankliche Vorbereitung und Durchführung des Experimentes bis zur Auswertung der erhaltenen Daten, konzentriert sich wesentlich auf die praktische Tätigkeit zur Analyse von Objekten und Prozessen. Das wird ergänzt durch die mögliche praktische Synthese nach theoretischen Vorstellungen, die die praktische Realisierung theoretischer Möglichkeiten zeigen muß. Die Bedeutung des Experiments für die praktische Synthese, wie auch die Rolle der Theorie für die Analyse, weisen auf die Dialektik der Beziehungen zwischen der praktischen objektiven Analyse und der theoretischen Synthese hin.

Die Vernachlässigung dieser Dialektik kann zum Empirismus und damit verbunden zur Spekulation führen. Ein Beispiel dafür liefert heute die Parapsychologie, wenn sie beobachtete Phänomene keiner streng wissenschaftlichen Kontrolle unterwirft, sondern ungenügend gesicherte Experimente mit Spekulationen über neue Wesenskräfte des Menschen verbindet. Verschiedentlich wird auch die synthetische Funktion theoretischen Denkens einseitig in der Verallgemeinerung analysierter Sachverhalte, in der Widerspiegelung objektiver Realität gesehen und die Einheit von schöpferischen Konstruktionen (Denkmöglichkeiten) und realen Möglichkeiten nicht beachtet, die in der praktischen Synthese zu überprüfen sind.

Experimentelle und mathematische Methode als Ausdruck des praktischen und theoretisch-schöpferischen Herangehens an die Erkenntnis der Wirklichkeit stehen im Methodensystem im engen Zusammenhang mit der *historischen Methode*, die Objekte und Prozesse in ihrer Veränderung und Entwicklung faßt, die zur gegenwärtigen Struktur geführt haben. Sie verlangt, das Verhältnis von Logischem und Historischem in der Theorienentwicklung weiter auszuarbeiten, wobei hier unter Logischem die Darstellung der fertigen Theorie als Widerspiegelung der gesetzmäßigen Beziehungen bestimmter Objektbereiche, die Entfaltung ihres Begriffsapparates verstanden wird, während das Historische die Herausbildung dieser Theorie charakterisiert. Das gilt auch für Prozeß- und Entwicklungstheorien. Die historische Methode hat damit zwei Aspekte. Einerseits dient sie zur Erkenntnis der in der gegenwärtigen Struktur geronnenen Veränderungen und Entwicklungen. Andererseits ist mit ihrer Hilfe die Entwicklung der Theorien über bestimmte Gegenstände aufzudecken, die Begriffsgeschichte zu analysieren und sind die Determinanten konkret-historischer Erscheinungsformen theoretischer Auffassungen zu bestimmen.

Unsere Hypothese für die Untersuchung des Methodensystems durch die materialistische Dialektik besteht also darin, alle Methoden als Beziehungen zwischen experimenteller, logisch-mathematischer und historischer Methode zu charakterisieren. Die Vielschichtigkeit der Modellmethode, die z. B. das Aufsuchen von Analogien in materiellen und ideellen Systemen fordert und mit deren Gegenständen arbeitet, als seien es die untersuchten Objekte oder die entsprechenden Theorien, deckt heute die ganze Breite von der objektiven Analyse bis zur subjektiven Synthese, vom theoretischen Entwurf bis zur praktischen Synthese ab. Die materialistische Dialektik als Einheit von Theorie, Methode und Methodologie kann heuristische Hinweise zur Lösung erkenntnistheoretisch-methodologischer Probleme geben. Das ist eine Aufgabe, die starke Methodologien falsch und schwache gar nicht lösen.

Das zeigt sich bei methodologischen Problemen der *wissenschaftlich berechtigten Reduktionen* im Erkenntnisprozeß. (Hier geht es nicht um die Reduktion im logischen Sinne, die sich von der Deduktion unterscheidet, weil die logische Reduktion von den Nachsätzen eines Schlußschemas hypothetisch auf den Vordersatz schließt.) Wissenschaftlich berechtigte Reduktionen sind das methodische Vorgehen in der Wissenschaft, komplexe und komplizierte Systeme durch Rückführungen auf Aspekte, Elemente usw. der tiefergehenden Analyse zugänglich zu machen. Insofern sind diese Reduktionen Vereinfachungen.

Manchmal wird die für die wissenschaftliche Erkenntnis notwendige Reduktion komplexer und komplizierter Erscheinungen schon als *philosophischer Reduktionismus* kritisiert. Die Erfolge physikalischer Untersuchungen in chemischen und biologischen Bereichen zeigen jedoch, daß eine einseitige Auffassung vom Erkenntnisprozeß philosophische Hemmnisse bei der Entwicklung von Wissenschaftsstrategien aufbauen kann. Dabei darf der Einfluß des philosophischen Reduktionismus nicht unterschätzt werden. Er ist die philosophische Verabsolutierung von solchen Reduktionen, die für die wissenschaftliche Erkenntnis zur Erklärung des untersuchten Objekts oder Systems notwendig sind, und verhindert die Untersuchung von existierenden Systemgesetzen.

Um die Beziehungen zwischen wissenschaftlich berechtigten Reduktionen und dem philosophischen Reduktionismus zu verdeutlichen, sollen als Beispiele drei wesentliche Formen der Reduktion genannt werden, deren einzelwissenschaftliche Durchführung oft schon fälschlicherweise als Reduktionismus bezeichnet wird. Im Zusammenhang mit der Kritik anti- und pseudodialektischer Auffassungen bürgerlicher Wissenschaftsphilosophen wird das Problem des Reduktionismus noch einmal aufgegriffen und die Vielfalt der Formen verdeutlicht. An dieser Stelle geht es um die Reduktion des Besonderen auf das Allgemeine, des Höheren auf das Niedere und des Systems auf die Elemente. Das sind wesentliche Formen wissenschaftlich berechtigter Reduktionen.

Nehmen wir *erstens* die Reduktion des Besonderen auf das Allgemeine. So konnten z. B. die Erfahrungen über die Reibung, die Beziehungen zwischen mechanischer und Wärmeenergie auf den Energieerhaltungssatz zurückgeführt werden. Die Keplerschen Gesetze und viele physikalische Einsichten in Besonderheiten der objektiv-realen Prozesse fanden ihre Erklärung in der Theorie Newtons. Die Reduktion des Besonderen auf das Allgemeine ist eine wesentliche Erkenntnismethode. Sie führt zu Theorien und zum Zusammenhang von Theorien. Die Verabsolutierung dieses Aspekts kann jedoch die Mißachtung von Besonderheiten bedeuten und erkenntnistheoretische Schwierigkeiten hervorbringen. So ist der thermodynamische Ansatz zur Erfassung von Entwicklungsprozessen nur der physikalisch-theoretische Rahmen, aber nicht die Entwicklungstheorie selbst. Die Newtonsche Theorie ist nicht die Mechanik physikalischer Prozesse überhaupt, und der Energieerhaltungssatz muß im Zusammenhang mit anderen Erhaltungssätzen gesehen werden.

Zweitens können Elementarmechanismen höherentwickelter Systeme durch Reduktion der Systeme auf Vorgänge in niedriger entwickeltem Niveau untersucht werden. So ist es erforderlich, die physikalischen Grundlagen von Lebensprozessen zu erforschen. Diese Reduktion des Höheren auf das Niedere ist wissenschaftlich notwendig und berechtigt, solange die höhere Bewegungsform nicht aus den Gesetzen der niederen erklärt werden soll. Einerseits kann dabei eine Hypothese von der physikalischen Erklärung nicht mit philosophischen Gründen widerlegt werden, sondern das Kriterium der Wahrheit ist das Experiment. Generell ist es erforderlich, solche Hypothesen so lange experimentell zu prüfen, bis die Grenzen der Reduktionen deutlich werden. Andererseits darf das aber nicht zur Leugnung der Systemgesetze für das höherentwickelte System führen, die untersucht werden können, auch wenn die Einsichten in das niedere Niveau noch fehlen. So kann die Psychologie nicht warten, bis die Molekularbiologie die elementaren Mechanismen psychischer Prozesse untersucht hat. Die Physik hatte bereits große Erfolge, bevor sie die mikrophysikalischen Grundlagen makrophysikalischer Gesetze untersuchen konnte. Auch heute ist es keinesfalls erforderlich, die Theorie der Elementarteilchen zu kennen, um Atom- und Molekülphysik zu betreiben.

Das führt zu einer *dritten* Reduktion, in der die Systeme auf ihre Elemente zurückgeführt werden. Hier hat die Konzeption der statistischen Gesetze zu tieferen Einsichten in die objektive Struktur geführt.

Es wird damit deutlich, daß wissenschaftlich berechtigte Reduktionen keine voreilige philosophische Kritik verdienen. Erst ihre Verabsolutierung, wie sie z. B. von neopositivistischen Ansätzen verschiedenster Spielart immer wieder durchgeführt wird, ist philosophischer Reduktionismus, der allerdings dann auch weltanschaulich gefährlich werden kann. Erinnert sei hier nur an die Diskussionen um das Verhältnis von Wissenschaft und Humanismus. Die Reduktion des Menschen allein auf ein naturwissenschaftliches Objekt der Forschung läßt antihumane Experimente zu. Ein solcher Reduktionismus hat gesellschaftliche Ursachen, die aufzudecken sind, um seine weltanschauliche Gefährlichkeit zu entlarven.

Damit die materialistische Dialektik ihrer heuristischen, ihrer weltanschaulichen und methodologischen Funktion gegenüber der naturwissenschaftlichen Forschung gerecht werden kann, muß sie tiefer in die objektiven dialektischen Beziehungen eindringen. Das kann nur über die philosophische Analyse naturwissenschaftlicher Erkenntnisse geschehen, die selbst immer umfangreicher die objektive Dialektik natürlicher Prozesse in ihrer Struktur, Veränderung und Entwicklung erfassen, also tiefer in die Materiestruktur eindringen.

Dabei verstehen wir unter *Materiestruktur* die Gesamtheit der Beziehungen zwischen materiellen Objekten. Sie ist die Einheit von Materiearten und Materieformen. Als *Materiearten* können wir die Gesamtheit existierender Objektgruppen bezeichnen, die als relativ abgeschlossene Systeme mit eigenen Systemgesetzen existieren. Dazu gehören die Fundamentalteilchen, Atome, Moleküle, Festkörper, Sterne, Galaxien, Organismen, Menschen, die Gesellschaft. *Materieformen* sind die Beziehungen zwischen diesen Objekten in ihrer typischen Allgemeinheit. Dazu gehören Strukturformen, wie Raum und Zeit, Bewegungs- und Entwicklungsformen. Tieferes Eindringen in die objektive Dialektik heißt also philosophische Analyse der naturwissenschaftlichen Erkenntnisse zu Raum, Zeit und Bewegung, zum Determinismus und zur natürlichen Evolution.

3. Raum-Zeit und Bewegung

Lenin unterschied die Frage nach der Veränderung der Begriffe Raum und Zeit von der erkenntnistheoretischen Frage nach der objektiven Realität der Raum-Zeit-Strukturen. Erst die materialistische Anerkennung der objektiv-realen Raum-Zeit ermöglicht das wissenschaftliche Verständnis der Entwicklung unserer Raum-Zeit-Begriffe. Lenin stellte fest: „In der Welt existiert nichts als die sich bewegende Materie, und die sich bewegende Materie kann sich nicht anders bewegen als im Raum und in der Zeit. Die menschlichen Vorstellungen von Raum und Zeit sind relativ, doch setzt sich aus diesen relativen Vorstellungen die absolute Wahrheit zusammen, diese relativen Vorstellungen entwickeln sich in der Richtung der absoluten Wahrheit, nähern sich dieser. Die Veränderlichkeit der menschlichen Vorstellungen von Raum und Zeit widerlegt die objektive Realität beider ebensowenig, wie die Veränderlichkeit der wissenschaftlichen Kenntnisse über Struktur und Bewegungsformen der Materie die objektive Realität der Außenwelt widerlegt."[34]

Die Geschichte der Raum-Zeit-Auffassungen führt zum wissenschaftlichen Verständnis objektiv-realer Raum-Zeit-Strukturen. Dabei ist die Einsicht in den inneren Zusammenhang von Bewegung, Raum und Zeit erst spät wissenschaftlich zu belegen. Um sie zu gewinnen, mußte der Unterschied zwischen Raum und Zeit herausgearbeitet werden. Es war die dialektische Beziehung von Einheit und Unterschied zu erfassen. Der innere Zusammenhang von Raum und Zeit hebt die relativen Unterschiede dieser Existenzformen der Materie nicht auf. Aus der Geschichte der Philosophie ergibt sich der Raumbegriff als Widerspiegelung der Ausdehnung. Materielle Objekte sind ausgedehnt. Für Descartes waren sie res extensa. Seine prinzipielle Unterscheidung zwischen der res extensa und der res cogitans läßt sich nicht mehr aufrechterhalten, da Bewußtseinsprozesse an materielle Grundlagen wie Neuronen und ihre Schaltungen gebunden sind und diese ausgedehnte Objekte darstellen. Wenn wir also von jeder konkreten Struktur eines Systems, von der konkreten Wechselwirkung, von jeder konkreten Bewegung abstrahieren, dann bleibt die Ausdehnung als Existenzform der Objekte. Der reine Raumbegriff ist deshalb nichts anderes als die Zusammenfassung unserer Erkenntnisse über existierende Ausdehnungen. Diese existieren im globalen Sinn als ausgedehnter Bereich materieller Veränderungen, in dem Objekte wechselwirken. Einen solchen Raumbereich können wir als System bezeichnen, dessen Ausdehnung durch die Existenzbedingungen der entsprechenden Systemgesetze begrenzt ist. Solche Raumbereiche sind beispielsweise Atome, Moleküle, Festkörper, Galaxien, Metagalaxien. Der Zusammenhang der Systeme ergibt eine

34 W. I. Lenin, Materialismus und Empiriokritizismus, in: Werke, Bd. 14, a. a. O., S. 171f.

Hierarchie der Raumbeziehungen. Elementare Räume existieren in globalen Räumen. Verabsolutiert man die Existenz eines letzten globalen Raumes, so hat man die Annahme eines absoluten Raumes.

Ausdehnung existiert im elementaren Sinn als Ausdehnung relativ elementarer Objekte. Diese Objekte haben eine Struktur. Das bedeutet jedoch nicht, daß das Verständnis des Raumes als Ausdehnung unbedingt die Existenz von Teilen eines Ganzen verlangt. Es kann sich hier auch um Wechselbeziehungen elementarer Objekte handeln, bei denen die Objekte nicht an sich, in individueller elementarer Ausdehnung existieren. Ausdehnung existiert in einem Beziehungsgefüge miteinander verbundener Objekte. Wird Ausdehnung im elementaren Sinn verabsolutiert, dann ergibt sich die Vorstellung von immateriellen punktförmigen Elementen ohne Struktur.[35] Berechtigte Abstraktionen wie die von den globaleren Räumen und den Punkten des Raumes führen, verabsolutiert, zu einseitigen philosophischen Auffassungen. Die Raumbeziehungen existieren zwischen relativ globalen Systemen und relativ elementaren Objekten, als Raumerfüllung von Objekten, als Lagebeziehung, als Objektbahn. Die Strukturen des Raumes, das heißt die konkrete Art und Weise existierender Ausdehnungen, sind immer besser zu erkennen. Es existiert keine Ausdehnung ohne Materie, also kein absoluter Raum, und es gibt keine wirklichen Objekte ohne Ausdehnung, also keine immateriellen punktförmigen Elemente.

Raum als Ausdehnung wird durch die Wissenschaft in verschiedener Weise erfaßt.

Erstens erfaßt der Raumbegriff die in Strukturen manifeste Ausdehnung von Objekten. Diese Einsicht ist mit der Änderung unserer Vorstellung vom Vakuum verbunden. Unter der Voraussetzung der Existenz identischer kleinster Teilchen, aus denen die Welt aufgebaut ist, muß für die Bewegung dieser Teilchen notwendig der leere Raum zur Erklärung herangezogen werden. Betrachtet man nur die Ortsveränderung undurchdringlicher Körper, so können sie nicht konzentriert den Raum (Bereich, in dem sich die Bewegung vollzieht) erfüllen. Das war auch der Gedanke Demokrits, der zur Erklärung der Bewegung das Volle und das Leere benutzte. Mit dem Fortschritt der Wissenschaft wurde die Unhaltbarkeit der Hypothese gezeigt, daß man alles auf identische, kleinste Teile reduzieren kann. Die moderne Physik zeigt nicht nur die Abhängigkeit der Elementarteilchen voneinander, sondern auch ihre gegenseitige Umwandelbarkeit. Damit entfällt die Notwendigkeit der Hypothese vom leeren Raum zur Erklärung der Bewegung. Bewegung ist nicht einfach Ortsveränderung von Körpern. Bewegung ist Veränderung im allgemeinsten Sinne. Zu ihr gehören die Ortsveränderung, die äußere und innere Wechselwirkung, die qualitative Veränderung,

35 Das betrifft nicht die Feststellung von möglichen Elementarlängen. Vgl. dazu H. Hörz, Materiestruktur, a. a. O., S. 251 ff.

die Umwandelbarkeit einer Materieart in eine andere und die Entwicklung. Da die materiellen Prozesse sich gegenseitig durchdringen können, bedarf es für die Vielfalt der Bewegung keines materiefreien Raumes. Die Untersuchung der Materiefelder zeigte, daß nicht die äußere Form eines Körpers oder eines Korpuskel die Grenze ihrer Wirksamkeit darstellt. Elementarobjekte haben die Möglichkeit zur Wirkung in einem größeren Bereich als ihn die realisierte Möglichkeit einnimmt. Wir müssen die Felder der Objekte berücksichtigen. Betrachtet man den Raum als Bereich, in dem sich Bewegung vollzieht, dann stellt man die Erfülltheit dieses Bereichs mit Materie fest. Mehr noch, die Angabe des Bereichs muß durch die Angabe materieller Prozesse erfolgen. Damit kann man sich aber auch, entgegen der Auffassung Kants, den Raum nicht mehr ohne Materie vorstellen. Die Entwicklung der Raum-Zeit-Auffassung hat die These vom absoluten Raum widerlegt.

Zweitens umfaßt der Begriff Raum bestimmte Raumbereiche, die durch die Existenz von Systemgesetzen als relativ geschlossene Systeme bestimmt sind. Dazu gehören die Bereiche quantenmechanischen Verhaltens, Atombewegungen, Molekularveränderungen, die Erde, das Sonnensystem, Galaxien.

Drittens umfaßt der Begriff Raum die Lagebeziehungen und Bewegungsbahnen der Objekte. Auf die Problematik der Erfassung der Bewegung als Summe von Ruhepunkten ist noch zurückzukommen.

Um zum Zeitbegriff zu kommen, unterscheiden wir konkrete Veränderungen, mit denen wir die Zeit messen, von der reinen Zeit. Diese erhalten wir, wenn wir von den konkreten Veränderungen absehen und nur noch die Existenz einer Dauer, eines Geschehens ohne *konkreten* Inhalt berücksichtigen. Der reine Zeitbegriff drückt damit die reine Dauer aus, die durch konkrete Veränderungen gemessen wird. Veränderungen sind kausal bedingt. Insofern ist Zeit als Dauer nicht nur Größe der Dauer, sondern auch Verhältnis zwischen Früher und Später, zwischen Vergangenheit und Zukunft. Daraus ergeben sich Konsequenzen für die Zeitauffassung: Einerseits bestimmt der Charakter der objektiv-realen Veränderungen die Dauer der Veränderungen, also die Zeit. Jedes System hat seine Eigenzeit, nämlich die durch seine Systemgesetze bestimmte Dauer der Strukturveränderungen. Für physikalische Systeme hat die Relativitätstheorie die Eigenzeit als Invariante bestimmt. Die Zeit als Existenzform der Materie ist jedoch keine Invariante für alle Systeme im Sinne einer absoluten Weltzeit, die einen absoluten Schnitt zwischen Vergangenheit und Zukunft zieht. Kausalität erfordert eine bestimmte zeitliche Richtung für konkrete Systeme. Das wird besonders deutlich, wenn wir an die Existenz von Biorhythmen denken. Der Zyklus von der Saat bis zur Reife hat seine eigenen Gesetze, die in Abhängigkeit von den Bedingungen die Eigenzeit des Reifeprozesses einer Pflanze bestimmen. Die Eigenzeit anderer Systeme gilt es noch sorgfältig zu analysieren. Die Frage jedoch, ob es ein umfassendes System gäbe, mit dem eine absolute Zeit zu bestimmen wäre, kann verneinend beantwortet werden. Deshalb ist andererseits stets der Zusammenhang zwischen den verschiedenen Eigenzeiten herzustellen. Aus ihnen wurde der Zeitbegriff abstrahiert. Ihr Zusammenhang ist in der materiellen Einheit der Welt begründet, denn es gibt keinen materiellen Bereich, der nicht durch materielle Prozesse mit anderen Bereichen verbunden ist. Insofern existiert für Teilsysteme eines umfassenden Systems neben den Eigenzeiten der Teilsysteme die Zeit des Gesamtsystems. Die Zeitbeziehungen sind wieder als Wechselbeziehungen zwischen globalen Zeiten umfassender Systeme und relativ elementaren Zeiten, die sich möglicherweise aus der Irreversibilität elementarer Veränderungen ergeben, zu bestimmen.

3.1. Raum als Struktur

Die Entwicklung der wissenschaftlichen Raumauffassung vollzog sich einerseits im Nachweis der Einheit von Physik und Geometrie, indem die physikalische Bedeutung nichteuklidischer Geometrien erkannt und die Kantsche Behauptung von der A-priori-Gültigkeit der Euklidischen Geometrie zurückgewiesen wurde. Andererseits wurde der Raumbegriff in der Mathematik immer weiter verallgemeinert, so daß abstrakte Räume eine Menge von Elementen mit definiertem Grenzübergang darstellen. Innerhalb dieser abstrakten Räume kann man Ergebnisse von Messungen definieren. Sie existieren also nicht unabhängig von den materiellen Prozessen und widerspiegeln objektiv-reale Beziehungen, wenn sie zur Darstellung von Ergebnissen physikalischer Messungen benutzt werden. In diesem Sinne ist der Streit um die indefinite Metrik des Hilbert-Raums in der Heisenbergschen Theorie keine Meinungsverschiedenheit über die Existenz abstrakter Räume, sondern über ihre Ausnutzung bei der theoretischen Erfassung physikalischer Prozesse. Deshalb ist philosophisch auch die Beziehung zwischen mathematischen und physikalischen Räumen interessant. Die mathematische Verallgemeinerung des Raumbegriffs erlaubt eine immer bessere Widerspiegelung der objektiv-realen Struktur physikalischer Prozesse, und der objektiv-reale Raum erweist sich immer mehr als objektiv-reale Struktur, wobei der von uns von der allgemeinen Struktur getrennt betrachtete Anschauungsraum mit seinen drei Dimensionen ein Spezialfall der abstrakten Räume ist. Die Mathematik ist also nicht beziehungslos zum objektiven Raum, da ihre denkmöglichen Strukturen zur Widerspiegelung objektiv-realer wirklicher oder möglicher Strukturen dienen und die Interpretation von mathematischen Objekten in einer mathematisch dargestellten physikalischen Theorie eine wichtige Aufgabe der physikalischen Erkenntnis ist. Hier sei nur an die Diracsche Löchertheorie und ihre Bedeutung zur Entdeckung der Positronen erinnert.

Der mathematische Raum beansprucht Interesse für Physik und Philosophie als physikalisch interpretierbare Struktur, als Bestandteil des tieferen Eindringens in die Materiestruktur. Insofern haben zwar die Theoretiker Recht, die den Unterschied zwischen dem mathematischen und dem physikalischen Raum betonen, zugleich ist für uns aber die immer adäquatere Widerspiegelung der objektiv-realen Strukturen in mathematischen Räumen wesentlich. Mathematische Theorien können sich zwar unabhängig von der Physik und anderen Wissenschaften entwickeln, wie sie auch als mathematische Lösungen wissenschaftlicher und praktischer Probleme entstehen können, entscheidend für den materialistischen Philosophen ist aber der Widerspiegelungscharakter mathematischer Theorien, der sich bei der Interpretation erweist. Die Forderung nach neuen mathematischen Theorien ist deshalb auch die Forderung nach neuen theoretischen Möglichkeiten zur Erfassung der Materiestruktur in mathematisch formulierten wissenschaftlichen Theorien. Daraus ergibt sich der heuristische Wert der Mathematik. Da neue Denkmöglichkeiten nicht nur zu solchen Theorien führen, die die Wirklichkeit adäquater erfassen lassen, sondern auch noch nicht interpretierte Beziehungen aufweisen, ist die Suche nach dem objektiv-realen Inhalt bestimmter mathematischer Formen von der mathematischen Theorie, die zur Darstellung bekannter physikalischer Sachverhalte benutzt wird, ausgelöst worden. Ohne die Beachtung logischer und innermathematischer Kriterien beim Aufbau der Theorie könnte die Mathematik diese Rolle nicht spielen. Neue Denkmöglichkeiten werden gefunden, man löst sich von bisherigen Vorstellungen über existierende Objekte mit bestimmten Eigenschaften und betrachtet mögliche Beziehungen zwischen abstrakten Objekten. Neben dem Unterschied zwischen den denkmöglichen und den objektiv-realen Strukturen muß deshalb auch die Beziehung zwischen beiden beachtet werden, die in folgenden Punkten ausgedrückt werden kann:

Erstens gestatten es die abstrakten Räume der Mathematik, physikalische Meßergebnisse zu formulieren und so zu einem System von Aussagen zu kommen, die in ihren Folgerungen überprüft werden können und Beschreibungen von Beobachtungen durch wesentliche funktionale qualitative und quantitative Abhängigkeiten ersetzen (Darstellungsfunktion der Mathematik).

Zweitens ergeben sich bei der Überprüfung der Folgerungen nichtinterpretierte mathematische Objekte und Beziehungen, die entweder auf die Unzulänglichkeiten des mathematischen Formalismus für die entsprechende physikalische Theorie verweisen, was noch die Darstellungsfunktion betreffen würde, da die mathematische Theorie durch eine andere zur besseren Darstellung ersetzt werden muß, oder auf erst noch zu findende physikalische Objekte und Beziehungen hinweisen. Wie schwierig es ist, beides auseinanderzuhalten, zeigt das Beispiel E. Schrödingers, der seine zeitabhängige Gleichung nicht mit den Experimenten in Einklang bringen konnte, sie ein halbes Jahr liegen ließ und mit der zeitunabhängigen Gleichung arbeitete, während dann die Entdeckung des Spins die Richtigkeit seiner zeitabhängigen Gleichung nachwies. Um die heuristische Funktion der Mathematik zu erkennen, um die es sich immer dann handelt, wenn mathematischen Objekten und Beziehungen erst noch eine physikalische Interpretation gegeben werden muß, bedarf es umfangreicher Arbeiten, Diskussionen und eines gewissen Spürsinns des Theoretikers, der Hinweise für Experimente geben muß.

Drittens sind die mathematisch abstrakten Räume Widerspiegelungen der objektiv-realen Strukturen, wenn sie mit physikalischem Inhalt erfüllt werden. Die Darstellungs- und die heuristische Funktion der Mathematik finden deshalb ihre Vereinigung in der Widerspiegelungsfunktion. Dienen abstrakte Räume zur Darstellung von objektiv-realen Beziehungen, die sich aus Meßergebnissen ergeben, und erweisen sich bestimmte mathematische Objekte und Beziehungen dann als theoretische Voraussage von zu entdeckenden objektiven Prozessen, dann kann man diesen mathematischen Raum als Widerspiegelung der objektiv-realen Struktur fassen. Objektiver Raum und objektive Struktur sind in diesem Sinne vom mathematischen Raum in der Erkenntnis nicht zu trennen. Objektiver Raum und objektive Struktur existieren vor dem mathematischen Raum, auch wenn sie noch nicht erkannt sind. Der mathematische Raum, der vom Menschen erdacht wurde, bringt die Schöpferkraft des menschlichen Bewußtseins zum Ausdruck, das sich mögliche Beziehungen erdenkt, die zur Darstellung gefundener und noch zu findender Strukturen geeignet sind.

Viertens entwickelt sich unsere Kenntnis über die objektiv-realen Strukturen in zweifacher Hinsicht. Einerseits erhalten wir aus den Experimenten neue Meßdaten, die es zu deuten gilt. Dazu brauchen wir die mathematischen Räume. Andererseits werden durch die Mathematik neue Denkmöglichkeiten erforscht, um bessere Voraussetzungen für die Widerspiegelung komplizierter objektiver Sachverhalte in mathematischen Räumen zu gewinnen. Dieser Erkenntnisprozeß begann mit allgemeinen Raumvorstellungen in der Philosophie und hatte seinen ersten Höhepunkt in der Aufstellung der Euklidischen Geometrie. Als Raumvorstellung diente sie lange Zeit zur Darstellung physikalischer Prozesse, wobei der Raum als absolut existierend angesehen wurde. Die Kritik dieser Auffassung und der Nachweis, daß Raum und Zeit Existenzformen der Materie sind, verlangten noch nicht die Beseitigung allgemeiner Eigenschaften der Raum-Zeit, wie die Größer- und Kleiner-Beziehung, das Neben- und Nacheinander usw. In der Elementarteilchenphysik zeigt sich jedoch schon die Schwierigkeit, Elementarteilchen räumlich zu teilen. Hier kann vorerst nicht bestimmt werden, was „räumlich kleiner" bedeuten soll, wohl aber kann die Teilung von Quantenzahlen vorgenommen werden. Im Quarkmodell wird beispielsweise die Elementarladung geteilt. Der Raum erweist sich hier im eigentlichen Sinne als Struktur materieller Prozesse, für die die allgemeinen Charakteristika entweder zu abstrakt sind oder nicht mehr bestimmt werden können. Insofern kann man dazu kommen, den Raum als Nebeneinander materieller Prozesse zu betrachten, wie das viele Philosophen taten, aber man darf nicht dabei stehenbleiben, sondern muß dieses Nebeneinander inhaltlich durch die Aufdeckung der Gesetze und Beziehungen materieller Prozesse bestimmen. Dann erweist sich aber auch der objektiv-reale Raum als Struktur der materiellen Prozesse, wobei unter bestimmten Bedingungen Entfernungen, Bereiche und Bahnkurven bestimmt werden können. In diesem Sinne nähert sich unsere philosophische Raumauffassung der Allgemeinheit topologischer Räume, die zur Darstellung physikalischer Sachverhalte mit bestimmten Eigenschaften identifiziert werden müssen.

3.2. Zeitrichtung und Irreversibilität

Insofern der Zeitbegriff die reine Dauer als Größe ausdrückt, ist damit noch nichts über die Richtung der Zeit ausgesagt. Die Zeit als Existenzform der Materie wird durch die materiellen Veränderungen determiniert. Sie müssen so erkannt sein, daß Aussagen über die Zeitrichtung möglich sind. Da schon auf die Eigenzeit verwiesen wurde, kann es sich bei der Zeitrichtung nicht um eine ablaufende einsinnig gerichtete absolute Weltzeit handeln, an der alle Eigenzeiten zu messen wären. Einerseits müssen wir das Kausalprinzip beachten. So können Wirkungen von bestimmten Ursachen diesen Ursachen nicht zeitlich vorausgehen. Andererseits ist die Wiederholung gleicher Zustände oder die Rückkehr zum Ausgangszustand zu beachten. Mit der Frage nach der Zeitrichtung ist, unter Berücksichtigung objektiver Determinationen, das Verhältnis von Irreversibilität und Reversibilität von Vorgängen verbunden. Irreversible Vorgänge lassen eine Zeitrichtung als inhaltliche Gerichtetheit von Prozessen bestimmen.

Reversibel ist ein Vorgang in einem System dann, wenn alle Veränderungen, die während seines Ablaufs im System und in seiner Umgebung entstanden, dadurch vollständig verschwinden, daß der Vorgang genau in der umgekehrten Richtung abläuft. Bei einem *irreversiblen* Vorgang stellt sich der Ausgangszustand nicht vollständig wieder her. Wenn wir die Unerschöpflichkeit objektiv-realer Beziehungen berücksichtigen, die sich im zufälligen individuellen Verhalten ausdrückt, dann wird nahegelegt, die Existenz elementarer irreversibler Prozesse anzunehmen. Ihr Zusammenhang wird erkannt, indem wir die allgemein-notwendigen, das heißt reproduzierbaren Seiten eines Vorganges hervorheben. Wir beschreiben nicht die irreversiblen Prozesse, sondern nutzen die Existenz allgemein-notwendiger und wesentlicher Zusammenhänge zur Erkenntnis von Gesetzen irreversibler Vorgänge.

Diese Gesetze sind in ihrer mathematischen Formulierung kovariant gegenüber Zeitumkehr. Die objektive Dialektik von Reversibilität und Irreversibilität zeigt sich jedoch in verschiedenen Formen, in Abhängigkeit vom Charakter der Veränderungen. Bewegung ist Veränderung überhaupt. Sie umfaßt sowohl prozessuale Strukturzusammenhänge als auch Prozesse, die zu neuen Qualitäten führen, sowie das Entstehen höherer Qualitäten in einem Entwicklungszyklus, in dem Entwicklungskriterien die höhere Qualität als qualitativ bessere und quantitativ umfangreichere Erfüllung der Funktion der Ausgangsqualität ausweisen. Die Irreversibilität zeigt sich also nicht nur in der Individualität von Objekten in ihren Veränderungen, sondern auch im Entstehen neuer und in der Entwicklung höherer Qualitäten. Die Wissenschaft befaßt sich dabei stets mit der typischen und nicht mit der im Einzelfall konkreten Individualität. Mit der Untersuchung von Struktur-, Prozeß- und Entwicklungsgesetzen wird diese Irreversibilität in ihren reversiblen Aspekten so erfaßt, daß Voraussagen für die Zukunft möglich sind.

Die Irreversibilität (Individualität) von Elementarprozessen kann im Elementarteilchenbereich, in der klassischen Mechanik usw. bei der Erkenntnis der Gesetze vernachlässigt werden. Die Durchbrechung von Erhaltungsssätzen bei schwachen Wechselwirkungen zeigt die Schwierigkeit, nur die Symmetrie zu berücksichtigen. Mit der theoretischen Erfassung irreversibler Prozesse ergibt sich die Möglichkeit theoretischer Erfassung der biologischen Evolution und der Untersuchung der Strukturbildung von irreversiblen Prozessen, die vom Standpunkt der Symmetrie physikalischer Gesetze bei Zeitumkehr nicht vorhanden wäre. Wenn also die elementare Irreversibilität in der Erkenntnis von Gesetzen, die invariant gegenüber Zeitumkehr sind, vernachlässigt werden kann, so taucht die Irreversibilität bei der Durchbrechung der Symmetrie wieder auf, was zur Erkenntnis umfassender Systemgesetze und zur theoretischen Möglichkeit des Entstehens von Neuem führt. Die Gesetze für die irreversible Veränderung von Systemen erklären jedoch noch nicht die Entwicklung höherer Qualitäten, die im Vergleich mit der Ausgangsqualität, gemessen an spezifischen Entwicklungskriterien, die Funktion der Ausgangsqualität qualitativ besser und quantitativ umfangreicher erfüllen. Irreversibilität tritt bei elementaren Prozessen auf, die in reversiblen Theorien erfaßt werden. Damit reproduziert sich für die Erkenntnis das Verhältnis von Irreversibilität und Reversibilität als Erscheinungsform des Verhältnisses von Gesetz und Zufall auf verschiedenen Ebenen. Deshalb ist es wichtig, verschiedene Ordnungen der Irreversibilität zu unterscheiden.

Irreversibilität erster Ordnung zeigt sich in der Durchbrechung von Symmetrien, die in umfassenderen Symmetrien aufgehoben wird. *Irreversibilität zweiter*

Ordnung ist das bedingt zufällige Entstehen von neuen Strukturen, das in der Theorie dissipativer Strukturen untersucht wird. *Irreversibilität dritter Ordnung* ist das Entstehen qualitativ neuer Systeme und neuer Eigenschaften, wie z. B. Sensibilität, Vermehrungsfähigkeit usw., in der biologischen Evolution. *Irreversibilität vierter Ordnung* ist die Entwicklung von Systemen mit höheren Qualitäten gegenüber der Ausgangsqualität, die sich durch Eigenschaften wie Sensibilität usw. auszeichnen.

Die irreversiblen Veränderungen in der Zeit definieren eine Zeitrichtung für die Systeme, in denen diese Veränderungen vor sich gehen. Da Systeme nicht isoliert voneinander existieren, beziehen sich die gerichteten Eigenzeiten von Teilsystemen auf die in umfassenderen Systemen existierende Zeitrichtung. Das führt dazu, von zwei Aspekten der Historizität von Systemen zu sprechen, von den irreversiblen Veränderungen in der Zeit und von der Existenz einer Richtung von der Vergangenheit in die Zukunft. Dabei könnte der zweite Aspekt im Sinne einer gerichteten absoluten Zeit verstanden werden, die jedoch nicht existiert. Sie wäre die Verabsolutierung der Zeitrichtung eines umfassenden Systems. Damit würde die Zeit nicht mehr als Existenzform der Materie begriffen. Eben weil die Irreversibilität nicht nur in elementaren Prozessen existiert, sondern auch im Kosmos, im Entstehen neuer und in der Entwicklung höherer Qualitäten, ist die Zeitrichtung konkret ausweisbar. Damit sind aber objektive Gesetze nicht nur reproduzierbare reversible Seiten irreversibler Elementarprozesse. Entwicklungsgesetze bestimmen reproduzierbare Prozesse, die zu irreversiblen neuen und höheren Qualitäten führen. Es wird das gesetzmäßige Entstehen neuer Qualitäten untersucht, die sich in der Evolution herausbilden und ihren Entstehungsprozeß nicht wieder rückläufig durchmachen. Sie sind die Grundlage für die Entwicklung höherer Qualitäten. Gesetzeserkenntnis und historisch-beschreibende Erkenntnis sind damit nicht zwei Erkenntnisweisen, deren eine nur in Bereichen möglich ist, in denen von der Zeit abstrahiert werden kann, und deren andere Anwendung findet, wenn es um die Historizität von Systemen geht. Die materielle Bewegung wird in allen ihren gesetzmäßigen Aspekten untersucht, als Struktur, Prozeß und Entwicklung. Dabei wird von der Irreversibilität der Elementarprozesse als Grundlage der Zeitrichtung abstrahiert. Da Irreversibilität sich aber auch in der Qualitätsänderung manifestiert, wird die dadurch bestimmte Zeitrichtung des umfassenderen Systems als Maßstab für die Veränderung der Teilsysteme genommen, um Vergangenheit und Zukunft zu bestimmen. Sicher ist es notwendig, das Verhältnis von Zeit und Bewegung durch die differenzierte Betrachtung der Dialektik von Reversibilität und Irreversibilität noch genauer zu untersuchen. Aber es zeigt sich auch hier der innere Zusammenhang von Zeit (Dauer) und Bewegung (Veränderung überhaupt), wobei jede materielle Bewegung in ihren elementaren inneren und globalen äußeren Raumstrukturen begriffen werden muß.

4. Vom mechanischen zum dialektischen Determinismus

Determinismus- und Entwicklungsprinzip sind wesentlicher Bestandteil der materialistischen Dialektik und durchdringen sich gegenseitig. Ihre relative Selbständigkeit besteht darin, daß im dialektischen Determinismus die Bedingtheit (Kausalität) und Bestimmtheit (Gesetz) der Objekte und Prozesse analysiert wird, während die dialektisch-materialistische Entwicklungstheorie Form (Qualitätsänderung), Quelle (dialektische Widersprüche) und Richtung der Entwicklung (Negation der Negation) untersucht. Wesentliche Beiträge zur Determinismusdiskussion lieferte die Physik, während Kosmologie und Biologie tiefere Einsichten in die Entwicklungsproblematik vermittelten.

4.1. Kausalität und Gesetz

Für den mechanischen Determinismus gibt es keinen Unterschied zwischen Kausalität und Gesetz. Selbst die durch Aristoteles begründete Unterscheidung der verschiedenen Ursachen, der causa materialis, causa efficiens, causa formalis und causa finalis, spielte keine Rolle. Entscheidend für die Untersuchung des physikalischen Geschehens war die causa efficiens, die aber nicht im eigentlichen Sinne eine hervorbringende Ursache war, sondern nur als vorhergehender Zustand auftrat, der den gegenwärtigen Zustand bestimmte. Mit dem Hamilton-Formalismus war die mathematische Form für diese philosophische Auffassung vom physikalischen Geschehen gegeben. Durch die Angabe der Orte q_1 und der Impulse p_1 zum Zeitpunkt t_1 konnten die späteren q_x und p_x zu jedem Zeitpunkt t_x berechnet werden. Nimmt man nun die Zustandsbestimmungen der klassischen Physik, die in der Massenpunktmechanik jeden Körper durch seine Lagen und Impulse charakterisierte, nicht nur als berechtigte physikalische Idealisierung, sondern als philosophische Bestimmung aller Zustände überhaupt, dann ist der Zufall aus der Betrachtung ausgeschaltet, und jedes zukünftige Geschehen erscheint als durch die gegenwärtigen Zustände vorherbestimmt. Die philosophische Position bestand also darin, daß der Ablauf des physikalischen Geschehens identisch war mit vorausbestimmtem Zustandswechsel. Kausalität war identisch mit dem Gesetz und charakterisierte den Übergang von einem raumzeitlichen Zustand in den anderen.

Obwohl Kant neben der Kausalität nach Naturgesetzen noch die Kausalität durch Freiheit annahm und den Zweck berücksichtigte, wirkte er vor allem auf viele Naturwissenschaftler durch seine Analyse der Naturkausalität als notwendige Verbindung zwischen Ursache und Wirkung, die er als Denknotwendigkeit charakterisierte. Damit kam er dem Bestreben der Naturwissenschaftler entgegen, eine philosophische Begründung für das Kausalprinzip zu geben, das nicht induktiv aus einzelnen Naturerkenntnissen gefolgert werden kann. Sicher ist die Anerkennung der objektiven Kausalität Voraussetzung für wissenschaftliche Erkenntnis, wie viele Naturwissenschaftler formulierten, aber das, was hier als denknotwendig bezeichnet wird, ist das Ergebnis milliardenfach wiederholter Erfahrung. Diese besagt, daß Wirkungen verursacht sind und selbst wieder als Ursachen anderer Wirkungen auftreten. Es geht also um den materialistischen Grundgedanken, daß der objektive Zusammenhang nirgends durchbrochen ist, daß es keine absoluten Zufälle, ursachelosen Vorgänge oder Wunder gibt. Diese Auffassung von der Kausalität präzisierte Kant durch spezifische Merkmale, die er aus den berechtigten Idealisierungen der klassischen Physik ableitete. Dazu gehört die Regelmäßigkeit des Geschehens, die sich mit Notwendigkeit vollzieht. Nach Kant ist mit der Ursache die Notwendigkeit bereits mitgedacht.

Die Auffassung vom determinierten Einzelgeschehen so verstanden, als ob eine bestimmte isolierbare Ursache für den Zerfall jedes einzelnen Uranatoms existiere, würde die physikalische Forschung einseitig auf die Suche nach verborgenen Parametern orientieren. Nicht um die Aufdeckung einfacher Kausalketten für Einzelereignisse aber geht es in der Wissenschaft, sondern um Gesetze. Das verweist auf die notwendige begriffliche Unterscheidung zwischen Kausalität und Gesetz und fordert vor allem die Untersuchung der Dialektik von Notwendigkeit und Zufall, die bei Kant keine wesentliche Rolle spielte, wohl aber bei Hegel. Dieser untersuchte die Beziehungen der Zufälligkeit zur Möglichkeit und Wirklichkeit, zum Grund und zur Notwendigkeit. Für ihn war das Gesetz die wesentliche Erscheinung. Damit wurden verschiedene Formen des Zusammenhangs untersucht und ihre inneren Beziehungen aufgedeckt.

Durch den mechanischen Determinismus war der Eindruck erweckt worden, als ob die klassische Mechanik beliebige Vorgänge in ihrem Ablauf eindeutig bestimmen könne. Dabei wurde vorausgesetzt, daß die beobachteten makrophysikalischen Objekte, seien es Steine, Billardkugeln oder Sterne, in ihrem Zustand durch Lage und Impuls zu einem bestimmten Zeitpunkt bestimmt werden können. Aus dem Zustand Z_1 (p_1, q_1, t_1) ergibt sich mit Notwendigkeit, ausgedrückt in den partiellen Differentialgleichungen des Hamilton- oder Lagrangeformalismus, der Zustand Z_2 (p_2, q_2, t_2). Was aus der idealisierten Beschreibung realer Sachverhalte gewonnen wurde, wurde bei Kant zur Denknotwendigkeit und im mechanischen Determinismus zur universellen Gesetzmäßigkeit verabsolutiert. Die Differentialgleichungen erschienen generell als Ausdruck der Kausalität.

Danach wäre philosophisch gesehen ein *dynamisches Gesetz* dadurch bestimmt, daß für einen Körper in einem bestimmten Zustand Z_1 genau eine Möglichkeit existiert, die er notwendig verwirklichen muß. Die in Variationsprinzipien vorgesehenen verschiedenen Möglichkeiten haben nur fiktiven Charakter. Die wirkliche Bewegung wird durch eine Extremale beschrieben. Die Variationsprinzipien der klassischen Mechanik, die oft teleologisch im Sinne einer causa finalis verstanden wurden, konnten auf Differentialgleichungen zurückgeführt werden, die mechanisch-deterministisch als causa efficiens deutbar waren, was sich gegen die Teleologie richtete. Dieser Aspekt der Kausalitätsauffassung brachte dann Probleme bei der Interpretation der Quantentheorie mit sich. Nach ihr müßte in einer physikalischen Theorie eine kausale Beschreibung für das Einzelobjekt vorliegen, was aber in der Quantentheorie tatsächlich nicht der Fall ist.

Die Körper werden in der klassischen Mechanik als Massenpunkte erfaßt und durch ihre Ortsveränderungen beschrieben. Diese mit so großem Erfolg praktizierte Bewegungsauffassung enthält jedoch einige Idealisierungen. So ist der Körper nur idealisiert als Einzelobjekt zu betrachten. In Wirklichkeit ist er ein kompliziertes System von Mikroelementen mit ihren Beziehungen. Unter bestimmten Bedingungen kann von dieser inneren Struktur abgesehen werden und der Zustand des Körpers durch die Lage des Massenmittelpunktes bestimmt werden. Damit wird auch von der Dialektik der Beziehungen zwischen System und Element abstrahiert. Außerdem werden die anderen Unterscheidungsmerkmale der Körper als unwesentlich beiseite gelassen. Der Unterschied wird auf den Ort reduziert.

Die Individualisierbarkeit enthält also eine Reihe von Voraussetzungen, die für den Makrokörper näherungsweise zutrafen. Ausgeschlossen von dieser Bestimmung waren Wellen, die miteinander interferieren konnten. Sie wurden mit der Wellenmechanik erfaßt. Diese Trennung von Korpuskel und Wellenvorstellung erwies sich theoretisch als problematisch, als an einheitlichen Objekten gleichzeitig objektive Wellen- und Korpuskeleigenschaften erkannt wurden. Wesentlicher Gegenstand der Forschung war bis dahin das idealisierte isolierte individuelle Objekt, für das Gesetze der Zustandsänderung gefunden wurden. Philosophisch verabsolutiert hatte man aus dieser wichtigen Näherung an die objektive Dialektik der Bewegung geschlossen, daß jede Veränderung auf die Ortsveränderung qualitativ identischer kleinster Teilchen zurückzuführen sei, die ununterscheidbar voneinander existieren. Damit wurde aber jeder weitere Erkenntnisfortschritt an die bisherige Objektvorstellung gebunden und die berechtigte Idealisierung bei der Beschreibung makrophysikalischer Körper unzulässig verabsolutiert.

Die Entwicklung der Statistik konnte von diesem Standpunkt aus nicht als ein tieferes Eindringen in die Dialektik von System und Element angesehen werden; sie wurde vielmehr als ein Hilfsmittel betrachtet, komplizierte Erscheinungen mit vielen Freiheitsgraden theoretisch zu erfassen. Der Sinn wissenschaftlicher Untersuchungen sollte darin bestehen, die Elementarreaktionen dieser Systeme auf klassisch-mechanische Weise zu beschreiben.

Auf der Grundlage des weiteren Eindringens der physikalischen Erkenntnisse in das Wesen der Bewegungen der quantenphysikalischen Elemente makrophysikalischer Systeme ergibt sich die philosophische Definition des statistischen Gesetzes, die die Beziehungen zwischen Systemgesetzen und Elementverhalten zum Ausdruck bringt: Ein *statistisches Gesetz* ist ein allgemein notwendiger, das heißt reproduzierbarer und wesentlicher, das heißt den Charakter der Erscheinung bestimmender Zusammenhang, wobei die existierende Systemmöglichkeit notwendig verwirklicht wird (dynamischer Aspekt), für die Verwirklichung der Elementmöglichkeiten ergibt sich eine stochastische Verteilung der Wahrscheinlichkeiten (stochastischer Aspekt), und für ein Element existiert eine Wahrscheinlichkeit für die Verwirklichung einer bestimmten Möglichkeit (probabilistischer Aspekt). Die Verwirklichung der Elementmöglichkeiten erfolgt also zufällig, aber mit einer bestimmten Wahrscheinlichkeit. Der mechanische Determinismus hat den dynamischen Aspekt des statistischen Gesetzes verabsolutiert und ihn mit der Kausalität identifiziert. Er hat den Systemcharakter der makrophysikalischen Objekte nicht beachtet und den Zufall negiert. Die philosophische Definition des statistischen Gesetzes zeigt die Dialektik von System und Element in einem neuen Licht. Durch sie ist die notwendige Verwirklichung der Systemmöglichkeiten mit der zufälligen Verwirklichung von Elementmöglichkeiten verbunden, die jedoch in den quantitativ bestimmten statistischen Gesetzen, mit denen wir es bei Gesetzen vom Typ der Schrödingergleichung zu tun haben, nach einer stochastischen Verteilung der Wahrscheinlichkeit erfolgt. Damit erweist sich die Auffassung als einseitig, das Neue an der Statistik sei ihre theoretische Aufbereitung von Massenerscheinungen. Statistische Gesetze enthalten Wahrscheinlichkeitsaussagen für das Elementverhalten, und ihr dynamischer Aspekt bezieht sich auf ein relativ isoliertes System. Man darf deshalb nicht einzelne Aspekte des statistischen Gesetzes aus dem Zusammenhang mit den anderen herausreißen. So sind stochastische Verteilungen philosophisch betrachtet noch nicht das ganze statistische Gesetz. Letzteres fordert die Erkenntnis der notwendig sich verwirklichenden Systemmöglichkeiten, die sich in den stochastischen Verteilungen durchsetzt. Wird dagegen die Angabe der Halbwertszeit für Uran als statistisches Gesetz bezeichnet, so ist das ein potentiell statistisches Gesetz. Es gibt nur eine Möglichkeit für das Verhalten eines Uranklumpens beim Zerfall an, also den dynamischen Aspekt. Ein statistisches Gesetz ist diese Angabe deshalb, weil wir wissen, daß keine Gleichverteilung der Wahrscheinlichkeiten für den Zerfall der Atome dieses Klumpens vorliegt. Die Angabe der Zerfallswahrscheinlichkeit für jedes einzelne Atom und die sich daraus ergebende Halbwertszeit machen das potentiell statistische Gesetz zu einem quantitativ bestimmten statistischen Gesetz.

Das philosophisch definierte statistische Gesetz charakterisiert unser tieferes Eindringen in die objektive Gesetzesstruktur, die komplizierter ist, als es der mechanische Determinismus annahm. Daraus ergibt sich aber auch die Notwendigkeit, die Beziehungen der Kategorien Kausalität und Gesetz zueinander zu überprüfen. *Kausalität* ist die direkte, konkrete und fundamentale Vermittlung des Zusammenhangs von Objekten und Prozessen mit anderen, wobei Objekte und Prozesse (Ursachen) andere hervorbringen (Wirkungen). Gesetze existieren dann als objektive Formen des Zusammenhangs in Komplexen von Kausalbeziehungen.

Wenn wir deshalb ein Kausalverhältnis aus dem objektiven Zusammenhang herausgreifen und Ursache und Wirkung bestimmen, müßten wir immer von „Anfangs"ursache und „End"wirkung sprechen, weil das zu analysierende Kausalverhältnis aus einem Komplex von Kausalbeziehungen herausgelöst wurde. Dabei geht es hier nicht um den Begriff der Ursache im Sinne von wesentlichem Grund. So kann man nicht davon sprechen, daß die Ursache für eine bestimmte Fallzeit eines Körpers das Fallgesetz $s = \frac{g}{2} t^2$ sei. Sonst würden „Kausalität" und „Gesetz" identifiziert. Wohl aber kann das Gesetz als wesentlicher Grund für das bestimmte Verhalten frei fallender Körper gelten. Insofern geben Gesetze (wesentliche Gründe) im Determinismus die Bestimmtheit der Objekte und Prozesse im objektiven Zusammenhang an. Beim Aufdecken von Ursachen geht es um die Vorgänge, die direkt und konkret die „End"wirkung als den zu analysierenden Prozeß hervorbrachten. Eben diese Ursachen sind für die emittierten Teilchen beim Radiumzerfall nicht genau anzugeben. Wer nun die Forderung stellt, man müsse die „Anfangs"ursachen für diese „End"wirkung finden, gerät leicht in die Gefahr, eine kausale Ergänzung der Quantentheorie zu fordern.

Die dem dialektischen Determinismus eigene Anerkennung des Kausalgesetzes (Kausalprinzips) ist nicht mit der mechanisch-deterministischen Fassung des Kausalverhältnisses zu verwechseln, nach der eine bestimmte Ursache notwendig eine bestimmte Wirkung hervorbringt. Das Kausalgesetz besagt, daß der objektive Zusammenhang nirgends durchbrochen ist und insofern auch zeitlich vorangehende Prozesse als Ursachen für die von ihnen in Gang gesetzten Prozesse existieren. Dabei gibt es wesentliche und unwesentliche, notwendige und zufällige, allgemeine und besondere Beziehungen.

Die Ursache für einen nicht brechenden .Schuß kann die Feuchtigkeit des Pulvers sein. Bis zu einem gewissen Grade ist jedoch die Feuchtigkeit in der Umgebung der Patrone unwesentlich, solange sie nicht einen bestimmten Grad erreicht, der sie zur Ursache für das Nichtbrechen des Schusses werden läßt. Die Beziehung zwischen Feuchtigkeit und Pulver ist aber nur eine in dem gesamten Komplex von Kausalbeziehungen, der vom Durchziehen des Gewehrabzugs bis zum Brechen des Schusses reicht. Die „Anfangs"ursache, nämlich das Durchziehen des Gewehrabzugs, führt nur zur „End"wirkung, dem Brechen des Schusses, wenn alle weiteren direkten und konkreten Vermittlungen des

Zusammenhangs zwischen den verschiedenen Elementen dieses Systems in vorgesehener Weise existieren. Ist das nicht der Fall, dann bringt zwar eine bestimmte Ursache nicht notwendig eine bestimmte Wirkung hervor, aber das Kausalgesetz wird dadurch nicht aufgehoben. Auch das Nichteintreffen der vorgesehenen „End"wirkung hat eine wesentliche Ursache, die es zu finden gilt.

Dabei erfolgt der Bau des Gewehres und die Erwartung einer bestimmten „End"wirkung auf der Grundlage erkannter objektiver Gesetze. *Gesetze* sind allgemein-notwendige, das heißt reproduzierbare und wesentliche, das heißt den Charakter der Erscheinungen bestimmende Zusammenhänge zwischen Objekten und Prozessen. Die Wissenschaft untersucht die objektiven Gesetze und faßt ihren inneren Zusammenhang in Theorien als Systemen von formulierten Gesetzen. Die Kenntnis der Gesetze ermöglicht das Aufdecken wesentlicher Ursachen. Wären keine Gesetze bekannt, oder noch mehr, existierten keine objektiven Systemgesetze, dann gäbe es keine Unterscheidung zwischen wesentlichen und unwesentlichen, notwendigen und zufälligen Ursachen und Wirkungen. Wesentliche Unterscheidungsmerkmale zwischen *Kausalität* und *Gesetz* sind also:

Erstens ist die Kausalität die direkte Vermittlung des Zusammenhangs. Die Erkenntnis der Kausalität erfordert deshalb das immer tiefere Eindringen in die Materiestruktur, die Aufdeckung immer elementarerer Mechanismen, weshalb wir sie auch als fundamentale Form des Zusammenhangs bezeichnet haben. Wenn wir die Erkenntnis von der Unerschöpflichkeit der materiellen Objekte und Beziehungen berücksichtigen, dann ist die Suche nach den fundamentalen Strukturen nie beendet. Insofern ist die Hervorhebung der direkten und fundamentalen Zusammenhänge zwischen Objekten und Prozessen nicht mit der Forderung verbunden, sie immer isoliert darzustellen. Das würde zur Verabsolutierung der Kausalität führen und die objektiv existierende Wechselwirkung zwischen den unerschöpflich vielen Objekten und Prozessen vernachlässigen. Die Suche nach der Kausalität führt zum Gesetz. Nicht die direkte und fundamentale Vermittlung des Zusammenhangs wird untersucht, sondern die zwischen Anfangs- und Endursache, zwischen koexistierenden Objekten und Prozessen vorhandene allgemeinnotwendige und wesentliche Beziehung. Nicht der Stein, der die Scheibe zerschlägt, nicht der Körper, der im annähernden Vakuum fällt, ist Gegenstand vollständiger Beschreibung seiner kausalen Beziehungen, soweit sie überhaupt erkennbar sind, sondern die hinter diesen zufälligen Ereignissen steckenden reproduzierbaren wesentlichen Beziehungen.

Deshalb ist *zweitens* die Kausalität die konkrete, das heißt undifferenziert nach wesentlichen und unwesentlichen, notwendigen und zufälligen Zusammenhängen, Vermittlung des Zusammenhangs zwischen ganz bestimmten Objekten und Prozessen, während das Gesetz die allgemein-notwendigen und wesentlichen Beziehungen umfaßt. Während die Kausalität auf bestimmte Objekte in ihrer konkreten Existenz bezogen ist, stellt das Gesetz die Verbindung zwischen möglichen und wirklichen Prozessen her.

Drittens ist die Kausalität asymmetrisch, zeitlich gerichtet. In der Kausalität unterscheiden sich Vergangenheit und Zukunft. Zwar trennen wir nur in der Abstraktion „Anfangs"ursache und „End"wirkung; denn die direkte Vermittlung des Zusammenhangs besagt, daß mit der Existenz der Ursachen die Wirkungen schon zu existieren beginnen. Aber es gibt hier eine inhaltliche und zeitliche Gerichtetheit, die deutlich wird, wenn das einzelne Kausalverhältnis mit seiner Vorgeschichte und seinen Auswirkungen verbunden wird. Von dieser Asymmetrie wird im Gesetz abstrahiert. In ihm geht es nicht mehr um die direkte und konkrete Asymmetrie bestimmter Prozesse, wohl aber enthalten Bewegungs- und Evolutionsgesetze Zeitabhängigkeiten.

Durch die Differenzierung von Kausalität und Gesetz und die Untersuchung verschiedener Formen des Zusammenhangs, wie die Durchsetzung der Notwendigkeit im Zufall, der Verwirklichung von Möglichkeiten, kommt der dialektische Determinismus zu einer dialektisch-materialistischen Systemauffassung, die wesentlich für das Verständnis von objektiven Zusammenhängen, qualitativen Veränderungen und Entwicklungsprozessen ist.

4.2. Systemgesetze, Struktur und Funktion

Die Annahme von der Existenz objektiv existierender relativ stabiler Systeme ist eine wichtige Voraussetzung der Erkenntnis. In einem Chaos, einer in sich verflochtenen Gesamtheit unerschöpflicher objektiver Wechselwirkungen, von denen keine sich auszeichnet, würde Erkenntnis unmöglich sein, da jede Teilerkenntnis nur gewonnen werden könnte, wenn die Gesamtheit bereits erkannt wäre.

Der mechanische Determinismus näherte sich mit seiner Auffassung, daß alle Beziehungen notwendig sind, in gewisser Weise dieser Gedankenkonstruktion. Nach ihm müßte die Erkenntnis eines Objekts oder eines Prozesses mit der Aufdeckung aller seiner inneren und äußeren Zusammenhänge verbunden werden. Der mechanische Determinismus arbeitete mit einer Zustands- und Gesetzesauffassung, nach der alle Systeme aus letzten unteilbaren Teilchen aufgebaut sind, deren Elementarreaktionen nach Kenntnis des Anfangszustandes mit Hilfe des Lagrange- oder Hamiltonformalismus eindeutig vorausgesagt werden können. Die Erkenntnisse der Wissenschaften haben diese vereinfachte Auffassung von den objektiv-realen Systemen widerlegt. Die Entwicklung unserer Systemauffassung zeigt, wie wir tiefer die Existenzweise objektiv-realer Gegenstände in der Dialektik von System und Element begreifen.

Ein objektiv-reales *System* ist eine relativ stabile Gesamtheit von Elementen und Beziehungen, die durch die Existenz bestimmter Gesetze, das heißt allgemeinnotwendiger und wesentlicher Zusammenhänge, charakterisiert ist. Diese Systemgesetze bestimmen die wesentliche Verhaltensweise des Systems. Sie geben den Rahmen für das Verhalten der Elemente. Die Elemente sind relativ unteilbare Bestandteile des Systems, die nicht an-sich existieren, sondern sich aufeinander beziehen, miteinander wechselwirken. Die Frage nach der Strukturiertheit der Elemente ist die Frage nach ihrem Systemcharakter. Durch die aus den Systemgesetzen sich ergebende wesentliche Verhaltensweise unterscheidet sich ein System von anderen, besitzt es eine Grundqualität. So können wir mit Hilfe der erkannten objektiven und der zu ihrer Widerspiegelung konstruierten abstrakten Systeme zwischen inneren, zum System gehörenden, und äußeren, auf das System einwirkenden oder mit ihm koexistierenden Beziehungen unterscheiden. Zugleich kommt die Grundqualität eines Systems auch anderen Systemen zu, wodurch sie einerseits zur Klasse der Systeme mit gleicher Grundqualität gehören, andererseits sich untereinander unterscheiden, was wir als „andere Qualität der gleichen Grundqualität" bezeichnen wollen. Für Lebewesen ist diese Unterscheidung z. B. durch die genetische Individualität gesichert. Die Struktur eines Systems erfaßt sowohl die Beziehungen, die für die wesentlichen Verhaltensweisen des Systems entscheidend sind, als auch diejenigen, die den Unterschied zu Systemen der gleichen Grundqualität ausmachen. Mit einer solchen Feststellung wird auch gegen die Auffassung polemisiert, daß Gesetz und Struktur identisch seien oder die Struktur nur die invarianten Beziehungen umfasse.

Unter *Struktur eines Systems* wird die Gesamtheit der wesentlichen und unwesentlichen, allgemeinen und besonderen, notwendigen und zufälligen Beziehungen zwischen den Elementen eines Systems in einem bestimmten Zeitintervall verstanden. Die Struktur umfaßt sowohl die Beziehungen, die das wesentliche Systemverhalten bestimmen, als auch die individuellen Beziehungen, die den Unterschied zwischen Systemen gleicher Grundqualität ausmachen. Wesentlich ist die Frage nach den objektiven Grundlagen für die Bestimmung des Zeitintervalls. Das Zeitintervall ist mit der Existenz der Grundqualität verbunden. Es verweist auf die Entstehung neuer Grundqualitäten und höherer Qualitäten, also auf die Veränderung der wesentlichen Seiten in der Gesamtheit struktureller Beziehungen in der Zeit. Insofern ist auch die Struktur qualitativ zu bestimmen. Es ist stets eine prozessierende Struktur, die jedoch für gleiche Grundqualitäten, wie gleiche Atome, Moleküle, Arten usw., wesentlich gleich ist, aber auch individuelle Besonderheiten aufweist.

Durch diese Bestimmungen von Struktur und System wird bereits der objektiven Dialektik von Identität und Unterschied Rechnung getragen und die mögliche Veränderung und Entwicklung der Systeme, die sich in der Veränderung der Struktur ausdrückt, einbezogen. Dabei bilden Struktur und Funktion eine dialektische Einheit. Die *Funktion eines Systems* ist die durch die Struktur mögliche Verhaltensweise des Systems, die die gesetzmäßige Existenz, Veränderung und Entwicklung des Systems garantiert. Bestimmte Funktionen können durch unterschiedliche Strukturen realisiert werden.

Wichtig für die weitere Untersuchung ist der Charakter der Systemgesetze. In der philosophischen Definition des statistischen Gesetzes wird die Beziehung zwischen Element und System zum Ausdruck gebracht. Berücksichtigen wir die darin erfaßte dialektische Beziehung zwischen der notwendig sich verwirklichenden Möglichkeit für das System unter den notwendigen und hinreichenden Existenzbedingungen erster Ordnung, das heißt denen, die die wesentliche Verhaltensweise des Systems bestimmen, und den mit einer Wahrscheinlichkeit zufällig sich verwirklichenden Möglichkeiten der Elemente unter den Existenzbedingungen zweiter Ordnung, das heißt denen, die die wesentliche Verhaltensweise der Elemente bestimmen, dann ist die wesentliche Verhaltensweise des Systems mit bestimmten Verhaltensweisen (Funktionen) der Elemente verbunden. Jedes objektiv-reale System ist nur relativ abgeschlossen. Dabei geht es hier nicht um die Charakteristik thermodynamisch offener Systeme, die Energie und Stoff mit der Umwelt austauschen. Die Systeme haben Regulationsmechanismen ihres eigenen Verhaltens, die sie mehr oder weniger befähigen, sich an die Umwelt zu adaptieren oder sie zu gestalten. Stoff- und Energieaustausch mit der Umgebung ist dabei Voraussetzung. Der Grad der Geschlossenheit der Regulationsmechanismen ist ein wichtiges Charakteristikum für das Systemverhalten. Er hängt von den Beziehungen zwischen System und Element ebenso ab, wie von den Beziehungen der Systeme untereinander. Da die absolute Isolierung eines Systems unmöglich ist, geht es vor allem darum, den Einfluß äußerer Faktoren auf das wesentliche Systemverhalten zur Grundlage für den Grad der Geschlossenheit zu machen. *Wesentliches Systemverhalten* ist die Gesamtheit möglicher Verhaltensweisen, die das System zu seiner gesetzmäßigen Existenz, Veränderung und Entwicklung realisieren kann. Je größer dieser Einfluß der einzelnen Faktoren auf die wesentliche Verhaltensweise in ihrer Einheit von Struktur und Funktion ist, desto geringer ist der Grad der Geschlossenheit des Regulationsmechanismus. Jeder Mensch, als System erfaßt, hat einen hohen Grad dieser Geschlossenheit, aber er braucht zu seiner Existenz die natürliche und gesellschaftliche Umwelt. Man kann sicher nicht einfach offene und geschlossene Systeme einander entgegenstellen, sondern muß die *Graduierung der Geschlossenheit* berücksichtigen.

Systeme mit hohem Grad der Geschlossenheit sind in ihrer wesentlichen Verhaltensweise entscheidend durch das Elementarverhalten bestimmt. Das wird als *Autonomie* des Systems bezeichnet. Graduierung der Autonomie und der Geschlossenheit sind einander proportional. Während die Geschlossenheit des Regulationsmechanismus im System die geringe Abhängigkeit der Funktionen dieses Systems von anderen Systemen ausdrückt, ist die Autonomie auf das

Verhältnis von System und Element bezogen. Sind die Elemente ohne wesentlichen Einfluß auf das notwendige Systemverhalten, dann reduziert sich das statistische Gesetz auf seinen dynamischen Aspekt. Wie das Gesetz vom freien Fall zeigt, ist das für klassische Körper unter den Bedingungen des relativen Vakuums tatsächlich so. Die innere Struktur des Körpers hat keinen Einfluß auf seine wesentliche Verhaltensweise. Hier liegt ein niedriger Grad der Autonomie vor, denn die gleiche wesentliche Verhaltensweise verschiedener Objekte, ausgedrückt im Gesetz vom freien Fall, ist durch die Existenzbedingungen des Gesetzes bestimmt. Je niedriger die Autonomie ist, desto geringer ist der Systemcharakter des Objekts, desto weniger differenziert sind seine Funktionen. Autonomie ist an eine komplizierte und komplexe Systemstruktur gebunden, in der das Verhalten (die Funktion) der Elemente wesentlich das Systemverhalten bestimmt. Insofern ist die Entwicklung der Organismen mit der Erhöhung des Autonomie- und Geschlossenheitsgrades der Systeme verbunden. Eben deshalb können wir von einem hohen Grad der Geschlossenheit beim Menschen sprechen, weil ein hoher Grad der Autonomie vorliegt. Das ermöglicht es ihm, schneller auf veränderte Umweltbedingungen ohne entscheidende Änderungen der wesentlichen Verhaltensweisen, die man als seine Grundfunktionen bezeichnen kann, zu reagieren. Die Struktur ist bei einem hohen Grad der Autonomie differenzierter. Sie enthält gewisse Ausweichmöglichkeiten für wesentliche und notwendige Funktionen in den unwesentlichen und zufälligen Beziehungen. Das ist deshalb möglich, weil die Funktion nicht nur an eine bestimmte Struktur gebunden ist. Jedoch kann nicht jede beliebige Struktur bestimmte Funktionen erfüllen. Deshalb ist es für die Erkenntnis der Funktionen wichtig, die für sie wesentlichen Strukturelemente zu erkennen. Die Effektivität differenzierter Strukturen für wesentliche Funktionen beruht auf den inneren Reserven in der Struktur.

Bei einem hohen Autonomiegrad ist die Struktur der statistischen Gesetze voll zu berücksichtigen. Kein objektives System ist vollständig auf die Summe seiner isoliert zu untersuchenden Kausalbeziehungen zu reduzieren. Das würde die Unerschöpflichkeit der Materie außer acht lassen und damit den objektiven Zufall leugnen. Die Existenz solcher Formen des Zusammenhangs wie der Gesetze, der Durchsetzung der Notwendigkeit im Zufall, der Verwirklichung von Möglichkeiten usw. ermöglicht die Erkenntnis der wesentlichen Verhaltensweisen eines Systems. Dabei führt die Berücksichtigung der Zeitabhängigkeit zur Untersuchung sich verändernder Systeme. Die Zeit hängt als Existenzform der Materie von der wesentlichen Verhaltensweise des Systems mit ab, weshalb das Zeitintervall in unserer Bestimmung der Struktur durch die Existenz der gleichen Grundqualität charakterisiert ist.

Können wir die Systemgesetze bei gleichbleibender Grundqualität im Zeitintervall Δt als *Strukturgesetze* bezeichnen, so muß die wesentliche Verhaltensweise eines Systems, die zur Änderung der Grundqualität führt und damit zur Existenz neuer Strukturgesetze, durch *Bewegungsgesetze* bestimmt sein, in denen der Zeitfaktor t enthalten ist. Während im Strukturgesetz Δt stets kleiner als ε ist, wobei ε durch die Existenz der Grundqualität bestimmt ist, charakterisiert das Bewegungsgesetz den Übergang von einer Qualität zu einer neuen Qualität, das heißt einer neuen Gesamtheit von wesentlichen und unwesentlichen usw. Beziehungen des Systems für ein neues Zeitintervall. Die Zeit Δt ist also entscheidend für den Übergang von einer Qualität zu einer neuen.

Anders verhält es sich mit der Zeit der *Entwicklungsgesetze.* Da Entwicklung durch höhere Qualitäten bestimmt ist, die im Vergleich mit der Ausgangsqualität deren Funktionen quantitativ umfangreicher und qualitativ besser erfüllen, was mit spezifischen Entwicklungskriterien erfaßt werden kann, müssen Entwicklungsgesetze den Übergang von der Ausgangsqualität zur neuen und höheren Qualität in ihrer Möglichkeit und Notwendigkeit, in ihrer bedingten Zufälligkeit mit den entsprechenden Wahrscheinlichkeitsverteilungen charakterisieren. Dabei treten im Zeitraum t_1 andere Qualitäten der Grundqualität, die Ausgangsqualität des Entwicklungsprozesses ist, auf. Im Zeitraum t_2 entstehen neue und im Zeitraum t_3 entwickeln sich höhere Qualitäten. Entwicklungsgesetze enthalten Struktur- und Bewegungsgesetze in sich.[36]

Berücksichtigen wir die Hierarchie der Systeme, dann ergeben sich Beziehungen zwischen niedriger- und höherentwickelten Systemen, die sowohl struktureller als auch genetischer Art sein können. *Strukturelle Beziehungen* zwischen Systemen mit verschiedenem Entwicklungsgrad, wie sie etwa in dem Verhältnis der Gesellschaft zur Natur unter bestimmten gesellschaftlichen Verhältnissen vorliegen, machen die Untersuchung der Strukturgesetze erforderlich, die die wesentliche Verhaltensweise beider Systemgruppen in der Wechselwirkung bestimmen. Insofern ist es für uns wichtig, die natürlichen Bedingungen gesellschaftlicher Existenz zu beachten. Trotz des hohen Autonomiegrades der Menschen und der Gesellschaft existiert die Gesellschaft nicht unabhängig von der Natur. Der Autonomiegrad bestimmt jedoch die Spezifik des Mensch-Natur-Verhältnisses in Abhängigkeit von den gesellschaftlichen Gesetzen. *Genetische Beziehungen* zwischen den Systemen sind durch Bewegungs- und Entwicklungsgesetze bestimmt, wobei relative Ziele der Entwicklung zu berücksichtigen sind.

36 Vgl. H. Hörz, Dialektisch-materialistische Entwicklungstheorie und die Struktur von Entwicklungsgesetzen, in: Sitzungsberichte der AdW der DDR, 10/G/1975.

5. Natürliche Evolution, objektive Entwicklung und philosophische Entwicklungstheorie[37]

Heute wird die natürliche Evolution des Kosmos, der uns umgebenden Natur und der materiellen Grundlagen des Bewußtseins allgemein anerkannt. Die menschliche Gesellschaft und die spezifisch menschliche Form der Widerspiegelung wird, durch Detailforschungen immer besser belegt, als Eigenschaft und Entwicklungsprodukt der Materie begriffen. Es ist sicher eine berechtigte Frage, ob die philosophische Entwicklungstheorie die Ergebnisse wissenschaftlicher Forschungen zur natürlichen Evolution so verarbeitet, daß sie als adäquate philosophische Interpretation naturwissenschaftlicher Erkenntnisse ihrer weltanschaulichen und heuristischen Funktion gerecht werden kann. Engels hatte auf den weiteren Ausbau der Entwicklungstheorie bei seinen Überlegungen zum Darwinismus aufmerksam gemacht. Er verwies sowohl auf die Fundierung philosophischer Überlegungen durch neue Forschungsergebnisse als auch auf den historischen Charakter dieser Theorie, denn die „Entwicklungstheorie selbst aber ist noch sehr jung, und es ist daher unzweifelhaft, daß die weitere Forschung die heutigen, auch die streng darwinistischen Vorstellungen von dem Hergang der Artenentwicklung sehr bedeutend modifizieren wird".[38]

Lenin stellte die Aufgabe, das allgemeine *Prinzip der Entwicklung* mit dem allgemeinen *Prinzip der Einheit der Welt* zu verknüpfen, weil ein bloßes Einverständnis mit dem Entwicklungsgedanken nicht ausreicht. Entwicklung unterschied Lenin vom Wachstum. „Wenn sich alles entwickelt, heißt das, alles geht von einem in das andere über, denn die Entwicklung ist bekanntlich nicht einfaches, allgemeines und ewiges *Wachsen, Zunahme* (resp. Abnahme) etc."[39] Deshalb forderte Lenin, die Evolution exakter als wechselseitiges Ineinanderübergehen aufzufassen und die Entwicklung der Begriffe zu berücksichtigen. Entwicklung war für ihn Einheit der Gegensätze. Nur so kann die Quelle

37 Wir benutzen im weiteren den Entwicklungsbegriff als einen philosophischen Begriff, der den der Evolution mit umfaßt. In der dialektisch-materialistischen Entwicklungstheorie charakterisiert Evolution den Prozeß des Entstehens neuer Qualitäten; Evolution ist also Bestandteil der Entwicklung. Von anderen Autoren wird der Evolutionsbegriff auch noch benutzt, um die philosophische Gegenposition zur dialektischen Entwicklungstheorie zu bestimmen. Der in den Naturwissenschaften häufig benutzte Evolutionsbegriff kann aber in keinem Fall unanalysiert als Ausdruck eines metaphysischen Entwicklungsverständnisses genommen werden. Es ist immer zu prüfen, welche Relevanz eine naturwissenschaftliche Evolutionstheorie für die philosophische Entwicklungstheorie hat.

38 F. Engels, Herrn Eugen Dührings Umwälzung der Wissenschaft („Anti-Dühring"), in: MEW, Bd. 20, a. a. O., S. 69.

39 W. I. Lenin, Philosophische Hefte, in: Werke, Bd. 38, Berlin 1964, S. 242.

der Selbstbewegung theoretisch erfaßt und die Diskontinuität in der Entwicklung, das Entstehen von Neuem begriffen werden.[40]

Im Zusammenhang mit den Diskussionen um die biotische Evolution und um die Theorie dissipativer Strukturen,[41] um die Evolution des Kosmos[42] und um die Anthropogenese[43] kommt es darauf an, einige Probleme unserer Forschungen zur philosophischen Entwicklungstheorie erneut zu durchdenken. Ausgehend von der Antwort auf die Frage, worin die Dialektik der Entwicklung besteht, soll hier zunächst exemplarisch der naturwissenschaftliche Beitrag zur Entwicklungstheorie, den die Theorie dissipativer Strukturen leistet, charakterisiert werden.

5.1. Zur Dialektik der Entwicklung

Wenn wir die auf der Grundlage der von den Klassikern des Marxismus-Leninismus ausgearbeitete dialektisch-materialistische Entwicklungskonzeption, die durchgeführten Diskussionen um System und Entwicklung, um die Struktur von Entwicklungsprozessen, um die Bedeutung des dialektischen Widerspruchs und um die Einheit der Grundgesetze der Dialektik überschauen, dann können einige wesentliche Ergebnisse als Ausgangspunkt weiterer Überlegungen festgehalten werden[44]:

Erstens ist die Einheit der Welt in der Materialität eine Einheit sich entwickelnder Systeme. In der wechselseitigen Beeinflussung von Systemen, die niedriger und höher entwickelt sind, existieren strukturelle Zusammenhänge. Denken wir etwa an die Auseinandersetzung des Menschen mit der Natur, an die Beziehungen zwischen Flora und Fauna, an die Rolle ökologischer Nischen. Diese strukturellen Beziehungen sind neue Bedingungen für genetische Beziehungen

40 Vgl. ebenda, S. 339.

41 Vgl. G. Pawelzig, Dialektik der Entwicklung objektiver Systeme, Berlin 1970; J. Monod, Zufall und Notwendigkeit, München 1971; M. Eigen, Selforganization of Matter and the Evolution of Biological Macromolecules, in: Naturwissenschaften, 10/1971; F. Cizek/D. Hodanova, Evolution als Selbstregulation, Jena 1971; R. Löther, Die Beherrschung der Mannigfaltigkeit, Jena 1972; R. Riedl, Die Ordnung des Lebendigen, Hamburg—Berlin 1975; K. Fuchs-Kittowski, Probleme des Determinismus und die Kybernetik in der molekularen Biologie, Jena 1976; H. Ley, Zum Stand der Entwicklungstheorie in den Naturwissenschaften, in: Deutsche Zeitschrift für Philosophie, 7/1975; W. Ebeling, Strukturbildung bei irreversiblen Prozessen, Leipzig 1976; H. Hörz, Marxistische Philosophie und Naturwissenschaften, a. a. O.

42 Vgl. H. Hörz/H.-J. Treder, Neue naturwissenschaftliche Erkenntnisse über den Kosmos in weltanschaulicher Sicht, in: Einheit, 5/1977, S. 606ff.

43 Vgl. B. Stephan, Die Evolution der Sozialstrukturen, Berlin 1977.

44 Vgl. Gesetz und Entwicklung in Philosophie und Einzelwissenschaft, in: Wiss. Zeitschrift der HU, Math.-Nat.-Reihe, 1/1973.

des Auseinanderhervorgehens der neuen und höheren Qualität aus der niederen. So ist das Entstehen von solchen Insekten, die gegenüber chemischen Mitteln Resistenzen aufweisen, nur durch den umfangreichen Einsatz chemischer Gifte zur Insektenbekämpfung durch den Menschen zu erklären. Das Problem besteht also nicht nur darin, genetische Zusammenhänge unter historischen Bedingungen zu erforschen, um die Entwicklung der Arten und die Entstehung des Menschen zu begreifen, sondern auch darin, genetische Zusammenhänge unter den neuen Bedingungen bereits existierender Zusammenhänge zu untersuchen. Der historische Aspekt zeigt sich damit in verschiedener Hinsicht. So existieren alle strukturellen und genetischen Zusammenhänge auf einem Entwicklungsniveau oder zwischen verschiedenen Niveaus stets unter konkret-historischen Bedingungen.

Zweitens ist Entwicklung als eine Gesamtheit von Prozessen zu verstehen, in denen sich die Tendenz zur Höherentwicklung als dialektische Negation der Negation durchsetzt, wobei durch objektive dialektische Widersprüche quantitative und qualitative Änderungen im Rahmen einer Grundqualität zum Entstehen einer neuen Grundqualität führen, die dann als höhere Qualität auftritt, wenn sie im Vergleich mit der Ausgangsqualität deren Funktion qualitativ besser und quantitativ umfangreicher erfüllt. Diese allgemeine Formulierung kann schnell zu Mißverständnissen führen, wenn sie nicht mit konkreten Entwicklungskriterien verbunden wird. Ändern sich in der Entwicklung die Funktionen, dann ist das im konkreten Entwicklungskriterium zu berücksichtigen. Um die höhere Qualität bestimmen zu können, müssen vergleichbare Merkmale mit der Ausgangsqualität real existieren.

Eine philosophische allgemeine Aussage kann kein Schema für real ablaufende Prozesse sein, sondern ist heuristisches Denkprinzip, die natürliche Evolution und Entwicklung exakter zu erforschen und ihre objektive Dialektik besser zu verstehen. Bedeutung hat dafür vor allem das Verständnis der Grundgesetze der Dialektik als gesetzmäßige Zusammenhänge des Entwicklungsmechanismus als qualitativer Umwandlung, der Entwicklungstriebkräfte als System von dialektischen Widersprüchen und der Entwicklungsrichtung als dialektischer Negation der Negation.

Drittens ist deshalb die Entwicklung unserer einzelwissenschaftlichen Begriffe und Theorien von der natürlichen Evolution und Entwicklung und die damit im Zusammenhang stehende Entwicklung unserer philosophischen Auffassungen zu beachten und zu untersuchen. Die dialektische Denkmethode erfordert, in der philosophischen Entwicklungstheorie stets den Zusammenhang zwischen den notwendigen Strukturuntersuchungen von Elementen eines Entwicklungsprozesses zur Struktur von Entwicklungsgesetzen, als den übergreifenden Zusammenhängen, herzustellen. Um einfache Determinationszusammenhänge, wie die Durchsetzung der Notwendigkeit im Zufall, die Formierung des Inhalts, die notwendige und zufällige Verwirklichung von Möglichkeiten, die Bedingtheit und Bestimmtheit der Objekte und Prozesse durch Kausalität und Gesetz in konkreten Vorgängen auf einer Entwicklungsebene, in Entwicklungszusammenhänge einordnen zu können, ist sowohl der strukturelle Zusammenhang in allen am konkreten Entwicklungsprozeß beteiligten Entwicklungsebenen, das heißt qualitativ unterscheidbare Phasen im Entwicklungsprozeß, als auch der strukturelle und genetische Zusammenhang zwischen den Entwicklungsebenen zu untersuchen.

Viertens hat sich hier der Begriff des Entwicklungszyklus als wesentlich zur Charakteristik des genetischen Zusammenhangs zwischen niedriger und höher entwickelten Systemen erwiesen. Der Entwicklungszyklus umfaßt die Ausgangsqualität, die selbstverständlich mit ihrer Struktur selbst geronnene bisherige Entwicklung ist, und die Endqualität, die als dialektische Negation der Negation sowohl qualitativ neue Strukturelemente als auch, durch die scheinbare Rückkehr zum Alten, vergleichbare quantitative und qualitative Eigenschaften aufweist, die sich vor allem in der Erfüllung von Funktionen durch Ausgangs- und Endqualität zeigt. Jeder Entwicklungszyklus umfaßt nicht nur die sich durchsetzende Tendenz zur Höherentwicklung, sondern auch gegenläufige Prozesse der Regression, das heißt des Rückkehrens zur alten Qualität, der Stagnation im Sinne des bedingten Aussetzens der Tendenz zur Höherentwicklung und der Ausbildung aller Elemente einer erreichten Entwicklungsstufe. Ein abgeschlossener Entwicklungszyklus liegt erst vor, wenn die höhere Qualität erreicht ist. Gerade das macht die Frage nach den Entwicklungskriterien so interessant, mit denen gemessen werden soll, ob es sich um eine höhere Qualität handelt.

Wenn wir die dargelegten Überlegungen für die weitere Untersuchung von Entwicklungsprozessen nutzen, um zu präziseren Aussagen in unserer philosophischen Entwicklungstheorie zu kommen, dann ist zu beachten, daß die Evolutionsprozesse in der Natur heute nicht mehr unmittelbar durch die philosophische Entwicklungstheorie erfaßt werden können. Eine wesentliche Stufe des Entwicklungsdenkens in der Geschichte waren sicher die intuitiv richtigen Einsichten griechischer Dialektiker in die objektiven Entwicklungszusammenhänge. Ihre Überlegungen zur Entstehung von Neuem, bei Epikur durch die Einführung des Zufalls in die Atomtheorie erklärt, zur ständigen Veränderung bei Heraklit und zum theoretischen Verständnis der Bewegung mit den Aporien Zenons, sind auch heute noch von Bedeutung. Aber inzwischen wurden durch die Naturwissenschaften spezielle Methoden zur Erforschung von Evolutionsprozessen entwickelt. Es wurde ein umfangreiches Material angehäuft, das anstelle von spekulativem Ausfüllen von Wissenslücken die philosophische Analyse wissenschaftlicher Erkenntnisse und Hypothesen erfordert. Astronomie, Biologie, Paläontologie, Physiologie und andere Wissenschaften haben schon im 19. Jahrhundert die neue Naturanschauung begründet, die Engels mit den Worten charakterisierte: „Alles

Starre war aufgelöst, alles Fixierte verflüchtigt, alles für ewig gehaltene Besondere vergänglich geworden, die ganze Natur als in ewigem Fluß und Kreislauf sich bewegend nachgewiesen."[45] Diese Auflösung aller starren und ewigen Schranken zwischen den objektiven Systemen, ihr Verständnis als miteinander wechselwirkende, ineinander übergehende, Neues hervorbringende Strukturen führte aber nicht etwa zu einem theoretischen Chaos, wonach Entwicklung nicht mehr faßbar, sondern nur noch intuitiv zu erahnen wäre.

Die in der Natur anzutreffenden Entwicklungsprodukte sind in ihrer Struktur geronnene Entwicklung. Als wesentliche Struktur, das heißt als objektives Gesetz, ist Entwicklung das Bleibende im Wechsel der Erscheinungen. Es existieren nicht nur Struktur-, sondern auch Bewegungs- und Entwicklungsgesetze. Insofern erfaßt eine systematische Darstellung der Dialektik neben zeitbedingten Elementen durch unseren relativen Erkenntnisstand auch bleibende Erkenntnisse allgemeiner Art, wie die allgemeinen Beziehungen und Gesetze der Dialektik, die ständig mit neuem Material zu präzisieren, aber nicht aufzuheben sind.

Wenn wir die Dialektik der Entwicklung theoretisch erfassen wollen, dann sind folgende Untersuchungsebenen von Bedeutung:

Erstens gibt es ständig tiefere Einsichten in die natürliche Evolution, die in naturwissenschaftlichen Theorien enthalten sind. Dabei muß es sich nicht unbedingt um ausgesprochene Entwicklungstheorien handeln. Eben weil die natürliche Entwicklung Regression, Stagnation, Ausbildung der Elemente eines Systems auf einem Entwicklungsniveau und die Tendenz zur Höherentwicklung umfaßt, sind auch Teilerkenntnisse, die die Möglichkeit von Entwicklungsprozessen ausdrücken, für das Verständnis der natürlichen Entwicklung von Bedeutung. So sind Einsichten in die Beziehungen zwischen Symmetrie und Asymmetrie, zwischen Erhaltung und Nichterhaltung, wie sie die Physik hoher Energien liefert, ein wesentliches Argument gegen die bei Monod in philosophischer Konsequenz enthaltene Verabsolutierung der Invarianz. Für ihn war die invariante Reproduktion der Arten der Grundmechanismus biotischen Seins und seine zufällige Durchbrechung nicht gesetzmäßig.[46]

Der Weg zu einer mit der natürlichen Entwicklung übereinstimmenden Theorie wird durch undialektische Auffassungen verbaut, die sich aus der Fehldeutung naturwissenschaftlicher Erkenntnisse ergeben. Die Analysen naturwissenschaftlicher Evolutionstheorien können aber auch wesentliche Elemente einer philosophischen Entwicklungstheorie liefern, die damit durch naturwissenschaftliche Erkenntnisse fundiert wird.

Zweitens entwickeln sich die Entwicklungsmechanismen selbst. Wenn wir die Evolution im Kosmos betrachten, dann gibt es Kondensations- und Zerstreuungs-

45 F. Engels, Dialektik der Natur, in: MEW, Bd. 20, a. a. O., S. 320.
46 Vgl. J. Monod, Zufall und Notwendigkeit, a. a. O.

hypothesen für die Sternentwicklung, aber allen heutigen Theorien gemeinsam ist das Problem, Entwicklungsmechanismen zu erklären, die bis zu einer Zeit von 12 bis 15 Milliarden Jahren zurückreichen. Der Hinweis auf diesen Zeitpunkt als Beginn der derzeitig überschaubaren Entwicklungsmechanismen deutet darauf hin, daß vorher andere bisher unbekannte Mechanismen existierten. In der biologischen Evolution existieren neue strukturelle Beziehungen zwischen Mensch und Umwelt als Bedingung für natürliche Entwicklungszyklen, die mit der künstlichen Evolution zwar keine Änderung der Entwicklungsgesetze, wohl aber ihrer Wirkungweise, ihres Wirkungsmechanismus mit sich brachten. Ein Problem besteht darin, ob mit der weiteren Gestaltung gesellschaftlicher Beziehungen auch Änderungen in den Entwicklungsmechanismen der Ontogenese des Menschen auftraten oder auftreten.

Drittens ist die Entwicklung von einzelwissenschaftlichen Evolutionstheorien in ihrer inneren Widersprüchlichkeit zu untersuchen. Auf die intuitive Einsicht griechischer Philosophen folgte die systematische Untersuchung von Teilbereichen der Natur. Entwicklungsideen setzten sich oft in Konfrontation mit dem Mechanizismus durch, der die Entstehung von Neuem leugnete. Dialektische Ideen waren vor allem mit idealistischen philosophischen Systemen verbunden. Im geschichtlichen Verlauf wurde die durch die strenge Klassifizierung erfolgte Negation der Dialektik selbst wieder durchbrochen, und es wurden Evolutionstheorien aufgestellt. Strukturdenken wurde durch Prozeßdenken und im 19. Jahrhundert durch Entwicklungsdenken abgelöst. Dabei gab es Einseitigkeiten, wie sie etwa im Gegensatz von Nativismus und Empirismus in der Physiologie des 19. Jahrhunderts auftraten. Beide berücksichtigen jedoch noch nicht die Evolution des Erkenntnisapparates selbst. Solche Einseitigkeiten in der naturwissenschaftlichen Theorienbildung wirkten sich direkt auf die philosophische Entwicklungstheorie aus, ein Vorgang, der erst mit der dialektisch-materialistischen Entwicklungstheorie zu beseitigen ist.

Viertens entwickelt sich die dialektisch-materialistische Entwicklungstheorie durch Präzisierung ihrer allgemeinen philosophischen Aussagen, was die ständige philosophische Verallgemeinerung von Einsichten in die natürliche Evolution, in die Evolution der Evolutionsmechanismen und von Ergebnissen einzelwissenschaftlicher Evolutionstheorien verlangt. Das führt zur Frage nach wesentlichen neuen Einsichten in der Naturwissenschaft.

5.2. Naturwissenschaftliche Beiträge zur Entwicklungstheorie

Hier kann nur auf einige Erkenntnisse aufmerksam gemacht werden, um die Forderung zu verdeutlichen, ständig die Ergebnisse der Naturwissenschaften so zu analysieren, daß mögliche Präzisierungen von Entwicklungsauffassungen sichtbar werden. Engels betonte, daß wir zu der Auffassung der griechischen Philosophen zurückgekehrt seien, die intuitiv das ewige Entstehen und Vergehen materieller Objekte erkannten. Jetzt ist diese Auffassung streng wissenschaftlich begründet. „Allerdings", schrieb Engels, „ist der empirische Nachweis dieses Kreislaufs nicht ganz und gar frei von Lücken, aber diese sind unbedeutend im Vergleich zu dem, was bereits sichergestellt ist, und füllen sich mit jedem Jahr mehr und mehr aus."[47] Um mögliche Lücken in unserer philosophischen Entwicklungstheorie geht es vor allem, wenn auf solche Probleme verwiesen wird wie z. B. die Soziogenese im Tierreich und die schöpferische Entwicklung neuer Ideen.

Hier sollen einige Anmerkungen zur Theorie dissipativer Strukturen gemacht werden. W. Ebeling verweist auf die seit dem vergangenen Jahrhundert immer wieder geführten Diskussionen um den Grundwiderspruch der Naturwissenschaften „zwischen dem II. Hauptsatz der Wärmelehre nach Clausius und ... der Evolutionshypothese von Darwin". „Bekanntlich sagt die Thermodynamik eine Zunahme der Entropie und damit der Unordnung in abgeschlossenen Systemen voraus, während die Darwinsche Evolutionshypothese auf Grund des Selektionsprinzips eine Zunahme des Organisationsgrades biologischer Systeme postuliert."[48] Diese dialektischen Beziehungen zwischen Unordnung und Ordnung, Zerfall und Aufbau, niedriger und höher entwickelten Systemen, Symmetrie und Asymmetrie, Struktur und Entwicklung müssen in einer dialektisch-materialistischen Entwicklungstheorie in ihrem inneren Zusammenhang als objektiv existierende Gegensätze untersucht werden, die in ihrer Einheit die natürliche Evolution besser verstehen lassen.

Einseitige philosophische Haltungen, wie des Mechanizismus, der die Entstehung von neuen und höheren Qualitäten leugnet und die identische Wiederkehr der Zustände behauptet, wie der Vitalismus, der die Spezifik biotischer Evolution zu einer Lebenskraft verabsolutiert, sind immer wieder in ihrer allgemeinen und konkreten Form zurückgewiesen worden. So rechnete Engels mit der undialektischen Auffassung zum Energieerhaltungssatz ab, indem er betonte, daß die Unzerstörbarkeit der Bewegung nicht nur quantitativ, sondern auch qualitativ gefaßt werden muß. Das Argument, „eine Materie, deren rein mechanische Ortsveränderung zwar die Möglichkeit in sich trägt, unter günstigen Bedingungen in Wärme, Elektrizität, chemische Aktion, Leben umzuschlagen, die aber außerstande ist, diese Bedingungen aus sich selbst zu erzeugen, eine solche Materie hat Bewegung eingebüßt", hat seinen Wert als weltanschaulicher

47 F. Engels, Dialektik der Natur, in: MEW, Bd. 20, a. a. O., S. 320.

48 W. Ebeling, Strukturbildung bei irreversiblen Prozessen, a. a. O., S. 7; vgl. auch P. Glansdorff/I. Prigogine, Thermodynamic Theory of Structure, Stability and Fluctuations, London 1971.

Ausdruck materialistisch-dialektischer Grundhaltung ebensowenig eingebüßt wie als heuristischer Hinweis für die naturwissenschaftliche Forschungsarbeit. Nach Engels ist die Bewegung vergänglich, wenn behauptet wird, „daß die Materie während ihrer ganzen zeitlos unbegrenzten Existenz nur ein einziges Mal und für eine ihrer Ewigkeit gegenüber verschwindend kurze Zeit in der Möglichkeit sich befindet, ihre Bewegung zu differenzieren und dadurch den ganzen Reichtum dieser Bewegung zu entfalten".[49] Das aber war die Behauptung von J. Monod, für den die Entwicklung der Organismen ein unwahrscheinliches, absolut zufälliges Ereignis darstellte.[50]

Ausgehend von den Arbeiten von Prigogine und Glansdorff und anderen konnte gezeigt werden, „daß sich *in offenen Systemen*, denen von außen ständig freie Energie und Stoff zugeführt wird, *stationäre Nichtgleichgewichtszustände mit hohem Ordnungsgrad* ausbilden können. Infolge der *großen Abweichungen vom Gleichgewicht* wird das Verhalten durch *nichtlineare Gleichungen* beschrieben, und es können *mehrere stationäre Lösungen* existieren. Durch Untersuchung der *Stabilität* findet man die physikalisch relevante Lösung, die stabil gegenüber Fluktuationen ist. Instabile Zustände zeigen im Gegensatz dazu ein Aufschaukeln der Fluktuationen (Amplifikation), da das System bestrebt ist, in stabile Zustände überzugehen. Die Endzustände können durchaus einen höheren Ordnungsgrad bzw. eine geringere Symmetrie besitzen. Der Übergang zu stabilen stationären Zuständen wird als physikalische Evolution bezeichnet und ist dem Evolutionsprinzip von *Prigogine* und *Glansdorff* (1971) unterworfen."[51]

Die Theorie dissipativer Strukturen gibt Einsichten in solche Prozesse, die Engels, ausgehend von der philosophischen Erkenntnis der Unerschöpflichkeit der Materie und der Unzerstörbarkeit der Bewegung, die sich in ihrer qualitativen Differenzierung zeigt, als Selbsterzeugung der Bedingungen zu dieser qualitativen Differenzierung bezeichnete. Damit wird wichtiges naturwissenschaftliches Material für die philosophische Analyse natürlicher Evolutionsprozesse zur Verfügung gestellt, dessen Bedeutung und Problematik zu untersuchen ist.

Ein wesentlicher Aspekt ist dabei das Verhältnis von Physik und Biologie. Es geht um die physikalischen Grundlagen der biologischen Evolutionstheorie und damit um das Verständnis der Einheit der Welt in der Materialität als Einheit strukturell und genetisch zusammenhängender niedriger und höher entwickelter Systeme.

Für Physik und Biologie ergibt sich die notwendige Untersuchung der physikalischen Grundlagen biotischer Evolutionsprozesse, weil die Beschränkung der Physik auf die Zunahme der Entropie und der Biologie auf die Selbstorgani-

49 F. Engels, Dialektik der Natur, in: MEW, Bd. 20, a. a. O., S. 325.
50 Vgl. J. Monod, Zufall und Notwendigkeit, a. a. O.
51 W. Ebeling, Strukturbildung bei irreversiblen Prozessen, a. a. O., S. 9f.

sation einseitig ist. Der innere Zusammenhang ist weiter zu erforschen. Dabei kann zunächst festgehalten werden:

Erstens liefert die Theorie dissipativer Strukturen keine biologische und erst recht keine philosophische Entwicklungstheorie. Sie ist jedoch eine physikalische Rahmentheorie für Theorien zur biotischen Evolution, die physikalische Möglichkeiten biotischer Evolution erfaßt. Für die Philosophie tritt damit das Verhältnis von System und Element in der spezifischen Form auf, daß die Entwicklung von Systemen und von höheren Qualitäten durch Mechanismen des Verhaltens der Elemente zu erfassen ist, die einer niedrigen Entwicklungsstufe angehören. Das macht die statistischen Gesetze als Entwicklungsgesetze für das Verständnis von Entwicklungsprozessen interessant, denn Entwicklungsgesetze umfassen Struktur- und Bewegungsgesetze, wenn sie den gesetzmäßigen Zusammenhang von Entwicklungszyklen charakterisieren.

Zweitens ist das Verhältnis von Gesetz und Zufall weiter zu untersuchen. Die Notwendigkeit konkreter Prozesse in der biotischen Evolution ist nicht mit der Unausweichlichkeit vorherbestimmter Ereignisse zu verwechseln, wie sie der mechanische Determinismus annahm. Die Notwendigkeit konkreter Ereignisse ist eine Einheit von allgemeiner Notwendigkeit, wie sie im Gesetz als notwendig sich verwirklichende Möglichkeit enthalten ist, und bedingter zufälliger Verwirklichung von Elementmöglichkeiten. Ohne die Struktur statistischer Gesetze zu berücksichtigen, kann man die Einheit von Notwendigkeit, Zufall, Möglichkeit und Wirklichkeit theoretisch nicht erfassen. M. Eigen spricht von der Notwendigkeit des für gegebene Randbedingungen gesetzmäßig formulierbaren Ablaufs der Evolution und der Freiheit der individuellen Kopienwahl als Konsequenz einer undeterminierten Abfolge der Elementarereignisse.[52] Damit ist aber das Argument nicht entkräftet, daß diese Elementarereignisse selbst gesetzmäßig sind. Es ist die gesetzmäßige Verbindung von bedingter notwendiger Verwirklichung von Systemmöglichkeit und bedingter wahrscheinlicher Verwirklichung von Elementmöglichkeiten in der Struktur statistischer Gesetze zu beachten. Damit geht es um die Struktur von Entwicklungsgesetzen. Das ist mehr als die Feststellung, daß der Zufall eine Notwendigkeit hervorbringe.[53] Entwicklungsgesetze enthalten als gesetzmäßigen Zusammenhang die Selbstreproduktion von Entwicklungsbedingungen, sonst existiert keine Beziehung zwischen alter und neuer Qualität. Ihr struktureller Zusammenhang wird dann zwar als Gesetz erfaßt, aber nicht ihr genetischer Zusammenhang.

Drittens ist Entwicklung als Einheit verschiedener Qualitätsänderungen, eben der Ausbildung anderer, neuer und höherer Qualitäten besser zu verstehen. So wichtig der Gedanke von der Entropieproduktion für eine Theorie irreversibler

52 Vgl. M. Eigen/R. Winkler, Das Spiel, München 1975, S. 77.

53 Vgl. K. Fuchs-Kittowski, Probleme des Determinismus und der Kybernetik in der molekularen Biologie, a. a. O., S. 412.

Prozesse ist, so ist die Ausbildung dissipativer Strukturen eine gerichtete physikalische Bewegung, die noch keine Entstehung höher entwickelter Qualitäten umfaßt.[54] Einerseits wird also eine enge Evolutionsauffassung dadurch durchbrochen, daß Evolution nicht mehr nur Kosmos, Bios und Gesellschaft zugesprochen wird, sondern physikalische Evolution untersucht wird. Andererseits darf das in der philosophischen Theorie nicht zur Einschränkung der qualitativen Seiten der Entwicklung führen, die Tendenz zur Höherentwicklung ist.

Viertens wird mit der Diskussion um die Theorie dissipativer Strukturen die Rolle der Modelle in der wissenschaftlichen Erkenntnis erneut verdeutlicht. Wenn Ebeling feststellt, daß wir den Selektionsprozeß theoretisch nicht so nachvollziehen können, wie er in der Natur abgelaufen ist, dann sind zwei Aspekte zu beachten. Keine Theorie erfaßt die Wirklichkeit so, wie sie, durch die Gesamtheit der Bedingungen bestimmt, konkret in Objekten und Prozessen als Einheit notwendiger und zufälliger, allgemeiner und individueller Eigenschaften sich entwickelte. Sie erfaßt sie jedoch immer besser in ihrem gesetzmäßigen Verhalten unter bestimmten Bedingungen. Deshalb betont Ebeling den Wert von Selektionsmodellen, wesentliche Aspekte von Selektionsprozessen herauszuarbeiten, „wodurch eine schrittweise Annäherung an reale Verhältnisse ermöglicht wird"[55]. Das Modell muß entsprechend seiner Zielsetzung, Evolutionsmechanismen zu erfassen, mögliche Varianten wirklicher Abläufe bieten, die wissenschaftlich überprüfbar sind. Deshalb meint Ebeling an anderer Stelle auch zu Recht, daß das Studium bestimmter Modellprozesse keinen direkten Erklärungswert für die Deutung realer Entwicklungsprozesse habe.[56]

Offensichtlich dürfen wir von unseren Modellen, die so komplizierte Prozesse wie die biotische Evolution oder die noch wenig bekannte Bildung dissipativer Strukturen erfassen sollen, nicht zuviel verlangen. Modelle sind hier Vorstufen für eine umfassendere Theorienbildung, in der Einseitigkeiten aufgehoben werden. Insofern helfen die Modelle bei der theoretischen Analyse bestimmter Mechanismen, die Grundlage von Entwicklungsprozessen sein können. Dabei wäre es sicher verkehrt, voreilig Grenzen von Evolutionsmodellen zu postulieren.

5.3. Aspekte einer philosophischen Entwicklungstheorie

Neben dem tieferen Verständnis des Verhältnisses von Gesetz und Widerspruch, der inneren Einheit der Grundgesetze der Dialektik ist es sicher wichtig, darüber nachzudenken, welche Aspekte eine philosophische Entwicklungstheorie umfassen

54 Vgl. W. Ebeling, Strukturbildung bei irreversiblen Prozessen, a. a. O., S. 134.
55 Ebenda, S. 177.
56 Vgl. W. Ebeling, Physikalisch-chemische Grundlagen der Strukturbildung bei Entwicklungsprozessen, in: Struktur und Prozeß, Berlin 1977, S. 167.

muß, wenn sie die Prinzipien der Einheit der Welt in der Materialität und der Entwicklung theoretisch konsistent miteinander verbindet und so zu einer adäquaten philosophischen Interpretation naturwissenschaftlicher Erkenntnisse zu Entwicklungsprozessen wird und zugleich heuristische Anforderungen an die naturwissenschaftliche Forschung stellt. Als notwendige Komponenten der Entwicklungstheorie, die mehr oder weniger ausgearbeitet sind, erweisen sich folgende:

Erstens haben die bisherigen Überlegungen bereits gezeigt, daß die Ergebnisse der naturwissenschaftlichen Forschung zum Verhältnis von Symmetrie und Asymmetrie, zur gerichteten Herausbildung bestimmter Strukturen und zur natürlich bedingten Bewertung bestimmter Evolutionsrichtungen genau zu analysieren sind. Die einseitige These von einer symmetrischen Grundstruktur unserer Welt verallgemeinert nur die bisherigen positiven Ergebnisse bei der Erfassung der Wirklichkeit mit Erhaltungssätzen und die Möglichkeit, die Durchbrechung solcher Erhaltungssätze theoretisch damit aufzufangen, daß umfassendere Sätze formuliert werden. Immer mehr wird jedoch auch der innere Zusammenhang zwischen Erhaltung und Nichterhaltung deutlich, der vor allem dann wesentlich wird, wenn die Durchbrechung der Invarianz, das Entstehen von Neuem im Mittelpunkt des theoretischen Interesses steht. Die Theorie dissipativer Strukturen zeigt, daß dann nicht mehr die reversiblen Prozesse in geschlossenen Systemen, sondern die irreversiblen Prozesse in offenen Systemen in ihrem gesetzmäßigen Verhalten untersucht werden müssen, um eine naturwissenschaftliche Erklärung für ausgezeichnete Richtungen zu erhalten. Die Natur bringt notwendig selbst neue Strukturen hervor. Der II. Hauptsatz der Thermodynamik wird immer mehr im Zusammenhang mit dem I. Hauptsatz gesehen und die qualitative Erhaltung differenzierter Bewegungsformen beachtet. Mehr noch, es werden die Bedingungen untersucht, unter denen neue Strukturen entstehen. Der ständige Energieaustausch offener Systeme untereinander und der Informationsgehalt von objektiven Strukturen sind wesentliche Seiten objektiver Evolution in der Einheit von invarianter Reproduktion und irreversibler gerichteter Veränderung.

Zweitens muß die Entwicklungstheorie das Entstehen neuer Qualitäten erklären. Das ergibt sich noch nicht aus der Anerkennung gerichteter irreversibler Veränderungen bei der Strukturbildung im anorganischen Bereich. Die Theorie dissipativer Strukturen verweist auf physikalische Möglichkeiten für die Entstehung neuer biotischer Qualitäten. M. Eigen hebt das Zusammenwirken von Reproduktion, Mutation und selektiver Bewertung in der biotischen Evolution hervor. Damit sind Elementarmechanismen der Entstehung von Neuem angesprochen, aber die Entwicklung höherer Qualitäten, die sich in der Entwicklung des Erkenntnisapparates zeigt, muß weiter untersucht werden.

Drittens ist die Kompliziertheit von Entwicklungsprozessen, wie sie im inneren Zusammenhang der drei Grundgesetze der Dialektik zum Ausdruck kommt, dadurch besser zu erfassen, daß die Struktur von Entwicklungsgesetzen, ausgehend von Einsichten in das Verhältnis von Gesetz und Zufall, weiter untersucht wird. Gesetze haben Existenz- und Wirkungsbedingungen. Neue Bedingungen können zur Modifizierung von Gesetzen führen, die nicht ihre allgemeine Notwendigkeit, sondern ihre innere Struktur betreffen. Probleme, die mit künstlicher Evolution, mit der Änderung von Verhaltensmechanismen usw. zu tun haben, bestätigen die Notwendigkeit weitergehender philosophischer Überlegungen zur natürlichen Evolution in ihrer Gesetzmäßigkeit.

Viertens muß eine Entwicklungstheorie aber nicht nur die Kompliziertheit objektiver Entwicklungsprozesse umfassen, sondern sich auch mit den *Entwicklungskriterien* befassen. Für Kriterien in einem Entwicklungszyklus muß die Vergleichbarkeit zwischen Ausgangs- und Endqualität gesichert sein. Da die dialektische Negation der Negation eine scheinbare Rückkehr zum Alten darstellt, bietet sich ein Entwicklungskriterium an, das diese scheinbare Rückkehr nutzt (Vergleichbarkeit der Funktionen), um Unterschiede bei der Erfüllung dieser Funktionen festzustellen. Sicher kann diese konkrete Meßbarkeit in der Erfüllung gleichartiger Funktionen nicht dazu führen, qualitative Unterschiede in Ausgangs- und Endqualität eines Entwicklungszyklus zu verwischen. Entwicklungskriterien sind für konkrete Prozesse in konkreter Form auszuarbeiten, aber alle müssen den philosophischen Gesichtspunkt der Vergleichbarkeit und des qualitativen Unterschieds berücksichtigen, um die höhere Qualität nicht allein aus sich heraus bestimmen zu wollen.

Wichtig ist der Gedanke eines *Systems von Kriterien*, in dem allgemeine und besondere, koexistierende und einander ergänzende Kriterien existieren, wobei jedes, für sich genommen, Entwicklung nicht vollständig bestimmt. Kriterien größerer Komplexität und Komplizierheit, der Herausbildung der Autonomie, der Irreversibilität, der inneren Aktivität, der Existenz eines Grundwiderspruchs, der Einfachheit usw. können bestimmte Tendenzen der Veränderung, des Wachstums und der Entwicklung charakterisieren, aber zur Bestimmung eines abgeschlossenen Entwicklungszyklus gehört ein Kriterium, das die höhere Qualität des Systems gegenüber der Ausgangsqualität ausweist. Die Formulierung der qualitativ besseren und quantitativ umfangreicheren Erfüllung der Funktionen der Ausgangsqualität durch die Endqualität macht auf das Problem aufmerksam, meßbare vergleichbare Zusammenhänge herzustellen. Leichtfertig wird die höhere Qualität dann postuliert, wenn man sie mit einem Kriterium nicht messen kann. Frühere Evolutionsstufen können in ihrem Qualitätsgrad an späteren gemessen werden, indem die genetischen Zusammenhänge zwischen ihnen aufgedeckt werden. Auch hier hilft uns der Begriff des Entwicklungszyklus. Das relative Ziel, das in der höheren Qualität erreicht wird, kann als Verwirklichung einer der objektiven Möglichkeiten, mit einem auf diesen Zyklus bezogenen Entwicklungskriterium als höhere Qualität ausgewiesen werden.

Hier konnten nur einige wesentliche Aspekte materialistischer Dialektik in ihrer Bedeutung für die Naturwissenschaften behandelt werden. Einerseits werden die Ausführungen zur Dialektik und Geschichte, zum tiefen Eindringen von Physik und Biologie in die objektive Dialektik, zur Dialektik naturwissenschaftlicher Erkenntnisprozesse und zur Kritik antidialektischer Auffassungen allgemeine Aussagen präzisieren und weitere Aspekte zeigen. Andererseits werden damit weiße Flecken unserer Dialektikforschung deutlich. Gerade die notwendige theoretische Vereinigung des Prinzips der Einheit der Welt und des Determinismus und des Entwicklungsprinzips macht es in der weiteren philosophischen Forschung erforderlich, das neue naturwissenschaftliche Material zu analysieren, um Fragen nach der Struktur der Entwicklungsgesetze, nach der Evolution der Evolutionsmechanismen, nach den Entwicklungskriterien präziser beantworten zu können.

Kapitel II
Die Entwicklung der Dialektik in Physik und Biologie

Auf der Grundlage der klassischen Physik, der Darwinschen Evolutionsbiologie und anderer bedeutsamer naturwissenschaftlicher Erkenntnisse seiner Zeit hat Engels, in regem Gedankenaustausch mit Marx, wesentliche Einsichten in die Dialektik der Natur und die Dialektik des naturwissenschaftlichen Erkenntnisprozesses gewonnen. In der Periode der revolutionären Umgestaltung des Fundaments der Physik um die Wende vom 19. zum 20. Jahrhundert präzisierte und erweiterte Lenin diese Erkenntnisse in Auseinandersetzung mit fehlerhaften und einseitigen philosophischen Deutungen der Wissenschaftsentwicklung. Die Tragweite philosophischer Verallgemeinerungen moderner naturwissenschaftlicher Forschungsergebnisse für die Entwicklung der materialistischen Dialektik hat verschiedentlich zu der Auffassung geführt, die klassische Naturwissenschaft sei metaphysisch und erst die moderne Naturwissenschaft dialektisch. Die Geschichte der Physik und Biologie erweist sich jedoch als Geschichte eines ständigen Ringens um das Verständnis der objektiven Dialektik der Natur. Das gilt auch für Zeiten, in denen die metaphysische Denkweise vorherrschte. Das immer tiefere Eindringen der Naturwissenschaft in die Materiestruktur ermöglichte die Entwicklung der Naturdialektik von der Spekulation zur Wissenschaft.

Wir wollen die Geschichte der Philosophie, der Physik und der Biologie konstruktiv nutzen, das Dialektikverständnis zu vertiefen. Die Herausbildung und Entwicklung der Dialektik, in der Analyse ausgewählter Beispiele aufgedeckt, zeigt den Zwang zur Dialektik, der in jeder naturwissenschaftlichen Forschung liegt. Für die Klassiker der marxistisch-leninistischen Philosophie war die Begründung und Entwicklung der materialistischen Dialektik keine philosophie*interne* Angelegenheit. Lenin schrieb in seinem Konspekt zu Hegels „Wissenschaft der Logik": „Die Fortführung des Werks von Hegel und Marx muß in der *dialektischen* Bearbeitung der Geschichte des menschlichen Denkens, der Wissenschaft und der Technik bestehen."[1] Dabei kann es nur darum gehen, die Dialektik in der

1 W. I. Lenin, Konspekt zur „Wissenschaft der Logik", in: Werke, Bd. 38, Berlin 1973, S. 137.

Geschichte der Physik und Biologie aufzuspüren und sie nicht hineinzukonstruieren.

In diesem Kapitel konzentrieren wir uns auf einige wesentliche philosophisch-weltanschauliche Linien bei der Entwicklung der Naturdialektik von der Spekulation zur Wissenschaft (1), auf den Zwang zur Dialektik bei der Herausbildung der klassischen Physik (2) und die Entfaltung evolutionstheoretischer Ansätze in der Biologie (3).

1. Entwicklung der Naturdialektik von der Spekulation zur Wissenschaft

Engels unterschied in der Vorrede zum „Anti-Dühring" zwei Stufen des Auftretens der dialektischen Philosophie: die antike griechische und die klassische deutsche Philosophie.[2] Und er empfiehlt allen Naturforschern die „Umkehr" „vom metaphysischen zum dialektischen Denken".[3] Diese Umkehr könnte nach seiner Meinung durch die Beschäftigung mit den historischen Gestalten der dialektischen Philosophie wesentlich erleichtert und abgekürzt werden. Den historischen Gestalten fügt sich die materialistische Dialektik von Marx, Engels und Lenin als höchste und streng wissenschaftliche Stufe an.

1.1. Elemente der Dialektik in der antiken griechischen Philosophie und den Ansätzen zu den Einzelwissenschaften

Die Dialektik, und zwar noch ungegliedert in ihre einzelnen Elemente und Seiten, ist im 6. und 5. Jahrhundert v. u. Z. in den antiken griechischen Stadtstaaten entstanden. Dabei wurde das mythologische Denken allmählich überwunden, das in der Urgesellschaft und in den altvorderasiatischen Agrardespotien (Mesopotamien, Ägypten und die an sie angrenzenden Länder) herrschte und die Herausbildung theoretischen Denkens über die Welt als Ganzes beeinflußte und teilweise behinderte. Dialektische Ideen entstanden in Griechenland zugleich mit dem philosophischen Denken. Die Philosophie als rationale Erklärung der Welt

2 Vgl. F. Engels, Dialektik der Natur, in: Karl Marx/Friedrich Engels, Werke (im folgenden MEW), Bd. 20, Berlin 1975, S. 332f.

3 Ebenda, S. 332.

trennte sich von der Mythologie sichtbar durch die Formulierung allgemeiner theoretischer Begriffe.

Damit soll keineswegs gesagt werden, daß es vor der Entstehung der griechischen Stadtstaaten kein wissenschaftliches Denken gegeben hätte. Entsprechend den besonderen Produktionsbedingungen in den Stromtälern und ihren Randgebieten waren dort bereits lange vorher Ansätze zur Mathematik, Astronomie, Geometrie, Medizin und einer Reihe anderer sehr eng mit der Produktion und dem Handel verbundener Wissenschaften entstanden. Doch hatten die bestehenden Produktions- und Eigentumsverhältnisse und die aus ihnen hervorgegangene zentralisierte Staatsmacht als eine ihrer wesentlichen Legitimationen und realen Machtinstrumente auch eine starke religiöse Tradition erzeugt, die das gesamte gesellschaftliche Leben beherrschte und alle anderen ideologischen Erscheinungen prägte. Diese Tradition erschwerte eine der Wirklichkeit adäquate Weltsicht und verhinderte somit das Entstehen einer allgemeine Weltzusammenhänge erfassenden Dialektik. Ebenso wie die eigenständige Entwicklung einzelwissenschaftlichen Denkens in den asiatischen Literaturen gab es aber bereits Werke der Dichtung, deren philosophisch-dialektischer Gehalt sich uns heute geradezu greifbar anbietet.

Neben der gesellschaftlich bedingten Überlagerung der Ansätze zum rationalen und dialektischen Denken durch das religiöse Denken muß auch der jeweils historisch begrenzte Erkenntnishorizont der Bevölkerungsgruppen, die zum Teil noch in relativer Isolierung voneinander lebten und wenig voneinander wußten, berücksichtigt werden: Die Entwicklung der Produktivkräfte hatte noch keinen die (damals bekannte) Welt umfassenden Markt erzeugen können, die Staatsbildungen waren kurzlebig, Kriege wirkten sich auf die Bevölkerung mit katastrophaler Vernichtungsgewalt wie Naturgewalten aus und warfen die Wirtschafts- und Kulturentwicklung jedesmal weit zurück. Reale Ohnmacht der Menschen paarte sich unter solchen Bedingungen mit Mangel an Einsicht in gesellschaftliche und natürliche Zusammenhänge. Darin lagen erkenntnistheoretische Wurzeln religiöser Vorstellungen in der Welt des alten Vorderen Orients.

In der antiken Polis-Gesellschaft waren hingegen Voraussetzungen für eine naiv-materialistische Erfassung der Welt als einheitliches Ganzes, für das Erkennen der Entwicklung in Gegensätzen und für den philosophischen Disput in dialektischer Form gegeben.[4] Hier bildete sich die antike Klassengesellschaft in einer bisher nicht gekannten Art heraus, die auf der Grundlage individuellen oder staatlichen Eigentums an Sklaven dem freien Individuum Möglichkeiten zur Entwicklung seiner persönlichen Anlagen bot. Der freie Bürger der antiken Städte konnte sich vielfältige und reiche Bildungsgüter aneignen. Diese Bildung war

4 Vgl. Kulturgeschichte der Antike, Bd. 1: Griechenland, Berlin 1976, S. 100ff.

notwendig, um als Bürger bestehen und seine Pflichten erfüllen zu können. Die relative Begrenztheit der antiken Staatsbildungen (als ideale Bevölkerungsgröße wurden 6000 Einwohner angesehen, die auf eng begrenztem Territorium lebten), die Möglichkeit, durch persönlichen Eindruck die gesellschaftlichen Funktionen und Institutionen des Staates zu über- und zu durchschauen, und nicht zuletzt die Möglichkeit vielfältiger Vergleiche zu vor- und außergriechischen Staatsbildungen waren ein starker Antrieb für den Verstand der antiken Menschen und das Denken in Zusammenhängen und Gegensätzen. Sie konnten gleichsam noch mühelos Erscheinungen erkennen, die sich in der gegenwärtigen hochgradig arbeitsteiligen Gesellschaft erst nach komplizierten theoretischen Analysen verstehen lassen. Dadurch wurden einfache, aber tiefe Erkenntnisse gewonnen, an die alle spätere Philosophie anknüpft.

Die Griechen konnten beobachten, daß die Gebräuche der Völker verschieden sind, daß es überall in der ihnen bekannten Welt unterschiedliche Naturerscheinungen und in diesen doch das Gemeinsame, das Gesetz gab, daß andere Lebensbedingungen andere gesellschaftliche Organisationsformen erzeugen und das gesellschaftliche Leben überall von Gegensätzen geprägt ist, solchen Gegensätzen wie frei und unfrei, arm und reich, vollberechtigt und rechtlos. Dabei zeigte sich aber auch, daß einige Grunderscheinungen bei allen Unterschieden und allem Wandel sich überall wiederholen. Diese Beobachtungen stießen die Griechen auf Grundverhältnisse wie die des Entstehens und Vergehens, des Ursprungs der Dinge, der Beziehungen des Widerspruchs, der Ordnung, des Ausgangs- und Grundprinzips, des Gesetzes, der Erscheinung und des Wesens.

Eine der Voraussetzungen des philosophischen Denkens im antiken Griechenland war die Souveränität des Denkens gegenüber religiöser Befangenheit. Die Vielzahl unterschiedlichster Götter und religiöser Systeme bei den mit ihnen in Handelsbeziehungen stehenden Völkern führte bei den Griechen zu Vermutungen über die Unverbindlichkeit und Nichtigkeit religiösen Denkens und zu einem tiefen Vertrauen in die eigene produktive und geistige Kraft. Dieses souveräne Selbstbewußtsein wurde gestärkt und gefördert durch die Autonomie, Autarkie, die demokratischen Rechte und Bildungsmöglichkeiten der Polis. Für religiöses oder mythologisches Bewußtsein war in diesen Staaten, zumindest für die aktiv handelnden und das politische Leben mitbestimmenden Bürger, wenig Platz. Die Religion hatte einen unverbindlichen und künstlichen Charakter angenommen und behinderte nur noch relativ selten die philosophische Diskussion. Ein fest organisiertes mächtiges Priestertum, das der Verbreitung wissenschaftlichen Denkens wie im alten Indien, Mesopotamien und Ägypten nachhaltigen Widerstand hätte leisten können, gab es nicht:

Unter solchen Bedingungen und aufbauend auf den naturwissenschaftlichen und gesellschaftlichen Erfahrungen der Völker, deren geistiges Erbe die Griechen antraten, entwickelte sich auch jene „ursprüngliche, naive, aber der Sache nach richtige Anschauung von der Welt“[5], als die Engels die altgriechische Dialektik kennzeichnet. Sie war mit einem naturwüchsigen Materialismus verbunden,[6] so daß mit der Herausbildung einer eigenständigen Philosophie Materialismus und Dialektik existieren, freilich in einer noch unreifen, vor allem durch niedrigen Entwicklungsstand der technischen Produktionsmittel und das fast völlige Fehlen des Experiments bedingten Form.

Die gesamte antike Philosophie vor Sokrates war dem Nachdenken über die Gesetzmäßigkeiten (Logos) der natürlichen Erscheinungen gewidmet: „Physiologoi“ nannten sich diese Denker selbst. Das übersetzt man gewöhnlich mit „Natur-Philosophen“. Doch war auch der Begriff der Physis damals ein anderer: Er beinhaltete keine Unterscheidung in natürliche und gesellschaftliche Erscheinungen, in unbelebte, belebte Materie und die Welt der Menschen. Erst nach Sokrates wendet sich das Interesse vorrangig gesellschaftlichen Erscheinungen zu, deren differenzierte Analyse allgemeines Bildungsgut wurde.

Alle Welt und sich selbst mit ihr als eine dialektische Einheit zu empfinden, bedurfte für die frühen griechischen Philosophen keiner Reflexion, es war „Resultat der unmittelbaren Anschauung“[7]. Da sie das Experiment kaum kannten und „keine empirische Naturwissenschaft hatten“[8], mußten sie sich auf die allein von Beobachtungen ausgehende Spekulation beschränken. Dieses spekulative Denken bewies hier nicht nur seine Begrenztheit, sondern auch seine Kraft. So beobachtete Anaximander Verdunstungsprozesse und zog daraus spekulative Konsequenzen für die Entwicklung der Erdoberfläche. Außerdem stellte er fest, daß das Leben aus dem Feuchten entstanden sei. Sicher erscheinen uns heute die angeführten Beweise sehr naiv, oft als Zufallstreffer: „Darin liegt die Unzulänglichkeit der griechischen Philosophie, derentwegen sie später andren Anschauungsweisen hat weichen müssen. Darin liegt aber auch ihre Überlegenheit gegenüber allen ihren späteren metaphysischen Gegnern. Wenn die Metaphysik den Griechen gegenüber im einzelnen recht behielt, so behielten die Griechen gegenüber der Metaphysik recht im ganzen und großen.“[9] Jene nach Engels ursprüngliche, naive, aber der Sache nach richtige Anschauung von der Welt zeichnete das „Bild einer unendlichen Verschlingung von Zusammenhängen und Wechselwirkungen, in der nichts bleibt, was, wo und wie es war, sondern alles sich bewegt, sich verändert, wird und vergeht“[10].

5 F. Engels, Herrn Eugen Dührings Umwälzung der Wissenschaft („Anti-Dühring“), in: MEW, Bd. 20, a. a. O., S. 20.
6 Vgl. F. Engels, Dialektik der Natur, in: MEW, Bd. 20, a. a. O., S. 458.
7 Ebenda, S. 333.
8 Ebenda.
9 Ebenda.
10 F. Engels, Herrn Eugen Dührings Umwälzung der Wissenschaft („Anti-Dühring“), in: MEW, Bd. 20, a. a. O., S. 20.

Auch bei modernen Naturwissenschaftlern erregte dieses naiv-dialektische Weltbild mit seiner philosophischen Tiefe und seinen genialen Vorwegnahmen Bewunderung, so bei E. Schrödinger, der sich in speziellen Vorlesungen mit ihm befaßt hat.[11] Doch er konnte sich die Erkenntniskraft der frühen griechischen Dialektik nicht erklären und nur bildlich feststellen, sie habe „der Natur noch näher“ gestanden. „Ein kohärentes Weltbild war noch nicht erreicht, die Konstruktion der ‚realen Außenwelt‘ noch nicht durchgeführt.“[12] Die zutreffenden Hypothesen versuchte er als Glücksfälle zu erklären. Die genialen dialektischen Gedanken antiker Philosophen waren Ausdruck der schöpferischen Leistungen unter den konkreten gesellschaftlichen Bedingungen ihrer Zeit. Vor allem ein Gebiet stand für sie gründlicher Beobachtung und nicht nur dem spekulativen Gedankenexperiment offen: die Gesellschaft. Dort ging es ebenso wie in der Natur objektiv dialektisch zu. Wer die Klassenkämpfe in den griechischen Stadtstaaten, die Ablösung der alten landbesitzenden Aristokraten durch die Handwerk und Handel treibenden sozialen Schichten, die Geburt und das rasche Wiedervergehen der Tyrannis als Staatsform dieser sozialen Machtverschiebung erlebte, wer — wie die geschäftstüchtigen Ionier — selbst Anteil hatte an den dynamischen und gesellschaftswandelnden Prozessen der Warenwirtschaft, wer nicht nur die Gegensätze zwischen Sklaven und Freien, sondern auch die Versklavung Freier und die Befreiung von Sklaven täglich erleben konnte und an den jähen Wechsel der politischen Machtverhältnisse und Bündnisse seines eigenen und anderer Stadtstaaten gewöhnt war, dem mußten sich die dialektischen Gesetze und Kategorien förmlich aufdrängen. So steht in der Kosmologie Heraklits das Feuer zu anderen Erscheinungsformen der ewig sich bewegenden Materie im selben Verhältnis wie das allgemeine Äquivalent der Warenwirtschaft, das Geld, zu anderen Waren: Es „wird alles gegen das Feuer und das Feuer gegen alles ausgetauscht, so wie Waren gegen Gold und Gold gegen Waren“[13].

In den überlieferten Vorstellungen der antiken Philosophen lassen sich die Elemente der subjektiven von denen der objektiven Dialektik und den Reflexionen über die Dialektik des Denkprozesses nur schwer aussondern.[14] Alle diese Seiten wurden jedoch entwickelt. Als gegenständliche Bezugsebene diente zeitlich zuerst vorwiegend die Natur, später (seit den Sophisten und mit dem Zerfall der Polis-Strukturen) vorwiegend die Gesellschaft und das menschliche Denken. Die naive Dialektik, die Natur, Gesellschaft und das Denken betraf, trat in zwei Hauptformen auf: 1. als Ausarbeitung objektiver dialektischer Zusammenhänge und Gesetze der drei Ebenen, 2. als Form der Erörterung und der wissen-

11 Vgl. E. Schrödinger, Die Natur und die Griechen, Wien 1955.
12 Ebenda, S. 128.
13 Heraklit, Fr. 90, vgl. G. Thomson, Die ersten Philosophen, Berlin 1961.
14 Vgl. F. Jürß, Zum Erkenntnisproblem bei den frühgriechischen Denkern, Berlin 1976.

schaftlichen Diskussion (das griechische Wort Dialegomai bedeutet: „sich unterhalten", „ein Gespräch führen", „überlegen"), im Verlauf derer wesentliche Seiten der betrachteten Erscheinung aufgedeckt werden. Nur die zweite Form wurde von den griechischen Philosophen selbst „Dialektik" genannt. In den großen platonischen Dialogen erlebte sie ihre Blüte als Kunst der Aufdeckung und des Beweises der Wahrheit, also als dialektische Methode.[15]

Entsprechend der mäeutischen Methode seines großen Lehrers Sokrates entwickelte Platon seine Begriffsdialektik im Dialog; wie wir heute wissen, nicht nur mit angenommenen, sondern mit historisch realen Gegnern. Es zeugt von starkem Vertrauen in die Macht des menschlichen Verstandes, Gegenstände wie Seele, Liebe, Verantwortung, Staat usf. einer von Anfang an auf eine kategorial saubere Fassung abzielenden Begriffsanalyse zu unterziehen, allerdings auch von einer später in der antiken Philosophie nicht mehr erreichten geistigen Disziplin. Platon hat als erster Philosoph mit aller Konsequenz der Welt der sich verändernden Erscheinungen eine Welt der unveränderlichen Ideen gegenübergestellt und die Wissenschaft auf diese Welt der Ideen orientiert. Diese idealistische Position wurde im „Timaios" mit der Erörterung von Möglichkeiten der Verbindung von Naturerkenntnis und Mathematik gekoppelt.

Die Dialektik als Lehre von den objektiven Zusammenhängen erreicht ihren ersten Höhepunkt in positiver Darstellung bei Heraklit, in negativer bei den Eleaten, die sie leugnen, jedoch im Zuge ihrer Beweisführung selbst auf dialektische Verhältnisse in der Wirklichkeit stoßen.

Die antike Atomistik Demokrits war ihren erkenntnistheoretischen Voraussetzungen nach konsequent materialistisch und erklärte alle Welterscheinungen spontan-dialektisch aus der ewigen Bewegung und Wechselwirkung der diskret aufgebauten Materie. Während Demokrit die Bewegung der Atome nur als linear und notwendig auffaßte, ging Epikur bereits auf Beziehungen von Notwendigkeit und Zufall ein. Der spontan-dialektische Ansatz der Atomistik war noch gepaart mit der metaphysischen Vorstellung letzter Grundbausteine der Materie.

Das Bewußtsein des universellen Zusammenhangs der Erscheinungen ist in der griechischen Philosophie genetisch gesehen ein Erbe des vor dem Entstehen der Philosophie herrschenden mythologischen Weltbildes, das die Erscheinungen einschließlich des sie erkennenden Subjekts völlig einheitlich und undifferenziert betrachtete, analog zur undifferenzierten Einbettung des Individuums in das alles beherrschende Beziehungsnetz der urgesellschaftlichen Gentilgesellschaft. Deshalb gaben auch mythologische Spekulationen auf ihre Weise Zusammenhänge der Wirklichkeit wieder.[16] Um sie aber wissenschaftlich zu erklären, mußte

15 Vgl. Istorija antičnoi dialektiki, Moskva 1972, S. 30f.
16 Vgl. F. Ch. Kessidi, Ot mifa k logosu, Moskva 1972, S. 41f., S. 51.

die mythologische Hülle durch die Philosophie gesprengt werden. Die Philosophie der Antike ist ein vielgestaltiger Prozeß der begrifflichen Präzisierung und Konkretisierung der Vorstellungen vom allgemeinen Zusammenhang und der unablässigen Bewegung der Natur, der Gesellschaft und des Denkens. Die Auffassungen Heraklits stellen deshalb einen Höhepunkt der antiken Dialektik dar, weil er auf seine Weise als erster die Bewegung als Daseinsweise der Materie begriff und den Kampf der Gegensätze als Ausdruck dieser Daseinsweise auffaßte,[17] die das Werden und Vergehen erzeugt. Daß Heraklit sein bewegendes Prinzip, den Logos, nicht nur mit dem Feuer, sondern auch mit Zeus gleichsetzte, kann man vernachlässigen, denn das war in der ganzen antiken Philosophie üblich, Zeus war ein künstlicher und — zumal in der Philosophie — völlig funktionsloser Gott. Die antiken Philosophen waren nur selten (Xenophanes) Atheisten in unserem Sinne, sie waren Hylozoisten, das heißt, sie stellten sich die Materie als belebt vor; sonst hätten sie sie nicht als ewig bewegt zu begreifen vermocht.

Zu keiner Zeit existierte „Dialektik als solche", sie war eingebunden in ein System von philosophischen Aussagen und verknüpft mit einer materialistischen oder idealistischen Erkenntnistheorie. Diese Verbindung bestimmt ihre historischen Formen und die Konsequenz ihres Auftretens. Bekanntlich ist wirklich konsequente Dialektik nur auf der Grundlage des philosophischen Materialismus möglich.

Davon zeugt auch die Dialektik bei Aristoteles, dessen Werk den Höhepunkt und Wendepunkt der antiken Philosophie bezeichnet und zugleich den Ausgangspunkt für die eigenständige Entwicklung der Einzelwissenschaften und der Logik darstellt. Aristoteles war nicht nur Philosoph, sondern auch einer der größten Naturforscher und Gesellschaftskenner der griechisch-römischen Antike. Seine universellen Kenntnisse führten ihn zur Erkenntnis des Stufenbaus der Bewegungsformen der Materie, der die Mineralien und die Pflanzen, Pflanzen und Tiere, Tiere und Menschen miteinander verbindet. Dieses Wissen wurde einzelwissenschaftlich erst eine Generation später, durch seine naturwissenschaftlich orientierten Schüler, unter denen Theophrast und Eudemos die berühmtesten waren, wirksam. Aber aus der richtigen Erkenntnis des Zusammenhanges der aufsteigenden Bewegungsformen miteinander ergab sich auch für Aristoteles nicht die Konsequenz, auf ein Hervorgehen der höheren aus niederen Bewegungsformen zu schließen.[18] Daran behinderte ihn unter anderem seine idealistische Auffassung, daß die menschliche Erkenntnistätigkeit — und besonders auch das Denken in wissenschaftlichen Begriffen — einem außerhalb dieses Stufenbaus

17 Vgl. ebenda, S. 216ff., vgl. auch Engels' Aussage über Heraklits Dialektik: F. Engels, Herrn Eugen Dührings Umwälzung der Wissenschaft („Anti-Dühring"), in: MEW, Bd. 20, a. a. O., S. 20.

18 Vgl. Istorija antičnoi dialektiki, a. a. O., S. 84, S. 201ff.

stehenden göttlichen Ursprung verpflichtet ist. Wenn trotz vielfältiger spontan dialektischer Einsichten die antiken Denker immer wieder an der Entwicklungsproblematik scheiterten, so ist dafür nicht zuletzt die relativ langsame, über große Zeiträume sogar stagnierende Produktivkraftentwicklung verantwortlich.

Eine objektiv-dialektische Erklärung des allgemeinen Weltzusammenhangs war um so weniger für Platon möglich, der sich offen um die Konservierung besonders rückständiger Formen der gesellschaftlichen Machtausübung durch die herrschende Klasse der Sklavenhalter bemühte, der in den Fragen der Erkenntnistheorie konsequenter Idealist war. Sein ihn später an wissenschaftlicher Universalität überragender Schüler Aristoteles versuchte Idealismus und Materialismus in einem festgefügten philosophischen System zu vereinigen. Beide Denker haben durch die von ihnen gepflegte Methode der möglichst vielseitigen Diskussion von Problemen und die modellhafte Behandlung von Kontroversen über sehr unterschiedliche Gegenstände zur Schulung des exakten Denkens und der Beachtung widersprüchlicher Erscheinungen nicht wenig beigetragen.

Seit Aristoteles und seinen stark auf Einzelforschung, auf empirisches Sammeln orientierten Schülern gab es innerhalb der Philosophie Ansätze zur einzelwissenschaftlichen Forschung und auch erste Bestrebungen zur Trennung von Philosophie und Einzelwissenschaften.[19] Der gewaltig anwachsende Berg einzelner Erkenntnisse entzog sich zunehmend der Einordnung in enge philosophische Systeme, die sich von nun an immer häufiger fast ausschließlich ethischen Problemen zuwandten und sich mit religiösen Denkvorstellungen mischten.

Der „ursprüngliche, naturwüchsige Materialismus, der ganz natürlich in seinem Anfang die Einheit der unendlichen Mannigfaltigkeit der Naturerscheinungen als selbstverständlich ansieht"[20], verlor damit vorerst seine Wirksamkeit und trat auch in den philosophischen Systemen in Rom später nur noch selten (Lucretius Carus) wieder auf. Stürmisch aber entwickelten sich einzelne Wissenschaften in den Metropolen der großen hellenistischen Reiche, der Nachfolgestaaten des Alexanderreiches. Besonders gelangten die Wissenschaften in Alexandria, Seleukia und einigen anderen Großstädten zu Ansehen. In der Hauptstadt des hellenistischen Ägypten, Alexandria, entwickelte sich im 3. und 2. Jahrhundert v. u. Z. ein wissenschaftliches und kulturelles Zentrum von höchster Ausstrahlungskraft.[21] Mathematik und Mechanik, Geographie, Astronomie, Anatomie und Physiologie fanden ihre Wirkungsstätte. Neben Euklid und Archimedes wirkten hier unter anderem Aristarch, Eratosthenes, Hipparch, Heron und Apollonios. Sie alle waren als Wissenschaftler für ihre Zeit so universell wie die großen Denker

19 Vgl. Wissenschaft und Weltanschauung in der Antike, Hrsg.: G. Kröber, Berlin 1966.
20 F. Engels, Dialektik der Natur, in: MEW, Bd. 20, a. a. O., S. 458.
21 Vgl. dazu die Bewertung durch F. Engels, Herrn Eugen Dührings Umwälzung der Wissenschaft („Anti-Dühring"), in: MEW, Bd. 20, a. a. O., S. 20.

der Renaissance nach ihnen. So war z. B. Eratosthenes einer der vielseitigsten griechischen Wissenschaftler: Philologe, Leiter der berühmten, 400000 Handschriften umfassenden Bibliothek von Alexandria (damals die größte Bibliothek der Welt und wissenschaftliches Begegnungszentrum ersten Ranges), Begründer der historischen Chronologie und der mathematischen Geographie.

Vor der alexandrinischen Periode gab es bei den Griechen wohl eine Naturphilosophie und Sozialphilosophie spekulativen Charakters, jedoch keine naturwissenschaftliche und gesellschaftswissenschaftliche Forschung.

Der nun eintretende Verlust an subjektiver Dialektik und dialektischer Methode war ein notwendiges durch das Sammeln und Systematisieren von Kenntnissen gekennzeichnetes Durchgangsstadium auf dem Wege der Dialektik von der Spekulation zur Wissenschaft. Hierauf trifft die Beobachtung über den komplizierten und oft verzögerten Entwicklungsprozeß der Wissenschaft zu, die Engels in seinen Studien zu den Grundformen der Bewegung machte: „Aber die Geschichte hat ihren eignen Gang, und so dialektisch dieser schließlich auch verlaufen mag, so muß die Dialektik doch oft lange genug auf die Geschichte warten.“[22]

Auch in der Krisen- und Zerfallzeit der antiken Philosophie nach Aristoteles trat dialektisches Denken auf. Weder der Gedanke des universellen Zusammenhangs noch der vom stufenweisen Aufbau der Welt ging völlig verloren. Der Strom der Tradition hatte die Möglichkeit, die sarazenische Philosophie und das lateinische Mittelalter zu erreichen und einer neuen Blüte dialektischen Denkens in der Renaissance das Wissen der Antike zu bewahren. Eines mehrerer möglicher Beispiele für das Fortleben der Dialektik der Antike auch im mystischen und schon mit christlichen Ideen vermischten Gewand ist die Dialektik des Neuplatonismus bei Plotin. In der Philosophie Plotins ist Dialektik Lehre von allgemeinsten Eigenschaften, von den Widersprüchen und Kategorien. Sie geht sowohl analytisch als auch synthetisch vor. Dialektik war für Plotin die oberste Wissenschaft und höchste Stufe menschlichen Denkens, wichtigster Teil der Philosophie. Durch idealistische Interpretation aller zu seiner Zeit bekannten philosophischen Kategorien errichtete er das spekulative dialektische System, das in seinen „Enneaden“ vorliegt.

So endet die „erste Gestalt“ dialektischer Philosophie in der Menschheitsgeschichte, geprägt vom selbstverständlichen Materialismus ihres Anfangs und selbst noch in ihrem Verfallstadium bedingt erkenntniskräftig.

22 F. Engels, Dialektik der Natur, in: MEW, Bd. 20, a. a. O., S. 392. Wertvolle Hinweise zum Gang der Wissenschaftsentwicklung finden sich im Vortrag von K. Hager: „Dialektik der Natur“ und die Gegenwart (Wissenschaftl. Konferenz anläßl. des 50. Jahrestages des Erscheinens der „Dialektik der Natur“ am 3. 12. 1975, Berlin 1975, S. 56). Diese Aussagen sind gleichzeitig Hinweise zur konkreten Erforschung der Wissenschaftsgeschichte.

1.2. Dialektik und Materialismus im islamischen Mittelalter

Dialektisches Denken und materialistische Naturerklärung lebten in dem reichen Strom der Philosophie der Araber weiter. Für Denker wie den arabischen Philosophen und Universalhistoriker Ibn Chaldun war noch im 14. Jahrhundert die Existenz europäischer Wissenschaft und Philosophie nur eine Absonderlichkeit, würdig, im „Buch der Beispiele" verzeichnet zu werden. Er betrachtete „*seine* Kultur als selbstverständliche Erbin"[23] der Kultur der Vergangenheit. Europazentrisches Denken hat diese Traditionslinie verdunkelt; wir sind noch dabei, sie wieder freizulegen.[24]

Die Handelsströme flossen nach dem Zerfall des römischen Reiches sehr lange vor allem vom Orient zum Okzident. Ihnen folgten die Kultureinflüsse, die wir noch heute an romanischen und gotischen Kirchenbauten in Europa beobachten können. Dem liegt die Tatsache zugrunde, daß zu jener Zeit der arabische Orient dem europäischen Abendland ökonomisch deutlich überlegen war und eine einheitliche Kultur hinter den Speerspitzen der islamischen Heere schuf, die in der damaligen Welt ihresgleichen nicht mehr hatte.

Wir sollten bei der Bewertung der Leistungen der arabischen Philosophie und Wissenschaft des Mittelalters allerdings auch nicht vergessen, daß die politischen Verhältnisse in den Ländern der Kalifen extrem instabil waren und mit ihren dauernden dynastischen Revolten, Intrigen und Morden freier Entwicklung naturwissenschaftlicher und gesellschaftswissenschaftlicher Forschung wenig günstig waren. Vieles konnte nur verklausuliert in der Form der Dichtung geäußert werden. Deshalb haben wir so hervorragende atheistisch-philosophische Lehrgedichte wie die Omar Chajjams. Die Größe dieser tief dialektischen Natur- und Gesellschaftsphilosophie besteht gerade darin, daß sie trotz ungünstigster Zeitverhältnisse „wichtige antike Erkenntnisse über die Natur und die Gesellschaft vorurteilslos aufgenommen, gründlich durchdacht und mit neuen Überlegungen und Berechnungen bereichert"[25] hat.

Überragend stehen für diese Philosophie die Namen der Aristoteleskommentatoren und Universalgelehrten Ibn Sina (Avicenna) und Ibn Ruschd (Averroës). Doch die Vielfalt und Tiefe dialektischer Erkenntnisse von Natur und Gesellschaft erschließen wir besser über die weniger bekannten, hingegen spezialisierteren Denker dieser Zeit, die alle eine Einheit von Politiker, Wissenschaftler, Philosoph und Dichter repräsentierten, wie das dann auch auf die Philosophen der europäischen Renaissance zutraf.

23 G. Strohmaier, Denker im Reich der Kalifen, Leipzig—Jena—Berlin 1979, S. 9.
24 Vgl. dazu neben der Arbeit von G. Strohmaier auch: H. Ley, Geschichte der Aufklärung und des Atheismus, Bd. 2/1, Berlin 1970.
25 G. Strohmaier, Denker im Reich der Kalifen, a. a. O., S. 24.

Wir denken an den im 10. Jahrhundert lebenden Al-Farabi, den die Araber ehrenvoll den „zweiten Lehrer“ (nach Aristoteles) nannten. Er blieb zwar erkenntnistheoretisch Idealist, gab jedoch eine rationalistische und im wesentlichen wissenschaftlich-atheistische Erklärung des menschlichen Verstandes, plädierte für die Notwendigkeit der Chemie als exakte Wissenschaft und gab eine bemerkenswerte und der scholastischen weit überlegene Klassifikation der Wissenschaften. Er unterschied Sprachwissenschaften, Logik, mathematische Wissenschaften (dabei auch Musik, Optik, Astronomie), physikalische Wissenschaften und Gesellschaftswissenschaften.[26] Ferner ist in dieser Zeit an den aus Basra im Irak stammenden Physiker Alhazen zu denken, der sich in Ägypten gleichzeitig als Politiker betätigte und im Auftrag der Fatimiden ein Projekt zum Bau eines Assuan-Staudamms entwickelt hat. Er hat viel zur Methodik des wissenschaftlichen Experiments beigetragen, die ja in der Antike nur wenig entwickelt war. Noch heute erinnert in Lehrbüchern der Physik die „Alhazensche Spiegelaufgabe“ an seinen Namen. Er erfand das Vergrößerungsglas und erklärte den Sehvorgang wissenschaftlich. Schließlich entwickelte er die Astronomie bedeutend.

Wir denken ferner an Al-Biruni (geboren 973 in Kath am Amu-Darja), dessen großartiger und für die Entwicklung des dialektischen Denkens so wichtiger Briefwechsel mit Ibn Sina sich erhalten hat.[27] Sein dialektisches Denken ließ ihn den Zusammenhang zwischen der Erdrotation und der Geschichte des Amu-Darja erkennen. Gemeinsam mit einem Bagdader Astronomen beobachtete er von Raij in Persien aus 987 eine Mondfinsternis, was ein bezeichnendes Licht auf die Möglichkeiten wissenschaftlicher Zusammenarbeit in der damaligen Welt des Islam wirft. Außerdem war er vergleichender Chronologe und Religionshistoriker.

Diese Beispiele mögen genügen, die arabische Vermittlung und ihre Hintergründe zu verdeutlichen, durch die die antike dialektische Tradition Europa nicht verloren ging.

1.3. Dialektik in den Fesseln mittelalterlicher Theologie

Nach Engels liegen zwischen der ersten Gestalt der Dialektik in der Antike und der Rückkehr zum Selbstverständlichen, nämlich zur materialistischen Dialektik auf einer höheren, dem Entwicklungsstand der Produktivkräfte und der Wissen-

26 Vgl. Al-Farabi, O razume i nauke, Alma-Ata 1975, S. 53ff.

27 Vgl. Materialy po istorii progressivnoj obščestvenno-filosofskoj mysli v Uzbekistane, Taškent 1957.

schaften angemessenen Stufe „mehr als zwei Jahrtausende wesentlich idealistischer Weltanschauung“[28]. Für die Erforschung der Zwischenzeit, das heißt bis zur „zweiten Gestalt der Dialektik“, der klassischen deutschen Philosophie, hat Engels in der „Dialektik der Natur“ einen wichtigen methodischen Hinweis gegeben, der bei der Herausarbeitung der Dialektik in der Geschichte der einzelnen Natur- und Gesellschaftswissenschaften beachtet werden muß: eine Anweisung zu kritischer Sichtung im Sinne des marxistisch-leninistischen Historismus. „Denn es handelt sich keineswegs um einfache Verwerfung des ganzen Gedankeninhalts jener zwei Jahrtausende, sondern um seine Kritik, um die Losschälung der innerhalb der falschen, aber für ihre Zeit und den Entwicklungsgang selbst unvermeidlichen idealistischen Form gewonnenen Resultate aus dieser vergänglichen Form.“[29]

Dazwischen liegt in Europa auch das, was selbst Engels etwas einseitig generalisierend die „finstere Nacht des Mittelalters“ nannte.[30] Der Sieg des religiösen christlichen Bewußtseins wurde durch die Verbreitung mystisch-religiöser Sekten und Glaubensvorstellungen in den letzten Jahrhunderten der griechisch-römischen Antike vorbereitet. So wurden beispielsweise die religiös-ethische, orphisch-pythagoräische Lehre vom Körper als dem Gefängnis der Seele, die Priester-Medizin und verschiedenerlei Magien reaktiviert; weiteste Verbreitung fanden Mantik und Astrologie. Gegen all das führten die römischen Kaiser einen erbitterten, aber erfolglosen Kampf. Denn diese Elemente waren nur der ideologische Reflex der allgemeinen Krise und tiefempfundenen Auswegslosigkeit der antiken Sklavenhaltergesellschaft, wie auch das Christentum in seinen Frühformen es gewesen war.

Eine generelle Abwertung des Mittelalters als einer sterilen Epoche ist aber in dieser Allgemeinheit auch für Europa völlig unzulässig. Wenn einerseits theologische Spekulation den Erkenntnisfortschritt erdrückte und sogar bereits erkannten wissenschaftlichen Ergebnissen die Traditionslinie abschnitt, worunter vor allem das dialektische Denken litt,[31] so dürfen doch nicht darüber die Fortschritte in den Produktionstechniken im damals entscheidenden Produktionszweig, der Landwirtschaft, vergessen werden, auf Grund derer sich der Fort-

28 F. Engels, Dialektik der Natur, in: MEW, Bd. 20, a. a. O., S. 469.

29 Ebenda.

30 Ebenda, S. 456.

31 Im allgemeinen betrachten wir nur den Trend des philosophischen und wissenschaftlichen Denkens in seiner europäischen Entwicklungslinie. Marxistische Arbeiten zur Philosophie-, Literatur- und Wissenschaftsgeschichte zeigen jedoch, daß es notwendig und erfolgversprechend ist, auch die außereuropäischen, vor allem indischen, chinesischen, iranischen und arabischen philosophischen Systeme und wissenschaftlichen Errungenschaften zu erforschen und mit den europäischen zu vergleichen. Vgl. dazu N. J. Konrad, Zapad i vostok, Moskva 1972, und W. K. Čalojan, Prejemstvennost' v filosofii antičnogo i srednevekogo obščestva, Moskva 1968.

schritt in der Entwicklung der Produktivkräfte vollzog, der schließlich über die Feudalgesellschaft hinausführte und die Entstehung der kapitalistischen Warenproduktion mit allen ihren Konsequenzen für die Entwicklung des spezialisierten Handwerks und der eng mit diesem verbundenen Experimentalwissenschaft ermöglicht hat. Ohne Zweifel genügt es heute nicht mehr, das Mittelalter als eine ökonomisch, politisch, kulturell und ideologisch einheitliche Erscheinung zu studieren. Zumindest muß der großen zeitlichen und räumlichen Differenzierung Rechnung getragen werden, wie das die moderne Geschichtsforschung demonstriert.[32] Immer deutlicher faßbar wird uns z. B. die große Bedeutung des mittelalterlichen Universalienstreits für die Weiterentwicklung des dialektischen Denkens.[33] Selbst die Scholastik hat zur Weiterentwicklung der Dialektik ihren Beitrag geleistet. Ohne die anhaltende Beschäftigung mit den in der Antike formulierten naturwissenschaftlichen Fragestellungen und ohne die ausführlichen Erörterungen philosophischer Begriffe wäre die später erfolgte Herausbildung relativ eigenständiger naturwissenschaftlicher Forschung völlig unverständlich. Der Begriffsapparat der klassischen Physik ist auch das Entwicklungsprodukt Jahrhunderte währenden philosophischen Ringens um Begriffe.[34]

Das Christentum ist als herrschende Ideologie des Mittelalters mit den Schätzen der antiken Dialektik ausgesprochen feindselig umgegangen, so als wolle es sich an den literarischen Zeugnissen heidnischer Philosophen für die während der Christenverfolgungen erlittenen Leiden rächen. War die Bibliothek von Alexandria zum ersten Mal durch Zufall bei Kampfhandlungen zwischen römischen und ägyptischen Truppen im Jahre 48 v. u. Z. abgebrannt, so blieb es einem christlichen Eiferer (Bischof Theophilos, 390 u. Z.) vorbehalten, die wieder zusammengetragenen Teile absichtlich vernichten zu lassen.

Bis zum 13. Jahrhundert verfügte die Kirche über das Bildungsmonopol,[35] selbst das für allen Wissenserwerb grundlegende Lesen und Schreiben war Monopol der Geistlichkeit und wurde entsprechend begrenzt, so daß faktisch alle Verwaltungsfunktionen und Berufe, die Bildung zur Voraussetzung hatten, in den Händen von Kirchenvertretern lagen. Unter diesen Bedingungen wurden die rudimentären Wissenschaften als Hilfswissenschaften und Beweismittel theologischer Dogmen angesehen. Um das Wesen des Göttlichen zu erkennen, brauchte man keine Naturwissenschaften, ganz zu schweigen von Gesellschaftswissenschaften. Die universelle Hinterlassenschaft des von den christlichen Philosophen beanspruchten und — nach scholastischer Reinigung und Interpretation —

32 Vgl. A. J. Gurjewitsch, Das Weltbild des mittelalterlichen Menschen, Dresden 1978.
33 Vgl. M. Buhr, Vernunft — Mensch — Geschichte, Berlin 1977, S. 9ff.
34 Vgl. E. J. Dijksterhuis, Die Mechanisierung des Weltbildes, Berlin—Göttingen—Heidelberg 1956.
35 Vgl. J. Bernal, Die Wissenschaft in der Geschichte, Berlin 1967, S. 193ff.

zum Kirchenphilosophen erhobenen Aristoteles verleitete zu dem Fehlurteil, über ein in großen Zügen richtiges und ausreichendes naturwissenschaftliches Weltbild zu verfügen.

Insbesondere die antike Atomistik wurde zur Zielscheibe der Kirchenkritik, bereits seitens der Kirchenväter. An den seit dem 12. Jahrhundert geschaffenen höchsten Bildungsanstalten, den Universitäten (1160 – Paris, 1167 – Oxford, 1209–Cambridge, 1222–Padua, 1227–Salamanca, 1347–Prag, 1364–Krakau, 1365 – Wien, 1386 – Heidelberg, 1388 – Köln, 1409 – Leipzig, 1419 – Rostock), wurde die Ausbildung auf der Grundlage einer simplen Vereinfachung des antiken Wissens, im Rahmen der sogenannten „sieben freien Künste", durchgeführt. Naturwissenschaften wurden dabei ohne Praxisverbindung, als theologische Propädeutik, in Gestalt des „quadrivium" (Arithmetik, Geometrie, Astronomie, Physik/Musik) dargestellt und kamen über einfaches Rechnen, etwas euklidische Geometrie, Kalenderberechnungen und dergleichen, von Ausnahmen wie Padua abgesehen, nicht hinaus. Naturwissenschaftliche Experimente blieben isolierte Vorführungen und Freizeittätigkeiten, sie hatten keinen Einfluß auf die Beherrschung der Natur.

Unter diesen Bedingungen trat Dialektik – und zwar in höchst spekulativer Form – im feudalen Mittelalter zwangsläufig nur im theologischen Gewand, häufig innerhalb häretischer Strömungen, auf. Denn im allgemeinen akzeptierte man die ruhende Ordnung eines in allen Teilen praktisch und theoretisch (das heißt theologisch) wohl begründeten Universums, von der himmlischen Hierarchie abwärts bis zur Ordnung im menschlichen Körper und im Reich der Elemente.

Die Scholastik verwandelte die Philosophie in eine „Magd der Theologie" und behinderte die Weitergabe der antiken dialektischen Tradition. Dennoch können wir dialektische Theorien in der Mystik (Meister Eckhart mit seiner Lehre von der weltimmanenten ewigen Bewegung)[36] und bei der sogenannten „negativen Theologie"[37] feststellen. Wie sehr aber auch das Mittelalter geistig zur Erhaltung der verknöcherten theologischen Kategorien tendierte – der Fortschritt der Ökonomie und damit der Wissenschaften war nicht aufzuhalten: „Wenn nach der finstern Nacht des Mittelalters auf einmal die Wissenschaften neu und in ungeahnter Kraft erstehen und mit der Schnelle des Mirakels emporwachsen, so verdanken wir dies Wunder wieder – der Produktion."[38] In diesem Zusammenhang nennt Engels einige die Entwicklung der Produktivkräfte besonders beschleunigende Neuerungen (deren detaillierte Ausführung er sich für später

36 Zu dieser Deutung: H. Ley, Studie zur Geschichte des Materialismus im Mittelalter, Berlin 1957, S. 357ff.

37 Die „negative Theologie" erklärte Gott zu einem unbestimmbaren Abstraktum und entwickelte die Wirklichkeit spekulativ aus der „Einheit der Gegensätze", wobei sich eine stufenartig aufgebaute Welt ergibt (Nikolaus von Kues).

38 F. Engels, Dialektik der Natur, in: MEW, Bd. 20, a. a. O., S. 456f.

vorbehielt): die Nutzung zahlreicher mechanischer (Weberei, Uhrmacherei, Mühlen), chemischer (Färberei, Metallurgie, Alkohol) und physikalischer Produktionstechniken, die ein gewaltiges Material, aber auch völlig neue, revolutionierende Mittel für Beobachtung und Experiment lieferten. Hinzu kam ihre rasche Verbreitung infolge des jetzt hergestellten wirtschaftlichen Zusammenhangs Europas und die Nutzung des Buchdrucks. (Seit Mitte des 15. Jahrhunderts in Europa, die Erfindung selbst wurde im 11. Jahrhundert in China gemacht.) Außerdem lieferten die geographischen Entdeckungen — ihrerseits Ergebnisse der Entwicklung der Produktivkräfte und ihrer Erfordernisse — „ein endloses bis dahin unzugängliches Material in meteorologischer, zoologischer, botanischer und physiologischer (des Menschen) Beziehung“[39].

1.4. Emanzipation der Naturwissenschaften

Die Renaissance beendete das Mittelalter in wissenschaftlicher wie in künstlerischer Hinsicht. Sie griff bewußt das geistige Erbe der Antike auf, zerbrach die Diktatur der Kirche und ihrer Theologie, konstituierte die unabhängige Naturforschung und erzeugte bei den universell gebildeten und wirkenden Persönlichkeiten einen Denkstil, der auch die Grundlage für die Neubelebung der Dialektik bot. Gleichzeitig bereitete sie den metaphysischen Materialismus des 18. Jahrhunderts vor, der in seiner an der naturwissenschaftlichen Forschung orientierten Form als mechanischer Materialismus auftrat. Wir haben hier ein Beispiel dafür vor uns, wie sich der Herausbildungsprozeß der Dialektik selbst dialektisch, in Gegensätzen und nach dem Gesetz der Negation der Negation, vollzieht. „In den aus dem Fall von Byzanz geretteten Manuskripten, in den aus den Ruinen Roms ausgegrabenen antiken Statuen ging dem erstaunten Westen eine neue Welt auf, das griechische Altertum; vor seinen lichten Gestalten verschwanden die Gespenster des Mittelalters.“[40]

Die Wissenschaftler dieser Epoche waren Universalgenies! „Was ihnen aber besonders eigen, das ist, daß sie fast alle mitten in der Zeitbewegung, im praktischen Kampf leben und weben, Partei ergreifen und mitkämpfen, der mit Wort und Schrift, der mit dem Degen, manche mit beidem. Daher jene Fülle und Kraft des Charakters, die sie zu ganzen Männern macht. Stubengelehrte sind die Ausnahme; entweder Leute zweiten und dritten Rangs oder vorsichtige Philister, die sich die Finger nicht verbrennen wollen.“[41] Die dialektischen

39 Ebenda, S. 457.
40 Ebenda, S. 311 ff.
41 Ebenda, S. 312.

Ideen treten bei den Renaissancephilosophen in die Form des Pantheismus gekleidet auf; sie erwerben somit gegenüber dem noch immer mächtigen Zwangsapparat der Kirche die nötige Rückzugsposition, die es ermöglicht, naturwissenschaftliche und philosophisch-materialistische Erkenntnisse auszusprechen und diese notfalls gleichzeitig als Offenbarung des großartigen Wirkens Gottes zu interpretieren. Symptomatisch für diese Denkweise ist Nikolaus von Kues.[42]

Der Pantheismus erlaubte wie der Hylozoismus der antiken griechischen Naturphilosophen die Erfassung der Welt in ihrem dialektischen Gesamtzusammenhang. Nur im Rahmen dieser absoluten Einheit wird zwischen Menschlichem und Göttlichem, Bewegung und Ruhe ein Unterschied gemacht, werden Geistiges und Materielles getrennt und die Einheit der Gegensätze ausgesprochen. Der konkrete Nachweis der Dialektik, der nur von den einzelnen Wissenschaften geliefert werden kann, wurde noch nicht erbracht. Die Renaissance führte noch nicht zur Ausbildung der Naturwissenschaften und zur konkreten Naturdialektik, ließ jedoch ihre spätere Gestalt bereits ahnen.[43]

Giordano Bruno sprach in seinen „Dialogi" davon, daß die Selbstbewegung des unendlichen Universums das einzige Unveränderliche sei, daß ein Gegensatz der Anfang eines anderen, daß Vergehen und Entstehen wie Liebe und Haß identisch sind. Wer die Geheimnisse der Natur erkennen wolle, der müsse die Extreme der Widersprüche und Gegensätze betrachten. Bereits die Humanisten der italienischen Frührenaissance schufen die Voraussetzungen für den entscheidenden philosophischen Schritt des 16. Jahrhunderts, der zum Entstehen der Philosophie und Naturwissenschaften der Neuzeit führte. Sie wandten ihre Kritik gegen die alten religiös-metaphysischen Vorstellungen und bemühten sich um die Konzipierung eines neuen humanistischen Weltbildes. Dabei standen sie im scharfen und mitunter für ihr persönliches Leben verhängnisvollen Gegensatz zur spätscholastischen Tradition, die auch weiterhin die offizielle Lehre an den Universitäten beherrschte.

Die Philosophen der Renaissance hatten das metaphysische und reaktionäre Weltbild des Mittelalters ins Wanken gebracht. Dabei hatten sie die Dialektik bewahrt und verteidigt. Für einen völligen Bruch mit der Theologie mußte sich jedoch nicht nur die Philosophie, sondern auch die Naturforschung selbst der Fesseln entledigen. Der nächstliegende Stoff[44] war auch unter diesem Aspekt die Verwerfung des Ptolemäischen Systems und der daran gebundenen und sich unmittelbar und mittelbar aus ihm ergebenden weltanschaulichen Konsequenzen. Das war die Leistung von Nikolaus Kopernikus, wobei es unerheblich ist, daß

42 Vgl. M. Buhr, Vernunft — Mensch — Geschichte, a. a. O., S. 14ff.
43 Vgl. Istorija dialektiki XIV—XVIII veka, Moskva 1974, 1. Teil: Dialektika epochi vozroždenija.
44 Vgl. F. Engels, Dialektik der Natur, in: MEW, Bd. 20, a. a. O., S. 313.

seine Entdeckung des heliozentrischen Systems[45] in Argumentationsweise und Sprache noch stark der theologischen Tradition verbunden blieb. Engels bezeichnete die Publikation des Werkes „De revolutionibus orbium coelestium“ (1543, einen Tag vor Kopernikus' Tod) als „revolutionäre(n) Akt, wodurch die Naturforschung ihre Unabhängigkeit erklärte . . . Von da an ging auch die Entwicklung der Wissenschaften mit Riesenschritten vor sich und gewann an Kraft.“[46] Diese „kopernikanische Wende“ markiert tatsächlich den Beginn einer sehr stürmischen Entwicklung der Wissenschaften, zunächst vor allem der Mechanik, Optik und Mathematik, später auch der Biologie und Chemie.

In keinem Verhältnis zur tatsächlichen Bedeutung der „kopernikanischen Wende“ für die Wissenschaftsgeschichte und ihre weltanschaulichen Implikationen stand deren Beachtung zu ihrer Zeit. Luther, der auf seine Weise den Herrschaftsanspruch der Kirche erschüttert hatte, bezeichnete Kopernikus als einen Narren, weil er im Gegensatz zur biblischen Autorität behaupten wolle, daß die Sonne stillstehe und die Erde sich bewege. Auf solche und ähnliche dogmatische Argumente erwiderte Kopernikus in der Vorrede seines (mit Vorsicht Papst Paul III. gewidmeten) Werkes: „Wenn aber vielleicht Schwätzer kommen, die, obgleich in allen mathematischen Wissenschaften unwissend, dennoch sich ein Urteil darüber anmaßen und es wagen sollten, wegen einer Stelle der Schrift . . . mein Werk zu tadeln . . ., — mathematische Dinge werden für Mathematiker geschrieben.“[47]

Kepler und Galilei, denen auf der Grundlage besserer Beobachtungsinstrumente weitaus genauere Beobachtungsergebnisse zur Verfügung standen als noch Kopernikus, halfen durch ihre wertvollen Beiträge zur Astronomie, das kopernikanische Weltbild weiter auszugestalten und durchzusetzen. Auch Keplers Weltanschauung war noch keineswegs endgültig frei von Mystik. Er sah beispielsweise die Rechtfertigung für die Anwendung der Mathematik in der Naturforschung in der pythagoräischen Zahlenmystik.

Für Galilei war das Buch der Natur mit mathematischen Lettern geschrieben. Mit der von Galilei unter Rückgriff auf antike Vorbilder vollzogenen Synthese der mathematischen und der experimentellen Methode wurden die methodischen Voraussetzungen zur Herausbildung der Physik in unserem heutigen Verständnis geschaffen. Daran anknüpfend konnte Newton mit der klassischen Mechanik eine erste relativ abgeschlossene physikalische Theorie entwickeln, deren Begründung sowohl die Kontinuität als auch die Diskontinuität des Erkenntnisprozesses deutlich zum Ausdruck brachte. Berücksichtigt man Newtons Weltanschauung

45 Es handelt sich tatsächlich um Entdeckung; denn trotz umfangreicher philosophischer Studien, auch zur antiken Philosophie, kannte er seinen antiken Vorläufer Aristarch nicht.
46 F. Engels, Dialektik der Natur, in: MEW, Bd. 20, a. a. O., S. 313.
47 Zit. nach J. Bernal, Die Wissenschaft in der Geschichte, a. a. O., S. 235

insgesamt, so wird klar, daß der Sieg rationaler einzelwissenschaftlicher Naturerklärung keinesfalls auch die dem mittelalterlichen Denken verhaftete Mystik automatisch zu beseitigen vermag.[48]

Was Kopernikus begonnen und Newton physikalisch zu einem relativen Abschluß gebracht hatte, das leistete Descartes für die Befreiung der Methodik wissenschaftlicher Forschung von religiösen Vorurteilen.[49] Sein Beispiel lehrt aber, daß methodische Klarheit nicht unbedingt auch zu naturwissenschaftlichen Erfolgen führen muß. Er entschloß sich (und betonte immer wieder seinen Standpunkt), alles von seinen Anfängen her aufs neue verstandesmäßig zu durchdenken. Dabei ist der sogenannte „Cartesianische Zweifel" kein Skeptizismus, der die natur- und gesellschaftswissenschaftliche Erkenntnis relativieren oder gar abwerten soll, sondern im Gegenteil, er ist das dialektische Prinzip des Denkfortschritts, das wir vorgeformt schon in der dialektischen Methode antiker Philosophen (Sophisten, Platon) finden, jetzt angewandt unter den neuen Bedingungen fortgeschrittener wissenschaftlicher Erkenntnisse. Allerdings ist Descartes' Philosophie vom Dualismus idealistischer Metaphysik und materialistischer Physik durchzogen. Nicht weniger widerspruchsvoll war seine Stellung zwischen Mechanizismus und Dialektik. Seine Kosmologie bedarf noch des „ersten Anstoßes", danach aber ist die ganze Welt ein riesiger Materiewirbel, in dem alles Geschehen sich in einer lückenlosen Kette von Ursachen und Wirkungen befindet, wobei Wirkungsübertragung nur durch Anstoß möglich ist. Descartes entwickelte 200 Jahre vor der naturwissenschaftlichen Beweismöglichkeit die Lehre von der Unerschaffbarkeit und Unzerstörbarkeit der Bewegung. Er suchte eine mechanistische Erklärung der Wirklichkeit, die sowohl die Tierseele als auch den Kosmos in seiner Gesamtheit umfaßt.

Neu war bei Descartes die Hypothese der kosmischen Evolution auf Grund materieller Gesetze, eine Vorstufe der Kant-Laplaceschen Evolutionstheorie. Dieser Evolutionsgedanke setzte das Begreifen der materiellen Einheit der Welt voraus. Der Evolutionsgedanke verbindet bei Descartes die belebte und unbelebte Materie bis hin zum menschlichen Organismus. Die materielle Welt ist also in Veränderung, ja Entwicklung befindlich. Der Mechanizismus war der Preis, den Descartes dafür zahlte, daß er eine der Formen der Bewegung der Materie verabsolutierte. Solche Begrenzung kam nicht zufällig zustande: Die neue Naturwissenschaft mit ihrer ausgeprägt experimentell-mathematischen Methode verwarf die pantheistische Form der Naturphilosophie. Dabei verlor sie jedoch auch manche der darin bereits enthaltenen dialektischen Gedankengänge. Doch die Philosophen des 17./18. Jahrhunderts bereiteten, ungeachtet ihrer Ablehnung der

48 Auf einige mit der Herausbildung der Physik verbundene Probleme der Dialektik soll in II, 2. gesondert eingegangen werden.

49 Vgl. Istorija dialektiki XIV—XVIII veka, a. a. O., S. 116ff.

antiken und in der Renaissance in pantheistischer Gestalt wiedergeborenen Naturphilosophie, historisch, wie das Beispiel Descartes' lehrt, die neue Gestalt der Dialektik vor, die sich in der deutschen klassischen Philosophie zeigt.

Dabei entspricht die metaphysische und mechanizistische Denkweise durchaus noch den Bedürfnissen der Entwicklung der damaligen Produktivkräfte und der kapitalistischen Produktionsweise. Die elementaren Naturwissenschaften mußten im Interesse der erweiterten Warenproduktion rasch entwickelt werden. Die Hauptprobleme, mit denen sich die Wissenschaften nun beschäftigten, waren Probleme der Geologie, Mineralogie, Pflanzen- und Tierphysiologie, Anatomie, Diagnostik und Therapeutik. Im 17. Jahrhundert war es zu diesem Zwecke schon zur Gründung der ersten Wissenschaftsakademien gekommen.[50] In der Präambel zu den Statuten der Royal Society wurden folgende Ziele bestimmt: „Es obliegt der Royal Society, das Wissen um die Dinge in der Natur zu vervollkommnen und alle nützlichen Künste, Herstellungsweisen, mechanische Verfahren, Maschinen und Erfindungen durch Experimente zu verbessern (und sich nicht in Theologie, Metaphysik, Morallehre, Politik, Grammatik, Rhetorik oder Logik einzumischen)."[51] Damit war gleichzeitig auch ein klarer Trennungsstrich zwischen den Kompetenzen der Wissenschaft und denen der Kirche gezogen.

Für die Wissenschaftsauffassung ist das Stadium des Sammelns und Systematisierens charakteristisch, es herrscht nicht nur ein Mangel an theoretischem Vermögen, an „ideeller Bewältigung" (Engels), sondern es gab auch ein Unverständnis für die Zusammenhänge zwischen den einzelnen Disziplinen entsprechend den Grenzbereichen zwischen ihren Gegenständen und für den Gesamtzusammenhang: „So hoch die Naturwissenschaft der ersten Hälfte des 18. Jahrhunderts über dem griechischen Altertum stand an Kenntnis und selbst an Sichtung des Stoffes, so tief stand sie unter ihm in der ideellen Bewältigung desselben, in der allgemeinen Naturanschauung."[52] Hervorstechend ist der statische Charakter des Naturbilds wie der Wissenschaft, die Unfähigkeit zum Erfassen objektiver dialektischer Beziehungen und Prozesse: „Was diese Periode aber besonders charakterisiert, ist die Herausarbeitung einer eigentümlichen Gesamtanschauung, deren Mittelpunkt die Ansicht *von der absoluten Unveränderlichkeit der Natur* bildet. Wie auch immer die Natur selbst zustande gekommen sein mochte: einmal vorhanden, blieb sie, wie sie war, solange sie bestand."[53]

50 1600 — Accàdemia dei Lincei in Rom; 1651 — Cimento in Florenz; 1662 — Royal Society in London; 1666 Academie Royale des Sciences in Paris.

51 Zit. nach J. Bernal, Die Wissenschaft in der Geschichte, a. a. O., S. 285.

52 F. Engels, Dialektik der Natur, in: MEW, Bd. 20, a. a. O., S. 315, vgl. dazu auch die Kennzeichnung der „metaphysischen Denkweise", in: F. Engels, Herrn Eugen Dührings Umwälzung der Wissenschaft („Anti-Dühring"), in: MEW, Bd. 20, a. a. O., S. 20.

53 F. Engels, Dialektik der Natur, in: MEW, Bd. 20, a. a. O., S. 314.

Spinoza vertrat den Standpunkt der Einheit der Welt, die er ausdrücklich überall in der Natur zu sehen vermerkte. Diese Einheit stellte für ihn den bestimmenden Grundzug der Welt dar. Die dialektischen Elemente dieser Konzeption lagen auch in seiner Lehrmeinung von der universellen Wechselwirkung, dem Zusammenhang aller Dinge, von ihren funktionellen und genetischen Zusammenhängen mit der Substanz, in seinen Auffassungen von Endlichkeit und Unendlichkeit, Sein und Nichtsein. In seinem Pantheismus überwand er den bei Descartes offen dargestellten Dualismus; aber seine Gottesvorstellung bleibt sehr abstrakt, sie wirkt wie ein überflüssiges Element in seinem System (Deus sive substantia sive natura) und stellt kein Hindernis für Erkenntnisse in Natur und Gesellschaft dar.

Leibniz ging in der Überwindung des cartesischen Dualismus noch weiter als Spinoza. Indem er in die einheitliche Substanz selbst die Vielfalt und Vielgestaltigkeit einführte, sie in eine unendliche Quantität einzelner Substanzprinzipien (Monaden) gliederte; indem er die Ewigkeit und Unzerstörbarkeit der Bewegung reflektierte, an eine Reihe von dialektisch gegensätzlichen Kategorienpaaren herankam und seine heute nur schwer rekonstruierbare Methode auf eine Reihe wechselseitig in Beziehung stehender Prinzipien gründete, wurde sein philosophisches Werk zum Höhepunkt des dialektischen Denkens im zu Ende gehenden 17. und im beginnenden 18. Jahrhundert.[54] Seine philosophischen Prinzipien waren tief im naturwissenschaftlichen Denken seiner Zeit verwurzelt und haben, denkt man nur an das Prinzip der Kontinuität, ergänzt durch das Prinzip der Diskontinuität oder an das Prinzip des universellen Zusammenhangs, auch in der späteren naturwissenschaftlichen Forschung sichtbare Spuren hinterlassen.

Leibniz hat unabhängig von Newton die Differential- und Integralrechnung entwickelt, logische Kalküle entworfen und philosophisch über die Rolle der Mathematik und der Logik bei der Naturerkenntnis reflektiert. Heute ist seine Position zum Ausschluß des logischen Widerspruchs in wissenschaftlichen Theorien und zur Dialektik der Koexistenz von Gegensätzen, die Lenin in die Nähe zu Hegels Widerspruchsauffassung gerückt hat, bei der Untersuchung der Beziehungen von Dialektik und Logik zu beachten. Von großer prinzipieller Bedeutung war Leibniz' Dynamismus.

Der tiefen Überzeugung von der Einheit und Unzerstörbarkeit der Bewegung begegnet man dann im französischen Materialismus des 18. Jahrhunderts wieder. Bei Holbach und Diderot liegen formulierte Erkenntnisse über die Bewegung

54 Siehe dazu: Geschichte der Dialektik. 14.—18. Jahrhundert, Berlin 1979, S. 176ff.; I. S. Narski, Gottfried Wilhelm Leibniz, Grundzüge seiner Philosophie, Berlin 1977; A. Simonovits, Dialektisches Denken in der Philosophie von Gottfried Wilhelm Leibniz, Berlin—Budapest 1975.

als Daseinsweise der Materie vor, die in die marxistisch-leninistische Lehre einfließen konnten.[55] Bei Lamettrie können wir die Formulierung der Auffassung von einer organischen Materie beobachten, und D'Alembert überwindet die einseitige Fragestellung nach den jeweils wirkenden Ursachen durch das Erfassen der Wechselwirkung. Damit kam die Naturauffassung an die Schwelle der wissenschaftlichen Dialektik. Diderot war auch insofern auf dem richtigen Wege zu einem wissenschaftlichen Verstehen der Naturdialektik, als er die Geschichtlichkeit des Naturprozesses betonte.

In seiner „Dialektik der Natur" gab Engels die historischen „Breschen" an, die seit Mitte des 18. Jahrhunderts in die mechanizistisch-metaphysische Naturbetrachtung geschlagen wurden. Er nannte dabei als erste die Kant-Laplacesche Evolutionstheorie: „. . . in Kants Entdeckung lag der Springpunkt alles ferneren Fortschritts."[56] Denn hiermit wurde für alle einzelnen naturwissenschaftlichen Gegenstände der Gedanke nahegelegt, daß auch sie, nicht nur die Gesellschaft, eine echte Geschichte haben. Weitere „Breschen" sorgten dafür, daß der Entwicklungsgedanke in den Naturwissenschaften nicht auf die Kosmologie beschränkt blieb: Geologie und Paläontologie, organische Chemie, Zytologie, vergleichende Anatomie, Klimatologie, Tier- und Pflanzengeographie und schließlich auch die Entwicklungsbiologie bildeten sich als selbständige Wissenschaften heraus.

Vor allem drei große Entdeckungen veränderten schließlich im 19. Jahrhundert das Bild völlig und verhalfen der Naturdialektik bei Engels auf die Stufe, auf der sie zur philosophischen Entwicklungstheorie wird:
— Umwandelbarkeit der Bewegungsformen ineinander (Energie = Bewegung),
— Entdeckung der organischen Zelle als Grundeinheit der Organismen,
— die Darwinsche Entwicklungstheorie unter Einschluß der natürlichen Abstammung des Menschen.

Mit diesen naturwissenschaftlichen Entdeckungen wurden Mechanizismus und Isolation der Bewegungsformen der Materie überwunden. Es bedurfte zur Herstellung der weiteren Zusammenhänge entsprechend den Zusammenhängen der Gegenstandsbereiche der naturwissenschaftlichen Forschung keiner spekulativen Verrenkungen mehr. Man konnte nun nicht mehr wissenschaftlich vorgehen und gleichzeitig „in der theoretischen Naturwissenschaft die Zusammenhänge . . . in die Tatsachen hineinkonstruieren"[57].

Anders war es jedoch noch in der bürgerlichen Philosophie: Wieder mußte die Dialektik „auf die Geschichte warten", und auch die deutsche klassische

55 Siehe dazu: P. Ruben, Geschichtliche Bildung und theoretisches Konzept der klassischen bürgerlichen Naturanschauung, in: Naturphilosophie — von der Spekulation zur Wissenschaft, Berlin 1969, S. 61 f.
56 F. Engels, Dialektik der Natur, in: MEW, Bd. 20, a. a. O., S. 316.
57 Ebenda, S. 334.

Philosophie (als zweite ausgeprägte Gestalt der Dialektik nach den Systemen der Antike) ging bei der Darstellung der Entwicklung spekulativ und idealistisch, das heißt nicht wissenschaftlich, vor. Bei Kant waren schon die Keime einer wissenschaftlichen dialektischen Entwicklungstheorie vorhanden. Diese werden jedoch überwuchert durch seinen Agnostizismus, der es nicht gestattet, bewußtseinsunabhängige Entwicklungszusammenhänge zwischen den Bewegungsformen zuzulassen. Bei Fichte finden wir die Ursprünge einer menschheitsgeschichtlichen Entwicklungskonzeption über aufsteigende Stufen. Er erkannte jedoch nicht die objektiven Triebkräfte dieser Entwicklung, sondern reduzierte sie vielmehr auf das Handeln isolierter Subjekte. Das verhinderte eine materialistische Geschichtserklärung und bedeutete eine erhebliche Einschränkung der Dialektik.

Von den Vertretern der deutschen klassischen Philosophie läßt sich bei Schelling am stärksten das Bemühen erkennen, der außermenschlichen Natur als Forschungsgegenstand gerecht zu werden.[58] Seine erste Wirkungsphase als Philosoph in Jena (die 90er Jahre des 18. Jahrhunderts) war die in dieser Hinsicht wichtigste: Hier entstand seine Naturphilosophie. Die Fichtesche subjektive Erkenntnisdialektik gestaltete er zu einer objektiven Naturdialektik um. Dazu führte ihn die stürmische Entwicklung der Naturwissenschaften: Aus den Entdeckungen Galvanis ergaben sich Grundlagen der später geschaffenen Elektrodynamik, die Erklärung der Oxydationsprozesse verdrängte die bis dahin herrschende Phlogistonlehre, Erregbarkeit und Reizbarkeit der Organismen wurden wissenschaftlich erklärt. Zu Beginn des 19. Jahrhunderts überschritt die Naturerkenntnis auf weiteren wesentlichen Gebieten (bei physikalischen, chemischen und biologischen Phänomenen) das bisher ausreichende mechanizistische Erklärungsschema.

Schelling betrachtete dementsprechend Naturerscheinungen nicht mehr vorwiegend unter dem Aspekt ihres statischen Zustands, sondern der in ihnen vor sich gehenden Veränderungen, Prozesse und Tendenzen. Er betrieb Naturphilosophie im Gegensatz zu Fichte zum Zweck des Nachweises der Übergänge vom Unbewußten zum Selbstbewußtsein, von der natürlichen Entwicklung zur geistigen. Dabei bestand der idealistische Tribut in vitalistischen Erklärungen des Übergangs zum Bewußtsein. Schelling versuchte den Nachweis von Entwicklungsstufen des Widerspruchs in der Natur; als solche betrachtete er Magnetismus, Elektrik und Chemismus. Die prozessuale Höherentwicklung der Natur aus sich selbst zu höheren Stufen setzte er voraus. Schelling verfolgte das dreifache Ziel, eine höhere Stufe des Naturverständnisses zu gewinnen, den Gesamtzusammenhang der Natur zu erfassen (das gelang ihm freilich nur spekulativ) und die Herrschaft

58 Zum Vergleich der Beiträge Schellings und Hegels zur Natur-Dialektik: Istorija dialektiki. Nemeckaja klassičeskaja filosofija, Moskva 1978, S. 151ff. und 299ff.

des Menschen über die Natur zu erweitern. Er erklärt das Leben als besondere Naturerscheinung, nachdem er spekulativ und am einzelwissenschaftlichen Material orientiert die Trennung von Materie und Kraft überwunden hat. In Schelling wirkt die materialistische und dialektische philosophische Linie der antiken Naturphilosophie, aber auch von Böhme, Spinoza und Lichtenberg weiter.[59]

Hegel setzte die Tradition der Schellingschen Naturphilosophie fort, jedoch mit bedeutenden Einschränkungen. Auch er betrachtete, wie vor ihm Leibniz und Schelling, die Natur als organische Gesamtheit und nicht als Konglomerat separater Erscheinungen. Er würdigte bei Schelling, daß dieser neue Denkformen (Werden, Entwicklung, Einheit der Gegensätze) in die Naturbetrachtung eingeführt hatte, berücksichtigte aber ungenügend, daß diese Formen in der Natur selbst entdeckt bzw. aus der Geschichte der Naturwissenschaften abstrahiert wurden. Für Hegel war die Natur lediglich eine Entwicklungsstufe des Geistes.

Bei aller Wertschätzung der Hegelschen Dialektik fand Engels dessen Naturdialektik besonders kritikwürdig, da sie die wirklichen Beziehungen idealistisch mystifizierte. Auch „in der Naturwissenschaft selbst aber begegnen uns oft genug Theorien, in denen das wirkliche Verhältnis auf den Kopf gestellt ... ist"[60]. Hegels Aufmerksamkeit galt in der Naturphilosophie ebenso wie in seinen anderen philosophischen Lehren vor allem der Entwicklung des Geistes. Entwicklung dehnte er nicht auf die Natur aus, da nur der Begriff als solcher der Entwicklung fähig sei. Nur in einzelnen Teilen, nicht in ihrer Gesamtheit entwickelt sich die Natur. Deshalb ignorierte Hegel wichtige chemische Entdeckungen, verwarf die Theorie der chemischen Elemente und die Atomtheorie, lehnte die Korpuskular- und die Wellentheorie des Lichts ab. So behinderte das teleologische, allein spekulativ auf das Prinzip und Endziel der absoluten Idee hin orientierte System Hegel bei der Rezeption wesentlicher naturwissenschaftlicher Ergebnisse seiner Zeit und natürlich, wenn er sie schon sah, an ihrer Erklärung in den natürlichen, dialektischen Zusammenhängen.[61]

Hegel erkannte zwar, daß Bewegung und Materie untrennbar sind; aber Bewegung führte bei ihm nicht zu einer Entwicklung, wodurch sie auf Ortsver-

59 Vgl. W. Förster, Grundpositionen und Wirkungslinien bei Schelling, in: Die Philosophie des jungen Schelling, Collegium philosophicum Jenense, Heft 1, Weimar 1977, S. 194f. In der marxistisch-leninistischen Schelling-Forschung wurde in den letzten Jahren die Bedeutung dieses Denkens für die Entwicklung der Dialektik intensiv untersucht. Neben den Beiträgen des genannten Heftes siehe dazu auch: Natur — Kunst — Mythos, Beiträge zur Philosophie F. W. J. Schellings, Hrsg.: S. Dietzsch, Berlin 1978; C. Warnke, Systemdenken und Dialektik in Schellings Naturphilosophie, in: Dialektik und Systemdenken, Berlin 1978, S. 99ff.

60 F. Engels, Dialektik der Natur, in: MEW, Bd. 20, a. a. O., S. 335.

61 Vgl. dazu die Einschätzung in der Filosofskaja Enciklopedija, Bd. 1, Moskva 1960, S. 331f.

änderung und Kreislauf reduziert wurde. Die Evolutionstheorie hielt er für wissenschaftlich unergiebig. „Das Ziel der Natur“ ist nach Hegels Auffassung, „. . . sich selbst zu töten, . . . sich als Phönix zu verbrennen, um aus dieser Äußerlichkeit verjüngt als Geist hervorzutreten“[62], lautet das Resümee seiner „Naturphilosophie“.

Die negative Haltung zur Naturdialektik, ja zu den bereits vorhandenen Ergebnissen der Naturwissenschaft trug Hegel unter anderem die Kritik des 1827 nach langen und für die naturwissenschaftlichen Kenntnisse ergiebigen Auslandsexpeditionen nach Berlin zurückgekehrten Alexander von Humboldt ein. In einer seiner öffentlichen Vorlesungen wandte sich der berühmte Forscher, ohne allerdings den Namen Hegels direkt zu nennen, gegen die Darstellung der Natur als eines Reichs der Trägheit, gegen die „Metaphysische Kenntnis und Erfahrung“, gegen den Schematismus, der den des Mittelalters noch überträfe.[63]

Infolge der dargelegten Schwächen der Hegelschen „Naturphilosophie“ verhielt sich die Mehrzahl der zeitgenössischen Naturforscher so ablehnend zu Hegels System wie Humboldt. Im Gegensatz dazu steht, daß Hegel selbst den naturwissenschaftlichen Entwicklungsstand seiner Zeit mit Aufmerksamkeit verfolgt hat. Zahlreiche Passagen, u. a. in der „Wissenschaft der Logik“, wo er gerne mit naturwissenschaftlichen Beispielen die Entwicklung seines Kategoriensystems veranschaulicht, zeigen eine explizit dialektische Interpretation auch von Naturerscheinungen, die der Beachtung durch die Naturwissenschaftler wohl wert gewesen wäre.[64] Das Verständnis für die dort von Hegel gegebenen Denkanstöße ergibt sich im vollen Umfang erst über die marxistisch-leninistische Hegel-Interpretation.[65] Besonders ist dabei Lenins Hinweis zu beachten, daß Hegel „. . . die Dialektik der Dinge (der Erscheinungen, der Welt, der Natur) in der Dialektik der Begriffe genial *erraten*“[66] habe. Entscheidend für eine über die notwendige Detailkritik hinausgehende Bewertung von Hegels dialektischem Naturverständnis ist jedoch eine Beobachtung von Engels in einem Brief an F. A. Lange vom 29. März 1865: „Unerwähnt kann ich eine Bemerkung über den alten Hegel nicht lassen, dem Sie die tiefere mathematisch naturwissenschaftliche Bildung absprechen. Hegel wußte soviel Mathematik, daß keiner seiner Schüler imstande war, die zahlreichen mathematischen Manuskripte

62 G. W. F. Hegel, Die Naturphilosophie, in: Werke, Bd. 9, Frankfurt a. M. 1970, S. 538.

63 Ausführlich zu diesem Vorgang: A. Gulyga, G. W. F. Hegel, Leipzig 1974, S. 311f.

64 Vgl. den Hinweis auf den Wert der dialektischen Verallgemeinerungen Hegels in: M. Buhr/G. Irrlitz, Der Anspruch der Vernunft, Berlin 1968, S. 163.

65 Über Hegelrezeption in diesem Sinn für die moderne Naturwissenschaft vgl. u. a. H. Hörz, Die Bedeutung der Hegelschen Dialektik für die Physik, in: Zum Hegelverständnis unserer Zeit, Berlin 1972, S. 205ff.

66 W. I. Lenin, Philosophische Hefte, in: Werke, Bd. 38, a. a. O., S. 186.

in seinem Nachlaß herauszugeben . . . Den Unsinn im Detail der Naturphilosophie gebe ich Ihnen natürlich gern zu, indes steht eine *wahre* Naturphilosophie im zweiten Teil der ‚Logik', in der Lehre vom Wesen, dem eigentlichen Kern der ganzen Doktrin. Die moderne naturwissenschaftliche Lehre von der Wechselwirkung der Naturkräfte . . . ist aber doch nur ein andrer Ausdruck oder vielmehr der positive Beweis der Hegelschen Entwicklung über Ursache, Wirkung, Wechselwirkung, Kraft usw."[67]

Die Schwächen Hegelscher Naturphilosophie mögen einige Kritiker marxistisch-leninistischer Dialektik immer wieder dazu bewegen, das Verhältnis ihrer Schöpfer zu Hegel nicht als „Aufhebung" bei Ablehnung des idealistischen Systems, sondern als einfache Erberezeption darzustellen.[68] Damit wird versucht, den Gegensatz, der zwischen wissenschaftlicher und spekulativ-idealistischer Theorie und Methode liegt, zuzudecken, um auch Marx und Engels des Mystizismus und der Spekulation zu verdächtigen, wenn sie sich auf das Gebiet der Naturwissenschaften begeben. Diese Versuche aber sind ohnmächtig angesichts der klaren Stellungnahme von Marx und Engels zu Hegels Dialektik im allgemeinen und seiner Naturphilosophie im besonderen.[69] Mit der Hegelkritik von Marx, Engels und Lenin wird die Naturdialektik endgültig konsequent materialistisch aufgefaßt und abgebildet. Damit schließt ein Kreis spekulativer Naturphilosophie ab, und diese entwickelt sich in neuer Qualität als Wissenschaft von den allgemeinsten Bewegungsgesetzen der Natur in Übereinstimmung mit der naturwissenschaftlichen Forschung weiter, vermag die Naturwissenschaften selbst durch präzisierte philosophische Aussagen und Hypothesen zu fördern, ohne sie allerdings durch spekulative Ideen zu bevormunden, wie wir das in der Geschichte der vormarxistischen Dialektik beobachten konnten.

2. Dialektik und Physik in der Geschichte

Einen wichtigen Beitrag zur Entwicklung der Dialektik von der Spekulation zur Wissenschaft hat die Herausbildung und Entwicklung der Physik geleistet. Das von der klassischen Physik dazu erbrachte Material ist theoretisch bislang noch nicht umfassend ausgewertet. Im weiteren stellen wir hier vor allem die Problematik der Mechanik in den Mittelpunkt.

67 F. Engels, Brief an Friedrich Albert Lange vom 29. 3. 1865, in: MEW, Bd. 31, Berlin 1974, S. 467f. Zum gesamten Sachverhalt auch H. Korch, Hegels Naturphilosophie, in: Hegel und wir, Berlin 1970, S. 175ff.

68 Vgl. T. Jakuševskij, Dialektika i sovetologija, Leningrad 1975, S. 42ff.

69 Vgl. F. Engels, Ludwig Feuerbach und der Ausgang der klassischen deutschen Philosophie, in: MEW, Bd. 21, Berlin 1975, S. 276; Geschichte der marxistischen Dialektik, Berlin 1974, S. 13ff.

2.1. Die Dialektik von Produktivkräften und Produktionsverhältnissen und die Herausbildung der naturwissenschaftlichen Denkweise

Im antiken Griechenland kannte man die Mechanik einerseits als eine Kunst, die Natur zu überlisten, und andererseits als eine naturphilosophische Konzeption, Vorgänge in der Natur zu erklären. Die praktische Tätigkeit unter Nutzung der in der Auseinandersetzung mit der Natur gemachten Erfahrungen wurde vor allem als ein Agieren wider die Natur verstanden. Nach dieser Auffassung zwingt der Mensch im Produktionsprozeß die von ihm bearbeiteten Gegenstände, sich wider ihre „Natur" zu verhalten. Aristoteles unterschied in seiner Mechanik „natürliche" und „gewaltsame" Bewegungen. Nur seine Lehre von den „gewaltsamen" Bewegungen hatte Bezug zu den Auseinandersetzungen des Menschen mit der Natur im Produktionsprozeß. In seine Ansätze zur Wissenschaft Mechanik gingen weit weniger die praktischen Erfahrungen der in der materiellen Produktion tätigen Menschen ein als vielmehr die an alltägliche Beobachtungen geknüpften genialen naturphilosophischen Spekulationen der Gelehrten.

Der uns heute nahezu selbstverständlich erscheinende Gedanke war noch nicht hervorgebracht, daß der Mensch im Produktionsprozeß auf der Grundlage in der Natur gültiger objektiver Gesetze materiell gegenständlich Bedingungen setzt, um die Prozesse gemäß seinen Zielvorstellungen, aber trotzdem objektiven Gesetzen gehorchend, ablaufen zu lassen. Von den Gelehrten der antiken Sklavenhalterstaaten war ein solcher Gedanke auch kaum zu erwarten. Auf Grund ihrer gesellschaftlichen Stellung hatten sie sich allmählich daran gewöhnt, in jeder körperlichen Arbeit eine weit unter ihrer geistigen Tätigkeit stehende Beschäftigung zu sehen. Wenn ihre eigenen Überlegungen zur Erkenntnis von Gesetzen führen konnten, wie sollte dann die körperliche Arbeit in der materiellen Produktion ebenfalls etwas mit objektiven Gesetzen zu tun haben?

Die unter den Bedingungen antiker Sklavenhalterstaaten relativ langsam voranschreitende Produktivkraftentwicklung bzw. deren über große Zeiträume gar zu beobachtende Stagnation war kein wesentlicher Stimulus zur Förderung der Wissenschaften. Trotz gelegentlicher bewußter praktischer Anwendungen von Erkenntnissen der Statik, einer Teildisziplin der Mechanik, wurde die wissenschaftliche Beschäftigung mit mechanischen Problemen nur sehr selten durch die gesellschaftliche Praxis unmittelbar angeregt. Wie alle andere wissenschaftliche Tätigkeit auch war die Beschäftigung mit theoretischen Fragen der Mechanik ein Problem der Muße, der möglichst sinnvoll zu verbringenden Zeit freier Bürger oder Aristokraten.

Das sollte sich prinzipiell erst mit den zur Zeit der Renaissance in einigen Ländern Süd- und Westeuropas einsetzenden frühkapitalistischen Entwicklungstendenzen ändern. Zwar blieb auch dann noch (und daran hat sich bis heute nichts geändert) das *Interesse* der Gelehrten an theoretischen Fragestellungen eine der Voraussetzungen des Erkenntnisfortschritts. Mit der gesellschaftlichen Entwicklung aber wurden über die im Mittelalter bereits bekannten Formen der Organisation des wissenschaftlichen Lebens hinaus Voraussetzungen geschaffen, die Wissenschaft zu institutionalisieren, die wissenschaftliche Forschung zu einem Beruf zu machen und damit die Wissenschaft allmählich zu einer sozialen Kraft werden zu lassen, die nicht mehr allein nur Ideologie- und Bildungsfunktion hatte. Eine bedeutsame Rolle bei dieser Neubewertung der Wissenschaft, bei der Herausbildung und relativ eigenständigen Entwicklung einer Reihe von Wissenschaftsdisziplinen hat die Mechanik gespielt.

Solange die praktische Mechanik vor allem als Kunst galt, war der einzelne, diese Kunst betreibende Meister nur schwer ersetzbar. Die unverwechselbare Individualität einer Künstlerpersönlichkeit ist nicht austauschbar. Auch wenn es möglich wird, Erfahrungen aus dem künstlerischen Schaffensprozeß anderen zugänglich zu machen, läßt sich die Meisterschaft eines Leonardo da Vinci, eines Albrecht Dürer oder anderer großer Künstler nicht in einem einfachen Lernprozeß erwerben.

Ebenso wie die Maler, Bildhauer, Dichter und Musiker konnte auch der Mechaniker des Mittelalters vieles aus den überlieferten Erfahrungen seiner Vorgänger lernen. Die besondere Perfektion und Meisterschaft bei der Bewältigung bestimmter mechanischer Probleme erlangte er aber nicht zuletzt dank seiner spezifischen persönlichen Begabungen. Seine Tätigkeit hatte über lange Zeit, von Ausnahmen abgesehen, nahezu keine Berührungspunkte zu der ausschließlich als Theorienproduktion verstandenen, auf Letztbegründungen abzielenden Wissenschaft. Die mittelalterlichen Gelehrten knüpften in ihren Überlegungen zu mechanischen Problemen weiterhin vor allem an die naturphilosophischen Spekulationen der Antike an. Die praktischen Mechaniker erwarteten daher zu Recht von ihnen keinerlei Nutzen zur Vervollkommnung praktischer Verfahren. Mechaniker, die ihr Handwerk vor allem als künstlerische Fertigkeit verstanden, waren nicht unbedingt daran interessiert, ihre Erfahrungen und Kenntnisse vielen zugänglich zu machen. Das hätte schließlich dazu beigetragen, die Schar ihrer Konkurrenten zu vergrößern und den Ruf ihrer einmaligen Fähigkeiten zu schmälern. Weltliche und geistliche Herren schmückten sich durch den „Besitz“ eines berühmten Mechanikers ebenso wie durch den „Besitz“ eines Malers. Sie zogen aus beiden Nutzen. Daß die als Baumeister tätigen Künstler und die Kanonen herstellenden, Uhren produzierenden, Münzen prägenden Handwerker ebenso wie viele ihrer mit anderen Dingen beschäftigten Zunftgenossen materiell verwertbare Produkte anfertigen, während die Künstler in unserem heutigen Sinne ausschließlich ästhetische Bedürfnisse befriedigten, war im Prinzip für ihren sozialen Status in der Feudalgesellschaft kein wesentlicher Unterschied. Der Stand der Produktivkraftentwicklung und das Niveau der

Produktionsverhältnisse erlaubten es über lange Zeit, die große Gruppe der praktisch tätigen Mechaniker, die sich mit der weiteren Entwicklung der Produktivkräfte auch immer stärker differenzierte, im wesentlichen den Künstlern gleichzustellen. Das war aber dann nicht mehr möglich, als sich mit dem Zusammenschluß verschiedener Handwerke erste Manufakturen herausbildeten und die Entwicklung der Produktivkräfte im Schoße des Feudalismus zur kapitalistischen Produktionsweise drängte.

Die sich entwickelnden kapitalistischen Produktionsstätten benötigten Spezialisten ganz anderer Prägung als die Produktionsstätten des Feudalismus. Zur Organisation und Beherrschung der späteren Massenproduktion waren Künstlerpersönlichkeiten völlig ungeeignet. Es wurden Fachleute benötigt, die einen Produktionsprozeß in möglichst einfache, leicht erlernbare bzw. maschinell zu bewältigende elementare Arbeitsschritte zerlegen konnten. Man benötigte Spezialisten für bestimmte Klassen elementarer Operationen im Arbeitsprozeß. Zu deren Ausbildung waren gesicherte Erkenntnisse erforderlich. Einmal produziert, mußten diese Erkenntnisse ohne weiteres zugänglich sein. Die Entfaltung der Produktivkräfte auf der Grundlage des kapitalistischen Eigentums an Produktionsmitteln führte also letztendlich zu der immer stärker werdenden Notwendigkeit, die Produktion verfügungsbereiten Wissens gesellschaftlich zu sichern. Erst auf diesem Boden konnte die Naturwissenschaft als Phänomen gesellschaftlicher Arbeitsteilung entstehen und sich in dem Maße entwickeln, wie wir das aus der Geschichte kennen.

Am Ausgangspunkt dieser Entwicklung standen weniger die Hoffnungen auf praktische Verwertbarkeit naturwissenschaftlicher Erkenntnisse in der materiellen Produktion als vielmehr die Überzeugung, mit dem von Kopernikus begründeten neuen Weltbild auch den Herrschaftsanspruch des Bürgertums in der Gesellschaft begründen zu können. Nachdem die Naturwissenschaften sich aber emanzipiert hatten und zu Erkenntnissen führten, die auch in der Produktion verwertbar waren, schufen sie zugleich Voraussetzungen, die Vereinzelung der Produzenten innerhalb des Gesamtsystems der materiellen Produktion weiter zu vertiefen. Von der in der Antike vertretenen Auffassung, praktische Mechanik als Kunst auszuüben, blieb bald nicht mehr viel übrig. Auf der Grundlage gesicherter theoretischer Kenntnisse wurden mehr und mehr Schritte des Arbeitsprozesses bis ins letzte Detail normierbar. Die einzelnen Produzenten wurden damit zunehmend leichter austauschbar. Die dem Künstler vergleichbare Individualität des mittelalterlichen Handwerkers hatte nahezu keinerlei Entsprechung mehr in den Stätten kapitalistischer Massenproduktion des 18. und 19. Jahrhunderts. Die Gewinnung *neuer* naturwissenschaftlicher Erkenntnisse wurde nun zum Bewährungsfeld ausgeprägter Persönlichkeiten.

Diesen durch Extrempunkte charakterisierten Übergangsprozeß gilt es historisch im Detail näher zu untersuchen, um die Bedingungen eigenständiger Physikentwicklung aufzuklären und die Entstehung der naturwissenschaftlichen Denkweise besser zu verstehen. Dabei muß man in weiteren philosophischen Untersuchungen auf Vorarbeiten der Wissenschaftsgeschichte zurückgreifen. Die bürgerliche Wissenschaftsgeschichtsschreibung hat lange Zeit die ökonomischen und sozialen Determinanten der Wissenschaftsentwicklung übersehen und die Geschichte der Naturwissenschaften allein als eine Abfolge von Entdeckungen großer Forscherpersönlichkeiten aufgefaßt. Damit blieben aber die gesellschaftlichen Voraussetzungen naturwissenschaftlicher Forschung völlig unberücksichtigt und der Prozeß der Herausbildung der Naturwissenschaften unverstanden. Nicht zuletzt unter dem Eindruck früher Versuche, die Genesis der Naturwissenschaften historisch-materialistisch zu erklären,[70] sahen sich auch Theoretiker, die aus einer anderen philosophischen Tradition kamen, zunehmend gezwungen, die Ignoranz gesellschaftlicher Voraussetzungen naturwissenschaftlichen Arbeitens aufzugeben.[71] In jüngster Zeit beobachtet man die erbittert geführten Auseinandersetzungen um die Dominanz wissenschaftsinterner oder -externer Entwicklungsfaktoren bzw. den Versuch, in entsprechenden Modellen beide miteinander zu kombinieren. Dabei wird deutlich, daß mit derartig vereinfachten Konzepten die vielfältig dialektisch vermittelten Zusammenhänge von Produktivkraftentwicklung, Entwicklung der Produktionsverhältnisse, Wissenschaftsentwicklung und der Rolle der Persönlichkeit nur ungenügend zu erfassen sind.[72]

Diese komplizierten Vermittlungen können nur in einer historisch-materialistischen Analyse der tatsächlichen historischen Prozesse aufgeklärt werden, wobei zugleich die ideengeschichtlichen Zusammenhänge nicht ausgespart bleiben dürfen. Die bisher vorgelegten Versuche enthalten fruchtbare Ansätze.[73] Nach wie vor aber werden auch in der marxistisch-leninistischen Literatur ausschließlich ideengeschichtlich orientierten Analysen einseitige Auffassungen über

70 Vgl. B. Hessen, Die sozialen und ökonomischen Wurzeln von Newtons „Principia" (1931), in: Wissenschaftssoziologie 2, Hrsg.: P. Weingart, Frankfurt a. M. 1974, S. 262ff.; H. Mineurs, Mechanik und Astronomie, in: Die Wissenschaft im Lichte des Marxismus, Hrsg.: H. Wallon, o. O. 1934; J. D. Bernal, The social function of science, London 1939.

71 Vgl. beispielsweise: R. K. Merton, Science, Technology and Society in Seventeenth Century England (1938), New York 1970; E. Zilsel, Die sozialen Ursprünge der neuzeitlichen Wissenschaft (1942), Frankfurt a. M. 1976.

72 Vgl. H. Hörz, Gesetze der Wissenschaftsentwicklung, in: Struktur und Prozeß, Hrsg.: K.-F. Wessel, Berlin 1977, S. 260ff.; J. Erpenbeck/U. Röseberg, Wissenschaftsentwicklung, Theorienentwicklung und Entwicklungstheorie, in: Deutsche Zeitschrift für Philosophie (im folgenden DZfPh), 2/1977, S. 133ff.

73 Vgl. J. D. Bernal, Die Wissenschaft in der Geschichte, a. a. O.; G. Harig, Über die Entstehung der klassischen Naturwissenschaften in Europa, in: DZfPh, 3/1958, S. 419ff.; H. Ley, K.-F. Wessel (Hrsg.), Weltanschaulich-philosophische Bildung und Erziehung im mathematischen und naturwissenschaftlichen Unterricht (Beiträge), Berlin 1974; Mechanika i civilizacija XVII—XIX vv., Moskva 1979; Nauka v social'nych, gnoseologičeskich i cennostnoych aspektach, Moskva 1980.

die Rolle der gesellschaftlichen Faktoren zur Herausbildung der Naturwissenschaften entgegengesetzt.

Uns interessieren die Beziehungen von Dialektik und Physik in der Geschichte. Wir haben zu fragen, ob die Herausbildung der Physik selbst als ein dialektischer Prozeß zu verstehen ist. Wir wollen wissen, ob in den ersten physikalischen Theorien objektive Dialektik der Natur näherungsweise erfaßt wurde oder ob die mathematisierten physikalischen Theorien die Annahme eines metaphysischen Weltbildes zur Voraussetzung hatten. Schließlich müssen wir klären, ob der Prozeß der Physikentwicklung dialektisch verlaufen ist. In *diesem* Zusammenhang bedürfen wir nicht einer abgeschlossenen Theorie, die die notwendigen und hinreichenden Bedingungen für die Herausbildung der physikalischen Denkweise anzugeben vermag. Um zu entscheiden, ob dieser Prozeß ein dialektisch verlaufender Prozeß ist, reicht es, die Quellen, aus denen er gespeist wurde, und das methodische Vorgehen der Physiker im Unterschied zu den Naturphilosophen der Antike und der Scholastik zu untersuchen. Für eine historisch-materialistische Theorie der Physikentwicklung müßte man den vielfältig dialektisch vermittelten Zusammenhang von Erkenntnisfortschritt und gesellschaftlicher Entwicklung näher analysieren. In unserem Zusammenhang genügen Analogien zwischen den theoretischen Konzepten der Physik und wesentlichen gesellschaftlichen Erscheinungen.

Die Herausbildung der Physik als relativ eigenständiger Naturwissenschaft ist ein komplizierter Prozeß, an dem unter der Voraussetzung der sich allmählich verändernden Produktions-, Distributions- und Konsumtionsbeziehungen in den frühbürgerlichen Bewegungen vor allem die zunftfreien Künstler, die Ingenieure und Techniker, die Philosophen (vor allem die Schule der italienischen Naturphilosophen um B. Telesio, F. Patrizzi und G. Bruno) und die aus der Scholastik kommenden Gelehrten Anteil hatten. Am Anfang stand mit der Entwicklung des kopernikanischen Weltbildes eine Revolution in der Astronomie. In den ideologischen Auseinandersetzungen um das heliozentrische Weltbild wurde die naturwissenschaftliche Denkweise entwickelt, wie wir sie heute kennen. Als ihr Begründer gilt Galilei. Sein Schaffen war eingebettet in die Bemühungen zahlreicher Denker seiner Zeit, den begrifflichen Rahmen einer über Aristoteles hinausgehenden *Wissenschaft* Mechanik zu formulieren.[74] Die klassische Mechanik wäre allerdings nicht zum Fanal einer Wende in der Naturanschauung geworden, wenn nicht die gesellschaftlichen Bedingungen die Entwicklung eigenständiger, von der Philosophie und Theologie getrennter Naturwissenschaften ermöglicht hätten. Außerhalb dieser Beziehungen hätten die

74 Vgl. E. J. Dijksterhuis, die Mechanisierung des Weltbildes, a. a. O.; A. T. Grigor'jan, Mechanika ot antičnosti do našich dnej, Moskva 1974; U istokov klassičeskoj nauki, Moskva 1968.

Überlegungen der Begründer der klassischen Mechanik vermutlich noch lange das Schicksal gelehrter scholastischer Dispute an den mittelalterlichen Universitäten teilen müssen. Trotzdem ist es eine unzulässige Vereinfachung, wenn die Spezifik des für die klassische Mechanik charakteristischen Denkens deduktiv aus den entsprechenden gesellschaftlichen Beziehungen erschlossen werden soll[75] und man nur noch uneins darüber ist, ob die spezifischen Produktions- oder die spezifischen Verteilungsformen ausschlaggebend sein sollen. Die Dialektik einer naturwissenschaftlichen Theorie ist nicht einfach eine Folge gesellschaftlicher Dialektik. Man kann die sich entwickelnden kapitalistischen Produktionsbeziehungen nicht in einen linear-ursächlichen Zusammenhang mit der spezifischen Methode der Mechanik bringen, mit der diese physikalische Theorie ihre Objekte aus dem universellen Zusammenhang isoliert. Daß aber die Methode, einzelne Körper aus dem Wechselwirkungszusammenhang mit anderen Körpern herauszulösen, sie durch eine Reihe eindeutig bestimmter Größen (Masse, Ort, Impuls) zu charakterisieren und die Wechselwirkung der Körper miteinander auf gegenseitige Einwirkung verselbständigter Kräfte zu bringen, im 18. Jahrhundert zu einem weithin akzeptierten und benutzten Verfahren naturwissenschaftlicher Forschung werden konnte, hatte neben den damit zu erzielenden Erfolgen bei der praktischen Lösung mechanischer Probleme auch die genannten gesellschaftlichen Entwicklungen zur Voraussetzung.

Ähnliches gilt für die Wiederbelebung des Atomismus. Die häufig gestellte Frage,[76] warum der Atomismus, der seit der Antike immer wieder einmal rezipiert, häufig kritisiert, aber bis zum 17. Jahrhundert ohne großen Einfluß blieb und plötzlich, innerhalb eines halben Jahrhunderts, nahezu von allen Philosophen positiv aufgegriffen wurde, läßt sich nicht außerhalb der großen gesellschaftlichen Veränderungen in der frühbürgerlichen Entwicklungsphase beantworten. Die Rolle, die ein einzelnes Atom im atomistischen Weltbild spielen konnte, entsprach etwa der Stellung eines einzelnen Produzenten innerhalb der immer komplizierter werdenden materiellen Produktion. Neue Produktionsbeziehungen gaben den naturphilosophischen Spekulationen antiker Denker plötzlich eine andere Dimension. In vielfach gebrochener Weise finden wir die sich herausbildenden neuen Beziehungen zwischen den Produzenten, ihre zunehmende Vereinzelung und Austauschbarkeit, in der Physik und in der Philosophie dieser

75 Vgl. dazu: H.-D. Bahr, Die Klassenstruktur der Maschinerie, in: Technologie und Kapital, Hrsg.: R. Vahrenkamp, Frankfurt a. M. 1973; F. Borkenau, Der Übergang vom feudalen zum bürgerlichen Weltbild, Darmstadt 1971; H. Großmann, Die gesellschaftlichen Grundlagen der mechanistischen Philosophie, in: Zeitschrift für Sozialforschung IV, 2/1935, S. 161 ff.; J. Habermas, Technik und Wissenschaft als „Ideologie", Frankfurt a. M. 1968; S. Moscovici, Essai sur l'histoire humaine de la nature, Paris 1968; A. Sohn-Rethel, Geistige und körperliche Arbeit, Frankfurt a. M. 1972.

76 Vgl. A. Maier, Die Mechanisierung des Weltbildes im 17. Jahrhundert, Leipzig 1938.

Zeit ebenso wieder wie die Tatsache, daß Waren zu ihrem Wert getauscht werden.

Während das Bürgertum mit der entstehenden klassischen Mechanik und verschiedenen sich schon bald entwickelnden naturwissenschaftlich-technischen Forschungsvorhaben zunehmend in den Besitz von praktisch anwendbarem Wissen gelangte, waren der weiteren Entwicklung der Produktivkräfte durch die feudalabsolutistische Gesellschaftsordnung relativ enge Grenzen gesetzt. Das sich entwickelnde Bürgertum formulierte seinen Herrschaftsanspruch — den nationalen Besonderheiten jeweils entsprechend — im 17. Jahrhundert vor allem in ideologischen Systemen, denen philosophisch mechanisch-materialistisches Gedankengut zugrunde lag.

Der mechanische Materialismus wurde gleichzeitig von Denkern verschiedener Schulen entwickelt. Unter ihnen waren auch Naturwissenschaftler, die an der Bewältigung von Problemen der klassischen Mechanik arbeiteten. Der mechanische Materialismus ist aber historisch weder die philosophische Grundlage zur Entwicklung der klassischen Mechanik noch eine einfache Folgeerscheinung der physikalischen Theorie. Er entstand als philosophisches System zwar zeitlich im Zusammenhang mit der klassischen Mechanik, stellte aber nicht zuletzt vor allem eine philosophische Reflexion neuer gesellschaftlicher Zustände dar. Die mechanischen Materialisten knüpften philosophisch sowohl an antikem Gedankengut als auch an den Überlegungen scholastischer Schulphilosophie und humanistischen Traditionen der Renaissance an. In erster Linie erreichten sie eine Rückkehr zu materialistischen Positionen. Es kam ihnen darauf an, die Welt in ihrem eigenen Zusammenhang zu erkennen. Da dies in der Newtonschen Mechanik gelungen war, schien die physikalische Denkweise prädestiniert, weitere Erfolge bei der wissenschaftlichen Erfassung auch der nichtmechanischen Phänomene zu erzielen. Man glaubte, daß alle qualitativen Phänomene auf Bewegungen (verstanden als Ortsveränderungen in der Zeit) von Körpern zurückzuführen seien und daß bei letzteren Größe und Gestalt die alles bestimmenden Eigenschaften seien. Hatten die antiken Naturphilosophen Mechanismen, die den Gesetzen der klassischen Mechanik folgen, vor allem als vom Menschen zum Zwecke der Überlistung der Natur ersonnene Kunstwerke betrachtet, so sahen viele Philosophen des 17. und 18. Jahrhunderts unter dem Eindruck der stürmischen Produktivkraftentwicklung nun die Natur als einen großen Mechanismus. Einige gingen so weit, im Menschen selbst eine Maschine zu sehen. Galilei soll 1636 Hobbes bestärkt haben, die mechanisch-materialistische Anschauung auch der Untersuchung der Gesellschaft zugrunde zu legen.[77]

Voraussetzung für die naturwissenschaftliche Erforschung einer Vielzahl beobachtbarer Erscheinungen war für den mechanischen Materialismus eine ausge-

77 Vgl. F. Tönnies, Thomas Hobbes — Leben und Lehre, Stuttgart 1925, S. 16.

arbeitete Theorie mechanischer Bewegungen. Während die klassische Mechanik eine wissenschaftliche Theorie ist, die die Bewegungsgesetze einer Klasse von wohlbestimmten Objekten adäquat abbildet, ist der mechanische Materialismus eine philosophische Auffassung, die alle Erscheinungen in der objektiven Realität mechanisch zu erklären fordert. Im 17. Jahrhundert trat diese philosophische Strömung, in Form mehrerer voneinander stark abweichender einzelner Systeme, an die Stelle der ihr vorausgehenden Naturphilosophie. Im Unterschied zur Antike bildete sich aber mit der neuen philosophischen Naturanschauung auch die naturwissenschaftliche Denkweise heraus. Damit entsteht die Frage nach dem Zusammenhang von philosophischer und naturwissenschaftlicher Denkweise und nach der Rolle philosophischer Überlegungen bei der Herausbildung der naturwissenschaftlichen Denkweise.

2.2. Naturwissenschaftliche und philosophische Denkweise

Engels hob, wie bereits erwähnt, hervor, daß die antike griechische Philosophie, zuerst und am klarsten ausgesprochen von Heraklit, eine zwar ursprüngliche, naive, aber der Sache nach richtige Anschauung von der Natur hatte. Nach dieser dialektischen Anschauung bietet uns die Natur zunächst „das Bild einer unendlichen Verschlingung von Zusammenhängen und Wechselwirkungen, in der nichts bleibt, was, wo und wie es war, sondern alles sich bewegt, sich verändert, wird und vergeht“[78]. Es ist zu fragen, welche Bedeutung diese *philosophische* Anschauung von der Natur bei der Herausbildung der *naturwissenschaftlichen* Denkweise der Neuzeit hatte. Dabei sind auch die Vorläufer naturwissenschaftlicher Denkweise in der Antike zu berücksichtigen.

Innerhalb des Rahmens der griechischen Naturphilosophie wurde neben der Gesamtanschauung der Natur eine spezielle Disziplin begründet, die die Aufgabe hatte, die „Natur“ der einzelnen Dinge (ihre Physis), ihre Veränderungen, ihr Werden und Vergehen zu untersuchen. Von Aristoteles wurden viele der für die nachfolgenden Entwicklungen wesentlichen philosophischen und physikalischen Begriffe unter Rückgriff auf die gesamte Philosophie seiner Vorgänger geprägt. Die die Physis der einzelnen Dinge behandelnde Disziplin, die Physik, war nach Aristoteles nur möglich, wenn es in den steten Veränderungen, im Werden und Vergehen zugleich auch relativ Unveränderliches, bereits Gewordenes, Vergangenes und noch nicht Vergangenes gab.

Stehen diese Voraussetzungen nun im unauflöslichen Widerspruch zur gleich-

78 F. Engels, Herrn Eugen Dührings Umwälzung der Wissenschaft („Anti-Dühring“), in: MEW, Bd. 20, a. a. O., S. 20.

zeitig vertretenen dialektischen Anschauung der Natur? Das ist nicht der Fall. Die dialektische Anschauung der Natur selbst ist nur dann konsequent durchzuhalten, wenn neben dem universellen Zusammenhang zugleich auch die relative Isoliertheit einzelner Objekte und Prozesse fixiert ist (was bildet sonst diesen universellen Zusammenhang?); wenn in den Veränderungen auch relativ Unveränderliches vorkommt (was bedeutet sonst Veränderung?); wenn im Werden auch bereits Gewordenes mit vorliegt (woraus wird ansonsten etwas?); wenn es im Vergehen zugleich noch nicht Vergangenes gibt (was könnte sonst vergehen?). Insofern sind die philosophischen Voraussetzungen der Aristotelischen Physik bereits in der naiven und ursprünglichen Dialektik der Griechen mitenthalten. Es besteht also von Anfang an kein unüberwindlicher Widerspruch zwischen dem, was die dialektische Anschauung von der Natur behauptet, und dem, was die Physik philosophisch voraussetzen muß. Die dialektische Auffassung von der Natur ist nur als dialektisch widersprüchliche Auffassung konsistent formulierbar.

Indem in dieser einheitlichen Auffassung von der Natur selbst die einander widersprechenden Bestandteile vorkommen, ist bereits auch die Möglichkeit angelegt, eine dieser Seiten zu verselbständigen. Betont man nur Veränderung, Werden und Vergehen, läßt sich die Natur allein noch durch philosophische Spekulationen mittels hinreichend unbestimmter Begriffe erschließen. Eine messende und auf Erkenntnis objektiver, allgemein-notwendiger, wesentlicher Zusammenhänge ausgerichtete Naturwissenschaft ist dann unmöglich. Überschätzt man hingegen die für jede naturwissenschaftliche Forschung erforderliche Isolation einzelner Dinge und Prozesse; sieht man neben dem relativ Unveränderlichen nicht mehr die Veränderungen, neben dem Gewordenen nicht mehr das Werden und neben dem Vergangenen nicht mehr das Vergehen, dann kommt man zu metaphysischen Vereinfachungen. Diese scheinen zwar oftmals für das Verständnis einzelner Objekte und Prozesse auszureichen, werden aber sofort zum Hemmnis, wenn es darum geht, einzelne Dinge und Prozesse in ihrem objektiven Zusammenhang mit anderen Dingen und Prozessen zu analysieren. Sie führen zu katastrophalen Folgen, wenn man eine Gesamtauffassung von der Natur im Rahmen einer einheitlichen Weltanschauung formulieren will.

Die Physik, wie wir sie heute kennen, ist ideengeschichtlich in der Auseinandersetzung und Überwindung der Aristotelischen Physik entstanden. Wenn wir die Denkweise, die zur Herausbildung der Physik der Neuzeit geführt hat, auf ihren Zusammenhang mit der dialektischen Denkweise untersuchen wollen, müssen wir also die Denkweise ihrer Vorläuferin, der Aristotelischen Physik, mit in die Betrachtung einbeziehen.

Aristoteles hat, wie die meisten Naturphilosophen der Antike, seine einzelwissenschaftlichen Überlegungen in ein spekulativ entworfenes kosmologisches Weltmodell eingeordnet. Seine Kosmologie knüpfte vor allem an den von Eudoxos weiterentwickelten Überlegungen Platons an. Für Aristoteles stand fest, daß die Gesetze des Himmels und der Erde prinzipiell verschieden sind. Während die Gesetze der beobachtbaren Bewegungen der Gestirne Verwirklichungen des Idealen darstellten, das Platon in der Mathematik erblickte, haben wir es nach Aristoteles auf der Erde mit Veränderungen zu tun, die fern von der Harmonie der himmlischen Sphären sind. Im Gegensatz zur Welt der Gestirne (bestehend aus einem Element) sollte es in der irdischen Welt unterhalb der Sphäre des Mondes vier verschiedene Elemente (Feuer, Wasser, Luft, Erde) geben, die aus den Gegensatzpaaren des Feuchten und des Trockenen, des Warmen und des Kalten gebildet seien. Die Wandlungen dieser Elemente waren Bewegungen, verstanden als Prozesse, bei denen etwas entsteht und etwas vergeht, die von einem Ausgang zu einem Ziel führen.

Die spontan dialektische Auffassung der Natur bezog sich in der Antike zunächst auf den Kosmos als einheitliches Ganzes, eingeschlossen die Erde. Was sich von dieser Auffassung über Platon zu Aristoteles retten konnte, galt zwar teilweise noch für die Erde, nicht aber für den Kosmos. Platon, Eudoxos und Aristoteles sahen im Kosmos das zeitlich bewegte Abbild der Ewigkeit. Davon, daß auch im Kosmos „nichts bleibt, was, wo und wie es war, sondern alles sich bewegt, sich verändert, wird und vergeht" (Engels) konnte nunmehr keine Rede mehr sein. Die Dialektik blieb auf die Erde beschränkt. Die metaphysische Trennung von Erde und Himmel gehörte spätestens seit Platon zu den Grunddogmen der antiken Physik.

Die Physik hatte für Aristoteles alle vier Typen von Ursachen für Bewegungen (causa materialis, causa formalis, causa efficiens, causa finalis) zu berücksichtigen. Weil aber nach seiner Meinung nur die causa formalis mathematisch darstellbar war, konnte die Physik keine mathematische Wissenschaft sein. Sie hatte auch die nicht mathematisch darstellbaren Ursachen zu erfassen.

Jeder Körper hatte im Kosmos des Aristoteles seinen „natürlichen" Ort. Befindet er sich nicht an diesem, so strebt er in einer „natürlichen" Bewegung zu seinem Ort. An diesem verharrt er, sobald er ihn erreicht hat. „Natürliche" Bewegungen sind allein durch die falsche Anordnung verursacht, sie bedürfen keiner weiteren bewegenden Ursachen. Auf dem Weg zu seinem Ort aber kann der Körper gewaltsam aufgehalten werden. Ohne äußere Einwirkung erfolgt diese Bewegung allerdings immer gradlinig und verfügt über einen Anfang und ein Ende. Weil Erde und Wasser nach unten, Feuer und Luft aber nach oben streben, fällt ein Stein, während Wasserdampf aufsteigt.

Von der „natürlichen" Bewegung grundsätzlich verschieden sollte die „gewaltsame" Bewegung sein. Sie bedarf einer äußeren Gewalt und erfolgt wider die Natur der Dinge. Sie hält so lange an, wie die äußere Kraft wirkt. Wenn man einen Stein wirft, verdrängt er die Luft von ihrem natürlichen Ort. Diese schließt sich hinter dem Stein wieder und strebt zurück zu ihrem „natürlichen" Ort. Dadurch wird der Stein vorwärtsgetrieben (Impetustheorie).

Solcher Art waren die Erklärungen der Aristotelischen Physik, die zwar durchaus an alltäglichen Beobachtungen anknüpfte und auf der Ebene der unmittelbar beobachtbaren Erscheinungen ausgesprochen empirisch, auf der Ebene ihrer theoretischen Erklärungen aber ausgesprochen spekulativ vorging. Gezielte Beobachtungen und wissenschaftliche Experimente hatten bei der Fixierung jener theoretisch zu erklärenden „Fakten" Sinn; sie vermochten aber keine Beiträge zur Erklärung dieser „Fakten" selbst zu liefern.

Archimedes verzichtete später auf Erklärungen im Sinne der Aristotelischen Physik. Er versuchte nicht länger ein anschauliches und allumfassendes Gesamtbild des Naturgeschehens zu entwerfen, sondern widmete sich einer Reihe wichtiger Detailfragen der Theorie des Gleichgewichts. Dabei gelang es ihm, sich mit Erfolg mathematischer Methoden zu bedienen. Beobachtungen und Experimente waren für ihn unumgänglich, um zu evidenten Ausgangspostulaten für weitere deduktiv zu gewinnende Schlüsse zu kommen. Seine allein auf die Statik begrenzten Überlegungen gewannen für die Physik Bedeutung, als man im Ausgang des 16. Jahrhunderts daran ging, auch die Probleme der Kinematik und Dynamik mathematisch zu behandeln. Erst zu diesem Zeitpunkt erinnerte man sich des eigentlichen Begründers der *mathematisierten* Physik wieder in gebührender Weise. Bis dahin dominierte die Aristotelische Physik.

Da für Aristoteles die Erkenntnis das Auffinden letzter Ursachen der Erscheinungen bedeutete und die Erscheinungen empiristisch verstanden wurden, hatte die Physik Letzterklärungen für das unmittelbar sinnlich Wahrnehmbare zu geben. Die von Aristoteles vorgeschlagenen Erklärungen zahlreicher Phänomene waren in der Regel nicht widersprüchlich und hatten sehr oft den Vorzug, einleuchtend zu erscheinen und anschaulich zu sein. Insgesamt entstand auf dieser Grundlage in der Aristotelischen Physik das Bild eines geordneten und im Prinzip zu verstehenden Kosmos. Man konnte über Einzelfragen streiten (z. B. die Bewegungsursache des fliegenden Steins), die Art und Weise eines solchen einzelwissenschaftlichen Vorgehens aber erschien lange Zeit ohne Alternative.

Die metaphysische Festschreibung naturphilosophischer und physikalischer Behauptungen, wie sie von der scholastischen Aristotelesinterpretation gepflegt wurde, entsprach jedoch keinesfalls dem Anliegen des vor allem an *Problemen* orientierten genialen antiken Denkers selbst. Wissenschaftshistoriker schätzen heute die Naturphilosophie des Aristoteles sehr treffend als eine Mischung voreilig verallgemeinerter Alltagserfahrungen, phantastischer Spekulationen und treffender Einsichten ein.[79] Historisch gewirkt haben zum Zeitpunkt der Herausbildung der Physik aber vor allem das naturphilosophisch-spekulative Moment und der Empirismus dieser Lehre.

79 Vgl. Zur Geschichte des wissenschaftlichen Denkens im Altertum, Hrsg.: F. Jürß (im Druck).

Von realen Beobachtungen ausgehend, gelangte Aristoteles zu „Erklärungen", die experimenteller Überprüfung nicht mehr zugänglich waren. Auf der Grundlage einer metaphysischen Trennung von sinnlichen Wahrnehmungen und theoretischen Deutungen wurde ein Weltbild konstruiert, in dem verschiedentlich Dialektik durchschimmerte, das aber in wesentlichen Zügen metaphysisch war. Zwischen Erde und Himmel gab es starre Trennlinien; Materie und Bewegung waren kategorial als dynamis und energeia unterschieden und damit ihre spätere Trennung vorbereitet; die Bewegung wurde nicht durchgängig als Selbstbewegung der Materie gefaßt; „natürliche" und „gewaltsame" Bewegung waren unüberwindliche Gegensätze.

Daß im Kosmos des Aristoteles jedem Ding ein „natürlicher" Ort zukam, daß man etwas nur erkennen konnte, wenn es gelang, *alle* Ursachen des zu Erkennenden aufzufinden, lief letztlich darauf hinaus, wissenschaftliche Forschung auf die Erkenntnis der Totalität aller materiellen Dinge und Prozesse zu richten. Eine auf Letztbegründung zielende Wissenschaft ist aber notwendig zum Scheitern verurteilt. Lenin hob im Anschluß an Hegels Totalitätsbetrachtungen mit Recht hervor: „Der Mensch kann die Natur nicht als *ganze*, nicht vollständig, kann nicht ihre ‚unmittelbare Totalität' erfassen = widerspiegeln = abbilden, er kann dem nur *ewig* näher kommen, indem er Abstraktionen, Begriffe, Gesetze, ein wissenschaftliches Weltbild usw. usf. schafft."[80]

Um die Gesetze der Natur zu erkennen, bedarf es eines Verfahrens, das sich der Totalität des universellen Zusammenhangs immer bewußt bleibt und zugleich aus diesem universellen Zusammenhang allgemein-notwendige und wesentliche Zusammenhänge herauszulösen gestattet. Dieses Verfahren wurde mit der im 17. Jahrhundert entstehenden naturwissenschaftlichen Denkweise und der ihr entsprechenden Forschungsmethode entwickelt, die auf Grund des Widerspruchs, den universellen Zusammenhang anzuerkennen und gleichzeitig unter bestimmten kontrollierbaren Bedingungen aufzulösen, eine zutiefst dialektische Methode darstellt.

Im Gegensatz zu den antiken naturwissenschaftlichen Ansätzen kann man die mit der Herausbildung der klassischen Mechanik entstehende naturwissenschaftliche Forschungsmethode vor allem als eine gelungene Synthese mathematisch-theoretischer und experimenteller Methoden ansehen.

Die *experimentelle* Forschung setzt voraus, daß unter gleichen wesentlichen Bedingungen gleiche Resultate erzielt werden, daß wissenschaftliche Experimente also an verschiedenen Orten und zu verschiedenen Zeiten reproduzierbar sind. Das ist aber nur möglich, wenn in den steten Veränderungen in der objektiven Realität zugleich auch relativ Unveränderliches vorhanden ist. Da das Erkenntnis-

80 W. I. Lenin, Konspekt zu Hegels „Wissenschaft der Logik", in: Werke, Bd. 38, a. a. O., S. 172.

subjekt im Experiment mittels der von ihm konzipierten und verwirklichten experimentellen Einrichtungen auf das Erkenntnisobjekt materiell-gegenständlich einwirkt, muß zugleich vorausgesetzt werden, daß trotz dieser Einwirkungen Experimente etwas über das Objektverhalten aussagen.

Die Anwendung der mathematischen Methode auf der Grundlage von praktischen Messungen ist streng daran gebunden, daß in diesen Veränderungen, im Werden und Vergehen in der objektiven Realität Maßstäbe auffindbar sind, die selbst relativ unveränderlich bleiben und damit Veränderungen erst meßbar machen. Zugleich setzen die vom Erkenntnissubjekt geschaffenen idealen Objekte und Strukturen, die für reale Objekte und Strukturen stehen, voraus, daß mit der mathematisch-theoretischen Methode trotz der in ihnen enthaltenen Vereinfachungen Erkenntnisse über das Objektverhalten erzielt werden.

Die *Subjekt-Objekt-Dialektik* des Erkenntnisprozesses ist für beide im naturwissenschaftlichen Methodengefüge vereinten Methoden ebenso von prinzipieller Bedeutung wie die objektive Dialektik von *Veränderung und Erhaltung.*

Die besondere Betonung des Moments der Veränderung in der spontan dialektischen Anschauung der Natur genügt noch nicht, um zur modernen Naturwissenschaft zu kommen. Eine Welt, „in der nichts bleibt, was, wo und wie es war, sondern alles sich bewegt, sich verändert, wird und vergeht" (Engels), kann nicht ohne weiteres mit experimentellen und mathematischen Methoden erforscht werden. Die der Sache nach richtige Anschauung der Natur, über die die griechische Naturphilosophie bereits verfügte, war zu keinem Zeitpunkt eine über dem naturwissenschaftlichen Ansatz der Neuzeit schwebende absolute Erkenntnis. Es bleibt, wie das Beispiel der Aristotelischen Physik gezeigt hat, immer zu fragen, wie diese philosophische Erkenntnis in den entsprechenden naturwissenschaftlichen Ansatz eingearbeitet ist und welche philosophisch-weltanschaulichen Verallgemeinerungen aus den naturwissenschaftlichen Erkenntnissen jeweils gezogen werden.

Für die Wissenschaftsgeschichte ist von großer Bedeutung, daß die griechische Naturphilosophie nicht nur über die der Sache nach richtige Naturanschauung verfügte, sondern in ihrem Schoße auch bereits beide für die Physikentwicklung so bedeutsamen Methoden in Ansätzen vorbereitet hatte. Besonders weit entwickelt war dabei die *mathematische Methode.* Nachdem im 5. Jahrhundert v. u. Z. Mathematik als eigenständige Wissenschaft entstanden war und die Astronomie große Erfolge mit der Anwendung der Mathematik bei der Beschreibung der Bewegungen von Himmelskörpern erzielt hatte, mußte zwangsläufig die Frage nach der Möglichkeit auftauchen, Mathematik zu einem Mittel der Naturforschung zu machen. Vom Standpunkt pythagoreischer Zahlenmystik stand das gar nicht in Zweifel. Den Pythagoreern war die Welt Harmonie und Zahl. Da dieser Standpunkt aber mit Elementen mythisch-religiösen Denkens verquickt blieb, eignete er sich nur schlecht, innerhalb des Versuchs rationaler

Welterklärung, die Möglichkeit der Mathematisierung von Erkenntnissen zu begründen.

Platon hatte im „Timaios“ die Verbindung von Mathematik und Naturerkenntnis erörtert und brachte auch in der Einordnung der Mathematik in das System der Wissenschaften seine hohe Wertschätzung mathematischen Denkens zum Ausdruck. Die Mathematik war für ihn aber nur ein Durchgangsstadium auf dem Wege zur Ideenschau, dem eigentlichen und höchsten Anliegen der Wissenschaft. Wenn der Weltenschöpfer nach Platon ein Mathematiker gewesen ist, so war damit noch nicht gesagt, daß die mathematischen Strukturen in der Welt der Erscheinungen auch von Bedeutung sein mußten. Für Platon kam es auf diese Welt gar nicht an. Und wenn er von der Welt der sich verändernden materiellen Erscheinungen sprach, so verwies er darauf, daß in dieser Welt keine einzige der geometrischen Figuren voll realisiert ist. Dies nahm er zum Anlaß, um erneut die Nichtigkeit der Welt sinnlich wahrnehmbarer Phänomene zu belegen.

Wenn sich Naturwissenschaftler späterer Epochen bei der Begründung der Anwendbarkeit der mathematischen Methode in der Forschung auf die Pythagoreer oder auf Platon berufen haben, so war dies mindestens partiell ein Mißverständnis. Die Pythagoreer hätten den von der naturwissenschaftlichen Forschung geforderten Rationalismus der Naturerklärung sicher abgelehnt, und Platon hätte sich über die auf Erkenntnis der materiellen Welt gerichteten empirischen Bemühungen der Naturwissenschaftler vermutlich amüsiert. Die Fruchtbarkeit der mathematischen Methode konnte sich erst zeigen, nachdem man Platons Wissenschaftsideal konsequent überwunden hatte und der spekulativen Schau von Ideen die Mühen naturwissenschaftlicher Forschungsarbeit (eingeschlossen Experiment und Beobachtung) vorzog.

Weitaus weniger systematisch als die mathematische Methode aber war in der Antike die *experimentelle Methode* entwickelt. Sie war jedoch im Prinzip durchaus bekannt und wurde vor allem in der hellenistischen Periode auch für Untersuchung einzelner physikalischer Probleme benutzt.[81] Obwohl manche praktische Problemstellung unmittelbar oder mittelbar neue Experimente angeregt hatte, die zu Erkenntnisgewinn geführt haben, besaßen die antiken Denker noch keine hinreichende Klarheit über die Bedeutung des Experiments im Erkenntnisprozeß. Der gerade erst im philosophischen Denken gewonnene Sieg des Rationalismus über das mythisch-religiöse Denken führte meist dazu, die Möglichkeiten des Verstandes zu überschätzen. Bestenfalls von Beobachtungen sollte sich dieser leiten lassen, um zu wahren Erkenntnissen zu kommen. Manchem der antiken Philosophen schien auch das überflüssig. Vor allem aus dieser

81 Vgl. A. V. Achutin, Istorija prinzipov fizičeskogo ėksperimenta, Moskva 1976, Bd. 1; Ot antičnosti do XII v.

in dem niedrigen Stand der Produktivkraftentwicklung antiker Sklavenhalterstaaten begründeten Unterschätzung der materiell-gegenständlichen Auseinandersetzung mit dem Erkenntnisobjekt folgt die Unterbewertung der experimentellen Methode. Angesichts dieses Umstandes auch war eine Synthese der beiden für die Entwicklung des naturwissenschaftlichen Methodengefüges so bedeutsamen Methoden in der Antike so außerordentlich unwahrscheinlich, daß sie in Wirklichkeit nahezu völlig ausgeblieben ist.

2.3. Der Zwang zur Dialektik bei der Herausbildung der klassischen Mechanik

Die klassische Mechanik gehört zum Fond unverzichtbarer fundamentaler physikalischer Theorien. Sie erfaßt alle Ortsveränderungen makroskopischer Objekte in einer mit der prinzipiell erreichbaren Meßgenauigkeit völlig adäquaten Weise. In dieser Theorie sind also die objektiven Ortsveränderungsgesetze einer großen Klasse von Objekten mit einer für alle praktischen Zwecke hinreichenden Genauigkeit abgebildet. Der Objektbereich dieser Theorie umfaßt die Gesamtheit irdischer Körper und in guter Näherung auch die der Himmelskörper. Erst solche diffizilen Messungen wie die Perihelbewegung des Merkur u. ä. haben die Grenzen des Gültigkeitsbereichs der klassischen Mechanik in kosmischen Maßstäben sichtbar werden lassen. Die statistische Physik und die Quantenphysik machten schließlich deutlich, daß ein konsequenter Atomismus über die klassische Mechanik hinausgehen muß. So wie die Bewegungsgesetze der klassischen Mechanik in kosmischen Maßstäben begrenzt sind, genügen sie auch im Mikrokosmos nicht mehr.

Die mit der statistischen Physik, der Quantenphysik und der Relativitätstheorie im 20. Jahrhundert einsetzenden revolutionären Veränderungen im Theoriengebäude der Physik haben zwar den Gültigkeitsbereich der klassischen Mechanik immer genauer festgelegt, innerhalb ihres Gültigkeitsbereichs aber nichts an der Exaktheit ihrer Erkenntnisse geändert. Die in ihren Umrissen im 16. und 17. Jahrhundert von Kopernikus, Galilei, Kepler, Newton u. a. geschaffene klassische Mechanik wurde 1687 erstmalig in Newtons „Philosophiae naturalis principia mathematica“ geschlossen dargestellt.

In diesem Werk findet der Prozeß der Herausbildung der klassischen Mechanik seinen Abschluß. Er wurde eingeleitet durch die Herausforderung des naturwissenschaftlichen Denkens, die mit der kopernikanischen Wende in der Astronomie einherging. Während Kepler sich vor allem um die kinematisch exakte Beschreibung der tatsächlichen Planetenbahnen verdient gemacht hat, waren es Galilei und Newton, die die wesentlichen erkenntnistheoretisch-methodologischen

Probleme in diesem einheitlichen, von vielen Forschern getragenen Prozeß formulierten und lösten.

Das Produkt dieses kompliziert verlaufenen Erkenntnisprozesses, die klassische Mechanik, unterschied sich vor allem durch eine neue Trägheitsvorstellung und eine neue Konzeption der Kraftwirkung von seinen antik-mittelalterlichen Vorläufern. Nach der neuen Trägheitsvorstellung verharrt jeder Körper im Zustand der Ruhe oder der geradlinigen gleichförmigen Bewegung, sofern er nicht durch äußere Kräfte gezwungen wird, diesen Zustand zu ändern. Die Kraftwirkung auf einen Körper verändert nicht dessen Ort, sondern dessen Geschwindigkeit. Diese Erkenntnisse sind bei Newton klar formuliert; die Änderung der Geschwindigkeit (Beschleunigung) infolge äußerer Krafteinwirkung wird in Form einer dynamischen Gleichung zum mathematisch formulierten Bewegungsgesetz aller mechanischen Bewegungen. Galilei gelangen vor allem neue Einsichten in die Kinematik des Falls und des Wurfs. Das waren wichtige Vorleistungen für die Dynamik mechanischer Bewegungen, wie sie dann von Newton endgültig formuliert werden konnte.

Galilei erkannte in der Auseinandersetzung mit der scholastischen Aristotelesinterpretation, daß Benennungen allein nicht zur Aufklärung der Bewegungsursachen führen können. Deshalb verzichtete er zunächst gänzlich auf Erklärungen im Sinne der Aristotelischen qualitativen Physik, folgte also Archimedes, und formulierte die Aufgabe, mechanische Bewegungen erst einmal mathematisch zu beschreiben. „Vor allem müssen wir . . . die Wirkungen kennenlernen, deren Ursachen wir suchen", ließ er Salviati in den Dialogen sagen.[82]

Galileis bedeutsamstes Problem war die Verteidigung des heliozentrischen Weltbildes. Da er die Aristotelische Trennung von Himmel und Erde endgültig überwunden und in diesem Punkt die metaphysische Auflösung der Totalität aller materiellen Erscheinungen in zwei voneinander unabhängige Seinssphären rückgängig gemacht hatte, konnte er davon ausgehen, daß das Verständnis der Bewegungen der Himmelskörper auch durch ein Studium der Bewegungen von Körpern auf der Erde zu vertiefen ist. Zu diesem Zweck betrachtete er vor allem den freien Fall und Wurfbewegungen.

„Über einen sehr alten Gegenstand", mechanische Ortsveränderungen, „eine ganz neue Wissenschaft" zu entwickeln, war sein erklärtes Ziel.[83] Dazu bedurfte es einer neuen Methode. Keines der Elemente dieser Methode war neu. Über die Bedeutung des Experiments und der experimentellen Methode für die Naturwissenschaften hatte bereits Leonardo da Vinci tiefgreifende Gedanken formuliert, denen eine Ahnung der komplizierten dialektischen Vermittlungen zwischen

82 G. Galilei, Dialog über die beiden hauptsächlichsten Weltsysteme, das Ptolemäische und das Kopernikanische, Leipzig 1891, S. 436.

83 G. Galilei, Unterredungen und mathematische Demonstrationen, Leipzig 1891, S. 3.

den im Experiment und der Beobachtung gewonnenen Erfahrungen und den auf dieser Grundlage formulierten theoretischen Erkenntnisse zu entnehmen ist.[84] F. Bacon hatte zu Lebzeiten Galileis die experimentelle Methode als Grundlage naturwissenschaftlicher Forschung charakterisiert. Die mathematische Methode war durch N. v. Kues und andere Philosophen entgegen der Aristotelischen Tradition für die Naturerkenntnis gepriesen worden. Jetzt kam es darauf an, die in der Antike im wesentlichen unbekannte Synthese beider Methoden zu vollziehen. Diese wurde, wie wir heute wissen, zum Ausgangspunkt einer neuen, der naturwissenschaftlichen Forschungsmethode. An ihrer Wiege stand ein Schritt, der nur dialektischer Betrachtungsweise voll verständlich werden kann.

Während Aristoteles in seiner Physik unmittelbar an realen Beobachtungen anknüpfte und der Augenschein, die Anschauung scheinbar für ihn sprach (bis hin zu den Resultaten seiner Forschung in Gestalt der Trägheitsvorstellung und der Konzeption von der Wirkung der Kräfte), ging Galilei von theoretisch konstruierten Beobachtungsbedingungen aus, die nirgends voll realisiert waren und prinzipiell nicht realisierbar sind. Er betrachtete Fallbewegungen im Vakuum, obwohl weder damals noch heute ein absolutes Vakuum hergestellt werden konnte. Aristoteles bereits hatte die Nichtrealisierbarkeit des Vakuums betont; jetzt nahm es Galilei in einem Gedankenexperiment als reale Möglichkeit. Die mathematische Beschreibung bewegter Objekte ging von der Vorstellung der Massenpunkte aus, obwohl klar war, daß es ausdehnungslose Massen nicht geben konnte. Der kräftefreie Fall, wie er dann von Newton bei der Formulierung des Trägheitsprinzips vorausgesetzt wurde, ist ebenfalls prinzipiell nicht realisierbar.

Seit Galilei gehört es zu den Selbstverständlichkeiten des naturwissenschaftlichen Forschungsprozesses, daß in der Theorie mit idealisierten Objekten und Prozessen unter idealisierten Bedingungen gearbeitet wird, die für reale Objekte und Prozesse stehen. Damit wurde also ein dialektischer Widerspruch zum Ausgangspunkt der Physikentwicklung. Das für Aristoteles Einheitliche der Beobachtung, die gesetzmäßigen Beziehungen der bei Bacon den ganzen Menschen in poetisch-sinnlichem Glanze anlachenden Materie[85] wurden bei Galilei nach ihren widersprechenden Bestandteilen aufgelöst. Am Ausgangspunkt dieser Entwicklung findet man noch zahlreiche Hinweise auf die näherungsweise Reali-

84 „Das Experiment ist der Erklärer der Kunstgriffe der Natur . . . Bei der Abhandlung eines besonderen Gegenstandes werde ich vor allem einige Experimente anstellen, weil mein Vorhaben ist, zuerst mich auf Experimente zu beziehen und dann zu beweisen, warum die Körper gezwungen sind, auf eine solche Art zu wirken. Das ist die Methode, die wir befolgen sollten, um die Phänomene der Natur zu erforschen . . . wir müssen vom Experiment anfangen, und durch dasselbe uns bestreben allgemeine Prinzipien zu entdecken." Zit. nach: Brewster, Sir Isaac Newtons Leben nebst einer Darstellung seiner Entdeckungen, Leipzig 1833, S. 278.

85 Vgl. F. Engels/K. Marx, Die heilige Familie, in: MEW, Bd. 2, Berlin 1972, S. 135.

sierung der in die Theorie eingehenden idealisierenden Voraussetzungen. Mit zunehmender Theorienentwicklung werden diese Betrachtungen zwangsläufig komplizierter. Was aber auf allen Stufen der Theorienentwicklung nachweisbar bleibt, ist der Widerspruch zwischen den idealisierenden Voraussetzungen in der Theorie und den in der Realität anzutreffenden Sachverhalten.

Nimmt man zu dieser Voraussetzung des Theoriebildungsprozesses die komplizierte Dialektik des Größenbildungsprozesses, die dialektische Vermittlung des Zusammenhangs experimenteller und theoretischer Forschungsmethoden, die Dialektik empirischer und rationaler Momente im Theoriebildungsprozeß sowie den dialektischen Zusammenhang von Analyse und Synthese auf der Ebene des Experiments und der Theorie hinzu, so ergibt sich die Herausbildung der klassischen Mechanik als ein zutiefst dialektisch verlaufener Prozeß.

Während man bei Galilei noch viele philosophische Erörterungen findet, die auf diesen Sachverhalt direkt aufmerksam machen, erweckt das Schaffen Newtons in Gestalt seiner „Philosophiae naturalis principia mathematica" den Eindruck, als sei wahre Physik eine Wissenschaft, die Dialektik ausschließe. Dieser Schein aber trügt auch bei Newton. Ein solcher Schein kann nur entstehen, wenn man Newtons Mitteilungen seiner Forschungsresultate zugleich für die korrekte Darstellung seines naturwissenschaftlichen Vorgehens nimmt. Aber selbst in seinen oftmals metaphysisch formulierten Mitteilungen fertiger Resultate schimmert noch die Dialektik des Erkenntnisprozesses durch. So gab er beispielsweise im Vorwort zur 1. Aufgabe seiner „Principia" der Hoffnung Ausdruck, daß das von ihm angewandte Verfahren auch zur Erklärung anderer Erscheinungen der Natur geeignet sein könnte. Er warnte jedoch gleichzeitig davor, die Erklärungen der klassischen Mechanik für die einzig möglichen überhaupt zu nehmen.[86]

Was bei Newton noch programmatische Forderung der weiteren physikalischen Forschung war, erstarrte später im philosophischen System des mechanischen Materialismus zum unumstößlich erscheinenden Dogma naturwissenschaftlicher Erkenntnis. Anders dagegen in der Philosophie Kants. Dieser, die klassische deutsche bürgerliche Philosophie einleitende Denker, hat sein Philosophieren nicht zuletzt an der Newtonschen Physik ausgerichtet. Ihm ging es unter anderem darum, ausgehend von der funktionierenden physikalischen Theorie, die Möglichkeit einer auf Erfahrung basierenden Wissenschaft zu erweisen und Klarheit darüber zu erlangen, was wir eigentlich an erkenntnistheoretischen Voraussetzungen in eine wissenschaftliche Theorie hineinstecken.[87] Jener der Erkenntnis-

86 Vgl. Sir Isaac Newton's Mathematische Principien der Naturlehre, Berlin 1872, S. 2.

87 Vgl. M. Buhr/G. Irrlitz, Der Anspruch der Vernunft, a. a. O.; H.-J. Treder, Kant und die Begründung der Kosmologie, Kosmogonie und kosmischen Physik auf Newtonscher Grundlage, in: Revolution der Denkart oder Denkart der Revolution, Berlin 1976, S. 35ff.; R. Wahsner, Zur erkenntnistheoretischen Begründung der Physik durch den Atomismus — dargestellt an Newton und Kant, Berlin 1978.

fähigkeit des Subjekts geschuldete Teil muß berücksichtigt werden, wenn man feststellen will, was die Theorie über das Objekt auszusagen vermag. Damit wurde die seit der Antike im philosophischen Denken zu bemerkende Trennung von Subjekt und Objekt des Erkenntnisprozesses teilweise wieder zurückgenommen. Die Möglichkeit aber im Meßprozeß, wie er von der klassischen Physik vorausgesetzt wurde, Größen zu bestimmen, welche *allein* dem Objekt in Beziehung auf ein anderes zukommen, ohne von diesem gestört zu werden, wurde ganz im Gegensatz zu Kants erkenntnistheoretischem Ansatz im mechanischen Materialismus zur wesentlichen Voraussetzung, eine metaphysische Trennung von Subjekt und Objekt zu behaupten. Die an Kants Position zur Subjekt-Objekt-Beziehung anknüpfenden philosophischen Auffassungen Fichtes, Schellings und vor allem Hegels zur Subjekt-Objekt-Dialektik waren dem mechanischen Materialismus erkenntnistheoretisch überlegen, was aber in der Physikentwicklung erst viel später erkannt werden sollte. Die Physik konnte bis zur Entwicklung der Relativitätstheorie und der Quantenmechanik mehr oder weniger problemlos Subjekt und Objekt noch in metaphysischer Isolation unterstellen.

Der von Hegel als „Barbar an Begriffen" geschmähte Newton[88] hat in der Fortführung der Leistungen seiner Vorgänger ein physikalisches Begriffssystem entworfen, das geeignet war, allgemein-notwendige und wesentliche Zusammenhänge mechanischer Bewegungen in mathematischer Form abzubilden. Gegenüber dieser Errungenschaft naturwissenschaftlichen Denkens ist es unerheblich, wenn manche seiner Formulierungen, manche seiner Definitionen noch den Ballast vorangegangener scholastischer Dispute mit sich führen. Indem Newton die Existenz von Atomen voraussetzte und ihnen spezielle Eigenschaften zuschrieb, wie beispielsweise Unveränderlichkeit und Aktivität, formulierte er eine spezifische Sicht der Einheit der Natur und deklarierte die Bewegung als inhärente Eigenschaft der Materie. Daß Raum, Zeit, sich bewegende mechanische Objekte und den Bewegungszustand verändernde Kräfte zunächst säuberlich getrennt waren, ist den besonders einfachen mathematischen Gesetzesformulierungen mechanischer Bewegung geschuldet.

Aber bereits die Einführung des Begriffs der Geschwindigkeit als Differentialquotient des Weges nach der Zeit hob in gewisser Weise die unterstellte Trennung von Raum und Zeit wieder auf. Newtons absoluter Raum und seine absolute Zeit hatten für die Formulierung des mechanischen Bewegungsgesetzes als dem Kern der neuen Theorie keinerlei Bedeutung. Sie schienen Newton aber zur philosophischen Begründung der physikalischen Theorie unabdingbar. Im Unterschied zu seinen metaphysischen Interpreten betonte er, daß Gravitation

88 G. W. F. Hegel, Vorlesungen über die Geschichte der Philosophie, Bd. III, Leipzig 1971, S. 373f.

eine Eigenschaft ist, die den Körpern nur in bezug aufeinander zukommt. Damit war bereits in der klassischen Mechanik die Bedeutung der Wechselwirkung erkannt, wenngleich der für diesen Bereich gültige mathematische Ansatz metaphysische Vereinfachungen noch nicht auszuschließen vermochte.

Für alle in der Newtonschen Mechanik eingeführten und entwickelten Begriffe trifft Lenins Feststellung von der Notwendigkeit der Vereinfachung zu. Im Anschluß an Hegels Bemerkung über die stets vorhandene Schwierigkeit des Denkens, das die in der Wirklichkeit verknüpften Momente eines Gegenstandes in ihrer Unterscheidung auseinanderhält, hatte Lenin notiert: „Wir können die Bewegung nicht vorstellen, ausdrücken, ausmessen, abbilden, ohne das Kontinuierliche zu unterbrechen, ohne zu versimpeln, zu vergröbern, ohne das Lebendige zu zerstückeln, abzutöten. Die Abbildung der Bewegung durch das Denken ist immer eine Vergröberung, ein Abtöten — und nicht nur die Abbildung durch das Denken, . . . sondern auch die *jedes* Begriffes."[89]

Mit der Newtonschen Bewegungsgleichung gelang, was den Eleaten unmöglich schien. Die von ihnen benutzte Tatsache, daß man von wirklicher Bewegung nur unter Einschluß des dialektischen Widerspruchs sprechen kann, besagt nicht — und das soll bereits Sokrates praktisch durch Vorzeigen von Bewegung in seinem Auf- und Ablaufen demonstriert haben —, daß es keine Bewegung geben könne. Diese Tatsache besagt aber auch nicht, daß eine Theorie der Ortsveränderung unmöglich ist. Bereits Aristoteles hatte eine solche versucht. Mit der Newtonschen Mechanik aber gab es nun eine *überprüfbare* mathematisierte Theorie, in der man ausrechnen konnte, wann Achill die Schildkröte einholen wird, wenn man den Vorsprung der Schildkröte und die Geschwindigkeitsdifferenz beider kennt. Aus dem benutzten mathematischen Apparat konnte in der weiteren Diskussion auch Klarheit gewonnen werden, womit eigentlich die theoretischen Probleme in der Beweisführung des Zenonschen Paradoxons zusammenhingen. Zenon war davon ausgegangen, daß Summieren über eine unendliche Menge niemals aktuell vollzogen werden kann, während das Rechnen mit den unendlich kleinen Größen in der Differentialrechnung die Möglichkeit, den Grenzübergang zu vollziehen, voraussetzt. Die unendliche Summe unendlich kleiner Größen ergibt für eine bestimmte Klasse von mathematischen Bildungsgesetzen einen endlichen Wert.

Der gegenüber den Eleaten und gegenüber Aristoteles unverkennbare Erkenntnisfortschritt der Bewegungsauffassung der Newtonschen Mechanik überwand eine Reihe begrifflicher Vereinfachungen der Theorien seiner Vorgänger und mußte zwangsläufig zugleich neue setzen. Nachdem das physikalische Forschungsprogramm des mechanischen Materialismus auf der Grundlage der *ausgearbei-*

89 W. I. Lenin, Konspekt zu Hegels „Vorlesungen über die Geschichte der Philosophie", in: Werke, Bd. 38, a. a. O., S. 246.

teten klassischen Mechanik einmal formuliert war, konnte man den Weg, der zur neuen Theorie geführt hatte, vergessen. Obgleich die Spuren dieses Prozesses in der Theorie selbst aufzeigbar sind, die Dialektik also auch Bedeutung für die philosophische Analyse der fertigen Theorie hat,[90] konnte nun der Eindruck entstehen, daß die metaphysische Denkweise für den weiteren Theorienfortschritt ausreicht.

2.4. Metaphysisches Denken und die Verwirklichung des physikalischen Forschungsprogramms des mechanischen Materialismus

Mit Newtons grundlegender Arbeit zur klassischen Mechanik lag eine ausbaufähige, in ihren Grundzügen richtige naturwissenschaftliche Theorie vor. Bedeutsame Beiträge zur Vervollkommnung der Theorie stammen von D. Bernoulli, L. Euler, O. L. M. Maupertius, J. d'Alembert, J. L. Lagrange, P. S. Laplace, W. R. Hamilton, K. G. J. Jacobi und anderen. Beim Ausbau der klassischen Mechanik wurde aber weder am begrifflichen Rahmen noch an der Grundstruktur der Theorie Entscheidendes geändert.

Die Anerkennung des neuen Vorgehens bei der Naturerklärung war ebenso wie seine Herausbildung das Resultat eines kompliziert verlaufenden Prozesses. Es galt zahlreiche Vorbehalte gegen die neue Denkweise auszuräumen, erkenntnistheoretisch-methodologische Detailfragen zu klären und prinzipielle philosophisch-weltanschauliche Auseinandersetzungen zu führen.[91] Von entscheidender Bedeutung wurde die Aufnahme der Newtonschen Mechanik im vorrevolutionären Frankreich. Die von den französischen Aufklärern stammende Bindung des Materialismus an seine mechanistische Form war das Resultat philosophischer Verallgemeinerungen einer stürmischen Entwicklung der analytischen Mechanik unter den speziellen gesellschaftlichen Bedingungen Frankreichs. Diese philosophischen Verallgemeinerungen haben aber weit über das 18. Jahrhundert hinaus gewirkt. Sie waren über lange Zeit für andere Wissenschaften heuristisch fruchtbar.

Während bei Galilei der Widerspruch zwischen den theoretischen Annahmen über die objektiven Zusammenhänge und den objektiven Zusammenhängen selbst

90 H.-J. Treder spricht im Vorwort zu den von ihm herausgegebenen Newton-Studien, Berlin 1978, von der implizit in Newtons Naturforschung enthaltenen „originären Dialektik" (S. 5), die in den Arbeiten von Treder und von H.-H. v. Borzeszkowski/R. Wahsner expliziert wird. Vgl. auch U. Röseberg, Determinismus und Physik, Berlin 1975, S. 39ff.

91 Vgl. Mechanika u civilizacija XVII—XIX vv., Moskva 1979; Mechanik: fizika XVIII v., Moskva 1976.

immer wieder deutlich gemacht wurde, die komplizierte Dialektik von Möglichkeit und Wirklichkeit indirekt stets angesprochen war, kam es mit zunehmenden Erfolgen bei der Verwirklichung des physikalischen Forschungsprogramms des mechanischen Materialismus zu einer Identifizierung der theoretischen Modelle mit der Wirklichkeit. Wirklich war, was in den Gleichungen der klassischen Mechanik erfaßt wurde bzw. in die entsprechenden Rand- und Anfangsbedingungen einging. Es kam zu einer Reihe metaphysischer Problemlösungen für uralte philosophische Fragestellungen. Die Ergebnisse der klassischen Mechanik wurden unter der Vorherrschaft des metaphysischen mechanischen Materialismus zu philosophischen Feststellungen umformuliert. Das Hauptübel dieser Form des Materialismus besteht nach Lenin darin, daß er unfähig ist, „die Dialektik auf die Bildertheorie, auf den Prozeß und die Entwicklung der Erkenntnis anzuwenden“[92].

Im metaphysischen Materialismus des 18. Jahrhunderts wurde ausgehend von der klassischen Mechanik der philosophische Determinismus auf die in der klassischen Mechanik realisierte Determinationsform reduziert; die Dialektik von Zufall und Notwendigkeit metaphysisch vereinfacht zu einer Konzeption unabdingbarer Naturnotwendigkeiten und absoluter Zufälle; die Dialektik von Möglichkeit und Wirklichkeit aufgegeben, indem man ungenügend zwischen Möglichkeit und Wirklichkeit unterschied; die Unterscheidung von Gesetz und Kausalität unterschätzt und vieles andere mehr.[93] Es kam auf der Grundlage metaphysischer Naturbetrachtungen zu jener von den Klassikern so treffend gegeißelten metaphysischen Denkweise, die mit den *fertigen* Resultaten naturwissenschaftlicher Erkenntnis wie mit formallogischen Sachverhalten operierte. Diese Denkweise reichte aus, um zu neuen Schlüssen aus der bereits bekannten Theorie zu kommen, um das Arsenal experimenteller Methoden zu vervollkommnen und um neue Experimentiertechnik zu entwickeln. Sie reichte auch aus, um mit bestimmten Problemantinomien fertig zu werden, die auftauchten, wenn unterschiedliche Experimente zu einander widersprechenden Feststellungen führten. Sie reichte, solange Alternativentscheidungen gefordert waren. Entweder war das Licht ein Korpuskelstrom oder eine Wellenfront. Daß es in bestimmter Weise beides gleichzeitig sein konnte, war in dieser Denkweise ausgeschlossen.

Engels hatte bei seiner philosophischen Analyse der Wissenschaftsentwicklung auch die Ansatzpunkte der metaphysischen Denkweise aufgedeckt. Er betonte die Notwendigkeit der „Zerlegung der Natur in ihre einzelnen Teile, die Sonderung der verschiednen Naturvorgänge und Naturgegenstände in bestimmte

92 W. I. Lenin, Zur Frage der Dialektik, in: Werke, Bd. 38, a. a. O., S. 344.
93 Vgl. H. Hörz, Der dialektische Determinismus in Natur und Gesellschaft, Berlin 1974, S. 36—55.

Klassen“[94]. Zur Entwicklung der klassischen Mechanik war es erforderlich, isolierte mechanische Objekte, charakterisiert durch eine Reihe starr bestimmter Eigenschaften (Größen), verselbständigte Kräfte, einen relativ isolierten Raum-Zeit-Rahmen in Gestalt der Bezugssysteme aus dem universellen Zusammenhang herauszulösen. In der Thermodynamik mußten bestimmte Systeme aus ihrer Umgebung isoliert und allein durch eine Reihe innerer Eigenschaften (Größen) bestimmt werden. Die Wärme wurde zunächst als eine selbständige materielle Substanz interpretiert. In der Elektrodynamik wurden neue Objekte (Felder und Feldquellen) aus dem universellen Zusammenhang herausgelöst und in entsprechend isolierten Bezugssystemen analysiert. Dieses Vorgehen, so betonte Engels, hat zu Riesenfortschritten bei der Erkenntnis der Natur geführt. Aber es „hat uns ebenfalls die Gewohnheit hinterlassen, die Naturdinge und Naturvorgänge in ihrer Vereinzelung, außerhalb des großen Gesamtzusammenhangs aufzufassen; daher nicht in ihrer Bewegung, sondern in ihrem Stillstand, nicht als wesentlich veränderliche, sondern als feste Bestände, nicht in ihrem Leben, sondern in ihrem Tod“[95].

Damit war keine Kritik am naturwissenschaftlichen Vorgehen, speziell am Vorgehen in der klassischen Physik verbunden. Die klassische Physik hat Bewegungsgesetze wohlbestimmter Objekte (Körper, Felder u. a.) adäquat abgebildet und damit zugleich auch die objektive Dialektik der entsprechenden Bewegung innerhalb mathematisierter Theorien erfaßt. Mit einer solchen Feststellung ist noch keine Entscheidung darüber getroffen, ob die Theorie objektiver Naturdialektik mathematisiert werden kann. Die Physik bildet Momente objektiver Dialektik innerhalb konkreter Objektbereiche der Realität mehr oder minder adäquat ab. Der physikalische Erkenntnisfortschritt erweist sich zugleich auch als ein tieferes Eindringen in die Vielfalt der dialektischen Beziehungen der jeweiligen Objekte. Wenn man die im *mathematischen* Apparat der klassischen physikalischen Theorien (oder auch der im 20. Jahrhundert entwickelten physikalischen Theorien) notwendigerweise fixierten Grenzlinien zu starren Trennlinien in der Natur selbst erklärt, dann allerdings überschreitet man die Kompetenz der *physikalischen* Theorie und eliminiert objektive Dialektik. Wer mathematisierte physikalische Theorien als mathematische Theorien behandelt, vermag die in der physikalischen Theorie widergespiegelte Dialektik nicht oder nur schwer auszumachen.

Engels analysierte die Physikentwicklung außerordentlich gründlich und fand dabei zahlreiche Argumente, die von der Notwendigkeit zeugten, das vor allem unter der Vorherrschaft der analytischen Mechanik entstandene metaphysische

94 F. Engels, Herrn Eugen Dührings Umwälzung der Wissenschaft („Anti-Dühring“), in: MEW, Bd. 20, a. a. O., S. 20.
95 Ebenda.

Weltbild zu verändern. Insbesondere der Satz von der Erhaltung der Energie erlangte bei der Begründung seiner philosophischen Konzeption der Bewegungsformen und ihrer genetischen Zusammenhänge große Bedeutung. Unter Rückgriff auf die Hegelsche Begriffsdialektik konnte Engels an vielen Stellen der Physik zeigen, daß die der Wissenschaftsentwicklung adäquate Auffassung von der Natur dialektisch sein mußte. Diese bedeutsame, bis heute anregende philosophische Leistung hat jedoch in der Physikentwicklung der ersten Jahrzehnte des 20. Jahrhunderts heuristisch nicht direkt gewirkt. Sie mußte mühsam, in einem außerordentlich komplizierten Prozeß innerhalb der Physik selbst erst in wichtigen Komponenten nachvollzogen werden. Zu übermächtig waren unter den dem Materialismus zugeneigten Physikern des 19. Jahrhunderts die metaphysischen Positionen. Aber auch die in wesentlichen Punkten dem Idealismus zugeneigten Physiker konnten wegen der erwähnten Schwächen der Hegelschen Naturphilosophie in der Dialektik kein Mittel zur Lösung von Entwicklungsproblemen ihrer Wissenschaft sehen.

Analysiert man die philosophischen Verallgemeinerungen klassisch-physikalischer Erkenntnisse auf der Ebene des metaphysischen Materialismus näher, so stellt man fest, daß in ihnen zwar die objektive Dialektik der Natur weitestgehend eliminiert wurde, Elemente der Dialektik des Erkenntnisprozesses hingegen noch sehr oft zum Ausdruck gebracht wurden. Die Diskussion um die erkenntnistheoretischen Probleme der weiteren Physikentwicklung hat schließlich im Zusammenhang mit der Entwicklung der Thermodynamik und ihrer statistischen Begründung sowie der Maxwellschen Elektrodynamik zu der Erkenntnis geführt, daß das physikalische Forschungsprogramm des mechanischen Materialismus zu eng ist. Dazu aber war zumindest die teilweise Überwindung der metaphysischen Denkweise erforderlich. Es mußte in einem komplizierten Erkenntnisprozeß mindestens spontan die Einsicht gewonnen werden, daß die Annäherung an die objektive Wahrheit über die Dialektik relativer und absoluter Wahrheit erfolgt, daß die klassische Mechanik zwar eine richtige physikalische Theorie ist, nicht aber alle Naturerscheinungen zu erklären erlaubt.

2.5. Die Grenzen des physikalischen Forschungsprogramms des mechanischen Materialismus

Während die phänomenologische Thermodynamik ausgehend von Arbeiten S. Carnots zunächst als eine an der Kontinuumsmechanik orientierte Theorie entwickelt wurde, konnten wesentliche theoretische Fortschritte dann durch ihre mikrophysikalischen Begründungsversuche auf der Basis der Gesetze der klassischen Punktmechanik erzielt werden. Bei der statistischen Interpretation des II. Hauptsatzes der Wärmelehre durch L. Boltzmann wurde vor allem auf den komplizierten Zusammenhang zweier materieller Strukturniveaus sowie der damit engstens verknüpften unterschiedlichen Gesetzestypen hingewiesen. Die komplizierte Dialektik von Zufall und Notwendigkeit, die Dialektik von Möglichkeit und Wirklichkeit und die Problematik der Irreversibilität wurden zu viel diskutierten philosophischen und physikalischen Problemen.[96] Boltzmann und Gibbs schufen die Voraussetzungen, die in der Vielteilchentheorie auftauchenden Schwierigkeiten in einem neuen theoretischen Ansatz zu überwinden. Mit der Herausbildung und Entwicklung der statistischen Physik wurde deutlich, daß der Übergang von der Theorie isolierter Einzelteilchen zu einer Theorie wechselwirkungsfreier bzw. wechselwirkender Gesamtheiten von Teilchen einen qualitativen Sprung darstellt. Die Annahme des mechanischen Materialismus, daß in der objektiven Realität alle gesetzmäßigen Zusammenhänge die *eines* materiellen Strukturniveaus seien, war nicht länger haltbar. Engels' Gedanke von der Strukturiertheit der Materie, von der Existenz von System- und Elementgesetzen, wie wir heute sagen, erwies sich auch für die Physik als außerordentlich fruchtbar.

Bei der theoretischen Synthese der bis dahin bekannten Gesetze der elektromagnetischen Erscheinungen durch Maxwell spielten anfangs ebenfalls mechanische Analogien eine entscheidende Rolle.[97] Im Laufe der weiteren Entwicklung der Maxwellschen Elektrodynamik wurde jedoch zunehmend deutlicher, daß mit den in dieser Theorie betrachteten Feldern prinzipiell andere Objekte vorliegen als in der klassischen Mechanik. Elektrische und magnetische Felder existieren ebenso materiell wie die massebehafteten Teilchen der Mechanik. Im Unterschied zu diesen sind die Felder aber nicht auf kleinsten Raum lokalisierte physikalische Phänomene. Sie breiten sich ausgehend von entsprechenden Feldquellen über den ganzen zur Verfügung stehenden Raum aus und können auch unabhängig von den erzeugenden Quellen betrachtet werden. Als durch die Versuche von H. Hertz die von der Theorie vorhergesagten elektromagnetischen Wellen nachgewiesen werden konnten und als experimentell sichergestellt war, daß Licht elektromagnetische Wellen sind, war die eigenständige Bedeutung der Elektrodynamik erwiesen. Damit war zugleich der Dualismus von Feld und Teilchen in der Physik konstituiert.[98] Nachdem wir aus der Quantenstatistik wissen, daß Teilchengesamtheiten auch feldtheoretisch beschreibbar sind, ist klar, daß diesem Dualismus eine prinzipielle Bedeutung zukommt.

96 Vgl. S. G. Brush, Kinetische Theorie, Berlin—Oxford—Braunschweig 1970; U. Röseberg, Determinismus und Physik, a. a. O., S. 104ff.; H. G. Schöpf, Von Kirchhoff bis Planck, Berlin 1978.

97 Vgl. R. A. R. Tricker, Faraday und Maxwell, Berlin 1974.

98 Vgl. A. Einstein/L. Infeld, Die Evolution der Physik, Hamburg 1956, S. 86.

Mit der Entwicklung der Thermodynamik, ihrer statistischen Begründung und der Elektrodynamik war zwar zum Ausgang des 19. Jahrhunderts noch nicht definitiv entschieden, daß das physikalische Forschungsprogramm des mechanischen Materialismus zu eng ist,[99] es lagen aber zusammen mit einer Reihe neuer experimenteller Befunde genügend Gründe vor, über die Berechtigung dieses Forschungsprogramms gründlich nachzudenken. Es war seit der zweiten Hälfte des 19. Jahrhunderts zu interessanten erkenntnistheoretisch-methodologischen Diskussionen über Grundlagenprobleme der Physik gekommen. In diesen Diskussionen wurden Positionen entwickelt, die in den entscheidenden philosophisch-weltanschaulichen Auseinandersetzungen im Zusammenhang mit dem Zusammenbruch des mechanistischen Weltbildes der Physik um die Wende vom 19. zum 20. Jahrhundert ausschlaggebende Bedeutung erlangen sollten.[100]

Im 19. Jahrhundert war unter den Naturwissenschaftlern vor allem in Anlehnung an metaphysische Feststellungen Newtons und mehr noch seiner Interpreten die Vorstellung verbreitet, in der Physik sei endlich die volle Wahrheit erkannt. „Die mechanischen Modelle verkörperten wirkliches Wissen, und die wirkliche Natur der Materie wurde entschlüsselt."[101] Erst mit der Entwicklung einer relativ eigenständigen Theoretikerschule, mit der Emanzipation der theoretischen Physik zu einer eigenständigen Disziplin im Rahmen der nach wie vor einheitlichen physikalischen Forschung, setzte ein stärkeres Nachdenken über die Rolle der Hypothesen und der Modelle ein. Man betonte in zunehmenden Maße den *Modell*charakter zahlreicher theoretischer Erkenntnisse. Das geschah, um in der Theorie relativ ungestört rechnen zu können, ohne sich die Verpflichtung aufzuerlegen, das Wesen der Erscheinungen in den entsprechenden Modellen bereits voll erfaßt zu haben. Seit G. Kirchhoffs Feststellung, daß es die Aufgabe der Mechanik sei, Bewegungen möglichst einfach und übersichtlich zu beschreiben ohne deren Ursachen zu ermitteln,[102] kam es in der theoretischen Physik der zweiten Hälfte des 19. Jahrhunderts zu einer phänomenologischen Orientierung, deren sich bald auch die positivistischen Schulphilosophen bedienten.

Man ist dabei an Galilei erinnert, der ebenfalls in einer Übergangsphase naturwissenschaftlicher Theorienentwicklung verlangte, auf Erklärungen zu verzichten. Galilei jedoch ging es um den Verzicht auf Benennungen im Sinne der scholastischen Schulphilosophie. Im 19. Jahrhundert dagegen handelte es sich um die Frage, ob ein mechanisches Modell schon eine hinreichende Erklärung aller Naturerscheinungen sei.

99 Siehe dazu III, 1. und 5.

100 Vgl. U. Röseberg, Quantenmechanik und Philosophie, Berlin 1978, S. 16ff.

101 R. A. R. Tricker, Frühe Elektrodynamik, Berlin 1974, S. 59.

102 Vgl. G. Kirchhoff, Vorlesungen über Mathematische Physik, Bd. I: Mechanik, Leipzig 1883, S. III.

Die skeptische Beurteilung dieses Problems durch phänomenologisch orientierte Physiker hat zweifelsohne den Boden für die mit Beginn des 20. Jahrhunderts einsetzenden revolutionären Neuerungen in den Grundlagen der Physik bereitet. Da aber mit diesen Positionen sehr oft Angriffe auf den Materialismus vorgetragen wurden und die reale Bedeutung des Forschungsprogramms des mechanischen Materialismus unterschätzt wurde, hat die methodenkritische Analyse durch phänomenologisch orientierte Physiker auch negative Folgen gezeitigt.

Außerdem ist zu berücksichtigen, daß Physiker wie L. Boltzmann und M. Planck, die gewillt waren, so lange streng im Forschungsprogramm des mechanischen Materialismus weiterzuarbeiten, bis dieses klar scheitern sollte, zu der Erkenntnis gelangten: Die in der Theorie enthaltenen Zusammenhänge sind keineswegs einfache metaphysische Abbildungen der Wirklichkeit. So stand beispielsweise für L. Boltzmann fest: „Keine Gleichung stellt irgend welche Vorgänge absolut genau dar, jede idealisiert sie, hebt Gemeinsames heraus und sieht von Verschiedenem ab, geht also über die Erfahrung hinaus." Das folge aus der Natur des Denkprozesses selbst, derzufolge wir gezwungen sind „zur Erfahrung etwas hinzu(zu)fügen und ein geistiges Bild (zu)schaffen, welches nicht die Erfahrung ist und darum viele Erfahrungen darstellen kann"[103].

Damit näherte sich L. Boltzmann der dialektisch-materialistischen Position, derzufolge jede Theorie eine dialektische Einheit von Abgebildetem und Entworfenem enthält.[104] Am Ausgangspunkt des betrachteten Entwicklungsprozesses war Galilei in seinem Versuch, die Kinematik der mechanischen Bewegungen zu beschreiben, einerseits davon ausgegangen, die richtigen mathematischen Strukturen zu finden. Zugleich hatte er andererseits erkannt, daß es nicht zulässig ist, die Abstraktionen einer mathematisierten Theorie mit den Zusammenhängen in der objektiven Realität zu identifizieren. Diese notwendige Vorsicht ging mit der „Mechanisierung des Weltbildes" verloren. Die so entstandene Vereinfachung mußte dann mühsam im Prozeß der „Entmechanisierung dieses Weltbildes" wieder „abgebaut" werden. Dabei kam es ebenso wie im Prozeß der Herausbildung der klassischen Mechanik, der Elektrodynamik und der Thermodynamik zu spontan-dialektischem Denken, welches aber methodisch nicht gefestigt war. Das führte beim Zusammensturz des mechanistischen Weltbildes dann zu den bekannten konventionalistischen, agnostizistischen und teilweise fideistischen Wendungen, deren weltanschaulich-ideologische und erkenntnistheoretisch-methodologische Wurzeln in unübertrefflicher Weise in Lenins „Materialismus und Empiriokritizismus" analysiert sind.

103 L. Boltzmann, Populäre Schriften, Leipzig 1905, S. 222.

104 Vgl. U. Röseberg, Mathematische Strukturen in den Weltbildvorstellungen der Physik (im Druck).

3. Biologie und Dialektik in der Geschichte

Indem die Erscheinungen des Lebens durch die Biologie theoretisch erfaßt und widergespiegelt werden, wird auch die objektive Dialektik der Lebenserscheinungen abgebildet. Wenn anfangs erst in geringem Maße vorhanden, so wächst mit der zunehmenden Tiefe der Widerspiegelung der objektiven Dialektik auch der „Gehalt an Dialektik“ in der biologischen Erkenntnis.

Die sich vertiefende Widerspiegelung der objektiven Dialektik der Lebenserscheinungen in der Geschichte der Biologie zeigt sich besonders in der Durchsetzung und Vervollkommnung des Entwicklungsgedankens bis zur modernen Evolutionstheorie und im Begreifen der Art (Population) als elementarer Einheit der biologischen Evolution. Die Herausbildung und die untrennbare Verbundenheit beider Problemkreise in der Geschichte der biologischen Erkenntnis aufzuzeigen, setzt einmal die Anerkennung der spezifischen Qualität biologischer Erscheinungen z. B. gegenüber physikalischen voraus. Das heißt, neben allgemeinen trägt der Erkenntnisprozeß in der Biologie besondere, nur ihm zukommende Merkmale, welches insbesondere durch die enorme Vielfalt der Lebenserscheinungen und den hohen Kompliziertheits- und Organisationsgrad biotischer Systeme bestimmt werden. Zum anderen unterscheidet sich der Entwicklungsstand der Biologie und ihrer Randdisziplinen z. B. deutlich von dem der Physik. Die Mannigfaltigkeit der biologischen Teildisziplinen, ihre zunehmende Verflechtung, die Einbeziehung von immer mehr Mitteln und Methoden anderer Einzelwissenschaften und die schier unerschöpfliche Anzahl noch zu erforschender Erscheinungen in jeder der Teildisziplinen erlauben es gegenwärtig nicht, von einer einheitlichen, alle Lebensbereiche umfassenden Theorie zu sprechen. Dementsprechend zeigt auch die folgende Darstellung das Erfassen der objektiven Dialektik in der Geschichte der Biologie auf andere Weise als in der physikalischen Erkenntnis — als Zunahme des Wissens über den dialektischen Charakter des stammesgeschichtlichen Zusammenhangs der biologischen Arten.

3.1. Spontane Urzeugung, Schöpfungsmythos, Stufenfolge der Lebewesen und Entwicklungsgedanke bis zur Entstehung der Naturwissenschaft

Die ersten Kenntnisse über die lebende Natur entstanden in den praktischen Beziehungen des frühzeitlichen Menschen zur Tier- und Pflanzenwelt bei der Sicherung des Lebensunterhalts, beim Sammeln und Jagen, später beim Ackerbau und bei der Viehzucht. Gleichzeitig mehrten sich in der Heilhilfe die Erfahrungen über den menschlichen Organismus. Mit der Auflösung der Urgesellschaft differenzierten sich mehr und mehr zwei entgegengesetzte Vorstellungen von der Naturabhängigkeit des Menschen. Aus animistischen Anschauungen entwickelten sich in der entstehenden Klassengesellschaft einerseits urwüchsig materialistische Auffassungen. Man sah danach den Menschen wie alle anderen Lebewesen in einen unendlichen kosmischen Wandel eingegliedert. Aus dem Totemismus heraus kam es andererseits zu idealistischen Vorstellungen, denen zufolge Pflanzen, Tiere und Menschen deshalb existierten, weil übermächtige, höhere Wesen, Götter, sie geschaffen hatten. Über die Ritualisierung wichtiger Verhaltensweisen und mit der Entstehung der Priesterkaste entstanden religiöse Mythen und Glaubenslehren, die, durch die entstehende herrschende Klasse kultiviert und zur ideologischen Herrschaftsausübung genutzt, in phantastischer Weise die Abhängigkeit des Menschen von der Natur und von den gesellschaftlichen Mächten zum Ausdruck bringen. Aufbauend auf der Überlieferung von Kenntnissen über Generationen hinweg und von progressiven Kräften in den Klassenauseinandersetzungen getragen, durchbrachen kühne Denker zu allen Zeiten den religiösen Schöpfungsglauben und entwarfen urwüchsig atheistische, spontan-materialistische und spontan-dialektische Erklärungen der Lebenserscheinungen.

Die Idee von der Veränderlichkeit der organischen Welt, also die Idee von der Entstehung und Entwicklung des Lebens, läßt sich bereits in den Anschauungen der alten Philosophen Indiens, Chinas, Mesopotamiens, Ägyptens und Griechenlands verfolgen. In Indien wurde in den Lehren des Tscharvaka und des Sankh'ya zu Beginn des 1. Jahrtausends v. u. Z. die Idee vertreten, daß sich die ganze materielle Welt, einschließlich aller Lebenserscheinungen, entwickelt. In den noch älteren Ayurved-Texten läßt sich der Evolutionsgedanke bis zur Entstehung des Menschen aus Affenmenschen verfolgen.[105]

Unter spezifischen Bedingungen entstand im antiken Griechenland eine materialistische Philosophie, die Anfänge einer theoretischen Naturerkenntnis und Erklärungen über die Herkunft der Lebewesen ohne Zutun von Göttern enthielt. So war der ionische Naturphilosoph Anaximander der Meinung, daß die ersten Lebewesen unter dem Einfluß von Sonnenwärme aus dem Feuchten entstanden sind und der Mensch aus anderen Lebewesen (Fischen) hervorgegangen sei. Die deutlich artikulierte Idee einer notwendigen zeitlichen Folge, einer *Stufenleiter* wurde von späteren griechischen Philosophen, so von Diogenes von Apollonia, in der Form ergänzt, daß die Erde von den Pflanzen „assimiliert" wird, wie die Pflanzen vom Tier.

Thales, Anaxagoras und Empedokles, die Atomisten Leukipp und Demokrit, später Epikur und Lukrez hielten an der natürlichen Erklärung des Lebens

105 Nach N. V. Timofeev-Ressovsky/N. N. Voroncov/A. N. Jablokov, Kurzer Grundriß der Evolutionstheorie, Jena 1975, S. 61.

und seiner Herkunft fest und entwickelten sie weiter. Empedokles aus Akragas vertrat z. B. die These von der natürlichen *Urzeugung*, der spontanen Entstehung des Lebens aus dem Anorganischen, welche bereits von Thales postuliert worden war. Er nahm an, daß die Erde zunächst die fertigen Teile der Lebewesen spontan hervorgebracht habe. Der Erde „entsprossen viele Köpfe ohne Hälse, Arme irrten für sich allein umher, ohne Schultern, und Augen schweiften allein herum, der Stirnen entbehrend“[106]. Durch das widersprüchliche Wirken von Liebe und Streit zwischen den Teilen hätten sie sich verbunden und getrennt. Auf dieser mehr oder weniger zufälligen Bildung basierte dann eine Art Selektionsprinzip: „Und was sich in solcher Weise (...) miteinander vereinigte, daß es die Möglichkeit hatte, am Leben erhalten zu bleiben, das wurden (...) Wesen und blieben am Leben, weil sie einander ihre Bedürfnisse befriedigten, derart, daß die Zähne die Nahrung zerschnitten und zerkleinerten, der Magen sie verdaute, die Leber sie in Blut umwandelte ... Denn alles, was nicht als zueinander gehörig zusammentrat, das ging zugrunde.“[107] Empedokles postulierte in genialer Art das Prinzip der spontanen Urzeugung, das Prinzip der funktionellen Abgestimmtheit als Resultat einer natürlichen Auslese und den Gedanken von bestimmten Stufen der Entstehung der Lebewesen und verband sie in seiner Lehre untrennbar miteinander.

Von den Atomisten Demokrit von Abdera und Epikur von Samos sowie ihren Schülern wurde die theoretische Konzeption des Empedokles weiterentwickelt. In der enzyklopädischen Darstellung der epikureischen Weltanschauung „Über die Natur der Dinge“ schrieb der römische Dichterphilosoph Lucretius Carus: „Viele Ungeheuer auch, mit seltsamen Gesicht und Gliedern gebildet, hat damals die Erde zu erschaffen versucht ..., umsonst, weil die Natur das Wachstum versagte und sie nicht die ersehnte Blüte des Alters erreichen und nicht Nahrung finden und sich nicht zum Werke der Venus vereinen konnten ... Und viele Geschlechter von Lebewesen mußten damals untergehen und konnten keine Nachkommenschaft hervorbringen und weiter verbreiten; denn was immer an Lebewesen du von den Lüften des Lebens sich nähren siehst, die List oder Stärke oder schließlich die Schnelligkeit hat vom Beginn der Zeit an ihr Geschlecht geschützt und erhalten. Vieles gibt es auch, das seines Nutzens wegen uns anvertraut ist und so, unserem Schutze empfohlen, am Leben bleibt.“[108] Bei Lukrez ist im Vergleich zum Empedokles noch deutlicher darauf verwiesen, daß die *Eigenschaften der Arten und Populationen* (er spricht von Tiergeschlechtern und -scharen) für ihre Erhaltung in einer gegebenen Umwelt wesentlich sind.

Der bedeutendste Kenner der lebenden Natur im Altertum und Begründer

106 Nach W. Capelle, Die Vorsokratiker, Berlin 1958, S. 216.
107 Ebenda, S. 216.f.
108 Lukrez, Über die Natur der Dinge, Berlin 1972, S. 337f.

der Morphologie und Systematik der Tiere war Aristoteles. Er lehrte die Ewigkeit der Materie und verwarf die Ideenwelt Platons, seines Lehrers, der dem Schöpfungsglauben ein philosophisches Gewand gegeben hatte. Aristoteles faßte die Materie als einen passiven Stoff auf. Die ideellen Wesenheiten Platons wurden von ihm in dieser Substanz als bewegende und gestaltende ideelle Kräfte bestimmt, die er „Formen“ nannte. Mit einer „Form“ war für Aristoteles jedem Ding ein inneres Ziel gesetzt, seine „Zweckursache“ oder „Entelechie“. Auf diese Weise verlegte er die Ergebnisse natürlicher Entwicklungsvorgänge in immaterieller Gestalt in ihre Anfänge und machte sie zu immanent-teleologischen Triebkräften des Geschehens.[109]

Aristoteles beschrieb und klassifizierte rund 500 Tierarten, die bei ihm zum Teil erstmalig in der Literatur erwähnt wurden. Einerseits bemühte er sich, die Tiere in scharf differenzierte, logisch bestimmte Klassen nach der von ihm ausgearbeiteten Klassifikationsmethode einzuteilen. Zum anderen fügte er die Tierwelt in eine kontinuierliche, mit fließenden Übergängen versehene Stufenfolge der Naturdinge ein. Damit gab es in seinem Werk bereits jenen Widerspruch zwischen zwei Betrachtungsweisen, dem man in der Wissenschaftsgeschichte noch oft begegnen sollte: Um zu *klassifizieren* benötigt man relativ unveränderliche Merkmale; auf der Grundlage einer bestimmten Klassifikation stößt man aber immer wieder auf die Veränderlichkeit von Merkmalen. In der aristotelischen Stufenfolge der Naturdinge zeichnete sich bereits die Erkenntnis ab, daß die Lebewesen durch ihre abgestufte Ähnlichkeit eine innere Einheit bilden. Der Schluß aus dem Nebeneinander auf ein Nacheinander oder Auseinander wurde noch nicht gezogen. Für Aristoteles waren die Arten der Lebewesen schon immer da. Werden und Vergehen sprach er nur Einzeldingen zu.[110]

Nach dem Zerfall der Sklavenhaltergesellschaft und dem Entstehen des Feudalismus vollzog sich die Pflege antiken Geisteserbes und der Fortschritt der Naturerkenntnis in den arabischen Ländern im Kampf gegen die islamische Orthodoxie. So hob sich z. B. die Stufenfolge in der Lehre der „Lauteren Brüder“ (um 983 in Basra gegründete Gruppe arabischer Enzyklopädisten) von allen früheren und späteren Stufenfolgen dadurch ab, daß sie das zeitliche Nacheinander und die begrenzte Existenzdauer der einzelnen Stufen enthielt.

Die feudale Gesellschaftsordnung des europäischen Mittelalters stand unter der geistigen Vormundschaft der katholischen Kirche, die den Schöpfungsmythos der Bibel als Dogma vertrat und gegen Andersdenkende mit allen Mitteln vorging. Da sich die Gesellschaft nicht vorwärts entwickelte, wurde auch der

109 Vgl. R. Löther, Zu Gegenstand und Geschichte der Abstammungslehre, in: Beiträge zur Genetik und Abstammungslehre, Hrsg.: H. Böhme/R. Hagemann/R. Löther, Berlin 1976, S. 301.

110 Vgl. ebenda, S. 302.

Gedanke an Veränderung und Entwicklung zurückgewiesen.[111] Der Entwicklungsgedanke, der Gedanke der spontanen Urzeugung und die Idee vom Zweck und der Harmonie als Resultat einer natürlichen Auslese gingen verloren. Idealistische Schöpfungslehre, ideelle Verursachung von Zweck und Harmonie sowie das Bild einer statisch-zeitlosen und perfekten Welt, vorgestellt als nach dem Grade der Vollkommenheit kontinuierlich aufsteigende Stufenfolge, waren die wesentlichen Elemente des metaphysischen Naturbildes dieser Zeit. Dieses Bild — „einer eigentümlichen Gesamtanschauung, deren Mittelpunkt die Ansicht *von der absoluten Unveränderlichkeit der Natur* bildet“[112] — fand im 18. Jahrhundert seine weiteste Verbreitung und Anerkennung.

3.2. Das Heranreifen der naturwissenschaftlichen Voraussetzungen für die Abstammungslehre — Morphologie und Systematik

Im aufstrebenden Bürgertum entwickelte sich vor allem zu Züchtungs- und Heilzwecken ein gesellschaftliches Bedürfnis nach biologischer Erkenntnis. Die Anatomie des Menschen, die Vielfalt der Pflanzen und Tiere wurden verstärkt untersucht. Salicolo aus Bologna führte 1267 trotz kirchlichen Verbots das Sezieren als Bestandteil des medizinischen Studiums ein. Mondino veröffentlichte Beschreibungen und Abbildungen der Teile des menschlichen Körpers. Vesalius erweiterte systematisch die veraltete Anatomie-Lehre des Galen. 1616 trat Harvey erstmalig mit der Lehre vom Blutkreislauf als einem geschlossenen System an die Öffentlichkeit. Später interpretierte er die Embryonalentwicklung auf Grund eigener Untersuchungen im Sinne einer Aufgliederung des Entwicklungsvorganges in einzelne Etappen und vermutete, daß Herz und Blut die ersten Bildungen seien. Er wandte sich deshalb von der Vorstellung einer Urzeugung der Arten ab und sah im Anschluß an Redi im „Ei“ die nicht näher bestimmte Ausgangsform des Anfangs aller Tiere. Niederen Organismen sprach Harvey präformatorische, höheren dagegen epigenetische Entwicklungswege zu.

Die sich im 17. Jahrhundert entwickelnde Mikroskopie führte zu einer Vielzahl von Entdeckungen, deren bedeutendste wohl in der Beschreibung der Zelle durch Hooke (1665) zu sehen ist. Folgerichtig belebte sich auch die theoretische Diskussion. Die Entdeckung des Spermas und der Eier brachte eine Belebung der Präformationslehre mit sich — Entwicklung wurde nun generell als Wachstum und Auswicklung von bereits Angelegtem verstanden.

Die Ovulisten (Swammerdam) sahen im Ei den Ausgangspunkt aller weiteren Gestaltungsprozesse; die Animalculisten postulierten das gleiche für das Sperma.

111 Vgl. J. D. Bernal, Die Wissenschaft in der Geschichte, a. a. O., S. 159.

112 F. Engels, Herrn Eugen Dührings Umwälzung der Wissenschaft („Anti-Dühring“), in: MEW, Bd. 20, a. a. O., S. 314.

Damit wurden ohne Einsichten in die Funktionen und Prozesse Problemstellungen aufgeworfen, die später großen Einfluß auf die biologische Theoriebildung hatten. Ähnlich wie in der Antike reichten die Kenntnisse bestimmter Strukturen aus, um neue Fragen aufzuwerfen, ohne daß schon die Mittel und Methoden zur Beantwortung dieser Fragen vorlagen.

Die Präformationslehre erlebte im 18. Jahrhundert ihren Höhepunkt, als Bonnet in der Parthenogenese der Blattläuse eine Bestätigung seiner „Einschachtelungstheorie" sah. C. F. Wolff gelangte 1759 zur Ablehnung der Präformationstheorie und begründete auf der Basis der Blutgefäßentwicklung im Hühnerembryo die Lehre von der epigenetischen Ausbildung der Organe während der Embryogenese. Er erkannte, daß die Präformationslehre die Entwicklung organischer Körper nicht erklärt, sondern leugnet. Bewies die Mikroskopie bislang scheinbar die Präformationstheorie, so erbrachte sie nun Material für die Epigenesis-Theorie. Letztere war insofern wissenschaftlich fruchtbarer, als sie nicht auf einen Schöpfer des Präformierten hinführte. Sie lenkte vielmehr die Aufmerksamkeit auf die Erscheinungen der Evolution der Organismen. Wolff folgerte aus der Epigenese in der Embryonalentwicklung die Möglichkeit einer nicht auf die Ontogenese begrenzten Evolution, in der sich die Gestalten verändern. Bezeichnend für seine weltanschauliche Haltung war die Forderung, das Wirken übernatürlicher Kräfte auszuschließen.

Diese von C. F. Wolff eingeschlagene Richtung wurde erfolgreich durch Baers vergleichende Embryologie fortgeführt. Durch einen Vergleich von Embryonen sollten die Verwandtschaftsbeziehungen zwischen den Tieren besser dokumentiert werden können als durch einen Vergleich erwachsener Tiere. Es gelang Baer, die Existenz einheitlicher Entwicklungsprinzipien für sehr unterschiedliche Tiere zu belegen. Er war davon überzeugt, daß der Mensch dem Tierreich einzuordnen und den gleichen Lebensgesetzen unterworfen sei. Darwin betrachtete Baer als einen seiner Vorgänger. Baer, der sich intensiv mit Schelling und Oken auseinandergesetzt hatte, blieb jedoch zeitlebens ein Gegner des Darwinismus. Er lehnte insbesondere Darwins Selektionstheorie ab.

Das mittelalterliche metaphysische Weltbild war durch das Prinzip der Vollständigkeit („Es gibt nichts Neues unter der Sonne"), das Prinzip der qualitativen Kontinuität („Die Natur macht keine Sprünge") und das Prinzip der abgestuften Vollkommenheit charakterisiert. Alle diese Prinzipien haben die objektiv-idealistische Annahme eines ideellen Urgrundes oder Ursprungs und des davon abgeleiteten rationalen Charakters der materiellen Wirklichkeit zur Voraussetzung.[113] In der Abwandlung dieses idealistischen Denkansatzes wurden zahl-

113 Vgl. R. Löther, Zu Gegenstand und Geschichte der Abstammungslehre, in: Beiträge zur Genetik und Abstammungslehre, Hrsg.: H. Böhme/R. Hagemann/R. Löther, a. a. O., S. 304f.

reiche Wege beschritten, von der neuplatonischen Emanationslehre bis zum Deismus, Pantheismus und zur teilweisen Überwindung der idealistischen Voraussetzungen, während der metaphysische Charakter des Weltbildes aber noch erhalten blieb. Von der Seite der empirischen Naturforschung wurde die allgemeine Konzeption der „kontinuierlichen Stufenleiter" (Kant) in dem Maße problematisch, in dem es schwierig wurde, sie als Ordnungsschema für das anwachsende Wissen von den Dingen zu verwenden, das sich nicht mit den ihr zugrunde liegenden Prinzipien vertrug. Jede wissenschaftlich begründete Alternative zu einem der tragenden Grundsätze dieser Konzeption genügte, um — konsequent zu Ende geführt — das ganze Gebäude einstürzen zu lassen. Und so entstanden dann auch neben den genannten einzelwissenschaftlichen Voraussetzungen der Embryologie und Zeugungslehre die der Geologie und Paläontologie, insbesondere aber die der Taxonomie und Morphologie als Voraussetzungen der Abstammungslehre und des durch den Entwicklungsgedanken bestimmten Weltbildes überhaupt.

Im 16. Jahrhundert erschienen mehrere gut ausgestattete Tier- und Kräuterbücher und „Naturgeschichten", so Otto Brunfels' „Contrafeyt Kreuterbuch" (1532), Leonhart Fuchs' „New Kreuterbuch" (1543), Hieronimus Bocks „New Kreuterbuch" (1539), Konrad Gesners „Historia animalium" (1551), Belons „L'histoire de la nature des oyseaux" (1555). In diesen Büchern überwog die eigene Beobachtung. Bock z. B. beschrieb keine Art, die er nicht aus eigener Anschauung kannte. Erleichtert wurden diese Bestrebungen durch die Anlage botanischer Gärten in einigen Universitätsstädten (Padua, Pisa, Leyden) und durch das Eindringen der vergleichend-analytischen Methoden in die biologisch-medizinischen Disziplinen. Belon und Aldrovandi verglichen derart auch den inneren Aufbau von Tieren.

In den ersten Tier- und Pflanzenbüchern wurde mitunter aus praktischen Gründen noch die überlieferte alphabetische Anordnung der Namen benutzt, so von L. Fuchs und K. Gesner. Dennoch knüpfte man auch an die früheren Vorstellungen von der Stufenordnung der Dinge an (Gesner, Rondelet u. a.). Die Beobachtung der Natur drängte immer mehr die Feststellung einer Zusammengehörigkeit verschiedener Tier- und Pflanzengruppen nach ihrer morphologischen Ähnlichkeit oder Unterschiedlichkeit auf. Die Annahme einer daraus abzuleitenden Verwandtschaft fand sich selbst bei den Autoren, die an alphabetischen Gliederungsprinzipien festhielten. Die Konsequenz daraus hatte H. Bock bereits gezogen. Er lehnte die alphabetische Anordnung strikt ab und gruppierte „alle Gewächs, so einander verwandt und zugetan oder sonst einander etwas ähnlich sind, und verglichen, zusammen, doch unterschiedlich gesetzt"[114]. C. Bauhin versuchte eine Systematik der Pflanzenwelt nach den Prinzipien einer „natürlichen"

114 H. Bock, Kreuterbuch, Straßburg 1556, S. 14.

Gliederung aufzubauen. Er bediente sich dabei einer abgestuften Untergliederung der Darstellung in „Büchern“ und „Sektionen“ und so weit wie möglich einer zweigliedrigen (binären) Nomenklatur. Manche dieser Gruppen kamen den heute üblichen Ordnungen und Familien bereits nahe. Auch in der Tierkunde, in der die aristotelischen Einteilungsprinzipien zunächst noch beibehalten wurden, setzte sich der Gedanke einer „natürlichen“ Gruppierung durch.

Ein System der Tiere und Pflanzen, in dem nach objektiven Eigenschaften und Merkmalen klassifiziert wurde, konnte erst im 17. Jahrhundert durch Caesalpinus, Jungius und Ray geschaffen werden. Caesalpinus knüpfte noch an die von Aristoteles gegebene Unterteilung der Pflanzen an, korrigierte sie jedoch nach morphologischen Eigenschaften und faßte sie als Holzige (Bäume und Sträucher) oder nicht Holzige (Stauden und Kräuter) zusammen. Vor allem entwickelte er eine vergleichende Morphologie der Früchte, Samen und Blüten, die er zur weiteren Unterscheidung von Gattungen und Arten benutzte. Die 16 Bücher seines Werkes „De plantis“ entsprechen etwa den heute üblichen Klassen, die Kapitel annähernd unseren Gattungen und Familien. Durch die Unterscheidung konstanter und variierender Artmerkmale konnte John Ray an der Annahme von der Konstanz der Arten festhalten, ohne mit der Tatsache in Konflikt zu geraten, daß Variationen beobachtet werden. Artkonstanz wurde zu einer der theoretischen Voraussetzungen für die eindeutige Einordnung in ein solches System.

Linnés System unterscheidet sich von den vorangegangenen durch seine entschiedene logische Konsequenz und Klarheit. Wegen der Fülle der inzwischen bekanntgewordenen Arten war ein solches System notwendig geworden. Linnés Tabelle von 1763 enthielt insgesamt fast 9000 Arten. Da es ihm vor allem um eine sichere Diagnose und eine eindeutige Einordnung in ein solches System ging, wählte er eine hierarchische Gliederung in Reiche, Klassen, Ordnungen, Gattungen und Arten, die nach einem dichotomischen „Schlüssel“ relativ leicht zu bestimmen waren. Die binäre Nomenklatur, die noch heute gebräuchlich ist, wurde von ihm entwickelt und konsequent eingehalten. Die Gliederung nach der „Verwandtschaft“ der Arten wurde dadurch eingeschränkt, daß die „natürlichen“ Zusammenhänge und Ähnlichkeiten in Wirklichkeit komplexer sind, daß sie nicht immer ohne weiteres in dieses Schema zu pressen sind. Seine Anordnung war in mehrfacher Hinsicht eine Kompromißlösung, die einen bis heute andauernden Streit um die „natürliche“ oder „künstliche“ Systematik provozierte. Es wurde in der Tat zunächst ein System entworfen, das ausschließlich von der absoluten Artkonstanz ausging (damals als „künstliches“ bezeichnet), um dann zu einem System zu kommen, das die Dialektik von Konstanz und Veränderlichkeit in der Evolution der Arten adäquater erfaßte (damals als „natürliches“ bezeichnet).

Die Annahme der Artkonstanz hat das Streben zur Systematisierung nicht behindert, sondern sehr gefördert. Die Systematik selbst zeigte aber auf einem bestimmten Entwicklungsstand, insbesondere auf Grund morpho-physiologischer Beziehungen, verwandte Gruppen und Homologien zwischen sehr entfernten Gruppen. Das legte bereits damals den heute bestätigten Gedanken an eine evolutive Abstammung nahe, womit die Annahme einer *Artkonstanz im Sinne einer relativen Konstanz für begrenzte Zeiträume* aufgehoben und die *Veränderung der Arten im Verlaufe ihrer geschichtlichen Existenz* postuliert wurde. Die künstliche Systematik selbst trug also dazu bei, ihre eigenen philosophisch-theoretischen Prämissen zu überwinden. Das führte einerseits zu neuen Versuchen, auf ein natürliches System zurückzukommen. Dazu wurde nun ein weitaus umfangreicheres Material benutzt. Paläontologie, vergleichende Anatomie, Physiologie und Embryologie hatten wesentliche neue Einsichten gewonnen. Auf der anderen Seite wurden immer mehr Zweifel an der früher angenommenen Konstanz der Arten laut.

Bereits John Ray hatte sich auf die Erfahrung berufen, als er auf die nur relative Konstanz der Arten hinwies. Linnés Meinung, daß die Arten unveränderlich seien, wurde durch die in der Natur vorkommenden Pelorien erschüttert. Sie wurden als erblich fest bleibende Abweichungen im Blütenbau beim Leinkraut beobachtet. Statt der Lippenblüte traten in größeren Populationen radiäre Blüten auf, die nach der Systematik zur Einordnung der Pelorien als eine ganz andere Art führen mußten, obwohl der übrige Bau mit dem des Leinkrauts übereinstimmt und auf die „Herkunft" der Abwandlung hindeutet. Linné wurde bewußt, daß der systematische Unterschied zwischen Linaria und Peloria größer sei, als der zwischen Roggen und Weizen und mit der bisherigen Systematik schwer in Einklang zu bringen wäre. Unter dieser Voraussetzung war die Möglichkeit der Veränderung der Arten nicht mehr abzuweisen, obwohl auch lange nach Linné immer wieder eine absolute Konstanz der Arten behauptet wurde.

Der Lehre Cuviers erging es ähnlich. Auch wenn er selbst zeit seines Lebens zumindest die Landsäugetiere für unveränderlich hielt, legte das von ihm bearbeitete geologische und paläontologische Material doch mit den Grund für die Annahme einer Veränderung der Organismen in der Zeit. Zunächst schien Cuviers Katastrophentheorie ausreichend zur Erklärung dieses Materials, das auf eine mehrfache drastische und abrupte Veränderung der Pflanzen- und Tierwelt in verschiedenen geologischen Formationen hindeutete. Einzelne Schichten führten relativ konstant ihre eigenen, für sie typischen Fossilien, die den späteren Formen nicht entsprachen. In der Auseinandersetzung mit Cuviers Katastrophentheorie und deren Annahme einer jeweiligen „Neuschöpfung" wurde betont, daß zur Erklärung der Umbildungen die bekannten Naturgesetze herangezogen werden mußten und nicht Eingriffe, die in der Natur nicht nachweisbar sind. C. Lyell entwickelte, auf diesem Prinzip aufbauend, seine Lehre von der allmählichen, gesetzmäßigen geologischen Veränderung und Entwicklung der Erde in großen Zeiträumen (Principles of geology, 1830—1833). Diese Arbeit, obwohl sie für die Tier- und Pflanzenwelt an der Artkonstanz festhielt, hatte entscheidenden Einfluß auf Ch. Darwin und die Formierung seiner Theorie der biologischen Evolution.

Auch am Beispiel der Geologie wird deutlich, was bereits in bezug auf die Systematik festgestellt werden konnte: Die Annahme konstanter Arten schien anfangs die Arbeit auf diesem Gebiet zu stimulieren und die wissenschaftlichen Ergebnisse und Aussagen schärfer formulieren zu lassen. Mit dem umfangreicher und genauer werdenden Material gerieten die so gewonnenen Erkenntnisse in deutlichen Widerspruch zu der These von der absoluten Artkonstanz und erforderten eine neue theoretische Verarbeitung unter Anerkennung der geologischen Entwicklung, die ihrerseits für eine wissenschaftliche Theorie der biologischen Evolution historische Voraussetzung und Wegbereiter wurde.

3.3. Vom Entwicklungsgedanken zur Entwicklungstheorie

Der Entwicklungsgedanke fand im 18. Jahrhundert seine klassische Formulierung in I. Kants Werk „Allgemeine Naturgeschichte und Theorie des Himmels oder Versuch von der Verfassung und dem mechanischen Ursprung des ganzen Weltgebäudes, nach Newtonschen Grundsätzen abgehandelt". Lambert führte diese Theorie in seinen „Kosmologischen Briefen" aus; durch Laplace und Herschel gelangte sie zur allgemeinen Anerkennung. Kant brach dem Gedanken Bahn, „daß die Welt eine mechanische Entwicklung aus den allgemeinen Naturgesetzen zum Ursprunge ihrer Verfassung erkenne"[115].

Der Entwicklungsgedanke hatte im 18. Jahrhundert, ausgehend von den Leistungen der Physik und Astronomie, Eingang in das wissenschaftliche Denken gefunden. Die Biologie selbst hatte diesen Gedanken mit hervorgebracht, der inzwischen auch in der Gesellschaftslehre (Lessing 1777/80; Herder 1784) und in der Philosophie seinen Platz gefunden hatte (Kant, Fichte, Schelling, Hegel). Bis zur theoretischen Ausführung eines einzelwissenschaftlichen Entwicklungskonzepts der Biologie war es angesichts des gewachsenen Erkenntnisstandes kein allzu weiter Schritt. Die erste geschlossene Entwicklungskonzeption in der Biologie wird J. B. Lamarck zugeschrieben.

Lamarck ging ursprünglich von der Unveränderlichkeit der Arten aus. Durch seine Untersuchungen zur Systematik (Botanik, Wirbellose) gelangte er aber zu der Ansicht, daß die Arten eine Entwicklung durchlaufen haben und ver-

115 F. Schultze, Kant und Darwin, Jena 1875, S. 2f.

änderlich sind. 1801 und besonders 1809 („Philosophie zoologique") veröffentlichte er seine Auffassung, wonach die rezenten Arten sich durch das Wechselverhältnis von Änderung der Umweltverhältnisse und damit verbundener Änderung der Bedürfnisse (Vervollkommnungstrieb) allmählich entwickelt haben. Bei Pflanzen wird die Entwicklung durch eine Änderung von Ernährung und Klima bedingt. Die veränderten Bedürfnisse bewirken durch Gebrauch oder Nichtgebrauch die Veränderung vorhandener Organe oder führen zur Bildung neuer Organe, wobei die Änderungen in bestimmten Fällen erblich fixiert werden. Lamarck konzipierte in seiner Evolutionstheorie in großen Umrissen Vorstellungen, die auch in die moderne synthetische Theorie einfließen. Dabei ist nicht zu übersehen, daß der noch relativ geringe biologische Wissensstand zu Beginn des 19. Jahrhunderts im Interesse einer geschlossenen Theorie noch zu Spekulationen und Annahmen Anlaß gab (Rolle der Bedürfnisse, Vervollkommnungstrieb), die später aufgegeben werden mußten.

Als evolvierende Einheit trat bei Lamarck (in Unkenntnis der Rolle von Populationen und Arten) noch das Individuum auf. Folgerichtig verlegte Lamarck die Quelle der Evolution auf einen den Individuen innerlichen Faktor; die Bedürfnisse, den Vervollkommnungstrieb. Dabei spielten die für die Aufklärung selbstverständlichen Analogien zum Menschen eine Rolle. Unabhängig von diesen Resten anthropomorphen Denkens entwickelte Lamarck Ansätze, deren Wert für die Evolutionstheorie sich erst in jüngster Zeit gezeigt haben. Das betrifft die Hervorhebung der Rolle des Verhältnisses von Organismus und Umwelt und die Rolle des Verhaltens. Wesentliche Beiträge zur Erklärung des Verhältnisses von Organismus und Umwelt wurden erst mit der Entwicklung der Genetik und speziell der Mutationstheorie (De Vries 1900, Stein 1921, Muller 1927) zu Beginn des 20. Jahrhunderts geleistet. Auch der Rolle des Verhaltens als Resultat und Faktor der Evolution wurde erst später gebührende Aufmerksamkeit gewidmet (Whitman 1889; Heinroth 1900, 1910).

Die geschichtliche Entwicklung zeigte, daß die Entwicklungstheorie Lamarcks trotz vorhandener Mängel der Kataklysmentheorie Cuviers überlegen war. Der Entwicklungsgedanke, der durch das empirische Material und seine theoretische Auswirkung nahegelegt wurde, mußte selbst aber erst reifen und in das System biologischer Befunde und Theorien eingebaut werden, bevor er einer weiteren Untermauerung zugänglich wurde.

Geoffroy de Saint Hilaire hielt im Gegensatz zu Cuvier die Arten für veränderlich, lehnte sich bei der Erklärung der Mannigfaltigkeit der Organismen an die Entwicklungslehre von Lamarck an, griff aber nicht auf dessen inneren Selbstvervollkommnungstrieb und den Gebrauch oder Nichtgebrauch der Organe (Lamarckismus) zurück. Er sah im direkten Einfluß der Umweltbedingungen auf die Organismen das entscheidende Moment für ihre Veränderlichkeit (Geoffroyismus). So sollte die Erhöhung des Sauerstoffgehalts und die Abnahme des hohen Kohlendioxidgehalts der Luft die Entwicklung der Vögel aus den Reptilien induzieren. Auch hier konnte der richtige Grundgedanke noch nicht durch die konkrete Forschung belegt werden.

Charles Darwin kam auf eigenartige, aber bezeichnende Weise zur Biologie und Evolutionstheorie. Während seines Medizinstudiums (ab 1825) wurde er mit der Abstammungslehre von Lamarck bekannt, was ihn ebensowenig inspirierte wie die Lektüre der „Zoonomia" seines Großvaters Erasmus Darwin, der bereits frühzeitig den Gedanken der Abstammung vertrat. Bedeutsam wurde für Darwin die Bekanntschaft mit S. Henslow, Geistlicher und Professor für Botanik in Cambridge. Dieser empfahl Darwin geologische Studien und vermittelte ihm das entscheidende Angebot zur Weltreise mit der „Beagle" (1831 bis 1836). Während dieser Reise führte Darwin eine umfangreiche naturwissenschaftliche Sammlungs- und Forschungstätigkeit durch und rückte dabei von der Vorstellung der absoluten Konstanz der Arten ab. Er machte sich mit Charles Lyells Werk „Grundzüge der Geologie" bekannt und fand in dessen Aktualismus die geeignete Grundlage für ein wissenschaftliches Verständnis der paläontologischen und biologischen Entdeckungen. Darwin übertrug das Prinzip der Zuchtwahl in Form eines Analogieschlusses von der Züchtung auf die Evolution.

In erster Linie widmete sich Darwin nach seiner Reise geologischen Fragestellungen und erlangte mit der Senkungstheorie für Korallenriffe erhebliches Ansehen. Während dieser Arbeit konzentrierte er sich in langen Jahren auf die Evolution der Organismen — immer unzufrieden mit der empirischen Grundlage für sich anbietende synthetisch-theoretische Schlüsse. So ist es zu erklären, daß Darwin erst nach großem Zögern und Drängen seiner Freunde und angesichts der Tatsache, daß A. R. Wallace ebenfalls an der Selektionstheorie arbeitete, 1859 sein Hauptwerk „Über die Entstehung der Arten durch natürliche Zuchtwahl" veröffentlichte.

Darwins Bedeutung besteht weniger darin, daß er die Allgemeingültigkeit des Entwicklungsgedankens untermauerte und bewies (er zögerte vielmehr mit der Veröffentlichung der „Abstammung des Menschen und die geschlechtliche Zuchtwahl" bis 1871), sondern darin, daß er die Rolle der Art, Population für die Evolution erkannte und im Selektionsprinzip ein Grundgesetz der Evolution entdeckte. Darwins Methode vereinigt umfangreiche empirische Untersuchungen und darauf gegründete theoretische Verallgemeinerungen, Analyse und Synthese, Empirie und Theorie.

Darwins Selektionstheorie basiert auf einer Reihe von Voraussetzungen, die sich ihm während seiner Weltreise und in den folgenden Jahren aufdrängten: Die Lebewesen bringen mehr Nachkommen hervor, als zur Fortpflanzung gelangen. Die Anzahl der Individuen einer Art bleibt für lange Zeitintervalle nahezu gleich. Es gibt eine hohe Sterblichkeitsrate. Die Individuen einer Art zeigen

Variationen aller Merkmale.[116] Aus diesen Feststellungen zog Darwin die Konsequenz, daß einige Varianten im Kampf ums Dasein mit größerer Wahrscheinlichkeit als andere überleben und zur Fortpflanzung gelangen. Ihre Nachkommenschaft bleibt zahlreicher erhalten als die anderer. Die Merkmalsvariationen, die im Kampf um das Dasein eine Rolle spielen, sind erblich. Als Tendenz ergibt sich, daß in den nachfolgenden Generationen eine Wandlung in der Zusammensetzung der Arten auftritt.

Wenn Lamarck die Wechselbeziehung von Organismus und Umwelt sowie die Rolle des Verhaltens für die Evolution als Fragestellungen hervorhob, sie in inneren Bedürfnissen und Trieben verursacht sah, Geoffroy die Evolution in der Änderung anorganischer Umweltfaktoren begründen wollte, so zeigte Darwin als erster den wirklichen Mechanismus der Artveränderung auf, ohne schon die Frage nach dem Wesen und der Entstehung der Variationen beantworten zu können. Indem er aber Variation und Selektion als Grundlage für die Evolution der Arten zweifelsfrei feststellte, wurde zur Untersuchung der Variabilität der Arten, des Verhältnisses von Vererbung und Veränderung aufgerufen. Weismanns Keimplasma-Theorie war ein erster Versuch der Untermauerung des Darwinismus durch die Vererbungslehre.

Marx und Engels erkannten die weltanschauliche Bedeutung der Lehre Darwins und zählten sie zu den drei großen naturwissenschaftlichen Entdeckungen des 19. Jahrhunderts. Engels konkretisierte auf der Basis des Erkenntnisstandes der Biologie seiner Zeit die These von der Einheit der Welt in der Materialität und die These von der ständigen Bewegung und Entwicklung der Materie mit der Konzeption von den Bewegungsformen der Materie. Er nahm zur weltanschaulich brisanten Problematik der Entstehung und des Wesens des Lebens (Leben als Daseinsweise der Eiweißkörper) und des Menschen („Anteil der Arbeit an der Menschwerdung des Affen") Stellung. Engels zeigte, wie die materialistische Dialektik als heuristisches Element zur Diskussion biowissenschaftlicher Problemstellungen genutzt werden kann, wie sie hilft, neuartige Gesichtspunkte und Fragestellungen zu erschließen. Gleichzeitig verdeutlichte er, wie der dialektische Materialismus auch in der Biologie ein Arbeitsgebiet, eine Quelle für neue Ideen und einen Prüfstein für philosophische Überlegungen finden kann. Engels und Marx begründeten das sich selbst dialektisch entwickelnde Verhältnis zwischen Biologie und dialektisch-materialistischer Philosophie.

Freilich wurde die weltanschauliche Bedeutung der dialektisch-materialistischen Philosophie zunächst von den Biologen gründlich ignoriert und verkannt. Darwin schrieb Marx seinen besten Dank für die Übersendung des gewiß interes-

116 Vgl. R. Löther, Zu Gegenstand und Geschichte der Abstammungslehre, in: Beiträge zur Genetik und Abstammungslehre, Hrsg.: H. Böhme/R. Hagemann/R. Löther, a. a. O., S. 320.

santen „Kapitals“, leider verstehe er zuwenig von diesem Metier. Haeckel gelangte, sich gegen einen gründlich mißverstandenen Materialismus-Begriff abgrenzend („möglichst raffinierter Sinnesgenuß“), zu seiner letztlich an ihrem Eklektizismus scheiternden monistischen Philosophie. Wegen seiner wissenschaftlichen, populärwissenschaftlichen und weltanschaulichen Wirkung ist Haeckel für uns besonders interessant. Neben anderen biowissenschaftlich fundamentalen Entdeckungen (Gastrulation) gelang Haeckel die Formulierung des biogenetischen Grundgesetzes. Dieses betrifft den bereits von Meckel vermuteten Zusammenhang (1811) zwischen Ontogenese und Phylogenese und führt auf die heute diskutierte Problematik von Informationsentstehung, -speicherung und -übertragung in Ontogenese und Phylogenese hin. Haeckel setzte sich für eine Verbreitung der Evolutionstheorie unter den Volksmassen ein, forderte ihre Einführung in den allgemeinen Schulunterricht und verfaßte allgemeinverständliche Schriften. Besonderen Anklang fanden die „Welträtsel“ (1899), die eine große Auflage erlebten. Die Darwinsche Evolutionstheorie trieb Haeckel zu weltanschaulich-philosophischen Stellungnahmen im Sinne des Atheismus und Materialismus und zur Begründung einer die Entwicklung des Weltalls und der Erde umfassenden Entwicklungsvorstellung. Er konnte jedoch auf der Grundlage seiner bürgerlichen Vorstellungen auf gesellschaftlichem Gebiet nicht zum dialektischen und historischen Materialismus vordringen. Dem politischen Kampf gegen die kapitalistische Ausbeuterklasse stand der von ihm begründete Monistenbund stets ablehnend gegenüber.

Mit der Darwinschen Evolutionstheorie begann eine neue Entwicklungsphase der Biologie. Unbestritten ist der Einfluß der Darwinschen Theorie auf die Herausbildung solcher Arbeitsgebiete und Disziplinen wie phylogenetische Taxonomie, evolutionäre Morphologie, Physiologie, Ontogenie, Verhaltensforschung, auf die kritische Biogeographie, Ökologie, Genetik und paläontologische Stammbaumforschung. Der Darwinismus wurde durch hervorragende Gelehrte verbreitet und weiter entwickelt (Huxley, Haeckel, Timirjasev, Kowalewsky). So wendete Th. H. Huxley bereits 1863 die Theorie Darwins auf den Menschen an. E. Haeckel veröffentlichte 1866 in seiner „Generellen Morphologie der Organismen“ neben Stammbäumen (von Protozoen bis zum Menschen) u. a. eine Vorstellung über mögliche Wege der Lebensentstehung auf der Welt.

Bedeutende Beiträge zur Verbreitung und Weiterentwicklung der Abstammungslehre wurden auch von russischen Wissenschaftlern erbracht. A. O. Kowalewsky wirkte in der Embryologie bahnbrechend. Sein Bruder W. O. Kowalewsky begründete die evolutionistische Paläozoologie, wobei er besonders zur Aufklärung der Stammesgeschichte der Pferde und anderer Huftiere beitrug. Der Pflanzenphysiologe K. A. Timirjasev wandte den Darwinismus in der Botanik an und verbreitete ihn durch Übersetzungen in Rußland.

So wie hier wurden Ende des 19. Jahrhunderts überall zahlreiche Beiträge zum Beweis der Darwinschen Abstammungslehre erbracht. Andererseits durchdrang diese Lehre alle biologischen Teildisziplinen und führte zu revolutionären Veränderungen und zur Aufdeckung neuer Tatsachen. Dennoch wurde die Abstammungslehre gerade in dieser Zeit scharf angegriffen. Durch reaktionäre gesellschaftliche Kräfte bedingt, drangen nach Inhalt und Form sehr verschiedenartige vitalistische und neolamarckistische Anschauungen und Konzeptionen in die Biologie ein. Einzelwissenschaftlich gab es ebenfalls Ursachen zur Kritik am Darwinismus.

Viele Beispiele für die Wirkung der natürlichen Auslese wurden in der ersten Entwicklungsperiode des Darwinismus nicht exakt und sorgfältig genug beschrieben. Es ergaben sich Fakten, die auch anders erklärt werden konnten. Die von Darwin zur Erklärung der Vererbung von Merkmalen aufgestellte Pangenesis-Hypothese, die in allgemeinen Zügen die schon von Hippokrates vertretenen Anschauungen wiederholte, erwies sich als unhaltbar. F. Jenkins brachte erstmals folgenden gewichtigen Einwand vor: Wenn die Auslese diejenigen Individuen am Leben läßt, die sich nur unerheblich von den anderen unterscheiden, werden schon bei der nächsten Kreuzung die neuen Merkmale „absorbiert", „ausgelöscht", da der Kreuzungspartner höchstwahrscheinlich diese gleiche neue Eigenschaft nicht besitzt; es vollzieht sich demnach eine „Auflösung" der entsprechenden Merkmale in der Nachkommenschaft. Die Selektionstheorie ging noch nicht von der diskreten Natur der Vererbung aus. Schon Th. A. Knight hatte aber um 1800 die korpuskuläre Natur der Vererbung vermutet. Mitte des 19. Jahrhunderts konnte diese Ansicht durch die experimentellen Arbeiten G. Mendels bewiesen werden. Darwin kannte aber die entsprechenden Arbeiten nicht und war deshalb auch nicht in der Lage, auf solche Einwände einzugehen. Die Wiederentdeckung der Mendelschen Erbgesetze und die Entdeckung der sprunghaften Veränderungen (Mutationen) vieler Merkmale und Eigenschaften (Kobschinsky 1899, De Vries 1901—1903) widersprachen sogar auf den ersten Blick der auch von Darwin vertretenen These, daß die Natur keine Sprünge macht.

Den ersten Versuch, auf der Grundlage der neuen Erkenntnisse über Befruchtung, Zellteilung, Mutation und Vererbung den Darwinismus durch eine umfassende Vererbungstheorie zu untermauern, unternahm der deutsche Zoologe A. Weismann. Sein „Neodarwinismus" wurde zum wissenschaftlichen Bindeglied zwischen dem klassischen Darwinismus und der modernen Evolutionstheorie.

Seit Beginn unseres Jahrhunderts wurde eine Fülle von Tatsachen gefunden und Ideen entwickelt, die der modernen Evolutionstheorie das Gepräge gaben und sie gegenüber Angriffen nicht nur verteidigten, sondern sie mehr und mehr durchsetzten.[117] So entdeckte der dänische Forscher W. Johannsen die komplexe

117 Vgl. ebenda, S. 322f.

Natur der individuellen Variabilität der Lebewesen. Er unterschied Genotypus und Phänotypus und zeigte, daß die natürliche Auslese nur in heterozygoten Fortpflanzungsgemeinschaften wirken kann. An der Taufliege (Drosophila) begannen T. H. Morgan (1866—1945) und seine Schüler, die Lage der Gene in den Chromosomen zu erforschen. G. A. Nachson und G. S. Filipov in der Sowjetunion (1925) und H. G. Muller in den USA (1927) entdeckten die mutationsauslösende Wirkung von Röntgenstrahlen, dem folgte der Nachweis einer Unzahl weiterer physikalischer und vor allem chemischer mutagener Faktoren. Von der klassischen Genetik führte der Weg der Vererbungsforschung zur Molekulargenetik.

Die Ausarbeitung der modernen Evolutionstheorie wurde zwischen 1929 und 1933 durch Untersuchungen von S. S. Tschetwerikow, R. A. Fisher, S. Wright und G. B. S. Haldane begonnen. Zum ersten Male in der Geschichte der Biologie wurde hier versucht, eine Theorie mathematisch-deduktiv zu formulieren. Auf diesem Fundament errichteten Forscher wie Th. Dobzhansky, N. P. Dubinin, C. D. Darlington, E. B. Ford, H. Huxley, E. Mayr, B. Rensch, H. G. Schmalhausen, G. G. Simpson, G. L. Stebbins und N. W. Timofeev-Ressovsky das festgefügte Gebäude der modernen Evolutionstheorie, der „synthetischen Theorie“ der Evolution, an der ständig weiter gearbeitet wird. Es zeichnet sich inzwischen der Anschluß an jene große Richtung der Evolutionsforschung ab, die in den zwanziger Jahren unseres Jahrhunderts von W. I. Wernadski begründet wurde: die Erforschung der Evolution der Biosphäre im Verlauf der Erdgeschichte. Von der Erforschung der abiogenen Entstehung des Lebens, die Oparin 1924 einleitete, bis hin zur Erforschung kosmobiologischer Erscheinungen, die durch die moderne Kosmonautik initiiert wurde, erfassen die verschiedenen Richtungen der heutigen Evolutionsforschung die Entwicklung der lebenden Materie auf allen ihren Strukturniveaus und in allen ihren Organisationsformen.

3.4. Zur Einheit von dialektisch-materialistischer Entwicklungstheorie und biologischer Evolutionstheorie

Von den antiken Anschauungen bis zur Herausbildung der Abstammungslehre zeichnete sich in der Diskussion um die Beantwortung der Frage „Schöpfung oder Entwicklung?“ der Kampf idealistischer und materialistischer Weltanschauung deutlich ab. Es standen sich Schöpfungsmythos und Abstammungshypothese gegenüber, bis Darwin nicht nur den Nachweis erbrachte, daß Evolution stattfindet, sondern auch zeigte, wie und warum sich Evolution vollzieht. Mit zunehmender Anerkennung der Abstammungslehre nach Darwin verlagerte sich der Schwerpunkt der weltanschaulichen Auseinandersetzung in der Biologie zur Alternative „Entwicklung durch materielle oder ideelle Faktoren“. Es entstand eine Fülle ektogenetischer und autogenetischer „Evolutionstheorien“.

Der Kerngedanke jeder materialistischen Evolutionstheorie, und somit auch der modernen „synthetischen Theorie“, ist die Anerkennung der objektiven Determiniertheit aller evolutionären Veränderungen und Prozesse durch materielle Faktoren, welche die Zufälligkeit als Erscheinungsform der Notwendigkeit enthält. Lenin betonte, daß „Darwin der Vorstellung ein Ende bereitet hat, Tier- und Pflanzenarten seien durch nichts miteinander verbunden, zufällig entstanden, ‚von Gott erschaffen‘ und unveränderlich“, daß „er als erster die Biologie auf eine völlig wissenschaftliche Grundlage gestellt hat, indem er die Veränderlichkeit der Arten und die Kontinuität zwischen ihnen feststellte“.[118] Mit diesen Worten würdigte Lenin die große Bedeutung der wissenschaftlichen Abstammungslehre für den Kampf gegen Idealismus und Metaphysik, für die Bestätigung des konsequenten Materialismus und wissenschaftlichen Atheismus.

Der Übergang vom Schöpfungsmythos und der Annahme ideeller Triebkräfte der Evolution zur modernen Evolutionstheorie sowie die fortschreitende Erweiterung und Vertiefung unseres Wissens über die Art und Weise, die Richtung, die Geschwindigkeit und die Triebkräfte der stammesgeschichtlichen Entwicklung bestätigen zugleich überzeugend die Richtigkeit der von der marxistisch-leninistischen Philosophie vertretenen Anschauung, daß die Welt auch in ihrer Vergangenheit erkennbar ist und der Erkenntnis weder vom Objekt noch vom Subjekt absolute Schranken gesetzt sind.[119] Entgegen allen Behauptungen, wonach die Vergangenheit nicht erforschbar sein soll, hat die Begründung des Aktualismus durch Lyell und seine Übernahme durch Darwin in der Biologie dazu geführt, daß das Studium der aktuellen Gegenwart als Schlüssel für das Verständnis der Vergangenheit benutzt wurde und mit der Weiterentwicklung der Abstammungslehre eine Präzisierung des Aktualismus erreicht werden konnte.

„Mit der Erkenntnis von stammesgeschichtlichen Entwicklungsgesetzen trug der Darwinismus objektiv zu einem besseren Verständnis sowohl des Gemeinsamen bei, das zwischen anorganischer Natur, organischer Natur und menschlicher Gesellschaft besteht, als auch des Spezifischen, das diese drei Bereiche der materiellen Wirklichkeit voneinander unterscheidet.“[120] Der Darwinismus vermittelt daher solche Kenntnisse, die es gestatten, die Welt als Gesamtheit

118 W. I. Lenin, Was sind die „Volksfreunde“ und wie kämpfen sie gegen die Sozialdemokraten?, in: Werke, Bd. 1, Berlin 1974, S. 133.

119 Vgl. M. Schellhorn, Die Bedeutung der Abstammungslehre für die Herausbildung der wissenschaftlichen Weltanschauung, in: Beiträge zur Genetik und Abstammungslehre, Hrsg.: H. Böhme/R. Hagemann/R. Löther, a. a. O., S. 341 f.

120 Ebenda, S. 333.

auseinander hervorgegangener qualitativ unterschiedlicher Bewegungsformen aufzufassen. Leben (im biologischen Sinne) wird damit präziser als eine selbständige Bewegungsform der Materie bestimmt, die sich auf der Grundlage der Wechselwirkung von Nukleinsäuren und Proteinen nach spezifischen Gesetzen organisiert und mit einer ihrer Entwicklungslinien in die gesellschaftliche Bewegungsform mündet.

Der kontinuierliche und historische Charakter des stammesgeschichtlichen Zusammenhangs wird durch die moderne Evolutionstheorie als objektiv nachgewiesen. „Die neue Vorstellung von der Evolution, die im Entstehen begriffen ist, entspricht einem dialektischen Prozeß, der zur Realisierung neuer Möglichkeiten neigt, aber ständig in den aufeinanderfolgenden Trends durch Grenzen, die nicht überschreitbar sind, gehemmt wird . . . Sie läßt in ihrem Ablauf die Abänderungen zunehmen, schafft Neues und hebt das Niveau der Organisation."[121]

Diese Äußerung J. S. Huxleys belegt, daß sich die Vertreter der modernen Evolutionstheorie — sofern sie die materialistische Dialektik nicht bewußt als Denkmethode nutzen, sondern im Rahmen des naturwissenschaftlichen Materialismus verbleiben — doch der objektiven Dialektik teilweise bewußt werden und sich damit dem dialektischen Materialismus annähern.

Gegenwärtig gewinnt im Rahmen der Forschung zur Evolutionstheorie die Biogeneseforschung (Biogenetik) an Bedeutung. Das ist zum Teil auf ihre weltanschaulich-philosophische Relevanz zurückzuführen, denn jeder neue Beleg für die natürliche und gesetzmäßige Entstehung des Lebens auf der Erde und die exakte Feststellung der dafür notwendigen Bedingungen ist ein Argument gegen idealistische und mechanistische Lebenstheorien. Die Ergebnisse, die von der Wissenschaft auf diesem Gebiet in den letzten Jahren erzielt wurden, zeigen, daß man ohne die Annahme einer bestimmten Folge von tiefgreifenden qualitativen Veränderungen nicht auskommen kann. Das impliziert die Annahme von objektiven dialektisch-widersprüchlichen Beziehungen, die die Entwicklung auf die entsprechenden qualitativen Sprünge hintreiben. Eine umfassende Theorie der Biogenese steht schon seit längerer Zeit auf der Tagesordnung.

In der Theorie der Biogenese nehmen die physikalisch-chemischen Grundlagen eine besondere Stellung ein. Deshalb gewinnen gegenwärtig die Theorie thermodynamisch offener Systeme, die Theorie dissipativer Strukturen und der molekularen Selbstorganisation an Bedeutung. Auf ihrer Grundlage läßt sich im Detail nachweisen, daß *zufällige* statistische Fluktuationen eine unerläßliche Bedingung für die Evolution sind. Die Entwicklung selbst ist jedoch, sobald die objektiven Bedingungen für sie gegeben sind und der Prozeß begonnen hat,

121 J. S. Huxley, Darwin und der Gedanke der Evolution, in: Hundert Jahre Evolutionsforschung, Stuttgart 1960, S. 8f.

notwendig und im Rahmen bestimmter Schwankungen *gerichtet.* Damit ergibt sich ein neues naturwissenschaftliches Material, das ein tieferes Eindringen in die Dialektik von Notwendigkeit und Zufall, von Möglichkeit und Wirklichkeit verlangt. Sowohl die philosophische Verallgemeinerung der neuesten Entwicklungen in der Biologie als auch die einzelwissenschaftliche Forschung selbst befinden sich hier noch im Fluß.

Grundlegend für die biologische Evolutionstheorie ist die Auffassung der Arten bzw. Populationen als elementarer Einheiten der Evolution, die Auffassung der Mutationen als Quelle der genetischen Mannigfaltigkeit in der Art bzw. Population und die Auffassung der natürlichen Auslese (Selektion) als entscheidendem Faktor, der mit dem Material der Mutationen die Arten verändert und neue Arten schafft. Mutation und Selektion werden durch weitere Evolutionsfaktoren in ihrer Wirkung vermittelt. Gegenüber dem grundlegenden gesetzmäßigen Zusammenhang von Mutation und Selektion stellen die anderen Evolutionsfaktoren Bedingungen dar, unter denen sich dieser Zusammenhang verwirklicht. Je nach den inneren und äußeren Bedingungen verläuft die Evolution im Wandel und in der Aufeinanderfolge der Arten als morpho-physiologische Progression (Höherentwicklung), als Spezialisation auf der Ebene einer gegebenen morpho-physiologischen Organisation oder als Regression (Rückbildung) auf einer solchen Ebene.

Die Evolution findet nach der synthetischen Theorie primär auf der Strukturebene der Populationen und Arten statt. Im Gesamtzusammenhang gesehen wirkt sie sich von hier auf die über- und untergeordneten Strukturebenen der lebenden Natur aus und bezieht sie mit ein. Die Systeme der über- und untergeordneten Strukturebenen gehören als Umwelt und als integrierte Bestandteile der Populationen und Arten zum Bedingungsgefüge ihrer Evolution. Durch die Evolution verändern sich die Biosphäre, die Biozönosen und das Biostroma ebenso wie die stoffliche Zusammensetzung und die Organisation der einzelnen Organismen. So ist die Evolution die übergreifende Daseinsweise der lebenden Natur, bewirkt durch innere Widersprüche, durch die auch die äußeren Widersprüche mit der nicht lebenden Natur im Rahmen der Biosphäre vermittelt werden.

Neben dieser, ihrem philosophischen Gehalt nach dialektischen und materialistischen Evolutionstheorie, gibt es weiterhin aber auch noch idealistische und metaphysische Konzeptionen der biologischen Evolution, die sich letztlich auf die Auffassung der Evolution als Ektogenesis oder als Autogenesis bzw. als deren Kombination zurückführen lassen. Als erkenntnistheoretische Wurzeln ektogenetischer wie autogenetischer Entwicklungsmetaphysik erweisen sich u. a. falsche Bezugspunkte für die Erklärung der Evolution (Individuum, Makroevolution) und im Zusammenhang damit die Verabsolutierung bestimmter Seiten der Evolution, einmal des Äußeren (Umwelt), das andere Mal des Inneren. Tatsächlich aber evolvieren Arten, die Evolution erfolgt in der Einheit von Äußerem und Innerem, von Umwelt und Organismen, wobei der Zusammenhang zwischen ihnen durch die Selektion gegeben ist.

In der Evolutionsforschung gibt es eine Reihe teilweise offener Probleme, deren einzelwissenschaftliche Lösung auch im Hinblick auf philosophische Verallgemeinerungen von Interesse ist. Dazu gehören die Ursachen für das Aussterben einer Reihe Tierarten am Ende der geologischen Perioden des Perm und der Kreidezeit, die Verwandtschaft der verschiedenen Stämme der Wirbellosen, die Herkunft der Viren und die genauen Vorgänge beim Ursprung der Eukaryoten. Die Grundsätze, die für die Entwicklung neuer Tiergruppen gültig zu sein scheinen, können nicht ohne weiteres auf die Entstehung der Hauptgruppen der Pflanzen angewendet werden; die meisten Gesetze der heutigen Evolutionstheorie treffen nur für sich geschlechtlich fortpflanzende Tiere und Pflanzen zu. Weiter zu erforschen ist auch die Rolle des Verhaltens von Organismen und Populationen in der Evolution, denn das Verhalten ist in ihr ein Schlüsselfaktor. Die Selektion setzt mit der fortschreitenden Evolution mehr und mehr am Verhalten der Individuen an. Eine zur Zeit besonders umstrittene Frage ist, ob es eine neutrale, von der Selektion unabhängige Evolution gibt. Grundlage einer solchen Annahme ist die Verabsolutierung der Rolle von Neutralmutationen. Im Gegensatz zu mechanistischen und fatalistischen Konzeptionen des vorigen Jahrhunderts sind die Vertreter der Neutralmutationstheorie davon überzeugt, daß die Evolution vom Zufall regiert wird.

Philosophisch wie einzelwissenschaftlich bedeutsam ist die Frage, ob das Begreifen der Dialektik von Notwendigkeit und Zufall im Zusammenhang mit der dialektisch-materialistischen Gesetzeskonzeption ausreicht, um das Wirken aller drei Grundgesetze der Dialektik in der biologischen Evolution nachzuweisen, um insbesondere die sich notwendig durchsetzende und in der Evolution realisierte Tendenz zur Progression, zur Höherentwicklung zu erklären. Die Erforschung dieses Problemkomplexes macht immer deutlicher, daß die Kenntnis der elementaren Determiniertheit biotischer Veränderungen allein nicht genügt, um die Historizität der Evolution und ihre objektive Grundlage zu erklären.

Es scheint, daß bei der Diskussion dieser Probleme gegenwärtig die objektive Dialektik von Kontinuität und Diskontinuität in Entwicklungsprozessen und die Dialektik von Erhaltung und Veränderung noch mehr berücksichtigt werden müssen. Insbesondere wird oft noch die Rolle der Reproduktionsgesetzmäßigkeiten in der objektiven Einheit von Reproduktion, Variabilität und Selektion unterschätzt.

Der wissenschaftlichen Bearbeitung dieser Probleme stellen sich einige objektive Schwierigkeiten entgegen. So darf z. B. nicht verkannt werden, daß sich die Evolution des Bios über einen weit größeren Zeitraum als die gesellschaftliche Entwicklung erstreckte und wesentlich vielgestaltiger ist. Die weitere Ausarbeitung der biologischen Evolutionstheorie erfordert ein solides weltanschaulich-philosophisches Fundament, das mit dem dialektischen Materialismus vorliegt. Ohne eine Vertiefung des dialektischen Denkens ist die in der biologischen Evolution zum Ausdruck kommende objektive Dialektik nicht adäquat zu erfassen. Es ist zu erwarten, daß von der weiteren Ausarbeitung der Theorie der Evolution des Bios Impulse für die Weiterentwicklung der Theorie der materialistischen Dialektik ausgehen.

Kapitel III
Materialistische Dialektik und physikalische Forschung

Mit den Erkenntnissen der statistischen Physik, der Quanten- und der Relativitätstheorie wurden in den ersten Jahrzehnten des 20. Jahrhunderts wesentliche naturwissenschaftliche Beiträge zum tieferen Verständnis der objektiven Dialektik der Natur geleistet. Indem die neuen theoretischen Konzeptionen der Physik des 20. Jahrhunderts bei der Erforschung recht unterschiedlicher Objekte benutzt und dabei selbst wesentlich bereichert werden, indem die experimentellen Grundlagen der Physik ständig verbreitert werden, dringt diese Wissenschaft (ausgehend von den Erkenntnissen der klassischen Physik) immer tiefer in die objektive Dialektik der Natur ein und zwingt dabei die Physiker in immer stärkerem Maße zu Teileinsichten in die komplizierte Dialektik des Erkenntnisprozesses. Besonders bemerkenswert ist in diesem Prozeß die wachsende Zahl jener Physiker, die bemüht sind, dialektisch-materialistische Positionen in der eigenen Forschung fruchtbar zu machen. Gleichzeitig darf nicht übersehen werden, daß mangelnde Einsicht in die Theorie der materialistischen Dialektik bei anderen Physikern ungeachtet ihrer spontan-materialistischen Positionen in der Forschungsarbeit nicht selten zur Übernahme idealistischer Lösungsversuche komplizierter philosophischer Probleme oder zu idealistischen Interpretationen erzielter Forschungsresultate führt.

Während in der modernen statistischen Physik die Boltzmannschen und Gibbsschen Traditionen aus dem 19. Jahrhundert fortgeführt werden, brachten die Relativitätstheorie und die Quantentheorie Gedanken in die Physik ein, die in dieser Form erstmalig in unserem Jahrhundert auftraten. Wir wollen nachfolgend die Relativitätstheorie vorrangig unter dem Aspekt der Dialektik von Absolutem und Relativem (1), die Quantentheorie unter dem Aspekt der Dialektik von Kontinuität und Diskontinuität (2) untersuchen.

Obwohl bereits die Spezielle und die Allgemeine Relativitätstheorie zu weitreichenden Konsequenzen im Verständnis von Materie, Bewegung, Raum, Zeit geführt haben, schloß die Relativitätstheorie mit ihrem Theorieverständnis noch relativ kontinuierlich an die Vorstellungen der klassischen Physik an. Sie bereitete historisch die weitaus schwerwiegenderen Veränderungen in Gestalt der Quantentheorie vor. Hier waren philosophisch vor allem der Materialismus, die Gesetzes-

und Kausalitätsauffassung sowie wiederum die Problematik Materie, Bewegung, Raum, Zeit entscheidend betroffen.

Neben diesen revolutionären Umbrüchen in der Theorienentwicklung der Physik gibt es den Vorstoß in früher physikalisch nicht untersuchte Bereiche. Hier sei vor allem auf die irreversible Thermodynamik fernab vom Gleichgewicht, die Theorie dissipativer Strukturen, hingewiesen.

Gegenwärtig scheint in der Theorienentwicklung der Physik eine evolutionäre Phase vorzuliegen, die aber sehr schnell durch revolutionäre Wendungen abgeschlossen werden kann. Hinweise auf solche Möglichkeiten gibt es in mehreren Bereichen physikalischer Grundlagenforschung. Auf zwei von ihnen soll hier exemplarisch eingegangen werden, die Hochenergiephysik (3) und die Astrophysik (4). Dabei wollen wir uns bei der gegenwärtigen Hochenergiephysik auf die Atomismusproblematik und bei der Astrophysik auf die Unendlichkeitsproblematik konzentrieren. Während die Hochenergiephysik theoretisch vor allem als Fortführung der Quantentheorie angesehen werden kann, spielt in der Astrophysik heute vor allem die Relativitätstheorie eine ausgezeichnete Rolle. In beiden Fällen aber erweist es sich als notwendig, den inneren Zusammenhang der Relativitäts- und der Quantentheorie tiefer zu erforschen. Philosophisch führt das auf das Problem der Einheit der Physik in der Einheit ihrer Theorien und Methoden (5).

Die Problematik der Einheit der Physik gewinnt sowohl hinsichtlich der weiteren Entwicklung dieser Wissenschaft selbst als auch im Hinblick auf den Zusammenhang der Physik mit den anderen Wissenschaften, insbesondere mit der Chemie und der Biologie zunehmende Bedeutung.

1. Dialektik von Relativem und Absolutem in der Relativitätstheorie

Die Relativitätstheorie, eine der Säulen der modernen theoretischen Physik, ist historisch die erste geschlossene Theorie, in der die Schranken des physikalischen Forschungsprogramms des mechanischen Materialismus überwunden wurden. Mit ihrer Entwicklung wurde damit im 20. Jahrhundert fortgeführt, was sich in der Maxwellschen Elektrodynamik und mit der Thermodynamik bereits im 19. Jahrhundert angekündigt hatte. Erst mit den Einsteinschen Überlegungen wurde klar, daß das unterschiedliche Verhalten gegenüber Raum-Zeit-Transformationen in Elektrodynamik und klassischer Mechanik eine Änderung der bis dahin für unabänderlich angesehenen Mechanik erforderlich machte. Alle Illusionen, mit der Newtonschen Mechanik bereits den Schlüssel zur gesamten physikalischen Naturerklärung zu besitzen, brachen in sich zusammen. Die Mechanik wurde plötzlich zu einer Theorie, die über einen physikalisch erforschbaren Gültigkeitsbereich verfügt. Es gibt Bedingungen, unter denen Objekte der Physik sich nicht nach den Gesetzen der Newtonschen Mechanik bewegen. Was Newton vermutet hatte, aber die mechanistischen Interpreten seiner Theorie unter dem Einfluß überwältigender Erfolge der klassischen Mechanik vergessen machten, das drängte sich nun ganz massiv ins Bewußtsein der Physiker.

1.1. Entstehung des Neuen

1.1.1. Spezielle Relativitätstheorie

Ausgangspunkt zur Entwicklung der Relativitätstheorie war die Elektrodynamik. Nach dem mechanischen Vorbild hatte man die elektromagnetischen Wellen zunächst als Fortpflanzung einer Erregung in einem stofflichen Medium, dem „Äther", zu erklären versucht. Alle Bemühungen, die Existenz dieses Äthers nachzuweisen, schlugen fehl. Der negative Ausgang des Michelson-Experiments war das wichtigste Glied in einer langen Kette von vergeblichen Experimenten zum Aufspüren des Äthers. Noch entscheidender als dieser Einwand gegen die Ätherkonzeption war für die weitere Theorieentwicklung jedoch das Scheitern der Bemühungen, für die klassische Mechanik und die Elektrodynamik eine einheitliche kinematische Beschreibungsweise zu schaffen.

Die Mechanik Newtons genügt der Galilei-Transformation: alle Inertialsysteme sind in ihr gleichberechtigt; die physikalischen Gesetze ändern ihre Form nicht beim Übergang von einem Inertialsystem zum anderen; Kräfte und Beschleunigungen sind Invarianten. Versuche, die Maxwellschen Gleichungen der Elektrodynamik so umzuformen, daß sie der Galilei-Transformation bzw. dem Galileischen Relativitätsprinzip genügen, führten zu keinem Erfolg. So schuf H. Hertz zwar eine Form der Gleichungen der Elektrodynamik, die die Invarianz der Gleichungen für beliebige Bewegungen der Bezugssysteme liefert, jedoch standen diese Gleichungen im Widerspruch zu experimentellen Ergebnissen (Aberration, Fizeauscher Versuch). Auf Grund derartiger Mißerfolge waren viele Physiker bereit, auf das *Relativitätsprinzip* bei der Verallgemeinerung der Maxwellschen Gleichungen für bewegte Systeme zu verzichten.[1]

1 Vgl. z. B. Ž. Abdil'din/A. Nysanbaev, Dialektiko-logičeskie prinzipy postroenija teorii, Alma-Ata 1973, S. 193ff.; H.-J. Treder, Philosophische Probleme des physikalischen Raumes, Berlin 1974; H.-J. Treder, Relativität und Kosmos, Berlin—Oxford—Braunschweig 1968.

Das Relativitätsprinzip wurde damals im allgemeinen mit der Galilei-Invarianz gleichgesetzt. Die endliche, konstante Größe der Lichtgeschwindigkeit in den Maxwellschen Gleichungen ist jedoch mit der Galilei-Transformation nicht verträglich. Das führte zu der Alternative: entweder Relativitätsprinzip oder Maxwell-Theorie. Die überwiegende Mehrheit der Physiker entschied sich für die Maxwell-Theorie gegen das Relativitätsprinzip; Lorentz beispielsweise sah im Äther jenes ausgezeichnete Bezugssystem, das die materielle Verkörperung des Newtonschen absoluten Raumes darstellte.[2]

Das Herangehen Einsteins an diese Konfliktsituation, das zur Auflösung des Problems und zur Schaffung einer neuen physikalischen Theorie führte, bestand darin, daß er die Problemsituation selbst in folgender Weise einer kritischen Analyse unterzog.[3] Bei den Experimenten zur Feststellung der „Ätherdrift" wird stets eine Zeitmessung in der Bewegung ausgeführt. In allen früheren Interpretationen dieser experimentellen Situation wurde es als selbstverständlich angesehen, daß die Gleichzeitigkeitsvorstellungen, die aus den Erfahrungen bei unbewegten Bezugssystemen herrühren, sich ohne weiteres auf bewegte Bezugssysteme übertragen lassen. Das stellte Einstein nun in Zweifel. Er fragte, ob der bestehende physikalische Begriffsapparat genügend begründet sei. Seine Kritik richtete sich gegen die seit Newton herrschenden Raum- und Zeitvorstellungen und hatte als Ausgangspunkt das Prinzip, wonach Begriffe und Begriffssysteme nur dann Berechtigung haben, wenn „sie zum Überschauen von Erlebniskomplexen dienen". Sie waren von der „unangreifbare(n) Höhe des Denknotwendigen (Apriorischen)" herunterzuholen[4] (*Beobachtbarkeitsprinzip*).

Wenn ein physikalisch sinnvoller Begriff im Experiment anwendbar, in eine Meßeinrichtung umsetzbar sein muß, dann müssen also im vorliegenden Falle Gleichzeitigkeitsaussagen experimentell überprüfbar sein. Einstein kam zu der Überzeugung, daß die Gleichzeitigkeitsvorstellungen nicht ohne weiteres von unbewegten Systemen auf bewegte Systeme übertragbar sind. Der von ihm nun definierte Gleichzeitigkeitsbegriff sprach die Relativität der Gleichzeitigkeit und damit auch die Relativität der Länge und der Zeit aus.

Einstein ging in diesem Fall entschieden vorurteilsloser, respektloser als die an-

2 Vgl. H. A. Lorentz, Der Interferenzversuch Michelsons (1895); Elektromagnetische Erscheinungen in einem System, das sich mit beliebiger, die des Lichts nicht erreichender Geschwindigkeit bewegt (1904), in: Das Relativitätsprinzip, Leipzig—Berlin 1915.

3 Der Psychologe M. Wertheimer hat 1916 mit A. Einstein ausführlich die Entstehungsgeschichte der Relativitätstheorie erörtert. Eine Darstellung des Ergebnisses dieser Gespräche gibt er in seinem Buch „Produktives Denken", Frankfurt a. M. 1957. H. Hiebsch hat in „Wissenschaftspsychologie" den Bericht Wertheimers fast vollständig zitiert. Die folgenden Ausführungen stützen sich auf diesen Bericht. — H. Hiebsch, Wissenschaftspsychologie, Berlin 1977, S. 35—47.

4 A. Einstein, Grundzüge der Relativitätstheorie, Berlin—Oxford—Braunschweig 1970, S. 6.

deren Physiker an bestehende, traditionelle Auffassungen heran. Seine intensive Beschäftigung mit der Geschichte der Physik, mit dem Entstehen der zu seiner Zeit als selbstverständlich betrachteten Begriffe, Vorstellungen und Prinzipien, mit philosophischen Arbeiten zur naturwissenschaftlichen Erkenntnis hatten ihn dabei stimuliert, seine tiefe Überzeugung vom Realitätsbezug der Physik aber in keiner Weise in Frage gestellt. Letzteres äußerte sich in seiner Forderung, daß die Formulierungen der Naturgesetze nicht von der willkürlichen Betrachtungsweise des Physikers, von der Willkür der Wahl des Bezugssystems abhängig sein dürfen. Er verband also den Gedanken vom objektiven Charakter der Naturgesetze mit dem *Invarianzprinzip*, das — angeregt durch die Entwicklung der Mathematik seit dem Erlanger Programm von F. Klein — in der Physik eine immer größere Rolle zu spielen begann. Diese Invarianzkonzeption fand bei Einstein ihren Niederschlag in einem Relativitätsprinzip, das eine Verallgemeinerung des Galileischen Relativitätsprinzips darstellte.

Einstein stellte weiter die Frage, was als Grundlage für die *Kovarianz* (Forminvarianz) der Naturgesetze diene, wenn Raum und Zeit sich als relativ erweisen, Raum- und Zeitgrößen von der Wahl des Bezugssystems abhängen. Die Antwort bestand darin, daß er eine Natur*konstante*, nämlich die Lichtgeschwindigkeit *c*, als eine solche Basis heranzog. Damit ergab sich eine klare mathematische Aufgabenstellung: Es ist eine Transformation zu finden, die die Lichtgeschwindigkeit beim Übergang von einem Inertialsystem zu einem anderen invariant läßt. Diese Transformation war die bereits bekannte Lorentz-Transformation. Indem Einstein solche Größen als relativ betrachtete, die bislang als absolut angesehen wurden, gab er der Lorentz-Transformation nun diejenige Interpretation, mit der sie zur Grundlage einer sich durchsetzenden, prinzipiell neuen physikalischen Theorie wurde, der *Speziellen Relativitätstheorie*.

1.1.2. Allgemeine Relativitätstheorie

Bei der Schaffung der Allgemeinen Relativitätstheorie gab es eine andere Ausgangssituation. Während es vor der Schaffung der Speziellen Relativitätstheorie eine tiefgehende Konfliktsituation, eine physikalische Grundlagenkrise gegeben hatte und experimentelle Daten den Schlußfolgerungen aus der bestehenden Theorie widersprachen, so lag vor der Entwicklung der Allgemeinen Relativitätstheorie derartiges kaum vor. Zwar gab es zwei experimentelle Ergebnisse, die sich im Rahmen der bestehenden Theorie nicht erklären ließen, nämlich die schon in Galileis Fallgesetz zum Ausdruck kommende strenge Proportionalität von schwerer und träger Masse und der Betrag der Periheldrehung des Merkur, der eindeutig von dem Wert abwich, der sich aus der Newtonschen Gravitationstheorie ergab.

Jedoch wurden diese ungeklärten Probleme lange als singulär, als die Substanz der etablierten Theorien nicht berührend, empfunden.

Entscheidend für den Übergang zur *Allgemeinen Relativitätstheorie* war das Bestreben, die für bestimmte Bedingungen verwirklichten Prinzipien zu verallgemeinern, sie für die ganze Physik zur Grundlage zu machen. Dabei ging es vor allem um die Kovarianzforderung im Zusammenhang mit der Bedingtheit der raum-zeitlichen Struktur physikalischer Erscheinungen. Diese Aufgabe stellte sich für Einstein in Gestalt der Notwendigkeit einer Verallgemeinerung des relativistischen Grundgedankens auf *Nichtinertialsysteme.* Eine wichtige heuristische Hilfestellung leistete dabei die 4-dimensionale, quasieuklidische Darstellung der Speziellen Relativitätstheorie durch H. Minkowski. Sie eröffnete den Zugang zur mathematischen Verallgemeinerung im Rahmen der Riemannschen Geometrie.

Die Einsicht in die Relativität oder Bedingtheit räumlicher und zeitlicher Strukturen, die die Spezielle Relativitätstheorie vermittelt hatte, legte die Frage nahe, ob eine derartige Relativität oder Bedingtheit sich auch bei anderen Eigenschaften oder Beziehungen physikalischer Erscheinungen aufweisen lasse. Ist zum Beispiel die Gravitationsladung (schwere Masse) eine feste, für ein bestimmtes physikalisches Objekt gegebene Größe, oder ist sie ebenfalls durch die Situation, in der das physikalische Objekt sich befindet, bedingt? Die schon von E. Mach gestellte Frage, ob die „Trägheit ebenso wie die Gravitation auf einer Art Wechselwirkung der Körper beruhe“[5], wurde durch Einstein zu beantworten versucht. Einstein ging dabei von dem in der klassischen Mechanik bekannten Sachverhalt aus, daß träge und schwere Masse eines Körpers streng proportional sind. Hieraus formulierte er als Ansatz für die Allgemeine Relativitätstheorie das sogenannte *Äquivalenzprinzip*, nach dem Trägheitswirkung und Wirkung der schweren Masse lokal nicht unterscheidbar sind. Indem er dieses Äquivalenzprinzip mit dem Gedanken der allgemeinen Kovarianz verband, gelangte er zur Aufstellung der Gravitationsgleichungen der Allgemeinen Relativitätstheorie, in denen physikalische Raum-Zeit-Struktur und physikalische Größen wie Energiedichte, Impulsdichte, Massenstromdichte, Druck und Spannung in ihren gesetzmäßigen Zusammenhängen dargestellt sind.

Die für die Entstehung der Relativitätstheorie entscheidenden philosophischen Gedanken waren 1. die Überzeugung vom objektiven Charakter der Naturgesetze, die bei Einstein in der Form des *Invarianz- oder Relativitätsprinzips* auftrat, 2. das *Abgehen* von der Newtonschen Auffassung *von absolutem Raum und absoluter Zeit*, 3. der Gedanke vom objektiven Inhalt wissenschaftlicher Begriffe, der bei Einstein in Gestalt des *Beobachtbarkeitsprinzips* erscheint und Züge der dialektisch-materialistischen These von der Praxis als Wahrheitskriterium aufweist, 4. der Gedanke einer naturgesetzlichen Einheit der Realität

5 Ebenda, S. 98.

und dementsprechend auch der *Einheit der Physik*, der in dem Bestreben, eine für alle Bereiche der Physik gültige Formulierung des Relativitätsprinzips zu finden, eine bedeutende aktivierende, heuristische Funktion erhielt.

1.2. Materie, Raum, Zeit und Relativität

Die Relativitätstheorie hat grundsätzlich neue Auffassungen von Materie, Raum und Zeit in das physikalische Weltbild eingebracht. Insbesondere betrifft das das Verständnis der Relativität von Bewegung, Raum und Zeit, womit das physikalische Denken jedoch den Anstoß erhielt, nach der Relativität auch anderer physikalischer Eigenschaften der Materie zu fragen. Mit der positiven Beantwortung dieser Frage (z. B. Nachweis der Relativität von träger und schwerer Masse) leistete die Relativitätstheorie einen bedeutenden Beitrag zur Durchsetzung und zum besseren Verständnis des auf philosophischer Ebene bereits formulierten Gedankens der Ablehnung der These von einer unveränderlichen, letzten Substanz mit unveränderlichen Eigenschaften, einer „Urmaterie", und der Hervorhebung der objektiven Bedingtheit aller Eigenschaften und Beziehungen materieller Erscheinungen.

Der Relativitätsgedanke war natürlich nicht neu. Beispielsweise war die Relativität der Geschwindigkeit schon in der Antike bekannt. Zenon hatte die Einsicht in die Relativität der Geschwindigkeiten genutzt, um zu „beweisen", daß es in der Wirklichkeit keine Bewegung gibt. Die Relativierung der Stellung der Erde im Weltraum durch das kopernikanische Weltbild bewirkte lang anhaltende weltanschauliche Erschütterungen. In Fehldeutung des Wesens der Relativitätstheorie wurde in den 20er und 30er Jahren versucht, mit dem weit verbreiteten Slogan „Alles ist relativ" gesellschaftliche Prozesse auf naturwissenschaftlichem Hintergrund zu deuten. Die Erkenntnis der Relativität einer Eigenschaft hat in der Vergangenheit oft zum philosophischen Relativismus geführt.

Erkenntnis der Relativität von Erscheinungen, Bewegungen, Größen usf. bedeutet in Wirklichkeit jedoch Eindringen in die Dialektik von Relativem und Absolutem. Sie ist ein tieferes Erfassen des Wesens der Erscheinungen. Die von Kopernikus bewirkte Relativierung in der Kosmologie bedeutete eine Vereinheitlichung des Kosmos im astronomischen Weltbild, die Aufhebung des Gegensatzes von Irdischem und Außerirdischem, den Beginn der Erkenntnis der naturgesetzlichen Einheit von Himmel und Erde. Das Galileische Relativitätsprinzip, welches die physikalische Gleichberechtigung aller Inertialsysteme ausspricht, war ein bedeutender Schritt auf dem Wege des Verständnisses mechanischer Bewegungsgesetze. Die philosophische Analyse hat ergeben, daß das relativistische

Gedankengut die dialektisch-materialistische Konzeption von Materie, Bewegung, Raum und Zeit bestätigt und zugleich Anlaß zur weiteren Präzisierung bzw. zur detaillierten Ausarbeitung dieser philosophischen Grundauffassung gibt.

Die *Kritik der Substanzauffassung der Materie* führte zum dialektisch-materialistischen Verständnis des Verhältnisses der Materie zu ihren Eigenschaften und Beziehungen.[6] Wenn Engels im Anschluß an Feuerbach sagt, daß es die „Materie als solche" nicht gäbe,[7] dann lehnt er damit die Auffassung von einer letzten, unveränderlichen Substanz ab, die allen materiellen Erscheinungen zugrunde liegen soll. Eine derartige „Urmaterie" wäre der ewige, unveränderliche Träger wechselnder Eigenschaften und Beziehungen. Wenn es jedoch diesen letzten, irreduziblen „Rest" in der materiellen Welt nicht gibt, dann müssen die materiellen Erscheinungen voll und ganz durch ihre Eigenschaften und Beziehungen bestimmt, durch sie konstituiert sein. Lenin brachte die dialektisch-materialistische Konzeption von der Materie, ihre Abgrenzung gegenüber der Substanzauffassung dadurch zum Ausdruck, daß er die Definition des Materiebegriffs als einer philosophischen Kategorie gab, diese von den einzelwissenschaftlichen Strukturvorstellungen der Materie streng abhob und die Unerschöpflichkeit der Materie betonte.

Im Verhältnis von Materie, Raum und Zeit erscheint das allgemeine Verhältnis der Materie zu ihren Eigenschaften und Beziehungen in spezifischer Weise. Durch die Charakterisierung von Raum und Zeit „als Existenzformen der Materie"[8], die Engels, ebenfalls im Anschluß an Feuerbach, vornahm, ist folgendes ausgedrückt: 1. Raum und Zeit sind *objektiv-real.* 2. Alle materiellen Erscheinungen existieren in einem raum-zeitlichen Zusammenhang (*Universalität von Raum und Zeit*).[9] 3. Es gibt *keine* raum-zeitlichen Zusammenhänge *außer-*

6 Zur Frage des Verhältnisses der Materie zu ihren Eigenschaften und Beziehungen hat es auch in der DDR eine ausführliche Diskussion gegeben. Sie fand vor allem in den 50er Jahren statt und brachte den Lösungsansatz, der sich gerade bei der Interpretation des Raum-Zeit-Problems in der Relativitätstheorie als fruchtbar erwies und von dem auch hier ausgegangen wird. Siehe vor allem die Artikel von H. Vogel, Über die Materie und ihre Eigenschaften, Deutsche Zeitschrift für Philosophie (im folgenden DZfPh), 1—2/1960; H. Hörz, Über die Materie und ihre Existenzformen, in: DZfPh, 7/1960. Zusammenfassungen und Wertungen dieser Diskussionen geben die Arbeiten von H. Hörz, Materialismus und moderne Physik, in: DZfPh, 1966, Sonderheft, und von F. Gehlhar, Raum und Zeit als Existenzformen der Materie, in: DZfPh, 7/1975. Siehe auch: Zur Geschichte der marxistisch-leninistischen Philosophie in der DDR. Von 1945 bis Anfang der sechziger Jahre, Berlin 1979, S. 384—401.

7 F. Engels, Dialektik der Natur, in: Karl Marx/Friedrich Engels, Werke (im folgenden MEW), Bd. 20, Berlin 1975, S. 503.

8 Ebenda.

9 In letzter Zeit gibt es Diskussionen, die die Universalität von Raum und Zeit in Frage stellen, insbesondere wird die These des makrophysikalischen Charakters von Raum und Zeit vorgetragen. Siehe hierzu III, 3. und 4.

halb der materiellen Erscheinungen. Es gibt *keine immateriellen*, raum-zeitlich strukturierten Wesenheiten.

Raum und Zeit wie auch andere materiellen Eigenschaften und Beziehungen sind somit nicht an und für sich, als selbständige Wesenheiten (wie bei Newton) gegeben, sondern durch das Beziehungsgefüge, deren Aspekt sie darstellen, bedingt und bestimmt. Somit sind sie nicht absolut, sondern relativ. Diese Relativität trägt primär objektiven Charakter, sie erscheint jedoch in spezifischer Weise im Prozeß der Widerspiegelung der objektiven Realität durch das menschliche Bewußtsein.

Gerade die Relativitätstheorie hat wertvolles Material für die philosophische Verallgemeinerung, für die Präzisierung dieser philosophischen Aussagen geliefert. Wenn Raum und Zeit (in der Physik) sich als relativ erweisen, so läßt sich das gut in die philosophische Konzeption von der Bedingtheit und Bestimmtheit raumzeitlicher Strukturen im Beziehungsgefüge, das die materielle Erscheinung ausmacht, einordnen; und wenn für die Physik die relativistischen Effekte „kein absoluter Vorgang, sondern das Ergebnis der Relativität der Messungen“ sind[10], so ist diese Relativität im Erkenntnis- oder Widerspiegelungsprozeß durch die objektive Relativität bedingt: unterschiedliche Bezugssysteme sind in der Realität durch verschiedene materielle Systeme oder Beziehungsgefüge repräsentiert.

Relativität ist keine Besonderheit von Raum und Zeit. Andere physikalische Eigenschaften und Beziehungen müssen ebenfalls durch ihren Zusammenhang untereinander und mit Raum und Zeit bedingt sein. Die Spezielle Relativitätstheorie zeigte dies bereits allgemein für die träge Masse, während die Allgemeine Relativitätstheorie die Relativität der schweren Masse als Grundaussage enthält. Raum-Zeit, Massenverteilung bzw. Massenstromdichte, Energiedichte, Impulsdichte usf. stehen in einem bestimmten gesetzmäßigen Zusammenhang. Dies wird durch die Gravitationsgleichungen der Allgemeinen Relativitätstheorie zum Ausdruck gebracht. Diese Gleichungen besagen also nicht nur die Relativität von Raum und Zeit, sondern eine gegenseitige Bedingtheit, gesetzmäßige Relativität aller in ihnen enthaltenen oder widergespiegelten physikalischen Parameter.

Demgegenüber findet man heute noch mitunter bei philosophischen Erörterungen die falsche Interpretation der Gravitationsgleichungen der Allgemeinen Relativitätstheorie, nach der diese zeigen würden, daß die Materieverteilung die Raum-Zeit-Struktur bestimme, wobei hier „Materie“ im philosophischen Sinne gemeint ist. Diese Interpretation schließt an eine Deutung der Feuerbach/Engelsschen Bestimmung von Raum und Zeit als Existenzformen der Materie an, wonach die Materie als der Inhalt, Raum und Zeit als die *Formen* des Inhalts

10 H. Hiebsch, Wissenschaftspsychologie, a. a. O., S. 41.

Materie verstanden werden. Physikalisch ist eine derartige Interpretation nicht berechtigt, denn die Gleichungen der Allgemeinen Relativitätstheorie geben mit dem „Materietensor" nicht etwa eine Verteilung von „Materiemengen" im absoluten Sinne, sondern bestimmte quantitative Charakteristika bestimmter physikalischer *Eigenschaften* der Materie, die in gesetzmäßigen Beziehungen zu anderen materiellen Eigenschaften oder Beziehungen (Raum-Zeit-Struktur) stehen.[11] Philosophisch läuft diese Gegenüberstellung von Materie an sich bzw. von „Materiemenge" einerseits und Formen der Materie andererseits auf die Träger- oder Substanzkonzeption, die eine „Materie als solche" kennt, hinaus.[12]

Über die Einsicht in die Relativität von Raum und Zeit hinaus hat die Relativitätstheorie den bedeutsamen und revolutionären Gedanken zum Bewußtsein gebracht, daß physikalischer Raum und physikalische Zeit nicht nur mit anderen physikalischen Eigenschaften sich gegenseitig bedingen, sondern daß sie dies auch untereinander tun, daß sie eine untrennbare Einheit bilden.

Natürlich waren Raum und Zeit auch in den Bewegungsgesetzen der vorrelativistischen Physik miteinander verbunden. Wenn in der klassischen Mechanik die Geschwindigkeit $\vec{v}$ definiert ist als Differentialquotient des Weges ($\vec{r}$) nach der Zeit (t), also

$$\vec{v} = \frac{d\vec{r}}{dt} \text{ gilt ,}$$

dann werden Änderungen des Raumes und Änderungen in der Zeit für bewegte Objekte miteinander in Beziehung gesetzt. Anders als über solche Beziehungen von Raum und Zeit läßt sich mechanische Bewegung gar nicht darstellen. Raum und Zeit wurden also bei der Darstellung von Bewegung lange vor der Relativitätstheorie in einer gewissen Einheit gesehen. Der mechanische Materialismus aber hat dies als eine „Äußerlichkeit" betrachtet. Raum und Zeit sollten gemäß dieser metaphysischen Konzeption unabhängig voneinander und absolut existieren. Man kann in der klassischen Mechanik die Zeit tatsächlich als eine vom Bewegungszustand des mechanischen Systems unabhängige absolute Größe behandeln. Für ein sich entlang der x-Achse mit der konstanten Geschwindigkeit $\vec{v}$ bewegendes Koordinatensystem (x', y', z', t') gilt bekanntlich die Galilei-Transformation in der Form

$$\begin{aligned} x' &= x - vt \\ y' &= y \\ z' &= z \\ t' &= t \,. \end{aligned}$$

11 Vgl. A. Griese, Philosophische Raum-Zeit-Problematik und moderne Geometrodynamik, in: DZfPh, Sonderheft 1966.

12 Vgl. H. Hörz, Zur dialektischen Beziehung zwischen Inhalt und Form, in: DZfPh, 3/1966.

Anders hingegen sieht es in der Speziellen Relativitätstheorie aus. Die Lorentz-Transformation für den Fall eines sich entlang der x-Achse mit der Geschwindigkeit v bewegenden Inertialsystems schreibt sich dann in der Form

$$x' = \frac{x - vt}{\sqrt{1 - \left(\frac{v}{c}\right)^2}}$$

$$y' = y$$

$$z' = z$$

$$t' = \frac{t - \frac{v}{c^2}x}{\sqrt{1 - \left(\frac{v}{c}\right)^2}}.$$

So wie die Zeitkoordinate in die Transformation der Raumkoordinate eingeht, so geht auch die Raumkoordinate in die Transformation der Zeitkoordinate ein. Man spricht deshalb in der Speziellen Relativitätstheorie von der durch x, y, z, ict gebildeten Raum-Zeit-Union. Die Lorentz-Transformation läßt das Intervall

$$ds^2 = dx^2 + dy^2 + dz^2 - c^2dt^2$$

invariant.

Aus allgemeiner, philosophischer Sicht erscheint diese Kopplung von Raum und Zeit in der relativistischen Physik als ein Spezialfall der gegenseitigen Bedingtheit der Eigenschaften und Beziehungen, die die materiellen Erscheinungen konstituieren. Es wird zugleich deutlich, daß diese gegenseitige Bedingtheit differenziert oder graduiert ist. Nicht alle Eigenschaften, Beziehungen usw. einer Erscheinung stehen — unter demselben Aspekt — in gesetzmäßigen Beziehungen zueinander, tauchen als Parameter in ein und derselben Gesetzesformulierung auf. Die gegenseitige Abhängigkeit bestimmter Eigenschaften, Beziehungen oder Größen erweist sich nicht unter allen Bedingungen als wesentlich.

Die Union von Raum und Zeit wird erst sichtbar bei Geschwindigkeiten, die denen der Lichtgeschwindigkeit vergleichbar sind. Man kann sich somit auch vorstellen, daß es Realitätsbereiche gibt, in denen die Kopplung zwischen räumlichen und zeitlichen Größen weniger eng ist als die zwischen den räumlichen und anderen Parametern oder entsprechend zwischen den zeitlichen und anderen Parametern. Insofern ist Vorsicht geboten, die Untrennbarkeit von Raum und Zeit, wie sie uns in der relativistischen Physik entgegentritt, zu einer besonderen These von philosophischem Charakter zu erheben. Das entscheidende philosophische Ergebnis, das in dem Nachweis der Einheit von Raum und Zeit in der relativistischen Physik enthalten ist, besteht in folgendem: Je allgemeiner und fundamentaler eine physikalische Theorie ist, desto mehr stellen ihre allgemeingültigen Zusammenhänge die Zusammenhänge von Eigenschafts- oder Beziehungskopplungen dar. Die Entfaltung des Relativitätsgedankens in der Geschichte der Physik stellt den Prozeß der Auflösung der Vorstellungen von der Selbständigkeit, Unbedingtheit usw. physikalischer Eigenschaften oder Größen und des immer tieferen Eindringens in ihre gegenseitige gesetzmäßige Bedingtheit dar.[13] Das wird besonders deutlich, wenn man sich mit dem philosophischen Gehalt des Relativitätsprinzips beschäftigt.

1.3. Das Relativitätsprinzip

Das Relativitätsprinzip hat eine überragende Bedeutung bei der Herausbildung der relativistischen Physik gespielt. Gerade deshalb kann die Analyse seines philosophischen Gehalts oder Hintergrunds wertvollen Aufschluß über die heuristische Wirkung philosophischer Gedanken bei der Entwicklung physikalischer Theorien liefern. An philosophischen Interpretationen des Relativitätsprinzips werden in der Literatur vor allem folgende Aspekte genannt und diskutiert:

— Die Relativitätsidee, das heißt die Annahme der universellen Gültigkeit des Relativitätsprinzips, ist verbunden mit dem *Prinzip der Einfachheit.*[14] Dabei geht es nicht um eine Einfachheit in dem Sinne, daß lineare Gleichungen einfacher sind als nichtlineare, sondern um die Einfachheitsforderung im Sinne „eines alten philosophischen Prinzips", nämlich von Occams razor: Das, was man mit weniger Mitteln ausdrücken könne, solle man nicht mit größerem Aufwand darstellen.

— Die Kovarianzforderung des Relativitätsprinzips ist verbunden mit dem Gedanken der *Einheit der physikalischen Erkenntnis*, die oft im Zusammenhang mit dem Prinzip der Einfachheit gesehen wird.[15]

— Das Relativitätsprinzip wird im Zusammenhang mit der *Einheit* (Identität) *von Denken und Sein* oder der *Objektivität der physikalischen Erkenntnis* (Unabhängigkeit der Form der physikalischen Gesetze vom Beobachter oder den Erkenntnismitteln) gesehen.[16]

— Man verweist darauf, daß für Einstein die Kovarianz physikalischer Gesetze

13 Vgl. P. S. Dyšlevyj, Materialističeskaja dialektika i fizičeskij reljativizm, Kiev 1972, S. 184f.
14 Vgl. E. M. Čudinov, Teorija otnositel'nosti i filosofija, Moskva 1974, S. 27, 37f.
15 Vgl. ebenda, S. 37f.
16 Vgl. ebenda, S. 42f.; P. S. Dyšlevyj, Materialističeskaja dialektika i fizičeskij reljativizm, a. a. O., S. 184.

mit ihrer *Allgemeingültigkeit*[17] oder der *Unabhängigkeit* des Verlaufs *physikalischer Vorgänge von der Bewegung des Bezugssystems* verbunden wurde.[18]

— Das Relativitätsprinzip wird als *Ausdruck des wechselseitigen Zusammenhangs* zwischen physikalischen Systemen, Prozessen, Eigenschaften und Beziehungen, der *gegenseitigen Bedingtheit der materiellen Erscheinungen* und damit der *materiellen Einheit der Welt* angesehen.[19]

— Es wird als Ausdruck der *geometrischen, raum-zeitlichen* Symmetrien betrachtet.[20]

— Die *Relativität der Bewegung* ist ein wesentlicher Aspekt des Relativitätsprinzips.

Selbstverständlich beziehen sich die Interpretationsversuche marxistischer Autoren auf Deutungen, Argumente und die Benutzung des Relativitätsprinzips durch Einstein selbst. Dieser hat vor allem folgende Gedanken hervorgehoben[21]:

— Die Gesetze der Galilei-Newton-Mechanik stimmen für alle Inertialsysteme überein und nehmen für diesen Typ von Bezugssystemen offenbar die einfachste Form an. „Solange man überzeugt war, daß sich alles Naturgeschehen mit Hilfe der klassischen Mechanik darstellen lasse, konnte man an der Gültigkeit dieses Relativitätsprinzips nicht zweifeln."[22] Die Einsicht in die beschränkte Gültigkeit der klassischen Mechanik führte dazu, die Frage nach der allgemeinen Gültigkeit des Relativitätsprinzips zur Diskussion zu stellen. „Immerhin" gäbe „es zwei Tatsachen, die von vornherein sehr für die Gültigkeit des Relativitätsprinzips sprechen." Die eine besteht in dem Sachverhalt, daß das Relativitätsprinzip mit großer Genauigkeit für einen großen Bereich von Erscheinungen (den mechanischen) gilt. Zum anderen konnte eine Anisotropie des irdischen Raumes hinsichtlich der optischen und elektromagnetischen Erscheinungen nicht beobachtet werden. (Negativer Ausgang der Versuche zum Nachweis des „Lichtmediums" usw.) Im Gegenteil, die elektrodynamischen Erscheinungen hängen nur von der Relativbewegung der in sie eingehenden Objekte (z. B. Magnet und Leiter) ab.[23] Mit der Neufassung des Gleichzeitigkeitsbegriffs und der Herausarbeitung der damit zusammenhängenden Relati-

17 Vgl. E. M. Čudinov, Teorija otnositel'nosti i filosofija, a. a. O., S. 272.

18 Vgl. P. S. Dyšlevyj, Materialističeskaja dialektika i fizičeskij reljativizm, a. a. O., S. 184.

19 Vgl. ebenda, S. 183f.

20 Vgl. V. P. Vizgin, Princip simmetrii, in: Metodologičeskie prinzipy fiziki, Moskva 1975, S. 268, 274f.

21 Vgl. A. Einstein, Über die spezielle und die allgemeine Relativitätstheorie, Berlin—Oxford—Braunschweig 1970; A. Einstein, Grundzüge der Relativitätstheorie, a. a. O. Siehe auch H.-J. Treder, Philosophische Probleme des physikalischen Raumes, a. a. O.

22 A. Einstein, Über die spezielle und allgemeine Relativitätstheorie, a. a. O., S. 15.

23 Vgl. A. Einstein, Zur Elektrodynamik bewegter Körper, in: Annalen der Physik, Vierte Folge, Bd. 17, Leipzig 1905, S. 891.

vität von Raum und Zeit, der Auffassung der Invarianz der Vakuumlichtgeschwindigkeit als neues Naturgesetz, erhält man damit das über die Lorentz-Transformationen vermittelte spezielle Relativitätsprinzip, das Prinzip der „Translationsrelativität"[24], das Mechanik und Elektrodynamik eine gemeinsame, einheitliche Grundlage gibt.

— Freilich bedeutet das spezielle Relativitätsprinzip eine wesentliche Beschränkung. Es gilt nur für Inertialsysteme, schließt die Gravitation aus, liefert keine Erklärung für die (lokale) Äquivalenz von träger und schwerer Masse. Die bisherige Bewährung des Relativitätsprinzips ist jedoch Anlaß, diese Beschränkung aufzuheben und das Relativitätsprinzip auf beliebige Bezugssysteme zu verallgemeinern.[25] Den konkreten Ansatzpunkt hierzu liefert gerade das Äquivalenzprinzip.[26] Die Kombination der Forderung von allgemeiner Kovarianz der physikalischen Gesetze und universeller Gültigkeit der Aussage von der lokalen Äquivalenz von träger und schwerer Masse bedeutet eine weitgehende Beschränkung, die den Naturgesetzen auferlegt wird. Darin liegt die „Spürkraft", die dem allgemeinen Relativitätsprinzip innewohnt.[27] (Relativitätsprinzip als *Auswahlprinzip*!)

— Die Invarianz bestimmter Größen (Vakuumlichtgeschwindigkeit, ds^2) beziehungsweise Kovarianz der Form der physikalischen Gesetze ist verbunden mit der Relativität der Bewegung und damit von Raum und Zeit. Während nach der Galileischen Fassung des Relativitätsprinzips die Geschwindigkeit und nach dem speziellen Relativitätsprinzip Geschwindigkeit, Länge und Zeitintervall relativ sind, wird im Zusammenhang mit dem allgemeinen Relativitätsprinzip der Übergang zur Relativität der Beschleunigung gemacht; dies jedoch nicht absolut, denn die Relativität der Rotationsbeschleunigung wird mit der Allgemeinen Relativitätstheorie noch nicht erfaßt. An dieser Stelle scheiden sich auch heute die Geister bei den Versuchen zur Weiterentwicklung der Allgemeinen Relativitätstheorie. Es geht hier vor allem darum, ob in Übereinstimmung mit dem *Machschen Prinzip* „die Trägheit in einer Art *Wechselwirkung* der Körper ihren Ursprung hat"[28] oder ob dieses Prinzip nicht zu rechtfertigen ist. Man versucht, Gravitationstheorien zu entwickeln, in denen das Machsche Prinzip voll verwirklicht ist[29]; oder die Relativität der Rotationsbeschleunigung soll durch Gravitationstheorien erfaßt werden, in denen der Raum nicht nur einer

24 Vgl. A. Einstein, Grundzüge der Relativitätstheorie, a. a. O., S. 28.
25 Vgl. ebenda, S. 58f.
26 Vgl. ebenda, S. 60.
27 Vgl. A. Einstein, Über die spezielle und allgemeine Relativitätstheorie, a. a. O., S. 79.
28 Brief Einsteins an E. Mach vom 25. 6. 1913, zitiert bei H. Hönl, Das Machsche Prinzip und seine Beziehung zur Gravitationstheorie Einsteins, in: Entstehung, Entwicklung und Perspektiven der Einsteinschen Gravitationstheorie, Berlin 1966, S. 244.
29 Vgl. H.-J. Treder, Die Relativität der Trägheit, Berlin 1972.

Riemannschen Krümmung unterworfen ist, sondern zusätzlich noch einer Torsion unterliegt.[30]

— In den Diskussionen mit M. Abraham, F. Kottler, P. Lenard, E. Reichenbächer, E. Kretschmann u. a. zum allgemeinen Relativitätsprinzip präzisierte Einstein seine Aussagen.[31] Gegenüber dem Trivialitätsvorwurf hinsichtlich der allgemeinen Kovarianzforderung stellte er fest, daß es zwar richtig sei, daß jedes physikalisch sinnvolle Gleichungssystem prinzipiell einer kovarianten Formulierung zugänglich sei, es jedoch Gleichungssysteme gäbe, die „auf wesentlich einfachere Weise in eine kovariante Darstellung gebracht werden könnten als andere". Zum anderen sei „der entscheidende Inhalt der Allgemeinen Relativitätstheorie nicht im Kovarianzprinzip, sondern im Äquivalenzprinzip enthalten . . . Das Kovarianzprinzip ist für Einstein jetzt nur ein mathematisches Hilfsmittel, das Äquivalenzprinzip konsistent zu formulieren."[32] Des weiteren hob er hervor, daß mit der Kombination von Kovarianz und Äquivalenzprinzip das Machsche Prinzip der Relativität der Trägheit noch nicht erfaßt sei. In diesen Präzisierungen kommt zum Ausdruck, daß das Relativitätsprinzip — verstanden als Kovarianzprinzip — für sich allein noch keinen physikalischen Sinn hat. Erst im Zusammenhang mit einem als universell anzusehenden physikalischen Sachverhalt (z. B. Konstanz der Lichtgeschwindigkeit, Äquivalenz von träger und schwerer Masse) erhält es einen physikalischen Inhalt. Es ist eine Forderung an den mathematischen Apparat und bringt solche philosophisch-weltanschauliche Überzeugungen zum Ausdruck, wie die, daß es einheitliche Grundlagen für die physikalischen Erscheinungen gibt, daß die physikalischen Gesetze objektiven Charakter tragen und etwas von ihrer zufälligen Erscheinungsform Unabhängiges besitzen, und schließlich, daß diese Einheit der physikalischen Gesetze sich in ihrer Einfachheit ausdrückt, daß die adäquateste Widerspiegelung der Realität die einfachste sei.

Der Vergleich der Deutungsversuche des Relativitätsprinzips in der marxistischen philosophischen Literatur und der Einsteinschen Intentionen (der hier nur skizzenhaft und fragmentarisch vorgenommen werden konnte) zeigt, daß die wichtigsten Überlegungen Einsteins reflektiert und ergänzende Interpretationen gemacht werden. Dennoch befindet sich die philosophische Aufarbeitung der Problematik des Relativitätsprinzips erst am Anfang.

30 Vgl. C. Møller, On the Crisis in the Theory of Gravitation and a possible Solution, København 1978.

31 Vgl. H.-J. Treder, Die ersten Kritiker des allgemeinen Relativitätsprinzips (Von Abraham bis Kretschmann), in: Philosophische Probleme des physikalischen Raumes, a. a. O., S. 265—280, insbes. 277f. Siehe auch E. Schmutzer, Relativitätstheorie — allgemeinverständlich. Ein Beitrag zur Einheit der Physik, Leipzig 1979.

32 H.-J. Treder, Die ersten Kritiker des allgemeinen Relativitätsprinzips (Von Abraham bis Kretschmann), in: Philosophische Probleme des physikalischen Raumes, a. a. O., S. 277.

Ein wichtiger Aspekt, unter dem das Relativitätsprinzip weiter analysiert werden muß, ist der des *dialektischen Determinismus* und hier insbesondere die *Gesetzesproblematik*. Die Invarianz- oder Kovarianzforderung wird oft im Sinne der Charakteristik des objektiven Gesetzes als eines wiederholbaren oder allgemeingültigen Zusammenhanges verstanden. Einstein verband die Invarianzforderung des Relativitätsprinzips mit dem Gedanken der Objektivität physikalischer Gesetzesformulierungen. Im Schlußwort zu dem Sammelband „Albert Einstein als Philosoph und Naturforscher" drückte er dies wie folgt aus:

Zunächst sei es an sich klar, daß jede Aussage einer physikalischen Theorie — im Rahmen der Begriffswelt dieser Theorie — den Anspruch auf „objektive Bedeutung" erhebe. Problematisch werde es jedoch, wenn es verschiedene, physikalisch gleichberechtigte Beschreibungsweisen eines Sachverhalts gäbe. Dann könne man den einzelnen Größen, z. B. der x-Komponente der Geschwindigkeit oder der x-Koordinate, „keine volle objektive Bedeutung" zuschreiben. Da es in der Physik stets mehrere Beschreibungsweisen eines Sachverhalts gibt, „müssen wir uns darauf beschränken, den allgemeinen Gesetzen der Theorie objektive Bedeutung zuzuschreiben". Die „allgemeinen Gesetze der Theorie" sind diejenigen Zusammenhänge, deren Form gegenüber den entsprechenden raumzeitlichen Transformationen invariant ist. Mit der Existenz verschiedener Beschreibungsmöglichkeiten physikalischer Sachverhalte, die in letzter Konsequenz auf die Existenz objektiv-realer Relativität (z. B. das Fehlen eines absoluten Bezugssystems zurückzuführen ist, werden wir somit nach Einstein zu der beschriebenen „Verfeinerung des Objektivitätsbegriffs" gezwungen.[33]

Nun hat Einstein aber andererseits auch die Objektivität des Relativen hervorgehoben.[34] In der Beantwortung der Frage nach der Realität der relativistischen Effekte betonte er, daß es keinen Sinn habe, Größen, je nachdem sie vom Koordinatensystem unabhängig oder abhängig sind, als „reale" beziehungsweise „nichtreale" Größen einzustufen. Schon nach klassisch-physikalischen Überlegungen wird nicht auf diese Weise verfahren, wenn man beispielsweise einem in einem fahrenden Zug liegenden Gegenstand in bezug zum Bahndamm eine von Null verschiedene kinetische Energie zuschreibt, hinsichtlich des Zuges selbst den Ausdruck für die kinetische Energie aber gleich Null setzt. Gleiches trifft auf die Trajektorien eines fallenden Gegenstandes hinsichtlich Zug und Bahndamm zu. Selbstverständlich haben hier die relativen Größen eine objektive Bedeutung, sagen etwas über die Wirklichkeit aus.

33 A. Einstein, Bemerkungen zu den in diesem Band vereinigten Arbeiten, in: Albert Einstein als Philosoph und Naturforscher, Hrsg.: H. P. Schilpp, Stuttgart 1955, S. 505.

34 Vgl. A. Einstein, Dialog über Einwände gegen die Relativitätstheorie, in: Naturwissenschaften, 1926, S. 697—702.

Auch wenn man eine gewisse Ambivalenz des Einsteinschen Sprachgebrauchs berücksichtigt,[35] muß man dennoch feststellen, daß Einsteins Herangehen an die Lösung des Problems der Objektivität physikalischer Aussagen im Zusammenhang mit der Invarianzproblematik nicht widerspruchsfrei ist. Die *Einsteinsche Deutung des Relativitätsprinzips*, die letztlich auf eine *Gleichsetzung von Invariantem und Objektivem* hinausläuft, erweist sich als eine Fehlinterpretation. Letztere hat allerdings der Wirksamkeit des Relativitätsprinzips keinen Abbruch getan, eher dem erfolgreichen Fortgang der methodologischen Diskussionen. Das In- oder Kovariante ist nicht mit der Objektivität von Gesetzen gleichzusetzen. Es repräsentiert einen anderen Aspekt des Gesetzes, nämlich das *Wesentliche*, das beim Wechsel der Erscheinungsformen erhalten, eben invariant bleibt. Die Erscheinungsformen sind ebenso objektiv wie das Wesen, das in ihnen erscheint.

Da das Relativitätsprinzip sich auf die physikalischen Gesetzesformulierungen bezieht, steht es in letzter Konsequenz mit allen Aspekten des Gesetzes in Beziehung. Der Wesensaspekt spielt jedoch eine entscheidende Rolle; die anderen Bestimmungen des objektiven Gesetzes sind gewissermaßen als selbstverständlich vorausgesetzt. Die große heuristische Wirkung, die „Spürkraft" des Relativitätsprinzips ergibt sich 1. aus der Orientierung auf die Aufdeckung des Wesens in den Erscheinungen, 2. aus der Einsicht in die gegenseitige Bedingtheit der wesentlichen Parameter physikalischer Vorgänge — oder anders: ihrer Relativität — und 3. aus einer spezifischen Ausrichtung der Suche nach Wesen und Bedingtheit der physikalischen Vorgänge, nämlich unter dem Gesichtspunkt des Wechsels des Bewegungszustandes (repräsentiert durch den Wechsel des Bezugssystems), unter dem die Vorgänge ablaufen.

Mitunter wird versucht nachzuweisen, daß das Wesen der Relativitätstheorie nicht das Aufzeigen der Relativität von Raum und Zeit sei, sondern in der Erkenntnis bestünde, daß Raum und Zeit „nur Aspekte der einheitlichen absoluten Existenzform der Materie — der Raum-Zeit — darstellen"; das Relativitätsprinzip solle besser „Postulat der absoluten Welt" genannt werden.[36] Gegenüber diesem Standpunkt ist hervorzuheben, daß die „dialektische Beziehung zwischen Relativem und Absolutem . . . gerade darin" besteht, „daß es keine Materieart und Materieform gibt, die bedingungslos existiert, wir aber bei der Erkenntnis der Relativität uns der absoluten Wahrheit in dem Sinne nähern, daß wir das Wesen immer höherer Ordnung der materiellen Prozesse erkennen, die

35 Vor allem den vielfältigen Sprachgebrauch der Termini „Realität" und „Relativität" bei Einstein hat P. S. Dyšlevyj analysiert. — Vgl. P. S. Dyšlevyj, Materialističeskaja dialektika i fizičeskij reljativizm, a. a. O.

36 A. D. Alexandrov, Philosophischer Gehalt und physikalische Bedeutung der Relativitätstheorie, in: Philosophische Probleme der Naturwissenschaft, Berlin 1962, S. 83.

selbst keine absolute Struktur besitzen".[37] Erkenntnis der objektiven Relativitäten heißt tieferes Eindringen in die gegenseitige Bedingtheit der Dinge, Eigenschaften und Beziehungen der materiellen Welt. Dem widerspricht nicht, daß das Relativitätsprinzip auf die Aufdeckung invarianter Zusammenhänge orientiert. Einerseits geht es um das Wesen und damit um die Invarianz in den gegenseitigen Bedingtheiten der Dinge und Eigenschaften; zum anderen gelten bestimmte Invarianzen jeweils für bestimmte Klassen von Bedingungen. Man könnte sie somit als „relative Absoluta" bezeichnen. Sie charakterisieren das Wesen der unter diesen Bedingungen ablaufenden Prozesse oder existierenden Objekte. Beim Übergang zu anderen Klassen von physikalischen Objekten, Wechselwirkungstypen oder Strukturniveaus treten andere Invarianzen auf.

2. Dialektik von Kontinuität und Diskontinuität in der Quantentheorie

Die gesamte Quantentheorie ist eine Konsequenz aus der Tatsache, daß — entgegen der philosophischen Auffassung, derzufolge die Natur keine Sprünge mache (Leibniz) — die Energie und die Wirkung diskontinuierliche physikalische Größen sind. Nur in der klassischen Näherung kann man das von Planck in die Physik eingeführte elementare Wirkungsquantum h vernachlässigen und diskontinuierliche Größen als kontinuierliche behandeln. Die Folgen dieses inzwischen physikalisch feststehenden Sachverhaltes waren erst in einem außerordentlich kompliziert verlaufenden Forschungsprozeß aufzuklären. In diesem die Physikentwicklung revolutionierenden Prozeß hat es sowohl Kontinuität als auch Diskontinuität in der Theorienentwicklung gegeben. Auf jeder der wesentlichsten Stufen dieses tieferen physikalischen Eindringens in bestimmte Momente der Dialektik der Natur wurden wichtige weltanschauliche, erkenntnistheoretische und methodologische Fragen aufgeworfen. Die Dialektik von Kontinuität und Diskontinuität hat in der Quantentheorie als objektive Dialektik innerhalb des Objektbereichs der Theorie Bedeutung, wird auf der Ebene der ausgearbeiteten Theorie als subjektive Dialektik widergespiegelt und findet auch in der Dialektik des Erkenntnisprozesses seinen Niederschlag, der zur Herausbildung der Quantentheorie und ihrer weiteren Entwicklung geführt hat.

37 H. Hörz, Materiestruktur, Berlin 1971, S. 302.

2.1. Philosophisch-weltanschaulicher Hintergrund der Planckschen Hypothese vom Wirkungsquantum

In der umfangreichen Literatur zur Geschichte der Planckschen Entdeckung wird Plancks Hypothese von der Quantelung der Energie, erstmalig in seinem berühmten Vortrag vom 14. Dezember 1900 geäußert, oft als innerphysikalischer „Sachzwang" geschildert.[38] Dabei wird der philosophisch-weltanschauliche Hintergrund dieses wichtigen Schrittes bei der Herausbildung der Grundlagen der modernen Physik in Übereinstimmung mit positivistischen Überzeugungen zumeist ausgespart. Analysiert man dagegen die Geschichte der Planckschen Hypothese ohne positivistische Vorurteile, wird schnell kar, daß die Auseinandersetzungen um den philosophischen Materialismus und um Grundprobleme der Dialektik des Erkenntnisprozesses nicht folgenlos für Plancks Arbeiten geblieben sind.[39]

Plancks Entwicklung bis zum Jahre 1900 und seine darüber später angestellten Reflexionen zeigen, daß sich der durchschlagende physikalische Erfolg in der Theorie der Hohlraumstrahlung eingestellt hat, als er Machs erkenntnistheoretische Positionen verlassen hatte und zum Mitstreiter Boltzmanns bei der Verteidigung des Materialismus geworden war.

Solange er lediglich versuchte, die phänomenologische Thermodynamik und die Maxwellsche Elektrodynamik miteinander zu verbinden, blieb es relativ belanglos, ob er mit Mach die Überzeugung teilte, daß die Atomhypothese im Prinzip überflüssiges Beiwerk in einigen Berechnungen makrophysikalischer Eigenschaften sei, oder mit Boltzmann die Atomhypothese für einen unverzichtbaren Bestandteil physikalischer Naturerklärung hielt. Auf der Grundlage der beobachteten Abweichungen vom Wienschen Strahlungsgesetz gelang es ihm, im Oktober 1900 eine neue Formel zu finden, die sich in allen späteren Überprüfungen als richtig erwies. Sie hatte lediglich den Nachteil, im Rahmen des vorhandenen Theoriegebäudes unverständlich zu sein. „Eine theoretische Deutung mußte . . . um jeden Preis gefunden werden, und wäre er noch so hoch", schrieb Planck im Brief an Woods 1931 rückblickend.[40]

Die Klarheit dieser Äußerung ist vielleicht der historischen Distanz geschuldet, die viel dazu beigetragen hat, die relative Eigenständigkeit der Theorieentwicklung deutlich werden zu lassen. Kein Zweifel aber besteht daran, daß Planck zwischen Oktober und Dezember des Jahres 1900 bereits weit entfernt von den metaphysischen Positionen des Machschen Empirismus war. Vor allem war es Planck

38 Vgl. A. Hermann, Frühgeschichte der Quantentheorie, Mosbach 1969, S. 24.
39 Vgl. U. Röseberg, Quantenmechanik und Philosophie, Berlin 1978.
40 M. Planck, Brief an Woods vom 7. 10. 1931, in: Sources for History of Quantum Physics (SHQP), Mf 66,5, Niels-Bohr-Archiv, Kopenhagen.

damals gelungen, wesentlich tiefer in den *dialektischen Zusammenhang von Beobachtung und Theorie* einzudringen, als das Mach je vermochte.

Noch 1905 stellte für Mach die Beobachtung eine „Anpassung der *Gedanken* an die *Tatsachen*" und die Theorie eine „Anpassung der *Gedanken aneinander*" dar.[41] Das Fundament des Erkenntnisfortschritts erblickte er einseitig in der metaphysisch von der Theorie getrennten Beobachtung. Die Theorie war in jedem Falle das von der Beobachtung Abgeleitete. Ihrer Entfaltung kam nur ein ganz geringer Freiraum zu: „Die Erfahrung wächst durch fortschreitende Anpassung der Gedanken an die Tatsachen. Durch Anpassung der Gedanken aneinander entsteht das übersichtlich geordnete, vereinfachte, widerspruchslose Gedankensystem, welches uns als *Ideal der Wissenschaft* vorschwebt."[42] Seinem „Prinzip der Denkökonomie" entsprach es, Lücken in der Erfahrung lediglich mit Vorstellungen auszufüllen, die sich kontinuierlich an bisherige Erfahrungen anschlossen. Qualitative Sprünge in der Natur, Diskontinuitäten in den theoretischen Vorstellungen, revolutionäre Neuerungen im Fundament des Theoriengebäudes der Physik waren damit faktisch ausgeschlossen. Atome konnten für Mach nicht existieren, weil sie so sehr den Erfahrungen der Makrophysik widersprachen.[43] Auf der Ebene der Mikrophysik auf physikalische Eigenschaften zu treffen, die in der Makrophysik unbekannt waren, schloß der Empirismus Machs aus. Die metaphysische erkenntnistheoretische Position schlug an dieser Stelle in Idealismus um. Die Theorie sollte demnach festlegen, welche Objekte es tatsächlich gibt und welche nicht.

Hätte Planck konsequent empiristisch argumentiert, so hätte er eine theoretische Erklärung seiner neuen Strahlungsformel nur in Übereinstimmung mit bewährten Auffassungen geben können. Die Boltzmannsche Statistik, die die Existenz von Atomen voraussetzt, hätte er wegen seiner Überzeugung, daß es „absolute Naturgesetze" gibt und dies Gesetze vom Typ der klassischen Mechanik seien, niemals ernsthaft in Erwägung ziehen können. Es gab für ihn aber keinen Zweifel daran, daß eine *theoretische* Deutung der neuen Formel gefunden werden mußte. Die physikalische Forschung konnte nach seiner festen Überzeugung unmöglich bei einer phänomenologischen Formel stehenbleiben. Auch Planck war „bedenklichen Abenteuern abgeneigt"[44]. Wenn aber Hypothesen ausgeschlossen waren, die sich kontinuierlich an die bisherigen Vorstellungen anschlossen, mußte man gewissermaßen in einem „Akt der Verzweiflung"[45] auch

41 E. Mach, Erkenntnis und Irrtum, 4. Aufl., Darmstadt 1968, S. 164.

42 Ebenda, S. 20.

43 Vgl. E. Mach, Die Mechanik in ihrer Entwicklung, Leipzig 1921 (1. Aufl. 1883), S. 466; E. Mach, Die Principien der Wärmelehre, Leipzig 1900, S. 429ff.

44 M. Planck, Brief an Woods vom 7. 10. 1931, in: Sources for History of Quantum Physics (SHQP), Mf 66,5 Niels-Bohr-Archiv, Kopenhagen.

45 Ebenda.

völlig neue Möglichkeiten in Betracht ziehen. Ein solcher Gedankengang läßt sich innerhalb eines empiristischen Konzepts niemals begründen. Aber gerade dieses Vorgehen brachte den Erfolg. Es gab keine Schwierigkeiten mit dem Verständnis der Planckschen Strahlungsformel mehr, wenn man das Gleichgewichtsproblem statistisch behandelte und dabei annahm, daß die Energie der Strahlung (bei Planck zunächst der Oszillatoren) nicht beliebige Werte haben kann, sondern immer in Portionen der Größe

$$\varepsilon = h\nu$$

vorliegt, wobei h das Wirkungsquantum und ν die Schwingungsfrequenz sind.

Die Energiequantelung schloß sich ebensowenig kontinuierlich an bisherige physikalische Vorstellungen an wie die Atomhypothese. Planck konnte die Methode Boltzmanns nur dann anwenden, wenn er von konsequent atomistischen Voraussetzungen ausging. Damit wurde der bereits in der statistischen Begründung des 2. Hauptsatzes der Wärmelehre in der klassischen Physik auftauchende Gedanke von der Strukturiertheit der Materie und von der *relativen Eigengesetzlichkeit* der Phänomene auf *verschiedenen materiellen Strukturebenen* weiter vertieft. Erst wenn man die physikalischen Folgen des Planckschen Ansatzes kennt, kann man die Tragweite dieses Schrittes zu einer adäquateren Widerspiegelung der Naturdialektik innerhalb physikalischer Theorien voll ermessen.

Vergleicht man Plancks erkenntnistheoretisch-methodologische Ausführungen mit denen Boltzmanns, so wird deutlich, daß Boltzmann noch tiefer in die Dialektik des Erkenntnisprozesses eingedrungen war, als das Planck vermochte. Plancks an Boltzmann orientiertes materialistisches Vorgehen, die Nutzung wahrscheinlichkeitstheoretisch begründbarer statistischer Verfahren und die Einsicht in dialektische Vermittlungen zwischen der experimentellen und der theoretischen Forschung auf materialistischer Grundlage gehören aber zweifelsohne zu den philosophischen Voraussetzungen seiner wegweisenden Entdeckung. Die metaphysischen Positionen Machs zur Grundlage des physikalischen Vorgehens in der Forschung genommen, hätten zwar Fortschritte bei der Lösung des Problems der Hohlraumstrahlung ermöglicht (Plancksche Strahlungsformel — Oktober 1900), hätten aber die Lösung dieses speziellen Problems nicht zum Ausgangspunkt einer revolutionären Wende in der Entwicklung der Physik werden lassen (Plancksche Quantenhypothese — Dezember 1900).

2.2. Die Unmöglichkeit, das Plancksche Wirkungsquantum widerspruchsfrei in die klassische Physik einzuführen

Planck selbst hatte mit seiner Hypothese keine revolutionäre Veränderung im Theoriengebäude der Physik angestrebt. Er war davon ausgegangen, daß es möglich sein müsse, die formal eingeführte Annahme von der Energiequantelung *innerhalb* der *klassischen* Physik irgendwie zu rechtfertigen. Er hielt sie auch zunächst nur für eine auf ein spezielles Problem begrenzte Annahme und wandte sich ziemlich schroff gegen frühe Versuche, mit dieser Annahme in anderen Bereichen der physikalischen Forschung zu arbeiten.

Das hatte als erster Einstein mit seiner Lichtquantenhypothese (1905/6) getan.[46] Ausgehend von einer Analyse der Planckschen Theorie der Hohlraumstrahlung kam er zu der Überzeugung, daß bei allen mit der Erzeugung und Verwandlung von Licht verbundenen Phänomenen die Annahme berechtigt sei, derzufolge sich Licht im Raum diskret, in nichtteilbaren Portionen $h\nu$ ausbreitet. Damit belebte er aufs Neue die zeitweilig unter dem Eindruck des Erfolges der Wellentheorie verstummte Auseinandersetzung um den Charakter des Lichts. Für Einstein war die so erfolgreiche Wellenauffassung eine makrophysikalische Näherung (die Maxwellschen Gleichungen galten ihm nur für die zeitlichen Mittelwerte der in ihnen vorkommenden physikalischen Größen), während die so lange schon verfemte Korpuskelauffassung nun deren mikrophysikalische Grundlage sein sollte. Die komplizierten Beziehungen der phänomenologischen Thermodynamik und der klassischen Mechanik sollten ihr Analogon in der Theorie des Lichts haben. Das scheinbar Unvereinbare — *Welle und Korpuskel* — mußte nicht unbedingt unvereinbar bleiben. Bis zu dem im Rahmen des Weltbildes der klassischen Physik völlig abwegigen Gedanken einer wahrhaft dualistischen Ergänzung von Wellen- und Korpuskelcharakter beim Licht war es aber noch ein weiter Weg.

Einstein war sich der hypothetischen Natur seines Versuchs, den Photoeffekt theoretisch zu deuten, durchaus im klaren. Von einer experimentellen Bestätigung seiner Theorie konnte man erst 1915/1916 sprechen. Ein weiteres Mal war die Theorie der experimentellen Forschung weit vorausgeeilt. Nicht zuletzt die Einsteinschen Arbeiten zur Quantentheorie des Lichts veranlaßten Planck, erneut über die Berechtigung seiner fundamentalen Hypothese nachzudenken. In einem qualvollen Prozeß gelangte er schließlich 1914 dazu, seine Quantenhypothese zurückzunehmen. Es war weder ihm noch anderen gelungen, diese Hypothese widerspruchsfrei in das Theoriengebäude der klassischen Physik einzuführen. Dies aber schien ihm angesichts der überwältigenden Erfolge, die die klassische Physik verbuchen konnte, unabdingbar zu sein. Die im Widerspruch zu Plancks tatsächlichem Vorgehen bei der Formulierung der Quantenhypothese stehende methodologische Maxime „an der bisherigen Theorie nur solche Ände-

46 Vgl. A. Einstein, Über einen die Erzeugung und Verwandlung des Lichtes betreffenden heuristischen Gesichtspunkt (1905), in: D. ter Haar, Quantentheorie, Einführung und Originaltexte, Berlin 1970, S. 118ff.; A. Einstein, Zur Theorie der Lichterzeugung und Lichtabsorption, in: Annalen der Physik (Leipzig), 1906, S. 199ff.

rungen zu treffen, die sich als absolut notwendig herausgestellt haben"[47], hinderte inzwischen sein Verständnis der entscheidenden neuen quantentheoretischen Erkenntnisse. Der Plancksche Quantenansatz selbst war noch nicht ausreichend theoretisch begründbar. Bei der Untersuchung seiner Konsequenzen mußte vieles erst ausprobiert werden. Begründungsfragen können sinnvollerweise für eine im Detail funktionierende Theorie aufgeworfen und angegangen werden. Mit der Quantenhypothese aber lag noch kein geschlossener Theorieansatz, sondern erst ein theoretisches Problem vor.

Dieses Problem verschärft sich zusehends. Das wurde zunächst in der Theorie der spezifischen Wärme fester Körper deutlich. Einstein, Debye, Born und Karman gelang es in relativ kurzer Zeit, diese Theorie quantentheoretisch so abzuändern, daß sie zu Ergebnissen führte, die sich nicht länger im Widerspruch mit den experimentell ermittelten Größen befanden. Unter den führenden Theoretikern und Experimentatoren der damaligen Zeit wuchs das Bewußtsein, daß eine Reihe schwerwiegender physikalischer Probleme nur noch durch grundsätzliche Veränderungen im Theoriengebäude der Physik zu lösen waren. Die Spezielle Relativitätstheorie erleichterte diesen Gedanken der Notwendigkeit weiterer revolutionärer Änderungen. Der 1. Solvay-Kongreß im Jahre 1911 beschäftigte sich vor allem mit den damals absehbaren Konsequenzen der Planckschen Quantenhypothese.

In den darauffolgenden Jahren rückten Probleme der Quantentheorie in verschiedenen Bereichen der Physik in den Mittelpunkt des Interesses. Dabei ging es vor allem um die Erarbeitung wichtiger mathematisch-technischer Details der Theorie und um weitere experimentelle Bestätigungen der Möglichkeiten quantentheoretischer Behandlung physikalischer Probleme. Die damit aufgeworfenen philosophischen Fragen waren jetzt vorübergehend von untergeordneter Bedeutung. Es wurde von den Physikern vor allem gefragt, wie weit man mit quantentheoretischen Ansätzen kommt und wie der Übergang von der klassischen Behandlung physikalischer Phänomene zu deren quantentheoretischer Berechnung zu erfolgen habe.

Die Schlacht um den Atomismus und die materialistischen Grundpositionen zur Erklärung mikrophysikalischer Phänomene war durch eine Fülle experimenteller und theoretischer Resultate erfolgreich geschlagen, obwohl Mach und wenige seiner Anhänger weiterhin Rückzugsgefechte lieferten. Die Gefahren des Empirismus waren allerdings keineswegs von allen Physikern erkannt. Das sollte sich in den Diskussionen um die Begründung eines konsequent quantenmechanischen Ansatzes zeigen.

Die Notwendigkeit der quantentheoretischen Umformulierung der vom mecha-

47 M. Planck, Zur Theorie der Wärmestrahlung (1910), in: M. Planck, Physikalische Abhandlungen und Vorträge, Bd. 2, Braunschweig 1958, S. 247.

nischen Materialismus für unumstößlich gehaltenen klassischen Mechanik ergab sich vor allem aus der Entwicklung der Atomtheorie. Auf der Grundlage eines gesicherten Atomismus interessierten sich die Physiker zunehmend für die Beschaffenheit der Atome. Eine wichtige Rolle spielte dabei das im Anschluß an Rutherford entwickelte *Bohr-Sommerfeldsche Atommodell*, das beginnend mit einer Arbeit von Bohr ab 1913 immer weiter ausgestaltet wurde und schließlich die Leistungsgrenzen quasiklassischer Näherungen in der Mikrophysik nachhaltig demonstriert hat. Mit der Korpuskeltheorie des Lichtes, der Quantentheorie der spezifischen Wärme der festen Körper und anderen theoretischen Erkenntnissen zählt es heute zu den definitiven Beweisen der Unmöglichkeit, das Plancksche Wirkungsquantum widerspruchsfrei in die klassische Physik einzuführen.

Das Bohr-Sommerfeldsche Atommodell geht von der Gültigkeit der klassischen Mechanik (Bahnen der Elektronen) und der Maxwellschen Elektrodynamik (Strahlung) aus, muß aber, um die Stabilität der Elektronenbahnen zu gewährleisten, quantentheoretische Bedingungen einführen, die der klassischen Physik widersprechen. Im Rahmen *eines* Modells sind also einander widersprechende Annahmen vorhanden. Damit wird zugleich die Frage nach der Endgültigkeit eines solchen Modells gestellt. Nach der bis dahin in der Physik üblichen Auffassung konnte ein solches Modell lediglich ein Durchgangsstadium auf dem Wege zu einem vollkommneren sein.

Für den Dialektiker konnte sich nun die Frage ergeben, ob diese Widersprüchlichkeit innerhalb des *Modells* auch jene Widersprüchlichkeit des *Objektes* zum Ausdruck bringt, die Hegel in den Kantischen Antinomien vermißt hatte. Hegel hatte Kant dafür kritisiert, daß seine Antinomien in der Vernunft, nicht aber in den Objekten selbst angesiedelt waren.[48] Eine solche mögliche Fragestellung ist von der weiteren Physikentwicklung beantwortet worden. Es hat sich gezeigt, daß das Bohr-Sommerfeldsche Modell zwar eine gute erste Näherung innerhalb der Atomtheorie war, aber keineswegs ausreichte, um die Vielfalt atomphysikalischer Gesetzmäßigkeiten schon adäquat zu erfassen.

Bohr war sich bei der ersten Formulierung des neuen quantentheoretischen Atommodells durchaus der darin enthaltenen Widersprüche bewußt. Einigen neopositivistisch orientierten Wissenschaftsphilosophen erscheint die so eingeleitete Entwicklung mit I. Lakatos inzwischen als eine „beispiellose Niveausenkung kritischer Maßstäbe für wissenschaftliche Theorien“[49]. Tatsächlich wurde

48 Vgl. G. W. F. Hegel, Vorlesungen über die Geschichte der Philosophie, Dritter Band, Leipzig 1971, S. 514.

49 I. Lakatos, Falsifikation und die Methodologie wissenschaftlicher Forschungsprogramme, in: Kritik und Erkenntnisforschung, Hrsg.: I. Lakatos/A. Musgrave, Braunschweig 1974, S. 141.

das Bohrsche Atommodell entgegen der in der positivistischen Wissenschaftsphilosophie zur Normierung wissenschaftlichen Vorgehens benutzten Forderung der Widerspruchsfreiheit theoretischer Systeme entwickelt. Eine solche Forderung hätte einen theoretischen Ansatz verhindert, dessen konsequente Ausgestaltung erst zu den wegweisenden Einsichten führte, *wo* eigentlich definitiv die mikrophysikalischen Grenzen der klassischen Mechanik liegen.

Auch Sommerfeld war sich der genannten Widersprüchlichkeit innerhalb des Modells bewußt. Die antipositivistische Einstellung Bohrs und Sommerfelds war also eine entscheidende methodologische Voraussetzung dieser Entwicklungsetappe der Quantentheorie. Dabei waren Bohrs geniale Intuitionen nicht zuletzt durch spontan dialektisches Denken geprägt, während die stärkere phänomenologische Orientierung Sommerfelds dem entstandenen theoretischen Problem einen weitaus geringeren Stellenwert beimaß.

Sommerfeld ging davon aus, daß die Überwindung der Widersprüche des Modells *innerhalb* des bereits vorliegenden theoretischen Rahmens selbst erfolgen könnte, während Bohr faktisch mit Beginn seiner Untersuchungen davon überzeugt war, daß ein die klassische Physik sprengender, neuer theoretischer Rahmen für die Atomphysik gefunden werden mußte. Damit lagen Ansätze zu zwei alternativen Forschungsprogrammen innerhalb eines zunächst noch einheitlichen Vorgehens vor. Mit den weiteren Erkenntnisfortschritten in der theoretischen und experimentellen Arbeit kam es zu einer stärkeren Polarisierung unterschiedlicher Erwartungen an die zukünftige Theorie. Die sich 1924/25 immer deutlicher abzeichnenden Gegensätze zwischen den Schulen in München und Kopenhagen bzw. Göttingen waren *Momente eines den physikalischen Erkenntnisprozeß vorantreibenden dialektischen Widerspruchs.*

Sommerfelds Programm testete einen in sich logisch widersprüchlichen Kompromiß zwischen der klassischen Physik und den Postulaten der vorläufigen Quantentheorie. Damit wurde versucht, mit möglichst wenig Eingriffen in die klassische Physik auszukommen. Die klassische Mechanik einschließlich ihrer relativistischen Erweiterung wurde überhaupt nicht angetastet. *Bohrs Programm* dagegen bestand in der Suche nach Alternativen zur bisherigen Physik. Dabei sollten die neuen Theorien die alten, bewährten Theorien überwinden und zugleich korrespondenzmäßig in sich bewahren. Heisenberg begann seine erfolgreichen Untersuchungen mit der Ausarbeitung einer neuen Mechanik.

Im realen Theorieentwicklungsprozeß zeigte sich, daß Bohrs Programm zum Ziel führte, aber auch Sommerfelds Programm eine Reihe von Erkenntnissen über die makrophysikalisch beobachtbaren Folgen mikrophysikalischer Prozesse erbrachte, die in der prinzipiell neuen Theorie Bestand hatten. Für die adäquate Erfassung der Gesetze der Atomphysik benötigte man tatsächlich zunächst und vor allem eine neue Mechanik, die Quantenmechanik. Die klassische Mechanik reichte auch in ihrer relativistischen Erweiterung nicht aus, wie das Sommerfeld lange geglaubt hatte. Dies konnte aber erst so eindeutig gesagt werden, nachdem die neue Mechanik ausgearbeitet vorlag und ihre Konsequenzen einigermaßen zu überblicken waren. Eine Geschichte der Quantenmechanik vom Standpunkt der Sieger wertet heute in der Regel die Überzeugungen Sommerfelds lediglich als mangelnde Einsicht in die Notwendigkeit sich anbahnender revolutionärer Umgestaltungen. Dabei aber wird gerade die *Widersprüchlichkeit* des tatsächlichen Theorieentwicklungsprozesses ahistorisch ausgeblendet; die Dialektik des Entwicklungsprozesses wird so eliminiert; man kommt zu einem metaphysischen Verständnis des real vollzogenen revolutionären Schritts innerhalb eines kompliziert verlaufenden Erkenntnisprozesses. Die Behauptung, daß ein wissenschaftliches Problem vorliegt, welches im traditionellen Rahmen (innerhalb des vorhandenen Theoriegebäudes) nicht lösbar ist, läßt sich erst begründen, wenn man diesen Rahmen (dieses Theoriegebäude) bereits gesprengt hat und in einem neuen Rahmen die Grenzen des alten zu zeigen vermag.

Eine historische, also die reale Dialektik des Erkenntnisprozesses nicht aussparende Analyse erleichtert nicht nur das Verständnis des Gesamtprozesses der Entwicklung der Quantentheorie, sondern auch das Verständnis so wichtiger Schritte, wie sie die Arbeiten von Heisenberg, Born und Jordan aus den Jahren 1925—1927 darstellen, die bekanntlich *einen* Zugang zur neuen Quantenmechanik eröffneten.

2.3. Nichtrelativistische Quantenmechanik und Subjekt-Objekt-Dialektik

Die programmatische Forderung aus Heisenbergs wegweisender Arbeit von 1925, „eine der klassischen Mechanik analoge quantentheoretische Mechanik auszubilden, in welcher nur Beziehungen zwischen beobachtbaren Größen vorkommen“[50] (Beobachtbarkeitsprinzip), erinnert stark an den im Wiener Kreis fortgeführten Empirismus Machs. Es erhebt sich die Frage, ob für diesen entscheidenden Schritt der Herausbildung der Quantenmechanik tatsächlich die antidialektische Orientierung des Positivismus zur methodischen Voraussetzung erfolgreicher physikalischer Forschungsarbeit geworden ist. Obgleich Heisenberg selbst zum Zeitpunkt dieser Arbeit zweifelsohne stärker der Machschen Tra-

50 W. Heisenberg, Über quantentheoretische Umdeutung kinematischer und mechanischer Beziehungen (1925), in: G. Ludwig, Wellenmechanik, Einführung und Originaltexte, Berlin 1969, S. 195. Diese literarisch belegte Formulierung gehörte in Göttingen bereits mehrere Monate vor der Abfassung der berühmten Heisenbergschen Arbeit zu den Selbstverständlichkeiten der weiteren physikalischen Forschungsarbeit. Siehe dazu unter anderem die Briefe von Pauli an Bohr vom 21. 2. 1924 und 21. 12. 1924, sowie von Pauli an Heisenberg vom 28. 2. 1925 (alle Bohr, Scientific Correspondence, Niels-Bohr-Archiv, Kopenhagen).

dition[51] verhaftet war als etwa Planck zum Zeitpunkt seiner bahnbrechenden Arbeit, führt die philosophische Analyse seines tatsächlichen Vorgehens auf Momente spontaner Dialektik.

Mit den Gesetzen der klassischen Physik waren Gesetze der Makrophysik bekannt. Gesucht wurden die von ihnen unterschiedenen Gesetze der Mikrophysik. Die vorliegenden empirischen Daten waren mit physikalischen Geräten festgestellte Größen makrophysikalischer Wirkungen mikrophysikalischer Erscheinungen. Um die mit diesen Geräten registrierten Daten als relevante Beobachtungsdaten ansehen zu können, mußte die Gültigkeit der Gesetze der klassischen Physik vorausgesetzt werden. Gerade diese Gesetze sollten aber von den zu findenden Gesetzen der Quantenphysik in ihrem Gültigkeitsbereich eingeschränkt werden. Einsteins Einwand gegen Heisenbergs Forderung, nur Beziehungen zwischen beobachtbaren Größen in die Theorie aufzunehmen, bestand vor allem darin, daß ohne die neue Theorie noch gar nicht entschieden werden könnte, was man eigentlich beobachtet, und ohne die Beobachtung auf der Grundlage der klassischen Theorie nicht gesagt werden konnte, wovon die neue Theorie eigentlich ausgehen soll.[52]

Heisenberg suchte nach einer Theorie, die die Stabilität der Atome und die gesetzmäßigen Beziehungen in den entsprechenden Strahlungsspektren zu erklären vermochte. Deshalb war seine Feststellung auch berechtigt, daß die Bahn von Elektronen im Atom nicht beobachtet wird. In der Wilsonschen Nebelkammer aber werden Spuren der Elektronen gesehen. Eine Theorie, die alle Phänomene makrophysikalischer Wirkungen mikrophysikalischer Ereignisse gesetzmäßig erfassen will, muß deshalb auch die Möglichkeit solcher beobachtbarer Spuren von Elektronen erklären. Das aber vermochte die neue Theorie von Heisenberg scheinbar nicht zu leisten. 1927, nachdem der neue Formalismus zum Teil ausgearbeitet vorlag, wandte sich Heisenberg dieser Frage zu. Die genaue Analyse dessen, was man eigentlich in der Wilsonschen Nebelkammer beobachtet, führte ihn auf die Unbestimmtheitsrelationen für Ort und Impuls, die besagen: Im Rahmen der Quantenmechanik ist eine Situation herstellbar, in der ein Elektron über eine Koordinate $x + \Delta x$ und eine Impulsprojektion auf die x-Achse $p_x + \Delta p_x$ verfügt, wobei für die Mittelwerte der Quadrate der Abweichung $\langle(\Delta x)^2\rangle$ und $\langle(\Delta p_x)^2\rangle$ gilt:

$$\langle(\Delta x)^2\rangle \langle(\Delta p_x)^2\rangle \geqq \frac{\hbar^2}{4}.$$

51 Heisenberg selbst betonte, daß er sich von Machs Philosophie nie besonders angezogen fühlte. Ihn hat die Art und Weise beeindruckt, wie Einstein an die Probleme herangegangen ist. Siehe dazu SHQP-Interview mit W. Heisenberg (1) vom 30. 11. 1962, S. 3f.

52 Vgl. W. Heisenberg, Der Teil und das Ganze, München 1969, S. 85ff.

Dies reicht aus, um die makrophysikalischen Bahnen zu erklären. Damit hatte nun aber die Theorie bestimmt, was eigentlich beobachtet werden kann! Es können nämlich nicht klassische Bahnen beobachtet werden, bei deren theoretischer Beschreibung Δx und Δp_x gleichzeitig beliebig klein zu halten sind. Das ist quantenmechanisch unmöglich. Die Spur der Elektronen wird von einer Kette der Wassertröpfchen markiert, deren Dimensionen wesentlich größer sind als die der Elektronen. In diesem Sinne lassen sich also die makrophysikalisch beobachtbaren Spuren der Elektronen auch quantenmechanisch erklären.

Die ursprüngliche Forderung nach Ausschluß von Beziehungen zwischen nichtbeobachtbaren Größen war also eine zum Zeitpunkt des Entwurfs der neuen physikalischen Theorie heuristisch wirksame Forderung, die nicht als Sieg des Empirismus gedeutet werden kann. Die Unbestimmtheitsrelationen zeigten sehr deutlich, daß diese Forderung in Strenge gar nicht zu realisieren ist. Der die Theorieentwicklung vorantreibende dialektische Widerspruch, daß einerseits die Theorie von der Beobachtung auszugehen hat und andererseits erst festlegt, was eigentlich beobachtet werden kann, wird in Heisenbergs späten Erinnerungen an die Entwicklung der Quantenmechanik zwar reflektiert, nicht aber als dialektisch widersprüchliches Moment des real abgelaufenen Erkenntnisprozesses explizit angesprochen. Heisenberg ist also ähnlich vielen anderen Physikern in dieser Frage nicht zum philosophischen Bewußtsein über sein eigenes, dialektisch-widersprüchliches Vorgehen vorgedrungen.

Auf dem Wege zum erfolgreichen Heisenbergschen Ansatz von 1925 ist unbedingt noch ein weiteres Moment der Dialektik des Erkenntnisprozesses festzuhalten, das auch in den gegenwärtigen Analysen der Beziehungen von klassischer Mechanik und Quantenmechanik eine große Rolle spielt. Es handelt sich um den von Bohr zum physikalischen Prinzip verschärften Gedanken der *Korrespondenz*. Von diesem Gedanken hatte sich auch Einstein in seinen Überlegungen zur Speziellen und Allgemeinen Relativitätstheorie und zur neuen Gravitationstheorie leiten lassen. In der Forderung des korrespondenzmäßigen Anschlusses einer neuen, allgemeineren Theorie an eine ältere, bewährte Theorie findet vom Standpunkt einer dialektisch-materialistischen Abbildtheorie die Dialektik von absoluter und relativer Wahrheit bei der Erkenntnis der objektiven Wahrheit ihren methodologisch faßbaren Ausdruck. Die gesuchte neue Theorie bewahrt die alte in sich auf. Die Theorie, von der man ausgeht, wird damit als ein Moment der stufenweisen Näherung an die objektive Wahrheit ausgewiesen. Der weitere Theorienfortschritt führt aber keinesfalls dazu, die bewährte Theorie völlig zu negieren.

Bei der Entwicklung der Quantenmechanik kam es auf die spezielle Formulierung dieses Korrespondenzgedankens in Form eines physikalischen Prinzips an. Bohr drückte bereits in seiner ersten Fassung dieses Prinzips (1920) die

Überzeugung aus, daß man sich bei der Suche nach der neuen Theorie von Analogien zur bekannten Theorie leiten lassen kann. Die Verschärfung des Korrespondenzprinzips (Bohr, Heisenberg) präzisierte dann die Vorstellung von den Analogien zwischen der zu suchenden Quantenmechanik und der klassischen Mechanik.

Die klassische Mechanik wurde also erneut Orientierungspunkt der physikalischen Forschung, obgleich es gerade darum ging, eine Theorie zu finden, die geeignet war, im Bereich der Mikroobjekte die vermutlich nicht anwendbare Newtonsche Mechanik abzulösen. Auf diesem Wege wurde tatsächlich die neue Mechanik gefunden, deren fundamentale Unterschiede zur bisherigen Mechanik dann die der Dialektik unkundigen Physiker zwischen der Überbetonung des Neuen und dessen Unterschätzung schwanken ließ. Es kam zu Wertungen, in denen das diskontinuierliche oder das kontinuierliche Element des Theorieentwicklungsprozesses überschätzt wurden. Vor einer ausgewogenen dialektischen Einschätzung kontinuierlicher und diskontinuierlicher Momente des konkreten Theorientwicklungsprozesses liegen heute noch einige im Zusammenhang mit der Vollständigkeitsproblematik und der Theorie des Meßprozesses teilweise ungelöste physikalische Fragen über den Zusammenhang von klassischer Mechanik und Quantenmechanik.

Die frühen dialektisch-materialistischen Einschätzungen dieses Prozesses sahen sich nicht zuletzt mit einer Reihe unzulänglicher Formulierungen in den physikalischen Originalarbeiten der 20er Jahre konfrontiert. Das Neue der Theorie wurde zunächst teilweise noch in der alten Sprache ausgedrückt. Bohr war sich dieses Problems voll bewußt und strebte eine Lösung mit der Formulierung seines *Komplementaritätsprinzips* an. Heisenberg wurde dieser Sachverhalt erst *nach* der Publikation seiner die Unbestimmtheitsrelationen enthaltenden Arbeit von 1927 klar. Bohr stellte die Aufgabe, Definitionsmöglichkeiten und Beobachtungsmöglichkeiten unterschiedlicher Größen sorgfältig abzuwägen und die Widerspruchsfreiheit der Theorie dadurch zu gewährleisten, daß man sich verdeutlichte: Bei bestimmten Größen (wie beispielsweise bei Ort und Impuls) beeinträchtigen sich die Definitions- und Beobachtungsmöglichkeiten im Gegensatz zur klassischen Physik wechselseitig. Damit wurde für Bohr die Dialektik des Erkenntnisprozesses in einem Prinzip aufgehoben, das zugleich die dialektische Widersprüchlichkeit physikalischer Objekte in einer Weise widerspiegelt, wie das bis dahin in der Physik unbekannt war.

Das Komplementaritätsprinzip wurde und wird immer wieder im Zusammenhang mit dem von de Broglie 1923 hypothetisch eingeführten *Welle-Teilchen-Dualismus* zusammengebracht, ist aber keineswegs darauf beschränkt. Ausgehend von Einsteins Lichtquantenhypothese schrieb de Broglie nicht nur dem Licht Teilchencharakter zu. Er ging davon aus, daß auch alle Teilchen Wellencharakter haben. Nach der bald erfolgenden experimentellen Bestätigung dieser

Hypothese wurde eine Entscheidung „Welle oder Teilchen?", wie sie dem Denken in metaphysischen Alternativen eigen war, zunehmend schwerer. Gefragt blieb lediglich, ob es sich um eine tatsächliche Symmetrie von Wellen- und Teilcheneigenschaften handelt, was der Wellencharakter der Teilchen bzw. der Teilchencharakter der Wellen bedeutet, und ob es danach überhaupt noch sinnvoll sei, von Teilchen und Wellen zu sprechen, oder ob man nicht nur noch von Mikroobjekten mit nicht anschaulichen quantenmechanischen Eigenschaften sprechen dürfe. Letzteres läßt sich mit dem Komplementaritätsprinzip recht eindeutig klären. Wenn man berücksichtigt, daß die Definitionsmöglichkeiten der Teilcheneigenschaften die Beobachtungsmöglichkeiten der Welleneigenschaften einschränken und umgekehrt, dann kann man auch weiterhin von Teilchen und Wellen sprechen. Man kann diese Begriffe aber natürlich nicht mehr in ihrer aus der klassischen Physik bekannten Eindeutigkeit unterstellen.

Die Frage, wie der Wellencharakter von Teilchen zu verstehen sei, wurde zu einem der entscheidenden Probleme der physikalischen Interpretation der Quantenmechanik. Sie tauchte zum ersten Mal innerhalb des wellenmechanischen Zuganges zur Quantenmechanik auf, den Schrödinger ab 1926 zunächst im vermeintlichen Gegensatz zur Heisenbergschen Matrizenmechanik entwickelt hatte, der sich aber physikalisch dazu als äquivalent erwies.

Entscheidend für das Verständnis des Wellencharakters von Mikroobjekten wurde die *Bornsche Interpretation der Quantenmechanik*. Born ließ sich dabei von Einsteinschen Überlegungen zur anschaulichen Deutung des Welle-Teilchen-Dualismus beim Licht leiten. Er behandelte die Schrödingersche Wellenfunktion Ψ nicht als unmittelbar meßbare Größe. Während Einstein noch ironisch von einem „Gespensterfeld" gesprochen hatte, postulierte Born ein durch Ψ bestimmtes skalares Führungsfeld, das sich in Übereinstimmung mit der Schrödinger-Gleichung ausbreitet. Physikalische Bedeutung hat allein $|\Psi|^2$ als Wahrscheinlichkeitsdichte. Danach macht die Quantenmechanik keine Voraussagen über Einzelereignisse, sondern legt lediglich das Möglichkeitsfeld eines jeden Ereignisses fest und liefert innerhalb dieses Feldes die entsprechenden Wahrscheinlichkeiten für die Verwirklichung bestimmter Möglichkeiten. Jedes Einzelereignis ist die Verwirklichung *einer* Möglichkeit aus einem Möglichkeitsfeld. Deshalb stellt sich auch die Frage, ob die Quantenmechanik genauere Vorausssagen zu liefern vermag, als das nach der Bornschen Interpretation möglich ist, oder ob die Angabe von Wahrscheinlichkeiten von prinzipieller Natur ist. Dieses Problem wurde traditionell als die Beziehung dynamischer und statistischer Gesetze diskutiert. In philosophischer Verallgemeinerung des gesicherten Erkenntnisstandes der Quantenmechanik konnte innerhalb des dialektischen Determinismus eine tragfähige Konzeption statistischer Gesetze entwickelt und die auf ein metaphysisches Kausalitäts- und Determinismusverständnis zurückgehenden Behauptungen von der Akausalität und dem Indeterminismus mikrophysikalischer Phänomene konstruktiv zurückgewiesen werden.[53]

Damit konnte aber naturgemäß noch keine Entscheidung eines physikalisch teilweise offenen Problems angegeben werden, das philosophisch mit diametral entgegengesetzten Positionen Bohrs und Einsteins zur *Subjekt-Objekt-Dialektik* im Erkenntnisprozeß und ihrer Widerspiegelung innerhalb physikalischer Theorien zum Ausdruck kommt. Einsteins Begründungen seiner festen Überzeugung, daß die gegenwärtige Quantenmechanik unvollständig sei, liefen immer wieder darauf hinaus, eine Quantentheorie für möglich zu halten, die weniger radikal mit der Denkweise der klassischen Physik bricht. Dort führt bekanntlich die Subjekt-Objekt-Dialektik des Erkenntnisprozesses nicht zu physikalischen Konsequenzen auf der Ebene der entwickelten Theorie. Physik, besser physikalische Theorie, kann man dann ohne Schwierigkeiten mit Einstein als „eine Bemühung, das Seiende als etwas begrifflich zu erfassen, was unabhängig vom Wahrgenommen-Werden gedacht wird"[54] bestimmen. Bohr begründete seine feste Überzeugung von der Vollständigkeit der Quantenmechanik auch damit, daß es nur natürlich sei, wenn diese einschneidende Beschränkung der klassischen Physik durch den physikalischen Erkenntnisfortschritt selbst aufgehoben würde. Beim weiteren Vordringen in die Mikrophysik dürfe man nicht länger darauf hoffen, daß die Subjekt-Objekt-Dialektik des Erkenntnisprozesses auf der Ebene der entwickelten physikalischen Theorie keinerlei Folgen zeitige.[55] Bei Bohr und anderen Vertretern der Kopenhagener Deutung der Quantentheorie wurde in diesem Zusammenhang teilweise das Physikverständnis Einsteins bis in sein idealistisches Gegenteil verkehrt. Dazu gibt es aber auch vom Standpunkt der nichtrelativistischen Quantenmechanik überhaupt keine Berechtigung. Bohrs Position ist, wie insbesondere Fok gezeigt hat, auch konsequent materialistisch zu fassen.

Die Problematik der Subjekt-Objekt-Dialektik wurde von den Physikern vor allem im Zusammenhang mit der Rolle des Beobachters in der Quantenmechanik diskutiert. In vorsichtig ausgedrückter Konfrontation zu den ersten Äußerungen Bohrs, Heisenbergs, Jordans und anderer über die fundamentale Rolle des Beobachters und die sich daraus ergebenden subjektivistischen Ge-

53 Vgl. V. A. Fok, Quantenphysik und philosophische Probleme, in: Dialektik in der modernen Naturwissenschaft, Berlin 1973, S. 124—141; K. Fuchs, Moderne Physik und marxistisch-leninistische Philosophie, in: DZfPh, 1965, Sonderheft S. 59—68; H. Hörz, Philosophische Aspekte der Quantenmechanik, in: 75 Jahre Quantentheorie, Berlin 1977, S. 169—180.

54 A. Einstein, Autobiographisches, in Albert Einstein als Philosoph und Naturforscher, Hrsg.: P. A. Schilpp, a. a. O., S. 31.

55 Vgl. U. Röseberg, Objektive Gesetze und Subjekt-Objekt-Dialektik, in: DZfPh, 2/1979, S. 180—190.

fahren betonte Dirac sehr früh die *Objektivität* der Grundgesetze der Physik. Dirac sah den Fortschritt der theoretischen Physik nicht zuletzt darin, daß sich die Gleichungen so verändern, daß sie bei immer allgemeineren Transformationen invariant bleiben. Diese Entwicklung befriedigte ihn auch philosophisch zutiefst, „denn sie läßt immer deutlicher erkennen, bis zu welchem Grade der Beobachter die Regelmäßigkeiten selbst schafft, die er in den Beobachtungen vorfindet, und wie gering andererseits die Willkür ist, die in den Naturgesetzen verbleibt“[56].

Die erkannten Naturgesetze sind einerseits Resultat unseres Erkenntnisprozesses und tragen daher folglich auch Spuren dieses Prozesses selbst. Sie sind aber zugleich Widerspiegelungen objektiver, also vom Subjekt unabhängiger allgemein-notwendiger und wesentlicher Beziehungen. Der subjektive Idealismus Humes hatte ausschließlich die Tätigkeit des erkennenden Subjekts betont und lehnte jegliche von dieser Tätigkeit unabhängig existierende objektive Beziehungen in der Natur ab. Der mechanische Materialismus hatte die Existenz objektiver Gesetze hervorgehoben und vernachlässigte wegen der Besonderheiten der Gesetze der klassischen Physik die Erkenntnis dieser Gesetze. Daher kam es auf dieser philosophischen Grundlage leicht zur Verdinglichung der Gesetze als selbständiger Wesenheiten. Ein dialektisch-materialistisches Herangehen erst erlaubt es, einerseits die Objektivität der Gesetze herauszuarbeiten und andererseits die Rolle des Subjekts bei der Erkenntnis dieser in den Erscheinungen selbst zum Ausdruck kommenden objektiven gesetzmäßigen Beziehungen zu berücksichtigen. Die von Dirac aus der Entwicklung der Physik abgelesene Tendenz verdeutlicht, wie die tatsächliche Gesetzeserkenntnis immer umfassender auch diese Dialektik zu erkennen gestattet.

Die seit Beginn der 30er Jahre ausgearbeitet vorliegende nichtrelativistische Quantenmechanik hat sich bestens bewährt. Die Spektren von Atomen und Molekülen, der Aufbau von Atomen, die Zerfalls- und Syntheseprozesse von Kernen und andere physikalische Erscheinungen der Mikrowelt lassen sich mit dieser Theorie erklären. Keine der zahlreichen Überprüfungen der Quantenmechanik hat innerhalb ihres Gültigkeitsbereichs zu signifikanten Abweichungen der experimentellen Daten von den theoretischen Voraussagen geführt. Es gibt bislang keine Hinweise darauf, daß die nichtrelativistische Quantenmechanik eine zu schmale theoretische Basis für die Behandlung aller chemischen Verbindungen ist. Die Quantenchemie geht davon aus, daß die praktische Schwierigkeit bei Berechnungen komplizierter Atome und Moleküle lediglich der Komplexität ihrer Objekte geschuldet ist, nicht aber eine prinzipielle theoretische Schwierigkeit darstellt. Man hat es dabei mit der Notwendigkeit zu tun, für Vielteilchenprobleme Näherungsverfahren zu begründen. Die Festkörperphysik ist im Bereich

56 P. A. M. Dirac, Die Prinzipien der Quantentheorie, Leipzig 1930, S. V.

tiefer Temperaturen auf die Grenzen des Gültigkeitsbereichs für das Konzept isolierter Teilchen gestoßen. Zunehmend muß man sich hier quantenfeldtheoretischer Methoden bedienen.

Die nichtrelativistische Quantenmechanik liegt im Sinne von Heisenberg als abgeschlossene physikalische Theorie vor. Diese Theorie ist ein in sich relativ geschlossener Komplex von Grundbegriffen, entsprechend definierten spezifischen Begriffen, wohlbestimmten Gesetzen und deren Bedingungen. Sie bedient sich einer speziellen Sprache, verfügt über einen hochentwickelten mathematischen Apparat (Darstellung im Hilbertraum) und eine von allen Physikern für praktische Anwendungen gleichermaßen gehandhabte Interpretation dieses Apparates (Statistik).

Im krassen Gegensatz zu dieser scheinbaren Klarheit in den theoretischen Grundlagen der Quantenmechanik halten die Diskussionen der Physiker um die Bedeutung quantenmechanischer Wahrscheinlichkeitsaussagen weiter an, wird immer noch kontrovers über die Vollständigkeit der Theorie und die Möglichkeit ihrer Ergänzung durch verborgene Parameter diskutiert. Trotz zahlreicher Überlegungen zur Meßproblematik muß man nach wie vor konstatieren: Es gibt keine explizite Theorie des quantenmechanischen Meßprozesses.

Aus einer dialektisch-materialistischen Analyse dieser Probleme gilt es vor allem folgende Thesen festzuhalten: 1. Versucht man den quantenmechanischen Formalismus als ein System von Größen und ihren Beziehungen anzusehen, die so unmittelbar in der objektiven Realität vorkommen, stößt man auf erhebliche Schwierigkeiten. Keine der philosophischen Realismusvarianten hat bisher zu echten Lösungen der anstehenden Probleme geführt. Die Behandlung der Ψ-Funktion als klassisch-physikalische Größe führt zum Einstein-Podolsky-Rosen-Einwand. Danach müßte es im Widerspruch zur Relativitätstheorie langreichweitige instantane Wechselwirkungen geben, für die ansonsten keinerlei experimentelle Hinweise vorliegen. Die mathematischen Strukturen des quantenmechanischen Formalismus können also nicht mit den Zusammenhängen in der objektiven Realität identifiziert werden. 2. Die positivistischen Versuche, andererseits den quantenmechanischen Formalismus ausschließlich als Symbol zu verstehen, führen zu idealistischen Konsequenzen, die zu den physikalischen Erkenntnissen selbst in Widerspruch geraten. Auch die Quantenmechanik bildet objektive Gesetze ab. Sie ist eine Theorie für real existierende Objekte. 3. Die nichtrelativistische Quantenmechanik erweist sich ebenso wie die klassische Mechanik und die anderen funktionierenden physikalischen Theorien als dialektische Einheit von Abbild und Entwurf. Die Zusammenhänge in der objektiven Realität lassen sich nicht mit den von der Theorie erfaßten mathematischen Strukturen identifizieren, wohl aber in einem dialektisch verlaufenden Erkenntnisprozeß abbilden. Innerhalb des Gültigkeitsbereichs der bisherigen Theorie sind vollkommenere Abbildungen der tatsächlichen Zusammenhänge nicht auszuschließen. Bisher sind allerdings alle Modifikationen des quantenmechanischen Formalismus gescheitert. Für die Theorie der objektiven Dialektik ergibt sich aus den bisherigen Diskussionen daher die Feststellung: Was die tatsächlichen Zusammenhänge auf der von der Quantenmechanik erfaßten Ebene der Materiestruktur sind, läßt sich gegenwärtig nicht genauer sagen, als das in der nichtrelativistischen Quantenmechanik zum Ausdruck kommt. Die objektive Dialektik der Natur auf der Ebene der Atome und Moleküle ist über eine dialektisch-materialistische Analyse dieser Theorie aufzuklären.[57]

War bereits in der klassischen Physik der *Objektbegriff* der Theorien komplizierter als das vom mechanischen Materialismus angenommen wurde, so liegt nun mit der Quantenmechanik eine physikalische Theorie vor, die noch dringlicher dialektisches Denken erfordert, um den von ihr unterstellten Objektbegriff zu klären. Die nichtrelativistische Quantenmechanik ist gezwungen, die dialektische Widersprüchlichkeit realer Objekte noch tiefer zu erfassen, als das in der klassischen Physik erforderlich war. Der unter dem Aspekt der Unanschaulichkeit viel diskutierte *Welle-Teilchen-Dualismus* ist dabei nur ein Moment, zweifelsohne ein sehr wichtiges. Mit ihm engstens verknüpft ist die Frage nach den anderen Eigenschaften quantenmechanischer Objekte. Im Gegensatz zu der auf der Grundlage der klassischen Physik noch möglichen metaphysischen Konzeption isolierter Dinge und ihrer Eigenschaften müssen in der Quantentheorie die *Eigenschaften* von Objekten differenziert behandelt werden. Es gibt im Rahmen der nichtrelativistischen Quantenmechanik physikalische Eigenschaften, die den Objekten unabhängig davon zukommen, ob sie beobachtet werden oder nicht. Sie charakterisieren die Invarianz der Objekte. Zu ihnen gehören elektrische Ladung, Ruhemasse und der erst relativistisch zu rechtfertigende Spin. Es gibt aber andererseits auch physikalische Eigenschaften der Objekte, die sich erst in Abhängigkeit von den konkreten Beobachtungsbedingungen zeigen. Vor einer entsprechenden Beobachtung sind derartige Eigenschaften lediglich als Verhaltensmöglichkeiten der Objekte charakterisierbar. Zu ihnen gehören Ort und Impuls. In Wechselwirkungen des Mikroobjekts mit materialisierten Beobachtungsbedingungen manifestieren sie sich in Übereinstimmung mit quantenmechanischen

57 Dazu existieren zahlreiche dialektisch-materialistische Untersuchungen. Siehe beispielsweise: V. A. Fok, Quantenphysik und Struktur der Materie, in: Struktur und Formen der Materie, Berlin 1969, S. 147—174; K. Fuchs, Über die Kategorie der Möglichkeit und die Entwicklungsstufen der Materie, in: DZfPh, 4/1972, S. 410—417; V. S. Gott, Filosofskie voprosy sovremennoj fiziki, Moskva 1972; H. Hörz, Atome — Kausalität — Quantensprünge, Berlin 1964; M. E. Omel'janovskij, Dialektika v sovremennoj fizike, Moskva 1973; Princip dopolnitel'nosti i materialističeskaja dialektika, Moskva 1976; M. Sabitov, Dialektika neobchodimosti i slučajnosti v kvantovoj mechanike, Alma-Ata 1974; M. Uzmanov, Dialektika v kvantovoj mechanike, Taškent 1975; I. Z. Cechmistro, Dialektika množestvennogo i edinogo, kvantovye svojstva mira kak nedelimogo celogo, Moskva 1972.

Gesetzen. Die Theorie bildet die Wahrscheinlichkeiten ihrer Verwirklichung ab. Sie könnte mit dieser Klasse von Eigenschaften aber allein die Invarianz der Objekte nicht mehr garantieren.

Die wohl einschneidendste Änderung des quantenmechanischen Objektbegriffs gegenüber dem Objektbegriff der klassischen Physik aber ist darin zu sehen, daß Objekte der gleichen Sorte quantenmechanisch ununterscheidbar sind.[58] Wenn es innerhalb eines statistischen Ensembles der klassischen Physik mindestens im Prinzip noch möglich war, die einzelnen Teilchen durchzunumerieren und damit zu unterscheiden, so ist das für die Quantenstatistik völlig ausgeschlossen. Hier kann man zwar die Zustände numerieren, nicht aber die als Individuen unterstellten Mikroobjekte. Es lassen sich Aussagen darüber treffen, ob bestimmte Zustände besetzt sind oder nicht. Es läßt sich aber nicht sagen, mit welchem Teilchen sie besetzt sind. In Abhängigkeit davon, ob der ursprünglich phänomenologisch eingeführte Spin ganzzahlig oder halbzahlig ist, ergeben sich unterschiedliche Statistiken. Nach dem Pauli-Prinzip können Teilchen mit einem halbzahligen Spin jeden Zustand nur einmal besetzen. Dieses Prinzip bringt eine in der klassischen Statistik völlig unbekannte Ganzheitseigenschaft des Ensembles zum Ausdruck, die gravierende Folgen für jedes einzelne Element des Ensembles hat. Die Ununterscheidbarkeit gleichartiger Mikroobjekte wird damit aber nicht aufgehoben. Es ist also unabhängig von der konkreten Statistik auf der Ebene der Quantenmechanik ein bedeutsamer Unterschied, ob *ein* Objekt *Element eines Systems (Ensembles)* ist, oder ob ein Objekt der gleichen Sorte als *isoliertes Objekt* in seiner Individualität unterstellt werden kann. Damit kommt in der Quantenstatistik eine Systemkonzeption zum Tragen, die gegenüber der in der klassischen Statistik benutzten den Ganzheitscharakter des statistischen Ensembles betont. Diese Gesamtheit ist auch in der Quantentheorie noch aus einzelnen Elementen zusammengesetzt. Sowie aber die Gesamtheit existiert, lassen sich die Teilchen nicht mehr individualisieren; sie sind nur noch Elemente der Gesamtheit. Schafft man solche Bedingungen, daß es keinen Teilchenfluß zwischen dem System und seiner Umgebung gibt, dann bleibt in der nichtrelativistischen Theorie die Teilchenzahl konstant.

Zusammenfassend ergibt sich für den Objektbegriff der nichtrelativistischen Quantenmechanik eine Situation, die der des Objektbegriffs in der Relativitätstheorie ähnlich ist. Wir hatten in den Ausführungen zur Entwicklung der Speziellen und der Allgemeinen Relativitätstheorie darauf verwiesen, daß die Dinge und ihre Eigenschaften nach dieser Theorie nicht mehr beziehungslos nebenein-

58 Das zusammen mit der Notwendigkeit zur statistischen Interpretation der Wellenfunktion selbst für den Fall eines Einteilchenproblems war Blochinzev Anlaß, die Quantenmechanik ähnlich Einstein als Ensembletheorie zu interpretieren. Siehe dazu: D. I. Blochinzev, Prinzipal'nye voprosy kvantovoj mechaniki, Moskva 1966.

ander existieren können. Auf der Ebene der klassischen Physik schien das durchaus noch möglich zu sein. In der nichtrelativistischen Quantenmechanik mußten wir nun sehen, daß es neben Eigenschaften, die den Objekten selbst zukommen, solche Eigenschaften gibt, die erst im Resultat der Wechselwirkung mit anderen Objekten entstehen. Die Theorie bildet für die letztgenannten Eigenschaften wesentliche Beziehungen ab und geht damit in einem anderen Objektbereich als die Relativitätstheorie ab von der Vorstellung der an sich existierenden Objekte und den ihnen zuzuschreibenden Eigenschaften. Das Abgehen von dieser Konzeption ist jedoch nicht vollständig. Innerhalb der Theorie gibt es weiterhin auch solche Eigenschaften, die den Objekten selbst zuzuschreiben sind, die es ermöglichen, eine Klasse von bestimmten Objekten von einer anderen Klasse von Objekten zu unterscheiden. Die Spezifik der von der nichtrelativistischen Quantenmechanik erfaßten Objekte erlaubt also für einige Eigenschaften nach wie vor die Beibehaltung der vereinfachten Dingkonzeption, die im mechanischen Materialismus als generell gültige Dingkonzeption unterstellt war. Die nichtrelativistische Quantenmechanik geht mit der Ununterscheidbarkeit gleichartiger Teilchen aber zugleich auch noch einen Schritt über die von der Relativitätstheorie nahegelegte veränderte Objektkonzeption hinaus, indem sie wesentliche Beziehungen zwischen gleichartigen Objekten in ihrer wechselseitigen Bedingtheit und Bestimmtheit erfaßt. Da in der relativistischen Quantentheorie weitere Eigenschaften der Mikroobjekte als Resultat ihrer Wechselwirkung mit anderen Objekten bzw. mit ihrer Umgebung angesehen werden und im Grenzfall sogar alle physikalischen Objekteigenschaften Resultat von physikalischen Wechselwirkungen sind, da darüber hinaus in der relativistischen Quantentheorie auch die Teilchenerhaltung aufzugeben ist und ständig die Erzeugung und Vernichtung von Teilchen und deren Antiteilchen zu berücksichtigen sind, stellt sich die Gesamtentwicklung des Objektbegriffes der Physik des 20. Jahrhunderts als ein eindrucksvoller Beleg für die Grundthese des dialektischen Determinismus dar: Die materiellen Objekte, ihre Eigenschaften und Beziehungen, die Gesamtheit materieller Prozesse und Erscheinungen bedingen und bestimmen sich wechselseitig. Allgemein-notwendige und wesentliche Zusammenhänge zwischen den Objekten und ihren Eigenschaften in der Vielfalt materieller Prozesse und Erscheinungen wurden mit dem immer tieferen Eindringen in die physikalischen Gesetzmäßigkeiten der Materiestruktur immer adäquater erkannt. Einen wesentlichen Fortschritt bedeutete dabei der Übergang von der nichtrelativistischen Quantentheorie zur relativistischen.

Nachdem die Spezielle und die Allgemeine Relativitätstheorie ihren Siegeszug in der Physik angetreten hatten, war es verständlich, daß sich die Theoretiker damit beschäftigten, die physikalischen Theorien relativistisch zu formulieren. Der Übergang von der Atom- und Molekülphysik zur Kernphysik und zur hochenergetischen Elementarteilchenphysik machte die speziell-relativistische

Formulierung der Quantentheorie aber auch aus experimentellen Gründen dringend erforderlich. Die Versuche, die Postulate der Quanten- und der Relativitätstheorie in einer Theorie zu vereinigen, führten auf neue physikalische Probleme und zahlreiche damit zusammenhängende philosophische Fragen.[59]

2.4. Probleme der materialistischen Dialektik im Zusammenhang mit relativistischen Quantentheorien

Ausgehend von dem bereits in der klassischen Physik vorliegenden Teilchen- und Feldkonzept, gab es für die relativistische Formulierung der Quantentheorie zwei Zugänge. In der nichtrelativistischen Quantenmechanik hatte sich das Teilchenkonzept in dem durch den Welle-Teilchen-Dualismus eingeschränkten Sinne bewährt. Es galt deshalb für die relativistische Theorie, die vom Moment der Diskontinuität physikalischer Objekte auszugehen versuchte, eine Lorentz-invariante Bewegungsgleichung zu formulieren. Dies gelang kurz nachdem die Bewegungsgleichung der nichtrelativistischen Quantenmechanik bekannt war, das Einkörper- und Zweikörperproblem durchgerechnet waren und man Näherungsverfahren für das Mehrkörperproblem entwickelt hatte. Bereits 1928 konnte Dirac seine wegweisende relativistische Gleichung des Elektrons in der Form

$$i\hbar \frac{\delta \Psi}{\delta t} = H\Psi$$

angeben. Zwar hatten die darin vorkommenden Größen Ψ und H gänzlich andere Bedeutungen als in der nichtrelativistischen Wellengleichung, da aber die Dirac-Gleichung sich der Form nach nicht von der Schrödinger-Gleichung unterschied, konnte man darauf hoffen, die relativistische Theorie nach dem Vorbild der nichtrelativistischen aufzubauen. Diese Hoffnung stellte sich jedoch bald schon als Trugschluß heraus. Man stieß nämlich schnell auf eine Eigenschaft dieser Gleichung, die fundamentale Unterschiede zwischen einer nichtrelativistischen und einer relativistischen Quantentheorie anzeigte. Daß die neue Gleichung den phänomenologisch in die Atomphysik eingeführten Spin enthielt, war ein praktischer Hinweis auf die fundamentale Bedeutung der relativistischen Theorie selbst für die Experimentalphysik. Damit ergaben sich für die Theoretiker keine wesentlichen Schwierigkeiten. Die gab es an einer anderen Stelle.

Neben Größen mit positiver kinetischer Energie kamen in der Dirac-Gleichung für das relativistische Elektron auch solche mit negativer kinetischer Energie vor. Dazu gab es kein klassisches Analogon. Diese als „Löcher“ gedeuteten

59 Vgl. V. P. Branskij, Filosofskie osnovanija problema sinteza reljativistskich i kvantovych prinzipov, Leningrad 1973.

Objekte konnten in Elektronen übergehen und umgekehrt. Dirac formulierte die Hypothese, daß damit bislang noch nicht entdeckte Teilchen beschrieben würden. Sie sollten die gleiche Masse und die gleiche Ladung wie Elektronen haben, im Unterschied zu den Elektronen aber positiv geladen sein. Die 1932 dann auch tatsächlich entdeckten Teilchen (Positronen) entsprachen voll und ganz den Voraussagen dieser Theorie. Sie stellen das Antiteilchen zum Elektron dar. Inzwischen wissen wir, daß es zu jedem Teilchen Antiteilchen gibt. Diese sind, obwohl manchmal in ihrer Gesamtheit als „Antimaterie" bezeichnet, ebenso materiell wie die Teilchen. Sie unterscheiden sich lediglich durch das Vorzeichen in einigen ihrer Quantenzahlen von den jeweiligen „Teilchen".

Mit der erfolgreichen Voraussage eines Elementarteilchens schien die Physik auf einem tieferen Niveau der Materiestruktur in die Situation versetzt zu sein, wie sie die Chemie des 19. Jahrhunderts nach der Entdeckung des Periodensystems der Elemente erlebt hatte. Waren damals auf der Grundlage von Fehlstellen in diesem Klassifikationsschema der Elemente neue Elemente und deren Eigenschaften vorauszusagen, so sollte es jetzt im Prinzip in der Physik möglich sein, auf dem einmal eingeschlagenen Weg die Gesamtheit der Grundbausteine der Materie zu bestimmen. Das erwies sich aber als eine weitaus kompliziertere Aufgabe als man zunächst angenommen hatte. Mit dem heutigen Forschungsstand auf diesem Gebiet wollen wir uns noch befassen. Dazu müssen wir zunächst die entsprechenden theoretischen Voraussetzungen genauer klären.

Der Zugang zur relativistischen Quantentheorie, der mit der Dirac-Gleichung eröffnet war, erwies sich als weniger vorteilhaft, als man ursprünglich angenommen hatte. Man war von der Vorstellung ausgegangen, die Wellengleichung eines Teilchens relativistisch invariant zu schreiben und das Mehrkörperproblem durch störungstheoretische Näherungsverfahren nach dem Vorbild der nichtrelativistischen Quantenmechanik zu bewältigen. Diese versagen aber beim relativistischen Vielkörperproblem. Man mußte sich fragen, ob der das Moment der Diskontinuität materieller Objekte betonende Zugang zu einer relativistischen Theorie wirklich der günstigste sei. Ausgehend vom Welle-Teilchen-Dualismus der Quantenmechanik und dem bereits aus der klassischen Physik bekannten Dualismus von Teilchen und Feld stellte sich die Frage, ob der das Moment der Kontinuität materieller Objekte betonende feldtheoretische Zugang zur relativistischen Quantentheorie nicht erfolgversprechender wäre.

Indem man die Quantenvorstellung in die Elektrodynamik einbrachte, wurde innerhalb einer Feldtheorie selbst jetzt auch die Dialektik von Kontinuität und Diskontinuität zum Tragen gebracht. Die so entstandene relativistische Quantenelektrodynamik ist heute die experimentell am besten überprüfte Quantenfeldtheorie. Aber auch in dieser Theorie gibt es ein Problem, das in einer klassischen Feldtheorie undenkbar wäre. In den Lösungen der Feldgleichungen treten Divergenzen auf, die man durch Renormierung in Übereinstimmung mit der Erfahrung zwar umgehen kann, die deshalb aber noch nicht erklärt sind. Erklärungen werden unter anderem darin gesehen, daß die in die Feldtheorien eingehende mathematische Beschreibung des Kontinuums physikalisch nicht adäquat sei. C. F. v. Weizsäcker meinte beispielsweise, daß Aristoteles' potentielle Auffassung des Kontinuums möglicherweise besser der quantentheoretischen Denkweise entspräche als die mengentheoretisch formulierte Auffassung von der aktuellen Existenz einer überabzählbaren Mannigfaltigkeit der reellen Zahlen bzw. der von ihnen bezeichneten Raumpunkte.[60] Viele der Theoretiker deuten die für die Quantenfeldtheorien charakteristischen Divergenzen heute als Folge des Vorgehens, zunächst wechselwirkungsfreie „elementare" Felder zu unterstellen und dann die Wechselwirkung einzuschalten. Die Divergenzen ergeben sich immer aus der Betrachtung der Wechselwirkung und könnten anzeigen, daß möglicherweise an diesem gesamten Verfahren etwas zu korrigieren wäre. Da es aber dazu bislang keine Alternative gibt und man inzwischen die Klasse der renormierbaren Quantenfeldtheorien bestimmen kann, findet man sich notgedrungen mit einem solchen theoretisch nicht voll befriedigendem Verfahren ab.

Beginnend mit der Analyse der Kräfte, die die Stabilität der aus Protonen und Neutronen bestehenden Atomkerne garantieren, wurden in der Physik neben dem elektromagnetischen Feld eine Vielzahl weiterer Felder untersucht. Die Quantenfeldtheorien charakterisieren ein bestimmtes „elementares" wechselwirkungsfreies Feld (mittels linearer Feldgleichungen) und dessen äußere Wechselwirkungen. Sie setzen die speziellrelativistische Raum-Zeit-Union und den quantentheoretischen Zustandsraum voraus. Die Feldgrößen des „elementaren" Feldes treten als lineare Operatoren im Zustandsraum auf. Die verschiedenen Typen dieser Felder unterscheiden sich in ihrem Transformationsverhalten. Die Invarianz der Grundgleichungen gegenüber Lorentz-Transformationen ist für alle relativistischen Feldtheorien gegeben. Daneben sind aber noch andere Transformationen zu beachten. Gegenüber welcher Transformationsgruppe die Grundgleichungen invariant zu bleiben haben, wird von der Erfahrung nahegelegt. Das seit der Speziellen Relativitätstheorie bekannte Verfahren, zum Aufbau neuer Theorien deren Grundgleichungen invariant gegenüber bestimmten Transformationen zu formulieren, erweist sich immer mehr als ein für die gesamte moderne Physikentwicklung bedeutsames heuristisches Mittel.[61] Was für die „Spürkraft" des

60 Vgl. C. F. von Weizsäcker, Die Einheit der Natur, München 1971, S. 163.

61 Philosophische Arbeiten befassen sich davon ausgehend mit der über die Physik hinausreichenden Bedeutung des Symmetrieprinzips, der Beziehungen von Symmetrie und Asymmetrie. Siehe dazu: H. Hörz, Materiestruktur, a. a. O., S. 329ff.; A. S. Kompaneec, Simmetrija v mikro i makromire, Moskva 1978; Prinzip simmetrii, Moskva 1978; Ju. A. Urmanzev, Simmetrija prirody i priroda simmetrii, Moskva 1974.

Relativitätsprinzips ausgeführt wurde, läßt sich auch auf die jeweiligen Symmetrieforderungen beim Aufbau relativistischer Quantenfeldtheorien übertragen. Die von einer Transformationsgruppe zugelassenen Transformationen besagen, daß es jeweils verschiedene, prinzipiell aber gleichwertige Arten gibt, den mathematischen Beschreibungsraum der jeweiligen Feldtheorie aufzubauen. Mit höheren Symmetrien werden die innerhalb physikalischer Theorien zu benutzenden mathematischen Beschreibungsräume entsprechend komplizierter. Während die Spezielle Relativitätstheorie Raum und Zeit zur Raum-Zeit-Union verschmolz, ohne die Euklidische Geometrie zu verändern, die Allgemeine Relativitätstheorie eine allgemeinere Geometrie verlangte, die nichtrelativistische Quantenmechanik die Dimensionszahl des Beschreibungsraumes mit der Teilchenzahl erhöhte und für den Übergang vom Zustandsraum zum Koordinatenraum ein zusätzliches Postulat einführen mußte, haben es alle Quantenfeldtheorien mit Beschreibungsräumen zu tun, von denen es noch komplizierter ist, zu zeitlich geordneten Ereignissen im dreidimensionalen Beobachtungsraum überzugehen. Raum und Zeit hören nicht auf, Existenzformen der Materie zu sein. Der dialektische Zusammenhang von Materie, Bewegung, Raum und Zeit wird auf der Ebene relativistischer Quantenfeldtheorien aber weitaus tiefer widergespiegelt als etwa noch in der klassischen Physik oder der Speziellen Relativitätstheorie.

Wie die jüngste Entwicklung der relativistischen Quantenfeldtheorien gezeigt hat, lassen sich durch entsprechend allgemeine Transformationsgruppen sowohl Fortschritte bei der Theorie der starken Wechselwirkung als auch bei der Vereinheitlichung des theoretischen Konzepts zur schwachen und elektromagnetischen Wechselwirkung erzielen. Es gibt auf diesem Wege inzwischen berechtigte Hoffnungen, die starke, die elektromagnetische und die schwache Wechselwirkung einheitlich zu behandeln und bereits erste Ansätze, über Supersymmetrien auch die Gravitationswechselwirkungen mit einzubeziehen.

Aus der Tatsache, daß die Quantenelektrodynamik und die Gravitationstheorie Eichfeldtheorien sind, kam man zunächst zu der Hypothese, daß alle fundamentalen Wechselwirkungen in der Natur durch Eichfelder zu beschreiben sind. Die bisher erzielten Erfolge stimmen die Physiker optimistisch. Beginnend mit Arbeiten von S. Weinberg und A. Salam (1964/67) gelangen Fortschritte bei der einheitlichen Behandlung von elektrodynamischer und schwacher Wechselwirkung (und haben inzwischen bereits zu Lehrbuchdarstellungen geführt). Ähnlich erfolgreich entwickelt sich die Quanten-Chromodynamik als Theorie der starken Wechselwirkung. Sie hat interessante Einsichten in die inneren Symmetrien von Hadronen gewonnen, worauf später noch einzugehen sein wird.

Diese Eichfeldtheorien verfügen im Hinblick auf die Widerspiegelung objektiver Dialektik der Natur über einige bemerkenswerte Eigenschaften. In ihnen wird der Dualismus Feld — Teilchen zum Ausgangspunkt theoretischer Betrachtungen.

Alle Versuche, diese in der klassischen Physik als Gegensätze behandelten Objekte zu reduzieren, scheinen wenig aussichtsreich zu sein. Die Theorie der Eichfelder geht von fundamentalen Feldern und den die Wechselwirkungen vermittelnden Teilchen aus. Die physikalische Theorie wird damit weder auf Teilchen- noch auf Feldphysik reduzierbar. Stößt man hier auf einen grundsätzlichen Zug des dialektisch widersprüchlichen physikalischen Naturverständnisses? Zumindest scheint sich die Linie von der Lichtquantenhypothese Einsteins über die Hypothese de Broglies und den prinzipiellen quantenmechanischen Welle-Teilchen-Dualismus fortzusetzen.

Ein weiteres, im Hinblick auf die objektive Dialektik der Natur verallgemeinerungsfähiges Moment der Eichfeldtheorien ist in der Tatsache zu sehen, daß die effektiven Kopplungskonstanten dieser Felder für verschwindend kleine Abstände der wechselwirkenden Teilchen, also für große Energien der Wechselwirkung, gegen Null gehen. Damit wird im hochenergetischen Bereich das traditionelle Bild von der Beziehung der relativen Stärke unterschiedlicher Wechselwirkungen in Frage gestellt. In Abhängigkeit von der Masse der Teilchen kann die Stärke der starken Wechselwirkung auf die der elektromagnetischen abklingen, die schwache kann die elektromagnetische erreichen usw. (asymptotische Freiheit). Mithin stehen die verschiedenen Typen der fundamentalen Wechselwirkung nicht mehr in ihrer bislang phänomenologisch gerechtfertigten Trennung nebeneinander. In den Ansätzen zu einer einheitlichen Theorie der Wechselwirkungen werden die Zusammenhänge und gegenseitigen Übergänge physikalisch analysiert. Für Engels war die Dialektik die für die „Naturwissenschaft wichtigste Denkform, weil sie allein das Analogon und damit die Erklärungsmethode bietet für die in der Natur vorkommenden Entwicklungsprozesse, für die Zusammenhänge im ganzen und großen, für die Übergänge von einem Untersuchungsgebiet zum andern.“[62] In diesem Sinne kommt in dem geschilderten Vorgehen bei der Vereinheitlichung der theoretischen Grundlagen der Hochenergiephysik Dialektik zum Tragen.

Die bisherigen Bemühungen der Physiker, die Raumzeitstrukturen mit den inneren Symmetrien der Teilchen zu vereinigen, scheinen darauf hinzudeuten, daß der die starke, elektromagnetische und schwache Wechselwirkung vereinigende theoretische Ansatz noch zu eng ist. Die sich dabei ergebenden Schwierigkeiten können — wie sich jetzt anzudeuten scheint — möglicherweise dadurch umgangen werden, daß in einem einzuführenden algebraischen Superraum eine supersymmetrische Feldtheorie auch die Gravitationswechselwirkung mit berücksichtigt. In dieser Richtung jedenfalls laufen Versuche, die den allgemeinen philosophischen Gedanken von Engels für eine konkrete Situation noch weiter präzisieren könnten.

62 F. Engels, Dialektik der Natur, in: MEW, Bd. 20, a. a. O., S. 330f.

Nachdem wir ausgehend von der Theorienentwicklung bis zu den gegenwärtig letzten Konsequenzen der Tatsache vorgestoßen sind, daß die Wirkung eine gequantelte Größe ist, erhebt sich nun die Frage, was das für die elementarsten Objekte der Physik bedeutet. Die Einführung des Planckschen Wirkungsquantums war damit verbunden, daß man das atomistische Denken nicht mehr allein auf physikalische *Objekte*, sondern auch auf physikalische *Größen* anwandte. Indem nun in den relativistischen Quantenfeldtheorien die komplizierte Dialektik von Kontinuität und Diskontinuität zum Tragen kommt, müssen wir fragen, ob dieses Konzept mit der Vorstellung von der unendlichen Teilbarkeit der materiellen Objekte verträglich ist, wie sie Anaxagoras vorschwebte; ob damit die Auffassung Demokrits verträglich ist, nach der es letzte Bausteine der Materie geben sollte; oder ob man eine dialektische Synthese der beiden metaphysisch entgegengesetzten Positionen anstreben muß.

3. Atomismusproblematik in der gegenwärtigen Hochenergiephysik

In der gegenwärtigen Hochenergiephysik wird eine adäquate Theorie der subnuklearen Mikroobjekte gesucht. Klar ist, daß dies eine relativistische Theorie sein muß. Mit den hochenergetischen Streuexperimenten erforscht man ein materielles Strukturniveau weit unterhalb des Niveaus der Atome. Philosophisch bleibt dabei aber weiterhin die seit der Antike diskutierte Atomismusproblematik im Zentrum der Aufmerksamkeit. Es geht nicht zuletzt um Fragen der Materiestruktur und die engstens damit verknüpften Probleme der Kausalitäts- und Determinismusauffassung sowie der Raum-Zeit-Konzeption.

In den heutigen Diskussionen um den Atomismus soll vor allem geklärt werden, ob in der Physik mit den im Augenblick verfügbaren und ständig weiterentwickelten theoretischen Mitteln (Quanten- und Relativitätstheorie sowie deren angestrebte konsistente Synthese für Vielteilchensysteme) und den stetig verbesserten experimentellen Möglichkeiten (Beschleuniger mit extrem hohen Energien und großen Dichten der Teilchenströme; Beobachtungseinrichtungen für hochenergetische Teilchen der kosmischen Strahlung auf der Erde und im erdnahen Raum; hochempfindliche Meßmethoden und aufwendige Rechentechnik zur Analyse einer großen Datenmenge) die *Existenz elementarer Objekte* begründet werden kann, aus denen alle materiellen Objekte physikalisch aufgebaut sind. Gibt es solche elementaren Objekte, so sind deren physikalische Eigenschaften von Interesse. Gibt es derartige Objekte nicht, so steht die Frage, ob es mit einer anderen physikalischen Konzeption möglich ist, die *Einheit der Vielfalt materieller Objekte* zu begründen. Atomismus und holistische Konzeptionen liegen miteinander im Wettstreit.

Einer relativ großen Gruppe von Hochenergiephysikern, die eine Konstituentenkonzeption vertritt, steht gegenwärtig eine kleinere Gruppe von Theoretikern gegenüber, die diese Konzeption aus physikalischen und philosophischen Gründen für abwegig halten. Dabei werden innerhalb beider Lager sehr unterschiedliche physikalische Ansätze diskutiert. Obgleich eindeutige experimentelle Entscheidungen in naher Zukunft nicht ohne weiteres zu erwarten sind, wird in den Auseinandersetzungen zwischen diesen Lagern eine „entweder-oder"-Entscheidung gesucht. Mit den Erfolgen des Partonen- und des Quarkmodells bei der starken Wechselwirkung, den Erfolgen der Eichfeldtheorien und der Aussicht auf eine einheitliche Theorie der starken, elektromagnetischen und schwachen Wechselwirkung bei gleichzeitig anhaltenden Schwierigkeiten innerhalb jener theoretischen Ansätze, die nicht von einer Konstituentenkonzeption materieller Objekte ausgehen, erweist zur Zeit der Atomismus in einer noch weiter zu präzisierenden Form auch auf dieser Ebene der Materiestruktur seine heuristische Bedeutung.

In der Diskussion der Kausalitäts- und Determinismusauffassung geht es im Zusammenhang mit der Hochenergiephysik heute vor allem darum, ob die mit der Relativitäts- und der Quantentheorie vorgenommenen Präzisierungen dieser philosophischen Konzeptionen bereits genügen oder ob sie sich noch weiter von jenen Vorstellungen zu entfernen haben, wie sie im mechanischen Materialismus charakteristisch waren. Weitestgehend offen ist bislang die Problematik einer Raum-Zeit-Konzeption im Bereich der Hochenergiephysik. Es steht die Frage nach der Möglichkeit spezieller mikrophysikalischer Raumzeitstrukturen, nach der Existenz von Elementarlängen und damit verbundenen „Zeitquanten", der Lokalität bzw. Nichtlokalität mikrophysikalischer Prozesse.

Neben diesen und anderen Fragen der objektiven Dialektik der Natur auf dem tiefsten zur Zeit physikalisch zugänglichen Niveau der Materiestruktur spielen die komplizierten Fragen der Dialektik des Erkenntnisprozesses für die Hochenergiephysik eine besondere Rolle. Alle für die Quanten- und die Relativitätstheorie aufgeworfenen erkenntnistheoretisch-methodologischen Fragestellungen tauchen hier in spezifischer Form wieder auf. Darüber hinaus aber kommt es im Zusammenhang mit den Schwierigkeiten, die Elementarität der betrachteten Mikroobjekte zu charakterisieren, der besonderen Bedeutung, die in diesem Bereich Symmetriebetrachtungen und gruppentheoretische Erwägungen spielen, und der Tatsache, daß es bislang noch nicht gelungen ist, die Relativitätstheorie und die Quantentheorie für Vielteilchensysteme vollständig zu vereinigen, zu neuen, komplizierten erkenntnistheoretisch-methodologischen Problemen, die bis zu der Frage nach der Möglichkeit der Einheit der Physik in einer physikalischen Einheitstheorie führen.

3.1. Atomistische Konzeptionen

Atomismus kann man sehr allgemein als jene Auffassung charakterisieren, derzufolge alle materiellen *Objekte* aus *elementaren Objekten*, den *Atomen*, zusammengesetzt sind.

Philosophisch ist der Atomismus auf materialistischer Grundlage in der Auseinandersetzung mit der von Anaxagoras aufgestellten Behauptung der unendlichen Teilbarkeit aller materiellen Objekte entstanden. Er hat in Platon aber auch sofort seinen idealistischen Kritiker gefunden. Nimmt man die Existenz elementarer Objekte an, geht es in der philosophischen Auseinandersetzung seit der Antike vor allem darum, ob diese als *materielle* oder *ideelle* Objekte unterstellt sind. Weiterhin geht es darum, ob diese elementaren Objekte *letzte* unteilbare Bausteine der Materie sind oder ob sie jeweils nur für einen historisch bestimmten Erkenntnishorizont als Grundbausteine der Materie gelten. Fragen der Dialektik des Erkenntnisprozesses, der Dialektik der Erkenntnisresultate und der Dialektik der Natur sind in der Atomismusproblematik also aufs engste verquickt.

Im Atomismusbegriff, von dem hier ausgegangen wird, ist zunächst noch nicht festgelegt, über welche Eigenschaften diese Atome als elementare Konstituenten eines größeren Ganzen verfügen müssen. Insbesondere läßt sich nicht von vornherein sagen, ob die Atome selbst wieder strukturiert sind. Auf der Grundlage eines näher zu bestimmenden Strukturbegriffes gelten Strukturiertheit und Elementarität entweder als einander ausschließende oder einander ergänzende Eigenschaften.

Im weiteren geht es um *physikalischen Atomismus*.[63] Die Auffassung Leukipps, Demokrits und Epikurs, derzufolge die Atome letzte, unteilbare, unsichtbare, farb- und geruchlose Objekte sind, und die Auffassung des mechanischen Materialismus, derzufolge alle materiellen Objekte aus Materieteilchen zusammengesetzt sein sollen, sind spezielle Formen des naturphilosophisch spekulativen Atomismus. Ihnen gemeinsam war eine *Elementaritätskonzeption*, derzufolge das Elementare nicht weiter teilbar sein sollte. Demokrit hatte Atome verschiedener Sorten eingeführt, die sich in Form, Größe und Schwere unterscheiden sollten. Epikur hatte auf dieser Grundlage mathematische und physikalische Teilbarkeit der Atome unterschieden. Die physikalisch nicht zerlegbaren Atome sollten mathematisch aus Minima zusammengesetzt sein, also eine bestimmte Struktur besitzen. Im mechanischen Materialismus wurde dann die Eigenschaft der *Elementarität* an die Eigenschaft der *Unstrukturiertheit* gebunden. Man ging

63 Zur Geschichte dieses Problems vgl. U. Röseberg, Wahrheit in der Tiefe. Atomismus in drei Jahrtausenden (im Druck); R. Wahsner, Aktive und passive Prinzipien in der Physik (im Druck).

von einem statischen Strukturbegriff aus, der Strukturen als invariante Beziehungen zwischen unveränderlichen Objekten faßt. Was in Übereinstimmung mit einem solchen Begriff strukturiert ist, kann man im Prinzip auch teilen. Folglich waren Elementarität und Strukturiertheit unvereinbare Eigenschaften.

Jede Form des Atomismus, die von einer Elementaritätskonzeption ausgeht, derzufolge Elementarität gleichzusetzen ist mit „nicht weiter teilbar", wird notwendigerweise mit der zweiten von Kant formulierten „Antinomie der reinen Vernunft" konfrontiert. Danach lassen sich plausible Gründe für die Richtigkeit zweier einander widersprechender Thesen anführen: „Thesis. Eine jede zusammengesetzte Substanz in der Welt besteht aus einfachen Teilen und es existiert überall nichts als das Einfache, oder das, was aus diesem zusammengesetzt ist." „Antithesis. Kein zusammengesetztes Ding in der Welt besteht aus einfachen Teilen und es existiert überall nichts Einfaches in derselben."[64] Selbst die Atomismuskonzeption, die von einem Elementaritätsbegriff ausging, nach dem Strukturiertheit und Elementarität einander ausschließen, enthält bereits einen Hinweis auf den Zwang zur Dialektik bei der Erforschung der Gesetze der Materiestruktur. Dieser Gedanke entstand erst als Konsequenz der naturphilosophisch spekulativen atomistischen Konzeptionen und konnte auf dem Hintergrund metaphysischen Denkens auch dazu führen, den Atomismus als theoretisch unbrauchbares Konzept zu verwerfen. Verallgemeinert man aber die bisherige Entwicklung der Physik, Chemie und Biologie philosophisch, so zeigt sich die Fruchtbarkeit atomistischer Auffassungen. Gleichzeitig erweist sich jedoch auch die Notwendigkeit, von der Existenz letzter, unteilbarer Bestandteile materieller Objekte abzugehen.[65] Alle Erkenntnisse über die Materiestruktur tragen relativen Charakter. Bisher ist es immer wieder gelungen, zu jedem erkannten Niveau der Materiestruktur ein nächst niederes zu finden, auf dem die Atome des höheren materiellen Strukturniveaus keineswegs mehr als elementar im ursprünglichen Sinne aufzufassen sind. Aus der Relativität unserer jeweiligen Kenntnis der Materiestruktur ist auf die relative Elementarität der jeweils bekannten elementarsten Objekte zu schließen. Der Atomismus ist also nicht als metaphysische, sondern nur als *dialektische Konzeption* mit der bisherigen Wissenschaftsentwicklung in Übereinstimmung zu bringen.

Zu Beginn unseres Jahrhunderts war die Existenz von Atomen, wie sie die Chemiker seit langem zur Analyse von Strukturen und Prozessen benutzten, auch zu einer gesicherten physikalischen Erkenntnis geworden. Zugleich aber interessierte sich die Physik für den Aufbau dieser Atome, blieb also keineswegs bei der Auffassung stehen, mit den Atomen letzte Bausteine aller materiellen

64 I. Kant, Kritik der reinen Vernunft, Leipzig 1971, S. 522ff.

65 Vgl. H. Hörz, Materiestruktur, a. a. O.; M. E. Omel'janovskij, Dialektika v sovremennoj fizike, a. a. O.; N. I. Stepanov, Koncepcii elementarnosti v naučnom poznanii, Moskva 1976.

Objekte gefunden zu haben. Dieses dialektische Verständnis des inzwischen auch physikalisch gesicherten Atomismus wurde von einer Reihe experimenteller und theoretischer Erkenntnisse der Physik erzwungen (Entdeckung der Radioaktivität, der Röntgenstrahlen, Formulierung der Quantenhypothese und deren Anwendung auf elektromagnetische Strahlung, Abschätzung des Elektronenradius u. a.). Mit der Quantenmechanik gelang es schließlich, die Gesetze des Atomaufbaus zu verstehen. Mit den bereits behandelten Abweichungen vom Denkstil der klassischen Physik konnte man sich nun das Atom bestehend aus einer Elektronenhülle und einem aus Protonen und Neutronen aufgebauten Kern vorstellen. Die elektromagnetische Strahlung bestand aus Photonen. Damit hatte man den Atomismus auf das Niveau von vier bereits bekannten Elementarteilchen gebracht. Mit Elektronen, Protonen, Neutronen und Photonen schien 1932 auch das Atom bis auf die Natur der Kernbindungskräfte im Prinzip verstanden.

Für das Verständnis dieser Kräfte erlangte die relativistische Verallgemeinerung der Quantentheorie große Bedeutung. Auf der Grundlage speziell relativistischer Theorien ergaben sich Voraussagen neuer Teilchen, die auch experimentell bestätigt werden konnten. Die Analyse hochenergetischer Streuprozesse, in denen diese Teilchen in Übereinstimmung mit der relativistischen Masse-Energie-Relation ebenso entstanden und zerfielen wie die bereits bekannten Teilchen, zeigte die Problematik des ursprünglich zu ihrer Bezeichnung gewählten Begriffes — „Elementarteilchen". Diese Objekte wurden in der Hochenergiephysik zu einem Gegenstand intensivster experimenteller und theoretischer Forschungsarbeit, in dessen Resultat sie heute als Objekte noch keineswegs voll verstandener Kompliziertheit objektiver Beziehungen sogar auf die Frage führen, inwiefern sie mit dem komplexesten Gegenstand physikalischer Forschung — dem Kosmos insgesamt — in Beziehung stehen. Mit der Erforschung dieser Objekte kommen neue Akzente in die Diskussion der Atomismusproblematik. Die „Elementarteilchen"-physik vermag wesentliche Voraussetzungen zu einer Präzisierung der dialektischen Atomismuskonzeption zu liefern.

3.1.1. Die Komplexität der „Elementarteilchen"

Nachdem die auf der Grundlage der Dirac-Gleichung aufgestellte Hypothese über die Existenz eines Antiteilchens zum Elektron durch deren experimentellen Nachweis in kosmischen Strahlen überzeugend bestätigt werden konnte, war der Weg frei, ausgehend von der Quanten- und der Relativitätstheorie die Existenz weiterer Teilchen und Antiteilchen anzunehmen und in den entsprechenden Bereichen des energetischen Spektrums systematisch nach ihnen zu suchen. Gefragt waren die Eigenschaften dieser Teilchen, die Gesetze ihrer Wechselwirkungen und die Möglichkeiten eines Klassifikationsschemas, dessen Systemgesetzmäßigkeiten analog denen zum Periodensystem der chemischen Elemente die Voraussage von neuen Teilchen und ihrer Eigenschaften gestatteten.

Zunächst standen für solche Untersuchungen lediglich die kosmischen Strahlen mit ihren hochenergetischen Komponenten zur Verfügung. Der Anteil hochenergetischer Teilchen ist dort aber relativ gering, und zugleich läßt sich mit diesen Strahlen nur schwer experimentieren. Die experimentelle Situation für die „Elementarteilchen"physik verbesserte sich mit dem Bau von Beschleunigern sprunghaft. Seit Ende der 40er Jahre werden Großbeschleuniger gebaut, deren Betrieb völlig neue Formen des Zusammenwirkens verschiedener Spezialistengruppen bei der Planung, Durchführung und Auswertung *eines* Experiments nach sich gezogen hat. Zur Zeit werden Energien der Größenordnung von $5 \cdot 10^2$ *GeV* für Protonen erreicht. Damit können Raumgebiete der Größenordnung von $3 \cdot 10^{-16}$ cm sondiert werden. Noch größere Energien sind ohne weiteres denkbar,[66] wenngleich dabei ohne prinzipiell neue Beschleunigertypen der gegenwärtig schon beträchtliche Aufwand weiterhin sprunghaft steigen wird.

Unabhängig von den weiteren Fortschritten im Bereich der Hochenergiephysik ist festzuhalten, daß bereits die vorliegenden Erkenntnisse die „Elementarteilchen"konzeption der frühen 30er Jahre in revolutionärer Weise verändert haben. Aus ehemals vier Objekten sind heute etwa 200 mehr oder minder stabile Teilchen geworden, die in vielfältiger Form miteinander wechselwirken.

Für die starke, die elektromagnetische und die schwache Wechselwirkung gelten verschiedene Erhaltungssätze, die in Übereinstimmung mit dem Noethertheorem auf entsprechende Symmetrien der Beschreibungsräume zurückzuführen sind. Die starke Wechselwirkung zeichnet sich durch eine maximale Zahl von Erhaltungssätzen und damit Symmetrien aus, während die schwache dadurch charakterisiert ist, daß in ihr minimale Symmetrien gelten.

In der Regel vernachlässigt man in der Hochenergiephysik die verglichen mit den anderen Wechselwirkungen wesentlich schwächere Gravitationswechselwirkung. Damit erspart man sich zugleich auch die Probleme, die sich in der Theorie wegen der noch fehlenden Quantentheorie der Gravitation ergeben müßten.

In Übereinstimmung mit der relativistischen Quantenfeldtheorie ist die Vorstellung eines freien, nichtwechselwirkenden Teilchens, wie sie in der klassischen Physik üblich und in der nichtrelativistischen Quantenmechanik unter Berücksichtigung des Welle-Teilchen-Dualismus in bestimmten Grenzen noch möglich war, in der Hochenergiephysik eine völlig unzulässige Idealisierung. Reale

66 Vgl. H.-U. Gersch, Teilchenbeschleuniger der siebziger und achtziger Jahre, Berlin 1977 (Veröffentlichung der Physikalischen Gesellschaft der DDR).

physikalische Teilchen wechselwirken immer mit den Vakuumfeldern, indem sie virtuelle Teilchen emittieren und absorbieren. Innerhalb eines durch die quantenmechanische Unbestimmtheitsrelation für Ort und Impuls bestimmten Bereichs der Größenordnung $\Delta x \sim \frac{\hbar}{mc}$ bildet sich um jedes Teilchen damit eine „Wolke“ virtueller Teilchen, deren Abmessung von der Masse m der zu berücksichtigenden virtuellen Teilchen bestimmt ist. Diese „Wolke“ ist das Resultat einer über die Zeit gemittelten Vielzahl von Einzelprozessen außerordentlich kurzer Dauer, die alle in Übereinstimmung mit statistischen Gesetzen der Quantentheorie erfolgen. Damit ist auf der Grundlage der gegenwärtigen Theorie für *alle* Teilchen eine Struktur zu erwarten, die über virtuelle Prozesse bestimmt wird, an denen Teilchen teilhaben, die ebenso schwer bzw. schwerer sind als die Teilchen, deren Struktur sie bilden. Charakteristisch für eine so verstandene *Teilchenstruktur* ist ihre wahrscheinlichkeitstheoretisch bestimmte Dynamik. Eine solche Struktur ist nicht mehr das Resultat abgeschlossener Prozesse, sondern eine relativistische Invariante der entsprechenden Prozesse. Die Teilchenstruktur ist also Prozeßstruktur. Damit wird im Bereich der Hochenergiephysik die statische Strukturkonzeption unbrauchbar; Strukturiertheit und Elementarität schließen sich nicht länger aus. Wenn man bereit ist, alle bisher gefundenen Teilchen weiterhin als „elementar“ anzusehen, dann muß man als Besonderheit der entsprechenden Elementaritätskonzeption auch die Vereinbarkeit von Strukturiertheit und Elementarität festhalten. Dabei stößt man auf Teilchenstrukturen, in denen die Eigenschaften der Elemente und der Gesamtheit gleich sind. Die herkömmliche Vorstellung eines aus kleineren Teilen zusammengesetzten Ganzen bricht zusammen. Elementarität (bezogen auf das Verhalten des Teilchens als Ganzes gegenüber anderen realen physikalischen Objekten) und Strukturiertheit (als relativistische Prozeßinvariante einer Vielzahl virtueller Prozesse) sind in einem Objekt „dialektisch verschmolzen.“[67] Dies kann auch dadurch ausgedrückt werden, daß man von der Relativität der Elementarität spricht und den Elementaritätsbegriff in seiner traditionellen Fassung, also als Ausschluß von Strukturiertheit, jeweils an ein bestimmtes Energieintervall bindet.[68] Im Bereich der Atomphysik, im energetischen Intervall von einigen eV bis zu einigen keV, konnten Atomkern und Elektronen der Hülle noch als elementare Objekte angesehen werden. In der Kernphysik, von einigen keV bis zu einigen hundert MeV, galten Protonen und Neutronen als elementare Objekte und wurden „Elementarteilchen“ genannt. Die Hochenergiephysik, mit Energien oberhalb einiger hundert MeV, hat diesen Begriff jetzt problematisch gemacht.

67 V. S. Baraženkov, Elementarnost' i problema struktury mikroob'ektov, in: Sovremennoe estestvoznanie i materialističeskaja dialektika, Moskva 1977, S. 224.

68 Vgl. P. Möbius, Elementarteilchen, in: Physik für Lehrer, Bd. 12, Berlin 1979, S. 180ff.

Aus der Quantenfeldtheorie ergeben sich Möglichkeiten, die komplizierte Struktur verschiedener Teilchen (räumliche Verteilung der Masse, der Ladung und des magnetischen Moments) abzuschätzen, obgleich eine raumzeitliche Interpretation der entsprechenden Größen (Formfaktoren) mit vielen Schwierigkeiten verbunden ist. Man muß sich bei diesen Strukturuntersuchungen mehr oder minder grober Modelle bedienen, die für Nukleonen (Neutronen und Protonen) und geladene Pionen am besten ausgearbeitet sind. Diese Modelle führen auf Bilder von Teilchen mit einem „Kern" und einer Vielzahl nahezu stetig ineinander übergehender Schichten. Beginnend mit Hofstaedters Elektronenstreuexperimenten an Protonen, die zu einer Verteilung der elektrischen Ladung und des magnetischen Moments im Bereich von 10^{-13} cm geführt haben, werden seit Ende der 50er Jahre die Fragen nach der Struktur von Teilchen an Protonen und geladenen Pionen experimentell untersucht. Dabei nutzt man die Tatsache, daß die Abmessungen des Elektrons etwa um 10^4 Größenordnungen geringer sind als die der Protonen. Das heißt, auf dem Niveau der gegenwärtig experimentell erreichbaren Energien sind Elektronen punktförmige, unstrukturierte Teilchen.

Als Lenin von der „Unerschöpflichkeit des Elektrons" sprach, nahm er das zu seiner Zeit bekannte „elementarste" Objekt der Physik, um auf das erkenntnistheoretische Problem der Relativität aller Erkenntnisse über die Materiestruktur hinzuweisen.[69] Auf dem Erkenntnisniveau der gegenwärtigen Hochenergiephysik bleibt das Elektron weiterhin ein besonders geeignetes physikalisches Objekt für diese philosophische Feststellung. Während die Struktur anderer Teilchen heute im Prinzip schon der experimentellen Forschung zugänglich geworden ist, stellt die experimentelle Untersuchung der Struktur eines Elektrons ein physikalisches Problem der fernen Zukunft dar. Trotzdem weist bereits die gegenwärtige Theorie darauf hin, daß auch die Elementarität dieses Objekts nicht mit seiner Unstrukturiertheit gleichzusetzen ist.

Die Frage nach der Struktur der „Elementarteilchen" verweist also brennpunktartig auf die Problematik der „Elementarität" dieser Objekte. Analysiert man die Vielfalt der Prozesse, an denen sie teilhaben, wird dieses Problem noch weiter zugespitzt; abgesehen davon, daß es allein wegen der großen Zahl inzwischen bekannt gewordener „Elementarteilchen" bereits schwerfällt, sie im traditionellen Sinne alle als „elementar" zu akzeptieren.

Die Mehrzahl der Teilchen ist instabil. Sie nehmen an verschiedenen Umwandlungsprozessen teil. Beim Zusammenstoß eines Teilchens mit seinem Antiteilchen werden Photonen erzeugt (Annihilationsprozesse). Aus Photonen können Teilchen und Antiteilchen entstehen (Paarbildung). Damit ist die gegenseitige Umwandlung

69 W. I. Lenin, Materialismus und Empiriokritizismus, in: Werke, Bd. 14, Berlin 1968, S. 262.

von Teilchen ohne Ruhemasse (Strahlung) und Teilchen mit Ruhemasse (Stoff) möglich.

Die „Elementarteilchen“ lassen sich in der ihnen adäquaten Quantentheorie nicht als Massenpunkte auf einer Raumzeitkurve beschreiben. Ihre Eigenschaften werden durch Quantenzahlen ausgedrückt, die Erhaltungssätzen genügen. Scheinbare Verletzungen dieser Erhaltungssätze wurden in der Geschichte der Hochenergiephysik mehrfach durch die Annahme neuer Teilchen verhindert. So wurde beispielsweise zur „Rettung“ des Energieerhaltungssatzes beim β-Zerfall 1934 von Pauli das Neutrino hypothetisch eingeführt, das erst sehr viel später experimentell auch gefunden werden konnte.

Die in den Quantenzahlen ausgedrückten Eigenschaften der „Elementarteilchen“ können wegen der Gültigkeit von Erhaltungssätzen keine Größen isolierter Teilchen mit an sich bestimmten Qualitäten sein, durch deren Wechselwirkung sich dann die beobachtete Vielfalt materieller Objekte ergibt. In der gegenseitigen Umwandelbarkeit dieser Mikroobjekte erweisen sich bestimmte ihrer Eigenschaften als Resultat der entsprechenden Wechselwirkung.

Auf der Grundlage eines außerordentlich komplizierten Bildes vielfältigster gegenseitiger Umwandlungsprozesse der „Elementarteilchen“ ist die Vorstellung nicht aufrechtzuerhalten, mit diesen Teilchen die Grundbausteine aller materiellen Objekte zu besitzen. Als solche müßten sie *unveränderlich* sein und nicht mehr aus Konstituenten bestehen. Unveränderlich sind sie also keineswegs. Es ergibt sich die Frage, ob sie nicht auch noch in elementarere *Konstituenten* zerlegbar sind.

Die Zerfallsprozesse instabiler Teilchen liefern noch keinen Hinweis auf deren Teilbarkeit oder deren Aufbau aus noch elementareren Bestandteilen. Unter den Zerfallsprodukten sind immer auch solche Teilchen, deren Masse mit der Masse des zerfallenden Teilchens vergleichbar ist. Das heißt, der Massendefekt ist von der Größenordnung der Masse der beteiligten Teilchen. Es wäre daher völlig falsch, die Zerfallsprodukte als Konstituenten des zerfallenden Teilchens anzusehen. „Elementarteilchen“ lassen sich also nur als *relativ* elementare physikalische Objekte charakterisieren, die als Ganzes in Wechselwirkungsprozessen auftreten. Die Relativität der Elementarität auf dieser Stufe der Erkenntnis der Materiestruktur gilt es weiter zu präzisieren.

Die „Elementarteilchen“physik ist entgegen den zu Beginn der 30er Jahre ausgesprochenen Erwartungen bis heute keine Physik der Grundbausteine materieller Objekte, sondern die Physik von Teilchengesamtheiten und deren in der Wechselwirkung bestimmten Gesetzmäßigkeiten. Es geht darum, diese Gesetze zu erkennen und eine Klassifikation der Teilchen entsprechend den für die jeweiligen Prozesse gültigen Erhaltungssätzen und der ihnen zugrundeliegenden Symmetrien auszuarbeiten. Dabei haben sich gruppentheoretische Betrachtungen bewährt. Mit den Erfolgen solcher Klassifizierungen wurde aber zugleich wieder die Frage nach der möglichen Existenz weiterer elementarer Bausteine der bisher bekannt gewordenen Mikroobjekte aufgeworfen. In der Hochenergiephysik spricht man heute deshalb zumeist nicht mehr von „Elementarteilchen“, sondern nur noch von „Teilchen“ und sucht nach deren Fundamentalteilchen.

3.1.2. Auf der Suche nach Fundamentalteilchen

1964 wurde von M. Gell-Mann und G. Zweig ein Modell des Hadronenaufbaus vorgeschlagen, das, in der Zwischenzeit weiterentwickelt, unter den Spezialisten gegenwärtig als der perspektivreichste Lösungsversuch der Atomismusproblematik auf dem zur Zeit energetisch zugänglichen Niveau der Materiestruktur angesehen wird.[70] Nach diesem Modell waren ursprünglich alle Hadronen (stark wechselwirkende Teilchen) aus 3 verschiedenen Quarks aufgebaut (u, d, s). In seiner am weitesten verbreiteten Fassung besitzen die Quarks gebrochene Ladungen und gebrochene Baryonenzahlen. Fundamentalteilchen werden also dadurch charakterisiert, daß bestimmte Größen von Eigenschaften der Teilchen auf elementarere Objekte aufgeteilt werden. Damit ist aber auch weiterhin keine räumliche Teilung verbunden.

Im Quarkmodell sind die Mesonen immer gebundene Zustände eines Quarks und eines Antiquarks $q\bar{q}$, während die Baryonen gebundene Zustände dreier Quarks qqq darstellen. Trotz intensiver Suche konnten bislang keine Hadronen gefunden werden, die sich nicht als $q\bar{q}$ bzw. qqq verstehen lassen. Zu den Anfangserfolgen dieses Modells zählt die Voraussage des Ω-Teilchens und seiner Eigenschaften. Das Modell gestattet außerdem die Massenverhältnisse verschiedener Hadronen in guter Näherung zu berechnen und deren Anregungsspektren zu begründen. Für relativistische Lepton-Hadron-Streuungen haben sich experimentell Strukturfunktionen ergeben, die durch die Hypothese der Streuung an punktförmigen Konstituenten des Hadrons deutbar sind (Feynmansches Partonenmodell). Mit diesem dynamischen Modell wird zugleich auch das statische Quarkmodell gestützt, das von punktförmigen Teilchen ausgeht.

Neben diesen Erfolgen des Quarkmodells sind aber auch eine Reihe von Schwierigkeiten nicht zu übersehen. Bislang ist es beispielsweise nicht gelungen, freie Quarks zu finden. Während man zunächst dazu neigte, den Quarks so große Ruhemassen zuzuschreiben, daß sie bei den gegenwärtig experimentell verfüg-

70 Vgl. G. Morpugo, Quarks and Hadronic Structure, New York—London 1977; U. Kundt/K. Lanius, Der moderne Atomismus, in: DZfPh, 2/1979, S. 203ff.; K. Lanius, Elementarteilchen, in: Sitzungsberichte der AdW der DDR, 15/N/1977, Berlin 1977; J. Ranft, Zur Entdeckung neuer schwerer Teilchen, in: Sitzungsberichte der AdW der DDR, 3/N/1977, Berlin, 1977; A. Zichichi, New Phenomena in Subnuclear Physics, New York—London 1975.

baren Energien nicht zu erzeugen wären, geht man heute von der Vorstellung permanent gebundener Quarks aus. Damit wird die Forderung der Teilbarkeit beobachtbarer Teilchen aufgegeben, ohne allerdings die Konstituentenkonzeption fallenzulassen. Mit einem so verstandenen Quarkmodell liegt eine neue Variante einer einzelwissenschaftlichen Atomismuskonzeption vor, die Grundbausteine materieller Objekte zuläßt, aber die Isolation dieser Grundbausteine verbietet. Analog der Situation bei den virtuellen Prozessen wird die Frage nach der physikalischen Realität dieser Objekte zu einem akuten philosophischen Problem.[71]

Eine weitere Schwierigkeit ergab sich für das Quarkmodell aus der Tatsache, daß Quarks Fermionen sein müssen und folglich dem Pauli-Prinzip zu gehorchen haben. Im Grundzustand eines Baryons sind nach den ursprünglichen Vorstellungen aber drei Quarks im gleichen energetischen Zustand gebunden. Entweder man ändert die Statistik oder führt bei Beibehaltung der Fermi-Statistik eine neue Quantenzahl ein. Man hat sich für letzteres entschieden und die neu eingeführte Quantenzahl, die drei Werte annehmen kann, „Colour" (Farbe) genannt. Damit verdreifacht sich die Zahl der Quarks, und zugleich wurden eine Reihe anderer Probleme dieses Modells gelöst (Renormierbarkeit, bessere Übereinstimmung der berechneten und der beobachteten relativen Häufigkeiten einiger Reaktionen).

Aus dem Verständnis der starken Wechselwirkung auf der Grundlage der Eichfeldtheorien folgt die Existenz eines weiteren Quarks, des „Charms" (*c*), das mit seinem Antiteilchen ein Meson bilden muß, welches 1974 auch tatsächlich gefunden werden konnte. Damit wurde sowohl das Quarkmodell als auch die entsprechende Eichfeldtheorie der starken Wechselwirkung gestützt.

Auf der Grundlage bisheriger Erkenntnisse der Hochenergiephysik lassen sich weitere Quarks vermuten, „Top" (*t*) und „Bottom" (*b*). Sie werden aus Symmetriegründen vor allem durch die neu gefundenen Leptonen (τ) und die ihnen zugehörigen Neutrinos nahegelegt. Damit ergibt sich eine Möglichkeit, alle bisher bekannten Teilchen aus Fundamentalteilchen aufzubauen. Während die Leptonen auf unserem gegenwärtigen Erkenntnisstand aus keinen weiteren Konstituenten bestehen, sind die Hadronen aus Quarks aufgebaut. Die physikalischen Konstituenten aller materiellen Objekte wären durch folgendes Schema erfaßt:

$$\begin{Bmatrix} e^- & \mu^- & \tau^- \\ \tilde{\nu}_{e^-} & \tilde{\nu}_{\mu^-} & \tilde{\nu}_{\tau^-} \end{Bmatrix} \begin{Bmatrix} u & s & t \\ d & c & b \end{Bmatrix}$$

71 Vgl. V. V. Bažan/P. S. Dyšlevyj/V. S. Luk'janec, Dialektičeskij materializm i problema real'nosti v sovremennoj fizike, Kiev 1974; L. G. Antipenko, Problema fizičeskoj real'nosti, Moskva 1973.

\+ Austauschquanten elektromagnetischer Wechselwirkung γ (Photonen)
\+ Austauschquanten schwacher Wechselwirkung $w^{\pm}$; z (Bosonen)
\+ Austauschquanten starker Wechselwirkung g (Glyonen)
\+ Gravitationswechselwirkung.

Die experimentellen und theoretischen Erfolge dieses Vorgehens sind gegenwärtig so überzeugend, daß die Mehrzahl der Spezialisten den Atomismus auch auf der Ebene der ursprünglich als „Elementarteilchen“ bezeichneten Mikroobjekte für fruchtbar hält. In diesen Fundamentalteilchen kann man die Präzisierung der Relativität der Elementarität von Objekten auf der vorher untersuchten höheren Stufe der Materiestruktur erblicken. Zugleich aber sind wir Zeuge einer zunehmend komplizierter werdenden Elementaritätskonzeption. Als elementar, wie die bisherige Dialektik des Erkenntnisprozesses lehrt: relativ elementar, werden *gleichzeitig* sowohl Objekte angesehen, die als freie Teilchen vorkommen (Leptonen), als auch Objekte, die entweder nur virtuell bei Wechselwirkungsprozessen auftauchen, diese also als Prozeß konstituieren (Austauschquanten), oder die vermutlich nur in gebundenen Zuständen vorkommen (Quarks).

Die Kompliziertheit einer solchen „Elementaritätskonzeption“ könnte darauf hindeuten, daß mit dem nächst niederen Niveau der Materiestruktur die Möglichkeiten des Atomismus noch weiter eingeschränkt werden. Es ist daher die Frage zu stellen, ob ausgehend von bisherigen Erkenntnissen der Hochenergiephysik *letzte* physikalische Grundbausteine materieller Objekte theoretisch denkbar sind. Da bereits das materielle Strukturniveau der gegenwärtig bekannten Fundamentalteilchen noch zahlreiche experimentell und theoretisch ungeklärte Fragen bereithält und das Niveau unterhalb dieser Strukturebene experimentell überhaupt noch nicht zugänglich ist, handelt es sich bei einer solchen Frage um eine höchst spekulative Problemstellung. Man kann sie sinnvoll nur im Rahmen bisher bewährter Theorien erörtern. Selbst wenn die Vorstellung von der Existenz einer solchen Objektebene berechtigt sein sollte, ist nicht ohne weiteres sicher, ob die theoretischen Prinzipien der gegenwärtigen Physik dort noch annähernd adäquat objektive Sachverhalte erfassen. Insofern lautet die oben gestellte Frage also richtiger: Welches sind die elementarsten Objekte einer Quantentheorie? Wie weit können atomistische Konzeptionen auf der Grundlage der Quantentheorie heute bereits vorangetrieben werden?

Ein solches Problem hat C. F. v. Weizsäcker im Rahmen seines konstruktiven Versuchs zur Einheit der Physik erörtert.[72] Dabei wurde von ihm und seinen Mitarbeitern eine Konstituentenkonzeption materieller Objekte entwickelt, in der

72 Vgl. C. F. von Weizsäcker, Die Einheit der Natur, a. a. O., S. 129ff.; C. F. von Weizsäcker, Quantentheorie elementarer Objekte, in: Nova acta Leopoldina, N. F., Bd. 49, Nr. 230, Halle 1978.

als elementarste Objekte sogenannte „Ure“ auftreten. Das sind Objekte, die nur zwei Zustände haben können, also informationstheoretisch gesprochen Alternativentscheidungen darstellen. Man geht im Rahmen eines Modells mit derartigen Konstituenten davon aus, daß in der Quantentheorie die Komposition von Objekten der Produktenregel der Wahrscheinlichkeitstheorie folgt; entsprechende Hilberträume werden multiplikativ aus den Hilberträumen der elementaren Objekte zusammengefügt. Ein Charakteristikum derartiger Operationen ist, daß die elementaren Objekte innerhalb eines komplizierten Objektes nicht mehr isolierbar sind. Alle materiellen Objekte lassen sich zwar theoretisch aus elementarsten Objekten konstruieren, sie lassen sich aber nicht räumlich in diese zerlegen. Wir haben es wieder mit einer atomistischen Konstituentenkonzeption zu tun, die unvereinbar mit traditionellen Teilbarkeitsauffassungen komplizierter Objekte ist.

Ein solches theoretisches Modell gestattet es, die Zahl der erforderlichen Elementarobjekte abzuschätzen, um die zur Zeit experimentell untersuchten Teilchen aufzubauen. Damit kann zumindest verdeutlicht werden, daß auf der Ebene gegenwärtiger Theorien (Quanten- und Relativitätstheorie) die Möglichkeiten atomistischer Konzeptionen noch längst nicht erschöpft sind.

Abgesehen davon, daß dieses Modell auf ein derart tiefes physikalisches Strukturniveau hinabsteigt, daß es außerordentlich schwerfällt, sinnvolle physikalische Interpretationen für die Konstituenten materieller Objekte zu geben, ist bislang aber auch der Aufstieg von diesem Niveau zu beobachtbaren Teilchen ein ungelöstes Problem. Solange es im Rahmen eines solchen Modells nicht gelingt, wenigstens die Möglichkeit beobachtbarer Teilchen zu begründen und ihre Eigenschaften abzuschätzen, bleiben derartige Überlegungen im philosophisch-weltanschaulichen Vorfeld zukünftiger physikalischer Grundlagenforschung. Ähnliches gilt für alle bisher diskutierten Alternativen zum Atomismus.

3.2. Alternativen zum Atomismus

Obgleich auch in der gegenwärtigen Hochenergiephysik das atomistische Konzept bislang außerordentlich fruchtbar war, gibt es eine Reihe physikalischer und philosophischer Gründe, die Alternativen zu diesem Konzept nicht völlig aus dem Auge zu verlieren. In der Teilchenphysik wird man immer wieder auf Symmetrien geführt. Wie wenn die elementarsten Objekte der Physik nicht die Teilchen wären, sondern die Asymmetrien bzw. Symmetrien eines einheitlichen Feldes? Davon ging Heisenberg aus. Der Gedanke der Nichtisolierbarkeit von Teilchen kann, erinnert man sich an die Diskussionen zur Teilchenstruktur, bis zu der Überlegung weitergeführt werden, daß für den Aufbau eines Teilchens alle anderen benötigt werden. Davon läßt sich die „Bootstrap“-Hypothese von Chew leiten.

In den bisherigen Modellen der Teilchenphysik wurde völlig vernachlässigt, daß jedes Teilchen eingebettet ist in einen kosmologischen Zusammenhang. Wie, wenn es erforderlich wäre, zum Verständnis der elementarsten Objekte die Gesetzmäßigkeiten der komplexesten Objekte zu berücksichtigen? Es gibt einige sehr spekulative Versuche, die Gravitation in den Teilchenmodellen der Hochenergiephysik zu berücksichtigen und damit neben den lokalen Charakteristika auch globale in die Betrachtung mit einzubeziehen.

3.2.1. Heisenbergs einheitliche Feldtheorie

Im Mittelpunkt der Heisenbergschen Überlegungen zu einer einheitlichen „Elementarteilchen"theorie stand seit Ende der 40er Jahre die Umwandelbarkeit der Teilchen ineinander. Er sah deshalb in Demokrits Atomismuskonzeption eine die Hochenergiephysik desorientierende Philosophie. Heisenberg bevorzugte Platons Philosophie, nach der alles materiell Existierende Abbild von Ideen ist.[73] Die dialektisch-materialistische Kritik an Heisenbergs diesbezüglichen Auffassungen hat zeigen können, daß sein philosophisches Problem eigentlich in der Annahme einer Urmaterie besteht.[74] Wie Einstein ging er dabei von einem Feld aus. Die Teilchen galten ihm nur als Erregungen dieses Feldes, und es kam darauf an, dessen physikalische Eigenschaften festzulegen. Die Entdeckung der Nichterhaltung der Parität durch Yang und Lee führte ihn zu der Annahme, daß sich Symmetrien erst als Folgen der Feldgleichung ergeben, der Grundzustand des Feldes aber entartet sei. Neben diesem entarteten Grundzustand ist es die indefinite Metrik des Hilbertraums gewesen, die immer wieder Anlaß zur Kritik an der Heisenbergschen „einheitlichen Feldtheorie der Elementarteilchen" gegeben hat.

In Diskussionen wurde die Auffassung vertreten, daß der Grundzustand eines solchen Feldes symmetrisch sein müsse und daß die mit der indefiniten Metrik zusammenhängenden Korrekturen der Raum-Zeit-Auffassungen (Einführung einer Elementarlänge) und der Mikrokausalität nicht erforderlich seien. In der Tat sind die Erfolge mit der S-Matrix nicht zuletzt auf die Beibehaltung der Mikrokausalität zurückzuführen.[75] Außerdem gibt es bis heute keine experimentellen

73 Vgl. W. Heisenberg, Der Teil und das Ganze, a. a. O.; C. F. von Weizsäcker, Der Garten des Menschlichen, München 1977, S. 319ff.

74 Vgl. H. Hörz, Werner Heisenberg und die Philosophie, Berlin 1966, S. 216ff.

75 Vgl. D. I. Blochincev, O pričinnosti v sovremennoj teorii polja, in: Sovremennyj determinizm zakony prirody, Moskva 1973, S. 365—374; V. S. Baraženkov/F. G. Zeregi, Prinzip pricinnosti v sovremennoj fizike elementarnych častic, in: Sovremennyj determinizm i nauka, Bd. II, Novosibirsk 1975, S. 229—245; V. N. Bajer, Pričinnost' i nekotorye problemy fiziki elementarnych častic, in: Sovremennyj determinizm i nauka, Bd. II, a. a. O., S. 246—264.

Hinweise, die von der Notwendigkeit zeugen, bisherige Raum-Zeit-Auffassungen im Mikrobereich durch Einführung einer Elementarlänge zu verändern. Es gibt allerdings auch keinen gegenteiligen Beweis. Dafür jedoch häufen sich die Hinweise, daß raumzeitliche Beziehungen für die Mikroobjekte ohne Bedeutung geworden sind. Mit der weiteren philosophischen Analyse bedarf es vor allem neuer physikalischer Forschungsergebnisse, um in dieser Frage weiterzukommen.[76]

Die ursprünglichen Hoffnungen Heisenbergs, mit der „einheitlichen Feldtheorie“ bald das Spektrum der bekannten Teilchen zu errechnen, haben sich nicht erfüllt. Die Fülle der auf diesem Wege zu überwindenden Schwierigkeiten hat nicht abgenommen, sondern eher zugenommen. Dürr meint zwar, die Zunahme der Konstituenten innerhalb des Quarkmodells als Hinweis auf die Notwendigkeit deuten zu können, für das elementarste Objekt eine unendliche Anzahl von Freiheitsgraden wählen zu müssen, also von einem Feld und nicht von endlichen Konstituenten materieller Objekte auszugehen.[77] Eine „einheitliche Feldtheorie“ kann aber physikalisch mit dem Quarkmodell nur dann konkurrieren, wenn sie mindestens dessen Ergebnisse auch liefert. Bislang scheint der Heisenbergsche Ansatz physikalisch unterbestimmt zu sein.

Mit der Bedeutung des Grundzustandes innerhalb des Heisenbergschen Ansatzes wird auf einen möglichen Zusammenhang von Kosmologie und „Elementarteilchen“theorie verwiesen. Die Bestimmung des Grundzustands setzt Kenntnis über die Materiestruktur in kosmischen Dimensionen und den Einfluß dieser Struktur auf das Elementarteilchenverhalten voraus. Der Erfolg der Quarkhypothese legt dagegen nahe, daß dieser Zusammenhang auf der Ebene der ursprünglich als „Elementarteilchen“ bezeichneten Objekte noch vernachlässigbar ist.

3.2.2. Chews Bootstrap-Hypothese

Ein anderer Versuch, die gegenseitige Umwandelbarkeit der Teilchen zum Ausgangspunkt eines theoretischen Ansatzes für die Theorie stark wechselwirkender Teilchen zu machen, liegt in Chews Bootstrap-Hypothese vor. Danach sind die stark wechselwirkenden Teilchen so miteinander verbunden, daß jedes Teilchen eigentlich die Wechselwirkung anderer Teilchen repräsentiert. Folglich wären keine Fundamentalteilchen zur Erklärung der Teilchenstruktur erforderlich, sondern

76 Vgl. M. D. Achundov, Problema preryvnosti i nepreryvnosti prostranstva i vremeni, Moskva 1974; D. I. Blochinzev, Prostranstvo i vremja v mikromire, Moskva 1970.

77 Vgl. H. P. Dürr, Zum gegenwärtigen Stand der Theorie der Elementarteilchen, in: 75 Jahre Plancksches Wirkungsquantum — 50 Jahre Quantenmechanik, in: Nova Acta Leopoldina, Supplementum Nr. 8, Bd. 44, Halle 1976, S. 37ff.

die Struktur wäre die Beziehung der existierenden Teilchen, die stark miteinander wechselwirken. Teilchen existierten nicht mehr für sich, sie werden erst in der Wechselwirkung konstituiert. Es gäbe keine Eigenschaften individueller Teilchen; alle Eigenschaften wären das Resultat von Wechselwirkungen.

Diese Konzeption einer Vielfalt miteinander wechselwirkender Objekte vermag ebenfalls nicht auf annähernd solche Erfolge wie das Quarkmodell zu verweisen. Bislang gelang es nur, äußerst grobe Modelle zu berechnen, in denen die Wechselwirkung von zwei bzw. drei Teilchensorten untersucht wurden. Es ist prinzipiell ungeklärt, ob im allgemeinsten Falle ein geschlossenes Gleichungssystem möglich ist, das solche Lösungen hat, die die Eigenschaften aller Teilchen, einschließlich ihrer Struktur, beschreibt. Im Unterschied zu Heisenbergs Programm arbeitet Chews Modell nicht mit unendlichen Freiheitsgraden. Da es die Individualität der Teilchen in der Theorie völlig aufhebt und die Eigenschaften eines einzelnen Teilchens immer als Eigenschaften der Teilchengesamtheit darstellt, enthält es eine holistische Alternative zum Atomismus. Indem es aber eine endliche Teilchengesamtheit betrachtet und unterhalb des Niveaus der bisher bekannten Teilchen keine weiteren annimmt, wäre es zugleich auch mindestens gegenwärtiger Endpunkt atomistischer Konzeptionen.

3.2.3. Kosmologische Überlegungen innerhalb der Hochenergiephysik

Die Möglichkeit, daß Quarks massereiche, energetisch noch nicht zugängliche Teilchen sind, die Tatsache, daß in der jüngsten Vergangenheit neue massereiche Teilchen gefunden wurden, und andere Fakten lassen die Frage entstehen, ob es eigentlich eine obere Massengrenze für Fundamentalteilchen gibt oder ob beliebig große Massen zulässig sind. Eine Abschätzung dieser Massengrenze ergibt sich aus dem asymptotischen Verhalten der starken, elektromagnetischen und schwachen Wechselwirkung für extrem große Energien. Danach ist zu erwarten, daß diese Grenze bei Massen größer als 10^4 *GeV* liegt, also mindestens um eine Größenordnung oberhalb der gegenwärtig experimentell verfügbaren Energien.

Eine andere Abschätzung dieser Massenobergrenze ist in der Gravitationstheorie auf der Grundlage der Untersuchungen sogenannter abgeschlossener oder halbabgeschlossener Welten möglich. Eine abgeschlossene Welt läßt sich, wenn das Gesamtsystem elektrisch neutral ist, sowohl mit beliebig kleinen als auch beliebig großen Massen erreichen. Wichtig ist lediglich, daß die Massendichte *in* dieser Welt einen bestimmten kritischen Wert erreicht. Bei Annäherung an diesen Wert wächst der Gravitationsmassendefekt; die Gesamtmasse und der äußere Radius des Systems streben gegen Null. Der innere Radius allerdings — also jener, den ein Beobachter *in* dieser Welt wahrnimmt — kann bei entsprechend großer Ausgangsmasse beliebig groß sein. Er kann also prinzipiell kosmische Dimensionen haben. Haben wir es mit einem System der elektrischen Ladung Q zu tun, dann geht die Masse des Gesamtsystems bei Erreichen der kritischen Dichte nicht gegen Null, sondern gegen $\frac{Q}{\varkappa}$, wobei $\varkappa$ die Gravitationskonstante ist. Es bildet sich eine halbgeschlossene Welt. Berücksichtigt man nicht nur den Beitrag des elektromagnetischen Feldes, sondern auch den der anderen Felder, dann kann die Gesamtmasse einer halbgeschlossenen Welt derart klein werden, daß sie der bekannter Teilchen nahekommt. Gegenüber der äußeren Welt verhält sich eine halbgeschlossene Welt also wie ein Mikroobjekt, stellt aber selbst einen ganzen Kosmos dar. Mit diesen von M. A. Markov als „Fridmonen" bezeichneten Objekten liegt eine interessante Präzisierung des philosophischen Gedankens von der Unerschöpflichkeit der Materiestruktur vor. Mikro- und Makrophysik könnten danach nur noch sehr bedingt getrennt werden, führten vielmehr immer wieder auf ihren wechselseitigen Zusammenhang. Atomistische und holistische Konzeptionen schlössen einander nicht aus, sondern ständen in einem unauflöslichen Zusammenhang.

Das Modell der Fridmonen liefert gegenwärtig Objekte, deren Kern von der Größenordnung 10^{-30} cm und deren äußere Atmosphäre infolge einer Vielfalt von Quantenprozessen von der Größenordnung 10^{-13} cm ist. Solange aber noch eine folgerichtige Synthese der Gesetze der Quantentheorie mit denen der Allgemeinen Relativitätstheorie aussteht, verweisen die von D. D. Ivanenko, M. A. Markov, K. P. Stanjukovič und anderen unternommenen Bemühungen, die Gravitation in der Hochenergiephysik zu berücksichtigen,[78] lediglich auf *eine* weitere, noch zu analysierende Möglichkeit der Relativierung oder dialektischen Aufhebung atomistischer Konzeptionen hin. Sie entziehen sich gegenwärtig jeglicher experimenteller Überprüfung und sind daher auch philosophisch nur mit großer Vorsicht zu erörtern.

3.3. Die Notwendigkeit einer dialektischen Atomismuskonzeption

Die bisherigen Erkenntnisse in der Hochenergiephysik führen uns zu der Feststellung, daß mit modifizierten Atomismuskonzeptionen in der jüngsten Ver-

78 Vgl. D. D. Ivanenko, Gravitation and unit unified picture of matter, in: Atti del congresso sulla relativita generale, Florence 1965, p. 205—209; M. A. Markov, O prirode materii, Moskva 1976; K. P. Stanjukovič, Gravitacionnoe pole i elementarnye časticy, Moskva 1965; K. P. Stanjukovič/S. M. Kolesnikov/V. M. Moskovin, Problemy teorii prostranstva, vremeni i materii, Moskva 1968.

gangenheit sichtbare Fortschritte erzielt wurden, während alle als Alternative zum Atomismus aufgefaßten Ansätze entweder über erste Überlegungen noch nicht hinausgekommen bzw. auf schier unüberwindliche Schwierigkeiten gestoßen sind. Die *philosophische* Analyse entsprechender physikalischer Ansätze erbrachte keine Gründe, einen der oben diskutierten Versuche als unberechtigt zu verwerfen. Über ihre Fruchtbarkeit können allein die mit ihrer Hilfe erzielten *physikalischen* Resultate entscheiden. Aufgabe *philosophischer* Forschung aber ist es, anhand des vorliegenden Materials zu heuristisch wirksamen Verallgemeinerungen zu kommen.

Bezüglich der als Alternativen zum Atomismus aufgefaßten Konzeptionen gilt es festzuhalten, daß in allen drei hier diskutierten Varianten die Ablehnung des Atomismus auf Momente des Holismus führt. Dies ist verständlich. Wenn die materiellen Objekte nicht aus elementaren materiellen Objekten zusammengesetzt sein sollten, dann müßten sie theoretisch beliebig oft zerlegbar sein. Das Konzept des dialektisch relativierten Atomismus, nach dem zu jeder materiellen Strukturebene die entsprechenden Substrukturen zu erforschen sind, wäre dann zwar auch noch anwendbar, verspräche aber niemals Vollständigkeit der Beschreibung. Die wäre nur über ein alternatives, also ein holistisches Vorgehen erreichbar. Dabei taucht dann aber immer wieder die Frage auf, wie ein solches Verfahren zu einer konsistenten, relativ abgeschlossenen und die Gesetze der objektiven Realität widerspiegelnden Theorie führen kann. Um die Gesetze eines Objekts adäquat zu erfassen, wäre es möglicherweise erforderlich, den universellen Zusammenhang aller materiellen Erscheinungen und Prozesse in seiner Totalität zu berücksichtigen, was praktisch nicht zu realisieren ist.

Die prinzipielle Auseinandersetzung um den Atomismus auf der Ebene der Physik wird letztlich zu einer Entscheidung darüber, ob für den Prozeß der physikalischen Erkenntnis der Materiestruktur ein Grenzwert existiert und wie dieser Grenzwert aussieht. Mit der materialistischen Dialektik liegt ein philosophisches Instrumentarium vor, das die Existenz eines solchen Grenzwerts in der objektiven Wahrheit zu behaupten gestattet, ohne diesen Grenzwert auf die Alternativentscheidung „entweder Atomismus oder Holismus“ festlegen zu müssen und ohne in irgendeiner Form zum unerkennbaren Kantschen „Ding an sich“ zurückzukehren. Eine solche philosophische Feststellung mag zunächst physikalisch unbefriedigend erscheinen, weil sie relativ unbestimmt ist und daher eine Vielfalt von Forschungsstrategien weiterhin zuläßt. Die Synthese einander so widersprechender Konzeptionen wie der des Atomismus und des Holismus ist aber zugleich genügend bestimmt, um gegenwärtig vor allem auf die Notwendigkeit einer dialektischen Atomismuskonzeption hinzuweisen, dabei die Möglichkeit ihrer dialektischen Aufhebung im Auge zu behalten und die Ansätze zur Dialektik aus den vorliegenden einzelwissenschaftlichen Ansätzen herauszupräparieren.

In der relativ kurzen Geschichte der Hochenergiephysik wurde das Konzept des Atomismus bereits entscheidend präzisiert. Auf der Ebene der „Elementarteilchen“ faßte man die Relativität der Elementarität dieser Objekte so, daß Elementarität und Strukturiertheit miteinander verträgliche Eigenschaften wurden. Auf der Ebene der Fundamentalteilchen wurden dann die elementarsten Objekte wieder als punktförmige Konstituenten mit eingeprägten Eigenschaften aufgefaßt, die aber im Falle der stark wechselwirkenden Teilchen nur in permanent gebundenen Zuständen zu existieren scheinen. In der Entwicklung der Hochenergiephysik wurden die Vorstellungen der metaphysischen Atomismuskonzeption aufgegeben, nach der das Elementare an sich existiert und erst in der Wechselwirkung mit anderen elementaren Objekten kompliziertere Objekte bilden kann. Die für die gegenwärtige Hochenergiephysik fruchtbare Atomismuskonzeption berücksichtigt die vorliegenden Erkenntnisse über die Dialektik von Elementarität und Strukturiertheit, von Struktur und Prozeß, von Teil und Ganzem, von Kontinuität und Diskontinuität, von Notwendigkeit und Zufall, von Symmetrie und Asymmetrie und wird zu weiteren Präzisierungen dieser Kategorien führen.[79]

Die Fruchtbarkeit einer dialektischen Atomismuskonzeption weist darauf hin, daß auf den tieferen Ebenen der Materiestruktur ebenso wie auf den höheren objektiv die Möglichkeit besteht, bestimmte Objekte in der theoretischen Betrachtung zu isolieren, die ihnen eigenen Systemgesetze zu erforschen und deren Zusammenhang mit den Systemgesetzen des entsprechend niederen und höheren Strukturniveaus über wissenschaftlich berechtigte Reduktionen aufzuklären, ohne in Reduktionismus zu verfallen. Der philosophische Gedanke von der Strukturiertheit der Materie bewährt sich also auch in Bereichen, die bislang der physikalischen Forschung noch verschlossen waren.

Sollte beim weiteren Eindringen in die Tiefen der Materiestruktur in der physikalischen Grundlagenforschung die dialektische Aufhebung des Atomismus erforderlich werden, dann würden damit neue Erkenntnisse über die Dialektik des Zusammenhangs der verschiedensten materiellen Strukturniveaus gewonnen, von denen wir auch auf der Grundlage bisheriger Erkenntnisse heute bereits wissen, daß sie nicht in der metaphysischen Isolation existieren.

79 Dazu liegen in der philosophischen Fachliteratur eine Reihe spezieller Untersuchungen vor. Hier sei neben den bereits genannten Arbeiten vor allem verwiesen auf: V. S. Gott, Filosofskie voprosy sovremennoj fiziki, Moskva 1972; V. I. Kuznecov, Filosofskij analiz osnovanij fiziki elementarnych častic, Kiev 1977; N. F. Ovčinnikov, Principy sochranenija, Moskva 1966; Prinzip simmetrii, Moskva 1978; Ju. A. Urmanzev, Simmetrija prirody i priroda simmetrii, a. a. O. Weitere Literaturangaben finden sich bei: I. A. Akčurin/N. I. Stepanov/A. Tursunov, Filosofskie voprosy fiziki elementarnych častic, in: Filosofskie voprosy estestvoznanija, čast' 1, Moskva 1976, S. 188—214.

4. Unendlichkeitsproblematik in der gegenwärtigen Astrophysik

In der Astronomie vollzog sich in den letzten Jahren eine stürmische Entwicklung.[80] Neue, ungewöhnliche Objekte und Erscheinungen wurden entdeckt (Quasare, thermische Reliktstrahlung, Röntgen-„Sterne“, kosmische Maser auf den Molekülllinien von OH, H_2O und anderen Molekülen, Pulsare). Durch die Raumfahrt wurde die Einschränkung auf die Beobachtung des Kosmos durch das „optische“ und das „Radiofenster“ aufgehoben; die Astronomie verwandelte sich in eine „Allwellenastronomie“. Gleichzeitig erfolgte eine entscheidende Verbesserung der Effektivität irdischer Beobachtungsinstrumente vor allem durch die Anwendung großer Radioteleskope, Radiointerferometer und elektronischer Bildwandler. Zudem wurden durch die Raumfahrttechnik die Möglichkeiten der „experimentellen Astronomie“[81] erweitert. Die Benutzung elektronischer Rechenanlagen — z. B. bei der Berechnung von Sternmodellen — führte zu einer entscheidenden Intensivierung der theoretischen Forschung. Als das theoretische Fundament der Astronomie entwickelte sich die Astrophysik, die im 19. Jahrhundert entstand, zunächst mit dem Einsatz photometrischer und spektroskopischer Methoden in der Astronomie die Bestimmung von Zustandsgrößen kosmischer Objekte ermöglichte und heute unter Einbeziehung aller Teilgebiete der Physik die Voraussetzungen schafft, um die Beschaffenheit, das Entstehen, den Lebensweg und das Vergehen der verschiedenen Erscheinungen im Kosmos zu erklären. Immer deutlicher wird dabei der enge Zusammenhang von kosmologischen Aspekten und der Kosmogonie der verschiedenen Klassen von Objekten im Kosmos wie der Elementarteilchen, der chemischen Elemente, der kosmischen Gase, des kosmischen Staubs, der Sterne, Planetensysteme, Galaxien, Galaxienhaufen usw.

Wichtige Probleme von Grundlagencharakter nicht nur für die Astronomie, sondern auch für die Physik selbst, an denen die Astrophysik heute intensiv arbeitet,[82] sind die Frage der experimentellen Prüfung der Allgemeinen Relati-

80 Vgl. W. L. Ginsburg, Über Physik und Astrophysik, Berlin 1977; siehe auch: V. V. Kazjutinskij, Filosofskie voprosy astronomii, in: Filosofskie voprosy estestvoznanija, čast' 1, a. a. O., S. 215—259; V. A. Ambarzumjan/V. V. Kazjutinskij, Naučnye revoljucii i progress v issledovanie vselennoj, in: Voprosy filosofii, 3/1978.

81 Vgl. J.-C. Pecker, L'Astronomie expérimentale, Paris 1969.

82 H. Stiller, Philosophische Probleme der Entwicklung der Naturwissenschaften in unserer Zeit, Berlin 1980.

vitätstheorie, die Suche nach den Gravitationswellen, das kosmologische Problem, insbesondere die Frage der kosmologischen Singularität, die Aufklärung der Natur der Quasare und Galaxienkerne, die Suche nach den „Schwarzen Löchern", die Erklärung des Ursprungs kosmischer Strahlen, die Entwicklung der Neutrinoastronomie usf.

In diesem Prozeß der stürmischen Entwicklung von Astronomie und Astrophysik werden eine Vielzahl von schwerwiegenden erkenntnistheoretisch-methodologischen Fragen aufgeworfen. Die Astronomie ist nach wie vor im wesentlichen eine beobachtende Wissenschaft. Ihre Objekte sind einer experimentellen Untersuchung weitgehend verschlossen. Vieles Wesentliche (z. B. das Sterninnere, die Veränderung der meisten kosmischen Objekte, die kosmischen Prozesse und Objekte hinter dem Beobachtungshorizont) kann trotz immens verbesserter technischer Möglichkeiten nicht oder noch nicht unmittelbar beobachtet werden. Wichtige Zustandsgrößen können also nicht direkt erschlossen werden. Viele Strukturen und Prozesse sind im Kosmos derart kompliziert, daß ihre mathematische Modellierung die heute vorhandenen Möglichkeiten noch übersteigt. In diesem Zusammenhang ist die Frage umstritten, ob die heutige Physik bereits ausreicht, um die kosmischen Prozesse und Strukturen zu erklären. Methodologische Fragen spielen eine wachsende Rolle: Welchen Stellenwert haben Deduktion und Induktion, Hypothesen, Modelle usf.?

Probleme weltanschaulicher Natur sind mit der Astronomie seit altersher eng verwoben. Sie gewinnen heute vor allem ihre Brisanz aus der Tatsache, daß die Astronomie in wachsendem Maße die kosmischen Bedingungen für die Entstehung des irdischen Lebens und damit auch der menschlichen Existenz aufklärt sowie vertiefte Einsichten über die Stellung des irdischen Lebens im Weltall gewinnt. Die Erforschung der Entstehungsmechanismen von Planetensystemen mit günstigen Bedingungen für die biologische und speziell die menschlich-gesellschaftliche Daseinsweise der Materie wird in der letzten Zeit immer mehr mit der Suche nach außerirdischen Zivilisationen verbunden.[83] Somit liefert die astronomische Forschung wichtiges Material, das — in philosophischer Verallgemeinerung — einen Beitrag zur wissenschaftlichen Beantwortung der weltanschaulichen Grundfrage nach der Stellung des Menschen in der Welt leistet.

83 Vgl. I. S. Šklovskij, Vselennaja — Žizn' — Razum, Moskva 1976; I. S. Šklovskij, Über die mögliche Einmaligkeit vernunftbegabten Lebens im Weltall, in: Sowjetwissenschaft, Gesellschaftswiss. Beiträge, 9/1977; N. S. Kardašev, O strategii poiska vnezemnych civilizacij, in: Voprosy filosofii, 12/1977.

4.1. Das kosmologische Problem

Nach einer verbreiteten Auffassung ist es das Anliegen der Kosmologie, Struktur und Veränderung der *Welt als Ganzes* zu erforschen. Bei einem solchen Verständnis der Kosmologie geht man von äußerst einschneidenden Voraussetzungen aus.

Im Falle eines real unendlichen Weltalls im mathematisch-kosmologischen (metrischen) Sinne würde sie die Berechtigung der Extrapolation vom endlichen Teil auf das unendliche Ganze voraussetzen. Gegen ein solches Schließen hat bereits Engels Einwände erhoben.[84] Auch die Mengenlehre weist uns darauf hin, daß man nicht ohne weiteres Begriffsbildungen für endliche Mengen auf unendliche übertragen kann. In einer anderen Lage wäre eine Kosmologie, die von vornherein davon ausgeht, daß das Weltganze endlich ist. Das Extrapolationsproblem wäre in ihr von wesentlich geringerer Schärfe, andererseits hat aber auch diese Voraussetzung einen außerordentlich einschränkenden Charakter.

Geht man dagegen davon aus, daß die Aufgabe der Kosmologie darin besteht, die globalen kosmischen Strukturen zu beschreiben (etwa die der Metagalaxis, wobei die Existenz und Erkennbarkeit übergeordneter Strukturen nicht ausgeschlossen ist), dann sind die Annahmen, die man voraussetzt, bei weitem nicht so gravierend. Freilich bleibt auch dabei nach wie vor die Frage nach den entsprechenden theoretischen Voraussetzungen und die Extrapolationsproblematik bestehen. Beides hängt eng zusammen. Die theoretischen Voraussetzungen einer solchen Kosmologie sind weitgehend Vorgaben hinsichtlich der Extrapolationsmöglichkeiten. So gewährleistet das kosmologische Postulat die unbeschränkte Extrapolation der „lokalen" (metagalaktischen) Gegebenheiten.

Wenn hier von *Voraus*setzungen die Rede ist, so ist damit gemeint, daß theoretische Annahmen hinsichtlich der Extrapolationsbedingungen gemacht werden, die aus dem untersuchten Erfahrungsbereich selbst nicht erschlossen werden können. Im Gegensatz zur positivistischen Deutung wird in der dialektisch-materialistischen Erkenntnistheorie nicht der Standpunkt vertreten, daß mit diesen theoretischen Annahmen irrationale, nichtwissenschaftliche Voraussetzungen vorliegen. Wenn wir davon ausgehen, daß Erkenntnis immer die dialektische „Einheit von Abbild und Entwurf" (H. Ley) darstellt, so ist „Entwurf" keineswegs als willkürliche Konstruktion mißzuverstehen, in der der Natur Gesetze vorgeschrieben werden. In einen solchen Entwurf gehen verallgemeinerte Erfahrungen aus anderen Bereichen ein. Dabei fließen philosophische Auffassungen immer über verschiedene Formen der Vermittlung, über entsprechende Binde-

84 Vgl. F. Engels, Herrn Eugen Dührings Umwälzung der Wissenschaft („Anti-Dühring"), in: MEW, Bd. 20, a. a. O., S. 56.

glieder in den Entwurf ein. Man muß betonen, daß hier keine besondere Problemlage, die es nur für das Verhältnis von Kosmologie und Philosophie gäbe, vorliegt.[85]

Die Frage der theoretischen Voraussetzungen kosmologischer Modelle wurde in der marxistischen philosophischen Literatur in den letzten Jahren relativ intensiv untersucht.[86] Dabei wurde speziell die Abhängigkeit der Unendlichkeitsaussage eines kosmologischen Modells von den dem Modell zugrunde liegenden theoretischen Voraussetzungen, den „Postulaten" und damit der „postulative Charakter" der Unendlichkeitsaussagen kosmologischer Modelle hervorgehoben.[87]

Auch in der bürgerlichen philosophischen Literatur wird die Erkenntnissituation in der Kosmologie und speziell die kosmologische Fragestellung intensiv diskutiert.[88] Oft wird an die wirkliche Problemsituation angeknüpft und diese dann in einer Weise interpretiert, daß scheinbar echte Argumente für die eigene philosophische Position herausspringen.

Die Auffassung, nach der es Anliegen der Kosmologie sei, Struktur und Veränderung der Welt als Ganzes zu erforschen, wird in der positivistisch orientierten Wissenschaftsphilosophie verschiedentlich als pseudowissenschaftliches Vorgehen angesehen. Nur das in der Beobachtung Gegebene könne Gegenstand der wissenschaftlichen Betrachtung sein; somit entfalle die „Welt als Ganzes" als Objekt der Wissenschaft. Allein diejenige Struktur, die durch unsere Beobachtung erreichbar ist, die Metagalaxis, sei Objekt der Wissenschaft. So „gewinnt" der Positivismus auch aus der Auseinandersetzung mit der kosmologischen Frage einen Beleg dafür, daß es wissenschaftlich sinnlose Fragen gibt. Andererseits wird aus kritisch-realistischer Sicht auf die Einmaligkeit des Kosmos verwiesen und die Möglichkeit einer wissenschaftlichen Kosmologie bezweifelt: „Im Grunde kann das ‚Eine' nicht erkannt werden, weil es nicht zu differenzieren ist gegen etwas Anderes. Es ist wohl gegeben, erfahrbar, aber in seiner Undifferenziertheit, in seiner Unwiederholbarkeit bleibt es unverständlich, problematisch; und das ist, wie es scheint, eine nicht aufhebbare Situation

85 Vgl. zum Beispiel H.-H. v. Borzeszkowski/R. Wahsner, Kosmologie — Physik oder Metaphysik?, in: DZfPh, 2/1978.

86 Vgl. A. Tursunov, Osnovanija kosmologii, Opyt gnoseologičeskoj rekonstrukcii, in: Voprosy filosofii, 4/1976; A. Tursunov, Weltanschauliche Probleme der Kosmologie, in: Sowjetwissenschaft, Gesellschaftswissenschaftl. Beiträge, 3/1978; A. Tursunov, Filosofija i sovremennaja kosmologiija, Moskva 1976; E. M. Čudinov, Teorija otnositel'nosti i filosofija, Moskva 1974; T. A. Gorolevič, Problema konečnogo i beskonečnogo v kosmologii, Minsk 1975; Filosofskie problemy astronomii XX veka, Moskva 1976.

87 Vgl. E. M. Čudinov, Teorija otnositel'nosti i filosofija, a. a. O., S. 182, 196—199.

88 Vgl. W. Stegmüller, Hauptströmungen der Gegenwartsphilosophie, Bd. II, Stuttgart 1975, S. 253ff.

für den Intellekt, solchen Gegenständen gegenüber wie Sternenhimmel, Universum, All, Kosmos."[89]

Ein Teilproblem der Frage, ob es berechtigt ist, den Kosmos als Ganzes als strukturelle Einheit zu erfassen, ist die nach dem Inhalt des Wortes „Kosmos". Ist der Kosmos die gesamte materielle Welt, also das Welt*all*, oder nur ein Teil desselben, etwa die Metagalaxis? Betrachtet man den Kosmos als die physikalische Struktur des Weltganzen, so ist man vor allem mit der bereits erwähnten Frage konfrontiert, welche Berechtigung besteht, vom Teil (der unserer Beobachtung zugänglichen Welt) auf das Ganze (das Weltall) zu schließen (Extrapolationsproblem der Kosmologie).

Weitere Aspekte der kosmologischen Probleme sind

— die Frage nach den physikalischen Wechselwirkungen, die den globalen kosmischen Strukturen zugrunde liegen: Spielen neben der universellen und weitreichenden Gravitation auch andere Wechselwirkungstypen eine entscheidende Rolle? Welche Beziehungen bestehen zwischen lokalen und globalen Strukturen und Prozessen? Gibt es außer den vier bekannten noch andere Typen physikalischer Wechselwirkung, existiert z. B. eine universelle kosmische Abstoßung entsprechend einem Nichtverschwinden des kosmologischen Gliedes λ?

— die Frage der räumlichen und zeitlichen Endlichkeit oder Unendlichkeit globaler kosmischer Strukturen.

— die Frage der Existenz hierarchischer Strukturen von globaler Bedeutung: Gibt es z. B. eine Vielzahl globaler Teilsysteme vom Typ der Metagalaxis, können sich derartige Teilsysteme zeitweilig voneinander abkoppeln?

Die Behandlung dieser und anderer Aspekte des kosmologischen Problems unterlagen einer Entwicklung in der Geschichte der Physik. Für die gesamte vorrelativistische Kosmologie ging es um die Verteilung der gravitierenden Massen im euklidischen Raum, die Stabilität der durch die Massen und das Gravitationsgesetz konstituierten physikalischen Systeme und die Vermeidung der kosmologischen Paradoxien (Gravitations- und optisches Paradoxon). Die moderne Physik geht dagegen davon aus, daß die Verteilung von Massen, Energien, Strahlung usw. und Raum-Zeit-Struktur sich gegenseitig bedingen; sie kann daher das kosmologische Problem in der Frage nach der globalen Geometrie der Raum-Zeit zusammenfassen.

4.2. Kosmologische Modelle

Vor der Herausbildung einer naturwissenschaftlichen Kosmologie waren die Auffassung von der kosmischen Unendlichkeit und die materialistische Konzeption von der Unendlichkeit der Materie nahezu identisch. Andererseits wurden endliche

89 J. Meurers, Weltallforschung, Meisenheim am Glan 1971, S. 14.

Modelle des Kosmos im Prinzip auf dem Hintergrund idealistischer Weltsicht entwickelt. So gab es nach Meinung der antiken griechischen Atomisten nichts außer dem unendlichen Raum und dem aus den Atomen gebildeten Urstoff, der in seiner ewigen Bewegung ein ständiges Entstehen und Vergehen von Welten bewirkte. Im endlichen Weltmodell des Aristoteles dagegen kommt gerade in der hierarchischen Ordnung und der Funktion ihrer Bestandteile die bestimmende Rolle des Göttlichen (des ersten Bewegers) zum Ausdruck.

Die Entwicklung, die mit dem kopernikanischen System eingeleitet wurde, schien endgültig der materialistischen Unendlichkeitskonzeption den Weg zu bahnen. Indem sie der Erde deren besondere Stellung im Weltsystem nahm, machte sie die Bahn frei für die Auffassung eines gewissermaßen einheitlichen, homogenen Kosmos. Mit der Newtonschen Mechanik, die die naturgesetzliche Einheit von irdischen und himmlischen Erscheinungen nachwies, wurden erstmalig erkannte Naturgesetze zur Basis kosmologischer Überlegungen. Unter Zugrundelegung des Newtonschen Gravitationsgesetzes und der Voraussetzung einer instantanen Ausbreitung der Gravitationswirkung schien die Annahme einer homogen im unendlichen euklidischen Raum verteilten Materie unausweichlich, die einzige Annahme, mit Hilfe derer man sich erklären konnte, daß die kosmischen Massen unter Einfluß ihrer Eigengravitation sich nicht in einem Zentrum durch einen Gravitationskollaps zusammenballen. Jedoch enthielt diese Lösung des kosmologischen Problems einige Schwierigkeiten.

Das Gravitationspotential wäre nach diesem Weltmodell für jeden Punkt unbestimmt (Gravitationsparadoxon), und der Himmel müßte wegen der unendlichen Zahl leuchtender Sterne immer taghell sein (optisches Paradoxon). Bei den Versuchen, diese Paradoxien der Newtonschen Kosmologie auszumerzen, wurde die Idee einer hierarchischen Struktur des Weltalls ins Spiel gebracht, wobei die Forderung einer verschwindenden mittleren Massendichte erfüllt sein mußte. Bemerkenswert ist die in diesem Zusammenhang von Neumann und Seeliger benutzte Idee einer universellen kosmischen Abstoßungskraft, die zunächst aber wieder in Vergessenheit geriet.[90] Sie wurde in Einsteins erstes kosmologisches Modell wieder aufgenommen. Eine der wichtigsten Forderungen, die Einstein an dieses Modell stellte, war die Vermeidung der kosmologischen Paradoxien der Newtonschen Mechanik. Dazu postulierte er von vornherein die räumliche Endlichkeit des Modells.

Der sowjetische Mathematiker A. A. Friedman zeigte, daß dynamische Modelle eine „natürlichere" kosmologische Lösung der Einsteinschen Gravitationsgleichungen darstellen. Die Friedman-Modelle umfassen eine große Klasse von Lösungen der Gravitationsgleichungen der Allgemeinen Relativitätstheorie, näm-

90 Vgl. S. von Horner, Galaktičeskaja i vnegalaktičeskaja radioastronomija, Moskva 1976, S. 571.

lich alle diejenigen, die auf dem sogenannten kosmologischen Postulat aufbauen. Dieses Postulat fordert die Homogenität der Massenverteilung und die Isotropie des kosmischen Raumes. Die daraus resultierenden Lösungen enthalten als eine Unterklasse diejenigen Modelle, in denen eine universelle kosmische Abstoßung nicht existiert (kosmologisches Glied = 0), und als entarteten Sonderfall Einsteins ursprüngliches statisches und endliches Modell. Je nach der mittleren Dichte der Massenverteilung sind diese Modelle endlich oder unendlich; in beiden Fällen sind sie jedoch unbegrenzt.

Mit der Unterscheidung zwischen Unbegrenztheit und Unendlichkeit, auf die die nichteuklidische Geometrie und die relativistische Kosmologie aufmerksam gemacht haben, kommt man auch zu einem Punkt, an dem die Notwendigkeit des Auseinanderhaltens von philosophischer und kosmologisch-mathematischer Fragestellung hinsichtlich der Unendlichkeitsfrage offenbar wird.

Sowohl metaphysisch-materialistische Angriffe gegen endliche kosmologische Modelle als auch deren idealistische Interpretation haben eine solche Unterscheidung nicht berücksichtigt.[91] Auf Grund eines weltanschaulichen Kurzschlusses sahen sie in diesen Modellen eine Widerlegung des Materialismus. Die philosophische Aussage über die Unendlichkeit der Materie wurde dabei mit der kosmologischen Aussage über die räumliche Unendlichkeit des Kosmos identifiziert. Eine derartige Gleichsetzung ist aber nur für den alten, metaphysischen Materialismus typisch. Der dialektische Materialismus hebt dagegen die philosophischen und einzelwissenschaftlichen Begriffe und Fragestellungen voneinander ab. Hinsichtlich der philosophischen Auffassung von der Unendlichkeit der Materie wurden in den bisherigen Diskussionen, anknüpfend an Engels' Arbeiten, vor allem herausgearbeitet[92]:

1. die materielle Einheit der Welt: Unerschaffbarkeit und Unzerstörbarkeit der Materie, Nichtdurchbrechung des materiellen Zusammenhangs;
2. die qualitative und quantitative Unerschöpflichkeit der Materie; Spezialfall: qualitative Mannigfaltigkeit raumzeitlicher Strukturen;
3. die ewige Bewegung (Veränderung) der materiellen Erscheinungen.

Bei der Beantwortung der Frage, in welchem Zusammenhang diese philosophische Unendlichkeitskonzeption der Materie mit der kosmologischen Unendlichkeit steht und inwiefern von der letzteren die materialistische Grundposition berührt wird, muß man vor allem den ersten Aspekt mit dem Problem von kosmologischer Unbegrenztheit bzw. Unendlichkeit konfrontieren.

91 Vgl. zum Beispiel K. Ch. Delokarov, Relativitätstheorie und Materialismus, Berlin 1977, S. 74ff.

92 Naan, Hörz, Wahsner u. a.; vgl. F. Gehlhar, Engels' Unendlichkeitsauffassungen und aktuelle Diskussionen, in: Wissenschaftliche Zeitschrift der Humboldt-Universität, Math.-naturwissenschaftl. Reihe, 1/1977. Hier erfolgt eine kurze Zusammenfassung der Ergebnisse dieser Arbeiten.

Die Unbegrenztheit eines mathematischen Kosmosmodells kann man als Beleg der philosophischen Aussage von der Nichtdurchbrechung des materiellen Zusammenhangs betrachten. Modelliert das räumliche Kontinuum dieses Modells tatsächlich unsere materielle Welt, so bedeutet die Unbegrenztheit des Modells, daß wir in dieser „Welt“ in beliebiger Richtung fortschreiten können und dabei immer in der „materiellen Welt“ bleiben. Die Unbegrenztheit des Modells genügt also der philosophischen Aussage von der Nichtdurchbrechung des materiellen Zusammenhangs, ohne jedoch mit ihr identisch zu sein. Die Frage, was außerhalb dieser „materiellen Welt“ liegt, wie sie durch das geschlossene Modell repräsentiert wird, ob etwa Gott oder eine nichtmaterielle Welt sich dort befinden könne, ist sinnlos. Dieses Modell charakterisiert eine in sich konsistente „Welt“, die keines Schöpfers o. ä. bedarf. Dabei ist es eine physikalische Frage, ob ein wirkliches System, das durch ein solches Modell abgebildet wird, stabil sein kann.

Hinsichtlich der weltanschaulichen Grundposition hat also vor allem die Unbegrenztheit philosophische Relevanz.[93] Dagegen scheint die kosmologische *Unendlichkeit* eine derartige philosophische Relevanz nicht zu haben. Es wird darauf verwiesen, daß der Gegensatz von kosmologischer Endlichkeit und Unendlichkeit relativ ist. Modelle, die in bestimmten Bezugssystemen endlich sind, können in anderen unendlich sein.[94]

Hinsichtlich der aufgezeigten Beziehung von kosmologischer Unbegrenztheit und der Nichtdurchbrechung des materiellen Zusammenhangs können möglicherweise bald schon weitere Präzisierungen notwendig werden. Theoretisch diskutiert man heute kosmologische Modelle, die topologisch mehrfach zusammenhängende Kontinua darstellen. Sollten sich für solche Modelle Wirklichkeitsbezüge feststellen lassen, dann ist die Frage, wie es sich mit der Nichtdurchbrechung des materiellen Zusammenhanges verhält, neu aufgeworfen. Ein Ansatz zur Beantwortung dieser Frage besteht darin, daß die Nichtdurchbrechung des materiellen Zusammenhangs nicht so verstanden werden kann, daß jede Art materieller Wechselwirkung sich kontinuierlich fortsetzt, daß es keine Barrieren für Wechselwirkungen gibt. Nur das absolute Fehlen von Wechselwirkungen würde philosophische Probleme aufwerfen.

Eine Erweiterung der Frage nach den Beziehungen zwischen kosmologischer Unendlichkeitsproblematik und dialektisch-materialistischer Konzeption von der Unendlichkeit der Materie ergibt sich, wenn man die zweite der genannten Grundaussagen der philosophischen Unendlichkeitsauffassung, die Aussage über

93 Vgl. G. I. Naan, Über die Unendlichkeit des Weltalls, in: Philosophische Probleme der modernen Kosmologie, Berlin 1965; R. Wahsner, Philosophische Betrachtungen über die räumliche Ausdehnung des Weltalls, in: Astronomie in der Schule, Heft 2, Berlin 1967.

94 Vgl. Beskonečnost' i Vselennaja, Moskva 1969, S. 316ff.

die Unerschöpflichkeit der Materie, heranzieht. Gerade im Zusammenhang mit dieser wurde der Gedanke von der qualitativen Mannigfaltigkeit raum-zeitlicher Strukturen entwickelt.[95] Konfrontiert mit dem kosmologischen Problem führt er zu der Frage, ob es wirklich eine einheitliche, einzige globale kosmische räumliche Struktur geben kann.

Die Astrophysiker sind sich heute weitgehend darüber einig, daß die Friedmansche Kosmologie ihre Leistungsfähigkeit erwiesen hat, indem sie vor allem eine Erklärung der Rotverschiebung im Licht der fernen Galaxien als kosmische Expansion liefert und in der speziellen Variante des Modells vom „heißen Kosmos" von Gamov eine grundlegende Entdeckung, die der thermischen Reliktstrahlung, vorauszusagen gestattete. Andererseits gehen auch die meisten Astrophysiker davon aus, daß das den Friedman-Modellen unterlegte kosmologische Postulat eine recht einschneidende Idealisierung darstellt. Sie fragen daher, welche Konsequenzen ein Abgehen von diesem Postulat, das heißt die Annahme inhomogener und anisotroper globaler Verhältnisse im Kosmos hat. An diesen Problemen wird intensiv gearbeitet.[96]

In eine andere Richtung geht die Frage nach dem Begriff des physikalischen Systems, der ja dem des kosmologischen Modells unterstellt ist, und seiner Konsistenz. So wird darauf verwiesen,[97] daß unsere Metagalaxis heute ein solches Ausmaß hat (in der Größenordnung von 10 Milliarden Lichtjahren), daß eine materielle Wirkung, die sich über ihren gegenwärtigen Durchmesser ausbreiten würde, bei Maximalgeschwindigkeit die ganze Zeit ihrer bisherigen Existenz benötigen würde. Daraus wird ein gewisser Zweifel an der Berechtigung der Auffassung der Metagalaxis als eines ganzheitlichen Systems abgeleitet, da ja der Systemzusammenhang durch die Wechselwirkung der Elemente des Systems vermittelt wird.

Eine weitere Überlegung zielt auf das Problem der den globalen Strukturen zugrundeliegenden physikalischen Wechselwirkungen. Der sowjetische Kosmologe Zel'manov geht davon aus, daß eine spezifische Zuordnung von physikalischen Strukturen, den entsprechenden Maßstäben oder Größenordnungen dieser Strukturen und den in diesen Strukturen dominierenden physikalischen Wechselwirkungstypen existiert. Hieraus ergibt sich die hypothetische Möglichkeit, daß beim Übergang zu umfassenderen Strukturen neue, bisher unbekannte physikalische Wechselwirkungen auftreten könnten.[98] Eine dieser hypothetischen Wechselwirkungen könnte die dem kosmologischen Glied entsprechende universelle kosmische Abstoßung sein, deren Existenz unlängst auf Grund von Messungen der

95 Vgl. Zel'manov, Hörz u. a.

96 Vgl. J. B. Zel'dovič/I. D. Novikov, Stroenie i evoljucija Vselennoi, Moskva 1975, Kap. 17–21.

97 Vgl. Zel'manov, Beskonečnost' i Vselennaja, a. a. O., S. 287.

98 Vgl. ebenda, S. 280ff.

Galaxienflucht durch amerikanische Astrophysiker[99] wieder einmal vermutet wurde.

Auch die Diskussion um eine mögliche Vielfalt von Metagalaxien und ihrer qualitativ sehr unterschiedlichen Beschaffenheit[100] gehört in den Umkreis der gegenwärtig zu beobachtenden Erweiterung der kosmologischen Fragestellung. Hierbei stoßen wir erneut auf die Frage der Unendlichkeit des Kosmos in der Zeit. Gestützt auf Engels' Ausführungen zur Relativität von „Weltanfängen" im Zusammenhang mit dem Kantschen „Urnebel"[101] haben Physiker und marxistische Philosophen die Verbindung zwischen der philosophischen Aussage von der Ewigkeit der Materie und dem zeitlichen Beginn (kosmologische Singularität) „unseres Kosmos", wie er sich z. B. aus den Friedman-Modellen ergibt, hergestellt, diesen als den Beginn einer bestimmten Entwicklungsetappe im Weltall charakterisiert. In der letzten Zeit ist unter Fortführung Boltzmannscher Überlegungen der Gedanke formuliert worden, daß diese kosmologische Singularität Ausdruck der Abkopplung unserer Metagalaxis aus dem übergeordneten kosmischen System sein könnte, so daß diese Singularität aus den inneren Bedingungen der Metagalaxis selbst nicht zu erklären wäre.[102]

Es zeigt sich immer deutlicher, daß die kosmologische Problematik und die Fragen der Kosmogonie, das heißt der Entstehung und Entwicklung der verschiedenen Klassen von Objekten im Kosmos, in einem engen Zusammenhang stehen.

4.3. Kosmos — Unendlichkeit — Evolution

Der Gedanke des Werdens kosmischer Objekte ist uralt.[103] Die ersten Welterklärungsversuche waren religiös-kosmogonische Mythen. Mit Entstehen der

99 James Gunn und Beatrice Tinsley.

100 Vgl. L. E. Gurevič, Ob odnoj fundamental'noj probleme v kosmologii, in: Evrističeskaja rol' matematiki v fizike i kosmologii, Leningrad 1975; V. V. Kazjutinskij, Kopernik i sovremennaja astronomija, in: Voprosy filosofii, 6/1973.

101 Vgl. F. Engels, Herrn Eugen Dührings Umwälzung der Wissenschaft („Anti-Dühring"), in: MEW, Bd. 20, a. a. O., S. 53.

102 Vgl. H.-J. Treder, Boltzmanns Kosmogonie und die räumliche und zeitliche Unendlichkeit der Welt, in: Wissenschaftliche Zeitschrift der Humboldt-Universität, Math.-naturwiss. Reihe, 1/1977; H. Hörz/H.-J. Treder, Neue naturwissenschaftliche Erkenntnisse über den Kosmos in weltanschaulicher Sicht, in: Einheit, 5/1977.

103 „Der Entwicklungsgedanke in der Geschichte der Naturwissenschaft" bis zu Darwins Lehre wird von R. Löther in: Quo vadis Universum?, Berlin 1965, S. 41—62, dargelegt. Zur Durchsetzung des Entwicklungsgedankens in der Astronomie siehe z. B. D. B. Herrmann, Geschichte der Astronomie von Herschel bis Hertzsprung, Berlin 1975; Gedanken zur Sternentwicklung in der Anfangszeit der Spektroskopie, in: Wissenschaft und Fortschritt (Berlin), 12/1974; Karl Friedrich Zöllner und sein Beitrag zur Rezeption der naturwissenschaftlichen Schriften Immanuel Kants, in: NTM, Schriftenreihe für Geschichte der Naturwissenschaften, Technik und Medizin (Berlin), 2/1976.

Philosophie kam es sowohl zu materialistischen Lehren vom Entstehen und Vergehen der Welten auf der Grundlage eines ewigen materiellen Urstoffs als auch zu idealistischen Konzeptionen der Weltschöpfung durch ein ideelles Prinzip. Diese idealistischen Lehren waren weitgehend mit der Vorstellung der Unveränderlichkeit der ideell erzeugten Welt verbunden.

Newton hat sich, ausgehend von der klassischen Mechanik, mit der Frage der Entstehung des „Weltsystems" auseinandergesetzt, konnte das Problem aber physikalisch nicht lösen. Die Gemeinsamkeit in der Bewegung der meisten Mitglieder unseres Sonnensystems, die in einer flachen Scheibe gleichsinnig die Sonne umlaufen, legte den Gedanken einer einheitlichen Ursache für das Zustandekommen dieser Bewegung nahe. Da für Newton jedoch der Raum zwischen den Himmelskörpern leer war, konnte er sich keine materielle Ursache für diese Bewegungen und überhaupt für das Zustandekommen des Sonnensystems vorstellen. Er betrachtete daher das Sonnensystem als von Gott geschaffenes „Uhrwerk", in das der Schöpfer von Zeit zu Zeit regulierend eingreifen müsse, um die sich aufschaukelnden Störungen zu beheben. Der Entwicklungsgedanke blieb Newton und seiner Zeit im Grunde genommen fremd.[104]

Ausgangspunkt naturwissenschaftlicher Untersuchungen der Evolution kosmischer Objekte waren erst die naturphilosophischen Betrachtungen Kants, dem eine Kosmogonie „nach Newtonschen Grundsätzen" vorschwebte. Für Kant war Entwicklung das Resultat entgegengesetzter Kraftwirkungen (Repulsion und Attraktion).[105] Mittels dieses Prinzips versuchte er, eine qualitative Erklärung der Entstehung des Planetensystems und größerer kosmischer Systeme zu geben. Er sprach die Vermutung aus, daß die Milchstraße ein riesiges System von Sonnen bzw. Planetensystemen sei, daß unsere Galaxis nicht die einzige wäre, sondern eine Vielzahl ähnlicher Galaxien existiere. Für alle diese Galaxien müßten die Prinzipien der Newtonschen Mechanik gültig sein. Damit betonte Kant den Gedanken der naturgesetzlichen Einheit des Weltalls. Er blieb nicht bei der Annahme des einmaligen Entstehens der „Welten" stehen, sondern formulierte unter neuen Voraussetzungen den alten materialistischen Gedanken vom ewigen Entstehen und Vergehen der „Welten". Ähnlich wie Kant ging etwas später Laplace bei der Entwicklung seiner Ideen über die Entstehung des „Himmelssystems" vor.

Die Kantschen kosmogonischen Ideen konnten sich zunächst in der Astronomie nicht durchsetzen. Es dauerte über 100 Jahre, bis sie Beachtung fanden. Zu den entscheidenden Gründen hierfür gehören das Fehlen der naturwissenschaft-

104 Vgl. F. Engels, Dialektik der Natur, in: MEW, Bd. 20, a. a. O., S. 314f.
105 Vgl. I. Kant, Allgemeine Naturgeschichte und Theorie des Himmels, Leipzig 1955.

lichen Grundlagen für die weitere Ausarbeitung und Bestätigung der Kantschen Hypothesen und später eine gewisse Theoriefeindlichkeit der Naturforschung.[106]

Für die Astronomie schlug die Stunde des endgültigen Durchbruchs des Evolutionsgedankens mit dem Entstehen der Astrophysik. Die Bestimmung und Messung von Zustandsgrößen kosmischer Objekte ermöglichte auch die physikalische Interpretation der Änderung solcher Zustandsgrößen. Die alte, geniale Idee von Herschel, das Nebeneinander verschiedener Arten kosmischer Objekte im Sinne eines Nacheinanders derselben zu interpretieren, erhielt exakte physikalische Grundlagen. So wird das Hertzsprung-Russell-Diagramm, das die Zustandsgrößen Leuchtkraft und effektive Temperatur der Sterne in Beziehung setzt, zugleich als Entwicklungsdiagramm verstanden.

Ein Kernproblem der modernen Kosmogonie ist nach wie vor die Frage nach der physikalischen Natur der Repulsion. Wie das Wechselspiel von Attraktion und Repulsion entsprechend der Kantschen Konzeption zum Entstehen der verschiedenen kosmischen Objekte führt, so ist ein Gleichgewicht zwischen diesen Wechselwirkungen die Voraussetzung für die Stabilität eines kosmischen Objektes. In der Sternenkosmogonie versuchte man zunächst die Repulsion aus der Wärmewirkung, die aus der potentiellen Gravitationsenergie bei Kontraktion des Sternengases entsteht, zu erklären (Helmholtz). Diese Energie reicht jedoch nicht aus. Nach den heutigen Vorstellungen, die vor allem durch Bethe und von Weizsäcker (1937/38) begründet wurden, stammt die Repulsionsenergie der stellaren Gasmassen vor allem aus Kernbrennprozessen. Weitere Messungen der von der Sonne ausgehenden Neutrinoströme müssen jedoch erst noch die auf diesen Vorstellungen beruhenden Sternentwicklungsmodelle bestätigen.[107]

Eine glänzende Bestätigung und Bekräftigung erhielt der Evolutionsgedanke in der Astronomie, als mit den nichtstationären kosmologischen Modellen von Friedman, Lemaitre u. a. und deren Übereinstimmung mit wichtigen Beobachtungsergebnissen (kosmologische Rotverschiebung, thermische Reliktstrahlung) auch die Veränderlichkeit globaler kosmischer Strukturen offenbar wurde.

Mit dem Nachweis der Nichtstationarität globaler kosmischer Strukturen, der „Historizität des Kosmos", war zugleich die Frage der Veränderlichkeit der Naturgesetze und Naturkonstanten aufgeworfen. Nach den gewonnenen Einsichten gibt es im Kosmos nichts Ewiges, Unveränderliches. Dabei bestehen gesetzmäßige Wechselbeziehungen zwischen globalen und elementaren bzw. lokalen kosmischen Prozessen. Struktur und Veränderung der Metagalaxis liefern

106 Vgl. die bereits zitierten Arbeiten von D. B. Herrmann (Anm. 103); J. Hamel, Zur Entstehungs- und Wirkungsgeschichte der Kantschen kosmogonischen Ideen, in: Mitteilungen der Archenholdt-Sternwarte, Bd. 6, Nr. 130 (1979).

107 Vgl. H.-J. Treder, Probleme und Problematik der heutigen Astrophysik, in: spektrum (Berlin), 4/1976; s. a. die ergänzte Fassung in: Astronomie in der Schule, Berlin 1977, Heft 6.

den allgemeinen Hintergrund oder die Randbedingungen für die einzelnen kosmischen Prozesse auf den verschiedenen Ebenen der hierarchischen Struktur der Metagalaxis, während andererseits die globalen Strukturen und Prozesse sich aus den lokalen und elementaren Strukturen und Prozessen aggregieren.

Es ist nun darauf hingewiesen worden, daß die Auffassungen von der Geschichtlichkeit des Kosmos und der Universalität der Naturgesetze eine Aporie zu ergeben scheinen.[108] Im Grunde genommen haben wir es hier mit einer alten Fragestellung zu tun. Geschichtlichkeit und Gesetzmäßigkeit wurden wiederholt in der Geschichte des philosophischen Denkens einander entgegengestellt.[109] Auch heute versuchen bürgerliche Philosophen, den Marxismus-Leninismus als logisch widersprüchlich darzustellen, weil er Gesetzmäßigkeit und Geschichtlichkeit gleichzeitig behauptet.[110]

Diese Aporie aber ist nur eine scheinbare. In der *dialektisch*-materialistischen Gesetzesauffassung ist die Historizität sowohl der Natur- als auch der gesellschaftlichen Gesetze als wesentliches Moment bereits mit enthalten.[111]

„Universalität der Naturgesetze" heißt nicht, daß jedes Gesetz immer und überall wirkt. Das ergibt sich bereits direkt aus der dialektisch-materialistischen Gesetzesauffassung, nach der allgemein-notwendige und wesentliche Zusammenhänge immer unter bestimmten Bedingungen existieren. Ändern sich wesentliche Existenzbedingungen der Gesetze (Existenzbedingungen erster Ordnung), dann wirken neue Gesetze. Von der „Universalität der Naturgesetze" kann man also nur sinnvoll sprechen, wenn man darunter versteht, daß erstens im Naturgeschehen immer und überall objektive Gesetze wirken, und zweitens, daß gleiche Gesetze immer unter wesentlich gleichen Bedingungen wirken.

Die dialektisch-materialistische Gesetzeskonzeption selbst liefert also einen natürlichen Zugang zur Frage der Historizität physikalischer Gesetze im Kosmos. Danach erweist sich die Frage nach dem Wirken anderer als der uns bisher bekannten physikalischen Gesetze als durchaus berechtigt. Unter welchen Bedingungen jedoch derartige Gesetze wirken, das zu bestimmen ist allein eine Aufgabe der konkreten physikalischen Forschung. Die Mehrheit der Astrophysiker geht heute davon aus, daß dies erst unter den extremen Bedingungen in der Nähe der kosmologischen Singularität der Fall ist, während vor allem die Vertreter der Bjurakaner astrophysikalischen Schule das Wirken einer „anderen Physik" für viele Erscheinungen des beobachtbaren Kosmos (z. B. die Galaxien-

108 Vgl. H.-J. Treder, Relativität und Kosmos, Berlin 1968, S. 88ff.

109 Beispiele hierzu nennt H.-J. Treder in: Zur Frage der Zeitabhängigkeit der Naturgesetze, in: Zur Geschichte der Erde und des Kosmos, Berlin 1973, S. 61.

110 Vgl. K. R. Popper, Das Elend des Historizismus, 3. Aufl., Tübingen 1973.

111 Vgl. hierzu und zu dem Folgenden die Ausführungen von A. Griese, Philosophischer Gesetzesbegriff und dialektisch-materialistische Entwicklungstheorie, in: DZfPh, 10/1971.

kerne, Energieerzeugungsprozesse in den Sternen usw.) zumindest für sehr wahrscheinlich halten.[112]

Die methodologisch-erkenntnistheoretischen Diskussionen innerhalb der Astrophysik werden gegenwärtig vor allem durch die Auseinandersetzungen der „klassischen“ und „nichtklassischen“ Schule belebt. Fragwürdig erscheint dabei, ob die gesamte Brisanz der anstehenden Probleme tatsächlich so thematisiert werden kann.

„Klassische“ und „nichtklassische“ (Bjurakaner) Richtung der Astrophysik unterscheiden sich — nach Darstellung der Bjurakaner Schule — vor allem dadurch, wie sie die Haupttendenz der kosmogonischen Prozesse beurteilen und auf welche methodologischen Prinzipien sie sich stützen. Als Haupttendenz der kosmogonischen Prozesse könne die Kondensation zerstreuter kosmischer Materie („klassische Richtung“) oder die Zerstreuung, Fragmentation dichter oder überdichter Materie („nichtklassische Richtung“) angesehen werden. Als das entscheidende methodische Verfahren wird das deduktiv-hypothetische Vorgehen für die „klassische“, die Betonung des Empirischen für die „nichtklassische Richtung“ hervorgehoben.

Insbesondere von seiten der Bjurakaner Schule erfolgt eine Berufung auf Erkenntnisse des dialektischen Materialismus, um die Richtigkeit oder die Vorzüge der „nichtklassischen Richtung“ zu belegen. Hierzu sei noch einmal betont, daß philosophische Aussagen — über die entsprechenden Bindeglieder — eine heuristische Funktion im naturwissenschaftlichen Erkenntnisprozeß haben, daß aber die auf diesem Wege zustande gekommenen naturwissenschaftlichen Hypothesen nur über die konkrete naturwissenschaftliche Forschung bestätigt oder widerlegt werden können. Philosophische Aussagen lassen sich weder als Beweismittel noch als Sanktionierungsgrund für eine bestimmte einzelwissenschaftliche Forschungsrichtung verwenden.

Mit der Möglichkeit des Wirkens einer anderen Physik wird gegenwärtig auch die Veränderlichkeit der Naturkonstanten diskutiert.[113] Bisher gibt es dazu im wesentlichen zwei Varianten. Die eine besteht in der Hypothese, daß mit der kosmologischen Singularität, dem Beginn „unseres Kosmos“, der Metagalaxis, ein bestimmter Satz von Naturkonstanten, Elementarteilchen und fundamentalen Naturgesetzen für „unseren Kosmos“ vorgegeben wurde[114] — in Naturprozessen,

112 Vgl. Probleme der modernen Kosmogonie, Hrsg.: V. A. Ambarzumjan, Berlin 1976. Es ist klar, daß man von einer „neuen“ oder „anderen“ Physik den korrespondenzmäßigen Anschluß an die vorhandenen Theorien verlangen müßte.

113 Vgl. Zur Geschichte der Erde und des Kosmos, a. a. O.

114 Vgl. Filosofskie problemy astronomii XX. veka, a. a. O., insbesondere den Beitrag von N. V. Mickevič, Kosmologija, relativistskaja astrofizika i fizika elementarnych častic, S. 95—120.

die sich selbst aus den Gesetzen der Metagalaxis nicht erfassen lassen. Nach der anderen Variante könnten sich Natur„konstanten“ auch im Verlauf der Evolution der Metagalaxis ändern.[115]

4.4. Beobachtung, Experiment und Modell in der Astrophysik

Die Astrophysik, insbesondere die physikalische Erklärung der Struktur und Evolution der einzelnen Klassen kosmischer Objekte, ist eine verhältnismäßig junge Wissenschaft. Für jede dieser Klassen gibt es eine Vielzahl von Modellen oder Modellansätzen. Neue Hypothesen können sich in der Regel weitgehend nur auf unzureichende Beobachtungen und alte Hypothesen stützen.

Die Methode der Astronomie zur Erlangung empirischen Materials bestand über Jahrtausende fast ausschließlich in der Beobachtung. Die Astrophysik konnte bisher mit ihren Forschungsobjekten nicht experimentieren; und sie wird dies auch in Zukunft nicht im umfassenden Sinne können. Zu den einschränkendsten Bedingungen astrophysikalischer Arbeit gehörte bislang der Umstand, daß die Dauer feststellbarer, bleibender Veränderungen kosmischer Objekte wesentlich größer ist als die uns zur Verfügung stehende Beobachtungszeit. Also gerade das, was Gegenstand kosmogonischer Betrachtung ist, konnte nicht direkt beobachtet werden. Die Extrapolation und vor allem das Herschel-Prinzip des Schließens vom räumlichen Nebeneinander auf das zeitliche Nacheinander spielen somit eine wesentliche Rolle. In diesem Zusammenhang steht die Bedeutung der in den letzten Jahren entdeckten nichtstationären Objekte zur Debatte.

Eine überragende Rolle spielt auf Grund der charakterisierten Situation in der Astrophysik die Modellmethode. Da man nicht in das Innere der Himmelskörper blicken kann, müssen deren Strukturen auf der Grundlage der beobachtbaren Zustandsparameter und der bekannten physikalischen Gesetze modelliert und am „äußeren“ Verhalten dieser Objekte überprüft werden. Besonders hinsichtlich der verschiedenen Entwicklungsstadien der Sterne sind hier beachtliche Erfolge erzielt worden, während die Entstehungs- und Endstadien im Lebensprozeß der Sterne noch weitgehend im Dunkeln liegen. Eine Bestätigung der ersten Meßergebnisse mit einem Neutrinodetektor würde diese Situation grundlegend ändern.

Heute jedoch beginnt bereits das Wort von der „experimentellen Astronomie“ zu kursieren. So wird insbesondere im Zusammenhang mit der Welt-

115 Vgl. H.-J. Treder, Zur Frage der Zeitabhängigkeit der Naturgesetze, in: Zur Geschichte der Erde und des Kosmos, a. a. O.

raumfahrt davon gesprochen, daß die Astronomie in ihr experimentelles Stadium getreten sei. Künstliche Satelliten, künstlich erzeugte Mondbeben, das Experimentieren mit dem Material der Mondoberfläche usf. werden als Beleg angeführt. Die relativistische Zeitdilatation wurde bei Satellitenexperimenten gemessen. Noch für dieses Jahrhundert werden Großexperimente zur Bestätigung der Allgemeinen Relativitätstheorie für möglich gehalten. Stepin charakterisiert die astronomische Beobachtung als „quasi-experimentelle Tätigkeit“[116]. Das Verhalten von Sternen wird im Labor durch das Gas Helium imitiert.

Standpunkte, nach denen auf Grund angeführter und anderer Sachverhalte darauf geschlossen wird, daß die Astronomie insgesamt dabei ist, eine experimentelle Wissenschaft zu werden, resultieren aber aus einem Fehlverständnis der Funktion von Experimenten im Erkenntnisprozeß. Engels hat diese Funktion damit charakterisiert, daß er sagte, die beste Prüfung unserer Vorstellungen über einen Naturvorgang sei, daß wir ihn selbst machen.[117] Die heutige und auch die künftige Astrophysik ist noch weit von einem Zustand entfernt, da beispielsweise Sonnen „gemacht“ werden können — auch wenn in kühn in die Zukunft blickenden Überlegungen Erwägungen darüber angestellt werden, wann die Menschheit soweit sein wird, das Material ganzer Planeten und sogar anderer Sonnen zum Bau außerirdischer „Weltraumkolonien“ verarbeiten zu können.[118]

Eine falsche Einschätzung der Frage des experimentellen Charakters der Astronomie kann zur Unterschätzung der Bedeutung der sich aus dem wirklichen Sachverhalt ergebenden Konsequenzen führen. Das betrifft unter anderem den Umstand, daß die Astronomie heute zur Allwellenbeobachtung übergegangen ist, vor allem aber die Rolle der Modellmethode in der Astrophysik und ihre Probleme, den Wert des Herschel-Prinzips, die Frage der Stufen der Erkenntnis in der Astrophysik usf. Dabei betreffen diese Konsequenzen weniger die Arbeit des Astrophysikers, als daß sie Auswirkungen für die philosophische Analyse der erkenntnistheoretischen Grundprobleme heutiger Astrophysik haben.

Astrophysiker[119] verweisen darauf, daß einerseits Beobachtung und Laborexperimente Hand in Hand arbeiten müssen, daß die Möglichkeiten hierfür allerdings sehr unterschiedlich sind. Durch dieses Hand-in-Hand-Arbeiten konnte

116 Filosofskie problemy astronomii XX veka, a. a. O., S. 153—157.

117 Vgl. F. Engels, Ludwig Feuerbach und der Ausgang der klassischen deutschen Philosophie, in: MEW, Bd. 21, Berlin 1973, S. 276.

118 Vgl. I. S. Šklovskij, Über die mögliche Einmaligkeit vernunftbegabten Lebens im Weltall, in: Sowjetwissenschaft, Gesellschaftswiss. Beiträge, 9/1977.

119 Vgl. A. G. Masevič, Metod modelej v astrofizike, ego evrističeskie vozmožnosti, in: Filosofskie problemy astronomii XX veka, a. a. O., S. 188—200.

ein Erkenntnisstand erreicht werden, bei dem es keine unbekannten Spektrallinien im Kosmos mehr gibt. Leider sind derartige Beweise der Richtigkeit physikalischer Grundlagen der Modellierung in der Astrophysik selten. Meist sind irdische Realisierungen der kosmischen Bedingungen nicht möglich. Hieraus ergibt sich die überragende Rolle der Konstruktion oder Berechnung theoretischer Modelle kosmischer Prozesse.

In diesem Zusammenhang zeigt sich auch die Problematik der kritischen Stellungnahme der Bjurakaner Schule gegenüber der Modellmethode. Diese Schule lehnt die Methode der theoretischen Modellierung nicht rundweg ab, warnt aber vor ihrem überzogenen Gebrauch, betrachtet die in der von ihr als „klassisch" bezeichneten Richtung gemachte Anwendung der Modellmethode als empirisch ungenügend abgesichert und damit spekulativ.[120] Sie verlangt Verfahren, bei denen man ohne „willkürliche Annahmen" auskommt.

Wenn diese Forderung bis zu einem bestimmten Grade — der immer von der Situation abhängig ist — ihre Berechtigung hat, so darf sie doch nicht überzogen werden, will man nicht den Fortgang der wissenschaftlichen Erkenntnis ernsthaft behindern. Es gibt keinen Erkenntnisprozeß, in dem man nicht ohne zunächst unbewiesene Voraussetzungen arbeitet.[121]

5. Einheit der Physik

Die großen Fortschritte der experimentellen und theoretischen Physik seit der Jahrhundertwende wurden nicht zuletzt in einer systematischen Fortführung des von Galilei, Newton, Maxwell, Boltzmann und anderen Physikern der vergangenen Jahrhunderte begründeten und weiterentwickelten wissenschaftlichen Vorgehens erzielt. Ausgehend von dieser Kontinuität beim Betreiben der Wissenschaft Physik kam es zu revolutionären Veränderungen sowohl in der experimentellen Technik als auch im Theoriengebäude. Mit der Nutzung radioaktiver Präparate, der Entwicklung der Kernenergetik und kernphysikalischen Technik, dem Bau riesiger Teilchenbeschleuniger und vielfältigster astrophysikalischer Beobachtungseinrichtungen, der Entwicklung von Halbleitern und anderen neuen Materialien, der Quantenelektronik und dem Bau mehrerer Generationen von elektronischen Rechnern sowie zahlreichen anderen Neuentwicklungen

120 Vgl. V. V. Kazjutinski, Der gegenwärtige Stand der Kosmogonie, in: Probleme der modernen Kosmogonie, Hrsg.: V. A. Ambarzumjan, a. a. O., unter anderem S. 283, 293.

121 Vgl. V. S. Stepin, Vzaimosvjaz' nabljudenija, eksperimenta i teorii v poznanii vselennoj, in: Filosofskie problemy astronomii XX veka, a. a. O., S. 151—187.

kam es innerhalb einer relativ kurzen Zeit zu wesentlichen Veränderungen weiter Bereiche der experimentellen Physik. Die Weiterentwicklung der Thermodynamik und der statistischen Physik bis hin zu Rahmentheorien für Evolutionsprozesse, die Entwicklung der Relativitäts- und Gravitationstheorie mit den entsprechenden kosmologischen Weltmodellen, der Quantentheorie bis hin zur „Elementarteilchen"problematik und der physikalischen Theorien komplexer Objekte (Festkörper, Flüssigkeiten, Plasma u. ä.) haben zu wesentlichen Veränderungen in der theoretischen Physik geführt. Die Einheit der Physik ist gegenwärtig eines der besonders wichtigen methodologischen Probleme, das zugleich von großer weltanschaulicher und erkenntnistheoretischer Brisanz ist. Wir haben es hier mit einem anhaltenden Prozeß der Spezialisierung beim gleichzeitigen Versuch einer einheitlichen Bestimmung des Wesens physikalischer Forschung zu tun; wir beobachten die Vergrößerung der Modellvielfalt in zahlreichen Bereichen der theoretischen Forschung (Festkörperphysik, Kosmologie, Hochenergiephysik u. a.) und den Versuch der Vereinigung unterschiedlicher theoretischer Ansätze sowie eine weitere Suche nach allgemeinsten physikalischen Grundprinzipien.

Es geht dabei um eine Vielfalt von Problemen auf unterschiedlichen Ebenen. Diskutiert wird über die philosophisch-weltanschauliche Begründung der Einheit der Physik in der Einheit ihrer Theorien und Methoden; über die Möglichkeit einer physikalischen Einheitstheorie als Rahmentheorie des Gesamtgebäudes physikalischer Theorien; über Versuche, physikalisches Vorgehen als Prototyp allen wissenschaftlichen Vorgehens aufzufassen; über Ansätze, andere Wissenschaften (vor allem Naturwissenschaften, verschiedentlich aber auch Gesellschaftswissenschaften) in Physik aufzulösen, und vieles andere mehr. Im Mittelpunkt der philosophisch-weltanschaulichen Auseinandersetzungen steht nach wie vor die Frage, ob die Einheit theoretischer Kenntnisse auf den universellen Zusammenhang *materieller* Erscheinungen zurückzuführen ist oder letztlich aus der Natur der Erkenntnisfähigkeit des erkennenden Subjekts zu begründen ist. Auf der Grundlage des Gegensatzes materialistischer und idealistischer Positionen geht es für den dialektischen Materialismus dabei darum, den Zusammenhang des Prinzips der Einheit der Welt in der Materialität mit dem Prinzip der Entwicklung und folglich mit dem Prinzip der Unerschöpflichkeit der Materie zu vertiefen und zu präzisieren.

5.1. Einheit der Physik in der Einheit ihrer Theorien und Methoden

Die dialektisch-materialistische Analyse philosophischer Fragen der Wissenschaften geht von der dialektischen Einheit des wissenschaftlichen Vorgehens einer

Disziplin und der in diesem Vorgehen erzielten Resultate aus.[122] Das Problem der Einheit der Physik ist nicht nur die Frage der Einheit ihrer *Theorien*, wie das eine Reihe theoretischer Physiker annehmen. Es ist aber auch nicht nur die Frage nach dem einheitlichen *Vorgehen*, wie das im Operationalismus bzw. in den Ansätzen zur Protophysik unterstellt wird. Unter Berücksichtigung beider Momente geht es „innerphysikalisch" zunächst und vor allem um die Einheit der Theorien und Methoden der Physik.

Die dialektische Einheit des *mathematisch-theoretischen* und des *experimentellen* Vorgehens war die methodische Voraussetzung einer erfolgreichen Physikentwicklung.[123] Diese Voraussetzung ist in den *Theorien* selbst jeweils aufgehoben, indem alle Theorien mit *idealisierten* Objekten und Beziehungen arbeiten, die Art der jeweiligen Idealisierungen aber letztlich über *experimentelle* Bedingungen bestimmt ist. Damit wird jede Theorie eine dialektische Einheit von *Abbild* und *Entwurf*. Kernstück einer Theorie sind die wissenschaftlichen Gesetze, die als dialektische Abbilder allgemein-notwendiger und wesentlicher Zusammenhänge in der objektiven Realität objektive Beziehungen auf die Ebene der Theorie bringen und damit im allgemeinsten Falle die Verhaltensmöglichkeiten und den Wahrscheinlichkeitsgrad der Verwirklichung bestimmter Möglichkeiten vorauszusagen gestatten.

Das erkennende *Subjekt* erfährt diese objektiven Beziehungen nicht in der metaphysischen Trennung vom *Objekt*, sondern nur im dialektischen Zusammenschluß von Subjekt und Objekt im Erkenntnisprozeß. Inwiefern diese Wechselwirkung von Subjekt und Objekt im Erkenntnisprozeß Spuren in der Erkenntnis selbst hinterläßt, ist, wie die Geschichte der Physik bewiesen hat, ein gesondert zu untersuchendes Problem. Auf der Grundlage der Erkenntnisse der klassischen Physik entstand die Illusion von der Möglichkeit der Vernachlässigung der Einwirkung des Subjekts auf das Objekt, und damit schien eine metaphysische Trennung von Subjekt und Objekt möglich, die Theorien wurden dann für reine „Objekttheorien" gehalten. Es kam zur Identifikation der mathematischen Beziehungen in der Theorie mit den Zusammenhängen in der objektiven Realität. Auf dieser Grundlage wurde im mechanischen Materialismus ein metaphysischer Abbildbegriff entwickelt, dessen Scheitern schließlich zur Aufgabe materialistischer Positionen bei einigen Physikern geführt hat.[124]

122 Vgl. J. Erpenbeck/U. Röseberg, Wissenschaftsentwicklung, Theorienentwicklung und Entwicklungstheorie, in: DZfPh, 2/1977, S. 133ff.

123 Auf die Dialektik des naturwissenschaftlichen Erkenntnisprozesses, insbesondere die Probleme der Einheit experimenteller und mathematisch-theoretischer Methoden wird in Kapitel V gesondert eingegangen. Siehe dazu auch: Experiment — Modell — Theorie (im Druck).

124 Vgl. W. I. Lenin, Materialismus und Empiriokritizismus, in: Werke, Bd. 14, a. a. O., S. 249ff.

Die Relativitäts- und die Quantentheorie haben auf der Ebene der Theorie, also des Resultats des wissenschaftlichen Vorgehens, erstmalig nachhaltig darauf verwiesen, daß Subjekt und Objekt des Erkenntnisprozesses nicht metaphysisch auseinandergerissen werden können. Das führte verschiedentlich zu Überbewertungen der Rolle des Subjekts in den Theorien der modernen Physik. Die damit verbundene Aufgabe des Begriffs der objektiven Realität erweist sich als ebenso fehlerhaft wie die Identifikation der theoretischen Beziehungen einer Wissenschaft mit den Zusammenhängen in der objektiven Realität.

Die Lösung des so entstandenen Problems ist nur mit den Mitteln der materialistischen Dialektik zu erzielen. Es kommt darauf an, die Dialektik von Subjekt und Objekt im Erkenntnisprozeß anhand konkreter Forschungsprozesse im Detail tiefer zu erforschen und die Widerspiegelung dieser Dialektik auf der Ebene verschiedener Theorien zu erfassen. Obgleich die Momente des Abbildens und des Entwerfens *innerhalb* einer vorliegenden Theorie nicht metaphysisch voneinander getrennt werden können, ist der Theorienfortschritt im Prozeß der Schaffung immer allgemeinerer physikalischer Theorien insgesamt auch als ein Zuwachs der Rolle des Entwurfs in der Theorie zu verstehen. Dieser von vielen Physikern auf recht unterschiedlichen philosophischen Positionen reflektierte Sachverhalt läßt von konsequent materialistischen Positionen aus die Frage zu, inwiefern damit die gesellschaftliche Bedingtheit naturwissenschaftlicher Forschung auch an den Resultaten dieser Forschung selbst ablesbar wird. Dazu gibt es noch keine befriedigende Antwort. Es liegen verschiedene Ansätze vor, die den Entwicklungsgesetzmäßigkeiten wissenschaftlicher Theorien nicht gerecht zu werden scheinen. Trotz zahlreicher negativer Erfahrungen mit derartigen Ansätzen bleibt aber die wissenschaftliche Fragestellung weiterhin berechtigt.

Die bisherige Theorienentwicklung der Physik kann man in ihrem Resultat mit Heisenberg als eine Folge *relativ abgeschlossener Theorien* betrachten. Relativ abgeschlossene Theorien sind dabei solche, die im weiteren Theorienfortschritt keine wesentlichen Veränderungen mehr erfahren. Sie bilden in ihrem Gültigkeitsbereich die entsprechenden gesetzmäßigen Beziehungen bereits mit hinreichender Genauigkeit ab, sind also absolute Momente in der Erkenntnis der objektiven Wahrheit.

Allgemeinere Theorien, also solche mit einem weiteren Gültigkeitsbereich, schließen sich an die bereits bekannten Theorien korrespondenzmäßig an. Während die neopositivistische Wissenschaftsphilosophie das *Korrespondenzprinzip* im Bereich des Theoriengebäudes lange Zeit als metaphysische Beziehung eines Teils zu einem größeren Ganzen diskutiert hat, stößt man auch dort heute beispielsweise über den komplizierten dialektischen Zusammenhang von klassischer Mechanik und Quantenmechanik auf Probleme, die sich mit den Mitteln der verfügbaren Wissenschaftslogik kaum noch adäquat erfassen lassen. Mit der verstärkten Hinwendung zur Wissenschaftsgeschichte (Holton, Feyerabend, Kuhn, Lakatos u. a.) wird der Zwang zur Dialektik auch in wissenschaftsphilosophischen Analysen immer deutlicher.

In den methodologischen Untersuchungen der Zusammenhänge von physikalischen Theorien durch dialektische Materialisten wurden vor allem die Dialektik der komplizierten Übergänge von den alten zu den neuen Begriffssystemen, die dialektischen Beziehungen von Gesetzen unterschiedlichen Allgemeinheitsgrades, von Gesetz und Bedingung und die Dialektik von absoluter und relativer Wahrheit im Theorienfortschritt untersucht.[125] Dabei erwies sich unter anderem, daß die physikalisch relativ abgeschlossenen Theorien philosophisch keineswegs uninteressant sind. In Kenntnis der Quantenmechanik erschließen sich auch in der klassischen Mechanik und in der klassischen statistischen Mechanik neue Einsichten in die objektive Dialektik und die Dialektik des Erkenntnisprozesses.[126]

Wenngleich das philosophische Problem der objektiven Wahrheit Forschungsthema der marxistisch-leninistischen Philosophie bleibt, vermag diese Philosophie mit ihren bereits gesicherten Erkenntnissen zur Wahrheitsproblematik im Gegensatz zu der implizit bei Th. S. Kuhn enthaltenen Philosophie auch für die Theorienentwicklung der Physik eine echte weltanschauliche Orientierung zu geben.[127] Während Kuhn lediglich die tatsächlich vorhandene Ungewißheit über zukünftige physikalische Theorien reflektiert,[128] sind die dialektisch- materia-

125 Vgl. H. Hörz, Materiestruktur, a. a. O.; H. Hörz, Physik und Weltanschauung, Leipzig—Jena — Berlin 1975; I. V. Kuznecov, Isbrannye trudy po metodologii fiziki, Moskva 1975; M. E. Omel'janovskij, Dialektika v sovremennoj fizike, Moskva 1973, Sintez sovremennogo naučnogo znanija, Moskva, 1973; Fizičeskaja nauka i filosofija, Moskva 1973. Neben der Verallgemeinerung des Korrespondenzprinzips wird in letzter Zeit auch häufig über Möglichkeiten der Verallgemeinerung des Komplementaritätsprinzips für die Abbildung von Zusammenhängen innerhalb des Theoriengebäudes der Physik diskutiert. Vgl. Metodologičeskie prinzipy fiziki, Moskva 1975; Prinzip dopolnitel'nosti i materialističeskaja dialektika, Moskva 1976.

126 Vgl. U. Röseberg, Determinismus und Physik, Berlin 1975.

127 Vgl. H. Hörz, Marxistische Philosophie und Naturwissenschaften, Berlin 1976, S. 139ff.; F. F. Bjakkerev/V. P. Branskij, Evrističeskaja i prognostičeskaja funkcii filosofii v formirovanii naučnych teorij, Leningrad 1976; E. A. Mamčur, Problema vybora teorii, Moskva 1975.

128 Kuhn hat seine Untersuchungen über den Erkenntnisfortschritt als einen „Prozeß der Evolution von primitiven Anfängen *her*" bezeichnet und zugleich festgestellt: „. . . nichts von dem, was gesagt worden ist und noch gesagt werden kann, macht ihn zu einem Prozeß der Evolution auf etwas *hin*" (Th. S. Kuhn, Die Struktur wissenschaftlicher Revolutionen, Frankfurt a. M. 1973, S. 223). H. Spinner wendet dann noch diese im wesentlichen der historischen Deskription geschuldete Feststellung programmatisch an und bedient sich dabei des in den nichtmarxistischen gesellschaftspolitischen Auseinandersetzungen überstrapazierten Pluralismusbegriffs (H. Spinner, Pluralismus als Erkenntnismodell, Frankfurt a. M. 1974).

listischen Positionen geeignet, den Widerspiegelungsgehalt physikalischer Theorien zu analysieren und wissenschaftlich begründete Zielvorstellungen des Theorienfortschritts zu entwerfen, ohne allerdings die tatsächliche Entwicklung dieser Wissenschaft philosophisch vorwegnehmen zu können.

In der bisherigen Physikgeschichte hat es mehrere Versuche gegeben, alle physikalischen Theorien zu einer einheitlichen physikalischen Rahmentheorie zu vereinigen, die Einheit dieser Wissenschaft in der Einheit *einer* Theorie zu realisieren. Alle diese Unternehmen sind gescheitert bzw. haben gegenwärtig wenig Aussicht auf Erfolg. Trotzdem aber bleibt die Frage legitim, ob der Theorienentwicklungsprozeß der Physik in *einer* einheitlichen Theorie konvergiert und ob in diesem Sinne die Wissenschaft Physik ihren Abschluß finden kann.

Ein Abschluß der Physik in diesem Sinne müßte nicht — wie manche Kritiker einer solchen Konzeption meinen[129] — zwangsläufig mit dem Abschluß physikalischer Forschung überhaupt identifiziert werden. Vielmehr könnte innerhalb einer solchen Theorie die Vielfalt der erfaßten Beziehungen unerschöpflich sein.[130] Das würde aber den weiteren physikalischen Erkenntnisfortschritt auf einen evolutionären Wissenszuwachs einschränken, revolutionäre Neuerungen dagegen ausschließen. Bevor allerdings derartige Konsequenzen zu durchdenken sind, sollte man anhand des Materials der Physikgeschichte die Möglichkeiten der Einheit der Physik in einer einheitlichen Theorie prüfen.

5.2. Versuche zur Begründung einer physikalischen Einheitstheorie

Der erste große Versuch, eine Einheitstheorie zu schaffen, wurde auf *mechanisch-materialistischer Grundlage* unternommen. Man nutzte die Ergebnisse der Massenpunktmechanik, insbesondere ihre Erfolge in der Astronomie, um ein einheitliches Weltbild, gegründet auf den Beziehungen zwischen qualitativ identischen kleinsten Teilchen, aufzubauen. Grundlegendes Prinzip dieser Theorie war das Prinzip der kleinsten Wirkung. Mit dem Lagrange-Hamilton-Formalismus waren die allgemeinen Bewegungsgleichungen materieller Prozesse gegeben. In Kenntnis der entsprechenden Kräfte, Anfangs- und Randbedingungen war alles in der Natur voraussagbar, weil alles eindeutig bestimmt war. Die Gründe für das Scheitern des mechanischen Determinismus bestehen vor allem in unzulässigen Vereinfachungen über den inneren Zusammenhang der sich bewegenden physikalischen Objekte. Die Entwicklung der Physik zeigte die Existenz der

129 Vgl. V. S. Barašenkov, Možet li byt' konec fiziki kak nauki?, in: Filosofskie nauki (Moskva), 6/1971, S. 88—93.

130 Vgl. W. Heisenberg, Schritte über Grenzen, München 1971, S. 305ff.

elektromagnetischen Wechselwirkung, die Kompliziertheit physikalischer Zustände und die qualitative Verschiedenheit der elementaren Objekte.

Marx und Engels wurden zu *philosophischen Kritikern* der mechanisch-materialistischen Positionen, als das physikalische Forschungsprogramm des mechanischen Materialismus noch fruchtbar schien.[131]

Noch bevor dieses Forschungsprogramm physikalisch endgültig gescheitert war, gab es den Versuch der Rückführung aller physikalischen Prozesse auf das elektromagnetische Feld. Einerseits traten dabei bald theoretische Schwierigkeiten auf. Man führte im Sinne des mechanistischen Programms hypothetische Substanzen ein, wie elektrische und magnetische Fluida, den Äther als Medium für die Fortpflanzung des Lichts usw., konnte damit aber viele Probleme nicht lösen. Damit wurde der Niedergang des mechanistischen Denkens in Bewegungsgleichungen für Substanzen deutlich. Andererseits zeigten Faraday, Maxwell und Hertz das elektromagnetische Feld als physikalische Realität. Die Maxwellschen Gleichungen bestimmen die Struktur des elektromagnetischen Feldes, das den Raum erfüllt. Die klassische Mechanik hatte dagegen die Beziehungen zwischen den durch Parameter beschriebenen Massenpunkten hergestellt. Teilchen und Felder waren als voneinander unabhängige physikalische Objekte erkannt.

Ein anderer Versuch zur Vereinheitlichung der theoretischen Grundlagen der klassischen Physik — der des *Energetismus* — scheiterte physikalisch vor allem deshalb, weil dabei nicht genügend beachtet wurde, daß der 2. Hauptsatz der Wärmelehre gleichberechtigt neben dem 1. Hauptsatz der Wärmelehre steht, die Entropieerhaltung oder -produktion in geschlossenen Systemen nicht auf die Energieerhaltung reduzierbar ist.

Der mechanische Materialismus und seine Auffassung von der Einheit der Welt erwies sich für die Physik des 19. und 20. Jahrhunderts als unhaltbar. Der auf seiner Grundlage unternommene Versuch, zu einer einheitlichen Theorie aller materiellen Prozesse zu kommen, ist ebenso gescheitert wie die bebescheideneren Versuche, unter starker methodischer Anlehnung an den mechanischen Materialismus das elektromagnetische Feld bzw. die Energie zur Grundlage einer einheitlichen physikalischen Theorie zu machen.

Mit der Kritik des mechanischen Materialismus durch den *dialektischen Materialismus* waren Präzisierungen der Auffassungen zur Einheit der Welt verbunden. Vor allem wurde die Behauptung von einer existierenden qualitativ einheitlichen Grundsubstanz der Materie zurückgewiesen. Die Einheit der Welt besteht in der Materialität, die Materie ist unerschöpflich. Das bedeutet *erstens* die Existenz eines objektiven Zusammenhangs zwischen den unerschöpflich vielen Objekten, Prozessen und Beziehungen, der über seine Wirkungen erkannt werden

131 Vgl. H. Hörz, Der dialektische Determinismus in Natur und Gesellschaft, 4. Aufl., Berlin 1975, S. 47ff.

kann. Es gibt keinen materiellen Bereich, der nicht durch materielle Prozesse mit anderen Bereichen verbunden ist. *Zweitens* existiert eine Hierarchie von niedriger und höher entwickelten, qualitativ unterschiedenen und miteinander zusammenhängenden Systemen, deren Struktur sich als die Gesamtheit der allgemeinen und besonderen, wesentlichen und unwesentlichen, notwendigen und zufälligen Beziehungen in einem Zeitintervall erweist, das durch die Existenz der wesentlichen Struktur bestimmt wird. Eine allgemeine physikalische Theorie muß die qualitative Vielfalt ebenso berücksichtigen wie die Unerschöpflichkeit, aber sie muß den inneren Zusammenhang qualitativ verschiedener Objekte, ihre Einheit aufdecken. *Drittens* ist die Grundform des objektiven Zusammenhangs, ihre konkrete Vermittlung, das Verursachen von Wirkungen, wodurch eine Zeitrichtung definiert wird. In der Theorie kann von ihr insofern abstrahiert werden, als die Gesetze allgemein-notwendige und wesentliche Zusammenhänge aus einem Komplex von Kausalbeziehungen herausheben. Ob es physikalische Grundgesetze gibt, die Zeitrichtungen erfassen, ist bis heute noch offen. Hinweise darauf liegen in der Durchbrechung von Symmetrien im „Elementarteilchen"bereich, in der Expansion des Kosmos und im Entropiesatz vor.

Mit dem Scheitern der konkreten Versuche innerhalb der klassischen Physik, zu einer physikalischen Einheitstheorie und zu letzten physikalischen Prinzipien zu kommen, sowie mit den philosophischen Schlußfolgerungen bei der Überwindung des mechanischen Materialismus durch den dialektischen Materialismus läßt sich aber kein abschließendes Urteil über die Möglichkeiten einer solchen physikalischen Einheitstheorie verbinden. Mit der Entwicklung der Physik im 20. Jahrhundert wurden auf unterschiedlicher philosophischer Grundlage weitere Versuche in dieser Richtung unternommen.

Ausgangspunkt konkreter Ansätze zu einer Einheitstheorie war die Analyse der Beziehungen von *Teilchen und Feldern.* Die Schwierigkeiten der klassischen Physik bei der Entwicklung einer einheitlichen Theorie zusammenfassend, kann man sagen: Das Teilchenbild fand seine Grenzen im Wellenbild, das wiederum vom Teilchenbild begrenzt wurde. Das elektromagnetische Feld war nicht mechanisch erklärbar. Im Rahmen der Feldvorstellungen aber gab es unauflösliche Widersprüche wegen der Punktförmigkeit der Ladungen. *Einstein* hatte als erster den Gedanken, eine einheitliche physikalische Theorie als Feldphysik zu konstituieren,[132] in deren Rahmen der Teilchenbegriff widerspruchsfrei einführbar ist. Stoff (bei Einstein und anderen Physikern als „Materie" bezeichnet) und Feld sollten auf

132 Vgl. A. Einstein/L. Infeld, Die Evolution der Physik, Hamburg 1970, S. 161 ff.; A. Einstein, Generalized Theory of Gravitation, in: Rev. Mod. Phys., 1948, S. 35—39; A. Einstein/B. Kaufmann, A new Form of the General Relativistic Field Equations, in: Ann. Math. 1955, S. 128—138; A. Griese, Philosophische Aspekte des Einsteinschen Programms zur Weiterentwicklung der Physik, in: Relativitätstheorie und Weltanschauung, Berlin 1967, S. 59 bis 153.

der Grundlage einer entsprechenden Feldvorstellung nicht länger einander ausschließende Begriffe sein.

Einstein suchte in einer neuen Feldphysik nach strukturellen Gesetzen, die überall und immer gelten. Das fundamentale und universelle Feld sollte die Vereinigung des Gravitationsfeldes mit den andern physikalischen Feldern zum Gesamtfeld sein. Als selbstkonsistente Lösungen der relativistischen Feldgleichungen sollten sich die „Elementarteilchen" ergeben. Teilchen sollten damit zu einer speziellen Form des Feldes werden. Einstein hoffte in dieser Theorie, die Quantentheorie begründen zu können und zugleich die Ursachen für die quantenmechanischen Determinismus- und Kausalitätskonzeptionen aufzuzeigen. Seine Bemühungen um eine einheitliche Feldtheorie standen im engen Zusammenhang mit seiner Vorsicht gegenüber weitreichenden philosophischen Verallgemeinerungen aus der Quantentheorie. Seine Hoffnungen liefen darauf hinaus, auf einer höheren Entwicklungsstufe allgemeinster physikalischer Theorien die von der Quantentheorie erzwungenen Veränderungen wieder rückgängig zu machen. Einsteins eigene Versuche in diese Richtung geben ebensowenig wie die anderer Autoren Anlaß zu optimistischen Einschätzungen bezüglich des Erfolgs derartiger Bemühungen.

In Fortführung des Einsteinschen Programms einer einheitlichen Feldtheorie ergibt sich die Frage nach einer Quantentheorie des Gravitationsfeldes, die in der *Quantengeometrodynamik* untersucht wird. Dabei geht es nicht mehr um die Begründung der Quantentheorie durch die Gravitationstheorie, sondern um einen konkreten Versuch der Vereinigung von Gravitations- und Quantentheorie, einem der Kardinalprobleme bei der Vereinheitlichung der theoretischen Grundlagen der modernen Physik.[133] Die Quantengeometrodynamik hält aber an Einsteins Programm fest, die geometrischen Eigenschaften der Raum-Zeit-Welt physikalisch zu interpretieren und physikalische Strukturen geometrisch zu erfassen, also Physik und Geometrie zu einer Einheit zu führen. Die Quantelung des Gravitationsfeldes ist bislang nur im Spezialfall schwacher Felder gelungen (Linearität der Gleichungen); die Existenz von Gravitonen konnte experimentell nicht nachgewiesen werden.

Ein anderer Weg zu einer einheitlichen Feldtheorie wurde von *Heisenberg* eingeschlagen.[134] Er wollte die dem Teilchenspektrum zugrundeliegende Dynamik aufdecken und dieses universelle Bewegungsgesetz in einer Gleichung erfassen. Aus den experimentellen Ergebnissen der Hochenergiephysik leitete er fundamentale Invarianzeigenschaften ab, die Grundlage dieses allgemeinsten Natur-

133 Vgl. V. P. Branskij, Filosofskie osnovanija problema sinteza reljativistskich i kvantovych prinzipov, a. a. O.

134 Vgl. W. Heisenberg, Einführung in die einheitliche Feldtheorie der Elementarteilchen, Stuttgart 1967; H. Hörz, Werner Heisenberg und die Philosophie, a. a. O., S. 216ff.

gesetzes sein müßten. Letzte physikalische Prinzipien wären hier also bestimmte Symmetrien bzw. Asymmetrien. Bei der Analyse der gegenwärtigen theoretischen Ansätze in der Hochenergiephysik wurde bereits betont, daß die damit bisher erzielten physikalischen Resultate von der Mehrzahl der Spezialisten sehr skeptisch bewertet werden, sich aber keine begründeten philosophischen Argumente gegen die Möglichkeit eines solchen Ansatzes vorbringen lassen. Heisenberg selbst hat zwar seinen Zugang zur Theorie als Sieg Platons über Demokrit gewertet. Idealistische Verallgemeinerungen sind aber keineswegs die notwendige Konsequenz von Heisenbergs physikalischem Ansatz.

Heisenberg war mit Platon der Auffassung, daß man beim Versuch der Zerlegung des Materiellen letzten Endes auf die reine mathematische Form stößt und damit nicht die Materie, sondern die Idee primär sei. Daß die dem Teilchenspektrum zugrundeliegende Dynamik mathematisch faßbar ist, spricht aber nicht für die Notwendigkeit, mathematische Begriffe in einer platonistischen Welt der Ideen zu verselbständigen. Heisenbergs physikalischer Gedanke läßt sich ohne spekulative Annahmen (wie die objektive Existenz einer verselbständigten Welt mathematischer Ideen) konsequent materialistisch fassen. Danach sind dann die mathematisch formulierten fundamentalen Invarianzeigenschaften Widerspiegelungen objektiver Zusammenhänge der dem Teilchenspektrum zugrundeliegenden Dynamik. Fraglich bleibt, ob diese Dynamik bereits die Gesetze der höheren Strukturniveaus erfaßt und, falls das der Fall ist, inwiefern wir diese Dynamik bereits adäquat widerzuspiegeln vermögen.

Sowohl Einsteins als auch Heisenbergs Versuche zur Begründung einer einheitlichen physikalischen Theorie lassen sich materialistisch fassen, obgleich sie von physikalisch und philosophisch recht unterschiedlichen Positionen ausgehen. Wir hatten innerhalb der *Materiestruktur Materiearten* und *Materieformen* unterschieden.[135] Während die Materiestruktur als Gesamtheit der Beziehungen zwischen materiellen Objekten bestimmt war, haben wir als Materiearten die Gesamtheit der physikalischen Teilchen, Körper, Sterne, Galaxien und als Materieformen die Gesamtheit der Beziehungen zwischen diesen Objekten bezeichnet. Die Materiestruktur wurde damit als dialektische Einheit von Materiearten und Materieformen bestimmt. Philosophisch kommt es in einem Ansatz zu einer physikalischen Einheitstheorie darauf an, wie die *Dialektik von Materiearten und -formen* konkret gefaßt wird. Mit den Feldtheorien von Einstein und Heisenberg und ihren Weiterentwicklungen wurde die metaphysische Trennung von Materiearten und -formen überwunden, wie sie für die klassische Physik noch charakteristisch war. Dort beschäftigte sich die *Physik* im wesentlichen mit den Materiearten, die *Geometrie* mit den Materieformen. Während Heisenberg die Materiearten (Teilchen) auf mathematische Formen zurückzu-

135 Siehe I.

führen versuchte, ging Einstein von den Materieformen der Raum-Zeit aus, die sich in einem Gravitationsfeld realisiert. In beiden Ansätzen wurde der Zusammenhang von Materiearten und -formen in einer spezifischen Weise berücksichtigt. Zweifelhaft bleibt, ob einer dieser Ansätze im gegenwärtig experimentell zugänglichen Bereich der Materiestruktur die Vielfalt materieller Erscheinungen physikalisch tatsächlich adäquat auszudrücken gestattet.

Während bei Einstein und Heisenberg die konkrete Gestalt einer physikalischen Einheitstheorie im Mittelpunkt der Überlegungen stand, geht *Weizsäcker* in seinen philosophischen Begründungen eines solchen Unternehmens wesentlich weiter und versucht, die Einheit der Natur in *einer* physikalischen Theorie zu erfassen.[136] Er versucht auf der Ebene der elementarsten theoretischen Objekte der Physik seine einheitliche Theorie mit Kant an die Bedingungen der Möglichkeit von Erfahrung überhaupt zu binden, die dann zugleich auch letzte Prinzipien der Physik wären. Auf die physikalischen Probleme eines solchen Ansatzes war bereits kurz verwiesen worden. Es geht hier vor allem um die fundamentale philosophische Annahme, die Einheit der Physik in einer einheitlichen Theorie aus der Natur der Erkenntnisfähigkeit des erkennenden Subjekts zu bgründen. Bei Weizsäcker ist diese Kantsche Position auch wie schon bei Heisenberg mit einer Hinwendung zum Platonismus gekoppelt. Der konkrete physikalische Ansatz wäre jedoch auch hier unabhängig von der Platonschen Philosophie aufrechtzuerhalten. Der Gedanke an das Eine, aus dem alles hervorgeht, bedarf nicht der idealistischen Begründung, wohl aber der kritischen Überprüfung seiner Konsequenzen in der wissenschaftlichen Beobachtung und im Experiment. Solange nicht einmal die Möglichkeiten dazu abzusehen sind, ist die Zurückhaltung anderer Physiker gegenüber dem Weizsäckerschen Ansatz zu verstehen. Folglich bleibt auch Weizsäckers Hypothese über die Rechtfertigung des Erfolgs mathematisierter Naturwissenschaft vor allem der philosophischen Diskussion vorbehalten.

Weizsäcker selbst nennt zwei Voraussetzungen seiner „philosophischen Physik“[137], das heißt, seines Ansatzes zu einer physikalischen Einheitstheorie. Die fundamentale Struktur der *Zeit* mit ihren *Modi Gegenwart*, *Zukunft*, *Vergangenheit* (1. Voraussetzung) läßt ihn eine Zeitlogik formulieren, die im Gegensatz zu den Auffassungen des mechanischen Determinismus die Offenheit der Zukunft von der Abgeschlossenheit der Vergangenheit abhebt. Die *Möglichkeit begrifflichen Denkens* (2. Voraussetzung) benutzte er, die extremste Konsequenz des Atomismus zu begründen. Zwar ist dieser tatsächlich an die Möglichkeit begrifflichen Denkens gebunden, er ist aber, wie unsere Ausführungen zur Hochenergiephysik ergeben haben, keinesfalls eine notwendige Folge

136 Vgl. C. F. von Weizsäcker, Die Einheit der Natur, a. a. O.
137 Vgl. C. F. von Weizsäcker, Der Garten des Menschlichen, a. a. O., S. 558.

begrifflichen Denkens. Damit wird entgegen Weizsäckers Behauptung der *Atomismus*, und zwar in seiner metaphysischen Fassung mit *letzten* elementaren Objekten, zu einer weiteren Voraussetzung seines theoretischen Ansatzes. Weizsäcker betont zwar, daß dieser Atomismus eine theoretische Konzeption ist, die keine Entsprechung in der objektiven Realität hat. Seine „Ure" sind durch Ja-Nein-Entscheidungen bestimmte logische Atome. Viele andere Formulierungen lassen aber diesen Punkt in Vergessenheit geraten. (Welchen Sinn soll beispielsweise die Abschätzung der Zahl der „Ure" haben, um materielle Objekte wie Protonen aufzubauen, wenn die „Ure" ausschließlich Produkte unseres Bewußtseins sind?) Der Atomismus scheint also in den Voraussetzungen der Weizsäckerschen Theorie eine Feststellung über die objektive Realität zu beinhalten. Da dies auch für die fundamentale Struktur der Zeit gilt, gehen zwei Annahmen über die objektive Realität in die Bedingungen der Möglichkeit der Erfahrung ein. Das aber steht im Gegensatz zu Kants Erkenntnistheorie. Nicht Kants Lösung des Humeschen erkenntnistheoretischen Problems, aus der Erfahrung objektive Gesetze zu begründen, ist die einzigmögliche Lösung dieses Problems, wie Weizsäcker meint. Die Überwindung des Humeschen Empirismus verlangt eine konsequent materialistische Gesetzeskonzeption, und darauf weist auch Weizsäckers physikalischer Ansatz selbst hin.

Wer die Dialektik des bisherigen Erkenntnisprozesses der Physik bewußt nachvollzieht, dem erscheint es als außerordentlich zweifelhaft, aus den allgemeinsten Bedingungen der Möglichkeit der Erfahrung (was immer diese auch sein mögen) auf die *inhaltlichen* Gesetze der Physik zu schließen. Als relativ willkürlich muß es auch angesichts der komplizierten Probleme in der gegenwärtigen Hochenergiephysik und in der Kosmologie gelten, wenn man die Theorie elementarster Quantenobjekte zugleich als Theorie des Weltraums, als Kosmologie ansieht.[138]

Obwohl bisher alle Versuche zu einer physikalischen Einheitstheorie gescheitert sind bzw. noch in einem physikalisch wenig fruchtbaren Stadium stehen, haben die Diskussionen solcher Ansätze unsere Erkenntnisse über die objektive Dialektik des Erkenntnisprozesses vertieft.

In diesem Sinne werden gegenwärtig große Hoffnungen mit den in der Hochenergiephysik fruchtbaren quantisierten Eichfeldtheorien verknüpft. Mit der Quanten-Chromodynamik wurden in letzter Zeit Erfolge im Verständnis der starken Wechselwirkung erzielt, das Weinberg-Salam-Modell bietet die Möglichkeit, schwache und elektromagnetische Wechselwirkungen einheitlich zu behandeln. Es gibt möglicherweise auch bald größere Fortschritte bei der Vereinheitlichung von starker, elektromagnetischer und schwacher Wechselwirkung. Dem in den Ansätzen von Einstein und Heisenberg heute unlösbar erscheinenden Problem

138 Vgl. ebenda, S. 563.

einer einheitlichen Feldtheorie scheint man sich mit den in algebraischen Räumen formulierten supersymmetrischen Eichfeldtheorien zu nähern. Da bei dieser Entwicklung Symmetrieforderungen in immer abstrakteren Räumen eine ausschlaggebende Rolle spielen, wird zugleich auch deutlich, daß aus einer auf diesem Wege irgendwann vielleicht einmal formulierbaren physikalischen „Einheitstheorie" keineswegs die Theorien der „mittleren Dimensionen" deduzierbar wären. Noch läßt sich bei diesem gegenwärtig verheißungsvoll erscheinendem Zugang nicht einmal abschätzen, ob die Theorienentwicklung überhaupt in eine als „Einheitstheorie" zu bezeichnende physikalische Theorie einmünden wird, und schon ist klar, daß in diesem Falle die Beziehungen der physikalischen Theorien unterschiedlicher Objektbereiche nicht vereinfacht würden, sondern die dialektischen Zusammenhänge innerhalb des Theoriengefüges der Physik damit noch komplizierter werden müßten.

5.3. Physikalische Weltbildvorstellungen

Wir hatten gesehen, daß bei der Suche nach einer physikalischen Einheitstheorie immer bestimmte physikalische Weltbildvorstellungen eine Rolle gespielt haben. Das Weltbild der Physik[139] läßt sich zunächst als die Gesamtheit jener physikalischen Vorstellungen von der Welt verstehen, die mit den jeweils bekannten abgeschlossenen physikalischen Theorien übereinstimmen. Insofern wäre also das physikalische Weltbild auch in gewissem Sinne eine Synthese der gesicherten physikalischen Erkenntnisse einer bestimmten Zeit. Mit den wissenschaftlichen Erkenntnissen entwickeln sich aber zugleich die Methoden der Erkenntnisfindung. Physikalische Weltbildvorstellungen beinhalten daher neben den bereits erkannten Gesetzmäßigkeiten also vor allem Vorstellungen über Methoden zur Gewinnung neuer Erkenntnisse. Hinsichtlich zukünftiger Theorien der Physik kommt ihnen deshalb nicht selten eine Leitbildfunktion zu. Ein *physikalisches Weltbild* ist also nicht einfach eine Metatheorie über bereits existierende Theorien, sondern stellt vielmehr ein außerordentlich kompliziert strukturiertes und selten nur voll expliziertes Gebilde *mehr oder minder gesicherter physikalischer Erkenntnisse* (abgeschlossene Theorien, Theorieansätze, physikalische Hypothesen, experimentelle Fakten) und *physikalischer Methoden* dar. Es ist gleichzeitig

139 Der Weltbildbegriff wird in der philosophischen Literatur außerordentlich unterschiedlich benutzt. In einer sehr allgemeinen Form ist er beispielsweise gefaßt bei H. Hörz, Der Beitrag der Physik zur Entwicklung des Weltbildes, Berlin 1977 (Veröffentlichung der Physikalischen Gesellschaft der DDR). Wir benutzen diesen Begriff hier wesentlich enger. Siehe dazu: N. Hager/U. Röseberg, Philosophisch-weltanschauliche Aspekte des Weltbildes der klassischen Physik, in: DZfPh, 5/1977, S. 586.

Verallgemeinerung des bisherigen und *Leitbild* des weiteren physikalischen Forschungsprozesses.

In der Geschichte der Physik hat es bisher verschiedene Weltbilder gegeben. Das einflußreichste von ihnen war das *auf der Grundlage der klassischen Mechanik vom mechanischen Materialismus* entwickelte, welches mit dem Versuch einer einheitlichen Theorie aller materiellen Prozesse auf der Basis der Massenpunktmechanik zusammenfiel.

Physikalisches Weltbild und die Ansätze zu einer physikalischen Einheitstheorie fielen erst mit dem Scheitern des physikalischen Forschungsprogramms des mechanischen Materialismus auseinander. Auf der Grundlage der klassischen Mechanik, der Thermodynamik und der Elektrodynamik wurde das *Weltbild der klassischen Physik* entwickelt. In diesem Weltbild ist klar, daß die Elektrodynamik und die Thermodynamik eigenständige physikalische Theorien sind, die sich nicht auf Mechanik reduzieren lassen. Die Gesamtheit der genannten Theorien vermag ein breites Spektrum physikalischer Phänomene adäquat zu erfassen, findet aber überall dort seine Grenzen, wo zur Erklärung makrophysikalischer Phänomene das Verständnis der mikrophysikalischen Grundlage erforderlich ist oder wo kosmische Dimensionen zu berücksichtigen sind.

Diese Grenzen des Weltbildes der klassischen Physik waren um die Jahrhundertwende noch nicht bekannt. Sie wurden erst mit der Entwicklung der Quantentheorie sowie der Einsteinschen Speziellen und Allgemeinen Relativitätstheorie deutlich. Kurze Zeit galt das Weltbild der klassischen Physik sogar bei einigen Physikern als Abschluß der Physik. Da aber schon sehr bald die Grenzen dieses Weltbildes deutlich wurden, kam es auf seiner Grundlage nicht zu einem ähnlich weittragenden Forschungsprogramm, wie es auf der Grundlage des Weltbildes der klassischen Mechanik vor allem im 18. und 19. Jahrhundert verfolgt wurde.

Für das Weltbild der klassischen Physik ist charakteristisch, daß zwar durchgängig in allen Theorien eine Reihe von Prinzipien gelten (Prinzip der Energieerhaltung für abgeschlossene Systeme, starre Determination und andere), aber eine allumfassende physikalische Einheitstheorie ausgeschlossen bleibt. Dagegen gibt es in diesem Weltbild entsprechend den drei wesentlichen Theorien Gesetzmäßigkeiten dreier unterschiedlicher materieller Strukturniveaus. Für die mechanische und die elektromagnetische Bewegungsform läßt sich lediglich deren Verschiedenheit feststellen, während die thermodynamische Bewegungsform gegenüber der mechanischen eine Bewegungsform komplexerer Objekte ist.

Die gegenwärtigen Bemühungen um eine physikalische Einheitstheorie werfen die Frage auf, ob die Physik zu einem im wesentlichen von *einer* physikalischen Theorie geprägten Weltbild zurückzukehren vermag. Das erscheint nach allem bisher Gesagtem außerordentlich unwahrscheinlich.

Betrachtet man die Modellvielfalt in der Theorie starker Wechselwirkungen, in der Festkörperphysik und in anderen Gebieten der physikalischen Erforschung von komplexen Objekten, so ist generell die Frage zu stellen, woraus eigentlich die weitverbreitete Überzeugung folgt, daß Theorien als befriedigende Erklärungen für die Gesetzmäßigkeiten eines Bereiches immer von einem *einheitlichen theoretischen Modell* ausgehen müssen. Ist nicht mindestens hypothetisch auch ein Theoriebegriff möglich, in dem eine nicht weiter reduzierbare Vielfalt von Ausgangsmodellen fixiert wird? Diese hypothetische Möglichkeit soll keineswegs die Bemühungen um die Vereinheitlichung des Ausgangsmodells einer Theorie in einem bestimmten Bereich diskreditieren. Sie soll aber darauf aufmerksam machen, daß diesen Bemühungen eine Weltbildvorstellung zugrunde liegt, die nicht unbedingt unumstößlich ist.

Diese Überlegungen stehen im Zusammenhang mit Vorstellungen über die *Rolle mathematischer Strukturen innerhalb physikalischer Theorien*, mit der Abbildbarkeit objektiv dialektischer Sachverhalte in mathematisierten einzelwissenschaftlichen Theorien. Auf der Grundlage der philosophischen Analyse der klassischen Physik und vielfältiger Theorieansätze in der gegenwärtigen Physik läßt sich unter Berücksichtigung der Konzeption der materialistischen Dialektik folgende philosophische Hypothese über die Möglichkeiten der Mathematisierung formulieren: *Die Zusammenhänge materieller Objekte und Prozesse können nicht mit mathematischen Strukturen identifiziert werden, lassen sich aber mittels mathematischer Strukturen im Verlaufe des Erkenntnisprozesses immer adäquater widerspiegeln.*[140] Eine solche Hypothese legt den Gedanken an die mögliche Existenz unterschiedlicher physikalischer Theorien mit gleichem Gültigkeitsbereich nahe. Die objektive Dialektik der Natur fände dann auf der Ebene mathematisierter physikalischer Theorien ihren Niederschlag primär nicht innerhalb eines einheitlichen mathematischen Formalismus *einer* physikalischen Theorie, sondern in den einander widersprechenden Annahmen unterschiedlicher mathematischer Formalismen verschiedener physikalischer Theorien mit gleichem Gültigkeitsbereich. Eine einheitliche, die Totalität der Zusammenhänge der objektiven Realität erfassende physikalische Theorie wäre danach ausgeschlossen. Der Theorieentwicklungsprozeß der Physik könnte nicht in *einer* letzten Theorie konvergieren.

Die Konzeption von der *objektiven Dialektik der Natur* ist als philosophische Verallgemeinerung der jeweiligen physikalischen Erkenntnisse und ihrer Geschichte ein heuristisches Mittel zur Förderung des weiteren Theorienfortschritts. Sie ist geeignet, die Einseitigkeiten eines jeden physikalischen Ansatzes kritisch zu

140 Vgl. U. Röseberg, Determinismus und Physik, a. a. O.; siehe auch U. Röseberg, Mathematische Strukturen in den Weltbildvorstellungen der Physik, in: XVI. Weltkongreß für Philosophie, Düsseldorf 1978; U. Röseberg, Quantenmechanik und Philosophie, a. a. O.

analysieren, ohne selbst ein physikalischer Ansatz zu sein. Deshalb kann und will sie vor allem kein Ersatz für die fehlende physikalische Einheitstheorie sein.

Die hier diskutierte philosophische Hypothese über die *Möglichkeiten der Mathematisierung* wurde vor allem in der Bearbeitung philosophischer Fragen der Physik entwickelt. Ihr kommt aber über die Physik hinausreichende Bedeutung zu. Mit einer derartigen Hypothese werden dem Mathematisierungsprozeß keinerlei prinzipielle Grenzen gezogen; es wird jedoch zugleich verhindert, in undialektischer Weise eine mathematische „Weltformel" irgendwo als Erkenntnisabschluß zu setzen. Was darin speziell für mathematische Strukturen ausgesagt ist, stellt nach Lenin eine generelle Eigenschaft unserer Erkenntnis dar, die bei jeder Abbildung objektiv-realer Sachverhalte durch das Denken immer vergröbert, abtötet. Das findet in jedem Begriff seinen Niederschlag. Darin liegt das Wesen der Dialektik, die man nach Lenin auf die Formel „Einheit, Identität der Gegensätze" bringen kann.[141] Der in der neopositivistischen Tradition immer wieder beschworene formallogische Widerspruch zwischen objektiver Dialektik und mathematisierten wissenschaftlichen Theorien wird zur Fiktion. Der Mathematisierungsprozeß selbst wird auch von einem dialektischen Widerspruch vorwärtsgetrieben, der darin besteht, daß die Zusammenhänge in der objektiven Realität durch mathematische Strukturen repräsentiert werden können, die nicht mit ihnen identisch sind.

Unsere Diskussion physikalischer Weltbildvorstellungen und die Möglichkeit prinzipieller Veränderungen in diesem Bereich war provoziert worden durch die Untersuchungen verschiedener Ansätze zu einer physikalischen Einheitstheorie. Sie führte uns zurück zu der Auffassung, derzufolge die Einheit der Physik in der Einheit ihrer Theorien und Methoden liegt.

Von den „innerphysikalischen" Diskussionen um die Möglichkeit einer Einheitstheorie im wesentlichen unabhängig ist die Stellung der Physik im System der anderen Wissenschaften. Zwar hat Weizsäcker im Rahmen seines konkreten Ansatzes diese Probleme sehr eng miteinander verkoppelt. Es ist aber für die Position der Physik gegenüber den anderen Wissenschaften vor allem wichtig, die gegenwärtige Einheit der Physik als eine reale Einheit ihrer Theorien und Methoden zu betonen. Bei der ständig wiederkehrenden Reduktionismusproblematik in den Beziehungen von Physik, Chemie, Biologie stößt man auf Analogien zu den Erörterungen der konkreten Versuche, die Physik auf letzte Prinzipien bzw. auf eine Einheitstheorie zu reduzieren.

141 W. I. Lenin, Konspekt zu Hegels „Vorlesungen über die Geschichte der Philosophie", in: Werke, Bd. 38, Berlin 1968, S. 246.

5.4. Die Physik und die anderen Wissenschaften

Physik ist die Wissenschaft von den Struktur- und Bewegungsgesetzen der Wechselwirkung anorganischer Objekte und Prozesse. Die von ihr zu erforschenden objektiven Zusammenhänge legen den Rahmen fest, innerhalb dessen sich Leben entwickeln kann und innerhalb dessen Lebensprozesse aufrechterhalten werden können. Die Biologie beschäftigt sich mit den Entwicklungsprozessen in der organischen Natur.

Über die Kosmogonie und die Kosmologie gelangte die Physik erstmalig zum *Evolutionsgedanken* und zum Gedanken von der *Geschichtlichkeit der Natur*. Wenn nun in Übereinstimmung mit den Erkenntnissen der Kosmologie alle physikalischen Objekte und Prozesse in globale Evolutionsprozesse eingebettet sind, so steht die Frage, ob das zu beobachtbaren Konsequenzen im Rahmen der Laborphysik führt. Die für die globalen Prozesse charakteristischen Zeiten erweisen sich als derart groß gegenüber den für die Prozesse der Laborphysik charakteristischen Zeiten, daß es bislang möglich war, die globalen Evolutionsprozesse zu vernachlässigen. Deshalb bleibt die bisher übliche Eingrenzung des Gegenstandes der Physik auch weiterhin sinnvoll.

Verschiedentlich wurde im Zusammenhang mit dieser Bestimmung des Gegenstandes der Physik und der auf seiner Grundlage möglichen philosophischen Verallgemeinerungen kritisch vermerkt, daß damit die Theorie der materialistischen Dialektik in unzulässiger Weise eingeschränkt werden. Der Kern dieser philosophischen Theorie liegt im Entwicklungsgedanken, den die Physik definitionsgemäß ausschließe. Es kommt uns darauf an, diesen Einwand konstruktiv umzukehren. Die Konzeption der materialistischen Dialektik stellt als philosophische Verallgemeinerung *aller* Wissenschaften der Physik die Aufgabe, mögliche Folgen globaler Evolutionsprozesse in der Laborphysik näher zu untersuchen. Damit wird ein heuristisches Programm formuliert; es ist jedoch noch keine Entscheidung zugunsten dieser oder jener konkreten physikalischen Hypothese gefällt, die einen solchen Zusammenhang zum Ausdruck bringt.

Lenin hatte gefordert, das allgemeine Prinzip der Entwicklung mit dem allgemeinen Prinzip der Einheit der Welt zu vereinigen, zu verknüpfen.[142] Die Physik nähert sich dieser Aufgabe nicht nur im Rahmen der Kosmologie. In der Thermodynamik irreversibler Prozesse wurden so allgemeine physikalische Bedingungen von Evolutionsprozessen erforscht, daß damit der Ablauf chemischer Prozesse einschließlich charakteristischer qualitativer Veränderungen mathematisch erfaßt werden kann, die Selbstorganisation der Materie im präbiotischen Zustand modellmäßig zu behandeln und das physikalische Fundament zum Verständnis der biotischen Evolution breiter geworden ist. Eine neue Quer-

142 Vgl. ebenda, S. 242.

schnittswissenschaft — die Synergetics — versucht die bisher gewonnenen Erkenntnisse zu systematisieren und auf neue Bereiche kollektiver Phänomene zu übertragen.[143] Die philosophische Verallgemeinerung der einschlägigen Resultate ermöglicht die Präzisierung unserer philosophischen Entwicklungskonzeption.[144]

Der Leninsche programmatische Hinweis für die Theorie der materialistischen Dialektik erweist seine heuristische Wirkung auch in der Physikentwicklung. Die Physik ist aber nicht dabei, wie Weizsäcker in Anlehnung an die griechischen Naturphilosophen meint, *die* Wissenschaft von der Natur zu werden.[145] Sie bleibt in ihrem Kern vor allem eine Wissenschaft der unbelebten Natur. Zugleich ist sie von fundamentaler Bedeutung für jene Wissenschaften, die die höheren Bewegungsformen der Materie untersuchen. Die einzelnen Bewegungsformen, die belebte und die unbelebte Natur stehen in unserer *dialektischen Naturauffassung* nicht beziehungslos nebeneinander, sondern in einem engen dialektischen Zusammenhang, den es im einzelnen näher zu untersuchen gilt.

Der Versuch des Wiener Kreises, im *Physikalismus* alle anderen Wissenschaften auf Physik zu reduzieren, ist ebenso definitiv gescheitert wie die Bestrebungen eines Teils der naturwissenschaftlichen Schule des mechanischen Materialismus im 17. Jahrhundert. Gegen modernere Versionen, Gesellschaftstheorien auf Physik, Kybernetik und Informationstheorie zu reduzieren, lassen sich gut begründete Argumente ins Feld führen. Das Scheitern des philosophischen Reduktionismus, die *Fortschritte* in der theoretischen Chemie auf der Grundlage der Atomphysik, der Thermodynamik und der statistischen Physik, die Fortschritte in der Biologie auf der Grundlage der Quantenchemie, der Thermodynamik und der statistischen Physik sind Beweise für die Richtigkeit unserer philosophischen Konzeption von der *Materiestruktur*, insbesondere der These von den unterschiedlichen *Bewegungsformen*, ihrer Spezifik, ihrer relativen Eigengesetzlichkeit und ihres inneren Zusammenhangs.[146] Daß die Modelle der Physik erfolgreich sind, ohne bei der physikalischen Erklärung von Phänomenen höherer Bewegungsformen auf die Gesetzmäßigkeiten des Niveaus elementarster physikalischer Objekte zurückgreifen zu müssen, belegt vor allem den Gedanken der Existenz

143 Vgl. Synergetics, Hrsg.: H. Haken, Stuttgart 1973; H. Haken, Introduction to Synergetics, Berlin—Heidelberg—New York 1976.

144 Vgl. W. Ebeling, Physikalisch-chemische Grundlagen der Strukturbildung bei Entwicklungsprozessen, in: Struktur und Prozeß, Berlin 1977, S. 151—171; J. Erpenbeck, Philosophische Bemerkungen, in: E. Kahring/H. Beßerdich, Dissipative Strukturen, Leipzig 1977, S. 101 bis 105.

145 Vgl. C. F. von Weizsäcker, Der Garten des Menschlichen, a. a. O., S. 343.

146 Vgl. K. Fuchs, Zur Bedeutung der theoretischen Physik für die Naturwissenschaften, Sitzungsberichte der AdW der DDR, 5/N/1975, Berlin 1975; R. Rompe/H.-J. Treder, Über Physik, Berlin 1979; R. Rompe/H.-J. Treder, Grundfragen der Physik, Berlin 1980.

systemspezifischer Gesetze. Die Ebene elementarster physikalischer Objekte und die Ebene biologischer Objekte sind so weit voneinander getrennt, daß die Spezifik der Gesetze der einen Ebene sich auf der anderen Ebene schon nicht mehr direkt auswirkt, sondern nur noch vermittelt über die Gesetze der dazwischenliegenden Strukturniveaus.

Der Gedanke vom inneren Zusammenhang der Gesetze elementarster Objekte der Physik und ihres komplexesten Objekts, die Hypothese von der Notwendigkeit, für eine Theorie der „Elementarteilchen" auch die Erkenntnisse und Methoden der Biologie mit auszuwerten,[147] und ähnliche Überlegungen versuchen, den inneren Zusammenhang der unterschiedlichen materiellen Strukturniveaus philosophisch so zu präzisieren, daß er in der naturwissenschaftlichen Forschung heuristisch wirksam werden kann. Über die Fruchtbarkeit derartiger Überlegungen kann nur der weitere naturwissenschaftliche Fortschritt entscheiden. Dabei kann sich zeigen, daß der objektive Zusammenhang verschiedener Strukturniveaus noch wesentlich komplizierter und vermittelter ist, als das die genannten Hypothesen zum Ausdruck bringen. Es gilt heute als wahrscheinlich, daß eine Theorie der Fundamentalteilchen ohne Kosmologie und ohne Anleihen an das biologische Denken auskommt. Nichts deutet aber darauf hin, daß die Einheit der Welt in ihrer Materialität, der Zusammenhang zwischen den verschiedenen materiellen Strukturniveaus der objektiven Realität irgendwo unterbrochen ist. Die Einheit der physikalischen Theorien ist ausgehend von der Einheit der Welt in der Materialität und der Unerschöpflichkeit der Materie eine Einheit in der Vielfalt.

Ebenso wie wir die systemspezifischen Gesetze der einzelnen materiellen Strukturniveaus nur in bestimmter Näherung kennen, verfügen wir auch nur über bestimmte Näherungen bei der Erkenntnis der Zusammenhänge und Vermittlungen zwischen den unterschiedlichen materiellen Strukturniveaus. Da nach beiden Richtungen geforscht wird, bleibt das Thema wissenschaftlich berechtigter Reduktionen einschließlich der Möglichkeiten zu philosophisch fehlerhaften Verallgemeinerungen im Reduktionismus aktueller Gegenstand unserer weiteren philosophischen Forschung und der Auseinandersetzung mit antidialektischen Auffassungen.[148]

147 Vgl. I. A. Akčurin, Edinstvo estestvenno naučnogo znanija, Moskva 1974.
148 Siehe dazu auch VI, 3.

Kapitel IV
Philosophische Entwicklungstheorie und biologische Evolutionstheorie

Während die gegenwärtige Physik bei ihrem immer tieferen Eindringen in die objektive Dialektik der Natur nur an einigen Stellen bisher auf die Entwicklungsproblematik stößt (z. B. Thermodynamik irreversibler Prozesse, kosmologische und kosmogonische Modelle), ist die Biologie seit Darwin eine Naturwissenschaft, die es in ihrer Gesamtheit vor allem mit der Entwicklungsproblematik zu tun hat.

Unsere dialektisch-materialistische Entwicklungskonzeption ist das Resultat philosophischer Verallgemeinerungen zahlreicher Wissenschaften. Neben den Gesellschaftswissenschaften war es vor allem die Biologie, deren evolutionstheoretische Ansätze und Theorien der marxistisch-leninistischen Philosophie ein reichhaltiges Material für entsprechende Verallgemeinerungen bereitgestellt haben. In den gegenwärtigen Evolutionsmodellen und -theorien der Biologie muß nun die vorliegende philosophische Konzeption ihre heuristische Kraft beweisen, während die Erkenntnisse der modernen biologischen Forschung auch weiterhin zu nutzen sind, um die philosophische Theorie der Entwicklung weiter zu präzisieren.

Gegenwärtig existiert noch keine in sich geschlossene biologische Evolutionstheorie, die beginnend mit der präbiotischen Evolutionsphase die Entwicklung des Bios bis zur Herausbildung des Menschen sowie die Evolutionsprozesse in der Bio- und Noosphäre innerhalb eines einheitlichen theoretischen Konzepts zu erklären vermöchte. Fortschritte wurden in der letzten Zeit insbesondere im Verständnis der physikalisch-chemischen Voraussetzungen für die Entstehung des Lebens auf der Erde und des physikalisch-chemischen Rahmens innerhalb einzelner Evolutionsphasen gemacht. Im Hinblick auf die philosophische Entwicklungstheorie ergibt sich dabei vor allem die Frage nach der Richtung des Evolutionsprozesses, nach den Kriterien der Höherentwicklung. Es wird gefragt, nach welcher naturhistorischen Gesetzmäßigkeit sich die elementaren Evolutionsmechanismen, die Beziehungen von Notwendigkeit und Zufall, von Möglichkeit und Wirklichkeit in realen Evolutionsprozessen verändern. Mutation, Rekombination und Selektion allein scheinen für das Verständnis der Großabläufe in der Evolution nicht zu genügen. Es geht um die Erklärung der sich im Bios insgesamt durchsetzenden Tendenz zur Höherentwicklung. In der biologischen Forschung wurden wesentliche Erfolge im Verständnis der Veränderung biotischer Systeme über Mutation, Selektion und Rekombination erzielt. Zugleich aber bleibt die für die Entwicklungstheorie entscheidende Frage nach der Kontinuität des Evolutionsgeschehens und nach der Dialektik von Kontinuität und Diskontinuität in diesem Geschehen einzelwissenschaftlich noch ungenügend beantwortet.

Marx hatte bezüglich der Dialektik des Geschichtsprozesses in der menschlichen Gesellschaft festgestellt: „Dank der einfachen Tatsache, daß jede nachfolgende Generation von der vorhergehenden Generation erworbene Produktivkräfte vorfindet, die ihr als Rohmaterial für neue Produktion dienen, entsteht ein Zusammenhang in der Geschichte der Menschen, entsteht die Geschichte der Menschheit, die um so mehr Geschichte der Menschheit ist, je mehr die Produktivkräfte der Menschen und infolgedessen ihre sozialen Beziehungen wachsen."[1] Da die Geschichte der Menschheit selbst nach Marx „ein *wirklicher* Teil der *Naturgeschichte*, des Werdens der Natur zum Menschen"[2] ist, ergibt sich die Frage nach der Kontinuität in der biologischen Evolution, die Frage nach dem Zusammenhang zwischen den aufeinander folgenden Generationen von Lebewesen.

Der Schlüssel zum Erfolg bei der Lösung dieses Problems muß im biologischen Material selbst gefunden werden.[3] Um tiefer in die Dialektik von Kontinuität und Diskontinuität des biotischen Evolutionsprozesses einzudringen, müssen die philosophischen Verallgemeinerungen bei der Evolution im molekularen Bereich einsetzen. (1)

Die sich bereits auf der molekularen Ebene manifestierende objektiv dialektische Beziehung von Struktur und Funktion einerseits und „Information" andererseits setzt sich, mannigfaltig differenziert, bis zur Biosphäre, der Gesamtheit der Lebensformen auf der Erde fort. Es wird daher das Informationskonzept mit der biotischen Evolutionsproblematik konfrontiert und der Versuch zu einer Integration der Vielfalt von Problemen innerhalb der biologischen Evolutionstheorie unternommen, die philosophisch auf die Konzeption von der Widerspiegelung als allgemeiner Eigenschaft der Materie hinausläuft. (2)

In der synthetischen Evolutionstheorie spielt gegenwärtig die seit den 20er Jahren vieldiskutierte Frage nach den Beziehungen von Mikro- und Makroevolution keine herausragende Rolle mehr. Es ist erkannt, daß sich der gesamte

1 K. Marx, Brief an P. W. Annenkow vom 28. 12. 1846, in: Karl Marx/Friedrich Engels, Werke (im folgenden MEW), Bd. 27, Berlin 1976, S. 452f.

2 K. Marx, Ökonomisch-philosophische Manuskripte (1844), in: MEW, Ergänzungsband, Erster Teil, Berlin 1974, S. 544.

3 Zur Gesamtheit der hieraus resultierenden philosophisch-ethischen Probleme vgl. Philosophisch-ethische Probleme der Biowissenschaften, in: Deutsche Zeitschrift für Philosophie, 2/1978, S. 262—273.

Prozeß der Makroevolution auf der Grundlage elementarer Prozesse der Mikroevolution vollzieht; Mikro- und Makroevolution bilden eine dialektische Einheit, durchdringen sich gegenseitig und können daher nicht länger mehr als metaphysische Gegensätze gefaßt werden. Im Hinblick auf philosophische Verallgemeinerungen sind in der stammesgeschichtlichen Entwicklung die Entstehung von historisch Neuem, die Herausbildung makroevolutionärer Trends und Regelhaftigkeiten, die Entfaltung und das Aussterben großer Organismengruppen, die Irreversibilität der Evolution und die Frage nach der Evolution der Evolution von Interesse. (3)

1. Evolution im molekularen Bereich

Der molekulare Bereich der Evolution umfaßt zwei Teilvorgänge des Evolutionsgeschehens: erstens die chemische Evolution bis zur Entstehung der ersten Urorganismen bzw. Protobionten und zweitens die molekularen „Mechanismen" der Evolution der Organismen, genauer ausgedrückt: die Funktionsweise der biologischen Evolutionsprozesse auf molekularer Ebene.[4]

1.1. Allgemeine Gesetzmäßigkeiten der chemischen Evolution

Die Frage nach der dialektischen Widersprüchlichkeit der Prozesse, die zur natürlichen Entstehung und Entwicklung des Lebens führten, kann bereits für die chemische Evolution, also für die Etappe der primären Entstehung von Polypeptiden und Nukleotiden, sinnvoll gestellt und beantwortet werden. Einzelwissenschaftlich befaßt sich damit die Biogeneseforschung (Biogenetik), welche in jüngster Zeit im Rahmen der Forschungen zur Evolutionstheorie enorm an Bedeutung gewonnen hat. Das ist zum Teil auf ihre weltanschaulich-philosophische Relevanz zurückzuführen, denn jeder neue Beleg für die natürliche und gesetzmäßige Entstehung des Lebens auf der Erde und die Feststellung der dafür notwendigen Bedingungen ist ein Argument gegen idealistische und mechanistische Lebenstheorien. Die von der Biogeneseforschung erzielten Erkenntnisse belegen die Existenz objektiver widersprüchlicher Beziehungen, die in der chemischen Evolution die evolvierenden Systeme zu tiefgreifenden qualitativen Veränderungen hin treiben (z. B. von Molekular- zu Individualsystemen).

4 Vgl. A. S. Karpinskaja, Philosophie und Molekularbiologie, Berlin 1974, S. 180f.

In der Theorie der Biogenese nehmen die physikalisch-chemischen Grundlagen der Lebensentstehung eine besondere Stellung ein. Das entspricht einmal der Tatsache, daß in der präbiotischen Evolution ausschließlich physikalische und chemische Gesetzmäßigkeiten wirkten. Zum anderen entspricht dies dem Gang der Wesenserkenntnis, die von der äußeren Erscheinung analytisch zu den Details vordringt, um auf dieser Grundlage die wesentlichen Zusammenhänge des Ganzen theoretisch zu rekonstruieren, zu begreifen. Auf Grund der äußerst spärlich vorhandenen „Fossilien" der Milliarden Jahre andauernden chemischen Evolution ist es um so notwendiger, die physikalisch-chemischen Voraussetzungen für die prinzipielle Möglichkeit der Lebensentstehung modellmäßig zu erforschen.

1.1.1. Die objektive Möglichkeit der Lebensentstehung

Leben ist die Existenzweise offener dynamischer Systeme, deren wesentliche Funktionen auf der Wechselwirkung von strukturerhaltenden Informationsmolekülen (Nukleinsäuren) und Stoff- und Energieaustausch realisierenden Funktionsmolekülen (Eiweißen) beruhen. Lebende Systeme haben vor allem die Fähigkeit zum Energie- und Baustoffaustausch mit ihrer Umwelt (Wachstum), zur Selbstreproduktion (Vermehrung), zur erblichen Variabilität (Mutation, Rekombination) und zur Verhaltensmodifikation gegenüber der Umwelt.[5]

Wenn all diese Fähigkeiten letztlich durch die Wechselbeziehung der komplexorganischen Makromolekülarten Nukleinsäuren und Proteine realisiert werden, reduziert sich die Frage nach der Möglichkeit der Lebensentstehung im Rahmen allgemeiner physikalischer Untersuchungen auf die Frage nach der physikalisch begründbaren Entstehungsmöglichkeit komplexer Strukturen aus einfacheren. Die naturwissenschaftliche Beantwortung dieser Frage beruht vor allem auf Erkenntnissen der Thermodynamik offener Systeme, der Theorie „dissipativer Strukturen" und der mathematischen Theorie nichtlinearer Gleichungen.

Die klassische Thermodynamik[6] erforschte isolierte Systeme, die mit ihrer Umgebung weder Energie noch Stoff austauschen. Sie untersuchte reversible Prozesse, die mit unendlich kleiner Geschwindigkeit in unendlich kleinem Abstand vom Gleichgewichtszustand, das heißt also nur im *Innern* des isolierten Systems,

5 Bereits F. Engels wies in seiner „Dialektik der Natur" auf das materielle Wesen des Lebens hin und stützte sich dabei auf die naturwissenschaftlichen Erkenntnisse seiner Zeit. Die heutige dialektisch-materialistische Bestimmung des Wesens des Lebens fußt auf der Engelsschen Analyse. Vgl. unter anderem U. Körner, Probleme der Biogenese, Jena 1974, S. 35f.

6 Vgl. G. Kalitzin/K.-H. Radeke, Entwicklungsaspekte der Thermodynamik, in: Wissenschaft und Fortschritt, 2/1974, S. 69.

ablaufen. Sie führte unter anderem zu der im II. Hauptsatz der Thermodynamik fixierten Erkenntnis, daß sich isolierte Systeme im Laufe der Zeit einem Zustand maximaler Unordnung (Entropie) nähern.

Auf dieser Grundlage konnte die Frage, wie in der Natur trotz der überall herrschenden gesetzmäßigen Energiedissipation (Energiezerstreuung) hochorganisierte Strukturen entstehen und sich fortwährend neu ausbilden können, nicht beantwortet werden. Die grundlegenden Ideen zur Lösung dieses Problems verdanken wir den Physikern E. Schrödinger (1944) und I. Prigogine (1947, 1967), dem Mathematiker A. M. Turing (1952) und dem Biologen L. v. Bertalanffy (1950). Von zentraler Bedeutung ist dabei die Erkenntnis, daß die Offenheit der Systeme in der Natur für die Strukturbildung entscheidend ist.

Ein thermodynamisch offenes System tauscht mit seiner Umgebung Stoff und Energie aus. Nach Prigogine läßt sich die Entropieänderung in einem offenen System im Zeitelement dt stets in folgender Form darstellen[7]:

$$dS = d_iS + d_eS$$

Hierbei ist d_iS die Veränderung durch Prozesse im Innern des Systems und d_eS der in dt durch die Oberfläche mit der Umgebung ausgetauschte Anteil. Während Vorzeichen und Größe von d_eS je nach Umgebung und Beschaffenheit des Systems beliebig sein können, gilt für d_iS:

$$d_iS \geqq 0 \, .$$

Das ist die Prigoginsche Formulierung des II. Hauptsatzes der Wärmelehre, in der von vornherein die Wechselbeziehung von System und Umwelt, von Innen und Außen berücksichtigt wird.

Wichtig für die Möglichkeit der Strukturbildung sind nun die Fälle, in denen sich die Entropie verringern kann, wenn das System Entropie exportiert ($d_eS < 0$) und wenn der Export pro Zeiteinheit die Entropieproduktion im Innern übersteigt, also:

$$dS < 0 \text{ wenn } |d_eS| > d_iS \geqq 0 \, .$$

Eine solche Situation ist nur weitab vom Gleichgewicht möglich, da in Gleichgewichtsnähe stets $d_iS \geqq 0$ dominiert. In statistischen Systemen werden Zustände weitab vom Gleichgewicht durch Instabilitäten der Mikroprozesse, durch zufallsbedingte Schwankungen um das Gleichgewichtsniveau initiiert.

Damit im System Strukturbildung beginnen kann, muß der Entropieexport einen kritischen Wert übersteigen. Wenn ein System vom Gleichgewicht stark abweicht, dann genügen die Variablen nicht mehr linearen Gleichungen, sondern unter-

7 Vgl. P. Glansdorff/I. Prigogine, Thermodynamic Theory of Structure, Stability and Fluctuations, London—New York 1971.

liegen nichtlinearen Gesetzen. Andererseits erfordert ein überkritischer Entropieexport außerordentlich spezielle innere Systemstrukturen. Das bedeutet, daß die Selbstorganisation zu komplexen Strukturen keine allgemeine, sondern eine besondere Eigenschaft der Materie ist, die nur unter spezifischen inneren und äußeren Bedingungen existiert; sie ist jedoch nicht an spezielle Stoffklassen gebunden.[8]

Die spontane Bildung dissipativer Strukturen, ihre Ausprägung zur allgemeinen Systemnotwendigkeit (höherer Ordnungszustand des Systems auf der Grundlage dissipativer Strukturen) ist notwendig an das Auftreten einer *qualitativ neuen Bewegungsform* im Mikroskopischen gebunden. Nur dann, wenn sich die Mikroprozesse infolge spezieller Kopplungen jenseits kritischer Parameterwerte kooperativ verhalten und aus den ursprünglichen Elementen des Systems neue, relativ stabile Elementareinheiten oder Teilsysteme gebildet werden, beobachtet man in der Natur das spontane Entstehen von komplexeren Strukturen.

In der Natur können sich daher prinzipiell dort Strukturen spontan ausbilden, wo die folgenden vier notwendigen Bedingungen erfüllt sind[9].

1. Das System ist thermodynamisch offen, es kann also Energie und/oder Stoff mit seiner Umgebung austauschen.
2. Das System unterliegt nichtlinearen Gesetzmäßigkeiten.
3. Das System befindet sich im überkritischen Abstand von Gleichgewicht (überkritischer Entropieexport).
4. Die Mikroprozesse verhalten sich kooperativ.

Bezüglich der anfangs gestellten Frage nach der objektiven Möglichkeit der Lebensentstehung ist nun der wissenschaftlich erbrachte Nachweis von eminenter Bedeutung, daß bereits vor 4,5—4 Milliarden Jahren bestimmte Bereiche der erdnahen Atmosphäre und der Erdoberfläche ein auf einfache chemische Komponenten aufbauendes statistisches System bildeten, welches den vier notwendigen Bedingungen für spontane Strukturbildungsprozesse genügte.[10] Im Bereich der Erdoberfläche mußten damals also mit Notwendigkeit Prozesse der frühen Selbstorganisation, mußte gesetzmäßig die chemische Evolution einsetzen, die wegen der Instabilität der initialen Situation durch zufällige Schwankungen ausgelöst wurde, welche ihrerseits unvermeidlich und notwendig sind. Die objektive Dialektik von Notwendigkeit und Zufall liegt bereits in der chemischen Phase der Evolution vor. Zufällige statistische Fluktuationen treten stets mit Notwendigkeit auf. Sobald die objektiven Bedingungen gegeben sind und die Fluktuationen

8 Vgl. ebenda.

9 Vgl. W. Ebeling, Wie können Strukturen spontan entstehen?, in: Wissenschaft und Fortschritt, 7/1976, S. 313.

10 Vgl. K. Dose/H. Rauchfuss, Chemische Evolution und der Ursprung lebender Systeme, Stuttgart 1975.

den Evolutionsprozeß auslösen, ist dieser Prozeß auf der Grundlage ständiger Wechselbeziehung von System und Umwelt, von Innerem und Äußerem, notwendig. Er verläuft in Richtung auf die weitere Strukturbildung bzw. die gebildeten Strukturen werden komplizierter. Bezüglich der Richtung der chemischen Evolution, der in ihr zutage tretenden Dialektik von Kontinuität und Diskontinuität und damit bezüglich ihrer Geschichtlichkeit gibt die nichtlineare Thermodynamik irreversibler Prozesse in ihrem gegenwärtigen Entwicklungsstand aber noch keine genügende Auskunft.

Der Schlüssel zur Lösung dieses Problems liegt in der Analyse der 4. Bedingung für spontane Strukturbildung — speziell in komplexen chemischen Reaktionssystemen. „Kooperatives Verhalten" von Mikroprozessen ist nämlich an die Entstehung sowohl neuer Reaktionsketten bzw. -zyklen als auch neuer chemischer Substanzen (Phasenentstehung bzw. -differenzierung) mit komplexerer Struktur und mannigfaltigeren Funktionen gebunden. Letztere aber können nur aus Veränderungen der primären Molekülarten bzw. deren Verbindungen entstehen; das heißt, beim Übergang zu immer komplexer strukturierten Zuständen eines Systems durch Ausbildung immer höherer dissipativer Strukturen müssen die vorangegangenen Zustände — genauer: die dazugehörenden dissipativen „Kräfte" (Funktionen) — zunehmend stabilisiert, das heißt „konserviert" und in den Molekül- bzw. Aggregatstrukturen fixiert werden.[11]

Das aber ist Informationsentstehung und Informationsaggregation. Die zunehmend komplizierter werdende Struktur der Elementareinheiten (= jeweilige Elemente) evolvierender Systeme fixiert (codiert!) hinsichtlich ihres Beitrags zur Systemstabilität bewertete Funktionen. Da Information kurz als Gerichtetheit der Wirkung spezifisch organisierter Strukturen bezeichnet werden soll, kann das Fortschreiten der Evolution in diesem Stadium davon „abgelesen" werden, daß die Molekülstrukturen und ihre Funktionen in der Wechselbeziehung untereinander komplizierter werden. Die in den Molekülstrukturen und deren Funktionen fixierte und historisch geformte Information reproduziert und realisiert zugleich die Kontinuität, den geschichtlichen Zusammenhang in der chemischen Evolution. Dies ist jedoch nur solange gewährleistet, wie die chemische Funktion und Instruktionsfunktion in und für jede chemische Spezies durch ein und dieselbe Struktur codiert sind.

1.1.2. Katalyse — chemische Bedingung für die Lebensentstehung

Die spontane Bildung komplexer Strukturen im Verlaufe der chemischen Evolution ist ohne das Wirken der Katalyse, insbesondere der organischen Katalysatoren, unmöglich. Die Katalyse ist der „Zauberstab" der Chemie, der nicht

11 Vgl. M. Eigen/R. Winkler, Das Spiel, München—Zürich 1975, S. 116ff.

völlig auf physikalische Gesetze reduzierbar ist, jedoch im Prozeß der Strukturbildung in dieser Evolutionsetappe die entscheidenden Schritte der Ausprägung neuer Formen kollektiven Verhaltens der Mikroprozesse und die komplizierter werdenden Molekül- bzw. Aggregatstrukturen erst ermöglicht.

Mit der Kondensation von Atomen zu kalten Himmelskörpern (wie unsere Erde) schlägt sich die Tendenz zur chemischen Bindung in einer Fülle verschiedener Substanzen nieder. Wie beim Aufbau von Atomen aus Elementarteilchen wird auch bei der Bildung von Molekülen aus Atomen Energie frei und in Form von Wärme an die Umgebung abgegeben. Die prinzipielle Begrenzung der Bildungsmöglichkeiten liegt in folgender Schwierigkeit: Um Moleküle reaktionsfähig zu machen, müssen die Bindungen durch Energiezufuhr aktiviert werden. Wird einem Molekül jedoch Energie zugeführt, so aktivieren sich *alle* Bindungen des Moleküls — unterschiedlich je nach Stellung im Molekül. Je größer das Molekül schon ist, desto eher wird es also an irgendwelchen schwachen Stellen auseinanderfallen, statt sich weiter zu vergrößern. Moleküle könnten demnach über eine gewisse Zahl von Atomen gar nicht hinauswachsen. Doch entstehen auf dem Molekülniveau qualitativ neue Wechselwirkungen, die diese Begrenzung durchbrechen und neue Kopplungsformen zur Bildung höher strukturierter Elementareinheiten ausbilden.

Außer der chemischen Bindung durch Überlappung von Atomorbitalen gibt es noch schwächere „Anlagerungs-Bindungen" (Nebenvalenzen durch Van-der-Waals-Kopplungen). Diese Anlagerungsbindungen werden dann bemerkbar, wenn zwei bzw. mehrere molekulare Oberflächen räumlich zusammenpassen. Sie werden dann sogar stabil, wenn die Summe vieler dieser schwachen Bindungen — z. B. bei biologischen Makromolekülen — insgesamt einen festen Zusammenhalt sichern kann.

Die Zusammenlagerung auf Grund „sterischer" Effekte erlaubt es, daß bestimmte betroffene Bindungen sich leichter lösen und in neuer Weise mit einem Partnermolekül zusammenschließen. Damit werden chemische Reaktionen möglich, die bei niedrigen Temperaturen (die den Zusammenhalt des ganzen Moleküls nicht gefährden) gar nicht ablaufen dürften.[12] Die „katalysierende" Oberfläche, die selbst nicht direkt an der Reaktion teilnimmt, hat durch „Verzerrung" von Reaktionsmolekülen die Reaktionsenergieschwelle an einem bestimmten Punkt des Moleküls herabgesetzt und die Entstehung einer komplexeren Struktur ermöglicht.

Die chemische Evolution perfektionierte dieses Prinzip der Katalyse; lebende Systeme schließlich haben ein kompliziertes Verfahren entwickelt, solche spezifischen Oberflächen planmäßig herzustellen. „Von der *Chemie* aus betrachtet,

12 Vgl. C. Bresch, Zwischenstufe Leben — Evolution ohne Ziel?, München—Zürich 1977, S. 49ff.

liegt darin der Schlüssel des Lebendigen."[13] In den Zellen aller Organismen werden nämlich „Enzyme" (spezifisch katalysierende Proteine) in Tausenden von verschiedenen Typen synthetisiert. Jeder Typ hat ganz spezifische sterische Eigenschaften, die nur zu bestimmten Molekülen passen und als Katalysator für einen bestimmten chemischen Reaktionstyp dient. Jedes Enzym hat also die Fähigkeit, gewisse Moleküle zu „erkennen", sich an sie anzulagern und ihnen bei relativ niedrigen Temperaturen zu einer Reaktion zu verhelfen, die sonst nicht möglich wäre.

Aber auch ohne Enzyme bilden sich schon in der chemischen Evolution aus einfachen Molekülen eine Fülle verschiedener großer Moleküle durch Polymerisation. Diese Reaktionen werden durch Katalyse an tonigem Sand, an poröser Lava, an Oberflächen von Gesteinen und Metallen ermöglicht. Besonders vielseitig sind dabei die Verbindungen, an denen Kohlenstoff beteiligt ist. Seine häufigsten Partner sind Sauerstoff, Wasserstoff und Stickstoff.

Bedeutsam für die Evolution auf molekularer Ebene ist, daß bei katalytisch gesteuertem Molekülwachstum an ein bestimmtes Molekül nur bestimmte Atome bzw. Moleküle an bestimmten Orten gebunden werden können. Das heißt, die Evolution immer komplizierterer Strukturen mit immer höherer Wirkungsfähigkeit (also Informationsentstehung und -aggregation) erfolgt stufenweise bei steter Einbeziehung des Vorhandenen, des „Alten", im jeweils gebildeten „Neuen". Sie erfolgt entsprechend der durch die Möglichkeiten vorhandenen Elementareinheit-Strukturen gerichtet. Sie wird chemisch-strukturell „kanalisiert" und unterliegt dabei einem Extremalprinzip. Bei der stufenweisen Integration zu neuen Elementareinheiten höherer Komplexität und Funktionsmannigfaltigkeit kommt es darauf an, mit möglichst wenig qualitativ verschiedenen Grundstrukturen ein Maximum an Strukturkomplexität der jeweiligen Elementareinheiten zu gewinnen, das ein Maximum an qualitativ verschiedenen Wirkungen gestattet. Hierauf beruht letztlich das *Prinzip der gesetzmäßigen Bildung hierarchischer Strukturen*, welches der widersprüchlichen Extremalforderung genügt. Dieses Prinzip ist der Schlüssel zur Lösung eines grundlegenden Widerspruchs der molekularen Evolution. Einerseits erfordert die fortschreitende Evolution eine zunehmende Differenzierung und Spezifizierung der Funktionen; andererseits sinkt damit die Wahrscheinlichkeit einer korrekten Reproduktion der Strukturen, die diese Funktionen realisieren (je mehr dementsprechende Teilstrukturen notwendig sind, desto größer ist die Instabilität des Systems). Hierarchische Strukturen sichern ein Optimum von Funktionsvielfalt und Systemstabilität. Das Prinzip der gesetzmäßigen Bildung hierarchischer Strukturen legt also den Rahmen für die Lösung des Widerspruchs zwischen Stabilität und Instabilität fest.

13 Ebenda, S. 55.

Von entscheidender Bedeutung für das makroskopische Geschehen der chemischen Evolution sind autokatalytische Prozesse, in denen ein chemisches Substrat seine eigene Synthese katalysiert. Es handelt sich hierbei um das Auftreten makroskopisch wirksamer Verstärkungsreaktionen, die das jeweilige System von Fließgleichgewichten in der chemischen Evolution verändern. Makroskopisch gesehen, treten bei den entsprechenden chemischen Reaktionen nichtlineare oder gekoppelte quasilineare Gesetzmäßigkeiten auf, die in Übereinstimmung mit der nichtlinearen Thermodynamik zur Bildung höher geordneter dissipativer Strukturen führen können. Wenn z. B. eine autokatalytische Reaktion $A + X \rightarrow 2X$ neben der Reaktion $B + X \rightarrow C$ verläuft, so erhält man für die Änderungsgeschwindigkeit $\dot{x}$ der Konzentration der Substanz X die Differentialgleichung

$$\dot{x} = -x^2 + \mathrm{d}x + \beta$$

(die Parameter hängen von den Reaktionskonstanten ab); solche Systeme können „*selbstreparierend*" in dem Sinne sein, daß ein stationärer Zustand invariant ist gegenüber Störungen. Das heißt, der stationäre Zustand als Resultat des widersprüchlichen Wirkens von Aufbau- und Zerfallsprozessen stellt sich in Abhängigkeit vom Verhältnis der Aufbaurate zur Zerfallsrate immer wieder neu ein. Falls eine Reaktion durch die Gleichung $\dot{x} = (a + bx)x$ beschrieben wird, hat man für bestimmte Werte der Parameter a, b, $x\,(o)$ (Anfangskonzentration) Lösungen von der Form:

$$x(t) = \frac{x(o)}{1 - bx(o) \cdot t}\,.$$

Das ist eine Hyperbel mit einer Singularität. Für $t = 1/bx(o)$ steigt die Konzentration von x stark an, und wenn dieses Verhalten in gekoppelten Reaktionen vorkommt, führt es zu einer *Selektion* der betreffenden Sorte — was in einem linearen System nicht möglich ist. Man versteht, daß in der Theorie von Prigogine die Nichtlinearität des Zusammenhangs von Kräften und Flüssen in dem Ausdruck für die Entropieproduktion wesentlich ist für nichtlineare Sättigungsfunktionen, die ihrerseits für chemische Phasenübergänge charakteristisch sind. Die einzige „*Wertung*", die auf dieser Ebene möglich ist, ist offenbar die Effektivität oder Ausbeute konkurrierender Reaktionen. Selektiert werden *Funktionen* mikroskopischer Elementareinheiten hinsichtlich ihres Beitrages zur maximalen Ausbeute der optimal bewerteten und ausgewählten Reaktion in Konkurrenz zu anderen Reaktionen. Diese selektierten Funktionen werden in Molekülstrukturen fixiert („konserviert") und reproduziert. Nur so kann in der chemischen Evolution Information (als mikroskopische, molekulare „Strukturinformation") und Selbstinstruktion gewonnen werden. Makroskopische „thermodynamische Information" des jeweiligen offenen Systems ist nach dieser Konzeption das gleiche wie „Grad der Abweichung vom Gleichgewicht". Ein solches Programm hat M. Eigen für die Phase der Selbstorganisation, das heißt der Molekülselektion bis zur Entstehung des „Hyperzyklus", versucht.[14]

1.1.3. Koazervation und Richtung der chemischen Evolution

In der chemischen Evolution konnte noch die Selektion katalysierter Reaktion mit verbundener Molekülselektion dominieren, die prinzipiell auch in molekulardispersen Phasen ablief. Polymolekulare Komplexe waren vielfach nur zeitweilige Aggregationen, und bestehende besonders stabile Gebilde ohne präbiotischen Stoff- und Energieaustausch konnten in der chemischen Evolution noch keine Rolle spielen.

Später erfolgte ein allmählicher Übergang von der Dominanz der Molekülselektion zur Dominanz der Individualselektion in erster Stufe: der Koazervatselektion. Dieser dialektische Übergang folgte aus der Wechselbeziehung zweier Selektionsvorteile[15]: 1. sind molekulare Reaktionsnetze, die reaktionskinetisch günstige Bedingungen von Koazervattröpfchen „nutzen" können, gegenüber anderen Molekülen im Vorteil; 2. erhalten sich solche Arten von Koazervaten besser, die für die Synthese der sie konstituierenden und ihre dynamische Stabilität besonders gut gewährleistenden Moleküle optimale Synthese- und Erhaltungsbedingungen bieten. Die Evolution molekularer Systeme und die Evolution polymolekularer Komplexe laufen parallel und durchdringen sich, und zwar von Anbeginn. Da die Koazervatbildung ein in Polymerlösungen äußerst wahrscheinlicher Vorgang ist und chemische Reaktionen und Gleichgewichte durch sie stark beeinflußt werden, wäre es unwahrscheinlich, daß Koazervate erst eine entscheidende Rolle gespielt haben, wenn in molekulardisperser Phase ein komplettes „Funktionsbesteck" bzw. ein „Hyperzyklus" existierte, sei er nun durch reine Zufallsbildung, wie bei R. Kaplan, oder durch Molekularselektion, wie bei Eigen, entstanden. Schon bei den ersten Ansätzen der Ausbildung des evolutionsfähigen Reaktionsnetzes konnten Koazervattropfen oder ähnliche Gebilde den Selektionswert von Molekülvarianten entscheidend mitbestimmen.[16] Die spontane Bildung von Koazervaten löst den Widerspruch zwischen Stabilität und Instabilität auf molekularer Ebene in dieser Evolutionsphase; zugleich bilden Koazervate neue Bedingungen für die molekulare Selektion.

Bedeutsam für die Evolution ist weiterhin, daß mit der Bildung von Koazervaten sich ein neuer Widerspruch zwischen Individuum und Umwelt für Koazervate

14 Vgl. M. Eigen, Selforganization of matter and the evolution of biological macromolecules, in: Naturwissenschaften, 10/1971, S. 488—523.
15 Vgl. U. Körner, Wie das Leben entstand, Leipzig—Jena—Berlin 1977, S. 129.
16 Vgl. ebenda, S. 128.

mit lokalem Reproduktionsmechanismus aufbaut. So lassen sich aus der elektrischen Feldverteilung spontan erzeugter Peptidgruppen Bedingungen ableiten, unter denen z. B. Koazervate gesetzmäßig entstehen konnten. Solche Aggregate entwickelten Affinitäten zu spezifischen Zonen, an den Phasengrenzflächen entstanden elektrische Gradienten, was zur Auswahl bzw. Bevorzugung spezieller chemischer Reaktionstypen, zum Aufbau definierter Raumstrukturen und Reaktionszyklen und damit zur Erzeugung neuer Evolutionsbedingungen beitrug.

Verlief der Weg der Lebensentstehung über Koazervate, so waren bereits in der präbiotischen chemischen Phase gewisse substantielle, energetische und strukturell-funktionelle Beziehungen festgelegt, von denen die weitere Evolution ausgehen mußte, auf denen sie beruhte, die sie daher bis heute ständig reproduzieren mußte. So ist z. B. das Zytoplasma aller lebenden Zellen ein echtes Koazervat.

Durch die erhöhte Stabilität der koazervatähnlichen Aggregate erlangten die sie konstituierenden Bestandteile ebenfalls eine erhöhte Stabilität. Zusammen mit den qualitativ „neuen" äußeren Wechselwirkungen veränderten sich die chemischen Gleichgewichtsreaktionen im Phasengemisch der „Ursuppe" daher in Richtung einer Anreicherung solcher Aggregate. Durch die Koazervation wurden auf engstem Raum günstige Bedingungen der weiteren molekularen Evolution erzeugt. Solange jedoch die Reproduktion der Koazervate spontan erfolgte und direkt von der Erzeugungsrate (der Polymerisation) der Ausgangsstoffe abhing, solange konnten sich zufällige Veränderungen der Polymere für ein einzelnes Koazervat entscheidend, für die Phase der Koazervate in der „Ursuppe" aber nur unbedeutend auswirken. Bis hierhin basierte die Evolution vorwiegend auf massenhaften Zufällen im Mikroskopischen, die zur statistischen Determination der Phasenübergänge und zur dynamischen Determination der Evolutionsrichtung führten.

Die Koazervation aber schuf zugleich auch die Möglichkeit der Entstehung eines neuen Reproduktionsmechanismus, der die Evolutionsgesetzmäßigkeit wesentlich veränderte. Aus den anfangs qualitativ und quantitativ verschiedenen Koazervaten differenzierten sich Phasen mit erhöhter Stabilität auf der Basis autokatalytischer Reaktionszyklen.[17] Es ist sehr wahrscheinlich, daß diejenigen Koazervate, die eine weitestgehend allseitige autokatalytische Produktion der Existenzbedingungen des gesamten Koazervats mit einem physiko-chemisch determinierten Teilungsmechanismus verbanden (z. B. osmotisch bedingte Teilung), sprunghaft die Evolution beschleunigten. Die Hypothese einer *nichtgenetischen Reproduktion* als Zwischenstufe zwischen globaler spontaner Reproduktion der primären organischen Spezies und genetischer Replikation wird durch vielfäl-

17 Vgl. A. P. Rudenko, Teorija samorazvitija otkrytych katalitičeskich sistem, Moskva 1969.

tige Erkenntnisse gefestigt.[18] Die nichtgenetische Reproduktion im Sinne einer Tröpfchenteilung eröffnet eigentlich erst die Phase der Selbstorganisation (nach Eigen). Erst auf dieser Stufe tritt Konkurrenzverhalten nicht zwischen chemischen Reaktionen, sondern zwischen strukturierten Koazervaten bzw. Koazervatgruppen auf, läßt sich sinnvoll ein Selektionswert definieren und Selektion als solche erklären. Erst hier wirkt sich erhöhte autokalalytisch gesteuerte Stoffwechselaktivität direkt auf die Reproduktionsrate der Elementareinheiten der Evolution (Koazervate!) aus. Eigens Bedingung, daß die Selbstorganisation von autokatalytischen makromolekularen Strukturen ausgehen mußte, ist erfüllt, doch untersetzt durch die Bedingung, daß die Selektion nicht an den autokatalytischen Reaktionszyklen direkt, sondern an Koazervaten angreift und durch einen *lokalen* Reproduktionsmechanismus Selektionsvorteile direkt fixiert werden und so der weiteren Evolution zur Verfügung stehen.

Mit dem Auftreten der nichtgenetischen Reproduktion wurde zugleich eine Auswahl primärer und sekundärer substanzieller, energetischer und strukturell-funktioneller Beziehungen getroffen, die in den teilungsfähigen Koazervaten vorlagen. Hierzu gehörten bestimmte Peptidgruppen, Phosphate, Nukleinsäuren und andere in ihrer wechselseitig bestimmten Funktion. In der weiteren Evolution wurden diese Beziehungen ständig in Richtung einer Erhöhung ihrer funktionellen Abgestimmtheit und einer räumlich anisotropen Strukturierung modifiziert; sie mußten ständig mitreproduziert werden.

In dieser Phase begann der Aufbau der für die weitere Evolution entscheidenden funktionellen Korrelation zwischen Nukleinsäuresequenzen und Proteinen. Für das materialistische Verständnis ist wichtig, daß keine eindeutige Beziehung zwischen Sequenz und Funktion besteht. Sehr viele verschiedene Sequenzen können die gleiche Funktion bewirken, und daher ist das Auftreten einer bestimmten Funktion, und diese wird selektiert, um viele, viele Größenordnungen wahrscheinlicher als das Auftreten einer bestimmten Sequenz. Darüber hinaus erfolgt die Selektion bestimmter Funktionen von Sequenzen über ihre vorteilhafte Wirkung auf das ganze koazervatähnliche prozelluläre System. Man darf also davon ausgehen, daß der Selektion stets genügend qualitativ und quantitativ verschiedene Funktionen, vermittelt über Ganzheitseigenschaften der prozellulären Systeme, zur Verfügung stehen, zwischen denen dann eine durch den Selektionswert bedingte wohldeterminierte Auswahl erfolgt.

Zufällige Veränderungen auf der Mikroebene wirken in dieser Phase nur unwesentlich auf die Richtung der Evolution. Zufällig werden spezielle Sequenzen realisiert, die die ausselektierte Funktion gewährleisten. Durch den lokalen

18 Diese Hypothese wird unterstützt durch die Gesetzmäßigkeiten der Kolloidchemie, durch verwandte Teilungsmechanismen rezenter Einzeller, durch die Arbeiten der Oparin-Schule sowie durch M. G. Rutten, The Origin of the Life by natural causes, Amsterdam 1971.

Reproduktionsmechanismus bedingt, entsteht aber auch eine neue Form der Vermittlung von Notwendigkeit und Zufall. Wenn in einem bestimmten Moment objektiv mehrere Möglichkeiten für die Entstehung verschiedener neuer Funktionen mit höherem Selektionswert bestehen, bedingt der nichtlineare Charakter der Selektion die Durchsetzung der zufällig zuerst entstandenen. Damit entstehen neue Bedingungen, unter denen die vorher ebenfalls existierenden Möglichkeiten verschwinden. So gibt es zahlreiche Entscheidungspunkte in dieser Phase der Evolution.

Die Entstehung des Tripletcodes mit einem speziellen Translationsapparat war sicher solch ein Entscheidungspunkt, in dem der Zufall wesentlich die Richtung der Evolution beeinflußte. Eine solche Einmaligkeit bedeutet aber nicht, daß ein derartiges Ereignis auch hätte ausbleiben können. Irgendwo und irgendwann mußte es auf Grund seiner Wahrscheinlichkeit (bezüglich der Funktion!) eintreten. Zu einem anderen Zeitpunkt aber wäre es zu einem anderen Code gekommen.[19]

Der nichtlineare Charakter der Selektion beruht in dieser Evolutionsphase darauf, daß zufällige Veränderungen in den Makromolekülen (Mutationen) über deren veränderte Funktion durch die Gesamtheit der inneren Systembedingungen vermittelt und über die Änderung der äußeren Systemfunktionen (Koazervat, Zelle) selektiv bewertet werden. Die Gesamtheit der Systembedingungen aber ist historisch gewachsen. Mit zunehmender Evolutionsdauer wurde diese Gesamtheit immer komplexer und strukturierte sich hierarchisch. In der Evolution erzeugte Eigenschaften, wie die quantitative und qualitative Vervollständigung des genetischen Apparates, mußten jedoch immer noch durch nichtgenetische Reproduktion, durch Teilung „quasivererbt" werden. Auch wenn dieser Teilungsmechanismus sich ständig vervollständigte, waren Störungen und Fehlerquoten sehr hoch.

Daher bedeutet die Entstehung eines neuen Reproduktionsmechanismus, der enzymatisch gesteuerten identischen Reduplikation, einen enormen Selektionsvorteil, da nun positiv bewertete Funktionen und Strukturen originalgetreuer und effektiver angereichert werden konnten (vgl. Abs. 1.2.2.). Die genetisch determinierte identische Replikation schuf zugleich die Grundlagen für neue Formen der Vermittlung von Zufall und Notwendigkeit.

In der chemischen Phase der Evolution bestimmten zufällige Veränderungen auf molekularem Niveau (Mutationen) nur *unwesentliche* Seiten des Makroprozesses und damit der Evolutionsrichtung. Hingegen herrschten sie über die Elementareinheiten (Moleküle) beinahe *absolut*. Mit der Entstehung konkurrierender

19 Vgl. K. Fuchs-Kittowski/K. Günther, Probabilistische Gesetzmäßigkeit, Selbstorganisation und Evolution, in: Philosophische und ethische Probleme der Molekularbiologie, Berlin 1974, S. 64.

Koazervatphasen (Koazervate als neue Elementareinheiten des evolvierenden Systems) wurden zufällige Veränderungen nur über die Vermittlung der inneren Bedingungen des Koazervats, also *relativ* wirksam; selektiv bewertet, bestimmten sie auf der Grundlage des o. a. *lokalen* Reproduktionsmechanismus damit allerdings *wesentliche* Seiten des Makroprozesses und damit der Evolutionsrichtung. Die enzymatisch gesteuerte identische Reduplikation leitete die eigentliche biologische Evolution ein, in deren Verlauf die Hierarchisierung der Elementareinheiten immer weiter voranschritt (über protozelluläre Systeme und Einzeller zu Mehrzellern, insbesondere tierischen). Das ständig komplizierter werdende System der inneren und äußeren Bedingungen der Elementareinheiten grenzte die Auswirkungen zufälliger Veränderungen der Nukleinsäuresequenzen dann wieder mehr und mehr ein und wies ihnen eine historisch kanalisierte Wirkungsrichtung zu (z. B. „genetische Bürde" nach R. Riedl). Die Evolution verlief auf der Makroebene in zunehmend kanalisierteren Bahnen. Diese Tendenz der Einschränkung des Zufalls konnte sich jedoch nicht ständig fortsetzen, denn ohne Mutationen wäre eine weitere Evolution der Organismen nicht möglich gewesen. Es bildete sich daher die Erscheinung des „organisierten Zufalls" heraus, die unmittelbar auf makromolekularem Niveau existiert. Dazu einige Erläuterungen. Die für jede Spezies jeweils konstante Mutationsrate ist ein Ergebnis der Evolution und stellt nach heutigen Erkenntnissen eine optimale Lösung widersprüchlicher Bedingungen und Prozesse dar. Die Mutationsrate rezenter tierischer Organismen ist niedrig genug, um zu viele letale Ereignisse und störende Mutationen zu vermeiden, jedoch auch hoch genug, um eine evolutionäre Anpassung zu ermöglichen. Daß dabei keine der beiden Anforderungen für sich allein optimal gelöst wird, beweisen, was die evolutionäre Anpassung betrifft, die zahlreichen ausgestorbenen Spezies und, was die Stabilität betrifft, die vielen genetischen Defekte.

Unter diesem Aspekt muß die Frage gestellt werden, ob die beobachteten unterschiedlichen Mutationsraten einiger Genomabschnitte der verschiedensten Spezies einen Mechanismus widerspiegeln, die den oben beschriebenen Kompromiß optimieren, indem bestimmte in ihrer Stabilität essentielle Genomabschnitte seltener mutieren als solche Regionen, bei denen die kodierten Strukturen in besonderem Maße für die evolutionäre Adaptionsfähigkeit verantwortlich sind. Als Resultat muß festgestellt werden[20]:

Mutationen sind das Ergebnis von Wechselwirkungen bestimmter Proteine mit der DNS und untereinander. Mutatorsysteme sind Proteine, die die Mutationsrate spezifisch beeinflussen. Sie weisen neben einer Mechanismenspezifität meist

20 Vgl. W. Presber/D. H. Krüger, Einschränkung des Zufalls bei der Entstehung von Mutationen im Verlaufe der Evolution, in: Information. Philosophisch-ethische Probleme der Biowissenschaften, Berlin 197', S. 71—94.

auch eine Basenspezifität auf. Für viele Spezies wurde gezeigt, daß die einzelnen Basen nicht gleichmäßig über das Genom verteilt sind. Teilweise besitzen bestimmte funktionell wichtige Abschnitte einen vom Durchschnitt abweichenden GC-Gehalt. Bei einem bestimmten Muster an Mutatormechanismen in einem Organismus könnten dann spezifische Mutationsraten für bestimmte Genomabschnitte existieren.

Daneben gibt es möglicherweise Mutationssysteme, die für bestimmte Regionen des Genoms induziert und wieder aufgehoben werden können. Ein Beispiel dafür liefert das Phänomen der Comutationen, bei dem eine Mutation in einem Operon die Mutationsrate in dem gesamten Operon steigert, was die Möglichkeit der Suppression (Korrektur eines durch Mutation entstandenen Schadens durch Zweitmutation) erhöht und somit einen Selektionsvorteil darstellen könnte. Auch für dieses Mutationssystem spielen sicher Regulationsabschnitte mit besonderen Basensequenzen eine wichtige Rolle. Die Mutationsratenveränderungen wären bei diesem Mechanismus temporär und im Gegensatz zu den stabilen Mutationsraten, wie sie das erste Modell fordert.

Die Mutatorsysteme bedingen eine Einschränkung der Zufälligkeit bei der Entstehung von Mutationen, indem sich bestimmte Mechanismen herausgebildet haben, die Mutationen nach Gesetzmäßigkeiten entstehen lassen, die einer Evolution unterliegen. Die Einschränkung des Zufalls bei der Entstehung von Mutationen stellt einen wichtigen evolutionären Schritt dar; die verantwortlichen Mechanismen sorgen für eine Optimierung der widersprüchlichen Forderungen zwischen *Konstanz und Variabilität.*

Die Vermittlung von Zufall und Notwendigkeit wird also im Verlaufe der Evolution immer komplizierter; sie unterliegt einer historischen Gesetzmäßigkeit.

Diese Evolution der Evolutionsmechanismen äußert sich bezüglich der Vermittlung von Zufall und Notwendigkeit in der zunehmenden *historischen* Determiniertheit der Vermittlungsbedingungen. Das sich ständig komplizierter gestaltende System *innerer* Vermittlungsbedingungen muß dabei durch den jeweiligen Reproduktionsmechanismus mit reproduziert, also historisch-genetisch widergespiegelt werden.

1.2. Rekonstruktionsversuche des konkreten Ablaufs der präbiotischen Evolution

Die skizzierten allgemeinen und besonderen Gesetzmäßigkeiten der chemischen Evolution (Entstehung dissipativer Strukturen, Katalyse und Polymerisation, Koazervation) liefern allgemein-notwendige Bedingungen für die Möglichkeit der Entstehung und Entwicklung des Lebens. Sie stecken quasi den „Rahmen“

ab, in welchem die Evolution verlaufen mußte. Zugleich ließen sie die objektive Dialektik der Evolution in der Ausprägung und Lösung von Widersprüchen, in den Wechselbeziehungen von Zufall und Notwendigkeit, Innen und Außen (System — Umwelt), Kontinuität und Diskontinuität, Struktur und Funktion, Stabilität und Instabilität, Erhaltung und Veränderung, Quantität und Qualität, Information und Evolution, Mikroskopischem und Makroskopischem deutlich werden.

Die konkrete Erscheinung ist bekanntlich stets bestimmungsreicher als das Wesen. Das Gesetz und die Gesamtheit der wesentlichen Anfangs- und Randbedingungen vermögen erst den konkreten Einzelfall zu erfassen. Die bisher erforschten Gesetzmäßigkeiten erklären noch nicht die Entstehung des Lebens, sondern beweisen zunächst nur dessen objektive Möglichkeit. Erst die Berücksichtigung der enorm vielfältigen und kompliziert miteinander zusammenhängenden physikalisch-chemischen Anfangs- und Randbedingungen ermöglicht eine, wenn auch vorläufig nur hypothetische, Rekonstruktion des konkreten Ablaufs der präbiotischen Evolution.

Hierzu zählen die ältesten bekannten Fossilien, und zwar Reste von Mikroben sowie lebenanzeigende Moleküle und Isotope, welche in etwa 3,4 Milliarden Jahre alten Sedimentgesteinen von Südafrika gefunden wurden. Da die Erdkruste etwa 4,7 Jahrmilliarden alt ist, liegt der Lebensursprung rund 4 Milliarden Jahre zurück. Unter den damaligen Bedingungen entstanden viele „organische" Stoffe ohne Beteiligung von Lebewesen (abiotisch), und zwar vor allem aus den Bestandteilen CH_4, NH_3, H_2O-Dampf und H_2 der (noch O_2-freien) Uratmosphäre durch UV-Strahlung der Sonne, elektrische Entladungen, vulkanische Hitze, Radioaktivstrahlung des Bodens und Meteoriteneinschläge. Unter diesen Kohlenstoffverbindungen waren erhebliche Mengen Aminosäuren, Nucleobasen, Zucker, Lipide und andere für das Leben notwendige Moleküle. „Während Jahrmillionen konnten sich die Stoffe in den Urgewässern sammeln und machten sie zu ‚Ursuppen'. Darin und auch in daraus gebildeten trockenen Lagern reagierten sie weiter, wobei auch Polymerisationen abliefen, die protein- und nucleinsäureartige Kettenmoleküle ergaben. Diese konnten als hochmolekulare Bauteile von ersten Lebewesen (Protobionten) dienen. Aggregate aus ihnen, zum Beispiel Koazervattropfen oder Mikrosphären (flüssige beziehungsweise gelig-kuglige Polymerausfällungen), konnten Vorstufen protobiontischer Individuen sein, wie sie für den Wettbewerb des Darwinschen Evolutionsmechanismus nötig sind."[21] Eine solche Theorie der präbiotischen „chemischen" Evolution ist durch viele Experimente zur Simulation frühirdischer Vorgänge gut gestützt, wenn auch die

21 R. W. Kaplan, Lebensursprung, einmaliger Glücksfall oder regelmäßiges Ereignis?, in: Naturwissenschaftliche Rundschau, 6/1977, S. 197.

abiotische Synthese von Nucleinsäuren noch weniger befriedigend geklärt ist als die von Proteinen.

Die Erforschung der gesetzmäßigen Entstehung von Urorganismen aus diesen abiogenen Stoffen ist jedoch noch ganz im Stadium der Hypothesen. Hauptaufgabe der Biogeneseforschung ist es zur Zeit, Modelle von Protobionten und Wege zu ihrer Bildung zu entwerfen, die auf Grund der Erkenntnisse über die chemische Evolution sowie die der Molekularbiologie möglich erscheinen.

In den methodologischen Diskussionen geht es vor allem um die weiter zu untersuchende Problematik der Hierarchie der Gesetze (Struktur-, Bewegungs- und Entwicklungsgesetze), der Differenzierung der Bedingungen (Existenz- und Wirkungsbedingungen) und der Dialektik von Notwendigkeit und Zufall auf den verschiedenen Ebenen.

1.2.1. Abiogene Entstehung von Eiweißen

Gegenwärtig stehen sich auf diesem Gebiet mehrere Hypothesen gegenüber. Sie lassen sich im wesentlichen auf zwei Grundhypothesen zurückführen, die von unterschiedlichen Milieubedingungen ausgehen.

Die eine Grundhypothese, die vor allem von S. Fox und anderen vertreten wird, geht davon aus, *daß die Polymerisation von Aminosäuren bei trockener Hitze reaktionskinetisch bevorzugt wird und spontan abläuft.*[22] Tatsächlich lassen sich unter diesen Bedingungen peptidartige Verbindungen von hohem Molekulargewicht synthetisieren, die viele Eigenschaften von Proteinen haben, einschließlich der Eigenschaft einer spontanen Selbstaggregation und schwacher katalytischer Wirkungen. Wegen ihrer einfachen Synthese dienen diese Polypeptide, die S. Fox „Proteinoide" nennt, als Modellsubstanzen für Selbstaggregation und katalytische Wirkungen.[23] Mehrere Geologen und Biochemiker weisen aber darauf hin, daß die „Proteinoide" nicht den wahrscheinlichsten Ausgangspunkt der Entstehung von Protobionten darstellen, da die geologischen Bedingungen für ihre spontane Entstehung nicht überall gegeben sind, massenhafte Bildung von Aminosäuren vorausgesetzt wird und schließlich die Aufrechterhaltung ihrer Polymerisation in wäßrigem Milieu kaum erklärbar ist. Ohne Wasser kann jedoch kein Leben entstanden sein.

22 Vgl. S. W. Fox/J. R. Jungk/T. Nakashima, From proteinoid microsphere to contemporary cell: Formation of internucleotide and peptide bonds by proteinoid particles, in: Cosmochemical Evolution and the Origines of Life, Hrsg.: I. Oró/S. L. Miller/C. Ponnamperuma/R. S. Young, Vol. 1, Dordrecht—Boston 1974, S. 227.

23 Vgl. K. Dose/L. Zaki, Recent progress in the study and abiotic production of catalytically active polymers of α-Amino-Acids, in: Chemical Evolution and the Origin of Life, Hrsg.: R. Buvet/C. Ponnamperuma, Amsterdam 1971, S. 263.

Die zweite Grundhypothese berücksichtigt diese Annahmen und geht von der *Möglichkeit einer Peptidsynthese in wäßrigem Milieu aus.* Unter diesen Bedingungen können Aminosäuren jedoch nicht spontan polymerisieren, sondern dazu ist eine „Aktivierung" der Aminosäuren notwendig. In der lebenden Zelle erfolgt sie normalerweise durch Bindung von Nukleosidtriphosphaten, vor allem Adenosintriphosphat (ATP), im Laboratorium durch Verwendung anderer Kondensationsmittel, z. B. von Carboanhydriden. Aber auch dann verläuft die Reaktion in der Regel um so vollständiger und besser, je weniger Wasser im Lösungsmittel enthalten ist. Die Reaktionsprodukte haben eine unverzweigte Struktur und bilden die für die natürliche Proteine zum Teil typische Helixstruktur aus. In neuerer Zeit wurden Erkenntnisse darüber gewonnen, wie durch katalytische Einwirkung auch in wasserhaltigem Milieu eine Polymerisation von Aminosäuren ablaufen kann.

Dennoch bleibt auf dieser Ebene ein *theoretischer* Konflikt bestehen. In trockenem Milieu ist die Polymerisation kinetisch und thermodynamisch begünstigt, aber die Bedingungen und Produkte sind in bezug auf lebende Systeme „unnatürlich". In wäßrigem Milieu sind Bedingungen und Produkt „natürlicher", aber es ist schwer zu erklären, wie unter diesen thermodynamisch und kinetisch sehr ungünstigen Bedingungen Polypeptide spontan und in größerer Menge entstehen können. Eine Lösung dieses Problems sehen wir in der von uns vorgeschlagenen Hypothese, daß die *Eiweißsynthese in zwei eng zusammenhängenden Phasen erfolgte.* In der ersten fand eine Polymerisation des Cyanwasserstoffs zu Heteropolyamidinen statt, welche im wäßrigen Milieu zuerst zu Heteropolypeptiden, dann zu freien Aminosäuren abgebaut wurden. Dadurch waren die Bedingungen für eine komplexere Proteinsynthese im wäßrigen Milieu (zweite Phase) — freie Aminosäuren und Heteropolypeptide — geschaffen.

Einiges zur Begründung dieser Hypothese: Die beiden bisher charakterisierten Annahmen über den möglichen Weg einer primären abiogenen Peptidsynthese setzen gleicherweise ein massenhaftes Vorkommen von freien Aminosäuren voraus. Daß unter frühirdischen Bedingungen Aminosäuren mit Notwendigkeit massenhaft gebildet wurden, ist insbesondere durch die inzwischen schon klassischen Experimente von S. L. Miller im Jahre 1959 gesichert und allgemein anerkannt. Ihr Wesen bestand darin, ein Gasgemisch, das der mutmaßlichen Zusammensetzung der ursprünglichen Erdatmosphäre entsprach, elektrischen Entladungen auszusetzen. Dieses Gasgemisch enthielt, physikalisch-chemischen und geophysikalischen Berechnungen entsprechend, Wasserstoff, Methan, Ammoniak, Wasserdampf, aber keinen Sauerstoff. Als es über mehrere Tage in einem Kreisprozeß den Entladungen ausgesetzt wurde, nahm sein Gehalt an Ammoniak ständig ab, während Aldehyde, Cyanwasserstoff und in ständig zunehmender Masse Aminosäuren gebildet wurden. Diese Versuche wurden mehrfach wiederholt, stets mit positivem Resultat. Im Reaktionsprodukt konnten mehrere Aminosäuren nachgewiesen werden, insbesondere auch die für die Synthese nach S. W. Fox wichtige Glutaminsäure und Asparaginsäure.

Unerwartete Erkenntnisse wurden gewonnen, als man den Reaktionsmechanismus näher untersuchte und fand, daß er in einzelnen Stufen der Streckerschen Aminosäurensynthese gleicht, welche aus der präparativen Chemie schon lange bekannt ist. Durch Reaktion des Cyanwasserstoffs bzw. Ammoniumcyanid mit Aldehyden entstehen organische Amino- oder Hydroxysäurenitride, aus denen durch Hydrolyse die freien Säuren gebildet werden. Die Bildung von Cyanwasserstoff ist offenbar in einer reduzierenden Atmosphäre energetisch begünstigt. Sie erfolgt bei recht unterschiedlicher Zusammensetzung des Gasgemisches, sowohl im Methan-Ammoniak-Wasserstoff-Gemisch als auch in einem Gemisch von Kohlenmonoxyd, Stickstoff und Wasserstoff. Berechnungen zeigen, daß die freie Energie bei der Bildung von Cyanwasserstoff bei etwa 1050 °K den Wert Null und über 1050 °K negative Werte erreicht, das heißt exotherm abläuft. Cyanwasserstoff ist jedoch bei wesentlich niedrigen Temperaturen stabil. Die Reaktion eignet sich demnach für „Einfangprozesse" von Quanten entsprechender Energie. Diese Reaktion kann sehr gut dazu dienen, unterschiedliche Energiequellen einschließlich Temperaturschocks und Druckwellen zu nutzen, um die für Syntheseprozesse erforderliche chemische Energie zu gewinnen. (Eine analoge, aber auf bestimmte Art spezialisiertere Funktion haben bei rezenten Lebewesen die Photosynthese sowie die in der lebenden Zelle als universelle Energiewandler fungierenden Nukleosidtriphosphate.) Besonders interessant wird die Cyanwasserstoffsäure dadurch, daß sie leicht polymerisiert.

In jüngster Zeit konnte festgestellt werden, daß die Polymerisationsreaktionen des Cyanwasserstoffs weitaus vielseitiger sind, als ursprünglich angenommen. C. N. Matthews unterzog die Hypothese, daß primär die freien Aminosäuren entstehen und dann polymerisieren, einer ernsthaften Kritik.[24] Auf der Erde seien die Bedingungen, die zur Überwindung der Energiebarriere bei der Polymerisation von freien Aminosäuren notwendig sind, kaum vorhanden gewesen. Ein Dimeres des Cyanwasserstoffs, das Amino-Cyano-Carbon, bildet durch weitere Reaktion mit Cyanwasserstoff hochmolekulare Heteropolyamidine, die schließlich durch Reaktion mit Wasser in Polypeptide übergehen. Eine experimentelle Prüfung sicherte die Erkenntnis, daß nicht die freien Aminosäuren, sondern Peptide die primären Produkte der Reaktion sind, aus denen durch vollständige Hydrolyse die Aminosäuren sekundär gebildet werden. *Polypeptide entstehen spontan auf direktem Wege.* Eine starke Stütze erhielt diese Hypothese durch experimentelle Befunde, die zeigten, daß so gebildete Peptide Amino-

24 Vgl. C. N. Matthews, The origine of proteins: Heteropolypeptides from hydrogen cyanide and water, in: I. Oró/S. L. Miller/C. Ponnamperuma/R. S. Young, Cosmochemical Evolution and the Origines of Life, Vol. 2, a. a. O., S. 155.

säurereste enthalten, die den in heutigen Proteinen vorkommenden weitgehend entsprechen. Alle neueren Untersuchungen und Experimente, die von einer durch äußere Energie angeregten, reduzierenden, Wasserstoff, Kohlenstoffverbindungen und Stickstoff enthaltenden Erdatmosphäre ausgingen, kamen zu im wesentlichen gleichartigen Resultaten. Da diese Zusammensetzung auf astro-physikalischen Berechnungen und Analysen kosmischer Objekte beruht, die je nach den Bedingungen, unter denen sich die einzelnen Planeten formierten, theoretisch recht gut abgesichert sind, existieren zur Zeit keine ernsthaften Einwände gegen diese Hypothese.

Es kann gezeigt werden, daß entgegenwirkende Tendenzen bereits in den physikalisch-chemischen Prozessen enthalten waren, die zu den entsprechenden Ergebnissen führten. Die chemisch-physikalischen Charakteristika der frühen Erde einschließlich ihrer Atmosphäre sind einerseits das Ergebnis einer „Energieentwertung“ und eines Differenzierungsprozesses im Sonnensystem, andererseits kann dieser Prozeß aber nicht bis ins Unendliche kontinuierlich fortschreiten. Er führt auf einer bestimmten Stufe zu qualitativ neuen, relativ stabilen Zuständen, innerhalb derer neue Bedingungen für die Existenz anderer Gesetzmäßigkeiten in der Entwicklung entstehen, das heißt qualitativ neue Zustandsformen (neue Formen kooperativen Verhaltens der Mikroprozesse). Das gilt auch für die vermutliche Zusammensetzung der Erdatmosphäre. Wenn der freie Wasserstoff auf Grund physikalischer Prozesse nach und nach in den Weltraum entwich, wurde ein Anteil davon als Wasser, Methan und Olefin, Ammoniak, Cyanwasserstoff usw. gebunden. Dadurch wurden qualitativ neue chemische Vorgänge möglich, die nach den gegenwärtig anerkannten Hypothesen notwendigerweise zur Bildung von Polypeptiden führen mußten.

Das schließt die andere Hypothese, nach der Peptide durch Polymerisation von Aminosäuren in wäßrigem Milieu entstehen, nicht absolut aus. Dieser Weg setzt jedoch die Existenz freier Aminosäuren voraus, und diese sind wahrscheinlich ein sekundäres und kein primäres Produkt. Die Peptid- bzw. Proteinsynthese aus Aminosäuren in wäßrigem Milieu erfolgt unter wesentlich komplizierteren Bedingungen. Sie kann nicht ohne bestimmte Voraussetzungen (z. B. katalytische Einwirkungen) spontan erfolgen und ist daher bereits eine qualitativ höhere Stufe der „chemischen“ Evolution.

Bisher wurden Züge der Dialektik der Theorienentwicklung sichtbar, in der vorhandene *theoretische* Widersprüche schrittweise überwunden werden konnten, zum Teil unter dem Einfluß neuer experimenteller Ergebnisse. Auf dieser Grundlage lassen sich aber auch über die objektive Dialektik derartiger Prozesse weitergehende Aussagen machen. Dazu ist es notwendig, die räumlich-zeitliche Anordnung des objektiv-realen Gesamtsystems zu rekonstruieren. Legt man die verbreiteten naturwissenschaftlichen Annahmen zugrunde, so kommt man zu dem überraschenden Ergebnis, daß es sich um eine Art globales „Fließsystem“

handelte, das sich nicht im Gleichgewicht befindet und das — genaue Berechnungen sind unseres Wissens für diese Reaktionsfolge noch nicht vorgenommen worden — weit vom thermodynamischen Gleichgewicht entfernt ist. Das ist nach Prigogine eine Bedingung, die gerade von lebenden Systemen erfüllt wird.

Die innere Dialektik derartiger Systeme läßt sich geradezu klassisch beschreiben, obwohl es sich in diesem Fall nicht um ein „individualisiertes", sondern um ein globales System handelt. Es ist durch ständigen „Aufbau und Abbau seiner Substanz" gekennzeichnet, also einander entgegenlaufender Prozesse.[25] Es handelt sich dabei nicht um gewöhnliche Reversibilität, sondern um eine Polymerisation unter Energieaufnahme und eine Depolymerisation unter teilweiser Energieentwertung. Die beiden gegenläufigen Teilprozesse bzw. Tendenzen sind jedoch noch räumlich getrennt. Die Polymerisation begann höchstwahrscheinlich in hohen atmosphärischen Schichten unter der Einwirkung von ultraviolettem Licht. Die Polymerisationsprodukte waren Festkörper, sanken also als feiner Staub oder gröbere Aggregate in tiefere Schichten, die wahrscheinlich Wasserdampf enthielten, oder zur Erdoberfläche, auf der der Wassergehalt mit absinkender Temperatur ständig zunahm. Die Polymerisationsprodukte des Cyanwasserstoffs wurden dabei zunächst zu Heteropolypeptiden, diese nach und nach zu Aminosäuren abgebaut. In diesem Prozeß entstanden wesentliche Bedingungen für eine Peptidsynthese im wäßrigen Milieu: freie Aminosäuren und Heteropolypeptide, die zwar verhältnismäßig niedermolekular gewesen sein müssen, aber der Möglichkeit nach katalytisch wirksam werden konnten. Berücksichtigt man darüber hinaus, daß auch bei vielen Neben- oder Zwischenprodukten katalytische Aktivitäten nachgewiesen wurden, die für wesentliche Teilreaktionen maßgebend sind, so scheint sich das Bild allmählich zu vervollständigen.

Da sich die frühirdischen Bedingungen nach und nach in dem Sinne veränderten, daß die Menge flüssigen Wassers an der Erdoberfläche ständig zunahm, entstanden für eine Peptidsynthese in wäßrigem oder wasserhaltigem Milieu neben den bereits genannten substantiellen Bedingungen immer günstigere Voraussetzungen, während mit zunehmender Wassermenge in der Atmosphäre und abfallender Temperatur sich die Bedingungen für die primäre Synthese in der Gasphase verschlechterten. Dieser „Konflikt" zwischen den inneren Gesetzmäßigkeiten der beiden unterschiedlichen Syntheseprozesse und den sich zeitlich oder räumlich verändernden Bedingungen führte zu einer ständigen Verschiebung des Anteils der Synthese in der Gasphase und der in flüssiger Phase. In der ersten Synthese entstanden die Bedingungen für die zweite, die sich von der ersten qualitativ unterscheidet. Das ist rein äußerlich dadurch zu konstatieren, daß in

25 Vgl. F. Engels, Herrn Eugen Dührings Umwälzung der Wissenschaft („Anti-Dühring"), in: MEW, Bd 20, Berlin 1973, S. 75f.

der zweiten Synthese de facto eine genaue Umkehr der Zerlegung von Heteropolypeptiden zu Aminosäuren erfolgte. Die Polymerisation von Aminosäuren in wäßrigem Milieu zu Polypeptiden ist zugleich auch eine wesentliche Voraussetzung für die Entstehung einer „sequentiellen" Peptidsynthese und einer komplex wirkenden Katalyse, die nicht nur ein qualitativ *anderer*, sondern auch ein qualitativ *höherer* Prozeß ist als die primäre Peptidsynthese in der Uratmosphäre.

In rein chemischer Hinsicht handelt es sich um einen thermodynamisch unwahrscheinlichen, da energieabhängigen Prozeß. Durch Kopplung der Reaktion mit „energiereichen" Verbindungen, die in der Lage sind, die für die Polymerisation notwendige Energie bereitzustellen, kann die Polymerisation auch in wäßrigem Milieu erfolgen. Das Zusammenspiel mehrerer Reaktionen und die Möglichkeit einer katalytischen Beschleunigung einzelner Reaktionsschritte sind wesentliche Bedingungen dafür. Entscheidend ist jedoch, daß unter diesen Bedingungen, die noch keine genaue Reproduktion ganz bestimmter Sequenzen von Aminosäuren erfordert, die statistische Häufung der Beschleunigung beliebiger einzelner Teilschritte bei hintereinander geschalteten Schritten in jedem Fall einen „Zeitgewinn" für den Ablauf der ganzen Kette mit sich bringt (Stafettenlauf).

Derartige katalytische Systeme, das hatten A. P. Rudenko und E. Broda[26] in einem anderen Zusammenhang belegt, tragen also eine bestimmte Tendenz zur Selbstvervollkommnung in Abhängigkeit von ihrer Funktion in sich, natürlich im Zusammenhang mit selektiven Prozessen. Dies ist eine qualitativ völlig neue Eigenschaft, die bei den primären abiogenen Peptid- und Aminosäuren in der Erdatmosphäre noch nicht vorkommt. Die primäre Synthese liefert lediglich die wesentlichen chemischen Bedingungen dafür, das heißt neben anderen Voraussetzungen die gleichzeitige Existenz von Polypeptiden *und* Aminosäuren. Diese *Möglichkeit* bei der Synthese in wäßrigem Milieu kann jedoch nur mit einer statistischen Wahrscheinlichkeit realisiert (verwirklicht) werden, solange der gesamte Syntheseprozeß großräumig und als stochastischer Prozeß abläuft. Es gibt darin keine genau vorgegebene Reproduktion *bestimmter* Sequenzen, sondern nur eine statistisch bevorzugte Produktion bestimmter Teilsequenzen in Abhängigkeit von den verfügbaren „Bausteinen".

Das ist ein Widerspruch, welcher eine weitere Entwicklung scheinbar verhindert. Wenn man jedoch beachtet, daß bereits eine statistische Häufung einer Beschleunigung *einzelner* Reaktionsschritte einen positiven Wert für die Selektion hat, so läßt sich leicht verstehen, daß unter diesen Bedingungen jede Komparti-

26 Vgl. A. P. Rudenko, Teorija samorazvitija otkrytych kataliticeskich sistem, a. a. O., S. 87ff.; E. Broda, The Evolution of the Bioenergetic Processes, Oxford—New York—Toronto 1975.

mentierung in der „Ursuppe“, das heißt jede „Individualisierung“, die eine Kopplung von „Funktionen“ zumindest nicht ausschließt, einen gewissen Vorsprung für das Wachstum jener Kompartimente bzw. „Individuen“ sichert, die „zufällig“ rascher wachsen. Das geschieht zunächst ohne stabile „Vererbung“, daß heißt ohne mehrfache Reproduktion dieser Eigenschaften. Es handelt sich gewissermaßen nur um einzelne „bessere“ Läufer in der Stafette.

1.2.2. Herausbildung des genetischen Systems

Die Situation ändert sich radikal, sobald die Möglichkeit entsteht, bestimmte Funktionen gerichtet zu „koppeln“. Das scheint der Evolution des genetischen Systems einen Ausgangspunkt zu geben. Die Erklärung dieser Evolutionsphase ist aber zur Zeit noch sehr schwierig. So existiert gegenwärtig keine Theorie, die in der Lage wäre, die Entstehung oder Evolution der Nukleinsäuren so vernünftig zu erklären, wie wir zur Zeit die primäre Entstehung von Polypeptiden erklären können. Die Spekulationen über eine „zufällig“ entstandene „ideale“ Kombination aus einzelnen „Bausteinen“ sind bereits von A. I. Oparin[27] als extrem unwahrscheinlich zurückgewiesen worden. So wie wir heute akzeptieren, daß die *spezifisch* funktionierenden Proteine der rezenten Organismen das Produkt einer Milliarden Jahre dauernden Evolution sind, so muß man wohl auch akzeptieren, daß sich die Nukleinsäuren in einem sehr lange dauernden Prozeß entwickelt haben. Das betrifft jedoch offenbar nicht nur ihre *spezifische* Sequenz und Funktion. Die primären Polypeptide weisen *strukturell* zu den Enzymen nur quantitative, *funktionell* allerdings sehr weitgehende qualitative Unterschiede auf. Katalytisch wirken zu können, ist für die primären Polypeptide nur eine zufällige Eigenschaft, für die Enzyme jedoch die Existenzgrundlage. Die in rezenten Organismen existierenden *Nukleinsäuren* und *Nukleotide* weisen nun aber in Struktur und Funktion, sowohl quantitativ als auch qualitativ, *so weitgehende Unterschiede auf, daß es viel näher liegt, sie als sekundäres Produkt der Evolution zu betrachten.* Danach wären sie dann keine „Lebensmoleküle par excellence“. Tatsächlich stehen heute viele Wissenschaftler auf diesem Standpunkt. Es lassen sich unterschiedliche mögliche „Stufen“ ihrer Evolution festhalten.

Die erste Stufe würde darin bestehen, daß anorganische Polyphosphate, unter Einwirkung bestimmter Katalysatoren, sogar anorganisches Orthophosphat, eine „Aktivierung“ von Aminosäuren ermöglicht, die für die Polymerisation günstig bzw. notwendig ist.[28] In trockenem Milieu wirken Phosphate als Konden-

27 Vgl. A. I. Oparin, Die Entstehung des Lebens auf der Erde, Berlin 1957, S. 219f.
28 Vgl. A. N. Belozerski, On the species specificity of the nucleid acids in bacteria, in: Origin of Life and Earth, Hrsg.: A. I. Oparin, London 1959, S. 322—331.

sationsmittel, in wäßrigem Milieu als „Aktivatoren" (und Kondensationsmittel). Zugleich bewirkt ein wäßriges Milieu eine scharfe Selektion auf Resistenz von Polyphosphaten gegenüber Wasser (ATP).

Die zweite Stufe wäre durch Komplexbildung zwischen Proteinen bzw. Polypeptiden und Phosphaten oder Polyphosphaten bedingt, die im wäßrigen Milieu zu einer Resistenz des Komplexes führt, die in der Regel höher ist als die der Komponenten.

Die dritte Stufe wäre dadurch gekennzeichnet, daß die Proteine, und damit die Proteinfunktion, nicht nur erhalten, sondern spezifisch geordnet werden können. Wie das möglich ist, ist von vielen RNA-Viren (z. B. TMV) und auch von der „Schleifen"-Struktur der *t*-RNA bekannt. Das würde zu einer „statistischen", für Peptide und Polyphosphate wechselseitigen Selektionswirkung führen.

Die ersten beiden Stufen sind von irgendeiner Proteinfunktion weitgehend unabhängig, nicht von ihrer Struktur. Die dritte Stufe hängt jedoch nicht einfach von irgendeiner funktionellen Kopplung ab, sondern gibt geradezu die objektive Möglichkeit einer Lösung des charakterisierten Widerspruchs vor. Vom Standpunkt der Dialektik kann man ihn als Widerspruch zwischen Unspezifität der Synthese und Spezifität der katalytischen Funktion bezeichnen. Die Möglichkeit einer Kopplung spezifischer Funktionen ermöglicht auch eine mehr und mehr spezifische Synthese, Reproduktion. Sobald die Möglichkeit einer derartigen Kopplung existiert, muß sie von ungeheurem Wert für die weitere Evolution werden und einen außerordentlich scharfen Auswahlprozeß herbeiführen. Damit entstehen neue wesentliche Voraussetzungen für die Entwicklung von reproduktionsfähigen Kompartimenten, in denen Stabilität und Veränderung von Funktion und Struktur eine dialektische Einheit bilden, die sich im Prinzip nach dem gleichen Modus entwickeln wie Lebewesen: Protobionten. Uns scheint, daß man dieses merkwürdige und doch in der Entwicklung der Organismen so „erfolgreiche" Wechselspiel von Eiweißen und Nukleinsäuren gar nicht anders auf vernünftige Art erklären kann denn als Lösung eines Widerspruchs der präbiotischen Evolution, der zunächst eine scheinbar unüberwindliche Barriere bildete. Das Endresultat ist objektiv-real die lebende Zelle, und sei es in noch so primitiver Form.

Dieser Widerspruch läßt sich, trotz des hypothetischen Charakters mancher Einzelheiten, auf Grund bekannter Gesetzmäßigkeiten funktionell eindeutig charakterisieren, weil er sich in der gesamten den Protobionten folgenden Entwicklung erhalten hat und für alle rezenten Lebewesen wirksam geblieben ist. Er ist durch bestimmte funktionelle Beziehungen zu charakterisieren, die in einem gesetzmäßigen Zusammenhang miteinander stehen, aber zum Teil gegenläufig sind, einander im Sinne der objektiven Dialektik widersprechen.

Jede Steigerung der Enzymwirkung ist in der Regel von einer Erhöhung der funktionalen Spezifität begleitet. Auf der einen Seite ist diese Kopplung von enzymatischer Aktivität und Spezifität eine objektive Grundlage für die Notwendigkeit einer Differenzierung der Enzymfunktion, auf der anderen Seite bedeutet sie auch eine strukturelle Differenzierung, die mit einer Erhöhung der strukturellen Spezifität verbunden ist. Jede Erhöhung der strukturellen Spezifität hat jedoch zur Folge, daß eine „zufällige" Reproduktion unwahrscheinlicher wird. Die statistische Komponente wird mehr und mehr zu einem Störfaktor, der die *Bestimmtheit* der Funktion und Struktur destruiert. In einer derartigen Situation steht die „statistische" Reproduktion im Widerspruch zur Erhöhung der funktionellen Effektivität und Spezifität. Alle Veränderungen, die zu einer Erhöhung der Genauigkeit der Reproduktion spezifischer Proteine führen, erhalten somit einen sehr hohen positiven Selektionswert.

Dieser Widerspruch ist die objektive Grundlage dafür, daß sich ein Reproduktionssystem entwickelt hat, das die Genauigkeit der Reproduktion biologisch wirksamer Proteine über viele Generationen zunächst als Tendenz sichert. Diese Tendenz fand ihren Höhepunkt in der Entwicklung des genetischen Systems der Zelle, insbesondere des DNA-Systems, das diesen Widerspruch für alle (rezenten) Organismen löste. Diese Entwicklung führte schließlich dazu, daß praktisch alles Leben von der zellulären Organisation abhängt.

2. Information und Evolution

Der Themenkreis „Information und Evolution" stellt gegenwärtig einen entscheidenden Schwerpunkt sowohl der biologischen Forschung als auch der Forschungen zu philosophischen Problemen der Naturwissenschaften dar. Fragen nach der Rolle der Information bei der Entstehung des Lebens und bei der Bestimmung seines Wesens tangieren sowohl grundlegende Aussagen der Biologie als auch der Philosophie.

2.1. Zum Informationsverständnis in der Biologie

Vereinzelt wird heute bereits die Meinung vertreten, daß die Evolution wesentlich durch den Prozeß der Informationsaggregation gekennzeichnet ist.[29] Hinderlich für weitergehende Verallgemeinerungen ist der Umstand, daß solche Auffassungen

29 Vgl. K. Fuchs-Kittowski, Probleme des Determinismus und der Kybernetik in der molekularen Biologie, Jena 1969; M. M. Karmilov, Preobrazovanie informacii v chode evolucii, Moskva 1974; E. A. Cedov, Evoljucija i informacija, Moskva 1976.

auf unterschiedlichem Informationsverständnis beruhen bzw. vorrangig den quantitativ-statistischen Aspekt der klassischen Informationstheorie nach C. E. Shannon hervorheben. Vor allem aber wurde zwar eine Informationsaggregation postuliert, der Prozeß der Informationsentstehung jedoch außer acht gelassen. Um z. B. die Frage nach dem historischen Charakter der Evolution zu beantworten, muß daher zuerst das Wesen der in der biologischen Evolution erzeugten Information aufgedeckt werden.

Das Eindringen des Informationsbegriffs in die biologischen Wissenschaften war vor allem mit den Vorstellungen von den wesentlichen Struktureigenschaften lebender Systeme gegenüber denen unbelebter Systeme verbunden. Insbesondere Physiker, Biophysiker und Biochemiker versuchten als erste, auf der Grundlage ihres Verständnisses von Energie, Entropie und Information die qualitativen Strukturbesonderheiten lebender Systeme quantitativ zu bewerten. Die physikalischen Vorstellungen von Ordnung wurden an Phänomen des Lebens entwickelt.

So beantwortet E. Schrödinger die Frage „Was ist Leben?“: „Das Leben scheint ein geordnetes und gesetzmäßiges Verhalten der Materie zu sein, das nicht ausschließlich auf ihrer Tendenz, aus Ordnung in Unordnung überzugehen, beruht, sondern zum Teil auf einer bestehenden Ordnung, die aufrechterhalten bleibt.“[30]

Den ältesten physikalischen Ansatz zur Beschreibung der Ordnung, nämlich als potentielle Energie, findet man schon 1916 bei O. Meyerhof. In jedem Organismus laufen Prozesse ab, die eine Tendenz zur Verringerung der potentiellen Energie besitzen. Nach H. Morowitz entspricht Ordnung vereinfacht der Differenz von Helmholtz’ freier Energie des Lebendigen und des toten Zustandes eines Organismus, der „Spannung zwischen gespeicherter Energie und ihrem Zerfall in den ungeordneten Zustand“[31]; und „die auf Erhaltung des Stabileren wirkende Selektion unter stetem Durchpumpen mit Energie wird zu Zuständen größtmöglicher Energiespeicherung und größtmöglicher Ordnung führen“.[32]

Die Konsequenz derartiger Überlegungen zum Verhältnis von Energie, Ordnung und Information bestand in der einfachen Erkenntnis, daß „für nichts ... auch nichts zu haben (ist) — nicht einmal Informationen“.[33] Das heißt, es resultierte die Erkenntnis, daß Information stets an Energie gebunden ist — ohne mit ihr identisch zu sein. Bezüglich der Ordnung würde allerdings eine weitere Erkenntnis folgen: Information ist dasjenige, das bei Energieverbrauch Ordnung schafft.[34]

Demnach bleibt die Frage offen: Was ist Information?

30 E. Schrödinger, Was ist Leben? Die lebende Zelle mit den Augen des Physikers betrachtet, 2. Aufl., Berlin 1951, S. 97.

31 H. Morowitz, Energy Flow in Biology, New York—London 1958, S. 134.

32 Ebenda, S. 146.

33 H. Morowitz, Entropy for Biologists, New York 1970, S. 111.

34 Eine solche Schlußfolgerung wurde leider nicht immer bei der Diskussion des Maxwellschen Paradoxons gezogen.

Es wurde versucht, die Ordnung lebendiger Strukturen auf der Grundlage des Entropie- bzw. Negentropie-Verständnisses zu analysieren bzw. sogar mit Hilfe der Shannonschen Theorie zu messen.

In solchen Versuchen wird Ordnung aus dem Informationsgehalt bestimmt, welcher als Summe derjenigen Ja-Nein-Entscheidungen gilt, die zur Beschreibung, Festlegung oder Konstruktion eben dieser Ordnung bezüglich einer Ausgangsebene notwendig sind (gemessen in bit).

Der so verstandene Informationsgehalt von Organismen läßt sich abschätzen, indem die Zahl der physikalisch möglichen Kombinationen der auch nach ihrer Position lebenswichtigen Atome oder Moleküle des Organismus mit der ungleich kleineren Zahl der in ihm realisierten verglichen wird, oder indem bestimmt wird, wieviele Entscheidungen erforderlich sind, um die spezielle, die lebensfähige Position dieser Bauteile zu definieren. Da die Information in solchen Ansätzen als negative Entropie und folglich als der Logarithmus des reziproken Wertes einer Wahrscheinlichkeit — als „Unwahrscheinlichkeit" gewissermaßen — aufgefaßt wird, wird die *Ordnung als Unwahrscheinlichkeit der Zustände* interpretiert. Bezüglich biologischer Strukturen wird dann aber noch der Schluß gezogen, je unwahrscheinlicher ein geordneter Zustand, desto unwahrscheinlicher sei seine *Entstehung*. Analog berechnete Du Noüy bereits 1939 die Wahrscheinlichkeit für die spontane Entstehung lebensfähiger Strukturen aus physikalisch-chemischen Bedingungen. Er kam zu dem Ergebnis, daß die Wahrscheinlichkeit einer Spontanentstehung von Makromolekülen mit einem Molekulargewicht 20000 fast gleich Null sei.[35]

Für kleine Bakterien sind bezüglich des Atomniveaus Informationsmengen zwischen $5 \cdot 10^{10}$ bit und 10^{13} bit errechnet worden.[36] Für den menschlichen Organismus errechneten S. Dancoff und H. Quastler[37] auf der Basis von 24,5 bit pro Atom mal $7 \cdot 10^{27}$ erforderlichen Atomen — selbst wenn von diesen nur jedes zehnte von definierter Lage wäre — einen Informationsgehalt von rund $2 \cdot 10^{28}$ bit. Auf der Basis von Molekülen berechnet, sind es für den menschlichen Körper noch $2 \cdot 10^{25}$ bit. Dementsprechend extrem unwahrscheinlich sei dann auch sein Ordnungszustand bzw. seine Entstehung.

Auf der gleichen Grundlage wurden Abschätzungen über das Tempo der

35 Vgl. L. Du Noüy, L'Homme derant la science, Paris 1939.

36 H. Linschitz, The Information Content of a Bacterial Cell, in: H. Quastler u. a., Essays of the Use for Information Theory in Biology, Urbana 1953, S. 251—262; H. Morowitz, Some discorder — order considerations in living systems, in: Bull. Math. Biophys., 1955, S. 81—87.

37 Vgl. S. Dancoff/H. Quastler, The Information Content and Error Rate of Living Things, in: H. Quastler, Essays on the Use for Information Theory in Biology, a. a. O., S. 263—273; H. Quastler, The Emergence of Biological Organization, New Haven—London 1964.

Evolution aufgestellt. Sie gingen meist vom Modell H. Jacobsons[38] aus, dessen wesentliche Idee darin besteht, daß die erwartete Zeit, die ein System braucht, um einen bestimmten Zustand zu erreichen, umgekehrt proportional zur Wahrscheinlichkeit dieses Zustandes ist. Folglich wächst die notwendige Zeit zur Evolution exponentiell mit der Informationsmenge (Negentropie) des Zustandes.

Kein Wunder, daß der Jesuit Wetter[39], aufbauend auf den Überlegungen von Du Noüy, analog Jacobson die These aufstellte, zur Entstehung des Lebens wären ungefähr 2^{243} Jahre notwendig gewesen. Da die Erde nicht älter als einige Milliarden Jahre wäre, sei eine natürliche Entstehung des Lebens nicht denkbar — also Schöpfung durch Gott. Der marxistisch-leninistischen Philosophie wirft er vor, die Entstehung hochorganisierter Systeme unter den erwähnten Voraussetzungen abzulehnen und dagegen die natürliche Entstehung lebender Wesen zu behaupten.[40] Wie recht jedoch die marxistisch-leninistische Philosophie mit der Ablehnung derartiger einseitig informations- bzw. wahrscheinlichkeitstheoretischer Modelle der Entstehung und Entwicklung des Lebens hat, ist durch adäquatere Modelle inzwischen längst stichhaltig nachgewiesen worden.

S. Dancoff, H. Quastler, P. Raven und viele andere Biologen[41] kommen auf der Grundlage ihrer Berechnungen zu dem Schluß, daß eine lebende Struktur nicht in einem zufälligen Akt entstehen kann. Die Gesetzmäßigkeit der Entstehung des Lebens muß folglich auf der wechselseitigen Abhängigkeit und dialektischen Einheit von Zufall und Notwendigkeit beruhen.[42]

Heute ist klar, daß die Informationsmenge in einer biologischen Organisation nicht allein mit den Methoden der statistischen Informationstheorie, mit der Auffassung der Information als physikalische oder mathematische Entropie bestimmt werden kann. Die Begrenztheit der Anwendung der statistischen Informationstheorie in der Biologie wird von vielen Autoren betont und mit weiteren Beispielen belegt.

So schreibt z. B. Lwoff: „Wenn beispielsweise ein bestimmtes Guanin-Molekül eines bestimmten Gens durch ein Adenin-Molekül ersetzt wird (also eine einzige Veränderung im ungeheuer langen genetischen Code — d. Verf.), bleibt der

38 Vgl. N. Jacobson, Information, Reduction and the Origin of Life, in: American Scientist, 1955, S. 119—127.
39 Vgl. G. A. Wetter, Philosophie und Naturwissenschaften in der Sowjetunion, Hamburg 1958.
40 Vgl. ebenda, S. 67; ebenfalls die Argumentation gegen Wetter u. a. bei K. Fuchs-Kittowski, Probleme des Determinismus und der Kybernetik in der molekularen Biologie, a. a. O., S. 308ff.
41 Vgl. H. Quastler, The Emergence of biological Organization, a. a. O., S. 14—19, sowie die darin enthaltenen Referenzen.
42 Vgl. H. Hörz, Der dialektische Determinismus in Natur und Gesellschaft, Berlin 1974; A. D. Ursul, Die Eroberung des Kosmos, Moskau 1967; K. Fuchs-Kittowski, Probleme des Determinismus und der Kybernetik in der molekularen Biologie, a. a. O.

Informationsgehalt, die strukturelle Negentropie des Systems, gleich. Für den Physiker hat sich, selbst wenn die Mutante letal ist, nichts geändert; der Negentropiegehalt bleibt derselbe; wenn die Mutante aber letal ist, der veränderte Organismus nunmehr unfähig, normal zu funktionieren und sich zu vermehren, hat er aufgehört zu leben."[43]

Als Argument gegen die Identifizierung von Information und physikalischer Entropie argumentiert H. Linschitz: „Die Unzulänglichkeit der physikalischen Entropie allein zur Messung biologischen Informationsgehaltes wird durch die Breite des Entropiekonzepts klar, nach welchem die Entropie zweier identischer Zellen das Doppelte jeder dieser Zellen beträgt. Hier wird aber sowohl der Biologe als auch der Nachrichtentheoretiker einzuwenden haben, daß in zwei identischen Zellen kaum mehr Information enthalten ist, als in einer derselben bereits vorliegt."[44] Im gleichen Sinne läßt sich die Frage stellen, woher die in der Ontogenese erzeugte Information als Differenz von rund $2 \cdot 10^{28}$ bit Informationsgehalt des menschlichen Organismus (Dancoff, Quastler) zu den etwa 10^{11} bit in der menschlichen Zelle (Raven) gewonnen wird — da feststeht, daß alle biologische Gesetzmäßigkeit des Menschen im Keim verankert ist? Sollte etwa in einer kurzzeitigen Phase der Individualentwicklung immens mehr Information erzeugt werden, als es ca. 3,5 Milliarden Jahre biologische Evolution vermochten? Das heißt, wenn die Konzeption von Schrödinger verständlich macht, wie es im Prinzip dem Organismus gelingt, die Entropie, die er, solange er lebt, erzeugen muß,[45] auf niedriger Stufe zu halten, so erklärt „dies jedoch nicht die Entstehung einer planmäßigen Systematisierung, d. h. einer offensichtlichen Verringerung der Entropie im Evolutionsprozeß lebender Individuen".[46] Diese Ansicht I. Schmalhausens beruht auf der Kennzeichnung der Information als Negentropie und geht von der These aus, daß im Prozeß der Höherentwicklung biologischer Organismen eine Informationsvermehrung stattfindet, also eine Negentropievergrößerung bzw. Entropieverminderung.

Die bisher genannten Anwendungen des Informationsbegriffs in der Biologie betrafen die mehr oder weniger formale Übertragung des Shannonschen Informationsverständnisses — teilweise ergänzt durch physikalische Überlegungen — im Sinne der Information als Struktureigenschaft rein statistischer Systeme.

Leistete nun der äußerst spärliche Erfolg solcher Anwendungsversuche einer pes-

43 A. Lwoff, Biological Order, Cambridge 1968, S. 92.

44 H. Linschitz, The Information Content of a Bacterial Cell, in: H. Quastler u. a., Essays on the Use for Information Theory in Biology, a. a. O., S. 261; gleichermaßen argumentiert H. W. Woolhouse, Entropy and Evolution, in: Nature, 1967, S. 200.

45 Vgl. E. Schrödinger, Was ist Leben?, Die lebende Zelle mit den Augen des Physikers betrachtet, a. a. O., S. 100f.

46 I. I. Schmalhausen, Grundlagen des Evolutionsprozesses vom kybernetischen Standpunkt, in: Probleme der Kybernetik, Bd. 4, Berlin 1964, S. 186.

simistischen Haltung Vorschub, die sich letzlich gegen eine Verwendung des Informationsbegriffs, gegen die Verwendung informationstheoretischer Maßbestimmungen wendet?[47] Der Fortschritt der Biologie selbst widerlegt solche Vermutungen. Man bemühte sich relativ erfolgreich, einen gegenüber dem Shannonschen Informationsbegriff erweiterten und nicht auf der Wahrscheinlichkeitstheorie beruhenden Informationsbegriff anzuwenden.

Im Jahre 1955 versuchte N. Rashewsky ausgehend von der theoretischen Biologie eine neue Definition der Informationsmenge einzuführen, die er als topologische bezeichnete. Mit graphentheoretischen Methoden expliziert, erkannte Rashewsky[48] die Vorteile der topologischen Beschreibung biologischer Strukturen gegenüber der statistischen und definierte als Information die Komplexität eines Graphen. Ein Vorteil gegenüber statistischen Methoden ergibt sich nach G. Karremann[49] auch daraus, daß der Informationsinhalt einer Kombination von Graphen geringer als die Summe der Informationsinhalte der sie bildenden Graphen, ja sogar noch geringer als der eines der ursprünglichen Graphen sein kann. Durch E. Trucco[50] wurde dieser Ansatz mittels Einbeziehung statistischer Aspekte erweitert.

Eine sehr allgemeine Auffassung der Information als Strukturmaß entwickelte 1958 W. Ross Ashby.[51] Nach ihm besteht das Wesen der Information in der Vielfalt unterscheidbarer Elementklassen (bzw. Klassen von Relationen); die Informationsmenge wird als Logarithmus einer solchen Vielfalt bestimmt. Neben der Anwendung dieser abstrakten Informationsauffassung auf selbstregulierende Systeme durch Ashby selbst, fand die Vielfaltkonzeption rege Zustimmung auch unter den Biologen.[52] So wird in einer Reihe von Arbeiten des sowjetischen Biologen I. Schmalhausen die Information als Vielfalt aufgefaßt. In Anwendung auf biologische Systeme spricht er von der „Bestimmung der Informationsmenge als Maß der Vielfalt im Aufbau der Population".[53] Auf dieser Grundlage zeigte

47 Vgl. die Auffassung von B. Hassenstein, Kybernetik und biologische Forschung, in: Handbuch der Biologie, Hrsg.: F. Gessner, Bd. I/2, Frankfurt a. M. 1966, S. 658.

48 Vgl. N. Rashewsky, Life. Information Theory and Topology, in: Bull. Math. Biophys., 1955, S. 229—235.

49 Vgl. G. Karremann, Topological Information Content and Chemical Reactions, in: Bull. Math. Biophysics, 4/1955.

50 Vgl. E. Trucco, On the Information Content of Graphs: Contemporal Symbols: Different States for Each Point, in: Bull. Math. Biophysics, 3/1956.

51 Vgl. W. R. Ashby, An Introduction to Cybernetics, London 1958.

52 Vgl. K. M. Chailov, Biologičeskaja organizacija evoljucija i entropija, in: Problemy issledovanija sistem i struktur, Moskva 1965, S. 99ff.; K. M. Chailov, Uporjadočennost' biologičeskich sistem, in: Uspechi sovremennoj biologii, Tom 61, 1966, čast' 2.

53 I. I. Šmalgauzen, Količestvo. fenotipičeskoj informacii o stroenii populacii i skorost' estestvennogo otbora, in: Primenenie matematičeskich metodov v biologii, Leningrad 1960, S. 96.

Schmalhausen, daß „die mittlere Informationsmenge das Maß des Materials für die natürliche Auslese ist und deshalb die Grenzen der möglichen Geschwindigkeit der natürlichen Auslese andeutet“.[54]

Die Suche nach Methoden zur Bewertung der Kompliziertheit, Ordnung bzw. Organisation organischer Systeme ist für die Biologen auch heute noch von großem Interesse. Die Anwendung logisch-mathematischer Informationskonzeptionen erbrachte neue Einsichten bzw. warf neue Probleme auf. Insbesondere bei der Behandlung der Fragen der natürlichen Lebensentstehung zeigte sich jedoch die Begrenztheit der Shannonschen Informationstheorie und der Thermodynamik geschlossener Systeme. Es wurde immer deutlicher, daß sie allein nicht ausreichten, um die gesetzmäßige Entstehung des Lebens sowie die Existenz und das zweckmäßige Verhalten biologischer Organismen in Abhängigkeit von System- und Umweltbedingungen zu beschreiben. Selbst die Berücksichtigung des Charakters lebender Systeme als thermodynamisch offen (L. von Bertalanffy und andere) sowie als hierarchisch strukturiert (W. R. Ashby und andere) veränderte noch nicht die Vorstellungen über das Wesen der Information in biologischen Organismen, solange am Entropie- bzw. Negentropieprinzip der Information bzw. an der Vorstellung der Information als nur Struktureigenschaften festgehalten wurde. Zwar konnten dadurch einzelne neue Aspekte für ein allgemeines Informationsverständnis gewonnen werden — wie zum Beispiel die Betonung der relativ selbständigen *Informationsqualität* jeder Ebene eines hierarchisch-strukturierten Systems durch N. M. Amossov[55] —, sie beeinflußten jedoch kaum die Verwendung des Informationsbegriffs in der biologischen Forschung.

Es ist oft darauf hingewiesen worden, daß für das kybernetische Verständnis der Regelung die Information von großer Bedeutung ist. Die Regelung aber wiederum ist unbestritten eine äußerst wichtige Erscheinung biotischer Systeme, sowohl auf molekularer Ebene bei der Wirkung von Enzymen im Stoff- und Energiewechsel der Zelle und der Zellbestandteile als auch auf den höheren Ebenen des Gesamtindividuums und von Populationen. Die bei Braijnes und Svecinskij[56] beschriebene hierarchische Gliederung der Regelungsvorgänge in einem Organismus — einmal in die Ebene der „homöostatischen“ Systeme (Ashby), zum anderen in die Ebene der Ermittlung des optimalen Regimes für die Organisation des inneren Milieus und weiterhin in die Ebene der Bewertung des optimalen Regimes — beweist das Vorhandensein unterschiedlicher *Funk-*

54 I. I. Šmalgauzen, Estestvenny otbor i informacija, in: Izvestnik AN — SSSR (Serija biologičeskaja), 1/1960), S. 36f.

55 Vgl. N. M. Amossov, Myšlenie i informacija, in: Problemy myšlenija v sovremennoj nauke, Moskva 1964, S. 389ff.

56 Vgl. S. N. Braijnes/V. B. Svecinski, Probleme der Neurokybernetik und Neurobionik, Jena 1970.

tions- bzw. Bedeutungsaspekte der Information in dieser Regelungshierarchie. Der wesentliche Faktor bei einer Regelung ist die Rückkopplung. Diese Rückkopplung wird zwar stofflich-energetisch vermittelt und dafür gelten natürlich uneingeschränkt physikalische Gesetzmäßigkeiten, aber das Wesen der Rückkopplung besteht nicht so sehr in ihrer stofflich-energetischen Vermittlung als vielmehr *in ihrer gerichteten Wirkung*, die auf Information über Zustände beruht. Diese Information ist quasi der auslösende und richtungweisende Faktor, um mittels der Regelungsprozesse bestimmte Zustandsänderungen zu bewerten. Das ist der Grundmechanismus zur Aufrechterhaltung der dynamischen Stabilität aller biotischen Systeme — sowohl gegenüber inneren als auch äußeren Veränderungen. Wird im einzelnen näher untersucht, wie denn die Information in Regelungsvorgängen zur Wirkung gelangt, wird z. B. die Enzymaktivität in biochemischen Prozessen analysiert, dann zeigt sich, daß letztlich jede biologisch-relevante Information an spezifische Strukturen gebunden ist, welche wiederum *bestimmte* Funktionen realisieren.

Ein noch tieferes Eindringen in das Wesen der Information wird durch die Erkenntnis vermittelt, daß die Funktion nur in der durch die Information organisierten Struktur möglich wird, daß Information andererseits nur über die realisierte Funktion zum Ausdruck kommt und ihre Bedeutung erhält. Das heißt, „Information ist . . . mehr als bloß eine Strukturkorrelation der Funktion“[57]. Für Eigen kann Funktion nicht in organisierter Form auftreten, solange nicht Information vorhanden ist; andererseits erhält diese Information ihren Sinn erst durch die Funktion, für die sie kodiert ist. Diese Interpretation der Information auf der Grundlage der *Einheit von Struktur und Funktion* war ein entscheidender Vorstoß beim Eindringen in das Wesen der Information.

War die Anwendung der Shannonschen und darauf aufbauender Informationstheorien bei der Analyse biotischer Prozesse nur im geringen Maße sinnvoll, so schien das kybernetische Verständnis der Information geradezu identisch mit der biotischen Bewegungsform der Information zu sein. Das kybernetische Verständnis von Steuerung, Regelung und Information wurde mit Erfolg als Modell für organismische Verhaltensregulation durch Erzeugung von Umweltinformation angewandt. Die Koordination von Zellen, Zellverbänden, Organen zu einer einheitlichen Struktur und Funktion des gesamten Organismus erfordert dabei spezielle Widerspiegelungsmechanismen, die nach innen und außen in der Lage sind, materielle Einwirkungen adäquat zu reproduzieren und den Organismus zu einer adäquaten Reaktion zu veranlassen. Die Erzeugung von Information über die Zustände der Umwelt und im Innern des Organismus sowie deren Verwertung zur Regulation seines Gesamtverhaltens werden heute als identisch

57 M. Eigen, Selforganization of matter and the evolution of biological macromolecules, in: Naturwissenschaften, 10/1971, S. 517.

mit der organischen Form der Widerspiegelung betrachtet,[58] welche damit auf die objektive Dialektik von Struktur und Funktion bezogen wird. Information wird hierbei als Korrelation von objektiven Widerspiegelungsinhalten mit der Auswahl spezifischer Verhaltensweisen verstanden, vermittelt durch die jeweils spezifische Qualität des biologischen Organismus.

Auf der Grundlage molekulargenetischer, ethologischer und populationsgenetischer Forschungsergebnisse wurde jedoch Ende der sechziger Jahre verstärkt die Forderung erhoben, solch ein kybernetisches Verständnis der Information im Hinblick auf die Rolle der Erbinformation in der biologischen Evolution zu erweitern bzw. zu konkretisieren. Die Erkenntnis, daß die biologische Information ihre Bedeutung nur durch funktionale Korrelation realisiert, mußte für phylogenetische Prozesse differenziert werden. Die Frage nach der *Entstehung* biologisch relevanter Information rückte in den Vordergrund.

So besteht die Höherentwicklung des Verhaltens in der Zunahme der Anpassungsfähigkeit. Dieses aber ist stets mit der Fähigkeit zur Informationserzeugung verbunden.[59] Auf Grund der Differenzierung von phylogenetischer Adaption und in der Individualentwicklung erworbener Adaption muß auch im Prozeß der Verhaltensregulation zwischen phylogenetisch und ontogenetisch erzeugter Information unterschieden werden.

Wie entsteht nun sowohl phylogenetische als auch ontogenetische Information, wie wird sie erzeugt? „Die Abbildung phänotypischer Wirklichkeit in der genetischen Sprache — wir können sie in Analogie zur psychischen Gedächtnisleistung als ‚genetische Reflexion‘ bezeichnen — ist ein Ergebnis der Evolution in toto. Hier geht es um die *Entstehung* von Information. Auch in unserem Gehirn kann Information nur evolutiv, das heißt aufgrund von Selektion, entstehen . . .“[60] Information und Evolution werden von M. Eigen auf der Basis des Wertekonzepts der Information engstens verbunden. Das Wertekonzept der Information schließt dabei die Beschreibung der Informationserzeugung mit ein. „‚Information‘ ist hier eine in der dynamischen Theorie der Materie begründete ‚molekulare Eigenschaft‘ bewertet durch die Fähigkeit, sich selbst zu reproduzieren. Sie vermag insbesondere energetisch entartete Zustände voneinander zu unterscheiden und kennzeichnet damit eine ‚primäre‘ Selbstorganisation.“[61] Wenn unter Informationsqualität die durch die Information codierte Funktionsqualität verstanden wird, dann besteht die spezifische Qualität der Information

58 Vgl. zum Beispiel K. Fuchs-Kittowski, Probleme des Determinismus und der Kybernetik in der molekularen Biologie, a. a. O., S. 339ff.

59 Vgl. K. Lorenz, Evolution des Verhaltens in: Evolution, Nova Acta Leopoldina, Leipzig 1975, H. 218, S. 280.

60 M. Eigen/R. Winkler, Das Spiel, a. a. O., S. 310.

61 M. Eigen, Selforganization of matter and the evolution of biological macromolecules, a. a. O., S. 521.

im Prozeß der biologischen Evolution vor allem in der Funktion der „Reproduktion“ oder „Konservierung“ bestehender Informationsinhalte sowie in deren durch Selektion bewerteten Veränderungen. Daher läßt sich Evolution als Aggregation historisch-genetischer Information bestimmen. Die enge Verbindung von Information und Evolution sowie die Differenzierung in zwei wechselabhängige Informationsaspekte sind also Ergebnisse biologischen Informationsverständnisses, die noch stärker ihrer philosophischen Verallgemeinerung bedürfen.

2.2. Widerspiegelung, Reproduktion, adäquate Reaktion und Information

Es konnte die Frage, welche spezifischen Eigenschaften der Materie, welche objektiven Erscheinungen bezeichnet man mit dem Begriff „Information“, nicht allein durch Auswertung einzelwissenschaftlicher Ergebnisse beantwortet werden. Es ist das Verdienst zahlreicher marxistischer Philosophen, z. B. G. M. Birjukov, L. M. Bragina, G. M. Ljachov, G. Klaus, A. G. Spirkin, V. S. Tjuchtin, V. C. Ukrainzev, A. D. Ursul, T. D. Pavlov, J. Zeman und anderer, den Beweis dafür erbracht zu haben, daß die Natur der Information nur im Zusammenhang mit der Widerspiegelung als allgemeiner Eigenschaft der Materie verstanden werden kann.

Die Kategorie „Widerspiegelung“ kennzeichnet heute in der marxistisch-leninistischen Philosophie das Wesen der in qualitativ verschiedenartigen Formen existierenden Eigenschaft der Materie, *äußere Einwirkungen durch innere Veränderungen zu reproduzieren und auf sie adäquat zu reagieren.* Die allgemeine Eigenschaft der Widerspiegelung existiert in jeder Bewegungsform der Materie auf qualitativ besondere Weise, beginnend mit der elementarsten Form der mechanischen Einwirkung materieller Objekte aufeinander, über die chemischen Reaktionen in der unbelebten Materie, von der Reizbarkeit der primitiven Organismen über die unbedingten Reflexe und die bedingten Reflexe des ersten Signalsystems der höheren Tiere in der belebten Materie bis zur bedingt-reflektorischen Tätigkeit des zweiten Signalsystems beim Menschen, zum menschlichen Bewußtsein, das die objektive Realität in sinnlich-anschaulichen und begrifflich-abstrakten Abbildern widerspiegelt, und zum gesellschaftlichen Bewußtsein insgesamt, das eine Widerspiegelung des gesellschaftlichen Seins ist. Jede Form der Widerspiegelung besitzt ihre spezifischen Besonderheiten und erfüllt eine notwendige Funktion in der Wechselwirkung der materiellen Objekte und Prozesse, in der Lebenstätigkeit der Organismen und in der Entwicklung der menschlichen Gesellschaft. In Auswertung neuer naturwissenschaftlicher und philosophischer Erkenntnisse wurden insbesondere in den letzten 20 Jahren zahlreiche Beiträge zur Weiterentwicklung der allgemeinen Widerspiegelungstheorie geleistet. Dabei wurden wesentliche Gesetzmäßigkeiten der Widerspiegelung, welche allen Widerspiegelungsformen eigen sind, erkannt.

„Reproduktion“ im Sinne spurenhafter Aufbewahrung äußerer Einwirkungen mit strukturellen Veränderungen und „Reaktion“ als Funktionsbestimmung sind zwei untrennbar miteinander verbundene Komponenten der Widerspiegelung, die hier als ihr *strukturell-funktioneller Aspekt* bezeichnet werden sollen. Diese Bezeichnung ist deshalb sinnvoll, weil damit solche Zustandsänderungen der Struktur sowie daran gekoppelte spezifische Funktionsänderungen eines Organismus in ihrer Abhängigkeit von der Spezifik äußerer Einwirkungen charakterisiert werden, die nicht unmittelbar zur Veränderung der wesentlichen Bestimmtheit, der Grundqualität des widerspiegelnden Systems (Organismus) führen. Strukturell-funktionelle Widerspiegelungsformen sind zum Beispiel die innere Widerspiegelung der Struktur des genetischen Speichers in der Struktur des Proteinpools einer Zelle und dadurch und durch weitere Bedingungen vermittelt, im Phänmuster des Organismus; die Taxien (Chemo-, Thermo-, Fototaxien und andere) bei den Einzellern; die Tropismen (zum Beispiel Lichthinwendung der Blätter) bei den Pflanzen; Verhaltensauswahl bzw. Ausprägung individueller Verhaltensweisen durch ontogenetisches Lernen auf Grund spezifischer Umweltreize, welche über Strukturveränderungen des Nervensystems wirksam wurden, bei tierischen Mehrzellern und anderen.

Der Charakter der Einwirkung steht mit dem Charakter der bewirkten Veränderungen, dem Widerspiegelungsresultat in einem *gesetzmäßigen Zusammenhang*, dem Verhältnis der Übereinstimmung oder *Adäquatheit*. Dieser Zusammenhang kennzeichnet keinesfalls eine abstrakte Identität zwischen Einwirkung und bewirkter strukturell-funktioneller Veränderung, im Sinne etwa einer Isomorphie- bzw. Homomorphierelation zwischen „Input“ und „Output“ in der theoretischen Kybernetik. Vielmehr kennzeichnet die Adäquatheitsrelation zwischen Einwirkung und bewirkter Veränderung eine in biologischen Organismen stets nichtlineare Zuordnung von Merkmalen des widergespiegelten Objekts und der Spezifik der bewirkten Veränderung. Diese Nichtlinearität beruht darauf, daß die Einwirkung nur durch die inneren und äußeren Systembedingungen vermittelt zur Wirkung kommt. Zu den äußeren vermittelnden Bedingungen gehört zum Beispiel im biotischen Bereich die ständig wirkende Selektion; das heißt, *die Adäquatheit der Widerspiegelung erfährt durch sie eine ständige Bewertung* — was zur Voraussetzung hat, daß die Widerspiegelung bezüglich des widerspiegelnden Systems funktionell wirksam wird, *aktiv* ist (Gesetz der Aktivität der Widerspiegelung).

Bezüglich biotischer Systeme schrieb dazu V. A. Pavlov: „Die Reaktionen eines Organismus auf äußere Einwirkungen sind derart, daß sie der Aufrechterhaltung seiner Lebensfähigkeit, der Gesamtstruktur des Organismus auch unter den neuen Bedingungen dienen. Mit anderen Worten: Die Reaktionen eines

Organismus auf äußere Einwirkungen tragen den Charakter der adäquaten Anpassung. Darin besteht die Adäquatheit der Reaktion lebender Organismen auf Umwelteinwirkungen."[62]

Die Nichtlinearität der Adäquatheit bedeutet daher zugleich, daß die Widerspiegelung als Resultat nicht nur in Abhängigkeit von der Qualität, von den Merkmalen des widergespiegelten Objekts (Widerspiegelungsinhalt) existiert, sondern auch in Abhängigkeit von der Qualität, vom inneren Zustand und von den konkreten äußeren Existenzbedingungen des widerspiegelnden Systems. Das heißt, daß „äußere Ursachen durch innere Bedingungen wirken (die sich selbst im Ergebnis äußerer Einwirkungen formieren)"[63].

Diese Beziehung ist ein gesetzmäßiger Zusammenhang zwischen der Widerspiegelung als Resultat und dem widerspiegelnden System, der hier als *Gesetz des vermittelten Charakters, der Vermitteltheit der Widerspiegelung* (durch die Existenzbedingungen des widerspiegelnden Systems) bezeichnet werden soll.

Ein noch wesentlicherer Zusammenhang in der Beziehung zwischen Einwirkung und bewirkter Veränderung, zwischen Widergespiegeltem und dem Resultat der Widerspiegelung ergibt sich, wenn die kausale Struktur des realen Widerspiegelungsprozesses hervorgehoben wird. Dieser Zusammenhang wird als *Grundgesetz der Widerspiegelungstheorie* bezeichnet:

Das Widergespiegelte existiert außerhalb und unabhängig von seiner Widerspiegelung; die Widerspiegelung dagegen existiert in ursächlicher Abhängigkeit vom Widergespiegelten.[64]

Das Grundgesetz, die Gesetze der Adäquatheit, der Vermittlung und der Aktivität der Widerspiegelung sind untrennbare und wechselseitig zusammenhängende Momente aller konkreten Widerspiegelungsformen; sie sind Wesensbestimmungen der Kategorie „Widerspiegelung als allgemeine Eigenschaft der Materie".

Gegenwärtig steht vor den marxistischen Philosophen die Aufgabe, den Zusammenhang von Widerspiegelung und Entwicklung zu untersuchen. Gerade die wissenschaftliche Bestimmung des Wesens der genetischen Information und ihrer Rolle in der Evolution sollte dafür nicht nur Anlaß, sondern auch Wegweiser sein.

Wenn die genetische Information dasjenige ist, was in der Evolution anwächst, wenn sie und ihre Veränderungen dasjenige ist, was gespeichert und vererbt

62 V. A. Pavlov, Razdražimost' i formy ee projavtenija, Moskva 1954, S. 9f.
63 S. L. Rubinstein, Sein und Bewußtsein, Berlin 1970, S. 206.
64 In diesem Sinne äußern sich: T. Pawlow, Information, Widerspiegelung, Schöpfertum, Berlin 1970, S. 34; B. S. Ukrainzev, Cučnost' otraženia kak vseobčego svojstva materii, in: Leninskaja teorija otraženija i sovremennost', Sofia 1969, S. 69ff.; V. V. Timofeev, Sučnost' i osnovnye čerty otraženija v neorganičeskoj prirode, Moskva 1964 (MGU-Universitätsschrift), S. 14f.; V. S. Tjuchtin, Otraženie, sistemy kibernetika, Moskva 1972, S. 96f.

und durch die Folgegenerationen reproduziert wird, wenn die Evolution einem Lernvorgang entspricht, der auf „reproduktiven Gedächtnisleistungen" beruht (Eigen) — dann drängt sich die Frage auf, ob hier nicht ebenfalls eine Form der Widerspiegelung vorliegt.

Widerspiegelt nicht ein Organismus der Tochtergeneration Strukturen und funktionelle Leistungen der Elterngeneration? Werden nicht in den nachfolgenden Generationen positiv selektierte und damit bewertete Struktur- und Funktionskomplexe der vorangegangenen Generationen adäquat reproduziert, durch neue innere und äußere Existenzbedingungen vermittelt widergespiegelt?

Allerdings ist das eine andere Art der Reproduktion als die Reproduktion äußerer Einwirkungen auf ein bestehendes System in dessen veränderten Struktur- und Funktionsbeziehungen. Hier werden in einer neugeschaffenen Struktur Merkmale des erzeugenden Systems adäquat reproduziert, widergespiegelt. *Durch diese Art der „generativen Reproduktion" von durch vorangegangene Generationen erworbene, bewertete Funktionsleistungen*, gebunden an spezifisch organisierte Strukturen, *entsteht ein Zusammenhang in der Geschichte der Organismen. Es entsteht die Geschichte des Lebens, die um so mehr Geschichte des Lebens ist, je mehr das zu Reproduzierende und damit die historische Vorherbestimmtheit der Struktur und Funktionsmerkmale*, also der *Qualität der jeweiligen Organismen, anwächst.*

Daß diese Art der Reproduktion Widerspiegelung ist, läßt sich daran zeigen, daß alle allgemeinen Gesetzmäßigkeiten der Widerspiegelung als allgemeiner Eigenschaft der Materie auch hierfür erfüllt sind:

1. Grundgesetz: Die in der Ahnenreihe liegenden Organismen der vorangegangenen Generationen (Widerspiegelungsobjekte) existieren außerhalb und unabhängig von den Organismen der nachfolgenden Generationen (Widerspiegelungsresultate, insofern es die historische Vorherbestimmtheit ihrer Qualität betrifft). Die Organismen der nachfolgenden Generationen existieren in historisch-genetischer Abhängigkeit von ihren Ahnen; ohne sie wären sie nicht existent.
2. Gesetz der Adäquatheit: Bezogen auf große Zeitabläufe in der Evolution existiert eine nichtlineare Zuordnung von Merkmalen schon längst vergangener, in genealogischer Abfolge liegender Generationen zu Merkmalen der jeweiligen Generation (genetischer Anteil der Determination der jeweiligen qualitativen Bestimmtheit). Bezogen auf Mutter- und Tochtergeneration wird die Adäquatheit dieser Art von Widerspiegelung besonders augenfällig; hier ist die Nichtlinearität der Zuordnung von Merkmalen auf ein Minimum reduziert und durch die konkreten Fortpflanzungsbedingungen bestimmt.

   Als Beweis für die erste Aussage kann auch die Rekapitulationshypothese dienen, demzufolge die Ontogenese die Phylogenese abrißartig und in Sprüngen wiederholt.

3. Gesetz der Vermittlung: Die Merkmale einer frühen Ahnengeneration werden in einer bestimmten Generation nur über die durch die Struktur des dazwischenliegenden Evolutionsprozesses bestimmten, historisch veränderten Bedingungen und die jeweiligen konkreten Umweltbedingungen vermittelt widergespiegelt. Das heißt, der Genotypus der vorangegangenen Generation wird z. B. im Genotypus einer neuen Generation nur vermittelt reproduziert; integriert und modifiziert im neuen Genotypus, bleibt er jedoch oft in seiner wesentlichen Struktur erhalten und ist notwendig für die Lebensfunktionen der neuen Generation (z. B. Entstehung der Lunge bei bestimmten Fischen — später lebensnotwendig für alle Landwirbeltiere).
4. Gesetz der Aktivität: Die adäquate Reproduktion von bestimmten Merkmalen vorangegangener Generationen unterliegt, über die neue Qualität der Organismen vermittelt, ständig den neuen Selektionsbedingungen. Das hat zur Voraussetzung, daß die historische Vorherbestimmtheit der neuen Qualität bezüglich der Gesamtfunktion des Organismus funktionell wirksam wird, also die Widerspiegelung aktiv ist, was immer der Fall ist — gleichgültig, ob unter den neuen Selektionsbedingungen sich positiv oder negativ auswirkend.

Diese Art Widerspiegelung soll als ihr *historisch-genetischer Aspekt* bezeichnet werden. Der historisch-genetische Aspekt der Widerspiegelung kennzeichnet ein wesentliches Moment der Widerspiegelung als allgemeiner Eigenschaft der Materie; er ist nicht identisch mit dem voran skizzierten strukturell-funktionellen Aspekt der Widerspiegelung (der eine Einheit von „Einprägung“ und adäquater Reaktion ist und stets auf konkrete widerspiegelnde Systeme während ihrer Existenzdauer bezogen wird). Zwischen historisch-genetischem und strukturell-funktionellem Aspekt der Widerspiegelung existiert ein enger gesetzmäßiger Zusammenhang. Der historisch-genetische Aspekt der Widerspiegelung bestimmt qualitativ den strukturell-funktionellen Aspekt und ist in diesem Sinne ihm gegenüber primär. So ist z. B. die prinzipielle kognitive Leistungsfähigkeit der Primaten primär durch die mit der Entstehung und Entwicklung ihres Nervensystems erfolgende historisch-genetische Widerspiegelung bestimmt.

Dieses Verständnis der Widerspiegelung bedingt auch eine besondere Bestimmung ihres Zusammenhangs mit der Information. Aus der Analyse logisch-mathematischer Informationskonzeptionen folgte das Strukturdifferenzprinzip der Information;[65] das heißt, Information wird als Resultat spezieller realer Strukturveränderungsprozesse in bezug zu dem Einwirkenden erzeugt. Aus der Analyse ihrer Anwendungsgebiete und der unterschiedlichen Begriffsdeutungen folgte weiterhin die reale Systemgebundenheit der Information; sie wird stets in einem System bezüglich eines anderen erzeugt, von ihm zur Verhaltensänderung verwandt und dadurch bewertet.

65 Vgl. P. Franz, Zum Zusammenhang von Widerspiegelung, Information und Entwicklung, in: Information, Berlin 1976, S. 208—249.

Schließlich folgte aus der bisherigen philosophischen Diskussion, gestützt auf einzelwissenschaftliche Ergebnisse, die Erkenntnis, daß die in den Informationskonzeptionen untersuchten Strukturveränderungen Resultate von Widerspiegelungsprozessen sind. Es kommt nun darauf an, die Gesetzmäßigkeiten der Widerspiegelung mit denen der Information in Beziehung zu setzen. Als Ergebnis wird folgende Auffassung von der Information vertreten:

Die Information ist der Zusammenhang von objektivem Widerspiegelungsinhalt, Systemqualität des widerspiegelnden Systems und Funktionsrealisierung in der widergespiegelten Umwelt.

Die Information kennzeichnet damit das Resultat der Widerspiegelung. Information ist eine spezielle Form des objektiven Zusammenhanges, welche stets vom Widerspiegelungszusammenhang abgeleitet, damit an die universelle Widerspiegelungsfähigkeit und an den Systemcharakter der Materie gebunden ist.

Dem Grundgesetz der Widerspiegelung folgend und in Verallgemeinerung von Anwendungsergebnissen der Informationstheorie existiert die Information in primärer Abhängigkeit vom Widergespiegelten und damit vom objektiven Widerspiegelungsinhalt. Die Information verkörpert die Adäquatheit des Widerspiegelungsresultates in vermittelter Form, also auf der Grundlage des Prinzips der Mittelbarkeit der Widerspiegelung. Mittelbarkeit der Informationserzeugung bedeutet hier sekundäre Abhängigkeit von den konkreten Existenzbedingungen des widerspiegelnden Systems.

Entsprechend der objektiv untrennbaren Einheit des strukturell-funktionellen und des historisch-genetischen Widerspiegelungsaspektes und aus der Analyse des biologischen Informationsverständnisses folgt auch das Vorhandensein und die Einheit eines strukturell-funktionellen und eines historisch-genetischen Aspektes der Information (ontogenetisch und phylogenetisch erzeugte Information). Dieser zweite Aspekt ist bezüglich der Informationsverarbeitung gegenüber dem ersten primär.

Auf der Grundlage des strukturell-funktionellen Informationsaspektes läßt sich der Begriff „*Informationsverarbeitung*" bestimmen. Durch die strukturell-funktionell realisierte Widerspiegelungsfähigkeit eines konkreten Systems ermöglicht, wird in diesem bezüglich einer spezifischen Umwelt ständig Information aktuell erzeugt, wodurch unterschiedliche Verhaltensweisen gegenüber eben dieser Umwelt ausgewählt werden. Das geschieht aber im Rahmen des Musters der prinzipiell möglichen Verhaltensweisen — das heißt, die wesentliche Systemqualität bleibt unverändert. Die Fähigkeit der Informationsverarbeitung bezieht sich daher auf die Variation von Verhaltensweisen bezüglich einer gegebenen Umwelt. Das Muster der prinzipiell möglichen Verhaltensweisen ist hierbei vorrangig von der historisch-genetischen Widerspiegelung determiniert und somit Ausdruck der historisch-genetisch aggregierten Information.

Die historisch-genetische Information, die in der Struktur sich entwickelnder

Systeme enthalten ist, „codiert“ alte Funktionsqualitäten in vermittelter Form. Die im Prozeß der historisch-genetischen Widerspiegelung erzeugte Information codiert dabei solche Funktionsqualitäten, die für das jeweilige System wesentlich waren, zur Veränderung seiner Grundqualität und zur Entstehung qualitativ neuer Systeme führten. Im Gegensatz zur strukturell-funktionellen Information ist die historisch-genetische Information auf nachfolgende Generationen übertragbar.

Kurz gesagt, ergibt sich die Information als die Bestimmtheit, als die Gerichtetheit der Wirkung spezifisch organisierter Strukturen (Muster). Solche Strukturen (Muster) können historisch oder/und während der Individualentwicklung „geformt“ werden.

2.3. Höherentwicklung und Information

Wichtig, aber nicht beantwortet ist die Frage, wie sich auf der Grundlage der historisch-genetischen Widerspiegelung in der Geschichte des Lebens die Tendenz zur Höherentwicklung durchsetzt und welche Rolle die Information hierbei spielt.

Die *Evolution* ist eine Folge auseinander hervorgehender qualitativer Veränderungen, deren Struktur sich historisch selbst organisiert. Der wesentliche Grund hierfür besteht in der eigenständigen Reproduktion, eben der historisch-genetischen Widerspiegelung bestimmter alter und der Produktion neuer innerer Evolutionsbedingungen als Grundlage weiterer Evolution. Die sich in ihr durchsetzende Tendenz zur Höherentwicklung muß an der qualitativen Veränderung der Ganzheitseigenschaften biotischer Organismen, ihres Integrations- und Organisationsgrades, in ihrer funktionellen Wirksamkeit gegenüber der Umwelt gemessen werden. Das wohl eindrucksvollste Beispiel hierfür ist die Evolution des Verhaltens, welche an der Evolution des nervalen Systems tierischer Organismen und vor allem seiner Funktionen gemessen werden kann.

2.3.1. Zum Verhaltensbegriff

Als *Verhalten* werden durch die meisten Verhaltensforscher ganz allgemein alle Aktionen und Reaktionen tierischer Organismen bezeichnet, die der Individual- und der Arterhaltung dienen.

In jüngster Zeit wurde gerade hierüber verstärkt diskutiert. Anlaß dazu ist unter anderem der verbreitete Gebrauch des Begriffs „Verhalten“ in unterschiedlichen Wissenschaften: So spricht man vom Verhalten kosmischer Objekte in der

Astrophysik, vom Verhalten bestimmter Mikroobjekte in der Elementarteilchentheorie, vom Verhalten chemischer Verbindungen und Reaktion bei unterschiedlichen Bedingungen, vom Verhalten der Pflanzen in der Physiologie der Pflanzen, vom menschlichen und gesellschaftlichen Verhalten, vom Systemverhalten in der Kybernetik bzw. Allgemeinen Systemtheorie u. ä. m. Interessant ist, daß in allen Begriffsverwendungen „Verhalten" im Sinne der Ganzheitsfunktion eines Systems in seiner Wechselwirkung zu anderen Systemen aufgefaßt wird (analog für Teilsysteme). Die allgemeine Verwendung des Verhaltensbegriffs mit abstrakt-identischem Begriffsinhalt deutet auf eine objektiv vorhandene Klasse allgemeiner Veränderungsprozesse der Materie hin; zum anderen drückt sich hierin auch die weitere Integration der Wissenschaften aus, in welcher allgemeine Begriffe und damit verbundene Erkenntnisse für viele Wissenschaften methodologisch-heuristisch wirksam werden. Das darf jedoch nicht darüber hinwegtäuschen, daß solche Begriffe durch die jeweilige Einzelwissenschaft spezifisch konkretisiert werden und sie ihre konkrete Inhaltsbestimmung durch das System von Gesetzesaussagen und Termini eben dieser Einzelwissenschaft erhalten.

Unabhängig vom unterschiedlichen konkreten Gebrauch des Verhaltensbegriffs in anderen Wissenschaften sollte er von der Verhaltensforschung vorrangig im Zusammenhang mit denjenigen Gesetzesaussagen verwendet werden, die vom objektiven, oben angeführten Gegenstandsbereich dieser Wissenschaft diktiert werden. Dennoch wird des öfteren gegen einen derartigen, zoologisch gefaßten Verhaltensbegriff argumentiert.

Natürlich kann man hierzu geteilter Meinung sein, z. B. jede äußere Funktion biotischer Systeme als Verhalten definieren. Hier sei auf die Notwendigkeit hingewiesen, die qualitative Besonderheit derjenigen Klasse von Funktionen besonders hervorzuheben, die mit der Entstehung mehrzelliger tierischer Organismen auftritt. Solche Organismen zeigen auf der Grundlage spezifischer innerer Teilstrukturen, welche arbeitsteilig ganzheitliche Koordinations- und Organisationsfunktionen übernehmen (also neurale und humorale Systeme), eine eigene, besondere, gegenüber den Reaktionen einzelliger Organismen oder Pflanzen höhere Qualität. Diese besondere Qualität ist unter anderem durch die Fähigkeit gekennzeichnet, *phylogenetisch und ontogenetisch erzeugte umweltbezogene Information zu verarbeiten und zur Auswahl bestimmter angepaßter Reaktions- und Aktionsmöglichkeiten zu nutzen.*

In diesem Sinne ist das Verhalten als Gesamtheit der umweltbezogenen Lebenstätigkeit, *als aktive Bezugnahme tierischer Systeme zur Umwelt auf der Grundlage der Funktion innerer informationserzeugender Teilsysteme* zu bestimmen. Die stammesgeschichtlich vorgeformten Anteile des menschlichen Verhaltens sind hierin mit einbegriffen.

Die Erforschung des Verhaltens, seines Wesens und seiner Evolution verlangt daher seine Einbettung in den Zusammenhang Organismus-Umwelt, die Beachtung der untrennbaren Einheit von Struktur und Funktion sowie die Berücksichtigung sowohl seiner inneren und äußeren als auch seiner phylogenetischen und ontogenetischen Determinationskomponenten.

2.3.2. Organismus-Umwelt-Beziehung und Evolution

Die Erzeugung von Information im Prozeß der Wechselbeziehung Organismus-Umwelt mittels Strukturerwerb ist für alle Tiere lebensnotwendig; sie dient der Regulation des Verhaltens. Wird nach der Evolution des Verhaltens gefragt, so kann festgestellt werden, daß Informationserzeugung, Verhaltensregulation und selbst die Organismus-Umwelt-Beziehungen einen historischen Wandel erfahren und allgemeinen Evolutionsgesetzmäßigkeiten unterliegen.

Das Resultat der engen Wechselbeziehungen Organismus-Umwelt ist die ständige Reproduktion und Weiterentwicklung des Lebens. Die Evolution der Lebewesen erfolgt in einer sich historisch verändernden Umwelt und beruht auf der Wechselwirkung von Variabilität und Selektion. Die durch Mutation und Rekombination bedingten Veränderungen der Erbinformation liefern eine Vielfalt unterschiedlicher Erbtypen, unter denen die natürliche Selektion diejenigen auswählt und anreichert, die bei den jeweiligen Umweltbedingungen am besten überleben und sich vermehren, das heißt am besten angepaßt sind. Dabei greift die Selektion am Phänotyp der Organismen an, indem sie Individuen mit positiven Merkmalen eine höhere Überlebenschance gibt.

Diese kurze und so geläufige Darstellung der grundlegendsten Evolutionsprozesse läßt eine wichtige und an dieser Stelle interessierende Frage unbeantwortet:

Welche Beziehungen des Verhaltens bestehen zum elementaren Evolutionsmechanismus von Mutation, Rekombination und Selektion?, welchen Platz hat das Verhalten in der Wechselbeziehung Organismus-Umwelt?

Es ist bekannt, daß auch die Verhaltensevolution dem elementaren Evolutionsmechanismus von Mutation, Rekombination und Selektion unterliegt. Schon lange ist durch Beobachtungen und Kreuzungsexperimente bewiesen, daß sowohl angeborene Verhaltensprogramme als auch die Fähigkeit zum individuellen Erwerb von Verhaltensprogrammen durch ontogenetisches Lernen genetisch verankert sind.

Das ist die Grundlage zum Verständnis des Verhaltens als Objekt der Evolution. Als grundlegende Tendenz der Verhaltensevolution wird die unter dem Zwang zur Anpassung fortschreitende Ablösung angeborener durch erlernte Verhaltensprogramme als primärer Determinanten des Gesamtverhaltens tierischer Organismen erkannt. Auf der Grundlage morphologischer und ökologischer Veränderungen tritt dabei auch eine fortschreitende quantitative und qualitative Abwandlung bzw. Neuerwerbung angeborener Verhaltensprogramme auf.

Mehr und mehr gewinnt die Erkenntnis an Bedeutung, daß das Verhalten nicht nur Objekt, sondern auch eine Triebkraft der Evolution ist. Bestimmte Verhaltensänderungen haben vielfach grundlegenden Einfluß auf den weiteren Verlauf der Evolution. „Eigentümlichkeiten des Verhaltens stellen die wichtigsten Isolationsmechanismen der Tiere dar, und neue Anpassungen sind oft durch Veränderungen des Verhaltens initiiert."[66]

Dieses Wissen ist dahingehend noch ungenügend verallgemeinert worden, daß das *Verhalten die entscheidende Existenzverwirklichung der Organismen* in ihrer Wechselwirkung zur Umwelt ist, daß im und durch das Verhalten letztlich die variierenden Erbtypen *konkret bewertet werden.* Verhalten ist nicht nur die der Individual- und Arterhaltung dienende Gesamtheit von Aktionen und Reaktionen, sondern zugleich auch das Feld, in welchem die inneren und äußeren Widersprüche als Triebkräfte der Evolution aufeinandertreffen und sich lösen, in dem die Evolution keimt und erscheint.

Wenn die als wichtigste Verhaltensfunktionen erkannten Aktionen und Reaktionen des Nahrungserwerbs, der -aufnahme, der -verwertung, der Fortpflanzung und des Schutzes betrachtet werden, so kann man schlußfolgern: Selbst die für das Verhalten scheinbar irrelevantesten morphologischen Anpassungen (z. B. Anpassungen an Klima-, Licht- und Bodenveränderungen) erfolgten stets auch in Hinblick auf ihre Verwertbarkeit bei der Realisierung der wichtigsten Verhaltensfunktionen — eben unter den neuen Bedingungen. Derartige Anpassungen sind daher *notwendige Bedingungen für die Gewährleistung der biotisch wichtigsten Verhaltensfunktionen*, des stoffwechselbedingten Fortpflanzungs- und Schutzverhaltens. Anpassungen, die die Realisierung dieser Verhaltensfunktionen bzw. ihre weitere Vervollkommnung behinderten, führten ganze Arten zum Untergang bzw. drängten sie in spezifische ökologische Nischen oder in Nebenlinien der Evolution. Andererseits manifestierten sich solche Veränderungen besonders, die in Hinblick ihres Beitrages zur Gewährleistung des Gesamtverhaltens von Organismus bzw. Populationen positiv bewertet wurden.

Wenn ein Organismus auf Grund innerer Veränderungen (zum Beispiel durch Mutation oder Rekombination bedingt) oder veränderter äußerer Bedingungen nicht in der Lage ist, seinen Stoffwechsel zu realisieren, sich zu schützen oder sich fortzupflanzen, dann stirbt er bzw. bleibt ohne Nachkommen. Das heißt, sein Beitrag zur weiteren Evolution hängt davon ab, ob er seine grundlegendsten Verhaltensfunktionen realisieren kann, und wenn ja, in welchem Grade dies in Konkurrenz zu anderen Individuen geschieht. Mit diesem Verständnis wird die Klärung der Beziehung Verhalten — Selektion möglich.

66 E. Mayr, Grundlagen der zoologischen Systematik, Hamburg—Berlin 1975, S. 127.

Natürliche Auslese ist die Gesamtheit der Prozesse, die die Wahrscheinlichkeit bedingen, daß bestimmte Individuen zur Fortpflanzung gelangen.[67] Dann ist das *Verhalten der Schlüsselfaktor in der Vermittlung von Variabilität und Selektion.* Ja, Verhalten ist nicht nur das Feld konkreter Bewertung variierender Erbtypen; mit fortschreitender Evolution, der Entstehung von Nahrungspyramiden usw. tritt Verhalten selbst immer mehr als grundlegender Selektionsfaktor hervor (Räuber-Beute-Beziehung, Zuchtwahl usw.). In der Anthroposoziogenese gar wird Verhalten als umweltverändernde produktive Tätigkeit zur entscheidenden Triebkraft für die Entstehung und Entwicklung der menschlichen Gesellschaft.

Eine solche Auffassung der Beziehung Verhalten — Selektion erweitert wesentlich die üblicherweise zu passive Darstellung der Organismen bzw. Populationen in der Evolution. Wenn die Selektion als „schöpferisch" gekennzeichnet wird, wird da nicht die Organismus-Umwelt-Beziehung zu einseitig interpretiert? Mutationen erfolgen in der Zelle milieuunabhängig und führen selbst bei optimaler Anpassung an relativ gleichbleibende Umweltbedingungen zu neuen Erblinien und neuem Evolutionsdruck. Schließlich ist es dann das Verhalten, welches auf der Grundlage individuellen Lernens „schöpferisch" ist und den Organismus mehr und mehr der „passiven" Auslese, dem unvermittelten Ausgewähltwerden entzieht.

Die „Schöpfung" von Neuem und Höherem resultiert nur aus der engen Wechselwirkung Organismus — Umwelt, wobei bezüglich der Agilität, der Bewegungspotenz und damit der Aktivität *dem Organismus das Primat zukommt.* So wie die Arbeit „die erste Grundbedingung alles menschlichen Lebens"[68] ist, ist die gerichtete aktive *Bewegung, das Verhalten erste Grundbedingung allen tierischen Daseins.* Mit der Evolution der Fauna wurde die Eigenbewegung immer mehr zum selektierenden Verhalten und die Umwelt der Organismen immer mehr zur verhaltensrelevanten Umwelt. Das Verhalten ist Ausdruck der inneren Widersprüche als entscheidender Triebkraft der Evolution und Mittel zur immer stärkeren Abgrenzung tierischer Organismen zur Umwelt sowie der Vergrößerung ihrer Autonomie. Nur so ist zu verstehen, warum die Biosphäre den ganzen Erdball eroberte, warum die anfänglich abiogene Umwelt immer stärker von biogenen Teilsystemen durchsetzt und letztlich das Verhalten selbst Selektion wird. Das Verhalten ist daher der entscheidende Anteil der Beziehung Organismus — Umwelt, der das Wesen des Lebens von der physikalischen bzw. chemischen Bewegungsform der Materie abgrenzt und die Entstehung der gesellschaftlichen Bewegungsform ermöglicht.

67 Vgl. N. W. Timofeeff-Ressovsky/N. N. Voroncov/A. N. Jablokov, Kurzer Grundriß der Evolutionstheorie, Jena 1975, S. 145.
68 F. Engels, Dialektik der Natur, in: MEW, Bd. 20, a. a. O., S. 444.

2.3.3. *Verhaltensevolution und Information*

Evolution als Informationsaggregation heißt ständiger Aufbau hierarchisch ineinandergreifender, selektiv bewerteter Struktur-Funktions-Komplexe, als *quantitative und qualitative Zunahme der Fähigkeit zur gerichteten Wirkung*. Bezogen auf die Organismus-Umwelt-Beziehungen heißt Evolution in erster Linie Verhaltensevolution — in Richtung der Vergrößerung der Vielfalt und Mannigfaltigkeit der dem Organismus (Population) möglichen Verhaltensweisen.

Fixierbare Verhaltensänderungen setzen stets Lernprozesse auf der Grundlage „reproduktiver Gedächtnisleistungen" voraus. Phylogenetisches „Lernen" bzw. „Gedächtnis" ist an die fortschreitende Strukturierung der DNS gebunden. Ontogenetisches Lernen mit individuellem Gedächtnis, mit individuell frei variierbarer Reproduktionsfähigkeit ist an die Leistungen des Nervensystems gebunden, welches seinerseits in seiner Grundstruktur genetisch fixiert ist.

Die Erforschung der Verhaltensevolution muß daher vorrangig mit der Analyse der Entwicklung des Nervensystems und seiner Funktionen verbunden werden. Die Evolution des nervalen Systems demonstriert nicht nur überzeugend die dialektisch-materialistische These, daß das Bewußtsein ein Entwicklungsprodukt der Materie und die Erkenntnis die höchstentwickelte Widerspiegelungsform ist; sie zwingt darüber hinaus auch zu der Einsicht, daß der Organisationsgrad tierischer Organismen direkt mit der Kompliziertheit der jeweiligen nervalen Systeme anwächst. Das heißt, die Selbstorganisation biologischer Organismen geht hier mit der qualitativen Erweiterung der jeweils realisierten strukturell-funktionellen Widerspiegelungsfähigkeit und der Informationsverarbeitungskapazität einher.

Eine der wesentlichsten Determinanten der ganzheitlichen Organisation tierischer Organismen ist bereits im *makromolekularen Organisationsniveau* zu suchen — obwohl historisch auf dieser Stufe noch nicht von tierischem Leben gesprochen werden kann. Auf diesem Niveau bildeten sich hyperzyklische Prozeßstrukturen heraus, welche auf der Wechselwirkung von Nukleinsäure-Protein-Komplexen beruhen. Die von der Wechselbeziehung zwischen Organismus und Umwelt vorangetriebene Evolution findet hier in der weiteren Komplizierung des genetischen Codes ihre genetisch fixierte Widerspiegelung.

Die in der Nukleinsäuresequenz historisch aggregierte Information bestimmt ihrerseits die Synthese verschiedener Proteine, über deren Regelungs- und Kontrollfunktionen die Transkription der RNA und schließlich ihre eigene identische Replikation. Ohne auf die wechselseitige Determination dieser Prozesse einzugehen, sei hervorgehoben, daß auf diesem Niveau die Evolution der Proteine und ihrer Wirkungsvielfalt nur in engster Wechselwirkung mit der Evolution der Nukleinsäuren, das heißt als Evolution ganzheitlicher Nukleinsäure-Protein-Komplexe (Information) erfolgte. Dennoch haben die Proteine gegenüber dem Gesamtkomplex eine besondere Funktion: sie realisieren dessen strukturell-funktionelle Widerspiegelungsfähigkeit. Das heißt, sie realisieren mit ihrer Wirkungsvielfalt die Reaktionsvielfalt der Ganzheit gegenüber Veränderungen des inneren Milieus und äußeren Einwirkungen. Damit bestimmt die Funktionsvielfalt der Proteine im Komplex unmittelbar dessen Organisationsgrad.

Die qualitative Erweiterung der realisierten funktionellen Widerspiegelungsfähigkeit von Nukleinsäure-Protein-Komplexen mit anfänglich schwacher Abgrenzung gegenüber dem äußeren Milieu (Koazervate) führte durch Bevorteilung zum Übergang auf das *Organisationsniveau der Einzeller.* Dieses Organisationsniveau umfaßt auch den untersten Typ im Stammbaum der Tierwelt — die einzelligen Tiere (Protozoa).

Der für diesen Übergang charakteristische qualitative Sprung der realisierten Reproduktions- bzw. Widerspiegelungsfähigkeit (fixiert in der erweiterten Funktionsvielfalt der Proteine) setzt einmal eine historische Widerspiegelung, das heißt historisch aggregierte Information zur ständigen Reproduktion der erweiterten Funktionsvielfalt der Proteine voraus (fixiert im sich entwickelnden genetischen Speicher). Zum anderen zieht diese Vergrößerung der Funktionsvielfalt von Proteinen mannigfaltige Besonderheiten der Struktur und der Formen der Lebenstätigkeit einzelliger Organismen nach sich. Das gilt für die Bewegung, die Reizbarkeit, die Verdauung, die Atmung, die Stoffzirkulation, die Ausscheidung und die Osmoseregulation, für die Vermehrung, für „Verteidigung" und „Angriff" (vorwiegend bei den Infusorien).

Als Form der strukturell-funktionellen Widerspiegelung erfolgt die Reaktion des einzelligen Organismus auf äußere Einwirkungen — die Reizbarkeit — in Form z. B. von Taxien entweder positiv (Annäherung an die Reizquelle) oder negativ (Entfernen von ihr). Je nach Reizquelle ist dies ein Chemo-, Foto-, Tignotaxis usw.

Die sich im Evolutionsprozeß herausbildende Stufe der Vielzelligkeit eröffnete eine neue Ära der lebenden Natur. Sie bedingte einen hohen Grad der morphologischen Spezialisierung, die den Organismus befähigte, in seinen komplizierten Wechselbeziehungen mit der Umwelt eine spezifische „Arbeitsteilung", eine Differentiation, vorzunehmen. Die Evolution der Differenzierung ist ihrerseits eng an die Evolution der Koordinations- und Integrationsprozesse gebunden und bedingt die Ausprägung nervaler Systeme.

Beim Übergang zu Metazoen drängte die Evolution prinzipiell zur Einheit von Differentiation und Integration. Ohne Betrachtung des konkreten Evolutionsweges beim Übergang zu Metazoen, der wissenschaftlich noch nicht eindeutig geklärt ist,[69] tritt die Einheit von Differentiation und Integration bereits auf dem

69 Vgl. J. J. Amlinski, Einige Probleme der Entstehung der Vielzeller, in: Struktur und Formen der Materie, Berlin 1969, S. 463—477.

Organisationsniveau der Hohltiere auf (Gewebeniveau). Dieses Niveau ist durch die Herausbildung eines „diffusen“ Nervensystems mit sehr einfacher Struktur ohne Zentrum gekennzeichnet. Es ist bei Hydren und Medusen ein diffuses Netz von Nervenzellen, und deren Fasern sind über den ganzen Körper der Tiere verteilt. Es befähigt zu elementaren Formen der Koordination.

In der weiteren Evolution der Organismen, zusammen mit der Veränderung ihrer Existenzbedingungen, entwickelte sich auch ihr Nervensystem. Die Nervenzellen konzentrieren sich zu selbständigen Strängen (Konnektive und Kommissuren), deren Lageschema das allgemeine architektonische Schema wiederholt. Es entsteht ein Strangnervensystem.

Beim Übergang zum *Organisationsniveau der Plattwürmer-Plathelminthes* (Organniveau) nimmt die Zentralisierung noch mehr zu. Hier bildet sich zu den bereits entstandenen zwei Keimblättern, dem Ektoderm und Entoderm, ein drittes, das Mesoderm, heraus. Die Differenzierung in drei Keimblätter, bedingt durch die weitere Funktionsteilung zwischen einzelnen Geweben, befähigt gleichzeitig zu einer Zentralisierung und Rationalisierung der Nahrungsverteilung und ebenso der Ausscheidungs- und Fortpflanzungsfunktionen. Es entsteht ein zentralisiertes Nervensystem, mit Nervenknoten oder Ganglien in Einheit mit Rezeptor- und Effektor-Teilsystemen.

Alle *höheren Organisationsniveaus* der Tiere werden durch eine weitere Vervollkommnung des Nervensystems gekennzeichnet. Damit wird die Ganzheitlichkeit des Organismus, seine nervale und humorale Integration, bedeutend erhöht. Die Entwicklung des Blutzirkulationssystems bei den Tieren mit sekundärer Leibeshöhle bedingt wiederum eine Lokalisierung der Atmungsprozesse und erhöht die Energie der Lebenstätigkeit des Organismus. Mit der Entwicklung der Sinnesorgane, des Muskelsystems und anderer Systeme und Organe verbunden, führte die Vereinigung der Grundfunktionen der Regulation und Koordination in besonderen Zentren zur Herausbildung des hochorganisierten Zentralnervensystems und zur Entstehung verschiedener Stufen der *Ganzheit* des Organismus.

Auch aus anderen Analysen[70] wird die Feststellung belegt, daß im Prozeß der Evolution der Metazoen die Struktur des Nervensystems Schritt für Schritt komplizierter wird. Da das Nervensystem der Metazoen sowohl die jeweilige ganzheitliche Organisation als auch die jeweils höchste Widerspiegelungsform des tierischen Organismus strukturell repräsentiert und über seine Funktionsvielfalt realisiert, kann die Kompliziertheit seiner Struktur als ein signifikantes Maß der Entwicklungshöhe des jeweiligen Organismus gewertet werden.

70 Vgl. auch S. A. Sarkissov, Nekotorye osobennosti stroenija nevronal'nych svjazej kory bol'šogo mozga, Moskva 1948.

Um jedoch die Bedeutung der Reproduktionsfähigkeit bzw. Widerspiegelung und der Informationserzeugung für die biologische Evolution voll einschätzen zu können, bedarf es eben nicht nur der Analyse von Veränderungen ihrer strukturellen Grundlagen, sondern gleichermaßen der Untersuchung des Wandels der Widerspiegelungsfunktionen im Evolutionsprozeß.

Wird das Nervensystem als strukturelle Realisierung desjenigen funktionellen Teilsystems des Organismus betrachtet, das die Aufgabe hat, die spezifischen Funktionen anderer Teilsysteme (entsprechend dem Organisationsniveau als Zellen, Zellverbände, Organe oder infrastrukturell realisiert) zu einer einheitlichen Reaktion und Funktion zu koordinieren, so gilt es primär zwei entscheidende Entwicklungsfaktoren zu beachten: Einmal bedarf die Entwicklung des Energie- und Baustoffwechsels der Metazoen von intrazellulärer zu extrazellulärer Verdauung im Unterschied zu den Protozoen einer qualitativ neuen Form der Widerspiegelung des inneren Milieus, um dessen zentrale Koordination überhaupt zu gewährleisten. Zum anderen bedurfte es einer qualitativ neuen Widerspiegelung des äußeren Milieus, um primär eine zentrale Bewegungskoordination zu realisieren.

Beide Faktoren wirken nicht unabhängig voneinander und bedingen sich gegenseitig. Dennoch gibt es bezüglich der Evolution des Nervensystems einen Unterschied zwischen ihnen: Zeitlich primär für die Entstehung und Entwicklung nervaler Strukturen wirkte deren funktionelle Kopplung an den Energie- und Baustoffwechsel, sekundär dagegen die funktionelle Kopplung an den Bewegungsapparat. Erst mit fortschreitender Entwicklung kehrt sich dieses Verhältnis um. Mit zunehmender qualitativer Verhaltensvielfalt der Organismen wird das Nervensystem mehr und mehr zur Wahrnehmung äußerer Widerspiegelungsfunktionen determiniert (durch die Wechselbeziehung von Mutation, Rekombination und Selektion im Rahmen der Wechselwirkung Organismus — Umwelt bedingt und bestimmt). Die Wahrnehmung der inneren Widerspiegelungsfunktionen und damit der Koordination innerer Prozesse übernahmen dann in verstärktem Maße auch andere infrastrukturelle Teilsysteme, welche selbst durch das Nervensystem kontrolliert werden (humorale Teilsysteme).

Während beim Einzeller die Widerspiegelungsfunktion, und davon abgeleitet, die Kontroll- und Steuerungsfunktion sowie die Katalyse- und chemische Regulierungsfunktion der Enzyme oft nicht voneinander zu trennen sind und sich zum Teil gegenseitig in den Fermenten bedingen, tritt bei der Entwicklung von Mehrzellern auch die strukturelle Trennung von Zellen mit abbauenden katalytischen Substanzen und den Zellen mit Regulationsfunktionen für das Gesamtverhalten des Organismus auf. Das hat seine Ursache vor allem in der verstärkten Wahrnehmung äußerer Regulationsfunktionen, was zunehmend für die Entwicklung des neuronalen Systems an Bedeutung gewinnt, jedoch noch sekundär gegenüber den inneren Regulationsfunktionen bleibt (Neurokrinie als nachweislich älteste Form humoraler Steuerung). Das heißt, erst die Übernahme von inneren und äußeren Mehrfachregulationsfunktionen ist zugleich Voraussetzung, Begleiterscheinung und Folge der Entstehung der Nervenzellen und des Nervensystems.

Die Koordination der Zellen, Zellverbände, Organe usw. zu einer einheitlichen Reaktion und Funktion des gesamten Organismus erfordert spezielle Strukturen, die nach innen und außen in der Lage sind, materielle Einwirkungen adäquat zu reproduzieren und adäquat den Organismus zu steuern, darauf zu reagieren — kurz strukturell-funktionell widerzuspiegeln, Information über die Zustände der Umwelt und des Inneren des Organismus zu erzeugen und zur Regulation des Gesamtverhaltens zu verwerten. Das konnte sich aber nur so entwickeln, weil es gegenüber anderen, niederen Lebensformen entscheidende Vorteile brachte.

Verhalten entsteht als eine eigene Qualität raumzeitlicher Bezugnahme des tierischen Organismus zu einer Umwelt, in erster Linie durch die heterotrophe Ernährungsform und die sich damit allgemein verbindende Notwendigkeit zur Bewegung bedingt. Verhalten setzt also stets voraus, daß im lebenden System in irgendeiner Weise Information über die Umwelt erzeugt wurde. Dies kann aber prinzipiell nur auf zwei Wegen geschehen,[71] entweder durch Einflüsse der Umwelt, die während der Evolution auf die Art eingewirkt haben (phylogenetische Informationserzeugung), oder durch solche, die auf den Organismus während seines individuellen Lebens einwirkten (ontogenetische Informationserzeugung). Der genetische Code enthält jene wesentliche Information, von der die arterhaltende Zweckmäßigkeit des Verhaltens abhängt, die die dem Organismus möglichen Verhaltensweisen bestimmt, einschließlich dessen, was er individuell lernen kann.[72]

Im Verlaufe der Evolution mußten mehr und mehr *komplexe Erregungsmuster*, die durch das Eigenverhalten zur Umwelt entstehen, vom Organismus widergespiegelt, in *verwertbare Information umgewandelt* und verarbeitet werden. Hier tritt ein anderer Aspekt der Herausbildung des neuronalen Systems auf: Die Übernahme dieser Verarbeitungsfunktionen im Koordinierungsprozeß der Eigenbewegung durch Neuronenzellen und Neuronenschaltungen bedingt die Konzentration solcher Zellen und Schaltungen zu Nervensystemen, die zunehmend mit den Zentren für Motorik gekoppelt sind. Dadurch entstanden Regelkreisstrukturen; Bahnung, Hemmung als elementare Integrationsmechanis-

71 Vgl. K. Lorenz, Evolution des Verhaltens, in: Evolution, Nova Acta Leopoldina, a. a. O., S. 273.

72 Vgl. ebenda.

men sowie Verbesserung von Latenz, Refraktärzeit und Leitungsgeschwindigkeit sind Ergebnisse dieser Entwicklung.[73]

Im weiteren Verlaufe der Evolution war es notwendig, auf immer komplexere Merkmalskombinationen *arterhaltende Verhaltensabläufe hervorzubringen.* Das führte einerseits zur relativen Abgrenzung der genetisch fixierten, einfach selektiv wirkenden Auslösemechanismen und andererseits zur stärkeren Komplizierung der inneren Informationsverarbeitung. Es scheint der Evolution nicht möglich gewesen zu sein, einen Reiz-Empfangsapparat hervorzubringen, der angeborenermaßen selektiv auf sehr merkmalsreiche Reizkombinationen, sogenannten Komplexqualitäten, anspricht. Dies drückt sich auch sehr deutlich in der Einfachheit und Prägnanz der Signale aus, der „Auslöser", die sich im Dienste des Aussendens von Schlüsselreizen bei sehr vielen Lebewesen entwickelt haben.[74]

Die Evolution der angeborenen Auslösemechanismen, der Erbkoordination und der Appetenzen sowie die Entstehung komplexer, aus diesen Elementen bestehender hierarchischer Systeme der Verhaltensabläufe läßt folgende Gesetzmäßigkeit erkennen: „Wie offenbar in allen phylogenetischen Vorgängen, so ist auch in der Evolution des Verhaltens die Vereinigung prä-existenter Teilsysteme zu einer neuen Systemganzheit mit neuen Systemeigenschaften der wichtigste Schritt, der vom Einfacheren zum Komplexeren führt. Aus Quantität wird Qualität! . . . Es ist der Evolution offensichtlich leichter, eine Verhaltensfolge in Stücke zu zerteilen und diese neu zusammenzusetzen, als an der Form der Teile etwas zu ändern."[75] Solche qualitativ höheren Systeme sind die der Raumorientierung, der Gestaltwahrnehmung, des Lernens, des Problemlösens und andere immer kompliziertere und die niederen als Teilsysteme enthaltende Systeme. In analoger Weise wie bei der Höherentwicklung des Verhaltens die notwendigen Bewegungsfolgen der Lokomotion in immer kleinere, freiverfügbare Bestandteile zerlegt wurden, könnten längere Sequenzen von neuem Appetenzverhalten in immer kleinere Stücke zerlegt worden sein.

Neuere Erkenntnisse der Verhaltensforschung geben einen tieferen Einblick in das Verhältnis von phylogenetischer Adaption und in der Individualentwicklung erworbener Adaption im Prozeß der Verhaltensregulation. Dieses Verhältnis von angeborenem und erlerntem Verhalten stand jahrzehntelang im Zentrum wissenschaftlichen Meinungsstreits, der auch mit weltanschaulichen Mitteln geführt wurde. Die vitalistisch denkende Schule Mc Dougalls z. B. betrachtete den Instinkt als außernatürlichen Faktor, der einer wissenschaft-

73 Vgl. G. Tembrock, Abstammungslehre und Verhaltensforschung, in: Gesammelte Vorträge über moderne Probleme der Abstammungslehre, Bd. 1, Jena 1965, S. 58.

74 Vgl. ebenda.

75 K. Lorenz, Evolution des Verhaltens, in: Evolution, Nova Acta Leopoldina, a. a. O., S. 288f.

lichen Erklärung weder bedürftig noch zugänglich sei. Behavioristen hingegen — zum Beispiel J. B. Watson, als einer der bedeutendsten — leugneten ein angeborenes, das heißt stammesgeschichtlich erworbenes und erblich festgelegtes Verhalten. Ihnen galt die bedingte Reaktion als das einzige Element, aus dem sich schlechterdings alles Verhalten erklären ließe.

Dank der Arbeiten von E. von Holst, O. Heinroth, Ch. Whitman, K. Lorenz und vieler anderer Wissenschaftler, sowie neuerer Ergebnisse der Molekularbiologie, steht heute fest, daß im eigentlichen Sinne „angeboren", das heißt im Genom festgelegt, immer nur ein Programm ist, „das alle dem Organismus möglichen Entwicklungsweisen enthält, einschließlich dessen, was er individuell lernen kann. Dieses Programm aber enthält jene wesentliche Information, von der die Zweckmäßigkeit des Verhaltens abhängt . . . Ein genetisches Programm, das die für den Arterhaltungswert des Verhaltens wesentliche Umweltinformation enthält, ist grundsätzlich immer vorhanden, auch wenn der physiologische Apparat, der es hervorbringt, eine sehr große Breite individueller Modifikationen zuläßt."[76] Allem individuellen Lernen liegen daher flexible Strukturen zugrunde, in denen große Mengen ererbter, das heißt historisch aggregierter, genetisch gebundener Information codiert sind.

Die auf dem Verhältnis von angeborenem und erlerntem Verhalten aufbauende und bereits skizzierte Bestimmung des Begriffs „Informationsverarbeitung" kann auch als eine theoretische Grundlage der Lerntheorie gewertet werden. Sie erklärt, daß wegen der Spontaneität der Modifikationen im „Lern"prozeß, welche ebenso ungerichtet sind wie Mutationen,[77] phylogenetisch vorgebildete, das heißt historisch-genetisch erworbene Lern- und Lehrmechanismen vorhanden sein müssen, um die mannigfachen prospektiven Potenzen des sich entwickelnden Verhaltens in arterhaltender Form zu determinieren. Allem Lernen liegt ein nervaler Apparat zugrunde, der große Mengen angeborener, das heißt historisch aggregierter genomgebundener Information enthält.

Dieser historisch erworbene Apparat zur strukturell-funktionellen Widerspiegelung bzw. Informationserzeugung ist zu differenzieren von einer Form der *rein* funktionellen Widerspiegelung: den historisch erworbenen Mechanismen zur Erzeugung sogenannter „Augenblicks"-Information.

„Die Augenblicks-Information gewinnenden Mechanismen sind uralt, zumindest einer von ihnen muß mit oder unmittelbar nach der Entstehung des Lebens aufgetreten sein, das ist der Regelkreis oder die Homöostase, der bei allen Lebewesen, vom Bacterium bis zum Menschen, eine gleich wichtige Rolle spielt. Physiologische Mechanismen, die . . . den Organismus im Raume orientieren, scheint es bei allen der Ortsbewegung fähigen Lebewesen zu geben.

76 Ebenda, S. 273.
77 Vgl. ebenda.

Auf der anderen Seite bilden die Orientierungsmechanismen auf sehr viel höherer Integrationsebene mit den Leistungen der Formkonstanz und des Lernens vereint jenes System, dessen Leistung die zentrale Repräsentation räumlicher Gegebenheit und, auf der Erlebnisseite, die räumliche Einsicht ist."[78]

Die *Höherentwicklung des Verhaltens* verlief von der Herausdifferenzierung der die Augenblicksinformation gewinnenden Mechanismen bei den Einzellern (z. B. von Taxien), über das zunehmend komplizierter werdende Appetenzverhalten, die Herausbildung immer spezialisierterer Erbkoordinationen — nicht als Kette unbedingter Reflexe, sondern als im Genom gespeicherter und immer elementarer werdender Suchprogramme, deren Auslösereize im Nervensystem selbst erzeugt (also genetisch nur vorgeformt sind) und koordiniert werden — sowie über die Differenzierung verschiedenster, sich einzeln aber vereinfachender Auslösungsmechanismen bis zur hierarchischen Synthese dieser Teilsysteme in multivariabler Zusammenschaltung mit prinzipiell neuen Verhaltenskomplexen.

Der stammesgeschichtliche Vorgang, der als Höherentwicklung des Verhaltens bezeichnet wird, besteht also in der Zunahme der Anpassungsfähigkeit im Verhalten des Individuums. „Anpassungsfähigkeit ist stets der Fähigkeit zur Aufnahme (Erzeugung — d. Verf.) von Information gleichzusetzen"[79]. Dann ist die Höherentwicklung des Verhaltens wechselseitig und notwendig mit der Höherentwicklung der strukturell-funktionellen Widerspiegelungsfähigkeit gekoppelt. Das letzte wiederum ist an die Höherentwicklung des genetisch fixierten Nervensystems gebunden, welches in seiner Bestimmtheit Ausdruck der historischen Widerspiegelung bzw. Informationsaggregation ist.

Aus der genetischen Verankerung angeborener bzw. der generell möglichen, individuell erlernbaren Verhaltensprogramme einerseits und der notwendigen historischen Aggregation genetischer Information andererseits folgt eine weitere Bestimmung des Verhaltens.

Verhalten ist die Einheit aller Ganzheitsfunktionen (tierischer Organismen) *mit einer eigenen, sich historisch entwickelnden hierarchischen Struktur.* Verhaltenshierarchien bauen sich von unten nach oben von vorrangig phylogenetisch geprägten zu mehr und mehr ontogenetisch erworbenen Verhaltensmustern auf. Der jeweilige Verhaltensaufbau *rekapituliert* somit die artspezifische Verhaltensevolution, widerspiegelt sie in vermittelter Form.

Eingegliedert in diese gesetzmäßig verlaufende Höherentwicklung vollzieht sich die Herausbildung und Evolution einer qualitativ neuen Form der Organisationsfunktion des Nervensystems und der von ihm koordinierten Organe, die wesentlich dessen Entwicklung und zugleich eine qualitativ neue Form der Kopplung von Individuen zu Populationen darstellt; die Fähigkeit zum Austausch

78 Ebenda, S. 274f.
79 Ebenda, S. 280.

informationserzeugender Signale, die Funktion zur *Biokommunikation.* Mit der Entstehung der Biokommunikation entwickelte sich erstmals eine kollektive Form des Verhaltens auf der Ebene der zur Phylogenese fähigen Gesamtsysteme, die in ihrer Qualität nicht auf das Verhalten des einzelnen Individuums reduzierbar ist. Populationen mit entwickelter Biokommunikation besitzen Selektionsvorteile gegenüber solchen ohne bzw. mit unterentwickelter Kommunikation — sie sind stabiler durch die Erzielung neuer, kollektiver Verhaltensweisen, durch zuverlässigere und oft schnellere Korrelation von Informationserzeugung und damit schnellere Auswahl angepaßter Verhaltensweisen. Es ist einsichtig, daß die Biokommunikation im Evolutionsprozeß der Metazoen auf die Ausbildung der Rezeptorsysteme und der Struktur des Nervensystems wesentlich einwirkte.[80]

In der Entwicklung der höheren Tiere ist dies besonders deutlich, weil die Biokommunikation konkurrierender Gruppen selbst zu einem entscheidenden Ansatzpunkt der Selektion wird. Im Konkurrenzkampf solcher Gruppen werden diejenigen bevorteilt, welche ihre kollektive Verhaltensvielfalt durch Generationen andauernden Ausbau von Informationsspeicherkapazitäten vergrößern, diese zum Aufbau neuer Verhaltenskomplexe entwickeln usw. usf.

Diese Evolution der Einheit von Nervensystem, Sinnesorganen und Gedächtnis unterliegt hinsichtlich ihrer Leistungen einem Optimierungskriterium: dem Kriterium der ständigen Vervollkommnung von Fähigkeiten zur Informationserzeugung, -speicherung und -verarbeitung zwecks Ausbildung und Korrelation immer komplexerer Verhaltensweisen, dem *Kriterium der adäquatesten Widerspiegelung* der Umwelt im Organismus.

So, wie eine enge Spezialisierung für die Selektion gut, für die Evolution nachteilig ist, wurde die fortschreitende Evolution von denjenigen Arten gestaltet, deren Individuen in der Lage waren, nicht nur auf bestimmte langfristige Umweltveränderungen (periodische usw.), sondern zunehmend auf kurzzeitige, zufällige bzw. stochastisch verteilte durch individuelles Lernen adäquat zu reagieren. Die Spezialisierung der einzelnen Verhaltensprogramme ordnet sich der Variabilität des Gesamtverhaltens unter.

Nachdem Merkmale der Verhaltensevolution skizziert wurden, soll noch einmal auf die Entstehung der grundlegenden Klassen des Verhaltens eingegangen werden. Wie angedeutet, ist die Ausprägung tierischen Verhaltens mit der Entstehung der Metazoen eng verknüpft. In dieser Stufe der Evolution ist das Verhalten ausschließlich genetisch determiniert und unterliegt vollständig dem Wachstum des *ersten biotischen Informationssystems* (phylogenetische Informationserzeugung durch phylogenetisches „Lernen"). Der Organismus war in dieser Periode ein biotischer „Reiz-Antwort-Automat", dessen Funktionen fest vorprogrammiert

80 Vgl. G. Tembrock, Biokommunikation. Informationsübertragung im biologischen Bereich, Teil 1, Berlin 1971, S. 74—95.

sind. Für ihn gab es nur eine Außenwelt — die augenblickliche, die seine Sinne „gerade“ vermittelten. Es gab weder eine individuelle Vergangenheit noch Zukunft. Ein Gestern existierte nicht — es gab kein Gedächtnis, kein „Erinnern“.[81] Das heißt, *der Organismus besaß keine Individualität und die Art keine Sozialität*! Hier wird die These vertreten, daß die Soziogenese erst dort beginnt, wo Individualitäten entstehen, welche durch Besonderheiten ihres eigenständigen Verhaltens eine soziale Struktur und die Ausprägung sozialen Verhaltens ermöglichen.

Das unterstreicht die enorme Bedeutung des oft unterschätzten qualitativen Sprungs in der Verhaltensevolution, der an die Entstehung des *zweiten biotischen Informationssystems* gebunden ist (ontogenetische Informationserzeugung durch individuelles Lernen). In bestimmten Zentren des Nervensystems entstehen Bereiche, in denen zwar alle Teilmuster vorhanden, aber noch nicht zu endgültiger Gestalt zusammengefügt sind. Die Kopplung zum Gesamtmuster wird formbar: es entsteht eine neue Art der Reproduktion und der Speicherung. „Erfahrungen“ können gesammelt und im späteren Dasein berücksichtigt werden.

Keine genetische Information kann dafür sorgen, daß ein Tier sein Nest wiederfindet, seinen Geschlechtspartner wiedererkennt usw. Aber vorprogrammierte Leerzonen als auszufüllende Orientierungs- bzw. Kennungshilfe können dies. Jetzt hat das Tier seinen Lebensraum, sein Nest, seinen Partner — es ist ein Individuum!

Wie diese formbaren Neuronenbereiche entstanden, ist weitgehend ungeklärt. Hierüber existieren zahlreiche Hypothesen. Vielleicht entstanden mutativ bedingt Leerstellen, wodurch nicht alle synaptischen Verbindungen von vornherein festgelegt waren? Vielleicht verlangte eine mutativ veränderte DNS für manche Teile des Nervensystems nur, daß gewisse Neuronen ihre Axonen in bestimmte andere Bereiche anwachsen ließen, wo sie mit den dort vorgefundenen Neuronen erst zufällige, dann mehr und mehr von spezifischen Auswirkungen determinierte Verschaltungen eingingen?[82]

Oder war es eine andere Form des „strukturellen“ Lernens der Synapsen, in der durch wiederholte Erregung eine „Bahnung“ entstand, welche wiederum Bereiche des Nervensystems zusammenschaltete?

Gesichert ist jedenfalls, daß sich im Verlaufe der Ontogenese der Säugetiere, insbesondere in Frühstadien, die Zahl der gebildeten Synapsen deutlich vergrößert. Es ist daher verständlich, daß sich so die genetische Information bei ihnen trotz wachsender Neuronenzahl nicht wesentlich vergrößern muß — obwohl damit eine explosionsartige Verhaltensevolution verbunden war. Tatsächlich

81 Vgl. C. Bresch, Zwischenstufe Leben — Evolution ohne Ziel?, a. a. O., S. 178.
82 Vgl. ebenda, S. 179ff.

besitzen alle Säugetiere, einschließlich des Menschen, etwa die gleiche Menge DNS: $3 - 3{,}5 \cdot 10^{-9} g$ pro haploide Zelle.

Sinnesreize machten daher nicht nur vorhandene Schaltstellen wirksam, sondern begünstigen auch (durch stimuliertes Synapsenwachstum) die Neubildung weiterer Verschaltungen. Derartig „geformte" Muster können ihre Gestalten behalten, später wieder — leicht angeregt — voll und auf einmal ihre Funktionen realisieren. Sie sind als neuronale Aktivitätsmuster Abbilder der Außenwelt und als Selektionsergebnis der Umwelt adäquat — in dem Sinne, daß sie bei entsprechenden Reizmustern adäquate Reaktionen (lebenserhaltend) steuern!

Im Zusammenhang mit der Soziogenese und der Herausbildung der Biokommunikation entsteht auf dieser Basis die Sprache als entscheidendes Moment des dritten Informationssystems.

Das dritte Informationssystem ist gesellschaftlicher Natur und an die Herausbildung eines qualitativ höheren Reproduktionsmechanismus gebunden, nämlich an die von Generation zu Generation erfolgte Weitergabe anwachsender Produktivkräfte. Dieser neue „Vererbungsprozeß" beruht einmal auf der Möglichkeit, die Ergebnisse von Strukturerkennungen und Abstraktionsprozessen im individuellen Gedächtnis materiell zu fixieren und erneuter kognitiver Verarbeitung zugänglich machen zu können. Mit der Voraussetzung und in ständiger Wechselwirkung mit der sozialen Kommunikation eröffnet die Sprache die Möglichkeit einer kollektiven Form der Erfahrungsvermehrung und -übertragung. Die Funktion der sprachlichen Kommunikation besteht in der „bewußten" Regulation des Verhaltens, insbesondere in der kollektiv abgestimmten Schaffung der materiellen Existenzbedingungen der entstehenden Gesellschaft, in der Arbeit.

Zum anderen entwickelt sich die sprachliche Kommunikation eben von Anfang an und in primärer Determination in der Arbeit; sie dient der arbeitsteiligen Organisation des Kollektivs und insbesondere der Herstellung und Nutzung von Werkzeugen. Werkzeuge, Produktionsinstrumente werden mehr und mehr vergegenständlichte Erfahrung, vergegenständlichtes Wissen. Deshalb bilden Produktionsmittel in der untrennbaren Einheit mit dem Wissen um ihre Herstellung und zweckgerichtete Nutzung die Grundform des gesellschaftlichen „Gedächtnisses", von der sich alle anderen Formen der Tradierung in der Gesellschaft letztlich ableiten, allerdings auch auf sie zurückwirken. Die Einheit von Produktionsinstrumenten, ihres Charakters und das Wissen um ihre Herstellung und Nutzung bildet den primären historisch bewerteten Struktur-Funktions-Komplex in der Gesellschaft, die grundlegende gesellschaftliche „Vererbungseinheit", die Grundform der historischen, der „Erbinformation" der Gesellschaft. Vom Standpunkt der Menschheitsentwicklung bildet sie daher den entscheidenden objektiven Anteil bei der Verhaltenssteuerung des Menschen als gesellschaftliches Wesen. Bewußtes Verhalten ist nicht bloße Summe von stammesgeschichtlich erworbenen Verhaltensprogrammen plus in der Ontogenese zur Realisierung biotischer Funktionen erlernte Programme plus ein Stück „Entscheidungsfreiheit“. Es ist vor allem gesellschaftlich orientiertes Verhalten, das primär von der objektiven gesellschaftlichen „Erbinformation“ determiniert wird und worin biotisch sowie subjektiv bestimmte Verhaltensanteile integriert sind. Gesellschaftliche Information und gesellschaftliches Verhalten sind keine bloßen Evolutionsprodukte ontogenetischer Information und biotischer Verhaltensregulation. Sie besitzen eine eigene und höhere Qualität, die nicht allein durch die Erkenntnisse der Verhaltensforschung bestimmt werden kann. Dementsprechend bedürfen sie auch einer anderen begrifflichen Konkretisierung.

2.4. Widerspiegelung und Information als objektive Kriterien der Höherentwicklung

Die nur grob skizzierte Evolution des Nervensystems und seiner vielfältigen Organisationsfunktionen zeigt, daß im Verlaufe der Höherentwicklung tierischer Organismen die Struktur des Nervensystems ohne Ausnahme immer komplizierter wird (bis zur Hierarchie vielfältig koppelbarer, differenzierter und standardisierter Teilsysteme) und die von ihm realisierten Widerspiegelungsfunktionen qualitativ vielfältiger bzw. auf Nebenlinien oder bei Stagnation zumindest quantitativ erweitert werden. Einmal sind die vom Nervensystem realisierten Widerspiegelungsfunktionen Grundlage aller seiner Organisationsfunktionen und erhalten dadurch einen immer höheren Selektions- und Evolutionswert. Zum anderen ist die Struktur des Nervensystems und seine Kopplung mit den anderen Teilsystemen des Organismus prinzipiell genetisch fixiert, das heißt, auch Ausdruck der historisch-genetischen Widerspiegelung, der im Verlaufe der Evolution aggregierten historisch-genetischen Information. Die Evolution derjenigen Sinnesrezeptoren, welche einen hohen Selektionswert besitzen,[83] entspricht der allgemeinen Gesetzmäßigkeit der Evolution des Nervensystems und seiner Funktionen und ist ein untrennbarer Bestandteil dieser Evolution.

Die Evolution des Verhaltens als die konkrete Vermittlung der Organismus-Umwelt-Beziehung setzt also mit fortschreitender historischer Widerspiegelung die quantitative und qualitative Erweiterung der strukturell-funktionellen Widerspiegelungs- und Informationserzeugungsfähigkeit voraus, hat sie zur entscheidenden Bedingung. Analoges galt, wie gezeigt, auch für die chemische Evolution und

83 Näheres über die Evolution der Sinnesrezeptoren findet man bei J. A. Vinnikov, Die Evolution der Sinnesrezeptoren, in: Evolution, Nova Acta Leopoldina, a. a. O., S. 181 bis 187.

die Lebensentstehung.[84] In der Evolution offener statistischer Systeme (physikalische, chemische) fixiert die komplizierter werdende Struktur der jeweiligen Elementareinheiten — in Erfüllung der vierten physikalischen Evolutionsbedingung — die hinsichtlich ihres Beitrages zur Systemstabilität bewerteten Funktionen. Das aber ist Informationsentstehung und Aggregation der so „historisch" geformten Information. Zugleich ist daran die Entstehung ausgeprägter und immer mannigfaltigerer „Erkennungs"-, das heißt strukturell-funktioneller Widerspiegelungsfähigkeiten gekoppelt. Die mit der Entwicklung lokaler Reproduktionsmechanismen verbundene Trennung von Instruktionsfunktionen und Energie- und Stoffwechselfunktionen in der molekularen Ebene führt gesetzmäßig zur Bildung von Struktur- und Prozeßhierarchien als einzige Lösung der Widersprüche zwischen notwendiger Reproduktionsgenauigkeit und Funktionsvielfalt sowie zwischen System und Umwelt (Stabilität und „Störung").

Die darauf beruhende und mit der Stammesentwicklung verbundene quantitative und qualitative Erweiterung molekularer Informationsbestände erfolgt nur über deren funktionelle Bewertung auf der Makroebene, der Ebene der Organismen bzw. Populationen — hinsichtlich ihres Beitrages, ihres „Wertes" für die Lebenssicherung unter konkreten Selektionsbedingungen bzw. für weitere Evolutionsmöglichkeiten. Mikro- und Makroevolution sind daher über den Prozeß der Informationserzeugung untrennbar miteinander verbunden, bilden den einheitlichen Evolutionsprozeß der Biosphäre.

Da die zunehmende historisch-genetische Widerspiegelung im Prozeß der Höherentwicklung stets zur qualitativen und quantitativen Erweiterung der jeweils realisierten strukturell-funktionellen Widerspiegelungsfähigkeit führt (z. B. Informationserzeugungs- und -verarbeitungskapazität des Individuums), ist es sehr wahrscheinlich, daß auch das Umgekehrte gilt. Ist in einem Entwicklungsprozeß die historisch-genetische Widerspiegelung (z. B. die phylogenetisch erzeugte Information) mit einer *Erweiterung der qualitativen Vielfalt* der in dem jeweiligen System realisierten strukturell-funktionellen *Widerspiegelungsfähigkeit* (z. B. ontogenetisch erzeugbaren Information) verbunden, dann liegt eine *Höherentwicklung* vor.

Diese Gesetzmäßigkeit, formuliert als ein *objektives Kriterium der Höherentwicklung*, wird auch durch die Analyse anderer einzelwissenschaftlicher Fakten belegt.[85] Bei Anwendung dieses Kriteriums auf das Entstehen ausgeprägter Biokommunikation auf Nebenlinien der Evolution tierischer Organismen folgt, daß es auch dort eine *relative* Höherentwicklung gibt.

84 Vgl. P. Franz, Zum Zusammenhang von Widerspiegelung, Information und Entwicklung, in: Information, a. a. O., S. 231—245.
85 Vgl. ebenda.

3. Mikroevolution, Makroevolution und materialistische Dialektik

Die biotische Evolution ist jener Prozeß, aus dem in der Selbstbewegung der lebenden Materie historisch Neues und Höheres entsteht. Das primäre Geschehensfeld der biotischen Evolution befindet sich auf der Strukturebene der Populationen und Arten. Sie verwirklicht sich hier im Werden und Vergehen durch die Fortpflanzung miteinander verbundener Organismen (Phänotypen). Letzlich auf Mutationen zurückgehende genotypische Differenzen bedingen unterschiedliche Fortpflanzungswahrscheinlichkeiten unter bestimmten ökologischen Bedingungen, das heißt natürliche Auslese (Selektion). Die auftretenden Mutationen und die sich vollziehende natürliche Auslese sind in ihrer dialektischen Einheit als einander ausschließendes und bedingendes Paar von Gegensätzen[86] die letzte Quelle der evolutionären Bewegung auf dem Populations- und Artniveau.

Von hier aus wirkt sich die Evolution auf die über- und untergeordneten Ebenen der lebenden Natur aus und bezieht sie in sich ein. Daraus resultiert der Gesamtprozeß der Entwicklung der lebenden Materie. Andererseits gehören die Systeme der über- und untergeordneten Strukturebenen als Umwelt oder als Bestandteil der Populationen und Arten zum Bedingungsgefüge ihrer Evolution. Durch die Evolution verändern sich die Biozönosen und das Biostroma ebenso wie die Organisation des Genotypus und die stoffliche Zusammensetzung der Organismen.

In der Evolution auf dem Populations- und Artniveau wird zwischen Mikroevolution oder infraspezifischer Evolution und Makroevolution oder transspezifischer Evolution unterschieden. Mit dem Begriff der Mikroevolution bzw. infraspezifischen Evolution werden die Evolutionsprozesse bezeichnt, die innerhalb der Arten stattfinden und zur Bildung neuer Arten führen. Der Begriff der Makroevolution bzw. transspezifischen Evolution umfaßt die stammesgeschichtlichen Abläufe, die zur Entstehung von stammesgeschichtlichen Verwandtschaftsgruppen höherer Ordnung führen, von Artengruppen, die den Kategorien der Gattung, der Familie, der Ordnung, der Klasse, des Stammes usw. im phylogenetischen Klassifikationssystem der Lebewesen entsprechen.

Jede dieser beiden Klassen von Prozessen wird von einem Teilgebiet der Evolutionsforschung untersucht, die Mikroevolution von der experimentellen und theoretischen Phylogenetik, die Makroevolution von der historischen Phylogenetik. Diese zwei Teilgebiete der Evolutionsforschung unterscheiden sich durch Gegenstandsbereich und Forschungsmethodik. Ihr methodologischer Unter-

86 Vgl. R. Löther, Mutation — Zufall und Gesetzmäßigkeit, in: Mitteilungsblatt der Gesellschaft für experimentelle Medizin der DDR, 2/1974, S. 5—22.

schied beruht darauf, daß auf Grund der Zeitmaße der Evolution nur die Mikroevolution mittels Beobachtung und Experiment untersucht werden kann, während die Makroevolution mittels der historischen Methode rekonstruiert wird.[87]

Im objektiv-realen Prozeß der Evolution bilden Mikroevolution und Makroevolution eine Einheit und gehen ineinander über, da die gesamte Makroevolution nur durch die elementaren Prozesse der Mikroevolution verwirklicht wird. Die Mikroevolution bewirkt, wie N. V. Timofeeff-Ressovsky, N. N. Voroncov und A. N. Jablokov schreiben, „die Divergenz der Formen bis zur Entstehung einer neuen Art und setzt sich ohne Unterbrechung innerhalb der neuentstandenen Formen fort. Wesentlich ist hier der Umstand, daß diese neuen Formen, denen die Möglichkeit genommen ist, durch Kreuzung genetisches Material auszutauschen und entstandene Unterschiede zu nivellieren, neue Beziehungen der interspezifischen Konkurrenz miteinander aufnehmen können. Durch sie können Druck und Richtung der elementaren Evolutionsfaktoren deutlich geändert werden, was zu einer Veränderung der Richtung und der Intensivität der ontogenetischen wie auch der phylogenetischen Differenzierung führt. Da zwischen dem Ablauf der Mikro- und der Makroevolution keine prinzipiellen Unterschiede bestehen, ist es möglich, sie als zwei Seiten des einheitlichen Evolutionsprozesses anzusehen und bei der Analyse dieses Gesamtprozesses die hinreichend exakten und strengen Begriffe anzuwenden, die in der Theorie der Mikroevolution entwickelt worden sind."[88]

Im Blick auf die großen stammesgeschichtlichen Abläufe ergeben sich Phänomene wie die Entstehung von historisch Neuem bis hin zu neuen Typen (Bauplänen), makroevolutionäre Trends und Regelhaftigkeiten, die Entfaltung und das Aussterben großer Organismengruppen, die Irreversibilität der Evolution, unterschiedliche Richtungen, Formen und Geschwindigkeiten der Evolution und andere. Damit ist die Erklärung der Makroevolution ein Bewährungsfeld für die Evolutionstheorie, die durch die Untersuchung der Mikroevolution fundiert ist. Dabei hat sie sich mit metaphysischen Evolutionsdeutungen autogenetischen und ektogenetischen Charakters auseinanderzusetzen.[89] Die Beschäftigung mit

87 Vgl. R. Löther, Die Beherrschung der Mannigfaltigkeit, Jena 1972, Kap. 5; R. Löther, Zu Gegenstand und Geschichte der Abstammungslehre, in: Beiträge zur Genetik und Abstammungslehre, Hrsg.: H. Böhme/R. Hagemann/R. Löther, Berlin 1976; G. Peters, Die Taxonomie auf dem Wege zur Analyse der Stammverwandtschaften, in: Beiträge zur Genetik und Abstammungslehre, Hrsg.: H. Böhme/R. Hagemann/R. Löther, a. a. O.; G. Peters/B. Klausnitzer, Phylogenetische Systematik als Methode zur Erforschung der Stammesgeschichte der Tiere, in: Biol. Rundschau, 2/1978, S. 88—98.

88 N. V. Timofeeff-Ressovsky/N. N. Voroncov/A. N. Jablokov, Kurzer Grundriß der Evolutionstheorie, a. a. O., S. 209.

89 Vgl. G. Peters, Mensch und Tierwelt, Leipzig—Jena—Berlin 1975, S. 86ff.; T. Sutt, Problema napravlennosti organičeskoj ėvolucii, Tallin 1977; S. Wappler, Philosophische Studien zum Problemkreis Genetik und Evolution, Jena 1973.

den Problemen der Makroevolution trägt wesentlich zur weiteren Ausarbeitung der Evolutionstheorie bei, während neue Erkenntnisse über die Mikroevolution die Voraussetzungen zur wissenschaftlichen Interpretation der makroevolutionären Phänomene verbessern.

Die auf die Einheit des Evolutionsprozesses gegründete wechselseitige Bezugnahme von experimenteller und theoretischer Phylogenetik einerseits und historischer Phylogenetik andererseits führt zur vertieften und erweiterten theoretischen Abbildung der objektiven Dialektik in der lebenden Natur und zur Weiterentwicklung der Methodologie der Evolutionsforschung. In diesen Konnex gehört die Idee der Evolution der Evolution, durch die ein Hauptstück der Evolutionstheorie, ihre Teiltheorie über die Evolutionsfaktoren, wesentlich bereichert wird.

3.1. Evolution der Evolution

Zur Idee der Evolution der Evolution führt die Frage, ob die Faktoren und der durch sie gebildete Mechanismus der Evolution sich stets gleich geblieben sind, so daß sie einfach als gegebene Voraussetzungen für die theoretische Erklärung der Evolution aller Arten und Artengruppen zu allen Zeiten genommen werden können, oder ob sich die Faktoren und der Mechanismus der Evolution historisch herausgebildet und entwickelt haben. Eben auf letzteres bezieht sich der Terminus „Evolution der Evolution".

In der biologischen Literatur finden sich seit einigen Jahrzehnten verstreute Äußerungen von Evolutionsbiologen, Genetikern, Verhaltensforschern und Ökologen, die auf Seiten und Momente der Evolution der Evolution hinweisen. Der Terminus „Evolution der Evolution" wurde bereits 1936 von dem Genetiker A. Shull eingeführt, um zunächst die stammesgeschichtlichen Veränderungen eines wichtigen Evolutionsfaktors, des Vererbungsapparates, zu kennzeichnen. Seinen bisher umfassendsten und tiefgründigsten theoretischen und methodologischen Ausdruck hat der Gedanke der Evolution der Evolution in einer Monographie des Biologen und Philosophen K. M. Zavadskij und seines Schülers E. I. Kolčinskij gefunden.[90]

In ihr ist mit einem hohen Maß an Vollständigkeit erfaßt und kritisch eingeschätzt, was bisher im Zusammenhang mit dem Problem der Evolution der Evolution in der Biologie und auch in der Geologie ausgesagt worden ist. Dabei ist die Untersuchung der Geschichte des Problems bis zur Gegenwart Mittel zum Zweck, die Konzeption der Evolutionsforschung so weiterzuent-

90 Vgl. K. M. Zavadskij/E. I. Kolčinskij, Ėvoljucija ėvoljucii, Leningrad 1977.

wickeln, daß sie zum systematischen Aufdecken der Evolution der Evolution führt. Die Autoren lassen keinen Zweifel daran aufkommen, daß die Erforschung der Mikroevolution in der Gegenwart die Grundlage ist, um die Makroevolution in der Vergangenheit zu erklären. Unabdingbar dafür aber sei, daß das methodologische Prinzip des Aktualismus richtig gehandhabt wird, wonach das Erkennen der Gegenwart den Schlüssel für das Erkennen der Vergangenheit bildet.

In bezug auf dieses Prinzip der historischen Methode charakterisieren Zavadski und Kolčinski drei Typen von Auffassungen über das Verhältnis der Faktoren und Ursachen naturgeschichtlicher Entwicklung in der Vergangenheit und in der Gegenwart:

— Der *Uniformismus*, der in klassischer Weise von Ch. Lyell in der Geologie und in modifizierter Form von Ch. Darwin in der Biologie vertreten wurde. Dabei wird die unveränderte Beständigkeit der Faktoren und Ursachen während der gesamten historischen Entwicklung der Erde und des Lebens angenommen. Diese Auffassung hat eine große progressive Rolle für die Untersuchung der allgemeinen Faktoren und Ursachen der Evolution gespielt. Unter dieser Voraussetzung ist die wissenschaftliche Evolutionstheorie bisher erfolgreich ausgearbeitet worden, jedoch wird dadurch die Möglichkeit einer evolutionären Veränderung der Faktoren und Ursachen der Evolution selbst ausgeschlossen. Die Beziehungen von Ursache und Wirkung in der Evolution werden nur als lineare Beziehungen und nicht als Wechselwirkung begriffen.

— Der *Katastrophismus*, dessen klassischer Vertreter G. Cuvier war, bringt Faktoren und Ursachen in der Vergangenheit in einen krassen Gegensatz zu den heutigen Faktoren und Ursachen. Die entwicklungsfeindliche Tendenz des Katastrophismus setzt sich in der antidarwinistischen Haltung neokatastrophistischer Ansichten fort. In diesen Ansichten werden alle grundlegenden Wandlungen in der Stammesgeschichte und alle wichtigen Neubildungen, sei es das Entstehen neuer Organe oder neuer Baupläne, so dargestellt, als seien sie mit einem Schlage erfolgt. Man nimmt einmalige oder massenhafte Umprägungen von Formen an, die durch die plötzliche Veränderung eines inneren oder äußeren (kosmischen, geologischen, physikalisch-geographischen) Faktors bewirkt worden sein sollen.

Der *Variaformismus* korrigiert den Uniformismus und entwickelt ihn weiter, indem er zwischen allgemeinen und besonderen Faktoren und Ursachen der Evolution unterscheidet. In der Evolution können sich Faktoren quantitativ und qualitativ verändern, können neue Faktoren entstehen und alte verschwinden. Auf die biologische Evolutionstheorie und das gesamte Material der modernen evolutionären Biologie gestützt, geht diese Auffassung von der Möglichkeit verschiedener Formen der Veränderung sowohl der allgemeinen als auch der besonderen Faktoren und Ursachen der Evolution aus. Dabei betont der Variaformismus die Kontinuität der Evolution während der Entwicklung der Faktoren und der Ablösung alter durch neue Faktoren. Mit dem Gedanken der Evolution der Evolution erreicht der Variaformismus seine höchste Entwicklungsstufe, die folgerichtig mit der dialektisch-materialistischen Methodologie verbunden ist.

Unter „Evolutionsfaktor“ verstehen Zavadski und Kolčinski jeden Teil (Seite, Komponente, Element) des evoloierenden Substrats sowie der Bedingungen und bewegenden Kräfte der Evolution, der im Prozeß der Untersuchung hervorgehoben wird. Das kann jeder relativ diskrete Prozeß und jedes relativ diskrete Merkmal der Organisation des Lebenden sein, wenn er an den Wechselwirkungen beteiligt ist, die zur ununterbrochenen adaptiven Umbildung der Populationen führen (Teile des Substrats, Kausalbeziehungen, konditionale Beziehungen). Um den Wandel, das heißt die Evolution der Evolutionsfaktoren, richtig zu beurteilen, sei es erforderlich, zwischen allgemeinen, überall und jederzeit in der lebenden Natur vorhandenen und wirksamen, und besonderen, auf die Evolution bestimmter großer Artengruppen (z. B. die sexuelle Fortpflanzung der Eukaryoten, die Symbiose der Flechten) beschränkten Evolutionsfaktoren zu unterscheiden. In beiden Faktorenklassen sei ferner zwischen hauptsächlichen (wesentlichen bzw. notwendigen und hinreichenden), das heißt die Evolution verursachenden und in Gang haltenden Faktoren (z. B. Mutabilität, natürliche Auslese, Präadaptation), und zusätzlichen oder konditionalen Faktoren (z. B. Milieuverhältnisse, Geschwindigkeit der Generationenfolge, Konkurrenz u. a.), die die Evolution in unterschiedlicher Weise beeinflussen, zu differenzieren.

Hinsichtlich des Wechselwirkungsgefüges, des Systemzusammenhangs der Faktoren schließen sich die Autoren dem Vorschlag des Evolutionsbiologen I. I. Šmal'gauzen[91] an, vor allem auf der einen Seite die Faktoren zu sehen, die das Substrat der Evolution bereitstellen und organisieren (Mutabilität, Sexualität, phänotypische Vielgestaltigkeit, Integration und Isolation der Fortpflanzungsgemeinschaften u. a.), und auf der anderen Seite als Gegenspieler jene Faktoren, die als die bewegenden Kräfte (Ursachen) der Evolution wirken (natürliche Auslese, „Kampf ums Dasein“), das heißt, die Evolution als dialektisch-widersprüchlichen Prozeß zu begreifen. Dabei ist die natürliche Auslese (Selektion) als Vorgang zu betrachten, der aus der Wechselwirkung vieler Faktoren der Evolution resultiert und als ihre wesentliche bewegende Kraft in Erscheinung tritt. Sie kann somit keinem der übrigen mehr oder weniger distinkten Evolutionsfaktoren gleichgesetzt werden.

Zavadski und Kolčinski belegen und analysieren nicht nur die Herausbildung des von ihnen so benannten Variaformismus und des Gedankens der Evolution der Evolution in der biologischen Fachliteratur. Davon ausgehend zeigen sie aus-

91 Vgl. I. I. Šmal'gauzen, Problemy darvinizma, Moskau—Leningrad 1946.

führlich und wegweisend, daß die Lehre von den allgemeinen Faktoren der Evolution in zweifacher Hinsicht weiterzuentwickeln ist. Zum einen ist sie durch die Untersuchung der Besonderheiten des Evolutionsmechanismus bei den verschiedenen großen Organismengruppen, z. B. bei den Protozoen oder den Pflanzen, zu konkretisieren. Zum anderen ist sie durch die Erforschung der historischen Veränderungen der allgemeinen Faktoren und das Werden und Vergehen besonderer Evolutionsfaktoren in der stammesgeschichtlichen Entwicklung der Pflanzen und Tiere auszubauen. Für die Evolution der Tiere ist hier vor allem an das *Verhalten* als „*Schrittmacher der Evolution*" zu denken.[92]

Mit der Lösung dieser Aufgaben verbinden die Autoren die Erwartung nicht nur einer besseren Interpretation der Vergangenheit, sondern auch von Prognosen der zukünftigen Evolution, um die Probleme der Wechselwirkung zwischen der lebenden Natur und der menschlichen Gesellschaft zu lösen. Solche Prognosen gehören zu den Voraussetzungen, um die Zukunft der Menschheit bewußt und planmäßig zu gestalten und die Evolution in immer größerem Umfang und schließlich in globalem Maßstab steuern zu können.

Zum Beleg für die Herausbildung des Variaformismus und der Idee von der Evolution lassen sich weitere Veröffentlichungen anführen, die zugleich Material und Gesichtspunkte für ihre systematische Ausarbeitung bereitstellen. Dazu gehören die Arbeiten von I. Rechenberg und R. Riedl.[93]

Die Untersuchungen Rechenbergs sind nicht zuletzt deshalb bemerkenswert, weil der Autor nicht Biologe, sondern Technikwissenschaftler ist und weil diese Untersuchungen einen neuen — und zwar einen außerhalb des Lebendigen liegenden — praktischen Anwendungsbereich der Evolutionstheorie eröffnen, der die durch die Bionik bestehenden Beziehungen zwischen Biologie und Technik erweitert. Rechenberg stellt die Hypothese auf, „daß eine genaue Nachahmung der biologischen Evolutionsmethode eine ausgezeichnete Strategie zur Optimierung technischer Systeme ergeben sollte"[94]. Er fundiert diese Hypothese nicht nur durch theoretische Überlegungen, die zudem in einem für die Evolutionsforschung bedeutsamen mathematischen Apparat exakt formuliert sind, sondern kann auch auf Laborexperimente verweisen, bei denen schon eine einfache Nachahmung von Mutation und Selektion genutzt wurde, um strömungsgünstige Körperformen zu entwickeln, die auf herkömmliche Weise nicht erreicht wurden.

In Analogie zum experimentellen Herangehen an die Lösung technischer Probleme betrachtet Rechenberg die Evolution als eine Art Langzeitexperiment,

92 Vgl. V. Johst, Evolution und Verhalten, in: Beiträge zur Genetik und Abstammungslehre, Hrsg.: H. Böhme/R. Hagemann/R. Löther, a. a. O., S. 442ff.

93 Vgl. I. Rechenberg, Evolutionsstrategie, Stuttgart—Bad Cannstadt 1973; R. Riedl., Die Ordnung des Lebendigen, Hamburg—Berlin(West) 1975.

94 I. Rechenberg, Evolutionsstrategie, a. a. O., S. 15.

das mehr als drei Milliarden Jahre gedauert und den riesigen Versuchsraum der Erdoberfläche zur Verfügung gehabt habe. Es habe zu optimal an die jeweilige Umwelt angepaßten Lebensformen geführt. Daher erscheine es vernünftig, die im Verlauf der Evolution gesammelten Experimentiererfahrungen technisch auszuwerten, die in jeder biologischen Struktur enthalten sind. Jedoch werde die Experimentiermethode der Evolution kaum für nachahmenswert gehalten, weil die Meinung vorherrsche, daß die Evolution ihre Ergebnisse vor allem auf Grund ihrer langen Dauer und weniger durch eine besonders raffinierte Arbeitsweise hervorgebracht habe.

Gegen diese Meinung wendet Rechenberg ein: „Ich möchte aber behaupten, daß die Experimentiermethode der Evolution gleichfalls einer Evolution unterliegt. Es ist nämlich nicht nur die momentane Lebensleistung eines Individuums für das Überleben der Art wichtig; nach mehreren Generationen wird auch die bessere Vererbungs-Strategie, die eine schnellere Umweltanpassung zustandebringt, ausgelesen und weiterentwickelt."[95] Wenn für die Nachkommen eines Lebewesens beschleunigte Höherentwicklung einen Selektionsvorteil bedeute, so folgert der Autor, dann müsse sich die Evolution während ihres langen Wirkens selbst eine Arbeitsweise gegeben haben, die schnellstes Fortschreiten zustandebringt. Er verweist darauf, daß im Verlauf der Evolution unter anderem die genetische Kontrolle der Mutabilität, die sexuelle Fortpflanzung, das Crossingover der Chromosomen sowie die dominante und rezessive Vererbung entstanden. Als Funktion dieser Mechanismen gibt er die möglichst schnelle Anpassung der Lebewesen an die jeweilige Umwelt an.

Ebenfalls wesentlich auf die allgemeinen Evolutionsfaktoren der Vererbung, Mutabilität und natürlichen Auslese bezieht sich Riedl in seinem Entwurf einer Theorie der Makroevolution. In ihm begreift er die Evolution dialektisch als Vorgang, in dem die Wirkungen des Evolutionsmechanismus auf ihre Ursachen zurückwirken. Dafür wertet er in umfassender Weise das biologische Gesamtwissen der Gegenwart aus. Mit dem Rüstzeug der kybernetischen Informationstheorie und der Thermodynamik verarbeitet er es zu einem Aussagengebäude von zwingender Logik.

Riedl begründet theoretisch, daß die Evolution ein sich selbst steuernder Prozeß ist, der auf sich selbstregelnden und selbstgestaltenden Evolutionsbahnen gesetzmäßig verläuft. Das beruht letztlich darauf, daß die Erfolgschancen mutativer Merkmalsänderungen von allen Organisationsniveaus des Lebendigen abhängen und auf jedem verschieden sind. Im Systemzusammenhang des Lebendigen sind nicht nur die Erfolgschancen der Genänderungen durch die Erfolgschancen der Merkmalsänderungen bedingt, sondern auch das Umgekehrte trifft zu. Das beruht auf Rückkopplungen im Gefüge der Wechselwirkungen des Lebendigen,

95 Ebenda, S. 14.

die den Selektionsmechanismus bilden. Er gewinnt den Gesetzen der Zufallswahrscheinlichkeit die wachsende Zufalls-Unwahrscheinlichkeit der Organisation des Lebendigen ab.

Mit diesem theoretischen Ansatz bekommen Erscheinungen wie molekulargenetische Regulationsmechanismen, phylogenetische Rekapitulation und Homöostase in der Ontogenese, evolutionärer Trend und Orthogenese in der Stammesgeschichte, Homologie und Typus im Bau der Lebewesen, die Existenz der höheren Taxa für die Systematik und vieles andere mehr eine gemeinsame Erklärungsgrundlage. Manches an Riedls theoretischem Entwurf bedarf noch der empirischen Bestätigung oder der kritischen Diskussion. Ungeachtet dessen ist diese Theorie der transspezifischen Evolution eine Achtung und Beachtung gebietende wissenschaftliche Leistung für die Weiterentwicklung der Evolutionstheorie zur Theorie von der Evolution der Evolution. Mit den in ihr erfaßten Beziehungen, die von der molekularen Ebene des Lebens bis hin zur Biosphäre reichen, verweist sie auf die Möglichkeiten der Erklärung und Prognose, die durch den variaformistischen Ausbau der Evolutionstheorie erschlossen werden.

3.2. Das Entstehen von Neuem in der Mikroevolution

Die Entwicklung des Aktualismus vom Uniformismus zum Variaformismus und die daraus resultierende Idee der Evolution der Evolution bringen die Einheit von Mikroevolution und Makroevolution im theoretischen Denken vertieft zum Ausdruck. Aber auch die experimentelle Erforschung der Mikroevolution führt zu vertieften Einsichten in diese Einheit, die objektive Dialektik demonstrieren. Dazu gehört der Nachweis der Entstehung von Neuem, des schöpferischen Charakters der Evolution, im populationsgenetischen Experiment. Wie dies geschieht, sei für die Evolution von Eukaryoten-Populationen skizziert.

Die Arten der Eukaryoten sind genetisch geschlossene (reproduktiv isolierte) Systeme, deren Populationen gegeneinander genetisch offene Systeme. Sie stehen unter Mutationsdruck und Selektionsdruck. Als weitere Evolutionsfaktoren können genannt werden: Die Neuverteilung (Rekombination) der Gene über Reduktionsteilung und Befruchtung vervielfältigt die auf die Mutationen zurückgehende genetische Mannigfaltigkeit; die Isolation der Populationen durch äußere Umstände bedingt durch die unterschiedlichen Selektionsrichtungen im Verbreitungsgebiet der Art ihre Auseinanderentwicklung, die zur Entstehung neuer Arten führen kann; umweltbedingte Schwankungen in der Individuenzahl, z. B. durch Naturkatastrophen, und die aus dem statistischen Charakter der Rekombination der Gene resultierende genetische Drift bewirken hinsichtlich des Selektionswertes zufällige Veränderungen der Genhäufigkeit. Gegenüber dem grundlegenden gesetzmäßigen Zusammenhang von Mutation und Selektion stellen die anderen genannten Evolutionsfaktoren Bedingungen dar, unter denen sich dieser Zusammenhang verwirklicht.

Populationen und Arten der Eukaryoten besitzen ihre besondere, überorganismische Realität als Organisationsform der lebenden Materie durch den historisch entstandenen Inhalt der Erbinformation ihres Genpools, an dem die Individuen teilhaben. Die Populationen und Arten sind zugleich Fortpflanzungsgemeinschaften, genetische Einheiten und ökologische Einheiten, wobei die Populationen Teilsysteme des Gesamtsystems „Art" sind. Der Genpool ist durch die Selektion als Ganzes an die Umwelt der Art angepaßt, seine Gene sind koadaptiert. Im Genpool wird in den Basenfolgen der DNS die Geschichte der Erfolge von Population und Art in der Auseinandersetzung mit ihrer sich wandelnden Umwelt fixiert. Aus dieser ihnen inhärenten Vergangenheit heraus reagieren die Populationen und Arten — vermittelt durch die natürliche Auslese im „Kampf ums Dasein" — auf veränderte Umweltbedingungen und passen sich ihnen genetisch an.

Die Evolutionstheorie begreift seit ihrer Begründung durch Charles Darwin die Evolution als selbstregulierenden Prozeß und ist von der Idee der selbstregulierenden Systeme durchdrungen. Darwin hat diese Idee zwar nicht explizit formuliert, doch hat sie im Konzept der natürlichen Auslese im „Kampf ums Dasein" einen speziellen Ausdruck gefunden. Es erfaßt die Rückkopplung, den kybernetischen Regelkreis, zwischen Population und Umwelt. Alfred Russel Wallace, der das gleiche Konzept unabhängig von Darwin entwickelte, schrieb über die natürliche Auslese: „Die Wirkung dieses Prinzips gleicht genau der des Fliehkraftreglers der Dampfmaschine, der jede Unregelmäßigkeit kontrolliert und korrigiert, beinahe ehe sie augenscheinlich wird ..."[96] Der große Darwinist August Weismann definierte später: „Naturzüchtung ist eine Selbstregulierung der Art im Sinne ihrer Erhaltung; ihr Resultat ist die unausgesetzte Anpassung der Art an ihre Lebensbedingungen."[97]

Das Individuum ist, wie der Evolutionstheoretiker Ernst Mayr[98] bemerkt, aus evolutionsgenetischer Sicht nur der zeitweilige Behälter eines kleinen Anteils des Genpools für kurze Zeit. Es kann durch Mutationen, die sich in ihm ereigneten, ein oder auch zwei neue Gene zu ihm beisteuern. Es kann die Häufigkeit bestimmter Gene im Genpool ein wenig vergrößern, wenn es durch

96 Zit. nach H. E. Gruber/P. H. Barrett, Darwin on Man, New York 1974, S. 13.

97 A. Weismann, Vorträge über Deszendenztheorie, Bd. 1, 3. Aufl., Jena 1913, S. 47; vgl. auch F. Cizek/D. Hodánová, Evolution als Selbstregulation, Jena 1971.

98 Vgl. E. Mayr, Animal Species and Evolution, Cambridge (Mass.) 1963, S. 13ff.

eine besonders günstige und produktive Kombination von Genen besonders gute Fortpflanzungschancen besitzt. Doch selbst in diesen Fällen ist seine Bedeutung im Verhältnis zum gesamten Genpool sehr klein. Tatsächlich ist es die als Ganzes wirkende Population und Art, die den Genpool zeitweilig verkörpert und phänotypisch manifestiert. In ihr stehen die Gene in zahlreichen Kombinationen (Genotypen) in Wechselwirkung.

Bei der Wechselwirkung der Gene kann ein Gen A mit einem Gen B zusammen in einem Genotypus harmonieren, nicht aber mit einem Gen C. Die Selektion begünstigt dann A, wenn es zusammen mit B auftritt, und benachteiligt A, wenn es zusammen mit C vorkommt. Dieses sehr einfache Beispiel genügt schon, um zu verdeutlichen, daß die Selektion nicht auf die Herausbildung *eines* unter gegebenen Lebensbedingungen sozusagen idealen oder optimalen Genotypus für alle Individuen gerichtet ist. Einen solchen Genotyp gibt es nicht. Vielmehr schließt die genetische Mannigfaltigkeit die Möglichkeit zahlreicher zu angepaßten Phänotypen führender Genotypen ein. Die Selektion bewirkt die Erhaltung, Begrenzung und Veränderung der genetischen Mannigfaltigkeit des Genpools als eines ausbalancierten Systems, aus dem möglichst viele verschiedene Genotypen zu angepaßten Phänotypen führen. Sie enthält dabei immer auch die Möglichkeit ungünstiger Kombinationen, wie das ebenfalls bereits aus dem angeführten Beispiel ersichtlich ist: wenn A und C im Genpool mit einer bestimmten Häufigkeit vorhanden sind, werden sie auch mit einer bestimmten Wahrscheinlichkeit kombiniert vorkommen. Die daraus resultierenden Phänotypen sind, evolutionsgenetisch betrachtet, gleichsam der Preis, den Art und Population dafür zahlen, genetisch angepaßt zu sein. Es ist die Erscheinung, die man „genetische Bürde" zu nennen pflegt und die sich bei allen Arten zweieltrig-sexuell reproduzierender Organismen vorfinden läßt.

Genetische Mannigfaltigkeit als Ausdruck inhärenter Vergangenheit ist die Grundlage für die irreversible evolutionäre Veränderung der Populationen, die das Entstehen von Neuem bedeutet. Evolutionäre Veränderungen des Genpools der Population hängen von den ihnen vorausgegangenen Veränderungen ab, sie bedingen und begrenzen die vorhandenen Möglichkeiten. Die genetische Mannigfaltigkeit bedingt, daß es stets viele Möglichkeiten der Anpassung an Veränderungen der Umwelt durch neue Genkombinationen gibt. Dabei erweist sich die sogenannte genetische Bürde unter veränderten Bedingungen als Anpassungsreserve.

Wie der Genetiker und Evolutionstheoretiker Th. Dobzhansky feststellte, kann man das Verhältnis von Umwelt und Population beim Entstehen von komplexeren genetischen Veränderungen so charakterisieren, daß die Umwelt eine Herausforderung präsentiert, auf die die Population ihren Möglichkeiten gemäß antwortet. Sie kann dabei Erfolg haben oder scheitern. Welche Antwort tatsächlich erteilt wird, hängt von dem genetischen Material ab, das zu der Zeit und an der Stelle verfügbar ist, zu der die Herausforderung erfolgt.[99] Welche der im Genpool gelegenen Möglichkeiten adaptiver Veränderung von der natürlichen Auslese begünstigt wird, ist nicht minder zufällig als das Auftreten der einzelnen Mutationen und zugleich nicht minder gesetzmäßig.

Die Auffassung vom Verhältnis von Umwelt und Population in der Evolution als „Herausforderung und Antwort", nicht als eindeutiger linearer Bezug, ist von Dobzhansky und Mitarbeitern mit Populationen experimentell belegt worden, die aus zwei chromosomalen Varianten A und B einer Drosophila-Art bestanden. Die beiden Varianten wurden einmal aus einer natürlichen Population vom gleichen Ort entnommen, zum anderen jede Variante aus einer anderen natürlichen Population aus anderem geographischen Milieu. Im Laboratorium stellte sich in den Populationen in der Generationenfolge ein bestimmtes Gleichgewicht zwischen der Häufigkeit beider Formen ein. Dabei fiel ein Unterschied zwischen den Populationen geographisch einheitlichen und geographisch gemischten Ursprungs auf.

Die Ergebnisse bei Populationen geographisch einheitlichen Ursprungs waren wiederholbar und vorhersagbar. Wenn man verschiedene Populationen mit Fliegen aus denselben Kulturen zusammenstellte und sie alle unter denselben kontrollierten Umweltbedingungen hielt, erreichten alle Populationen — innerhalb der experimentellen Fehlergrenzen — das gleiche Häufigkeitsgleichgewicht zwischen A und B. Mit dem gleichen Vorgehen erhielt man jedoch bei Populationen geographisch gemischten Ursprungs häufig ganz verschiedene Gleichgewichte zwischen den Anteilen der beiden chromosomalen Varianten an den Populationen. Hier machte sich die Verschiedenheit der genetischen Mannigfaltigkeiten der unter verschiedenen geographischen Bedingungen lebenden Ursprungspopulationen bemerkbar.

Die Erklärung, die Dobzhansky gibt, ist einfach und evident. Vorausgesetzt wird, daß sich die beiden Populationen, die geographisch verschiedene Lebensstätten besiedeln, in n Genen unterscheiden. Durch Mendelspaltung und Rekombination konnten bei den Vorfahren der Hybriden zwischen Individuen beider Populationen 3^n verschiedene Genotypen erzeugt werden. Wenn n in den Zehnern liegt, von den Hundertern ganz zu schweigen, wird die Zahl möglicher Genotypen weitaus größer sein als die Zahl der Individuen in jeder experimentellen oder natürlichen Population, das heißt, viele mögliche Genotypen werden tatsächlich nicht gebildet. Bei der experimentellen Kreuzung der Populationen ist zu erwarten, daß die entstehenden Genotypen nicht in zwei Fällen die gleichen sein werden. Die Selektion, deren Folge das Häufigkeitsgleichgewicht der Varianten ja ist, fördert die Fortpflanzung jedes begünstigten Genotyps, der in einer gegebe-

99 Vgl. Th. Dobzhansky, Mendelism, Darwinism and Evolutionism, in: Proc. of the American Philosophical Society, 4/1965, S. 205—215.

nen Population vorkommt. Deshalb ergibt die Kreuzung der Populationen unterschiedliche Resultate.

Die Anpassung einer Population an eine veränderte Umwelt kann, wie hier im Kleinen beobachtet wurde, auf verschiedene Weise erfolgen. Sie ist jeweils zufällig, neu und unumkehrbar, sobald die Situation hinreichend komplex ist. Irreversibilität und schöpferischer Charakter der Evolution liegen bereits in ihren mikroevolutionären Elementarprozessen beschlossen. Die Einsicht in diesen Sachverhalt wurde durch zahlreiche weitere Selektionsexperimente bereichert.[100]

3.3. Biologische Evolution und das Gesetz der Negation der Negation

Die Organismenevolution auf dem Populations- und Artniveau der lebenden Natur ist eine der vielen Formen der Entwicklung, in denen sich die Selbstbewegung der Materie vollzieht. Mit all ihren Besonderheiten im Vergleich zu anderen materiellen Entwicklungsprozessen ist sie wie diese zugleich durch die allgemeinen Entwicklungsgesetze bestimmt, die in der materialistischen Dialektik als der wissenschaftlichen philosophischen Theorie der Entwicklung widergespiegelt werden. Im Verhältnis der Evolutionsfaktoren, die das Substrat der Evolution bereitstellen und organisieren, und der Evolutionsfaktoren, die als Ursachen der Evolution wirken, zeigen sich die Einheit und der Kampf der Gegensätze. Bei der Bildung neuer Arten schlagen quantitative und qualitative infraspezifische Veränderungen der Populationen in eine neue Qualität um. In der Evolution zeigt sich auch die Negation der Negation.

Das Gesetz von der Negation der Negation gehört zu den Grundgesetzen der materialistischen Dialektik.[101] Es bringt den wesentlichen Zusammenhang der durch innere Widersprüche bewirkten und in einer irreversiblen Folge quantitativer und qualitativer Veränderungen ablaufenden Entwicklungsprozesse als Einheit kontinuierlicher und diskontinuierlicher Momente zum Ausdruck. Mit ihm hebt sich die dialektisch-materialistische Entwicklungskonzeption sowohl von den auf die mythologische Vergangenheit des weltanschaulichen Denkens zurückgehenden Lehren von der ewigen Wiederkehr des Gleichen als auch von den metaphysischen Konzeptionen der Entwicklung von Natur, Gesellschaft und Denken als linearem Fortschritt ab. Sie verbindet den Kreis, das Symbol der Wiederkehr des Gleichen, und die gerade Linie, das Symbol des flachen, metaphysischen

100 Vgl. J. C. King, Genetic Implications in the Origin of Higher Levels of Organization, in: Systematic Zoology, 4/1965, S. 249—258.

101 Vgl. G. Klimaszewsky (Hrsg.), Weltanschauliche und methodologische Probleme der materialistischen Dialektik, Berlin 1976, S. 136ff.

Evolutionismus, zur Spirale als dem Symbol dialektischer Entwicklungsauffassung, die der objektiv-realen Kompliziertheit und Mannigfaltigkeit von Entwicklungsprozessen gerecht wird. Diese Attribute der Entwicklung schließen zyklische Prozesse und Wiederkehr von Ähnlichem auf höherer Ebene ebenso ein wie die Möglichkeit der Entwicklung auch in anderen Richtungen als nur vom Niederen zum Höheren. Immer aber handelt es sich um eine Aufeinanderfolge dialektischer Negationen, in der früher oder später die spezifischen Züge der Negation der Negation erkennbar werden.

Das Gesetz der Negation der Negation bezieht sich, wie W. F. Sershantow darlegte, auf die Existenz von Systemen in der Zeit, erfaßt den dialektisch-widersprüchlichen Zusammenhang der Existenzphasen von Systemen, seien es Phasen ein und desselben Systems, seien es Reihen von im Entwicklungszusammenhang genetisch miteinander verbundenen Systemen. Ein grundlegender Unterschied zwischen Systemen besteht darin, wie sich das Gesetz der Negation der Negation in ihrer Entwicklung verwirklicht, wobei Sershantow drei Varianten unterscheidet:

„1. Im Daseinsprozeß bewahrt das Neue unter Negation des Alten letzteres in solchen Formen, daß es sich dieses unterwirft, es organisiert und auf diese Weise neue, kompliziertere Daseinsformen mit reicheren und verschiedenartigeren Beziehungen schafft.

2. Im Prozeß der Bewegung geht ein Zerfall der Systeme, eine Degradation, eine Vereinfachung und Abnahme der Beziehungen zwischen Elementen der Realität vor sich.

3. Die Bewegung führt nicht zu solchen Veränderungen, die als Veränderungen im Niveau der Organisation definiert werden können."[102]

Der Autor kommentiert: „In der ersten Variante betrifft das Gesetz von der Negation der Negation die Art der Entwicklung, die gewöhnlich progressive Entwicklung oder Fortschritt genannt wird, die zweite Art ist die regressive Entwicklung, für die dritte Entwicklungsrichtung gibt es in der philosophischen Literatur noch keine allgemein gebräuchliche Bezeichnung, obwohl in der biologischen Literatur für die Benennung solcher Prozesse spezielle Termini vorhanden sind. Alle drei möglichen Arten der Entwicklung der Realität in den verschiedenen Bereichen des Universums stehen in bestimmtem Zusammenhang, der für jeden dieser Bereiche eine systematische Charakteristik darstellt; dasselbe gilt auch für unseren Planeten und das ihn besiedelnde Leben."[103] Mit diesen Darlegungen wird vor allem der Zusammenhang zwischen den insbesondere von sowjetischen Biologen und Philosophen im Rahmen der

102 W. F. Sershantow, Einführung in die Methodologie der modernen Biologie, Jena 1978, S. 139.
103 Ebenda.

biologischen Evolutionstheorie und ihrer philosophisch-methodologischen Probleme durchgeführten Untersuchungen zu den verschiedenen Evolutionsrichtungen[104] und dem Gesetz der Negation der Negation hergestellt und damit die systematische Ausarbeitung dieser Problematik angebahnt.

Bei allgemeinen Erläuterungen des Gesetzes der Negation der Negation wird gelegentlich auf das sogenannte „biogenetische Grundgesetz“ von Ernst Haeckel als Beleg für die Gültigkeit des philosophischen Gesetzes in der lebenden Natur verwiesen.[105] Das „biogenetische Grundgesetz“ besagt bekanntlich, daß die Ontogenese der Lebewesen eine kurze und schnelle Rekapitulation ihrer Phylogenese ist, nur gestört durch sekundäre Anpassungen. In der Entwicklung der Biologie seit Haeckel wurde klargestellt, daß es sich bei dieser Aussage nicht um eine Gesetzesaussage handelt, sondern um eine Hypothese, die nicht bestätigt werden konnte. Mit ihrem Anspruch, „biogenetisches Grundgesetz“ zu sein, wird sie dem inzwischen aufgedeckten Beziehungsreichtum zwischen Ontogenese und Phylogenese sowie den vielfältigen Prozessen der Evolution der Ontogenese nicht gerecht. Auf Grund dieser Sachlage kann die Rekapitulationshypothese der Ontogenese auch nicht als spezieller Ausdruck des allgemeinen Gesetzes der Negation der Negation in Anspruch genommen werden.[106]

Dennoch besitzt der Hinweis auf die Rekapitulationshypothese als Beispiel für die Negation der Negation ein rationelles Moment relativer Wahrheit. Es besteht darin, daß die Rekapitulation von Phasen und Merkmalen der Ontogenese der stammesgeschichtlichen Vorfahren bei Arten in späteren Stadien der Makroevolution ein Ausdruck jener Seite des Gesetzes der Negation der Negation

104 Vgl. unter anderem S. I. Berman/K. M. Zavadskij/A. L. Zelikman/A. A. Paramonov/Ju. I. Poljanskij, Sovremennye problemy ėvoluzionnoj teorii, Leningrad 1967, Kap. 8; Zakonomernosti progressivnoj ėvoljucii, Leningrad 1972; K. M. Sawadski, Zum Verständnis der Progression in der belebten Natur, in: Sowjetwissenschaft/Naturwiss. Beiträge, 6/1960, S. 587—608; T. Sutt, Problema napravlennosti organičeskoj ėvolucii, a. a. O.; I. I. Šmal'gauzen, Problemy Darwinizma, 2. Aufl., Leningrad 1969, Kap. 9; Teoretičeskie voprosy progressivnogo razvitija živoj prirody i techniki, Leningrad 1970; N. V. Timofeff-Ressovsky/N. N. Voroncov/A. N. Jablokov, Kurzer Grundriß der Evolutionstheorie, a. a. O., Kap. 15.

105 Vgl. z. B. Geschichte der marxistischen Dialektik. Die Leninsche Etappe, Berlin 1976, S. 299. Hier wird noch auf die spiralförmige Struktur der DNS als eine bemerkenswerte Bestätigung der objektiven Dialektik verwiesen. Diese der DNS im Watson-Crick-Modell zugeschriebene Struktur hat mit der Dialektik nicht mehr und nicht weniger zu tun als irgendeine andere chemische Struktur und besitzt jedenfalls keinen speziellen Bezug zum Gesetz der Negation der Negation. Vielmehr demonstriert die DNS, die seit Milliarden von Jahren in gleicher Weise als Speicher der genetischen Information dient, das Moment der relativen Invarianz in der Entwicklung.

106 Vgl. R. Löther, Ontogenese, Phylogenese und historische Methode (im Druck).

ist, auf die W. I. Lenin in seinen „Elementen der Dialektik“ hinwies: „. . . die Wiederholung bestimmter Züge, Eigenschaften etc. eines niederen Stadiums in einem höheren“[107]. In der Einheit von Rekapitulation und evolutionärer Veränderung in den Ontogenesen der voneinander abstammenden Arten zeigt sich die Verbindung von Altem und Neuem. Sie fällt bei den drei von Sershantow unterschiedenen Varianten der Realisierung des Gesetzes von der Negation der Negation verschieden aus. Eben die Erscheinung der Wiederholung wird auch in der Rekapitulationshypothese ausgesagt, allerdings in einseitiger und verabsolutierender Form.

Heute ist die Rekapitulationsproblematik und insbesondere das Phänomen der Wiederholung von Merkmalen und Stadien adulter Ahnen, das bei Haeckel im Vordergrund stand, in Konzeptionen des Verhältnisses von Individualentwicklung und Ontogenese zur Phylogenese aufgehoben, die nicht mehr in erster Linie nach der Wiederkehr des Gleichen fragen, sondern das Entstehen von Neuem und die Weisen seines Auftretens als das vorrangige Problem sehen. Grundlegend dafür ist die Einsicht, daß sich die Evolution in Veränderungen der Ontogenese manifestiert, die während ihres gesamten Verlaufs, nicht nur in der adulten Phase, auftreten. Die Kenntnisse über die evolutionären Veränderungsmodi der Ontogenese werden genutzt, um die Entstehung und morphophysiologische Evolution der höheren Taxa zu erklären, die sich in der Großgliederung der Lebewesen abzeichnen.

Die evolutionär entstandene Einheit von Altem und Neuem, in der die Negation der Negation in der ontogenetischen Entwicklung zum Ausdruck kommt, ist die Voraussetzung für den Nachweis stammesgeschichtlicher Beziehungen zwischen Taxa durch die historische Phylogenetik. „Mögen zwei oder mehrere Tiergruppen im erwachsenen Zustande noch so sehr im Bau und in der Lebensweise voneinander abweichen“, schrieb Darwin, „wir können trotzdem, wenn sie sehr ähnliche embryonale Zustände durchlaufen, sicher sein, daß sie alle von derselben Stammform abstammen und also nahe verwandt sind. Gemeinsamkeit des embryonalen Baus bedeutet deshalb gemeinsame Abstammung; andererseits ist aber Ungleichheit der embryonalen Entwicklung noch kein Beweis für verschiedene Abstammung, denn in einer von zwei Gruppen können Entwicklungszustände unterdrückt oder durch Anpassung an neue Lebensweisen so stark abgeändert worden sein, daß sie nicht mehr erkennbar sind. Selbst in Gruppen, in denen die Erwachsenen im höchsten Grade verändert sind, können wir oft die gemeinsame Abstammung am Bau der Larven erkennen.“[108] Während sich Darwin auf Abschnitte der Individualentwicklung bezieht, betrafen Hofmeisters klassische vergleichende Untersuchungen des Generationswechsels bei den Kormophyten

107 W. I. Lenin, Philosophische Hefte, in: Werke, Bd. 38, Berlin 1973, S. 214.
108 Ch. Darwin, Die Entstehung der Arten durch natürliche Zuchtwahl, Leipzig 1949, S. 406.

die Struktur ganzer Ontogenesen und, wie später erkannt wurde, die stammesgeschichtliche Verwandtschaft zwischen Moosen, Farnen und Phanerogamen. Auf der Grundlage des Nachweises stammesgeschichtlicher Verwandtschaft und des Vergleichs der Ontogenesen auf verschiedenen Evolutionsstadien werden Formen und Richtungen der Evolution, werden Varianten der Verwirklichung des Gesetzes der Negation der Negation sichtbar. Damit bestätigt sich die Bedeutung dieses Grundgesetzes der Dialektik für die vergleichende Analyse von Entwicklungsprozessen, auf die H. Hörz aufmerksam gemacht hat.[109]

In den „Elementen der Dialektik" nannte Lenin als weitere Seite der Negation der Negation die „scheinbare Rückkehr zum Alten"[110]. Auch sie findet sich in charakteristischer Weise in der Makroevolution. Ist die „Wiederholung bestimmter Züge, Eigenschaften etc." an homologe Merkmale gebunden, so erfolgt die „scheinbare Rückkehr zum Alten" in der Ausbildung von Analogien und Konvergenzen bis hin zum gleichen Lebensformtypus. Sie zeigt sich bei verschiedenen von progressiven Evolutionslinien jeweils nach dem Erreichen höherer Organisationsniveaus ausgehenden adaptiven Radiationen. Die Wiederholung findet kontinuierlich immer wieder statt, während die scheinbare Rückkehr zum Alten durch stammesgeschichtliche Neuerungen geschieht. Darin besteht ihre Scheinbarkeit; jede echte Rückkehr zum Alten ist durch die Irreversibilität der Evolution ausgeschlossen. Im Vergleich des scheinbar Alten mit dem Alten zeigt sich unter dem scheinbar Alten die höhere Organisation.

Die Untersuchung der Verwirklichung des Gesetzes der Negation der Negation in der Organismenevolution steht noch ganz am Anfang. Doch dürften die aufgezeigten Aspekte bereits erkennen lassen, welch weites Feld für die Bearbeitung der philosophischen Probleme der Evolutionstheorie und für das Gewinnen genauerer Kenntnisse über dieses Grundgesetz der materialistischen Dialektik sich hier erstreckt.

109 Vgl. H. Hörz, Marxistische Philosophie und Naturwissenschaften, Berlin 1974, S. 399ff.
110 W. I. Lenin, Philosophische Hefte, in: Werke, Bd. 38, a. a. O., S. 214.

Kapitel V
Dialektik naturwissenschaftlicher Erkenntnisprozesse

Nachdem gezeigt wurde, wie sich objektive Dialektik in den Theorien der Physik und Biologie widerspiegelt, erwächst die Frage, wie derartige naturwissenschaftliche Theorien entstehen, welche Mittel und Methoden im naturwissenschaftlichen Erkenntnisprozeß bei der Theorienbildung angewendet werden. Der *Prozeß* der Theorienbildung ist ein komplizierter, zutiefst dialektischer Vorgang in der Entwicklung der Naturwissenschaften, der letztlich darauf gerichtet ist, daß der Mensch die Natur immer besser zu seinen Zwecken dienstbar zu machen vermag und die Welt, in der er lebt, immer besser versteht. Voraussetzung dafür ist die Kenntnis der entsprechenden Naturgesetze.

Zur Erkenntnis der Naturgesetze bedienen sich die Naturwissenschaften eines Arsenals verschiedener Methoden, die, neben allgemeinen Zügen, in den einzelnen Wissenschaften auch jeweils über bestimmte Spezifika verfügen. Welche Methoden angewendet werden, hängt auf einer bestimmten Stufe der Erkenntnis vom Gegenstand der Untersuchung, vom anzustrebenden Ziel, aber auch von den Fähigkeiten und Fertigkeiten der auf dem entsprechenden Gebiet arbeitenden Naturwissenschaftler ab. Wichtige Mittel des Erkenntnisprozesses sind Abstraktion, Induktion und Deduktion sowie Analyse und Synthese. Diese Mittel finden in den Methoden naturwissenschaftlicher Forschung (mathematische und experimentelle Methode, historische Methode sowie Modellmethode und anderen als „übergreifende" Methoden) ihren Platz. „Statt die eine auf Kosten der andern einseitig in den Himmel zu erheben", sollte man mit Engels danach suchen, „sie jede an ihrem Platz anzuwenden, und das kann man nur dann, wenn man ihre Zusammengehörigkeit, ihr wechselseitiges Sichergänzen im Auge behält".[1]

Die Analyse der Wege des realen wissenschaftlichen Forschungsprozesses ist außerordentlich wichtig für die weitere Erforschung der Dialektik des Erkenntnisprozesses. Dabei erweist es sich zunehmend als notwendig, zwischen Experiment und Theorie immer mehr Bindeglieder (Hypothese, Modell, Gedankenexperiment u. a.) zu untersuchen. Das ist für das Verständnis der Art und Weise von

1 F. Engels, Dialektik der Natur, in: Karl Marx/Friedrich Engels, Werke (im folgenden MEW), Bd. 20, Berlin 1975, S. 496.

Theorienbildungen und der Interpretation von Theorien von Bedeutung und gibt zugleich die Möglichkeit, tiefer in die dialektischen Wechselbeziehungen von erkennendem Subjekt und zu erkennendem Objekt einzudringen. Bei der vertieften Behandlung der Modellmethode wird deutlich, daß es neben den Gemeinsamkeiten in der Benutzung dieser Methode Besonderheiten innerhalb der physikalischen und der biologischen Forschung gibt, die in Zukunft noch stärker in den erkenntnistheoretisch-methodologischen Untersuchungen zu beachten sind.

Neben den Fragen der Modellbildung werden in diesem Kapitel vor allem Probleme der Formalisierung und der Mathematisierung untersucht. Symbolisierung wird hier als Voraussetzung jeder Formalisierung betrachtet, Formalisierung vor allem als ein von der Logik analysiertes Mittel bei der Mathematisierung. In diesem Kontext entsteht die vieldiskutierte Frage nach den Beziehungen von Logik und Dialektik. Wir gehen davon aus, daß die *Theorie* der materialistischen Dialektik eine logisch korrekte Sprache voraussetzt, ihrerseits aber nicht auf Logik reduzierbar ist. Daher geht es uns in V,4 vor allem um einen Versuch zur Präzisierung formaler Sprachregeln mit den Mitteln der Logik, während in V,5 die in V,1—V,3 analysierten Probleme der Modellbildung nochmals unter dem Gesichtspunkt mathematischer Modellierung aufgegriffen werden.

Symbolisierung, Formalisierung und Mathematisierung sind wichtige Prozesse gegenwärtiger Wissenschaftsentwicklung, die bislang noch viel zu wenig auf mögliche philosophische Verallgemeinerungen vor allem im Hinblick auf die Theorie der materialistischen Dialektik analysiert wurden. Uns kommt es darauf an, auf die Bedeutung dieses Problems aufmerksam zu machen. Symbolisierung, Formalisierung und Mathematisierung lassen sich nicht im Sinne neopositivistischer Wissenschaftsphilosophie als „Beleg“ für Behauptungen anführen, nach denen die Entwicklung der Naturwissenschaften im 20. Jahrhundert angeblich die Sinnlosigkeit dialektischer Theorie und Methode erwiesen habe. Diese Prozesse selbst sind philosophisch zu analysieren.

Neben der Mathematik und Logik hat in jüngster Zeit auch die Kybernetik Bedeutung für den Theoriebildungs- und -entwicklungsprozeß sowie die Analyse dieser Prozesse in den Naturwissenschaften erlangt. Sie lieferte beispielsweise wesentliche Beiträge zur Methode der Modellierung und stimulierte die Entwicklung ganzer Wissenschaftszweige (Biokybernetik u. a.). Deshalb ist der letzte Abschnitt dieses Kapitels (V,6) speziell den Beziehungen von Kybernetik und Dialektik gewidmet.

Die Kybernetik ist keine Naturwissenschaft. In ihrer Theorienbildung schließt sie Gesetze ein, welche unabhängig von der Spezifik einzelner Bewegungsformen gelten. Damit liefert sie wichtige Beiträge zum dialektischen Verständnis der Einheit der Welt in der Materialität. Die Entwicklung der Kybernetik als eigenständiger Wissenschaftsdisziplin wird vor allem aus mathematischen und naturwissenschaftlichen Quellen gespeist. Diese erst in den letzten Jahrzehnten entstandene Wissenschaftsdisziplin gehört wie die Physiologie der höheren Nerventätigkeit und bestimmte Teilgebiete der Psychologie zu den fachwissenschaftlichen Grundlagen philosophischer Analyse des Erkenntnisprozesses, kann aber ebensowenig wie jene die dialektisch-materialistische Erkenntnistheorie ersetzen.

1. Experiment — Modell — Theorie

Wissenschaftliche Erkenntnis braucht Experimente und Theorien, aber der Weg vom Experiment zur Theorie und von der Theorie zum Experiment ist kompliziert. Er besteht aus verschiedenen, im einzelnen zu analysierenden Bindegliedern, als deren wesentlichste hier das Modell angesehen wird.

1.1. Erkenntnistheorie und naturwissenschaftliche Forschung

Im Zentrum erkenntnistheoretischer Reflexionen der Naturwissenschaftler stehen gegenwärtig die Beziehungen von Experiment, Modell und Theorie. Der hohe Grad an Abstraktion in vielen physikalischen Theorien, die zunehmende Bedeutung der Modellmethode in zahlreichen Bereichen naturwissenschaftlicher Forschung und die Tendenzen zu einer relativ eigenständigen Theorieentwicklung innerhalb der Chemie, der Biologie und anderer Naturwissenschaften verlangen vom Philosophen die Vertiefung und Präzisierung unserer Erkenntnisse über die Dialektik des Erkenntnisprozesses.[2]

Dabei geht es vor allem um die theoretischen Überlegungen zum Theoriebildungsprozeß, die Wege des Erkennens und das Verhältnis von experimenteller und theoretischer Tätigkeit in der Arbeit des Wissenschaftlers. Sicher könnte dieser Problemkatalog noch erweitert werden, aber er umfaßt mit den drei genannten Komplexen wesentliche Aspekte des Erkenntnisprozesses, die der philosophischen Analyse bedürfen.

2 Vgl. P. W. Kopnin, Dialektik, Logik, Erkenntnistheorie, Berlin 1970; V. A. Štoff, Modellierung und Philosophie, Berlin 1969; A. I. Uemov, Logičeskie osnovy metoda modelirovanija, Moskva 1971; siehe auch: D. Wittich/K. Gößler/A. Kosing/H. Seidel (Hrsg.), Studien zur Erkenntnistheorie, Berlin 1973ff.; Rostocker Philosophische Manuskripte, Rostock 1965ff.; Experiment — Modell — Theorie, Materialien des Zentralinstituts für Philosophie der AdW der DDR, Berlin 1977.

Mit dem immer tieferen Eindringen in das Wesen der natürlichen und gesellschaftlichen Prozesse wuchs die Kenntnis über die objektiven Gesetzmäßigkeiten, aber auch das Interesse an der wissenschaftlichen Erforschung des Erkenntnisprozesses selbst. Kants Versuch, Empirismus und Rationalismus zu überwinden, schlug fehl. Entscheidende Fortschritte auf diesem Gebiet konnte nur die wissenschaftliche Untersuchung der materiellen Grundlagen der Bewußtseinsvorgänge mit sich bringen. Deren Ergebnisse mit der Erkenntnis von Marx verbunden, daß es das gesellschaftliche Sein der Menschen ist, das ihre Bewußtseinsinhalte bestimmt, führten zu einer Durchbrechung einer als ewig angesehenen Erkenntnisschranke. So hielt noch Du Bois-Reymond die Unfähigkeit, „geistige Vorgänge aus materiellen Bedingungen zu begreifen", für eine ewige Grenze des Naturerkennens.[3] Wohl begründete er das materialistische Herangehen an die geistigen Erscheinungen. Er lehnte die idealistische philosophische Haltung ab, das Denken nur aus sich heraus zu erklären, und folgte der materialistischen Tradition von La Mettrie. Der Naturforscher wird nach ihm „die geistigen Erscheinungen wohl als ganz besondere Klasse der ihn umgebenden Erscheinungen auffassen, sonst aber bei deren Zergliederung und Ergründung so verfahren, wie gegenüber jeder anderen neu hervortretenden Tätigkeitsäußerung der Materie, beispielsweise der Elektrizität. Er wird streben, durch Versuch und Beobachtung die Bedingungen dieser Äußerung festzustellen, und wie er dabei dem ersten Dämmerschein geistiger Tätigkeit in der Tierreihe nachspüren wird, so wird er freilich auch, wiederum an der Hand der Erfahrung, in den Schacht des eigenen Bewußtseins niedersteigen."[4]

Eben in dieser Richtung wurden durch die Physiologen des 19. und 20. Jahrhunderts entscheidende Fortschritte erzielt. Wir begreifen das Bewußtsein immer besser als Entwicklungsprodukt und Eigenschaft der Materie sowie als spezifisch menschliche Form der Widerspiegelung der objektiven Realität. Theoretische Überlegungen zum Theoriebildungsprozeß befassen sich einerseits mit den materiellen Grundlagen der Informationsverarbeitung, des problemlösenden Denkens, der Zeichenerkennung usw. Andererseits werden formalisierbare Strukturen im Prozeß der Theorienbildung, im Beweisverfahren, in der Modellierung usw. gesucht. Beide Aspekte besitzen eine relative Selbständigkeit, müssen jedoch auch in ihrer inneren Einheit gesehen werden. F. Klix macht mit seiner Konzeption, die eine tiefergehende philosophische Analyse ermöglicht, auf die Beziehung zwischen beiden Aspekten aufmerksam, wenn er schreibt: „Auf einer hohen Stufe gesellschaftlich erworbenen und vermittelten Wissensbesitzes wird es der menschlichen Erkenntnistätigkeit möglich, hinter die Gesetze ihres eigenen

3 E. du Bois-Reymond, Vorträge über Philosophie und Gesellschaft, Hrsg.: S. Wollgast, Berlin 1974, S. 73.
4 Ebenda, S. 97.

Ursprungs, ihrer Wirkungsweise und ihrer Leistungsfähigkeit zu kommen. Die Erkenntnisfähigkeit des Menschen erreicht ein Stadium, in dem sie mit sich selbst experimentieren, sich selbst verändern und dadurch erkennen kann. Das ist begründet und abgeleitet. In der Zukunft muß das zu einer fortwährenden Erweiterung der natürlichen Grenzen eben dieser Leistungsfähigkeit führen."[5]

Wissenschaftliche Erkenntnis befaßt sich auch mit den Gesetzen der Erkenntnis selbst. Sie kann das deshalb, weil die materiellen Grundlagen der Bewußtseinsprozesse erforschbar sind, die als materielle Prozesse durch ihre Strukturen codierte Informationen über die objektive Realität liefern. Dabei kann der Prozeß der Informationsvermittlung über genetische Strukturen, materielle Wirkungen auf den wahrnehmungsfähigen Organismus und über das Verständnis bedeutungstragender Zeichen verfolgt werden. Darüber hinaus sind vom Marxismus-Leninismus die Rolle von Ideen untersucht und ihre Determinanten aufgedeckt worden. Wissenschaftliche Erkenntnis des Erkenntnisprozesses hat also nicht Ideen, Theorien, Vorstellungen allein zum Gegenstand, sondern ihre materiellen Grundlagen und ihre gesellschaftlichen Determinanten. Sicher ist hier noch viel Forschungsarbeit zu leisten, aber eine prinzipielle Erkenntnisschranke existiert nicht.

Wenn wir uns philosophisch mit den theoretischen Überlegungen zum Theoriebildungsprozeß befassen, wie sie von der Kybernetik, der Mathematik, der Physiologie und Psychologie usw. vorgelegt werden, dann ist die philosophische Analyse des wirklichen Theoriebildungsprozesses selbst eine wesentliche Voraussetzung für die philosophische Deutung theoretischer Überlegungen zu diesem Prozeß. Offensichtlich vollzieht sich hier ein Prozeß der Wissenschaftsentwicklung, den man als Ausgliederung wissenschaftlicher Fragestellungen aus der philosophischen Erkenntnistheorie in einzelwissenschaftliche Disziplinen bezeichnen kann und der darauf hinweist, daß auch heute die Philosophie neben der Lösung ihrer eigentlichen weltanschaulichen Aufgaben noch als Reservoir für neue Wissenschaftsdisziplinen dient.[6] Die Ausarbeitung einer der gegenwärtigen Wissenschaftsentwicklung entsprechenden Erkenntnistheorie kann nicht die Aufgabe der Philosophie allein sein. Weil sie jedoch für die einzelwissenschaftliche Forschung weltanschauliche, erkenntnistheoretische und methodologische Grundlagen liefern muß, beteiligt sie sich durch die Analyse einzelwissenschaftlicher Erkenntnisse, der Wissenschaftsgeschichte und der philosophisch-erkenntnistheoretischen Auffassungen von Wissenschaftlern an der Erforschung der objektiven Gesetze des Erkenntnisprozesses. Der philosophische Aspekt der Untersuchung des Erkenntnisprozesses besteht in der Begründung der Widerspiegelungs-

5 F. Klix, Information und Verhalten, Berlin 1973, S. 20.
6 Vgl. H. Hörz, Marxistische Philosophie und Naturwissenschaften, Berlin 1974, S. 13ff.

auffassung, in der Beachtung des historischen Charakters der Erkenntnis und in der Dialektik des Erkenntnisprozesses.

Deshalb hat auch der zweite Problemkomplex, nämlich die Wege des Erkennens, große Bedeutung für die philosophische Analyse. Es gibt keinen eindeutigen linearen Erkenntnisweg, der vom Experiment zur Theorie und von dort zur praktischen Nutzung verläuft. Die Diskussion um die Entwicklung der Physik in der ersten Hälfte unseres Jahrhunderts macht die Kompliziertheit wissenschaftlicher Erkenntnis deutlich. Für Einstein lag das eigentlich schöpferische Prinzip in der Mathematik. Für ihn war die Natur die Realisierung des mathematisch denkbar Einfachsten. Mathematische Begriffe werden danach durch Erfahrung nahegelegt, aber nicht aus ihr abgeleitet, obwohl die Erfahrung das einzige Kriterium dafür ist, ob eine mathematische Theorie brauchbar ist oder nicht.[7] Für Heisenberg dagegen wurden Bilder aus der Erfahrung erschlossen oder erraten und nicht aus theoretischen Berechnungen gewonnen. Diese Haltung, die auch ihren methodologischen Ausdruck in dem von ihm benutzten Beobachtbarkeitsprinzip fand, wurde später aufgegeben, als es um die Begründung der einheitlichen Feldtheorie ging. In dieser Zeit findet man eine Annäherung der erkenntnistheoretisch-methodologischen Standpunkte von Heisenberg an die von Einstein.[8] Dieser Hinweis auf erkenntnistheoretische Diskussionen soll nur plausibel machen, daß die Wege des Erkennens in ihrer inneren Kompliziertheit zu untersuchen sind. Dabei hilft es auch nicht, wenn man die analysierende, messende, quantifizierende Betrachtungsweise durch eine synthetisierende Gesamtschau ersetzen will.[9] Es gilt die Dialektik von Analyse und Synthese im Erkenntnisprozeß selbst aufzudecken.

Drittens geht es um das Verhältnis von experimenteller und theoretischer Tätigkeit in der wissenschaftlichen Arbeit. Bezogen auf die Physik hat K. Fuchs die Einheit beider Tätigkeiten hervorgehoben. Für ihn besteht die wissenschaftliche Denk- und Arbeitsweise in der Einheit der theoretischen und experimentellen Tätigkeit. Sie muß im Denken des Theoretikers und Experimentators realisiert werden, trotz der in der Arbeit notwendigen Differenzierung.[10] Das ist sicher eine wichtige erkenntnistheoretische Forderung, die sich gegen Extreme in der Erkenntnis wendet, denn die nicht realisierte Einheit kann bei Unterschätzung des Experiments zur Spekulation und bei Mißachtung der Theorie zum Empiris-

7 Vgl. A. Einstein, Mein Weltbild, Frankfurt a. M. 1955, S. 116f.

8 Vgl. W. Heisenberg, Der Teil und das Ganze, München 1969, S. 63; zur Änderung der Auffassungen Heisenbergs vgl. H. Hörz, Werner Heisenberg und die Philosophie, Berlin 1968

9 Vgl. W. Heitler, Der Mensch und die naturwissenschaftliche Erkenntnis, Braunschweig 1961.

10 Vgl. K. Fuchs, Zur Bedeutung der theoretischen Physik für die Naturwissenschaften, in: Sitzungsberichte der AdW der DDR, 5/N/1975, Berlin 1975; vgl. J. A. Akčurin, Edinstvo estestvenno-naučnogo znanija, Moskva 1974.

mus führen. Aber die Problematik besteht in der tatsächlich notwendigen Differenzierung in der Forschungsarbeit; diese Einheit kann oftmals nicht mehr von einzelnen Wissenschaftlern und selbst kaum noch von kleineren Wissenschaftlergruppen realisiert werden.

Der gesellschaftliche Erkenntnisprozeß umfaßt die Einheit von experimenteller und theoretischer Tätigkeit, um objektive Wahrheiten über die Beziehungen und Gesetze der Natur und Gesellschaft zu erkennen, deren Erkenntnis genutzt wird, um natürliche und gesellschaftliche Prozesse mit menschlicher Zielsetzung unter bestimmten gesellschaftlichen Verhältnissen bewußt zu gestalten. Das Zurückbleiben eines Teils der einheitlichen wissenschaftlichen Tätigkeit, sei es die experimentelle Basis oder die theoretische Verallgemeinerung und Durchdringung des experimentellen Materials oder gar die notwendige Überführung wissenschaftlicher Erkenntnisse in die Praxis, kann zu erheblichen Effektivitätsverlusten führen.

Für Engels war die Entwicklung der Naturwissenschaft im 19. Jahrhundert dadurch gekennzeichnet, daß die Trennung zwischen Empirie und Theorie, worunter er empirische Methoden zur Erkenntnisgewinnung einerseits und die allgemein-theoretischen, im wesentlichen philosophischen Überlegungen andererseits verstand, immer mehr verschwindet. Bei ihm heißt es: „Die Resultate der modernen Naturwissenschaft drängen sich eben einem jeden, der sich mit theoretischen Dingen beschäftigt, mit derselben Unwiderstehlichkeit auf, mit der die heutigen Naturforscher, wollen sie's oder nicht, zu theoretisch-allgemeinen Folgerungen sich getrieben sehn. Und hier tritt eine gewisse Kompensation ein. Sind die Theoretiker Halbwisser auf dem Gebiet der Naturwissenschaft, so sind es die heutigen Naturforscher tatsächlich ebensosehr auf dem Gebiet der Theorie, auf dem Gebiet dessen, was bisher als Philosophie bezeichnet wurde."[11] Die Überwindung des Empirismus war für Engels mit der bewußten Einsicht in die Dialektik der Erkenntnis verbunden. Der angehäufte Erkenntnisstoff muß nach ihm systematisiert und entsprechend seinem inneren Zusammenhang geordnet werden. Auch die verschiedenen Erkenntnisgebiete weisen wichtige Beziehungen zueinander auf, die es zu erforschen gilt. Hier versagen nach Engels die Methoden der Empirie. Dabei kann nur das theoretisch-philosophische, das dialektische Denken weiterhelfen, denn das theoretische Denken ist ein historisches Produkt, und die Wissenschaft davon muß deshalb die geschichtliche Entwicklung des menschlichen Denkens berücksichtigen. Deshalb betont er: „Grade die Dialektik ist aber für die heutige Naturwissenschaft die wichtigste Denkform, weil sie allein das Analogon und damit die Erklärungsmethode bietet für die in der Natur vorkommenden Entwicklungsprozesse, für die Zu-

11 F. Engels, Dialektik der Natur, in: MEW, Bd. 20, a. a. O., S. 330.

sammenhänge im ganzen und großen, für die Übergänge von einem Untersuchungsgebiet zum andern."[12]

Wenn wir die Situation in unserem Jahrhundert mit den Überlegungen von Engels vergleichen, so hat sich die Einsicht in die notwendige Erforschung der Entwicklung wissenschaftlichen Denkens noch mehr gefestigt. Die Versuche, die Gesetze wissenschaftlichen Erkennens allein durch Sprachanalyse zu finden, haben nur zu Teilerfolgen geführt. Der philosophisch begründete Empirismus führte zu seiner Negation im Historismus[13] und kam damit an die Dialektik der Erkenntnis heran, ohne sie bewußt zum Untersuchungsobjekt zu machen. Heute drängt die naturwissenschaftliche Entwicklung noch mehr zur theoretischen Erforschung der objektiven Dialektik und der Dialektik der Erkenntnis. So zwingt die Anwendung physikalischer und chemischer Methoden in der Biologie zur Auseinandersetzung mit dem philosophischen Reduktionismus und zur Begründung wissenschaftlich berechtigter Reduktionen. Die Ökologiediskussion weist auf die natürlichen Grundlagen gesellschaftlicher Entwicklungsprozesse hin, wobei es um die bewußte Gestaltung einer menschenfreundlichen Umwelt geht. Und nicht zuletzt wird der Erkenntnisprozeß selbst mit wissenschaftlichen Mitteln untersucht.

Man könnte der Auffassung sein, daß die gegenwärtigen Probleme nur mit modernsten Mitteln der Wissenschaft zu lösen sind, was sicher auch weitgehend zutrifft, aber nicht zur Vernachlässigung der Geschichte führen darf. Jedes Problem hat seine Geschichte. Deshalb „ist die Bekanntschaft mit dem geschichtlichen Entwicklungsgang des menschlichen Denkens, mit den zu verschiednen Zeiten hervorgetretenen Auffassungen der allgemeinen Zusammenhänge der äußeren Welt auch darum für die theoretische Naturwissenschaft ein Bedürfnis, weil sie einen Maßstab abgibt für die von dieser selbst aufzustellenden Theorien. Der Mangel an Bekanntschaft mit der Geschichte der Philosophie tritt hier aber oft und grell genug hervor. Sätze, die in der Philosophie seit Jahrhunderten aufgestellt, die oft genug längst philosophisch abgetan sind, treten oft genug bei theoretisierenden Naturforschern als funkelneue Weisheit auf und werden sogar eine Zeitlang Mode."[14] Die Diskussion um die Subjekt-Objekt-Problematik in der Quantentheorie hat beispielsweise gezeigt, daß neben den neuen Elementen des Meßprozesses, die durch die spezifische Art der entsprechenden physikalischen Wechselwirkung bedingt sind, auch veraltete philosophische Ansichten auflebten, die die Veränderung des Objekts durch das Subjekt als Widerlegung des Materialismus betrachteten.

12 Ebenda, S. 330f.
13 Vgl. Th. S. Kuhn, Die Struktur wissenschaftlicher Revolutionen, Frankfurt a. M. 1967.
14 F. Engels, Dialektik der Natur, in: MEW, Bd. 20, a. a. O., S. 331.

1.2. Zur Stellung von Experiment, Modell und Theorie im Erkenntnisprozeß

In Auseinandersetzung mit Kant hatte Hegel die Bedeutung der wissenschaftlichen Abstraktion betont, und Lenin verteidigte die Auffassung, daß wissenschaftliche Abstraktionen die Natur tiefer und vollständiger widerspiegeln. „Von der lebendigen Anschauung zum abstrakten Denken und von diesem zur Praxis — das ist der dialektische Weg der Erkenntnis der Wahrheit, der Erkenntnis der objektiven Realität", schreibt Lenin.[15] Wir können die objektiv-realen Beziehungen und Gesetze in unserem Netz von Begriffen und dialektischen Bestimmungen dann vollständiger erfassen, wenn wir durch Experimente die Wirklichkeit analysieren, durch theoretische Arbeit die analysierten Momente synthetisieren und unser Begriffsnetz selbst ständig erweitern, um es für neue Beziehungen aufnahmefähig zu machen. Die Erkenntnis der Gesetze ist die wesentliche Voraussetzung, um die Wissenschaft für die Praxis effektiv werden zu lassen. Das soll keine Unterschätzung der Empirie, das heißt der in der praktischen Tätigkeit erworbenen Fähigkeiten und Fertigkeiten sein, die zu intuitiven Einsichten in gesetzmäßige Zusammenhänge führen kann und somit auch Material für die theoretische Analyse gibt. Aber die Empirie liefert nur zeitweilige Vorteile, ist oft an die bestimmten Fähigkeiten und Fertigkeiten eines einzelnen gebunden und verhindert so die allgemeine Nutzung, die erst durch wissenschaftliche Einsichten möglich ist. Mit Theorie und Experiment sollen deshalb zwei wesentliche Pole des wissenschaftlichen Erkenntnisprozesses philosophisch untersucht werden. Das Modell wird als eine heute wesentliche Entwicklungsform der Wissenschaft betrachtet.[16] Berechtigte wissenschaftliche Reduktionen dürfen dabei nicht zum philosophischen Reduktionismus führen.[17]

1.2.1. Das Experiment als objektiver Analysator der Wirklichkeit

Mit wissenschaftlichen Experimenten organisieren wir bewußt Erscheinungen unter bestimmten Bedingungen, die ein Moment des Wesens der untersuchten Erscheinungen zeigen, das gedanklich herausgefunden werden muß. Das Wesen des Experiments besteht darin, objektiver Analysator der Wirklichkeit zu sein. Dabei muß zwischen experimenteller Methode und dem Experiment als dem Bestandteil dieser Methode unterschieden werden, wie das Parthey und Wahl betonen. Sie heben drei Schritte der experimentellen Methode hervor, nämlich

15 W. I. Lenin, Philosophische Hefte, in: Werke, Bd. 38, Berlin 1964, S. 160.
16 Vgl. auch V. 2. und V. 3.
17 Vgl. auch I. 2. und VI. 3.

die Gewinnung einer experimentellen Fragestellung aus der zu überprüfenden Hypothese, die Durchführung des Experiments und die Deutung seiner Ergebnisse.[18] Diese Einteilung kann noch weiter differenziert werden, um das genannte Wesen des Experiments deutlich zu machen. Die experimentelle Tätigkeit selbst ist eine Einheit von theoretischen und empirischen Elementen des Erkenntnisprozesses. Manche Entdeckung beruht auf der empirischen Tätigkeit des Experimentators und dem theoretischen Verständnis für die erzielten Resultate. Denken wir etwa an die Entwicklung der Technik und vor allem an die Ergebnisse der Renaissance-Techniker, die die Grundlage für die physikalischen Theorien des 16. und 17. Jahrhunderts waren.

Die Voraussetzung für die Anwendung der experimentellen Methode ist die Aufarbeitung des bisherigen Standes der theoretischen und experimentellen Forschung, um im ersten Schritt zur Formulierung der experimentell zu lösenden Problematik und zu prinzipiell durchführbaren Vorschlägen für Experimente zu kommen. So entstand bei der Untersuchung der K-Mesonen in der Elementarteilchenphysik das „Tau-Theta-Rätsel“. K-Mesonen zerfallen sowohl in zwei als auch in drei Pionen. Nach dem Paritätserhaltungssatz zerfällt ein Teilchen mit der Parität $+1$ in zwei und ein Teilchen mit der Parität -1 in drei Pionen. Entweder existierten also zwei K-Mesonen Tau und Theta, dann gilt der Paritätserhaltungssatz, oder beide sind identisch, und der Erhaltungssatz ist durchbrochen. Lee und Yang stellten nach der Analyse der vorliegenden Forschungsergebnisse die Hypothese auf, daß vielleicht in den schwachen Wechselwirkungen die Parität nicht erhalten bleibt. Sie verwiesen auf die experimentelle Methode und schlugen Experimente mit dem Betazerfall, mit Pionen und Myonen vor, ohne sie selbst durchzuführen. Der zweite Schritt in der experimentellen Methode ist die gedankliche Vorbereitung des konkreten Experiments durch die Festlegung der Konstanten und Variablen, durch die Analyse des Meßprozesses und die Auswahl der Geräte. Dieser Schritt wurde mit den Arbeiten von Lee und Yang begonnen und in der Experimentatorengruppe, die den Vorschlag aufnahm, fortgesetzt. Diese vollzog auch den dritten Schritt, nämlich den Aufbau des Experiments und seine Durchführung. Für das Experiment selbst sind die Fähigkeiten der Experimentatorengruppe entscheidend, die theoretisch vorgeschlagenen Experimente nach ihrer gedanklichen Vorbereitung auch zu realisieren, Schmutzeffekte zu beseitigen und so einwandfreie Daten zu erhalten.

Die drei Schritte der experimentellen Methode sind subjekt-abhängig, das heißt durch die Fähigkeiten der Theoretiker und Experimentatoren bestimmt, Fragen an die Natur zu stellen und solche Bedingungen zu schaffen, die eine Antwort

18 Vgl. H. Parthey/D. Wahl, Die experimentelle Methode in Natur- und Gesellschaftswissenschaften, Berlin 1966, S. 112ff.

ermöglichen. Der Verlauf des Experiments ist jedoch ein objektiver Vorgang, dessen Ergebnis ein Moment des Wesens des zu erforschenden Objekts oder Prozesses offenbart, wenn die subjektiven Voraussetzungen stimmen. Eben deshalb ist das Wesen des Experiments die objektive Analyse der Wirklichkeit. Mit der Objektivität wird die Subjektunabhängigkeit der Ergebnisse betont. Wohl ist der Ablauf durch Bedingungen bestimmt. Bestimmte Faktoren werden konstant gehalten, um die Veränderung eines Faktors oder eines Komplexes von zusammenhängenden Faktoren bestimmen zu können. Gerade die Änderung dieser Faktoren ist nicht vorherzubestimmen. Das macht das Experiment zu einem objektiven Kriterium der Wahrheit von Hypothesen. Die Bedingungen, die bewußt zur Modifikation der objektiven Prozesse geschaffen wurden, sind die Grundlage der analysierenden Seite des Experiments. Mit ihnen werden aus dem Komplex objektiver Beziehungen bestimmte hervorgehoben. Es handelt sich also um einen durch das erkennende Subjekt bedingten Ablauf des Geschehens, der in seinem Ergebnis objektiv, das heißt subjektunabhängig ist, aber durch die Bedingungen nur ein Moment des Wesens zeigt. Das Experiment als objektiver Analysator der Wirklichkeit, vom Menschen bewußt zur Erkenntnisgewinnung eingesetzt, zergliedert objektive Zusammenhänge, läßt wesentliche Seiten hervortreten und hilft uns so, die Wirklichkeit überhaupt erst zu erkennen. Die Totalität des Geschehens muß differenziert werden oder wie Engels, bezogen auf das Auge, meinte, „ein Auge, das alle Strahlen sähe, sähe ebendeshalb gar nichts“[19].

Der vierte Schritt der experimentellen Methode wäre nun die Auswertung der Daten. Sie dient der gedanklichen Hervorhebung der durch das Experiment analysierten Momente des Wesens der gesamten zu untersuchenden Erscheinung. In dem erwähnten Experiment der Hochenergiephysik erwies sich die Parität bei schwachen Wechselwirkungen als durchbrochen. Damit war die Hypothese mit Hilfe der experimentellen Methode bestätigt worden. Das führte zu einer Vielzahl von theoretischen Diskussionen, in denen sich die experimentellen Ergebnisse als Grundlage für die Synthese der analysierten Wesensmomente erwiesen. Es zeigte sich, daß die Symmetrie in der Wirklichkeit komplizierter ist, als es in der Forderung nach Paritätserhaltung für schwache Wechselwirkungen zum Ausdruck kam.[20] Die experimentelle Methode baut also auf der Theorie auf. Sie nutzt die bisherigen theoretischen Einsichten in die Beziehungen und Gesetze des zu untersuchenden Bereichs, muß die Theorie des Meßprozesses und der verwendeten Geräte berücksichtigen und führt zu einer Belebung der theoretischen Diskussion, indem die analysierten Wesensmomente selbst zur Synthese drängen.

19 F. Engels, Dialektik der Natur, in: MEW, Bd. 20, a. a. O., S. 506.

20 Zur philosophischen Analyse des Verhältnisses von Symmetrie und Asymmetrie vgl. V. S. Gott, Filosofskie voprosy sovremennoj fiziki, Moskva 1972; H. Hörz, Materiestruktur, Berlin 1971.

1.2.2. *Zum Verhältnis von Experiment und Theorie*

Während das Wesen des Experiments in der objektiven Analyse besteht, ist das Wesen der Theorie die durch den erkennenden Menschen vorgenommene Synthese der analysierten Wesensmomente. Die Theorie ist nicht einfach eine systematisch geordnete Menge von Aussagen über die objektive Realität. Durch die Zusammenfassung der erkannten wesentlichen Beziehungen und Gesetze zu einem Gesetzessystem mit den entsprechenden Existenzbedingungen ermöglicht sie vor allem die Erklärung objektiv realer Prozesse. Theorie und Experiment charakterisieren damit zwei Pole im Erkenntnisprozeß, nämlich die objektive Analyse und die subjektive Synthese. Eine solche Feststellung hat nichts mit Subjektivismus zu tun, sondern hebt die aktive schöpferische Rolle des erkennenden Menschen hervor, der die objektive Realität widerspiegelt. Ihre Bedeutung erlangt die Theorie als Widerspiegelung der objektiven Beziehungen und Gesetze durch die Synthese der aus der gedanklichen Analyse experimenteller Daten gewonnenen Momente des Wesens. Eben durch diese Synthese kann sie die Wirklichkeit vollständiger und tiefer erfassen, weil sie das existierende Konkrete, eben den zu untersuchenden Prozeß, mit Hilfe der Abstraktion und gestützt auf die experimentelle Methode analysiert, um zum geistig reproduzierten Konkreten zu kommen, das sich als Gesamtheit abstrakter Bestimmungen erweist.

Die Unterschätzung der Theorie ist nach Engels der sicherste Weg, falschen Theorien zu verfallen. Man kann hinzufügen, daß unter den Bedingungen einer hochentwickelten Theorie auch die Bedeutung des Experiments wächst. Ein gutes Experiment ist deshalb von dauernder Bedeutung für die Wissenschaft, weil an ihm die weitere theoretische Forschung orientiert werden kann. Auch mit der Aufstellung neuer Theorien kann das durch das Experiment aufgedeckte Moment des Wesens der objektiven Realität nicht verlorengehen. Es kann in eine andere Synthese eingebaut und durch andere Wesensmomente ergänzt werden. Jede Theorie beruht auf bestimmten einsichtigen Voraussetzungen, die oft einer empirischen Bestätigung nicht oder nur bedingt zugänglich sind. Diese Voraussetzungen sind ständig kritisch zu überprüfen, ob sie dem Stand der experimentellen Erkenntnisse noch entsprechen. Die Bedeutung dieses Vorgehens zeigte die Einsteinsche Kritik an der Auffassung von der Gleichzeitigkeit der Ereignisse. Das Theoriengebäude einer Wissenschaft ist veränderlich und unterliegt der Entwicklung. Gerade deshalb darf die theoretische Forschung nicht unterschätzt werden, weil die Synthese der experimentell analysierten Wesensmomente ohne Beachtung der notwendigen Arbeit an der Theorie mit veralteten Vorstellungen erfolgen kann, die sich aus früheren Theorien dem Gedächtnis eingeprägt haben.

Der Platz der Theorie im wissenschaftlichen Erkenntnisprozeß ist deshalb nicht allein nur durch ihre synthetische Funktion zu bestimmen. Logik und Mathematik sind wesentliche Hilfsmittel zur Ordnung der theoretischen Aussagen. Mehr noch! Da sich die Mathematik mit denkmöglichen formalisierbaren Beziehungen in Systemen mit ideellen Objekten befaßt, erfüllt sie mit ihrer Nutzung zur Darstellung theoretischer Aussagen auch ihre heuristische Funktion.[21] So können sich nichtinterpretierte Ausdrücke aus den Konsequenzen mathematisch-theoretischer Überlegungen ergeben, die neue Experimente stimulieren und auf objektiv-reale Beziehungen verweisen, die bisher nicht erkannt waren. Wie schon betont, wird die empirische Erkenntnis erst durch die Theorie auf die Ebene der systematischen Gesetzeserkenntnis gehoben, die es gestattet, reale Möglichkeiten zur bewußten Um- und Neugestaltung natürlicher und gesellschaftlicher Prozesse zu erkennen. Die theoretische Begründung von Erkenntnissen, der Aufbau und die Auswertung der Experimente, die Theorie der Messung und das theoretische Verständnis der objektiven Beziehungen und Gesetze sind schöpferische Momente der Wissenschaftsentwicklung. Mit der Entwicklung der Theorie wird die Voraussetzung geschaffen, objektive Prozesse auf neue Art und Weise zu beherrschen.

Theoretische Auffassungen unterliegen einem starken Verschleiß. Sie sind um so langlebiger und effektiver, je mehr und je gewichtigere experimentelle Ergebnisse, in denen verschiedene Wesensmomente analysiert sind, sie stützen. Insofern ist die experimentelle Arbeit wesentliche Grundlage und entscheidende Stimulanz der theoretischen Arbeit. Zwischen Experiment und Theorie existieren dabei eine Reihe von Bindegliedern, die zugleich Entwicklungsformen der Wissenschaft sind. Dazu gehören die Hypothesen, die Gedankenexperimente und heute vor allem die Modelle.

1.2.3. Die Rolle des Modells im wissenschaftlichen Erkenntnisprozeß

Es gibt verschiedene Klassifizierungsversuche für Modelle, die für die Modelltheorie von Bedeutung sind und die hier nicht betrachtet werden.[22] Sie zeigen die Breite des Spektrums von Erkenntnisformen, die mit dem Modellbegriff erfaßt wird. Die Modellmethode (Modellierung) ist die Nutzung, Reproduktion oder Produktion eines dem Erkenntnisobjekt, seiner Struktur, Funktion, Veränderung und Entwicklung analogen (homologen) materiellen oder ideellen Gebildes, mit dem experimentell und theoretisch gearbeitet werden kann, um Erkenntnisse

21 Zur heuristischen Funktion der Mathematik als Bestandteil der Widerspiegelungsfunktion vgl. H. Hörz, Marxistische Philosophie und Naturwissenschaften, a. a. O., S. 242ff.

22 Dazu existiert eine Reihe von mathematischen und kybernetischen Arbeiten. Zur philosophischen Problematik vgl. auch die Arbeiten von V. A. Štoff und A. I. Uemov, vgl. dazu auch V. 5. und V. 6.

zu gewinnen, mit denen das Objekt in für die Erkenntnis wesentlichen Strukturen, Funktionen, Veränderungen oder Entwicklungen erfaßt wird. Modelle sind materielle oder ideelle (Re-)Produktionen von möglichen und wirklichen Prozessen, Beziehungen und Funktionen durch ein Erkenntnissubjekt mittels Analogien (Homologien) oder das Nutzen solcher Analogien (Homologien) in anderen materiellen und ideellen Systemen zur Erkenntnis des modellierten Objekts.[23] Der Erkenntnisprozeß ist dabei durch das Aufsteigen vom sinnlich Konkreten zum Abstrakten und zum geistig reproduzierten Konkreten charakterisiert, das eine Gesamtheit der analysierten abstrakten Bestimmungen darstellt und als ideeller Repräsentant der wirklichen Objekte und Beziehungen in der Theorienbildung fungiert. So sind solche ideellen Repräsentanten für die Wirklichkeit wie Elementarteilchen, Molekül, Objekt, Subjekt, Persönlichkeit usw. immer wieder auf ihre Übereinstimmung mit der Wirklichkeit zu überprüfen, weil die Gefahr für einseitige theoretische Folgerung sich schnell aus der ständigen Arbeit mit idealisierten Objekten ergeben kann. Da die Überprüfung der ideellen Repräsentanten und ihrer in der Theorie fixierten Beziehungen nicht immer direkt durch Experimente möglich ist, dienen Modelle als Hilfsmittel der Erkenntnis. Sie haben deshalb ihren Platz in der experimentellen und theoretischen Tätigkeit des Wissenschaftlers. Sie dienen der Veranschaulichung der Theorie ebenso wie der Vorbereitung der Theorie und der Entwicklung neuer Theorien. Versuchen wir diese drei Aspekte etwas näher zu bestimmen.

Erstens dient das Modell der Theoriebelegung und der Veranschaulichung der Theorie. Bei der Überprüfung komplexer Theorien an der Wirklichkeit ergeben sich oft Schwierigkeiten verschiedenster Art. So kann die Abstraktheit der Theorie dazu führen, daß nicht alle semantischen Stufen bis zur objektiven Realität gegangen werden können, weil die bisherigen Kenntnisse dazu nicht reichen oder die experimentelle Überprüfung nicht möglich, vielleicht auch zu aufwendig ist. Die Theorie umfaßt manchmal nur Teilaspekte komplexerer objektiv-realer Beziehungen, oder der Humanismus verbietet Experimente am

23 Die Homologie kann als ein Spezialfall der Analogie in zweifacher Hinsicht verstanden werden, nämlich in genetischen und in strukturellen Zusammenhängen. In der Biologie werden homologe Organe im Entwicklungsprozeß auf einen Ausgangstyp zurückgeführt. Es geht dabei also um genetische Zusammenhänge zwischen der Ausgangsqualität und neuen, möglicherweise höheren Qualitäten. Die Modellierung von Entwicklungsprozessen muß diese Homologien zwischen Ausgangs-, neuer und höherer Qualität berücksichtigen, weil die in der Analogie enthaltene scheinbare Rückkehr der höheren Endqualität eines Entwicklungszyklus zu Beziehungen der Ausgangsqualität zwar Gemeinsamkeiten zwischen beiden aufdeckt, aber die Unterschiede nicht beachtet, die in der qualitativ besseren Erfüllung der Funktion bestehen. Neben den genetischen Zusammenhängen gibt es die bereits erwähnten strukturellen Zusammenhänge zwischen den Erscheinungsformen einer Grundqualität, die mit verschiedenen Strukturen die Funktion der Grundqualität erfüllen. Hier könnte man ebenfalls von Homologien sprechen.

Menschen, weil das Risiko zu groß ist. Auf jeden Fall kann die Theorie oder können Teilaspekte von ihr an Modellen überprüft werden, die als Objektersatz dienen. Der Erkenntnisweg geht hier also von der Theorie über die Modelle, den Als-ob-Objekten, zur Wirklichkeit.

Zweitens werden experimentelle Daten in Modellen als Vorstufen der Theorie erfaßt. Das Modell enthält hier bereits Elemente der Synthese der analysierten Wesenselemente, ohne daß schon das für die Theorie wichtige Gesetzessystem erkannt wäre. Das Modell hat hier den Charakter einer Als-ob-Theorie, und oft werden theoretische Ansätze als Modelle und Modelle als theoretische Konzeptionen bezeichnet. Der Erkenntnisweg geht dann also vom theoretisch noch nicht erklärten Experiment, meist handelt es sich um eine Gruppe von Experimenten, über die Als-ob-Theorie zur Theorie.

Drittens arbeitet man mit Analogien (Homologien) und Verfahrensweisen, die sich bereits bewährt haben, und entwickelt Modelle für unbekannte Objekte, Funktionen und Beziehungen. Denken wir etwa an die verschiedenen Kernmodelle in der Atomphysik. Genutzt werden objektiv existierende Analogien (Homologien). Deren Existenz ermöglicht einen Erkenntnisweg, der unter Ausnutzung bisheriger experimenteller und theoretischer Erkenntnisse zu neuen Einsichten in den zu untersuchenden Prozeß führt, indem das Modell im Sinne des Als-ob-Objektes und der Als-ob-Theorie untersucht wird. Auf diesem Wege kann man zu einer neuen Theorie gelangen. Analogien sind begrenzt. Ihre objektiven Grenzen sind durch die Systemgesetze der analogen Objekte bestimmt. Aber das darf kein Hinderungsgrund sein, Analogien zur Erkenntnis zu nutzen.

Wichtig ist die Feststellung, daß das Modell dort, wo es das Objekt ersetzt, zu theoretischen Schlußfolgerungen führen kann, die für das Objekt nicht unbedingt zutreffen. Denken wir etwa an die Modelle eines geschlossenen Weltalls, die nicht der Erkenntnis von der Unendlichkeit der Materie widersprechen, wenn man den Unterschied zwischen Modell und Objekt beachtet und die Schwierigkeiten mit ideellen Repräsentanten berücksichtigt. Die philosophische Einsicht in die Unendlichkeit der Materie ist, wie bereits hervorgehoben,[24] keine Aussage über eine bestimmte objektiv-reale Raum-Zeit-Struktur. Aber die Hervorhebung des Unterschieds zwischen Objekt und Modell darf nicht zur Leugnung der im Modell erfaßten wesentlichen Beziehungen führen. Dabei handelt es sich um objektive wesentliche Beziehungen und nicht um subjektive, willkürlich ausgewählte. Das Modell erweist sich in seinen verschiedenen Aspekten, die in ihrer inneren Einheit zu sehen sind und nicht unbedingt in reiner Form auftreten, als eine wesentliche Entwicklungsform der Wissenschaft.

24 Siehe dazu III. 4.

1.3. Modell und Widerspiegelung

Die Erkenntnis ist ein einheitlicher Prozeß des Abbildens von Erfahrungen durch Verallgemeinerung und des Entwerfens neuer Strukturen und Funktionen durch schöpferische Tätigkeit. „Das Bewußtsein des Menschen widerspiegelt nicht nur die objektive Welt“, betont Lenin, „sondern schafft sie auch.“[25] Ohne die produktiv-schöpferische Funktion des Bewußtseins zu erkennen, kann die Bedeutung der Modellierung nicht erfaßt werden. Der Mensch nutzt die Widerspiegelung objektiver Gesetze und Beziehungen, um ideelle Programme seiner Tätigkeit zu entwerfen, in denen seine Ziele bei der praktischen und theoretischen Aneignung der Wirklichkeit enthalten sind. Denkmöglichkeiten werden mit Hilfe von Modellen auf ihre Realisierbarkeit überprüft, mit Modellen wird der Zusammenhang zwischen verschiedenen Theorien hergestellt, Erkenntnisse werden neu synthetisiert, um neue Stoffe, Verfahren zu erkennen und neue Systemstrukturen zu gestalten. Als *schöpferisch* soll das bezeichnet werden, was bei der praktischen und theoretischen Aneignung der gesellschaftlichen und natürlichen Realität Prozesse und Objekte auf neue Art und Weise unter bestimmten Bedingungen und konkreten raum-zeitlichen Beziehungen beherrschen läßt. Ziel der Erkenntnis ist die bessere Beherrschung unserer natürlichen und gesellschaftlichen Umwelt, unseres Verhaltens und unserer gegenständlichen und geistigen Tätigkeit. Aus diesem grundlegenden Gesichtspunkt ergibt sich, daß die Rolle der Modelle kaum überschätzt werden kann und die Bedeutung der Modellierung für die wissenschaftliche Erkenntnis weiter wächst. Die Kombination bisherigen Wissens zu einer schöpferischen Idee, die Verbindung bildlich-anschaulicher Vorstellungen und begrifflicher Erkenntnis, die Realisierbarkeit von Ideen und ideelle Programme gegenständlicher Tätigkeit sind mit der Modellierung eng verbunden.

Der wissenschaftliche Erkenntnisprozeß verläuft in verschiedenen Richtungen, und in Abhängigkeit davon ändern sich die Funktionen der Modelle. Greifen wir dazu nochmals einige wesentliche Aspekte heraus. Man kann erstens das Modell als Objektersatz nutzen, um im Experiment mit diesem Als-ob-Objekt zu neuen Erkenntnissen über das Objekt zu kommen. Hierbei handelt es sich um materielle Objekte und materielle Modelle, wobei die theoretische Konstruktion einer Modellvorstellung, in der die Analogie oder Homologie zwischen Modell und Objekt enthalten ist, Voraussetzung für das Aufsuchen von existierenden und als Modell nutzbaren Objekten oder für die Konstruktion künstlicher Modelle ist. Die Modellvorstellung ist dann die Widerspiegelung der Beziehungen zwischen Modell und Objekt. Wird mit dem Modell experimentiert, so erhalten wir neue Erkenntnisse, die bis zu einer Theorie über das Modell führen können,

25 W. I. Lenin, Philosophische Hefte, in: Werke, Bd. 38, a. a. O., S. 203.

mindestens aber Widerspiegelungen der Modellstrukturen und -funktionen sind. Verbunden mit der Modellvorstellung können die theoretischen Erkenntnisse über das Modell nun Bestandteil der Theorie über das Objekt werden, wobei die Überprüfung der Modellerkenntnisse in ihrer Bedeutung für das Objekt ebenfalls noch erfolgen muß. So können die in Tierversuchen gewonnenen Erkenntnisse mit Medikamenten auf Grund der Analogien zwischen Mensch- und Tierverhalten, zwischen bestimmten Organreaktionen usw., die in der Modellvorstellung widergespiegelt sind, zur Behandlung von Krankheiten beim Menschen genutzt werden, wobei die Übertragung der Erkenntnisse den Charakter praktisch noch zu überprüfender theoretischer Vorstellungen hat. Der Erkenntnisprozeß verläuft also in diesem Fall von der Modellvorstellung über die Experimente am Modell zu theoretischen Erkenntnissen über das Modell, die auf Grund der in der Modellvorstellung widergespiegelten Beziehungen zwischen Objekt und Modell als Widerspiegelung von Objektbeziehungen aufgefaßt werden, die jedoch noch zu überprüfen sind.

Zweitens handelt es sich um experimentelle Überprüfung schöpferisch konstruierter Theorien mit hohem Allgemeinheitsgrad. Hier kann nach einem theoretischen Modell der allgemeinen Theorie gesucht werden, in dem die erkannten gesetzmäßigen Beziehungen unter bestimmten Randbedingungen spezifiziert sind, was eine experimentelle Überprüfung ermöglicht. Damit würde die Theorie und das theoretische Modell als Widerspiegelung von objektiv-realen Beziehungen bestätigt. Der gesellschaftliche Erkenntnisprozeß ist erst dann abgeschlossen, wenn es gelingt, natürliche und gesellschaftliche Systeme praktisch und theoretisch besser zu beherrschen. Der individuelle oder kollektive Beitrag dazu umfaßt wegen der notwendigen Arbeitsteilung nicht alle Stufen. Er kann z. B. darin bestehen, das theoretische Modell einer allgemeinen Theorie zu konstruieren, während andere Gruppen es überprüfen.

Drittens geht es um die Überführung experimentell überprüfter wissenschaftlicher Erkenntnisse in die Praxis. Dabei spielen viele Faktoren eine Rolle. So sind für volkswirtschaftlich und gesellschaftlich bedeutsame komplexe Lösungen nicht nur naturwissenschaftliche Erkenntnisse und technische Konstruktionen zu überdenken, sondern auch soziale, kulturelle und ideologische Faktoren zu berücksichtigen. Sowohl für die technische Realisierbarkeit als auch für das Zusammenwirken natürlicher und gesellschaftlicher Faktoren spielen Modelle unterschiedlichster Art eine Rolle, seien es Pilotstationen oder Planspiele mit verschiedenen Varianten, anschauliche Modelle für Bauten oder mathematische Modelle. Dabei geht es nicht um die theoretische und praktische Analyse der Modelle im Sinne der Als-ob-Objekte und Als-ob-Theorien, die in der Grundlagenforschung durchzuführen ist, sondern um die theoretische und praktische Synthese von Erkenntnissen zur komplexen Lösung praktischer Probleme. Auch hierbei werden mit Modellen neue Erkenntnisse gewonnen.

Viertens soll auf das Verhältnis von Empirie und Theorie hingewiesen werden. Unter Empirie wollen wir die in der gesellschaftlichen Tätigkeit, das heißt in der tätigen Auseinandersetzung des Menschen mit seiner natürlichen und gesellschaftlichen Umwelt erworbenen Fähigkeiten und Fertigkeiten verstehen, die zu intuitiven Einsichten in gesetzmäßige Zusammenhänge führen können. Die Empirie liefert Material zur theoretischen Analyse, wodurch die an den einzelnen gebundene und somit nicht verallgemeinerte empirische Erkenntnis auf die Ebene der systematischen Gesetzeserkenntnis gehoben wird. Sie dient aber auch der Nutzung theoretischer Erkenntnisse bei der praktischen Aneignung und Beherrschung der Wirklichkeit. Modelle im Sinne der synthetisierten Als-ob-Objekte und der Als-ob-Theorien spielen hier eine große Rolle.

Mit den genannten verschiedenen Funktionen des Modells im Erkenntnisprozeß sind gleichzeitig unterschiedliche Beziehungen des Modells zur Widerspiegelung angesprochen. Wenn auch das Modell als Einheit von Abbild und Entwurf bezeichnet wird, so ist diese Charakteristik weiter zu präzisieren.

Das Modell im Sinne des Als-ob-Objektes hat nicht den Charakter eines Abbilds, wohl aber die vorausgegangene Modellvorstellung, nach der das Modell ausgesucht oder konstruiert wurde. Sie widerspiegelt die Beziehungen zwischen Modell und Objekt. Durch die Analyse des Modells werden theoretische Vorstellungen über die Modellbeziehungen gewonnen, die im Rahmen der Analogie auch für das Objekt Widerspiegelungscharakter haben, jedoch ersetzen theoretische Erkenntnisse über das Modell nicht die Theorie über das Objekt. Die Modelle im Sinne der Als-ob-Theorien, die schon Synthesen von experimentell und theoretisch analysierten Wesensmomenten sind, haben Widerspiegelungscharakter.

Ausgehend von der materialistischen Beantwortung der Grundfrage der Philosophie nach dem Verhältnis von Materie und Bewußtsein, sind die in Begriffen, Aussagen, Modellvorstellungen und Theorien formulierten Erkenntnisresultate Widerspiegelungen der objektiven Realität, deren Adäquatheit stets aufs neue zu überprüfen ist. Der Erkenntnisprozeß ist eine Einheit von objektiver Analyse (Experiment) und praktischer Synthese (Modell), von theoretischer Analyse (Modell) und subjektiver, das heißt durch den Menschen vorgenommener Synthese (Theorie).

2. Modelle in der Physik

Obgleich in der heutigen Physik durch die Unterteilung in experimentelle und theoretische Physik eine gewisse notwendige Arbeitsteilung in der Forschung besteht, bedeutet dies keine metaphysische, absolute Trennung von Experiment und Theorie im Erkenntnisprozeß der Wissenschaft. Daher gewinnt für die Untersuchung des Theorienbildungsprozesses in der Physik die Fragestellung nach den Bindegliedern von Experiment und Theorie auch hinsichtlich erkenntnistheoretischer Probleme an Bedeutung.

2.1. Ideelle Modelle im physikalischen Erkenntnisprozeß

Auch in der Physik stellen Modelle[26] (insbesondere ideelle Modelle) in allen Bereichen, von der Mechanik bis zur Kosmologie, eines der wichtigsten Bindeglieder zwischen Experiment und Theorie dar. Sie können erstens Vorstufe wissenschaftlicher Theorien sein, zweitens formale Theorien veranschaulichen, interpretieren und drittens nach Entstehung der Theorie zum ideellen Objekt der Theorie, das heißt also zum integralen Bestandteil der Theorie werden. Modelle, die in einem Theorienbildungsprozeß in der Geschichte der Wissenschaft bedeutsam waren, können später als Demonstrationsmodelle genutzt werden, die die Erläuterung wesentlicher Beziehungen eines bestimmten Objektes oder Prozesses erleichtern.

Man unterscheidet prinzipiell ideelle und materielle Modelle. Ideelle Modelle, die hier besonders interessieren, unterteilt man in ikonische Modelle (Bildmodelle), vermischte Modelle (Modelle, die aus Bildern und Zeichen bestehen) und Zeichenmodelle.[27] So stellen die klassischen Strukturformeln in der Chemie beispielsweise ebenso wie das Energieniveauschema eines Atoms vermischte Modelle dar.

In diesem Zusammenhang kann man ideelle Modelle nach dem *Grad* und der *Richtung* der Abstraktion unterscheiden, was die in ihnen verwandten einzelnen Begriffe und Bilder einschließt. Gerade für die Mathematisierung einer Wissenschaft wie der Physik, insbesondere die Anwendung der Methode der mathematischen Modellierung, gewinnt dieser Umstand an Bedeutung.[28]

Die Anwendung von Modellen als Form und Mittel der Widerspiegelung objektiv-realer Erscheinungen im wissenschaftlichen Erkenntnisprozeß ist ebenso wie die Anwendung anderer Entwicklungsformen der Wissenschaft Ausdruck der aktiven, schöpferischen Widerspiegelung der objektiven Realität durch die Menschen. Die Modelle erfassen nicht alle Seiten des Abzubildenden. Sie sind keine bloße Kopie des abzubildenden Untersuchungsobjektes, wie dies beispielsweise Physiker des 19. Jahrhunderts (Faraday u. a.) annahmen.

26 Zur Definition des Modellbegriffs siehe V. 1. 2. 3.
27 Vgl. V. A. Štoff, Modellierung und Philosophie, a. a. O., S. 48.
28 Vgl. V. 5.

Die wichtige Funktion von Modellen, mit ihrer Hilfe neue Erkenntnisse über das Untersuchungsobjekt gewinnen zu können, wurde von vielen Wissenschaftlern erkannt. Bei einigen Physikern insbesondere des 19. Jahrhunderts, die Anhänger des Ideals mechanischer Naturerklärung waren, führte das zu Überschätzungen der Leistungsfähigkeit dieser Erkenntnismethode. So behauptete W. Thomson (Lord Kelvin), daß er eine Sache nicht verstehen könne, wenn er kein mechanisches Modell des Objektes, welches er studiere, herstellen könne. Von ihm und anderen Physikern wurden fälschlicherweise Modell und Wirklichkeit identifiziert. Die erkenntniskritischen Analysen solcher Positionen durch H. Poincaré und andere führten zu der Auffassung, daß alle in der Physik verwandten Bilder inhaltsleer oder beliebig auswechselbar seien. Die berechtigte Kritik am metaphysischen Verständnis der Abbildung realer Sachverhalte in Modellen schlug um in eine konventionalistische Aufgabe des Widerspiegelungsbegriffs für die Modellmethode.

Modelle spiegeln immer nur bestimmte Seiten, Verhältnisse usw. des Untersuchungsobjektes wider, und zwar auf Grund der Unerschöpflichkeit der objektiv-realen Beziehungen und Objekte. Dabei werden bei der Modellbildung Analogieschlüsse verwendet. Es muß erkannt werden, wann und wie diese Analogieschlüsse möglich sind, unter welchen Bedingungen beispielsweise ein bereits vorliegendes System auf Grund bestimmter Analogien als Modell des zu untersuchenden Objektes dienen kann. Es ist von zweitrangiger Bedeutung, welcher Art dabei die Analogiebeziehungen sind (strukturell, funktionell usw.). Insbesondere hat ein derartiges Vorgehen Bedeutung in der heutigen Kosmologie, zeigte aber auch schon bei der Aufstellung des Rutherfordschen Atommodells („Sonnensystem“ im kleinen) und früher seine Notwendigkeit.

Der Analogieschluß kann als eine Form wissenschaftlich berechtigter Reduktionen angesehen werden, kann unter Umständen aber auch zum Reduktionismus hinführen. Daher hat die Herausarbeitung der Bedingungen, unter denen Analogieschlüsse berechtigt sind, große praktische Bedeutung für die Anwendung entsprechender Modelle bei der Untersuchung bestimmter Erscheinungen. Die Wichtigkeit von Analogieschlüssen bei der Modellierung wurde bereits von J. Cl. Maxwell betont. Er schrieb: „Um physikalische Vorstellungen zu erhalten, ohne eine spezielle physikalische Theorie aufzustellen, müssen wir uns mit der Existenz physikalischer Analogien vertraut machen. Unter einer physikalischen Analogie verstehe ich jene theilweise Aehnlichkeit zwischen den Gesetzen eines Erscheinungsgebietes mit denen eines anderen, welche bewirkt, dass jedes das andere illustrirt.“[29]

Maxwell benutzte und konstruierte selbst Vorstellungen, die auf Analogiebeziehungen beruhten, wie die als Spannungen verstandenen magnetischen Kraft-

29 J. Cl. Maxwell, Über Faradays Kraftlinien, Leipzig 1895, S. 4.

linien, welche sich als Wirbelbewegungen eines als Fluß unterstellten elektrischen Stromes ergeben, die Analogie zwischen Wärmestrom und Anziehung durch Fernwirkung u. a.

2.2. Die Modellmethode im physikalischen Theorienbildungsprozeß

2.2.1. Zur Rolle der Idealisierungen

In jedes ideelle Modell gehen bestimmte Idealisierungen ein. Die Methode der Idealisierung physikalischer Objekte kann man bereits in den Anfängen der Physik nachweisen.[30] Beispielsweise ist die Vernachlässigung des Luftwiderstandes bei der Betrachtung des Falls der Körper durch Galilei eine Situation, bei der ein Prozeß idealisiert dargestellt wurde. Dies war erforderlich, um den allgemein-notwendigen und wesentlichen Zusammenhang in diesem Prozeß aufzudecken und hervorzuheben, um in diesem speziellen Fall zur Gesetzeserkenntnis zu gelangen. Bei Galilei kann man deutlich nachweisen, daß er physikalische Modellvorstellungen verwandte, ohne diesen Begriff selbst schon zu benutzen. Er war sich der Rolle der Idealisierung und der relativen Isolierung des Untersuchungsgegenstandes in bezug auf unwesentliche Beziehungen hinsichtlich der Richtung seiner Forschungen bewußt. Davon zeugen die von ihm verwandten Vorstellungen der polierten Kugel, der völlig glatten Ebene, der Vernachlässigung des Luftwiderstandes beim Fall der Körper bzw. die Versuche ihrer experimentellen Realisierung. Galilei sah beispielsweise in der Bewegung der von ihm entdeckten vier Monde des Planeten Jupiter ein „Modell" für die Bewegung der Erde um die Sonne.

Die Modellvorstellungen des idealen Gases, der idealen Flüssigkeit, des idealen festen Körpers usw. weisen schon durch ihre Benennung auf die Rolle der Abstraktion durch Idealisierung in der Physik hin. Mit der Vorstellung vom „Idealkristall" soll dies an einem Einzelbeispiel konkretisiert werden:

Man unterscheidet in der Festkörperphysik feste Körper, die einen einzigen Kristall bilden, einen Einkristall, von sogenannten Polykristallen. In Experimenten und in der Technik werden Realkristalle benutzt. Diese kommen in der Natur vor oder können künstlich hergestellt werden. Dagegen betrachtet man bei theoretischen Untersuchungen in der Regel „Idealkristalle". Der „Idealkristall" stellt eine wissenschaftliche Abstraktion dar. Diese Modellvorstellung gestattet in vielen Fällen erst eine weitere theoretische Bearbeitung des Problems. Bei dieser

30 Vgl. dazu auch die Auffassungen von d'Alembert, Einleitende Abhandlung zur Enzyklopädie (1751), Berlin 1958.

Abstraktion wird angenommen, daß ein ungestörter gitterperiodischer Aufbau des Kristalls vorliegt. Von möglichen Gitterfehlern, der thermischen Bewegung der Atomrümpfe bzw. Moleküle und meistens von der endlichen Ausdehnung des Kristalls wird abgesehen.

Die Methode der Abstraktion durch Idealisierung spielt also bei der Herausbildung, aber auch der Arbeit mit dem Modell eine große Rolle, ohne daß damit andere Formen der Abstraktion für die Modellbildung ausgeschlossen werden sollen.

2.2.2. *Stufen der Modellbildung*

Man kann folgende Stufen der Modellbildung unterscheiden: 1. Die Herausbildung der Modellvorstellung und der Aufbau des Modells (heuristische Stufe). 2. Die Arbeit mit dem Modell (kognitive Stufe). 3. Die Nutzung der Erkenntnis des Modells für die Erklärung und Beherrschung des Objektverhaltens (pragmatische Stufe) und 4., was nicht immer geschieht, die Einordnung des Modells in Theorien, allgemeinere Vorstellungen auch philosophischer Art (erklärende Stufe).[31]

Bei der Suche nach dem Ausgangsmodell (oder den Ausgangsmodellen) und der Arbeit mit dem Modell sind in der Regel Momente der Intuition des Forschers, ist seine Phantasie von großer Bedeutung. Analogien für spezifische Eigenschaften und Relationen des Forschungsobjektes müssen erst einmal gefunden bzw. hypothetisch angenommen werden. Die ideellen Modelle stellen somit gewissermaßen eine Einheit von Abbild und Entwurf (Konstruktion) dar.

Insofern im Modell bewußt bereits erkannte Gesetzmäßigkeiten abgebildet werden und es als Modell bestimmte Seiten objektiver Erscheinungen widerspiegelt, ist es Abbild. Der Begriff „Entwurf“ sollte aber in mehrfacher Weise verstanden werden. Solange im Experiment bzw. anhand der vorliegenden experimentellen Ergebnisse nicht nachgewiesen ist, ob das Modell bestimmte Seiten des Untersuchungsobjektes adäquat widerspiegelt, ist es in großem Maße Entwurf, trägt es in hohem Grade hypothetischen Charakter. Die Züge des Modells, von denen sich herausstellen kann, daß sie aufgegeben werden müssen, sind aber auch wie die bleibenden Kennzeichen des Modells, die zur Abbildung bestimmter Beziehungen des Untersuchungsobjektes dienen, „entworfen“. Dabei muß man berücksichtigen, daß das Modell keine bloße Kopie des Untersuchungsobjektes ist, sondern auch Züge aufweist, die keine Entsprechung in objektiv-realen Erscheinungen finden, mit deren Hilfe das Untersuchungsobjekt

31 Vgl. N. Hager/H. Hörz, Modell und Modellbildung in der wissenschaftlichen Erkenntnis, in: Deutsche Zeitschrift für Philosophie (im folgenden DZfPh), 2/1977.

jedoch adäquat erfaßt, widergespiegelt werden kann. Die Auffassung von den Modellen als Einheit von Abbild und Entwurf schließt hypothetische Annahmen bei der Modellbildung mit ein, beschränkt sich aber nicht darauf.

Auf die Rolle der Intuition bei der Aufstellung von Ausgangsmodellen zur Untersuchung eines Objektes weisen viele Physiker hin. Für Fritsch beruht der Prozeß der Modellsuche, also die heuristische Stufe der Modellbildung, zum Teil auf „intuitiver" Denkweise: „Das Überdenken der Möglichkeiten (welche Modelle anhand der vorhandenen Fakten, experimentellen Fakten, und erkannten Sachverhalten, erkannten Naturgesetzen, einschließlich der logischen Regeln der Modellbildung bezüglich der zu untersuchenden Erscheinung, möglich sind — d. Verf.) ist der schöpferische Teil der . . . diskutierten Denkmethodik. Einerseits setzt es großes Faktenwissen an Einzelheiten sowie deren bisher benutzte Kombinationen voraus, andererseits einen freien Spielraum, der nicht zu stark von bekannten eingefahrenen ‚Schlußfolgemethoden' eingeengt ist."[32]

Das heißt, die möglichen Modelle sind abhängig von den erkannten oder im Laufe der Modellbildung, einschließlich der Arbeit mit dem Modell, zu erkennenden Naturgesetzen. Es kommt also darauf an zu untersuchen, welche Modelle anhand der experimentellen Daten und erkannten Naturgesetze sowie der logischen Regeln der Modellbildung bezüglich der zu untersuchenden Erscheinung aufgestellt oder ausgewählt werden können. Dies stellt *eine* Seite des schöpferischen Teils der Anwendung von Modellen bei der Theorienbildung und Interpretation dar.

Oftmals liegen eine Vielzahl von Ausgangs- oder Arbeitsmodellen vor, die im Laufe der Forschung immer mehr reduziert werden können, denn die möglichen Modelle sind unter anderem abhängig von den erkannten oder im Laufe des Forschungsprozesses zu erkennenden Naturgesetzen, aber auch Gesetzen und Prinzipien der Modellbildung. In der Regel entschied sich jedoch die Mehrzahl der Physiker in der Geschichte der Physik aus den unterschiedlichsten Gründen von vornherein nur für ein Modell, auch wenn dieses später erweitert, verändert oder sogar völlig aufgegeben werden mußte. Kriterium für die Richtigkeit, Adäquatheit einer Modellvorstellung oder einer Vielzahl von Arbeitsmodellen bleibt das Experiment, das die „Rolle des Richters" spielt, „der über ‚Leben und Tod'" eines Modells bzw. dessen Abänderung zu entscheiden hat.[33] Das Experiment erleichtert damit auch dem Forscher direkt die Entscheidung für ein Modell (oder zueinander komplementäre Modelle) aus einem Feld von Arbeitsmodellen, so daß es damit weit über eine einfache Hypothesenprüfung hinausweist.

32 G. Fritsch, Methodik des naturwissenschaftlichen Denkens, in: Physik — Gestern, Heute, Morgen, München 1971, S. 25.

33 Vgl. ebenda, S. 28.

G. Härtler führt folgende Fälle an: „(1) die Gültigkeit einer Hypothese ist zu prüfen, (2) aus einer Menge konkurrierender Hypothesen ist die den Versuchsergebnissen am besten entsprechende auszuwählen, (3) ein Modell ist zu präzisieren, (4) ein Modell ist aufzustellen."[34] (3) und (4) hängen eng mit der kognitiven bzw. heuristischen Stufe der Modellbildung zusammen, wobei das Modell selbst hypothetisch sein bzw. eine Hypothese im oder über das Modell formuliert werden kann. Diese Aussagen lassen sich, erweitert man den Rahmen der Betrachtung, noch ergänzen. So geht es sicherlich auch um die weitere Präzisierung von Hypothesen, was eventuell erst dann nachfolgende Schritte im Theorienbildungsprozeß möglich macht. Die Auswahl eines Modells (oder mehrerer) aus einer gewissen Anzahl von vorab aufgestellten oder ausgewählten Arbeitsmodellen mit Hilfe von experimentellen Ergebnissen wurde bereits erwähnt. Sehr wichtig ist, daß durch Experimente neue Anwendungsmöglichkeiten für Theorien bzw. Modelle aufgedeckt werden können oder durch die Notwendigkeit der Veränderungen an einem Modell oder seine Aufgabe auf Grund neuer experimenteller Ergebnisse Schlußfolgerungen für die Theorienbildung gezogen werden müssen. Auch daraus ergeben sich direkte Bezüge zu den Stufen der Modellbildung, insbesondere für die Suche und Herausbildung eines Modells, die Arbeit mit diesem usw.

Beim Widerspiegelungscharakter der Modelle, muß, wie oben ausgeführt, immer in Betracht gezogen werden, daß ein Modell nur in bestimmter Beziehung, unter bestimmten Bedingungen Repräsentant, Abbild (im erkenntnistheoretischen Sinne) des Objektes sein kann, nicht aber mit diesem identisch ist (Wellen- *und* Teilchenmodell für Photonen, mögliche Modellvielfalt der Idealstruktur eines kristallinen Festkörpers u. a.).

Prinzipiell ist eine unerschöpflich große Anzahl unterschiedlicher Modelle eines Objektes möglich, die verschiedene wesentliche Strukturen, Funktionen usw. dieses Objektes widerspiegeln. Im Prozeß des Eindringens in das Wesen der Erscheinungen werden eine relativ beschränkte Zahl von Modellen aufgestellt. Darunter finden sich Modelle, die sich gegenseitig ausschließen, aber ein umfassendes Bild über bereits erkannte wesentliche Beziehungen des Objektes geben können. Das kann Ausdruck des Erkenntnisprozesses selbst bzw. seiner Ergebnisse sein, aber auch auf den widersprüchlichen Charakter der Objekte hinweisen. Dieser Sachverhalt ist also möglicherweise sowohl ein Hinweis auf objektive als auch auf subjektive Dialektik bzw. auf beides. Deshalb sind derartige Situationen konkret zu untersuchen.

Manchmal lassen sich im entsprechenden Zweig der Physik direkte Vorläufer einer heute anerkannten und bewährten Modellvorstellung nachweisen. Sie sind

34 G. Härtler, Versuchsplanung und statistische Datenanalyse, Beiträge zur Forschungstechnologie 4, Berlin 1976, S. 15.

historische Voraussetzung für die Bildung eines Modells oder gehen direkt in die heuristische Stufe der Modellbildung ein. In anderen Fällen kann sich zeigen, daß Modelle oder bestimmte Seiten von Modellvorstellungen aus anderen Zweigen der Physik herangezogen werden müssen, um bestimmte Erscheinungen besser erklären zu können. A. Einstein und L. Infeld schrieben über solche Formen der Nutzung von Analogien: „Ein Gedankengang, der in einem bestimmten Wissenschaftszweig entwickelt wurde, läßt sich oft auch auf die Beschreibung von Vorgängen anwenden, die scheinbar einen ganz anderen Charakter haben. Will man das tun, so modifiziert man häufig die ursprünglichen Begriffe, um das Verständnis für die Phänomene, auf die sie zurückgehen, als auch für jene, auf die sie neuerdings angewandt werden sollen, zu erleichtern."[35] Sie weisen auf das Modell des Newtonschen Gravitationsfeldes hin und vergleichen es mit dem Modell der Anziehung und Abstoßung in der Elektrostatik (Coulomb).

Ein besonderes Beispiel bildet in diesem Zusammenhang das Bohrsche Atommodell. In dieses gingen atomistische Vorstellungen der Vergangenheit ein. Zugleich aber wurden auch bestimmte Analogien aus der klassischen Mechanik und der Maxwellschen Elektrodynamik neben Vorstellungen der Physik des 20. Jahrhunderts benutzt, die einen Bruch mit den Vorstellungen der klassischen Physik bedeuteten, letzteres waren die Plancksche Quantenvorstellung und die Vorstellungen Bohrs über Elektronenbahnen im Atom, auf denen die Elektronen strahlungslos umlaufen können. Diese Vorstellungen widersprachen der Elektrodynamik. Zu ihrem Verständnis bedurfte es einer neuen Mechanik, der Quantenmechanik. Für die Aufstellung des Bohrschen Atommodells und dessen Weiterentwicklung durch Sommerfeld spielten experimentelle Erkenntnisse über Atomspektren eine wesentliche Rolle.

2.2.3. Das Modell als Mittler von Experiment und Theorie

Es gibt verschiedene Wege zur physikalischen Theorie[36] und unterschiedliche Prinzipien des Aufbaus der Theorie. So ist es möglich, von einigen Axiomen auszugehen, die im Rahmen der Theorie dann nicht begründet werden, und auf dieser Grundlage das ganze Gebäude der Theorie zu errichten. Aber damit erschöpfen sich mögliche Wege des Aufbaus von Theorien nicht. Theorienbildung setzt auch nicht immer *unmittelbar* die Durchführung von Experimenten voraus. So meinte beispielsweise A. Einstein: „Durch rein mathematische Konstruktion vermögen wir nach meiner Überzeugung diejenigen Begriffe und diejenige gesetzliche Verknüpfung zwischen ihnen zu finden, die den Schlüssel für das

35 A. Einstein/L. Infeld, Die Evolution der Physik, Hamburg 1956, S. 32.
36 Vgl. H. Hörz, Experiment — Modell — Theorie, in: DZfPh, 7/1976, S. 892.

Verstehen der Naturerscheinungen liefern."[37] Das heißt, in den modernen Theorien der Physik ist über einen gewissen Zeitraum beim Vorliegen (oder der möglichen Ausarbeitung) geeigneter mathematischer Strukturen eine Entwicklung des mathematischen Apparates ohne ständige Interpretation bzw. Veranschaulichung desselben möglich, die jedoch auf einer bestimmten Stufe für die Weiterentwicklung der physikalischen Theorie notwendig wird. Letzten Endes muß sich auch diese Theorie in der Praxis bewähren, muß sie im Experiment zeigen, ob sie die zu untersuchenden Erscheinungen adäquat widerspiegelt, auch wenn eine solche Überprüfung unter Umständen einen längeren Zeitraum einnehmen kann. Andererseits können im Laufe einer solchen Theorienbildung auch Experimente die weitere Forschung stimulieren. Dabei stellen Modelle und Gedankenexperimente sowohl in bezug auf Theorien über die Untersuchungsobjekte als auch in bezug auf Meßtheorien, Gerätetheorien[38] Bindeglieder zwischen Experiment und Theorie dar. Damit werden sie ein wichtiges Hilfsmittel bei der Überprüfung des theoretischen Denkens, von Formen theoretischen Denkens, die *unterschiedliche* Aufgaben bei der Erkenntnis physikalischer Erscheinungen erfüllen.

Eine wichtige Funktion von bestimmten Modellen ist die Veranschaulichung der durch innertheoretische Entwicklungen entstandenen formalen Theorien. Beispielsweise muß der Inhalt einer physikalischen Theorie deutlich aufgedeckt werden, womit unter anderem die Möglichkeit gegeben ist, Schlußfolgerungen für eine experimentelle Überprüfung der Theorie zu gewinnen. Dabei ist es möglich, daß die Interpretationen der Theorie durch Modelle dazu führt, neue Anwendungsmöglichkeiten für die vorliegende Theorie aufzudecken. Speziell ist dies bei Anwendung bestimmter Theorien der Physik (z. B. irreversible Thermodynamik) in anderen Erscheinungsbereichen (biologische Evolution) der Fall. *Hypothesen*, die auf neue Anwendungen der Theorie zielen, erlangen dabei große Bedeutung.

Die Funktion von Interpretationsmodellen besteht nicht in jedem Fall darin, Hilfsmittel für die Überprüfung der Theorie in der Wirklichkeit, im Experiment zu sein. Die Veranschaulichung bestimmter theoretischer Vorstellungen, sogar einzelner Gleichungen mittels (für den Physiker) anschaulicher Modelle, das Überdenken ihrer Konsequenzen in Gedankenexperimenten, können die innertheoretische Entwicklung erleichtern, weil der physikalische Sinn der verwendeten Abstraktionen aufgedeckt wird. Dadurch wird ebenfalls die Beziehung der verwendeten Abstraktionen zur Wirklichkeit gezeigt, ohne daß sich unmittelbar reale Experimente anschließen müssen. Die Entscheidungen für mögliche Varian-

37 A. Einstein, Mein Weltbild, a. a. O., S. 117.

38 Vgl. H. Hörz, Diskussionsbeitrag, in: Sitzungsberichte der Akademie der Wissenschaften der DDR, 5/N/1975, Berlin 1975, S. 38.

ten des im weiteren in der Theorie einzuschlagenden Weges kann damit unter Umständen erleichtert werden, die Bildung neuer Hypothesen wird gefördert.

Die Adäquatheit der Widerspiegelung objektiver Erscheinungen durch ideelle Abbilder (Modelle, Theorien usw.) kann sich erst in der Beobachtung bzw. im Experiment erweisen. In Experimenten an materiellen Modellen und in Experimenten, die auf Grund gewisser Schlußfolgerungen aus einem ideellen Modell bzw. der Modellinterpretation einer Theorie durchgeführt werden, zeigt sich, ob die ideellen Abbilder bestimmte allgemein-notwendige und wesentliche Beziehungen des Untersuchungsobjektes richtig widerspiegeln. Dabei ist die experimentelle Überprüfung selbst vom Stand der im Experiment verwendeten Technik, dem Entwicklungsstand der Erkenntnisse und Methoden der Wissenschaft u. a. abhängig. Somit kann unter Umständen die Richtigkeit einer Theorie, einer Modellvorstellung, einer Hypothese beim aktuellen Stand experimenteller Möglichkeiten noch nicht überprüft werden.

Das spielte im 19. Jahrhundert bei der Überwindung der damals vorherrschenden Naturerklärung eine wesentliche Rolle. Im Rahmen der existierenden Theorien konnten für zahlreiche mechanische Modelle deren Grenzen noch nicht aufgezeigt werden. Man bediente sich modellmäßiger Vorstellungen, deren Berechtigung experimentell kaum belegt wurde bzw. nachgewiesen werden konnte. Erinnert sei hierbei nur an die mechanische Äthervorstellung, das „Schmerzenskind der Mechanik“ (M. Planck).

Neben dem bereits erwähnten Weg der innertheoretischen Entwicklung existieren auch andere Wege der Theorienbildung. Der Physiker W. Finkelnburg weist darauf hin, daß man sich bereits zur Deutung erster Ergebnisse bei der Untersuchung eines Objektes ein erstes, noch ziemlich grobes Gedankenmodell von seiner Beschaffenheit konstruiert (das entspräche der obengenannten heuristischen Stufe). Daraus werden Schlußfolgerungen für das Verhalten des Objektes unter anderen Bedingungen (das sind unter Umständen andere Experimente) gezogen. Diese Schlußfolgerungen werden im Experiment überprüft. Die Ergebnisse können zu einer Abänderung des Ausgangsmodells führen (kognitive bzw. pragmatische Stufe). Dann erst wird eine *Theorie des Modells* entwickelt; keineswegs erhebt diese bereits den Anspruch, das Verhalten des Objektes richtig zu beschreiben. Das Modell wird zum Als-ob-Objekt, wobei es in wesentlichen Punkten mit dem Objekt übereinstimmen soll, das heißt wesentliche Beziehungen des Objektes adäquat zu widerspiegeln hat. Erst der weitere Forschungsprozeß kann ergeben, ob die Theorie das zu untersuchende Objekt adäquat widerspiegelt. Aus der Theorie des Modells können eine große Zahl experimentell überprüfbarer Schlußfolgerungen gezogen werden. In ständiger Wechselwirkung von Experiment und Theorie wird das Modell verbessert. Eine immer bessere Annäherung an die Wirklichkeit wird erzielt, wobei Vorstellungen vertieft, erweitert oder verändert werden müssen. Jedes die Theorie nicht voll bestätigende

Experiment fordert nämlich auf, die Theorie abzuändern oder zu verbessern bzw. eine andere Theorie für den zu untersuchenden Erscheinungsbereich aufzustellen.[39]

In der Physik muß man auch auf die Existenz von Geräte- und Meßtheorien verweisen. Im messenden Experiment ist eine genaue Kenntnis der Meßapparatur, der Form der durch sie ausgeführten quantitativen und qualitativen Transformationen der Wirkungen des Untersuchungsobjektes auf bestimmte Einwirkungen und eine Fehlerrechnung oder -abschätzung nötig. In diesem Zusammenhang sind aber auch Bilder, Schemata, Blockschaltbilder und die darauf aufbauenden bzw. durch derartige Modelle interpretierten Geräte- und Meßtheorien wichtig und für die experimentelle Forschung notwendig. Dies weist auf die Wechselbeziehung von sinnlichen und rationalen Momenten in der Versuchsvorbereitung, -ausführung und auch -auswertung hin. In die Modelle der Meßapparatur, des Meßvorganges (Modellierung der Wechselwirkung der Geräte mit dem Objekt und des Objektverhaltens) gehen immer bestimmte theoretische Vorstellungen mit ein. Solche Modelle von experimentellen Anlagen oder Situationen sind ebenfalls ein Hilfsmittel zur Erkenntnis des zu untersuchenden Objektes, wenn auch in anderer Hinsicht als Modelle des Objektes. Sie erfassen häufig lediglich einzelne, bestimmte wesentliche Kennzeichen und Eigenschaften der Meßapparatur, in bestimmten Fällen geht es in ihnen um die Abbildung wesentlicher Seiten der konkreten Wechselwirkung zwischen Meßapparatur und Untersuchungsobjekt. Sie charakterisieren in der Regel die Möglichkeiten zur Schaffung (Verwirklichung) spezieller Versuchsbedingungen, kennzeichnen in bestimmter Weise den Grad der Entwicklung der experimentellen Methode in der Physik, aber auch die Fähigkeiten der am Forschungsprozeß Beteiligten und können unter Umständen eng mit Gedankenexperimenten verknüpft sein. Die in den Experimenten gewonnenen Ergebnisse werden in Modellen systematisiert oder mit Folgerungen aus Modellen verglichen, die Vorstufe zu einer Theorie des Untersuchungsobjektes sind oder ein Interpretationsmodell einer derartigen Theorie darstellen.

Die hier dargestellten Verhältnisse sind ein spezieller Aspekt der Widerspiegelung einer sich im wissenschaftlichen Experiment realisierenden komplizierten Beziehung zwischen erkennendem Subjekt und dem Objekt der Erkenntnis. Sie weisen ebenfalls auf Probleme des Theorienbildungsprozesses hin, zeigen bestimmte Seiten der komplizierten Struktur solcher Prozesse. Die genannten Modelle stellen Abbilder der vom Menschen bewußt auf Grund objektiver Gesetzmäßigkeiten geschaffenen und ausgewählten Meßapparaturen bzw. experimenteller Situationen dar. Auf Grund vorausgehender theoretischer Erkenntnisse,

39 Vgl. W. Finkelnburg, Einführung in die Atomphysik, Berlin—Heidelberg—New York 1967, S. 3f.

einschließlich der Kenntnis der Meßapparatur, ist dann eine Auswahl aus den Ergebnissen, die Bewertung der Ergebnisse des Experimentes möglich. Aber gleichzeitig wird damit eine Bewertung des Modells bzw. der Theorie des Untersuchungsobjektes und somit auch der jeweils verwendeten Hypothesen vorgenommen. Diese Bewertung stellt keine starre, ein für allemal gegebene Wertung der experimentellen Ergebnisse oder Modelle, Theorien usw. dar, sondern ist selbst relativ und gibt eventuell ebenfalls Hinweise für Experimente unter anderen Bedingungen, für zu verändernde oder aufzugebende Modellvorstellungen usw. Unter Umständen erweist sich hierbei, daß von mehreren verwendeten Arbeitsmodellen oder -hypothesen eine große Zahl eliminierbar ist. Letzteres hängt aber sicher von der Art und dem Umfang, das heißt der Bedeutung des durchgeführten Experimentes ab.

2.3. Fragen der Anschaulichkeit

Ein wichtiges Problem, das sich aus der Möglichkeit unterschiedlicher Wege der Theorienbildung ergibt, ist die Frage nach der Veranschaulichung der Theorien. Die Theorie entfernt sich, betrachtet man die in ihr verwendeten Abstraktionen und die Beziehungen zwischen diesen, scheinbar immer mehr von der Wirklichkeit. Gleichzeitig gelingt es, mit derartigen Theorien das Wesen objektiver Erscheinungen immer besser zu erfassen. Die Veranschaulichung, Interpretation der Theorie geschieht in Modellen. Müssen diese Modelle selbst anschaulich sein?

Die Auffassung, daß die neue Physik prinzipiell (also einschließlich ihrer Modelle) unanschaulich sei, entstand bei einigen Physikern, als sich die Relativitätstheorie und die Quantenmechanik herausbildeten. Einige von ihnen forderten deshalb, die klassischen (und anschaulichen) Modelle beizubehalten. Planck sah die neue Physik ebenso wie die klassische als anschaulich an, denn er war davon überzeugt, daß die Anschaulichkeit von bestimmten Vorstellungen mit der Gewöhnung an sie zusammenhänge.

Mit der Überwindung der „Krise der Physik“ wurden tatsächlich die Vorstellungen von Raum und Zeit, von der Bewegung und vom Determinismus grundlegend verändert. Daraus ergab sich, daß die bisher verwendeten klassischen Vorstellungen den neu entdeckten Sachverhalten nicht mehr Rechnung trugen oder ihre Anwendung oftmals sehr unbefriedigend war. Doch zeigte sich, daß auch Begriffe und Vorstellungen nicht unbeweglich, starr sind, sondern sich ebenso wie die theoretischen Vorstellungen insgesamt verändern und entwickeln. Nicht nur das experimentelle, sondern auch das theoretische Erkenntnisvermögen der

Physiker entwickelte sich in großem Maße weiter. Dies ist ein Prozeß, der trotz Stagnation und Regression in der Wissenschaft ständig vor sich geht.

In der heutigen Physik werden auch außerhalb der entsprechenden Gebiete Modelle aus der Mechanik (oder der klassischen Physik) benutzt. So sind in der nichtklassischen Physik durchaus Züge einer „klassischen" Anschaulichkeit nachweisbar. Die Anwendung klassischer Modelle und Analogien hat jedoch ihre Grenzen, die vorgegeben werden müssen oder sich im Forschungsprozeß herausstellen. Daher sind Urteile, die Modelle der heutigen Physik seien unanschaulich, nicht so undifferenziert zu akzeptieren. Sie weisen eher darauf hin, daß das Verhältnis von Theorie und Wirklichkeit scheinbar komplizierter wird und genau analysiert werden muß.

Unter Berücksichtigung der aufzeigbaren Schwierigkeiten wurde von Hörz eine allgemeine philosophische Definition der Anschaulichkeit vorgeschlagen, die jetzt anhand der Ergebnisse der Einzelwissenschaften weiter interpretiert werden sollte. Für den Erkenntnisprozeß entscheidend ist danach, daß das Wesen oder wesentliche Seiten der Erscheinungen in der sinnlichen Erkenntnis „mittels Vorstellungen, die Objekt und Prozeß als Einheit von Wesen und Erscheinung fassen"[40], abgebildet werden können, was durch unsere rationale Erkenntnis möglich wird. Versteht man unter Anschaulichkeit eben dieses Hervorheben wesentlicher Seiten mittels solcher Vorstellungen, so zeigt sich, daß die scheinbar völlig verschiedenen Auffassungen von der Anschaulichkeit historisch bedingte Stufen dieses Hervorhebens des Wesens repräsentieren.

Man kann dann vier historische Stufen der „Anschaulichkeit" in der Physik hervorheben: 1. sinnlich anschaubar; 2. mechanisch beschreibbar; 3. klassisch beschreibbar und 4. Anschaulichkeit in der heutigen Physik.[41] Diese Stufen entsprechen bestimmten Entwicklungsetappen der physikalischen Erkenntnis und sind eng mit den jeweils vorherrschenden Weltbildern der Physik gekoppelt (obgleich Modelle, die beispielsweise der klassischen Physik entstammen und in diesem Sinne anschaulich sind, nach wie vor verwendet werden).

Offensichtlich verstärkt sich durch die immer weitere Anwendung sowohl der Mathematik als auch von physikalischen und allgemeinwissenschaftlichen Begriffen immer höheren Abstraktionsgrades in der Physik ihre scheinbare „Unanschaulichkeit". Daraus ergibt sich jedoch durchaus kein Widerspruch zwischen anschaulichen und unanschaulichen Vorstellungen; dieser besteht vielmehr zwischen weniger exakten und exakteren theoretischen Widerspiegelungen objektiver Erscheinungen. Die in den Modellen enthaltenen mathematischen Beziehungen

40 H. Hörz, Modell und Anschaulichkeit in der modernen Physik, in: DZfPh, 12/1971, S. 1499.

41 Vgl. N. Hager, Philosophische Fragen der Modellproblematik am Beispiel der Festkörperphysik, Diss. A, Berlin 1976, S. 121ff., S. 170.

erhöhen sicher nicht die „sinnliche Anschaulichkeit" dieser Modelle. Die Anwendung mathematischer Beziehungen in physikalischen Theorien sowie die Ausarbeitung neuer Bereiche der Mathematik, die eventuell einmal in physikalischen oder anderen Theorien angewendet werden können, ist aber für den Fortschritt der Wissenschaft unbedingt notwendig.

3. Modelle in der Biologie

3.1. Modellierung und Biologie

Hinsichtlich der Methoden, die zur Erforschung des Bios eingesetzt werden, gelten Beobachtung und Beschreibung als die ältesten. Über Alkmaion (um 500 v. u. Z.) ist die Beschreibung von Auge und Ohr auf Grund eigener Sektionen überliefert. Auf Aristoteles geht die vergleichende Beschreibung zurück (um 350 v. u. Z.), Hippokrates beobachtete (um 300 v. u. Z.) die Embryonalentwicklung des Hühnchens im Ei. Das qualitative Experiment wird mit Galens Namen in Zusammenhang gebracht, der (um 150 u. Z.) mittels Abbinden und Öffnen eine Funktionsbestimmung des Harnleiters vornahm. Hales erwarb sich Verdienste mit quantitativen Experimenten zum Stoffwechsel, vor allem zum Wasserhaushalt der Pflanzen (um 1700). Erst um 1892 jedoch wird durch Bütschli und Leduc die Modellierung in der Biologie bewußt begründet.[42] Der Begriff des Modells ist aber vor allem in den letzten drei Jahrzehnten stark in das allgemeine Bewußtsein der Biologen eingegangen. Damit besteht die Notwendigkeit, sich stärker mit der erkenntnistheoretisch-methodologischen Seite der Modellierung in der Biologie zu befassen. Einige Autoren weisen berechtigt darauf hin, daß der Begriff des Modells in Gefahr gerät, zu einem Modewort, einem Schlagwort zu werden.[43] Dieser Sachverhalt steht in enger Beziehung mit der Feststellung, daß es gegenwärtig noch keine allgemein anerkannten Festlegungen über den Modellbegriff gibt. So fühlen sich viele Autoren veranlaßt, eine eigene Bestimmung des Modellbegriffs vorzunehmen. Dieses

42 Vgl. G. Vogel/H. Angermann, Taschenbuch der Biologie, Jena 1971, S. 14; G. Straaß, Modell und Erkenntnis, Jena 1963, S. 38f.

43 Vgl. G. Straaß, Modell und Erkenntnis, a. a. O., S. 43; S. Rapoport, Bemerkungen zu Diskussionen und Thesen, in: Arzt und Philosophie, Berlin 1961, S. 101; G. Wendler, Über einige Modelle in der Biologie, in: Studium Generale, 5/1965.

Verfahren führt zu einer Vielzahl von Auffassungen über das Modell; andererseits wird eine philosophische Bearbeitung der Problematik geradezu herausgefordert.

Diese Aufgabe macht es notwendig, folgende Ebenen zu beachten: Es besteht Einigkeit darüber, daß Modelle und Modellierung als spezifische Erkenntnismittel in den verschiedensten Natur- und Gesellschaftswissenschaften an Bedeutung gewinnen, nicht zuletzt dadurch bedingt, daß der Mensch in immer kompliziertere und komplexere Zusammenhänge eindringt. Eine erste Ebene der Analyse besteht daher in der Untersuchung des Gebrauchs von Modell und Modellmethode in den Einzelwissenschaften. Die Aufmerksamkeit richtet sich zunächst auf aktuelle Gesichtspunkte des Zusammenhangs der Methoden im Prozeß der Theoriebildung, um die Wechselbeziehung zwischen Empirischem und Theoretischem. Aber auch historische Aspekte sind von Bedeutung. Es geht um den Prozeß der Herausbildung der Modellierung in der Geschichte der entsprechenden Wissenschaft. So sind auch aus der Geschichte der Biologie interessante Hinweise über die Modellierung zu erwarten. Beispielsweise ist bekannt, daß in der griechischen Antike aus religiös-moralischen Gründen keine menschlichen Leichen seziert wurden. Aristoteles war davon überzeugt, daß man für Überlegungen über die inneren Organe des Menschen „auf die Teile der Tiere zurückgehen muß, mit denen sie eine ähnliche Beschaffenheit haben"[44]. Selbst Galens Hauptkenntnisse in der Anatomie des Menschen sind der Sektion von Tierleichen zu verdanken. Damit liegt eine historisch belegte frühe Form der Modellierung vor, die neben der erkenntnistheoretisch-methodologischen Problematik den Bezug zu weltanschaulich-philosophischen Auffassungen erkennen läßt.

In überaus enger Wechselbeziehung mit dieser Ebene steht die Ebene der philosophischen Auffassung über Modellbegriff und Modellierung als spezifische Erkenntnismittel des Menschen. In philosophischer Hinsicht sind die weltanschaulich-ideologischen, erkenntnistheoretisch-methodologischen und heuristischen Aspekte von Bedeutung.[45]

3.2. Verwendung des Modellbegriffs in der Biologie

Die Auffassung, daß im Bereich des Bios außerhalb und unabhängig von der Existenz des Menschen Modelle vorkommen, ist des öfteren in der Literatur anzutreffen. Dabei treten recht widersprüchliche Vorstellungen über derartige Modelle auf. Einige Beispiele sollen das verdeutlichen.

44 Aristoteles, Naturgeschichte der Tiere, 1. Buch, Berlin o. J., S. 42, vgl. auch S. 69.
45 Vgl. V. 1.

Erstens wird der Sachverhalt genommen, daß bei der geschlechtlichen Fortpflanzung im Prozeß der Reduktionsteilung haploide Gameten entstehen. Aus diesen bildet sich bei der Befruchtung eine diploide Zygote, deren Genom die Entstehung des neuen Lebewesens steuert. Dieses Genom der Zygote wird als Modell bezeichnet, der Begriff des Modells wird mit dem eines Bauplans identifiziert.[46] Zweitens wird eine über den Mutations-Selektions-Mechanismus entstandene Imitation, beispielsweise die Ei-ähnlichen Muster auf der Schwanzflosse des Maulbrüter-Männchens, die gegenüber dem „Subjekt", dem Weibchen, eine bestimmte Funktion ausübt, als Modell angesehen.[47] Drittens wird bei der Mimikry das Objekt, das — erneut über den Mutations-Selektions-Mechanismus — von anderen Insekten, den Nachahmern imitiert wird, als Modell betrachtet, wobei auch hier die Imitation gegenüber einem selektionierenden „Subjekt" (den natürlichen Feinden der Nachahmer) eine Funktion hat.[48] Viertens wird dem Repräsentanten einer Organismengruppe (Hasen), der bestimmte Eigenschaften eingebüßt hat (Fluchtvermögen), in einer bestimmten Funktion gegenüber einem „Subjekt" (Jungfüchse) die Bezeichnung Modell zugesprochen.

Folgt man den Vorstellungen der erstgenannten Auffassung, dann erwiese sich jedes Genom, das in Fortpflanzungsprozessen realisiert wird, als Modell. Die Evolution wäre damit ein Prozeß der Entstehung von Modellen und ihrer Realisierung, die ihrerseits die Grundlage für die Bildung neuer Modelle ist. Es muß hier die Frage gestellt werden, was mit einer derartigen Vorstellung von Modellen gewonnen wäre, zumal dieser Prozeß besser mit den Kategorien von Information und Widerspiegelung in Verbindung zu bringen ist.

Im Gegensatz zum ersten Fall tritt bei den Beispielen 2—4 ein „Subjekt" auf. Bei den Beispielen 2 und 3 ergeben sich zwischen den als modelliertem Objekt und den als Modell angesehenen Gegenständen wesentliche qualitative Unterschiede. Bei Beispiel vier dagegen gehören das „Modellobjekt" und das „Modell" zur selben biologischen Art. Dadurch wird der Schluß nahegelegt, daß jeder Vertreter, Repräsentant einer Art gegenüber einem „Subjekt" als ein Modell betrachtet werden kann. Damit würde beispielsweise ein Biologe, der sich mit der Sektion eines Meerschweinchens beschäftigt, an einem Modell arbeiten. Diese Auffassung simplifiziert unseres Erachtens die Verhältnisse in unzulässiger Weise. Sie beachtet ungenügend die Beziehung zwischen Erkenntnissubjekt, Modell und Erkenntnisobjekt.

Eine Kritik an dem spezifischen Gebrauch des Subjekt-Begriffes, wie er in den Beispielen 2 bis 4 auftritt, hat bereits Štoff geliefert. Štoff sieht hierin eine

46 Vgl. M. Peschel, Was ist Modellbildung?, in: Wissenschaft und Fortschritt, 3/1979, S. 101 f.

47 Vgl. G. Wendler, Über einige Modelle in der Biologie, a. a. O., S. 287.

48 Vgl. E. Lange, Mimikry — eine rätselhafte Naturerscheinung, in: Wissenschaft und Fortschritt, 4/1975.

unzulässige Verdoppelung des Subjekt-Begriffes: Einmal betrachtet man „das Subjekt als erkenntnistheoretisches Subjekt, d. h. als erkennendes menschliches Bewußtsein, in anderen Fällen aber als ein materielles System, für das ein zweites System (M) Modell und ein drittes System (O_M) Original ist“[49]. Er gelangt zu der Auffassung — die wir hier unterstützen —, daß eine derartige Ausdehnung des Modellbegriffs ihm die Spezifik als Erkenntnismittel und -form, als erkenntnistheoretische Kategorie nimmt. Im Vergleich mit der Anwendung der Modellierung als wissenschaftlicher Erkenntnismethode liegen hier nur unter der Bedingung, daß die von Wüstneck dargestellte allgemeine Modellrelation[50] in Anwendung gebracht wird, äußerliche Übereinstimmungen, aber keine Wesensgleichheit vor. Daher scheint für die Charakterisierung der Begriffe Modell und Modellmethode als Erkenntnismittel die genannte Modellrelation als nicht ausreichend.

Unter dem Aspekt der Bestimmung von Modell und Modellmethode als spezifische Erkenntnismittel des Menschen gilt das menschliche Bewußtsein als Bezugspunkt. Die Modellmethode wird vom erkennenden Menschen als wissenschaftliche Erkenntnismethode eingesetzt. Der Prozeß der Erarbeitung, Konstruktion oder Auswahl eines Modells ist hier stets mit der Bewußtseinstätigkeit des Menschen verbunden, Modelle sind Mittel zur Erweiterung der menschlichen Erkenntnis.

Es gilt, die Vielfalt der erkenntnistheoretisch-methodologischen Beziehungen zu beachten, die mit der Modellierung verbunden sind, ohne einzelne Seiten überzubewerten oder zu verabsolutieren. Beispielsweise spielen solche Aspekte wie Projektion, Imitation, Repräsentation, Widerspiegelung und Information eine Rolle, ohne allein schon den Begriff des Modells hinreichend fixieren zu können.

Bei den oben genannten Beispielen zeigte sich, daß der Begriff des Modells im Sinne der Modellrelation gebraucht wurde, daß aber keine Beziehung zur Modellmethode auftrat. Die „Subjekte“ verhielten sich in fast gleicher Weise zu den „Modellen“ und den „Modellobjekten“. Für die Bearbeitung des philosophischen Modellbegriffes ist es deshalb von Bedeutung, den Zusammenhang von Modell und Modellmethode zu beachten, wesentliche Grundstrukturen der Modellmethode aufzudecken, um sie in erkenntnistheoretisch-methodologischer Hinsicht von anderen Methoden abzugrenzen und sie so sinnvoll in das Methodengefüge einordnen zu können. Dabei sind die bereits behandelten Stufen der Modellbildung (heuristische, kognitive, pragmatische, erklärende) zu beachten.

49 V. A. Štoff, Modellierung und Philosophie, a. a. O., S. 31.
50 Vgl. K.-D. Wüstneck, Zur philosophischen Verallgemeinerung und Bestimmung des Modellbegriffes, in: DZfPh, 12/1963.

3.3. Materielle Modelle in der Biologie

Die Schwierigkeiten, den Begriff des Modells zu bestimmen, brachte neben der Auffassung, daß Modelle völlig unabhängig von der Existenz der menschlichen Gesellschaft auftreten können, auch die gegenteilige Vorstellung zutage, nämlich als Modelle nur materielle Konstrukte des Menschen anzuerkennen.

Straaß kennzeichnet „nur die materielle Reproduktion biologischer Wechselbeziehungen mit dem wissenschaftlichen Modellbegriff in der Biologie“[51]. Die Modellmethode habe so eine materielle Reproduktion biologischer Erscheinungen zur Grundlage und unterscheide sich dadurch von der experimentellen Methode, die am biologischen Objekt arbeitet. Der Hauptunterschied zwischen beiden Methoden liege im Wesen des Untersuchungsobjektes, das Modell sei grundsätzlich anderer Natur als irgendein biologisches Objekt.[52] Die Modellmethode hat „aus dem biologischen Zusammenhang materiell reproduzierte Wechselbeziehungen, die das Resultat einer künstlich geschaffenen Systemeinheit sind, zur Grundlage“[53]. Auch an anderen Stellen wird eine derartige Auffassung vertreten. Vogel und Angermann gehen davon aus, daß die Modellbildung im Gegensatz zu anderen Methoden, „die direkt mit dem biologischen Objekt arbeiten, auf künstlichen Systemeinheiten auf(baut), die aus dem konkreten biologischen Zusammenhang abstrahiert sind“[54].

Gegen diese Vorstellung wird von verschiedenen Seiten Einspruch erhoben, da sie sich als zu eng erweist.[55] So kann nicht zugestimmt werden, wenn der Hauptunterschied zwischen der experimentellen Methode und der Modellmethode (oder dem Experiment am Modell) nicht im eigentlich praktischen, experimentellen Teil, sondern im Wesen des Untersuchungsobjekts gesehen wird.[56] Damit aber ist die Frage nach der Bestimmung des Modellbegriffs sowie nach Zusammenhang und Unterschied zwischen der experimentellen und der Modellmethode aufgeworfen.

In Auseinandersetzung mit der Auffassung, nur materielle Rekonstruktionen als Modelle gelten zu lassen, ist folgendes festzuhalten: 1. Nicht das Wesen des Untersuchungsobjektes ist entscheidend dafür, ob es sich um ein Modell handelt oder nicht, sondern die erkenntnistheoretische Konstellation. Die Bestimmung, ob ein Objekt als Modell fungiert oder nicht, kann nicht von einer bestimmten Struktur des Objektes abhängig gemacht werden. Als Bezugspunkt

51 G. Straaß, Modell und Erkenntnis, a. a. O., S. 43.
52 Vgl. ebenda.
53 Ebenda, S. 117.
54 G. Vogel/H. Angermann, Taschenbuch der Biologie, a. a. O., S. 15.
55 Vgl. K.-H. Köhler, Revolutionäre Umwälzungen im biologischen Denken der Gegenwart, in: Streitbarer Materialismus und gegenwärtige Naturwissenschaft, Berlin 1974, S. 95.
56 Vgl. G. Straaß, Modell und Erkenntnis, a. a. O., S. 117f.

dient vielmehr seine Stellung und Funktion im Erkenntnisprozeß. Wie verschiedene Beispiele zeigen, muß die Modellierung nicht von vornherein zu echten neuen Erkenntnissen führen, wenn auch stets Erkenntnisgewinn angestrebt wird. Es besteht in der Literatur Einigkeit darüber, daß die Übertragung von Erkenntnissen, die am Modell gewonnen werden, auf das modellierte Objekt im Rahmen des Analogieschlusses einen gewissen Wahrscheinlichkeitscharakter besitzt, so daß, wenn möglich, nachfolgende Untersuchungen angestellt werden sollten. Grundlage für einen möglichen Erkenntnisgewinn ist der Sachverhalt, daß der über die Erkenntnistätigkeit des Menschen vermittelte Zusammenhang zwischen materiellem Erkenntnisobjekt und materiellem Modell nicht nur durch die Existenz gleicher allgemeiner Merkmale und Relationen gekennzeichnet ist (Analogie), sondern sich auch als Ausdruck gleicher allgemein-notwendiger und wesentlicher Zusammenhänge, das heißt gleicher Gesetzmäßigkeiten erweisen kann. Die Existenz analoger Merkmale ist eine wesentliche Voraussetzung für die Modellierung. Insofern kann man die Aussage von Straaß, daß der Zusammenhang mit dem Allgemeinen dem Modell seinen Erkenntniswert gibt,[57] präzisieren. Dabei sollte der Beziehung von Modellierung, Gesetz und Gesetzeserkenntnis mehr Aufmerksamkeit gewidmet werden.

Die Problematik von Analogie und Homologie besitzt über die Modellierung hinaus Bedeutung. Homologien setzen die Existenz gleicher Grundqualitäten voraus, die in verschiedenen Erscheinungsformen auftreten können (andere Qualitäten gleicher Grundqualität, strukturelle und funktionelle Homologien). Analogien beruhen auf objektiv existierenden gemeinsamen Struktur- und Funktionseigenschaften qualitativ unterschiedlicher Systeme. Die Grenzen der Analogien ergeben sich aus den Systemgesetzen.[58]

Als wesentliche erkenntnistheoretisch-methodologische Grundstruktur der Modellierung deutet sich der Zusammenhang eines theoretisch gefaßten Objektes (theoretische Vorstellungen, experimentelle Daten, Aussagen, Hypothesen usw.) und dem Modell an. Aus dem Komplex von Daten und theoretischen Vorstellungen ergibt sich eine Problemstellung, zu deren Lösung unter entsprechend formulierten Bedingungen ein Modell herangezogen wird. Das Modell dient dann dazu, Erkenntnisse zu gewinnen, die zur Lösung dieser Problemstellung beitragen.

Die Bestimmung des Modells als materielle Reproduktion biologischer Sachverhalte ist also in verschiedener Weise zu eng. Straaß selbst weist darauf hin, daß es auch materielle Reproduktionen gibt, die keine Modelle sind, sondern beispielsweise zur Veranschaulichung bestimmter Prozesse dienen. Das wirft

57 Vgl. ebenda, S. 89, S. 119.

58 Vgl. H. Hörz, Modelle in der wissenschaftlichen Erkenntnis, in: Sitzungsberichte der AdW der DDR, 11/G/1978, Berlin 1978.

die Frage auf, inwieweit und unter welchen Bedingungen Reproduktionen als Modelle fungieren können.[59]

Mit der Frage nach der Möglichkeit der Verwendung natürlicher biotischer Objekte als Modelle befassen sich verschiedene Autoren. Das Problem besteht vor allem darin, daß man abgrenzen muß, unter welchen Bedingungen ein biotisches System als Modell fungiert. Eingeschränkte Auffassungen zum Modell besagen dazu folgendes: Einmal wird biotischen Systemen jede Möglichkeit abgesprochen, im Rahmen der menschlichen Erkenntnis gegeneinander als Modell zu fungieren.[60] Zum anderen wird jeder Repräsentant einer Klasse biotischer Systeme als Modell angesehen.[61]

Zu dieser Problematik bietet Niedrich einen interessanten Ansatz: „Studiere ich den Verlauf oder die therapeutische Behandlung der Tuberkulose am Meerschweinchen im Hinblick auf den Menschen, so ist die Meerschweinchentuberkulose eindeutig ein Modell für die Verhältnisse beim Menschen. Heißt das Ziel morphologische Veränderung der Tuberkeln unter dem Einfluß bestimmter Agenzien in vivo, so untersuche ich den Sachverhalt selbst, gleich, welches Säugetier der Wirt der Tuberkeln ist. Werden z. B. den Tuberkuloseerregern nah verwandte Bakterien unter analogen Bedingungen erforscht, die Ergebnisse auf die Tuberkuloseforschung übertragen und dort verwertet, dann haben wir es wieder mit einem echten Modell zu tun.“[62]

Niedrichs Aussage ist in doppelter Hinsicht bedeutsam. Erstens können vielfach lebende Organismen, biotische Systeme als Modell eingesetzt werden. Damit aber steht in Verbindung, daß biotische Systeme nicht von vornherein und ständig als Modelle anzusehen sind. Das Beispiel verweist darauf, daß es nur dann sinnvoll ist, von Modellen zu sprechen, wenn der Zusammenhang zur Modellmethode gegeben ist. Štoff bemerkt dazu folgendes: „Damit etwa ein Hund, ein Frosch oder die Drosophila zu Modellen werden können, an denen die Gesetzmäßigkeiten der höheren Nerventätigkeit oder der Vererbung beim Menschen untersucht werden, muß das entsprechende als Modell benutzte ‚Quasiobjekt‘ wissenschaftlich vorbereitet und überhaupt bestimmtes Ausgangswissen über die jeweiligen Prozesse in den zur Untersuchung ausgewählten Strukturen herangezogen werden. Die experimentelle Untersuchung liefert neue Erkenntnisse,

59 Vgl. H. Schaefer/P. Novak, Anthropologie und Biophysik, in: H.-G. Gadamer/P. Vogler, Neue Anthropologie, Bd. 1.1., Stuttgart 1972, S. 247.

60 Vgl. G. Straaß, Modell und Erkenntnis, a. a. O., S. 102, S. 44.

61 Vgl. H. Schaefer/P. Novak, Anthropologie und Biophysik, in: H.-G. Gadamer/P. Vogler, Neue Anthropologie, Bd. 1.1., a. a. O., S. 24; F. Jung, Die erkenntnistheoretische Bedeutung von Modellen in Biologie und Medizin, in: Arzt und Philosophie, a. a. O., S. 79.

62 H. Niedrich, Modell und objektiver Sachverhalt, in: Arzt und Philosophie, a. a. O., S. 99.

die ebenfalls nach bestimmten Regeln auf das Originalobjekt übertragen werden."[63]

Erneut erweist sich die Existenz bestimmter Analogien als Grundlage für den Einsatz eines biotischen Objektes als Modell für ein anderes. In Verbindung damit wird aber wieder die Frage nach der Abgrenzung zwischen materiellem biologischem Modellobjekt und materiellem biologischen Modell bedeutsam. Štoff geht mit Klaus davon aus, daß es bei der Modellierung zwischen modelliertem Objekt und Modell eine Kongruenz auf folgenden vier Ebenen gleichzeitig nicht gibt: auf der Ebene der Resultate, der des Verhaltens oder der Funktionen, der der Strukturen und der Materialebene.[64] Er veranschaulicht diese Forderung durch das Beispiel, daß ein Radioapparat nicht gleichzeitig auf allen Ebenen Modell für einen anderen desselben Systems und derselben Serie ist: Das Verhältnis von modelliertem Objekt und Modell ist kein Identitätsverhältnis.[65]

Aber noch eine weitere Fragestellung spielt in den Bereich des Einsatzes biotischer Objekte als Modelle hinein und berührt den Zusammenhang zwischen Modellierung und experimenteller Methode.[66] Hoffmann-Berling bezeichnet zytolysierte Zellen, die nach der Fixierung zum Studium der Zellmobilität herangezogen werden, als Modelle.[67] Bei derartigen Experimenten werden Faktoren, die die gegebene Zielstellung störend beeinflussen, ausgeschaltet. Die derart vereinfachten Verhältnisse werden daraufhin untersucht. Straaß bemerkt kritisch, daß das Modellhafte dieser fixierten Zellen im Unterschied zur intakten Zelle besteht. Dieser Unterschied allein reicht jedoch nicht aus, um den zytolysierten Zellen Modellcharakter zuzusprechen, fungieren sie doch dadurch noch nicht als „Als-ob-Objekt", sondern sind selbst lediglich stark veränderte Objekte. Ein noch extremerer Fall der gleichen Art liegt vor, wenn beispielsweise ein aus den Zellen extrahiertes Enzym im Reagenzglas zu einer Lösung von DNS und deren Bausteinen zugesetzt wird und dann unter bestimmten Bedingungen die Bildung neuer DNS, die der ursprünglichen gleicht, beobachtet wird.[68] Diese Problematik gewinnt im Bereich der Molekularbiologie bei der Aufklärung der grundlegenden Strukturen und Mechanismen des Lebens eine wesentliche Rolle. Dabei muß zwischen solchen Substanzen und Stoffen unterschieden werden, die den untersuchten Systemen entstammen und deren Struktur und Funktion aufgeklärt werden soll, und solchen Substanzen, die nicht aus dem

63 V. A. Štoff, Modellierung und Philosophie, a. a. O., S. 157.
64 Vgl. ebenda, S. 163.
65 Vgl. ebenda.
66 Vgl. V. 2.
67 Vgl. G. Straaß, Modell und Erkenntnis, a. a. O., S. 46.
68 Vgl. R. W. Kaplan, Modelle der Lebensgrundfunktionen, in: Studium Generale, 5/1965, S. 270.

Bereich des Bios stammen und als Modelle bei der Aufklärung von Grundstrukturen des Lebens eingesetzt werden.

In die Modellierung fließen experimentell gewonnene Daten ein, Ergebnisse von Experimenten oder Experimentreihen bilden zusammen mit anderen theoretischen Voraussetzungen und entsprechenden Problemstellungen und Hypothesen den Ausgangspunkt zur Erarbeitung eines (oder mehrerer) Modelle. Die Qualität der experimentellen Ergebnisse und der in das Modell einfließenden theoretischen Ergebnisse besitzt wesentlichen Einfluß auf den Wert der bei der Modellierung zu erwartenden Ergebnisse.

Ein weiterer Berührungspunkt zwischen Modellmethode und experimentellen Methoden besteht im Prozeß der Produktion eines materiellen Modells. Es geht darum, das Modell so zu suchen oder zu konstruieren, daß der zu untersuchende Sachverhalt im Rahmen der gegebenen Möglichkeiten möglichst gut durch das Modell erfaßt, daß eine möglichst große Übereinstimmung zwischen Objekt und Modell hinsichtlich der zur Untersuchung anstehenden Eigenschaften und Relationen erreicht wird. Die Lösung dieser Aufgabe gehört in den Bereich der Anpassung des Modells an das Untersuchungssystem. Noack sieht den ersten Schritt der Anpassung darin, eine Aussage über den Grad der Anpassung des Modells an das Untersuchungssystem hinsichtlich eines einzigen festumrissenen Experiments zu finden.[69] Wenn für eine Erscheinung ein materielles Modell produziert oder bestimmt wird, dann ist auch die Möglichkeit gegeben, mit dem Modell selbst Experimente, die sogenannten Modellexperimente, durchzuführen. Diese Experimente vollziehen sich dann ebenfalls nach den Schritten der experimentellen Methode: 1. Gewinnung einer experimentellen Fragestellung aus der zu überprüfenden Hypothese, 2. gedankliche Vorbereitung des konkreten Experiments, 3. Aufbau und Durchführung des Experiments, 4. Feststellung und Auswertung der Daten.[70] Im Ergebnis des Experiments am Modell werden Aufschlüsse über das Modell erlangt, deren Übertragbarkeit auf das ideelle Modellobjekt mittels des Analogieschlusses überprüft wird.

Die mittels der Modellmethode über das modellierte Objekt gewonnenen Aussagen bedürfen ihrerseits einer experimentellen Überprüfung. Die mittels Analogieschluß auf das modellierte Objekt übertragenen Erkenntnisse besitzen für dieses Objekt hypothetischen Charakter. Um die Gültigkeit der übertragenen Aussagen für das modellierte Objekt zu bestätigen, werden also aus ihnen experimentell zu lösende Fragestellungen abgeleitet. Diese Fragestellungen müssen im Rahmen der experimentellen Methode untersucht werden und ermöglichen unter bestimm-

69 Vgl. Ch. Noack, Aussagekraft biophysikalischer Modelle der Transpiration, Leipzig 1969, S. 226.

70 Vgl. H. Hörz, Experiment und experimentelle Tätigkeit im naturwissenschaftlichen Unterricht, in: Biologie in der Schule, 10/1975.

ten Bedingungen Aufschluß über den Wert der bei der Modellierung erhaltenen Ergebnisse.

Zusammenfassend zeigt sich, daß *erstens* eine Einschränkung des Modellbegriffs auf materielle Rekonstruktionen in erkenntnistheoretisch-methodologischer Hinsicht nicht nötig und nicht haltbar ist. Dabei ergibt sich, daß die Kriterien dafür, ob sich bestimmte Objekte als Modelle erweisen oder nicht, nicht außerhalb der Modellmethode zu suchen sind. *Zweitens* muß als wesentliches erkenntnistheoretisch-methodologisches Bestimmungsstück der Modellmethode auf den Zusammenhang zwischen dem theoretisch gefaßten Objekt und dem unter bestimmten Problemstellungen dazu produzierten oder ausgesuchten Modell verwiesen werden. *Drittens* erweisen sich die Beziehungen, die das theoretisch gefaßte Objekt und das Modell verbinden (Analogie, Homologie) und auf allgemein-notwendige und wesentliche, das heißt gesetzmäßige Beziehungen hinführen können (Homologie), als Grundlage für die Aussagekraft des Modells. Es können *viertens* auch biotische Systeme als Modell eingesetzt werden, wobei zwischen Modell und Repräsentant, Beispiel, Vertreter unterschieden werden muß. *Fünftens* müssen besonders dann, wenn die Modellierung zur Untersuchung materieller Systeme eingesetzt wird und mit materiellen Modellen arbeitet, die Zusammenhänge und Differenzen der Modellmethode mit der experimentellen Methode beachtet werden.

3.4. Ideelle Modelle in der Biologie

Verschiedene, recht weit verbreitete Auffassungen über den Modellbegriff und die Modellmethode erleichtern deren idealistische Interpretation. Dabei spielen vor allem die ideellen Modelle eine Rolle. Straaß wies darauf hin, daß sowohl der subjektive als auch der objektive Idealismus den Modellbegriff nutzen, um mit seiner Hilfe eine Begrenzung der menschlichen Erkenntnisfähigkeit zu postulieren.[71] Štoff bemerkt, daß das Modell im Neopositivismus als Mittel zur Ordnung der sinnlichen Mannigfaltigkeit, als Mittel der Reduktion von theoretischen Sätzen auf Beobachtungssätze oder als bequemes Verfahren zur Verknüpfung einer willkürlichen axiomatischen Theorie mit dem sinnlich Gegebenen, mit der Erfahrung angesehen wird.[72] Genau in diesem Sinne gehen die Biologen W. F. Gutmann und D. S. Peters vor, wenn sie bemerken, daß Modelle „weder der vorgeordneten Evolutionstheorie, noch den beobachteten Sachverhalten,

71 Vgl. G. Straaß, Modell und Erkenntnis, a. a. O., S. 118.
72 Vgl. V. A. Štoff, Modellierung und Philosophie, a. a. O., S. 69.

also den biologischen Konstruktionen widersprechen" dürfen.[73] Es ist aber davon auszugehen, daß als Gradmesser für den Erkenntniswert letztlich die objektive Realität dient. Der Versuch, die Erkenntnis auf den Entwurf von Modellen zu beschränken, die sich nur der Theorie unterordnen, führt schließlich zur Verselbständigung des Modells gegenüber der objektiven Realität, verleiht dem Modell spekulativen Charakter.

Weiter ist davon auszugehen, daß auch die Untersuchung des Einsatzes von ideellen Modellen zu einer Präzisierung des Modellbegriffs beiträgt. Dazu muß der Unterschied zwischen ideellen Modellen und anderen ideellen Konstrukten, wie Theorie und Hypothese, Beachtung geschenkt werden.

Eine bedeutende Gruppe der ideellen Modelle bilden die mathematischen Modelle. Bei der mathematischen Modellierung gehen in den Prozeß der Bildung des Modells und der Arbeit mit ihm mathematische Erkenntnisse ein. Von einem mathematischen Modell kann dann gesprochen werden, „wenn auf der Grundlage der mathematischen Beschreibung der Sachverhalte mit Hilfe mathematischer bzw. formallogischer Operationen *neue* Erkenntnisse über die entsprechenden Sachverhalte gewonnen werden bzw. gewonnen werden können. Durch die zuletzt angeführte Eigenschaft unterscheidet sich die mathematische *Modellierung* als eine besonders wichtige Form der Mathematisierung von der mathematischen *Abbildung* ... physikalischer und biologischer Sachverhalte allgemein, d. h. von der Mathematisierung im allgemeinen Sinne."[74] In ähnlicher Weise differenzieren Akčurin, Vedenov und Sačkov zwischen der Mathematisierung der Wissenschaften und der mathematischen Modellierung, wobei sie von drei Etappen der Mathematisierung einer Wissenschaft sprechen. Die erste Etappe wird als mathematische, sehr häufig einfach quantitative Bearbeitung der empirischen Daten eines bestimmten Gebietes des menschlichen Wissens gekennzeichnet. In der zweiten, in der Modelletappe, geht es darum, „das uns interessierende Objekt mit Hilfe eines recht willkürlich gewählten Ausgangsobjekts zu repro-

73 W. F. Gutmann/D. S. Peters, Modellvorstellungen als Hauptelement phylogenetischer Methodik, in: Aufsätze und Reden der Senckenbergischen Naturforschenden Gesellschaft, 24/1973, S. 28; beide Autoren halten die Grundpositionen der bisherigen Phylogenetik für unklar, teilweise unhaltbar und überholt. Sie versprechen sich von einer „neuen" wissenschaftlichen Fundierung den Zugang zu einer theorie- und sachgemäßen Methode der Phylogenetik. Diese Fundierung suchen sie bei Popper und gehen davon aus, daß phylogenetische Abläufe keinen Gesetzescharakter hätten. Andererseits sei die Gesamtheit phylogenetischer Zusammenhänge niemals völlig zu ergründen. In dieser Situation nehmen sie in agnostizistischer Manier Zuflucht zu Modellvorstellungen, die sie dem Theoriebegriff Poppers unterordnen.

74 S. Paul, Wesenszüge der mathematischen Modellierung physikalischer und biologischer Sachverhalte, in: DZfPh, 2/1977, S. 217.

duzieren, theoretisch zu rekonstruieren"[75] und zu erklären. In diese Etappe ist die Biologie mittlerweile eingetreten. Die dritte Etappe der Mathematisierung wird durch die Existenz einer relativ abgeschlossenen Theorie einer bestimmten Organisationsebene der Materie bestimmt.

Bei der Betrachtung ideeller Modelle wird die Frage der Beziehungen von Modell und Theorie bedeutsam. Von einer Identifikation zwischen Modell und Theorie geht Bertalanffy aus: „Ein theoretisches Modell ist eine gedankliche Konstruktion, die in bewußter Vereinfachung Aspekte eines Naturphänomens wiedergibt und deduktive Ableitungen und Voraussagen ermöglicht, die in der Erfahrung nachgeprüft werden können. In einem weiteren Sinn kann jede wissenschaftliche Theorie als gedankliches Modell aufgefaßt werden."[76] Der Hinweis, daß man die moderne Evolutionstheorie selbst „nicht als theoretisches Modell im Sinne unserer Definition" betrachten kann,[77] deutet dann an, daß es sich bei den mathematischen Modellen der Genetik von Bevölkerungen in unserem Sprachgebrauch um „Als-ob-Theorien" handelt.

Über die Bedeutung mathematischer Modelle der Genetik von Bevölkerungen schreibt Belitz, daß alle Veränderungen, die sich in natürlichen Populationen abspielen, infolge des Zusammenspiels der Evolutionsfaktoren von außerordentlich komplexer Natur sind, so daß „nur die Untersuchung einfacher Modelle einen Eindruck von der Bedeutung der einzelnen Evolutionsfaktoren vermitteln kann"[78]. 1908 stellten Hardy und Weinberg unabhängig voneinander das Modell einer idealen erbkonstanten Bevölkerung auf. Dieses Modell geht von der Annahme einer unendlich großen Population diploider Organismen aus, die sich durch Fremdbefruchtung vermehren. Herrscht in dieser Population Panmixie, treten in ihr keine Mutationen auf und besitzen alle Genotypen die gleiche Chance, sich fortzupflanzen, so bleibt in ihr die Frequenz aller Allele und Genotypen konstant.

Dieses Beispiel zeigt, wie aus der ideellen Widerspiegelung eines materiellen Untersuchungsobjektes bestimmte Problemstellungen erwachsen, zu deren Lösung Modelle konstruiert bzw. ermittelt werden. Für eine Aufklärung der Problemstellung erweist sich die experimentelle Methode als nicht geeignet, da die zu analysierenden Prozesse zu kompliziert und zu komplex sind. Das Modell entsteht auf der Basis bestimmter Erkenntnisse über die materiellen Prozesse. Bei der Konstruktion des Modells zur Lösung der Problemstellung werden aus der

75 A. Aktschurin/M. F. Vedenov/Ju. V. Satschkow, Methodologische Probleme der mathematischen Modellierung in der Biologie, in: Mathematische Modellierung von Lebensprozessen, Berlin 1972, S. 28.

76 L. v. Bertalanffy, Zur Geschichte theoretischer Modelle in der Biologie, in: Studium Generale, 5/1965, S. 291.

77 Ebenda, S. 293.

78 H.-J. Belitz, Die Selektionstheorie, in: Die Evolution der Organismen, Stuttgart 1974, Bd. II/1, S. 366.

Vielfalt der bekannten Zusammenhänge nur einige wenige berücksichtigt, daneben fließt eine Reihe zusätzlicher Annahmen in den Prozeß der Modellbildung ein. Von Bedeutung für die Modellbildung erweisen sich Symbolisierung und mathematische Formalisierung. Die Behandlung des Modells führt zu neuen Erkenntnissen, die zunächst hypothetisch auf das theoretisch gefaßte Objekt übertragen werden. Weitere experimentelle Untersuchungen müssen die Adäquatheit der mit Hilfe des Modells gewonnenen Aussagen erweisen.

In erkenntnistheoretischer Hinsicht zeigt sich wie schon bei den Betrachtungen über materielle Modelle in der Biologie, daß zu einem sprachlich formulierten Erkenntnisobjekt, das ein materielles Untersuchungsobjekt widerspiegeln kann, ein Modell konstruiert wird, um zu neuen Einsichten über das Erkenntnisobjekt zu gelangen. Unter bestimmten Bedingungen können diese Erkenntnisse durch experimentelle Untersuchungen bestätigt werden. Als erkenntnistheoretisch-methodologischen Kern der Modellierung sehen wir den Zusammenhang zwischen einem theoretisch gefaßten Objekt, das mit bestimmten Problemstellungen verknüpft ist, und dem unter dem Gesichtspunkt der Lösung dieser Probleme konstruierten oder bestimmten, materiellen oder ideellen Modell an. Dieser Zusammenhang ist wechselseitig; er führt zunächst zum Modell hin (Konstruktion), dann vom Modell zum ideellen Untersuchungsobjekt zurück (Instruktion).

Damit ergeben sich eine Reihe von Gesichtspunkten, die eine relative Abgrenzung zwischen Modell und Theorie sinnvoll erscheinen lassen. Diese Abgrenzung ist in zweierlei Hinsicht von Bedeutung. Einmal gilt es zu vermeiden, den Begriff der Theorie auf den des Modells zu reduzieren, weil ein solcher Standpunkt über Skeptizismus und Relativismus der idealistischen Philosophie Ansatzpunkte liefert. Zum anderen sollte eine Unterscheidung zwischen Modell und Theorie unter Berücksichtigung ihrer Wechselbeziehungen eine Überbewertung von Modellvorstellungen vermeiden.

Unter einer Theorie verstehen wir „Erklärungen objektiv-realer Prozesse durch die in sich konsistente Darstellung der erkannten wesentlichen Beziehungen und Gesetze in einem Gesetzessystem mit den entsprechenden Existenzbedingungen. Jede konkrete Theorie ist eine Einheit von Abbild und Entwurf, von Darstellung erkannter Beziehungen und schöpferischer Gestaltung von Strukturen ideeller Objekte, deren Bedeutung erst zu überprüfen ist.“[79]

Folgende Aspekte legen die Unterscheidung von Modell und Theorie in der Biologie nahe und haben unter Umständen allgemeine Bedeutung:

1. Die Theorie erweist sich als ein historisch bestimmtes, komplexes System erkannter Gesetze. Sie besitzt damit einen anderen Stellenwert im Erkenntnisprozeß als Modelle.

79 H. Hörz, Die Beziehungen zwischen Experiment, Modell und Theorie im naturwissenschaftlichen Erkenntnisprozeß, in: DZfPh, 2/1977, S. 237.

2. Der Kern der Theorie wird wesentlich durch das in ihr formulierte System der erkannten Gesetze bestimmt, wobei unter einem Gesetz ein allgemein-notwendiger und wesentlicher Zusammenhang zwischen Strukturen und Prozessen der objektiven Realität verstanden wird. Ein Modell unterscheidet sich von einer Theorie dadurch, daß ihm stets Allgemeinheitsbeziehungen zugrunde liegen, welche über das Allgemein-Notwendige und Wesentliche, das heißt Gesetzmäßige anvisiert werden. Modelle sind Mittel und Formen zur Erkenntnis von Gesetzen, sind eine Stufe auf dem Weg der Gesetzeserkenntnis.
3. Die Theorie erweist sich als Mittel und Ziel der menschlichen Erkenntnis bei der Erfassung der objektiven Realität. Das Modell dient im Rahmen der Modellmethode als Mittel und Form der Erklärung des theoretisch gefaßten Objekts.
4. Die an einem Modell gewonnenen Erkenntnisse gelten nur mit bestimmter Wahrscheinlichkeit für das ideelle Erkenntnisobjekt; Fehlerquellen, die den Erkenntniswert der Modellierung beeinträchtigen können, treten bei den verschiedensten Schritten der Modellmethode auf, beispielsweise bei der Konstruktion des Modells, bei seiner Behandlung im Prozeß der Ableitung neuer Erkenntnisse, bei der Übertragung der Erkenntnisse. Dabei bestehen unterschiedliche Möglichkeiten, die im Rahmen der Modellmethode abgeleiteten Erkenntnisse zu überprüfen. In eine Theorie gehen zu wesentlichen Teilen überprüfte und bestätigte Erkenntnisse ein.
5. Eine Theorie formuliert bestimmte Ergebnisse in einem historischen Erkenntnisprozeß. Modelle sind Zwischenresultate im Erkenntnisprozeß, Theorien stellen ein angestrebtes relatives Ziel dar.

Neben der Frage der Unterscheidung von Modell und Theorie stellt sich zugleich die Frage nach ihrem wechselseitigen Zusammenhang. Die Konstruktion (der Entwurf) oder das Aufsuchen von Modellen ist immer theoretisch vermittelt, sie erfolgt auf der Basis der im jeweiligen konkreten Zusammenhang gegebenen theoretischen Erkenntnisse. Ein anschauliches Beispiel dafür liefert die Entwicklung des DNS-Modells.[80]

4. Logik und Formalisierung

Zahlreiche philosophisch-logische und mathematische Arbeiten sind Fragen der Formalisierung gewidmet. In vielen dieser Arbeiten wird insbesondere die Beziehung von Symbolisierung, Formalisierung und Mathematisierung analysiert. Schaut man sich jedoch die gegenwärtige Situation auf diesem Gebiet an, so

80 Vgl. E. Thomas, Das Helix-Modell der DNK zwischen Experiment und Theorie, in: Experiment — Modell — Theorie (im Druck).

muß man feststellen, daß diese drei Methoden häufig nicht exakt voneinander unterschieden werden und daß insbesondere der Terminus „Formalisierung" in sehr unterschiedlichen Bedeutungen verwendet wird. Die nachfolgenden Betrachtungen beschränken sich auf eine Klärung der Beziehungen von Logik und Formalisierung.[81] Zu den Voraussetzungen der Formalisierung gehört die Symbolisierung.

4.1. Symbolisierung

In kaum einer Wissenschaft kann man sich die Benutzung von Symbolen anstelle von Wörtern der Umgangssprache wegdenken. Der Vorzug symbolischer Sprachen gegenüber den natürlichen Sprachen besteht einerseits in der Verwendung eindeutiger Zeichen und exakter Formulierungen und andererseits in der Kürze und Übersichtlichkeit der symbolischen Formen. Die genannten Vorzüge werden in der Mathematik besonders deutlich. So schreibt man beispielsweise in der Mathematik nicht „Die dritte Potenz der Summe von a und b ist gleich der Summe der dritten Potenz von a, dem Dreifachen des Produktes des Quadrates von a und b, dem Dreifachen des Produktes von a und des Quadrates von b, der dritten Potenz von b", sondern unter Verwendung einer geeigneten Symbolik kurz und übersichtlich „$(a + b)^3 = a^3 + 3a^2b + 3ab^2 + b^3$". Die Benutzung von Symbolen ist nicht nur für die Mathematik typisch, sondern beispielsweise auch für die Physik und Chemie. So wird in der Physik etwa anstelle des Satzes „Der von einem Körper durchlaufene Weg ist gleich dem Produkt von der Geschwindigkeit der Bewegung des Körpers und der Zeit" folgende Symbolik verwendet: $s = v \cdot t$.

Eine große Bedeutung hat die Verwendung von Symbolen für die Logik. Bekanntlich zeichnet sich die neuere Logik gegenüber der alten bezüglich ihrer Klarheit und Strenge u. a. gerade durch eine stärkere Benutzung von Symbolen aus, und eine strenge Formalisierung der Logik wäre ohne geeignete Symbole gar nicht möglich. In der Logik werden spezielle Symbole zur Darstellung von Termini, Aussagen, Wahrheitswerten von Aussagen und logischen Operatoren verwendet. Diese Symbole lassen sich in zwei Gruppen einteilen: 1. Symbole für Variablen und 2. Symbole für Konstanten.

Mit Hilfe von Variablen werden in der Logik nicht bestimmte, sondern beliebige Aussagen und Operatoren dargestellt. In der Behauptung „Wenn A oder B Aussagen sind, so ist $(A \vee B)$ eine Aussage" — wobei $\vee$ der Operator der Adjunktion ist — stellen die Buchstaben A und B beliebige Aussagen dar. Die konkrete Form der Aussagen spielt keine Rolle.

81 Zu Problemen der Mathematisierung vgl. V. 5.

Mit Hilfe von Konstanten werden in der Logik bestimmte logische Operatoren und bestimmte Wahrheitswerte von Aussagen sowie einige bestimmte Termini dargestellt. So steht das Symbol $\wedge$ beispielsweise für den logischen Operator, der gewöhnlich als „und“ gelesen wird. Die Verwendung von Konstanten in der Logik bietet ebenso wie die Benutzung von Variablen gegenüber anderen sprachlichen Ausdrücken solche Vorzüge wie die der Standardisierung der Ausdrücke, der Eindeutigkeit, Kürze und Übersichtlichkeit.

Logische Symbole lassen sich auch in syntaktische (Symbole für Termini, Aussagen und logische Operatoren) und semantische (Symbole für Wahrheitswerte) einteilen. Aus den betrachteten Symbolen werden nach bestimmten Regeln Komplexe von Symbolen gebildet.

Aus dem Gesagten wird deutlich, daß die Benutzung von Symbolen für die Wissenschaften von großer Bedeutung ist, daß aber keinesfalls die in der Literatur häufig anzutreffende Auffassung berechtigt ist, nach der Symbolisierung und Formalisierung zu identifizieren seien. Im folgenden wird vielmehr gezeigt werden, daß der Aufbau symbolischer Sprachen lediglich ein erster Schritt zu einer Formalisierung ist.

Wenn auf den Nutzen der Verwendung von Symbolen in der modernen Logik hingewiesen wurde, so kann man daraus keinesfalls die vielfach vertretene Behauptung ableiten, daß das Anwendungsgebiet der Logik nicht die natürlichen Sprachen (darunter die Umgangs- und Wissenschaftssprachen), sondern symbolische Sprachen seien. Eine solche Ansicht ist unbegründet, wenn man davon ausgeht, daß das Anwendungsgebiet der Logik beliebige Sprachen sind, falls ausreichende Bedingungen für eine Anwendung der Logik existieren. Solche Bedingungen sind etwa, daß man in den entsprechenden Sprachen Arten von Termini, Aussagen und logischen Operatoren unterscheiden kann, für die sich Regeln aufstellen lassen.

4.2. Formalisierung

Von der Formalisierung einer Theorie wird in verschiedenen Bedeutungen gesprochen. Unter Formalisierung versteht man:

1. ein Abstrahieren vom Sinn der Termini und Sätze einer vorliegenden Theorie mit dem Ziel, deren logische Korrektheit (insbesondere deren Widerspruchsfreiheit) zu untersuchen,[82]

82 Vgl. dazu D. Hilbert, Grundlagen der Geometrie, Leipzig 1899; P. S. Novikov, Grundzüge der mathematischen Logik, Berlin 1973; P. Lorenzen, Metamathematik, Mannheim 1962; O. Becker, Grundlagen der Mathematik, München 1956; J. A. Petrov, Logische Probleme der Realisierbarkeits- und Unendlichkeitsbegriffe, Berlin 1971.

2. die Axiomatisierung einer gegebenen Theorie,[83]
3. den Aufbau eines formalen Systems, das interpretiert eine der vorliegenden äquivalenten Theorien ergibt.

Wir wollen unter Formalisierung nur den dritten Fall verstehen. Ein formales System wird auf folgende Weise konstruiert[84]:

1. wird die Klasse der Grundzeichen (das Alphabet) des formalen Systems angegeben. Die Klasse der Grundzeichen zerfällt in verschiedene Teilklassen: in Variablen, Konstanten, Hilfszeichen und spezielle Zeichen. Wenn das Alphabet endlich ist, so können die Grundzeichen durch Aufzählung angegeben werden. Ist das Alphabet hingegen unendlich oder sehr groß (praktisch unendlich), so wird es induktiv in der Metasprache des formalen Systems angegeben. Der Begriff „Grundzeichen" muß immer effektiv sein, das heißt, es muß von einem beliebigen vorgegebenen Zeichen in einer endlichen Zahl von Schritten entschieden werden können, ob es ein Grundzeichen des Systems ist oder nicht. Eine endliche Folge von Grundzeichen bildet eine Zeichenreihe.
2. Durch bestimmte effektive Regeln wird die Klasse der Terme des formalen Systems definiert, die eine Teilklasse der Klasse der Zeichenreihen bildet. Die Klasse der Terme eines formalen Systems kann insbesondere auch leer sein.
3. Durch bestimmte effektive Bedingungen wird die Klasse der Formeln (manchmal auch „Ausdrücke", „richtig gebildete Formeln" usw. genannt) definiert, die eine Teilklasse der Zeichenreihen bildet. Ist der Begriff des Terms vorher definiert, so wird der Formelbegriff mit seiner Hilfe definiert.
4. Als Teilklasse der Klasse der Formeln wird die Klasse der Axiome angegeben. Ist die Klasse der Axiome endlich, so läßt sie sich durch Aufzählung der Axiome angeben. Ist sie hingegen unendlich, wird sie metasprachlich mit Hilfe von Axiomenschemata angegeben. Die Axiome müssen so angegeben werden, daß es effektiv möglich ist, von einer vorgegebenen Zeichenreihe zu entscheiden, ob sie ein Axiom ist oder nicht.
5. Es wird eine endliche Klasse von Schlußregeln angegeben. Jede dieser Schlußregeln gestattet es, von einer bestimmten endlichen Menge von Formeln, die „Voraussetzungen" genannt werden, unmittelbar zu einer bestimmten Formel, „Folgerung" genannt, überzugehen.

Die Regeln, die die Zugehörigkeit zu den ersten drei Klassen bestimmen, nennt man „Bildungs-" oder „Formregeln" des formalen Systems, die übrigen „Umformungsregeln".

Am Beispiel der Zahlentheorie wird die oben beschriebene Methode zum

83 Einen historischen Überblick über die Entwicklung der Axiomatisierung gibt S. A. Janovskaja, Metodologičeskie problemy nauki, Moskva 1972; vgl. auch A. N. Kolmogorov, Größe, Axiom, Leipzig 1954, S. 18.
84 Vgl. Ch. Karri, Osnovanija matematičeskoj logiki, Moskva 1969.

Aufbau eines formalen Systems erläutert. Die elementare Zahlentheorie beschreibt Gesetzmäßigkeiten der natürlichen Zahlen 0, 1, 2, . . .; Grundbeziehungen sind die Nachfolgerrelation′, die Addition +, die Multiplikation ·. Im ersten Schritt werden die Grundzeichen angegeben:

1. Individuenvariablen $x_0, x_1, x_2, \ldots$;
2. logische Konstanten $\sim$, $\wedge$, $\vee$, $\supset$, $\equiv$, $\exists$, $\forall$. Dies sind der Reihe nach der Operator der Negation, Konjunktion, Adjunktion, Subjunktion, Bisubjunktion sowie der Existenz- und Alloperator;
3. technische Zeichen (,);
4. spezielle Zeichen, 0, +, ·, ′, = (Identität)

Im zweiten Schritt wird die Klasse der Terme definiert:

1. Variable sind Terme, 0 ist ein Term.
2. Sind T_1 und T_2 Terme, so sind auch $T_1{}'$, $(T_1 + T_2)$, $(T_1 \cdot T_2)$ Terme.
3. Weitere Terme gibt es nicht.

Im dritten Schritt erfolgt die Ausdrucksdefinition.

1. Grundausdrücke sind $T_1 = T_2$, wobei T_1 und T_2 Terme sind.
2. Sind H_1 und H_2 Ausdrücke, so sind $\sim H_1$, $(H_1 \wedge H_2)$, $(H_1 \vee H_2)$, $(H_1 \supset H_2)$, $(H_1 \equiv H_2)$, $\exists x H_1$ und $\forall x H_1$, wobei x eine beliebige Variable ist, Ausdrücke.
3. Weitere Ausdrücke gibt es nicht.

Im vierten Schritt werden Axiome angegeben. Das Peanosche Axiomensystem P für die Zahlentheorie enthält:

1. logische Axiome
2. Axiome der Identität
3. spezielle Axiome der Zahlentheorie.

Im fünften Schritt werden Schlußregeln angegeben.

Bei der Konstruktion eines formalen Systems wird ferner angegeben, was eine „Ableitung“ und was ein „Beweis“ ist. Eine „Ableitung“ nennt man eine endliche Folge von Formeln aus einer Klasse von Voraussetzungen V, wenn jede Formel der Folge entweder ein Axiom ist oder aber nach einer der Schlußregeln des Systems aus vorhergehenden Gliedern der Folge gewonnen wurde. Die letzte Formel einer Folge nennt man „aus der Klasse der Voraussetzungen V ableitbar“. Eine Ableitung aus einer leeren Voraussetzungsmenge nennt man einen „Beweis“ („formalen Beweis“) und die letzte Formel eines Beweises eine „beweisbare Formel“ oder ein (formales) „Theorem“. Von entscheidender Bedeutung ist die Tatsache, daß der Beweisbegriff ein effektiver Begriff ist, das heißt mit anderen Worten, von einer beliebig vorgegebenen endlichen Folge von Formeln eines formalen Systems kann in endlich vielen Schritten entschieden werden, ob es sich um einen Beweis handelt oder nicht. Die Frage, ob in einem formalen System für eine beliebige Formel rein mechanisch entscheidbar ist, ob sie ein Theorem ist oder nicht, nennt man „Entscheidungsproblem“ des formalen Systems. Es gibt einige formale Systeme, bei denen für eine beliebig gegebene Formel entscheidbar ist, ob sie ein Theorem ist oder nicht. Als Beispiele entscheidbarer formaler Systeme seien die Aussagenlogik, die elementare Theorie der reellen Zahlen, die Euklidische Geometrie und die Theorie der Booleschen Algebra genannt. Das Entscheidungsproblem ist im allgemeinen aber nicht lösbar. A. Church hat bewiesen, daß sogar schon für den klassischen Prädikatenkalkül kein allgemeines Entscheidungsverfahren möglich ist. Auch in der Zahlentheorie gibt es Sätze, die bis heute unentscheidbar sind, z. B. der Fermatsche Satz. Außerdem bewies K. Gödel 1931, daß jedes formale System, das eine Formalisierung der Arithmetik enthält, unvollständig ist, daß heißt, es gibt Formeln *A*, für die weder *A* noch nicht-*A* in dem formalen System beweisbar ist. Das bedeutet also, daß es wahre Formeln gibt, die in einem solchen formalen System nicht ableitbar sind.

Die Methode der Formalisierung hat zwar große theoretische und praktische Bedeutung für die Wissenschaften, aber manchmal wird ihre Wirksamkeit auch überschätzt. H. Hörz bemerkt zur Methode der Mathematisierung und Formalisierung: „Um es von vornherein zu sagen, ich halte jede Skepsis gegenüber diesen Methoden für falsch, weil sie uns behindert, notwendige Schritte in der Erkenntnis zu tun. Ebenso ist aber auch der übertriebene Optimismus nicht berechtigt, der meint, mit der Formalisierung und Mathematisierung seien alle Probleme gelöst, und der deshalb auf andere Methoden, wie die historische, beschreibende, die qualitative Bestimmung von Zusammenhängen und die philosophische Analyse, verzichtet.“[85] In Ergänzung zu den genannten Methoden sei insbesondere auf die Bedeutung der logischen Sprachanalyse für die Philosophie und die Wissenschaften hingewiesen, die sich keinesfalls auf die Formalisierung reduzieren läßt.

4.3. Formales System und Kalkül

Wenn man die Beziehungen von Logik und Formalisierung untersucht, so ist es unerläßlich, einige Fragen, die mit dem Verhältnis von formalen Systemen und Kalkülen zusammenhängen, zu diskutieren.

Das Wort „Kalkül“ wurde aus dem lateinischen Wort „calculus“ (Steinchen, Rechen-, Spielstein) gebildet und bedeutet soviel wie Rechnung oder Berechnung. Ganz allgemein versteht man unter einem Kalkül eine Gesamtheit von Regeln zum Operieren mit Zahlen, oder anders gesagt stellt ein Kalkül eine Regelgesamtheit für schematisches Operieren dar. Zu einem Kalkül gehören endlich

85 H. Hörz, Marxistische Philosophie und Naturwissenschaften, a. a. O., S. 255.

viele Atomfiguren (Anfänge, elementare Objekte), aus denen alle Figuren aufgebaut werden. Weiter gehören zu einem Kalkül endlich viele Regeln, nach denen schematisch mit diesen Figuren operiert werden kann. Eine Herstellung von Figuren nach diesen Regeln nennt man „Ableitung“.[86]

Kalküle wurden erstmals in der Mathematik angewandt. Bereits im 4. bis 2. Jahrhundert v. u. Z. wurde die Mathematik vor allem in Form von Kalkülen aufgebaut. Die über die Mathematik hinausreichende Bedeutung von Kalkülen für das Denken und die Wissenschaften überhaupt erkannte zuerst deutlich G. W. Leibniz. Er greift in seinen Arbeiten auf Ideen von R. Descartes zurück, der vorschlug, eine Universalsprache zu entwickeln. Das Ziel von Leibniz bestand darin, die Prinzipien der Philosophie, Physik und Ethik mit derselben Gewißheit aufstellen zu können wie die Elemente der Mathematik. Er schreibt: „Man muß zugeben, daß die Griechen mit aller möglichen Genauigkeit in der Mathematik gedacht haben, und daß sie dem Menschengeschlecht ein Modell der Beweiskunst hinterließen ... Es ist aber erstaunlich, daß selbst die Griechen so sehr von dieser Höhe herabsanken, sobald sie sich nur ein wenig von den Zahlen und Figuren entfernten, um zur Philosophie zu kommen. Denn es ist seltsam, daß man keinen Schatten demonstrativer Beweise bei Platon und Aristoteles (ausgenommen seine Erste Analytik) und allen anderen antiken Philosophen erkennen kann.“[87] Leibniz verwies darauf, daß man sich deshalb in der Philosophie so häufig täusche, weil man sich kaum bemüht, Beweise zu erbringen. Er fordert deshalb die Anwendung von Kalkülen in der Philosophie und speziell in der Logik. „Das einzige Mittel, unsere Schlußfolgerungen zu verbessern, ist, sie ebenso anschaulich zu machen, wie es die der Mathematik sind, derart, daß man seinen Irrtum mit den Augen findet und, wenn es Streitigkeiten unter Leuten gibt, man nur zu sagen braucht: ‚Rechnen wir!‘ ohne eine weitere Förmlichkeit, um zu sehen, wer recht hat.“[88] Dieses Leibnizprogramm wurde in der mathematischen Logik realisiert. Es läßt sich aber nicht vollständig realisieren. Vor allem haben die neuesten logischen Forschungsergebnisse gezeigt, daß die Logik mehr als eine Gesamtheit von Kalkülen ist und daß gerade diejenigen Logikbereiche, die philosophisch relevant sind, sich nicht auf Kalküle reduzieren lassen. Dennoch ist nicht zu bestreiten, daß logische Kalküle ein sehr effektives Hilfsmittel zur Aufstellung logischer Regeln sind.

In der Logik werden logische Kalküle folgender Form verwendet:

1. Semantische Kalküle; sie sind Gesamtheiten von Definitionen logischer Operatoren, in denen semantische Termini (Termini der Wahrheitswerte) benutzt werden. Manchmal nennt man solche Kalküle logische Algebra.

86 Vgl. P. Lorenzen, Methodisches Denken, Frankfurt a. M. 1969.

87 G. W. Leibniz, Neue Abhandlungen über den menschlichen Verstand, Zweiter Band, Frankfurt a. M. 1961, S. 263.

88 G. W. Leibniz, Fragmente zur Logik, Berlin 1960, S. 16.

2. Syntaktische Kalküle; sie sind Gesamtheiten von akzeptierten syntaktischen Symbolkombinationen von Regeln, nach denen man aus diesen neue Symbolkombinationen erhält; meist handelt es sich hier um axiomatische Systeme.
3. Gemischte Kalküle. Bei der Aufstellung von gemischten Kalkülen wird meist ein zugrundeliegender semantischer Kalkül durch Hinzufügen bestimmter Axiome und Regeln (durch Hinzufügen eines syntaktischen Kalküls) zu einem gemischten Kalkül erweitert.

Logische Kalküle werden entweder in logischer Terminologie aufgebaut oder mit Hilfe bedeutungsloser Symbole. Im ersten Fall bezeichnen die Symbole Termini, Aussagen, logische Operatoren und Wahrheitswerte. Die logischen Kalküle sind hier Theorien, die die Eigenschaften von Termini und Aussagen der entsprechenden Art definieren. Im zweiten Fall wird den Symbolen, mit deren Hilfe der Kalkül aufgebaut wird, keinerlei Bedeutung zugeschrieben. Wird dabei ein Wertbereich der Variablen angegeben, so ist das wiederum eine Menge von Symbolen, die keine Bedeutung besitzen. Die logischen Kalküle sind in diesem Fall formale Systeme.[89]

4.4. Formales System und Theorie

Vielfach wird in der Literatur die Behauptung vertreten, daß formale Systeme Theorien seien. Eine solche Auffassung ist allerdings nicht mehr aufrechtzuerhalten, wenn man den Terminus „Theorie" in folgendem Sinne verwendet: Eine Theorie besteht erstens aus einer Sprache, zweitens aus einer Gesamtheit von in dieser Sprache formulierten und logisch geordneten Aussagen, unter denen einige (mindestens eine) Gesetzesaussagen vorkommen, und drittens aus gewissen Schlußregeln (Regeln der Logik, der Mathematik usw.), nach denen man aus gegebenen Aussagen neue Aussagen erhält.[90] Theorien haben folgende Struktur: Jede Sprache enthält eine Gesamtheit von Ausdrücken. Diese Ausdrücke lassen sich in Grundausdrücke und definierte Ausdrücke unterscheiden. Da Definitionen immer Ausdrücke mit einer bestimmten Bedeutung voraussetzen, können nicht alle Ausdrücke einer Sprache definiert werden. Die Grundausdrücke sind jene Ausdrücke, die als Basis zur definitorischen Einführung der übrigen, das heißt der definierten Ausdrücke dienen. Eine solche Unterscheidung zwischen Grundausdrücken (einfachen, nichtdefinierten Ausdrücken) und definierten Ausdrücken findet man bereits bei Locke, Pascal und Leibniz. Aber erst Frege

89 Vgl. P. S. Novikov, Grundzüge der mathematischen Logik, a. a. O.
90 Vgl. H. Wessel, Nachwort, in: J. A. Petrov, Logische Probleme der Realisierbarkeits- und Unendlichkeitsbegriffe, a. a. O.

trifft hier eine exakte Unterscheidung, insofern er eine Relativierung auf eine bestimmte Sprache vornimmt. Denn die Grundausdrücke einer Sprache können definierte Ausdrücke einer anderen Sprache sein und umgekehrt. Prinzipiell ist es möglich, alle Ausdrücke einer gegebenen Sprache *S*, die keine Grundausdrücke sind, unmittelbar durch die Grundausdrücke von *S* zu definieren, praktisch ist dies aber unzweckmäßig und führt bei einem umfangreichen Vokabular zu unnötigen Komplizierungen.

Umstritten ist in der logischen Literatur eine Antwort auf die Frage nach der Art und Weise der Einführung von Grundausdrücken einer Theorie. Es lassen sich zwei grundlegende Standpunkte unterscheiden:

1. Die Bedeutung der Grundausdrücke wird außerhalb der gegebenen Theorie festgelegt. Dies kann auf folgende Weise geschehen: Der Sinn der Grundausdrücke wird als intuitiv klar angesehen. Sie können an Beispielen erläutert werden und mit Hilfe von Ausdrücken aus anderen Wissensbereichen definiert werden; zu den Grundausdrücken können Ausdrücke aus anderen Bereichen der Wissenschaft gehören.
2. Die Bedeutung der Grundausdrücke wird innerhalb der Theorie, genauer durch ihre Axiome festgelegt. Man spricht in diesem Falle auch von impliziten Definitionen. Dieses Verfahren zur Einführung von Grundausdrücken in eine Theorie wird in der logischen Literatur häufig diskutiert.[91]

Im Zusammenhang mit der Einführung von Grundausdrücken einer Theorie spielen Definierbarkeitsuntersuchungen eine Rolle. Eine eingehende Analyse des Definierbarkeitsproblems findet man erstmals bei Tarski.[92] Insbesondere können Definierbarkeitsuntersuchungen zu einer Vereinfachung der jeweiligen Theorie beitragen, insofern sich im Ergebnis solcher Untersuchungen die Anzahl der verwendeten Grundausdrücke und Axiome verringern läßt. Definierbarkeitsuntersuchungen sollen also dazu dienen, das sogenannte Reduktionsproblem zu lösen. Dieses Reduktionsproblem tritt gewöhnlich dann auf, wenn man vor die Aufgabe gestellt ist, ein Wissensgebiet zu systematisieren, eine Theorie auf eine andere zurückzuführen oder die Grundausdrücke einer vorliegenden Theorie zu verringern. In der logischen Literatur wird dieses Problem zumeist als Frage nach der Abhängigkeit oder Unabhängigkeit beziehungsweise Definierbarkeit oder Undefinierbarkeit von Ausdrücken behandelt.

Die in einer Theorie vorkommenden Aussagen werden in Grundaussagen und abgeleitete Aussagen eingeteilt. Die Grundaussagen werden als etwas Gegebenes gesetzt, während die abgeleiteten Aussagen mit ihrer Hilfe abgeleitet werden. Zu den Grundaussagen einer Theorie können gehören:

91 Vgl. J. Dölling, Definitionstheorien, Diss. A, Berlin 1975.
92 Vgl. A. Tarski, Einige methodologische Untersuchungen über die Definierbarkeit der Begriffe, in: Erkenntnis, 1935/36.

1. Aussagen, die unabhängig vom Aufbau der gegebenen Theorie und von ihren übrigen Aussagen gewonnen und überprüft werden können; dies können insbesondere Beobachtungsresultate sein.
2. Aussagen, die Transformationen der Definitionen der Grundausdrücke darstellen.
3. Annahmen.

Wenn zwischen Grundausdrücken und Grundaussagen einerseits und definierten Ausdrücken und abgeleiteten Aussagen andererseits unterschieden wird, so heißt das nicht, daß in allen Fällen beim Aufbau einer Theorie alle Grundausdrücke und Grundaussagen sofort angegeben werden. Eine Theorie kann so aufgebaut werden, daß die Zahl der Grundausdrücke und Grundaussagen in keiner Weise apriorisch beschränkt wird und daß die Grundausdrücke und Grundaussagen im Verlaufe der Entwicklung der Theorie je nach Erfordernis eingeführt werden. Solche Theorien kann man offene Theorien nennen im Unterschied zu geschlossenen, deren Ausgangsbasis irgendwie beschränkt ist, wie etwa bei einer axiomatischen Theorie.

Die Regeln, nach denen eine Theorie aufgebaut wird, sind insbesondere logische Regeln. Wenn man von logischen Regeln spricht, so meint man damit gewöhnlich Schlußregeln, also Regeln, nach denen man aus gegebenen Aussagen neue Aussagen erhält. Es muß zwischen Schließen im engeren und im weiteren Sinne unterschieden werden.[93] Unter einem Schluß im engeren Sinne wird eine Operation verstanden, bei der man aus vorliegenden Aussagen auf Grund logischer Regeln andere Aussagen erhält. Schließen im engeren Sinne ist logisches Schließen oder Schließen nach den Regeln der logischen Folgebeziehung. Unter einem Schluß im weiteren Sinne wird eine Operation verstanden, bei der man aus vorliegenden Aussagen, ohne sich auf die Erfahrung zu berufen, andere Aussagen auf Grund besonderer Regeln erhält, die für die Zeichen der Sprache, aus denen die Ausgangsaussagen aufgebaut sind, formuliert werden. Zu diesen Regeln gehören nicht nur die Regeln der Logik, sondern auch Regeln, die in anderen Wissenschaften wie beispielsweise in der Mathematik, Physik oder Chemie eingeführt werden. Es sei aber darauf verwiesen, daß logische Regeln nicht nur Schlußregeln sind, sondern daß in der Logik auch Regeln zur Bildung von zusammengesetzten Termini aus einfachen, von Aussagen aus Termini, Regeln zur Einführung neuer Termini, Regeln zum Aufbau komplizierter Komplexe von Termini und Aussagen (zum Aufbau von Theorien) u. a. untersucht werden.[94]

Formale Systeme sind keine Theorien in dem hier angegebenen Sinne. Im

93 Vgl. V. N. Sadovskij, Die deduktive Methode als Problem der Wissenschaftslogik, in: Studien zur Logik der wissenschaftlichen Erkenntnis, Berlin 1967.

94 Vgl. H. Wessel, Logik und Philosophie, Berlin 1976.

Unterschied zu Theorien haben die in ihnen vorkommenden (sogenannten) Zeichen (Objekte) keine Bedeutung. Eine Aussage in einem formalen System ist dann nichts weiter als eine inhaltslose Zeichenreihe (Objektreihe). Eine Theorie kann man aus einem formalen System nur auf Grund einer Interpretation erhalten, bei der jedem Zeichen mit Hilfe von Termini dieser oder jener Wissenschaft eine bestimmte Bedeutung zugesprochen wird.[95] Geschieht dies mit Hilfe einer logischen Terminologie, so erhält man aus formalen Systemen logische Theorien. Geschieht dies hingegen mit Hilfe einer außerlogischen Terminologie, so haben wir mit einer außerlogischen Interpretation formaler Systeme zu tun. So sind etwa Interpretationen formaler Systeme der Aussagenlogik in der Terminologie der Schaltalgebra und der Theorie der Nervennetze bekannt.[96] Wenn sich bei einer Interpretation alle Theoreme des formalen Systems in Theoreme der Theorie verwandeln und wenn andererseits allen Theoremen der Theorie Theoreme des formalen Systems entsprechen, so ist das betreffende formale System eine adäquate Formalisierung der Theorie.

4.5. Formalisierung und logische Sprachanalyse

Es wurde bereits darauf verwiesen, daß sich das Anwendungsgebiet der Logik nicht auf symbolisierte oder auf formalisierte Sprachen beschränkt und daß die Logik sich auch nicht auf die Aufstellung von Kalkülen reduzieren läßt. Die Aufgabe der logischen Analyse einer wissenschaftlichen Theorie besteht insbesondere darin, die Bedeutung der Termini dieser Theorien durch Definitionen zu präzisieren, die deduktiven Beziehungen zwischen den Behauptungen aufzuzeigen und falls es möglich ist, eine formalisierte Version der Ausgangstheorie aufzubauen. Insofern ist die Formalisierung nur ein Mittel, wenn auch ein sehr wichtiges, der logischen Analyse von Wissenschaftssprachen. Da die Anwendung der Logik nicht auf formalisierte Sprachen beschränkt ist, muß man auch die Auffassungen des späten Wittgenstein und seiner Nachfolger zurückweisen, die meinen, daß die Methoden der Logik nur in künstlichen Sprachen, die exakte syntaktische und semantische Regeln besitzen, angewendet werden können. Aufgabe der Logik ist es vielmehr, Mittel zur Verfügung zu stellen, mit denen sich eine logisch korrekte Terminologie aufbauen läßt und logisch korrekte Beweise geführt werden können. Insbesondere widmet sich dabei die Logik der Untersuchung der Grundlagenbereiche der Wissenschaften und der Philosophie. So kann beispielsweise die Philosophie mit Hilfe der Logik den korrekten

95 Vgl. P. S. Novikov, Grundzüge der mathematischen Logik, a. a. O.,
96 Vgl. H. Wessel, Logik und Philosophie, a. a. O.

Aufbau ihrer Begriffssysteme realisieren. Die Logik stellt dabei insbesondere Regeln für den Gebrauch der jeweiligen sprachlichen Ausdrücke zur Verfügung. Im Ergebnis solcher Präzisierungen der philosophischen Terminologie sind vollkommen neue Bereiche der Logik entstanden, wie die Logik von Wertungen, eine Logik der Veränderung, eine Logik der Kausalität, die epistemische Logik u. a. Dabei führen die logischen Untersuchungen auf diesen Gebieten nicht immer zum Aufbau logischer Kalküle, sondern manchmal nur zur Einführung einzelner Definitionen und logischer Behauptungen, zur Präzisierung der Bedeutung bestimmter sprachlicher Ausdrücke oder zur Formulierung der Anwendungsbedingungen bestimmter Kalküle bei der logischen Analyse der Wissenschaftssprachen. Versteht man die Aufgabe der Logik gegenüber den anderen philosophischen Disziplinen und den Wissenschaften in dem oben genannten Sinne, so kann man sich auch mit der in der philosophischen Literatur häufig vertretenen Auffassung nicht einverstanden erklären, daß eine Entgegensetzung zwischen Logik und Dialektik bestehe. Die Schaffung eines künstlichen Gegensatzes zwischen Logik und Dialektik wird in keiner Weise dem aktuellen Stand in der logischen Forschung gerecht. Die materialistische Dialektik setzt eine logisch korrekte Sprache voraus, ist ihrerseits aber nicht auf Logik reduzierbar. Die Logik kann nur die formalen Sprachregeln präzisieren, in denen dann die Behauptungen der Dialektik formulierbar sind. So bilden beispielsweise die logischen Untersuchungen über Arten von dialektischen Zusammenhängen eine wichtige Voraussetzung für eine weitere Bearbeitung von Problemen des dialektischen Determinismus.[97] Mit Hilfe der in diesem Bereich der Logik ausgearbeiteten Terminologie lassen sich philosophische Thesen des dialektischen Materialismus über die Kausalität, den Determinismus u. a. exakt formulieren. So wird beispielsweise der Terminus „Ursache“ (und der mit ihm zusammenhängende Terminus „Wirkung“) häufig nicht eindeutig verwendet, was zu vielen unfruchtbaren Diskussionen führt. Insbesondere muß bei einer logischen Analyse des Terminus „Ursache“ unterschieden werden zwischen seiner Verwendung als 1) einem Teil des Prädikates „. . . Ursache . . .“ und 2) einem Teil von Subjekten des Typs „Ursache eines Ereignisses *X*“, „Ursache von *sX*“ (wobei *sX* eine Variable für Zustandstermini ist), „Ursache dessen, daß *X*“ usw. Wird der Terminus „Ursache“ beispielsweise in der zweiten der genannten Verwendungsweisen benutzt, so läßt er sich folgendermaßen definieren: „Ursache von *sX*“ ≡ Df. „Zustand *sY* derart, daß *sY* Ursache von *sX* ist“ (d. h. Ursache irgendeines Zustandes ist ein anderer Zustand derart, daß er dessen Ursache ist).

Auch die logische Analyse der Determiniertheit und Indeterminiertheit von Ereignissen führt zu interessanten Ergebnissen. So läßt sich beispielsweise eine

97 Vgl. E. Dölling, Einige Aspekte einer Logik empirischer Zusammenhänge, Diss. A, Berlin 1975.

Logik der Determiniertheit auf einer logischen Theorie der Zeit aufbauen.[98] Bei einem derartigen Aufbau ist es nicht nur möglich, über die Determiniertheit und Indeterminiertheit gewisser Ereignisse zu sprechen, sondern es ist insbesondere möglich, die Zeit anzugeben, in der diese Ereignisse die angegebenen Charakteristika besitzen. Ferner ist es sinnvoll, zwischen zwei Arten von Behauptungen über die Determiniertheit von Ereignissen zu unterscheiden: 1) analytisch wahre Behauptungen und 2) faktisch wahre Behauptungen. Zu den ersteren gehören beispielsweise folgende Behauptungen: „Jedes Ereignis ist entweder determiniert oder es ist nicht determiniert", „Das Auftreten zweier einander widersprechender Ereignisse kann nicht gleichzeitig in ein und derselben Zeit determiniert sein", „Wenn ein Ereignis eine Ursache hat, so ist es nicht wahr, daß es sie nicht hat", „Ein und dasselbe Ereignis kann nicht Ursache zweier unvereinbarer Ereignisse sein". Zu den faktisch wahren Behauptungen gehören etwa folgende: „Alles ist determiniert", „Es gibt keine ursachelosen Ereignisse", „Eine Ursache geht ihrer Wirkung voraus". Um die Wahrheit oder Falschheit derartiger Aussagen festzustellen, ist die Kenntnis der Bedeutung der in ihnen vorkommenden Wörter nicht ausreichend, sondern es sind empirische Untersuchungen durchzuführen.

5. Mathematisierung

5.1. Worin besteht das Wesen der Mathematisierung?

Ein charakteristischer Zug jeder Wissenschaft besteht darin, von der empirischen Beschreibung der durch sie untersuchten Erscheinungen, Zusammenhänge usw. zur Gesetzeserkenntnis überzugehen, um z. B. auf der Grundlage der erkannten objektiven Gesetze und unter Berücksichtigung der Anfangs- und Randbedingungen auf in der Zukunft liegende Sachverhalte schließen bzw. die von der Wissenschaft ermittelten Fakten erklären zu können. In diesem Prozeß spielt die Mathematik eine entscheidende, ständig wachsende Rolle. Indem die durch die Natur-, technischen und in zunehmendem Maße auch durch die Gesellschaftswissenschaften erkannten objektiven Gesetze explizite mathematisch formuliert werden, bekommt die Gesellschaft ein entscheidendes (ideelles) Mittel zur theoretischen Beherrschung der praktischen Umgestaltung von Natur und Gesellschaft in die Hand.

98 Vgl. A. A. Ivin, O logičeskom analize prinzipov determinizma, in: Voprosy filosofii, 10/1969.

Die unter Heranziehung mathematischer Symbole vorgenommene Darstellung objektiver Gesetze ist *eine* Form der Mathematisierung. Sie bildet eine wesentliche Grundlage für den Aufbau sogenannter mathematisierter (z. B. physikalischer) Theorien und mathematisierter Wissenschaften. Als eine andere sehr wichtige Form der Mathematisierung ist die mathematische Modellierung anzusehen. Beachtet werden muß, daß diese Formen der Mathematisierung keineswegs absolut voneinander verschieden sind, sondern auch Gemeinsamkeiten aufweisen.[99]

Unter Mathematisierung wird im folgenden *jede* mehr oder weniger adäquate *mathematische Abbildung* eines objektiv realen oder ideellen, konkreten oder abstrakten Sachverhaltes bzw. Sachbereiches verstanden. Mathematisierung ist also — im Unterschied zu ihrem besonders wichtigen, weil effektiven Spezialfall: der mathematischen *Modellierung* — nicht notwendigerweise mit auf formalem Wege zu gewinnender *neuer Erkenntnis* verbunden. Bei der Mathematisierung einer Wissenschaft handelt es sich *direkt* immer um die mathematische Abbildung bzw. Darstellung eines *ideellen* Sachbereiches.

Die Mathematisierung einer Wissenschaft hat einen bestimmten Entwicklungsstand der Mathematik — insbesondere derjenigen Widerspiegelungsmöglichkeiten, die zur mathematischen Abbildung der Erkenntnisse dieser Wissenschaft benötigt werden — zur Voraussetzung. Andererseits ist sie an eine bestimmte Entwicklungsstufe der zu mathematisierenden Wissenschaft selbst gebunden. So muß z. B. das Begriffssystem jener Wissenschaft so präzisiert werden, daß es einer mathematischen Behandlung — das heißt zumindest: einer mathematischen Symbolisierung — zugänglich ist.

Die einzelnen Wissenschaften weisen einen verschiedenen Mathematisierungsgrad[100] auf. Wenn z. B. bereits von der „Einheit der physikalischen Theorie und ihres mathematischen Apparates“[101] gesprochen wird, sowie davon, daß „der mathematische Apparat ein nicht wegzudenkender Teil der physikalischen

99 An anderer Stelle ist der Verfasser auf den Modellcharakter mathematisch formulierter Gesetzesaussagen eingegangen. Vgl. S. Paul, Die heuristische Funktion der Mathematik im wissenschaftlichen Erkenntnisprozeß, in: Experiment — Modell — Theorie (im Druck); S. Paul, Objektive Gesetze, Berlin 1979, S. 52ff. Vgl. hierzu auch: S. Paul, Primenenie matematičeskogo metoda naimen'šich kvadratov dlja modelirovanija vozrastanija čislennosti naselenija zemnogo šara, in: Matematičeskie metody v istoriko-ėkonomičeskich i istoriko-kul'turnych issledovanijach, Moskva 1977, S. 72ff.

100 Bei der Bestimmung der Kriterien für den Mathematisierungsgrad einer Wissenschaft sollte man nicht nur den „Umfang“ der Anwendung mathematischer Methoden in dieser Wissenschaft im Auge haben, sondern auch die in ihr verwendeten, durchaus nicht gleichwertigen *Formen* der Mathematisierung.

101 A. I. Achiezer, Razvitie teoretičeskoj fiziki i ee matematičeskich metodov, in: Istorija otečestvennoj matematiki, Tom 4, Kniga 2, Kiev 1970, S. 150.

Theorie wird"[102], so kann man augenblicklich Analoges wohl kaum für die Mehrzahl biologischer Theorien sagen.

5.2. Angewandte bzw. anwendbare Mathematik als eine Voraussetzung der Mathematisierung

Warum ist Mathematik anwendbar? Auf diese Frage kann man kurz mit Engels antworten: „. . . wie in allen Gebieten des Denkens werden auf einer gewissen Entwicklungsstufe die aus der wirklichen Welt abstrahierten Gesetze von der wirklichen Welt getrennt, ihr als etwas Selbständiges gegenübergestellt"; „die *reine* Mathematik" wird „nachher auf die Welt *angewandt*, obwohl sie eben dieser Welt entlehnt ist . . . und grade *nur deswegen* überhaupt anwendbar ist"[103] Notwendige Voraussetzung für die Anwendbarkeit der Mathematik ist also ihr Widerspiegelungs-, ihr Abbildcharakter (im Sinne der marxistisch-leninistischen Philosophie). Nur insofern mathematische Formalismen usw. bestimmte Seiten der objektiven Realität und der praktischen Tätigkeit der Menschen (mehr oder weniger) adäquat abbilden, können diese Formalismen usw. dazu beitragen, die objektive Realität (mehr oder weniger) erfolgreich den Bedürfnissen der Menschen entsprechend umzugestalten. Adäquate Abbildung bestimmter Seiten der objektiven Realität (und darüber hinaus auch des Bewußtseins) ist also eine notwendige Voraussetzung für die erfolgreiche Realisierung der „Werkzeugfunktion" der Mathematik.

Der Terminus „angewandte Mathematik" wird in mindestens zwei verschiedenen Bedeutungen verwendet: Er dient, erstens, zur Bezeichnung des Teiles der Mathematik, für den bereits außermathematische bzw. außerlogische Interpretationen gefunden wurden. In diesem Sinne wird im folgenden dieser Terminus verwendet. Zweitens dient der Terminus „angewandte Mathematik" zur Bezeichnung all jener mathematischen Theorien, die bereits durch Objektsysteme der Natur, der Gesellschaft oder des (außermathematischen) Denkens interpretiert werden können, *zusammen mit ihren Interpretationen.*

Blechman, Myškis und Panovko gehen bei der Bestimmung des Terminus „angewandte Mathematik" davon aus, daß die Entwicklung der Mathematik sowohl durch äußere, mit der Lösung von Aufgaben der Naturwissenschaft, der Technik und der Ökonomie verbundene, als auch durch innere bewegende

102 Ebenda, S. 151.

103 F. Engels, Herrn Eugen Dührings Umwälzung der Wissenschaft („Anti-Dühring"), in: MEW, Bd. 20, a. a. O., S. 36.

Kräfte, die aus der Notwendigkeit entspringen, die gefundenen mathematischen Fakten zu systematisieren, ihre wechselseitigen Zusammenhänge aufzudecken usw., vorangetrieben wird. Jene Richtung in der Entwicklung der Mathematik, die der erstgenannten Quelle, den erstgenannten bewegenden Kräften entspricht, bezeichnen sie als angewandte Mathematik. Indem sie darauf verweisen, daß an die Lösung angewandter Aufgaben Forderungen gestellt werden, wie z. B.: die angewandte Aufgabe muß rechtzeitig und „ökonomisch" gelöst werden, die Genauigkeit der Lösung muß der Aufgabenstellung entsprechen, kann man nach ihrer Meinung die angewandte Mathematik als Wissenschaft ansehen, die die optimale Lösung außerhalb der Mathematik entstehender mathematischer Aufgaben zum Gegenstand hat. Die genannten Autoren weisen bei der Charakterisierung von reiner und angewandter Mathematik auf den Aphorismus hin, daß die reine Mathematik das macht, was möglich ist, und zwar so, wie es nötig ist, während die angewandte Mathematik das macht, was nötig ist, und zwar so, wie es möglich ist.[104] Angewandte Mathematik ist also keineswegs als ein „Müllabladeplatz für schlechte Mathematik"[105] anzusehen.

Nach Hörz besteht die Bedeutung der Mathematik „gerade darin, durch den Aufbau von Systemen ideeller Objekte, deren Beziehungen widerspruchsfrei formuliert sind, geeignete Begriffssysteme für die Darstellung wirklicher Beziehungen zu schaffen. In diesem Sinne gibt die Mathematik *mögliche* Beziehungen zwischen ideellen Objekten an und kann zur Darstellung wirklicher Beziehungen genutzt werden."[106] Die logisch widerspruchsfreie Denkmöglichkeit ist aber nur in dem Falle *Abbild*, wenn sie ein reales — insbesondere ein objektiv reales — Urbild besitzt. „Solange die mathematischen Aussagen (und Aussageformen — d. Verf.) denkmögliche Beziehungen betreffen, kann nur in dem Sinne von Widerspiegelung gesprochen werden, als sie logischen Kriterien gehorchen ... Diese Kriterien regeln das wissenschaftliche Denken, soweit es um die *Denkmöglichkeit* geht. Sie regeln es nicht mehr allein, wenn es um die Erkenntnis der Wirklichkeit geht, weil sie dort nur den *Rahmen* für richtiges Denken bilden ..."[107]

104 Vgl. I. I. Blechman/A. D. Myškis/J. G. Panovko, Pravdopodobnost' i dokazatel'nost' v prikladnoj matematike, in: Inženernyj žurnal mechanika tverdogo tela, 2/1967, S. 197f.; I. I. Blechman/A. D. Myškis/J. G. Panovko, Prikladnaja matematika: predmet, logika, osobennosti podchodov, Kiev 1976, S. 15f., 29f.; vgl. auch A. D. Myškis, Čto takoe prikladnaja matematika?, in: Vestnik vysšej školy, 4/1967, S. 74f.; A. D. Myškis, Osobennosti primenenija matematičeskich metodov k rešeniju prikladnych zadač, in: Matematizacija znanij i naučno-techničeskij progress, Kiev 1975, S. 16f.

105 D. Laugwitz, Anwendbare Mathematik heute, in: Grundlagen der modernen Mathematik, Darmstadt 1972, S. 229.

106 H. Hörz, Marxistische Philosophie und Naturwissenschaften, a. a. O., S. 243 (Hervorhebung — d. Verf.).

107 Ebenda, S. 268 (Hervorhebungen — d. Verf.).

Spätestens im 20. Jahrhundert wurde klar, daß zwischen angewandter und „reiner" — im Sinne von: nur innermathematische Bedeutung besitzender — Mathematik keine strengen und zeitunabhängigen, keine absoluten Grenzen existieren. Offensichtlich ist, daß Zweige der Mathematik, die ursprünglich zur „reinen" Mathematik gehörten, z. B. die mathematische Logik, heute bereits mit Erfolg zur Lösung praktischer Probleme herangezogen werden. „Reine" Mathematik muß heute als Mathematik verstanden werden, die *noch nicht* angewandte Mathematik ist.

Um die Mathematik erfolgreich anwenden zu können, sind auch beim Mathematiker solide Kenntnisse des Gebietes notwendig, in dem sie angewendet werden soll. Außerdem: Wer die Mathematik „erfolgreich anwenden will, muß sie sehr gründlich und eingehend kennen. Wer aber gar bei der Anwendung der Mathematik nicht nur wiederholen will, was andere unter ähnlichen Umständen schon vor ihm in irgendeiner Weise getan haben, sondern eigene Wege zu gehen und neue Anwendungsmöglichkeiten zu erschließen versucht, muß selbst ein schöpferischer Mathematiker sein."[108]

Fassen wir zusammen: Die Termini „‚reine' Mathematik" und „angewandte Mathematik" besitzen heute nur in der Hinsicht einen Sinn, wenn sie zur Charakterisierung einer bestimmten Arbeitsteilung zwischen den Mathematikern dienen und nicht zur Bezeichnung einer ein für allemal gegebenen Trennung der mathematischen Theorien in solche, die zur Lösung außermathematischer Problemstellungen prinzipiell herangezogen werden können, und solche, für die das unmöglich ist. Die Frage von Peschel und Gumpert, ob es eine einheitliche Mathematik von der Entwicklung abstraktester Theoreme bis zur alltäglichen Anwendung durch den Ingenieur oder Ökonomen gibt, und ob es richtig ist, eine solche Einheit zur Richtschnur jeglicher organisatorischer Maßnahmen zur Weiterentwicklung der Mathematik zu nehmen,[109] muß bejaht werden.[110] Zu berücksichtigen ist hierbei, daß die Integration der sozialistischen Länder auf dem Gebiete der Wissenschaft gestattet, *alle* Zweige der Mathematik zu entwickeln und mathematische Forschungen — differenziert nach mathematischen Disziplinen, Anwendungskomplexen usw. — zu *konzentrieren.*

108 A. Rényi, Dialoge über Mathematik, Berlin 1967, S. 60.

109 Vgl. M. Peschel/W. Gumpert, Eine „heilige Kuh" schlachten?, in: Technische Gemeinschaft, 11/1972, S. 52.

110 Vgl. H. Heinrich, Denk- und Arbeitsweisen in der angewandten Mathematik, in: Mathematik in der Schule, 8/1964, S. 561 ff.; A. D. Aleksandrov, Matematika i dialektika, in: Sibirskij matematičeskij žurnal, 2/1970, S. 251; oder in: Matematika v škole, 1/1972, S. 8.

5.3. Mathematische Modellierung — eine Grundform der Mathematisierung

Die folgenden Ausführungen sind einer Grundform der Mathematisierung, und zwar der mathematischen Modellierung, gewidmet.[111] Dabei sollen hier einschränkend explizite nur Probleme der mathematischen Modellierung *physikalischer* und *biologischer* Originale behandelt werden. Nicht übersehen werden kann jedoch, daß sich die meisten der in diesem Zusammenhang gewonnenen Erkenntnisse analog auch auf mathematische Modellierungsprozesse nichtphysikalischer und nichtbiologischer Originale übertragen lassen, also hinsichtlich der mathematischen Modellierung dieser Originale von heuristischem Wert sind. Da der Begriff „Modell" in der Literatur mit relativ unterschiedlichem Inhalt belegt wird[112] und diese Aussage sogar auch für die Begriffe „mathematisches Modell" und „mathematische Modellierung" — bezogen auf physikalische und biologische Originale — zutrifft, versteht es sich von selbst, daß die im folgenden vertretene Auffassung zum Problem „Wesenszüge der mathematischen Modellierung physikalischer und biologischer Originale" von einigen der in der Literatur bisher dargelegten Auffassungen in Detailfragen notwendigerweise mehr oder weniger abweicht.

5.3.1. Grundlegende Phasen der mathematischen Modellierung physikalischer und biologischer Originale

Im Prozeß der mathematischen Modellierung physikalischer und biologischer Originale lassen sich folgende *allgemeine* und *wesentliche* Momente mehr oder weniger deutlich voneinander unterscheiden:

1. Feststellung der wesentlichen und unwesentlichen Individuen (Objekte, Dinge, Elemente), Eigenschaften und Relationen der zu modellierenden physikalischen oder biologischen Originale auf der Grundlage einer *physikalischen* bzw. *biologischen* Analyse. Das ist primär Aufgabe der Physiker und Biologen.

2. Gedankliche Isolierung (Hervorhebung) der *wesentlichen* Individuen, Eigenschaften und Relationen jener Originale und ihre Darstellung in einem Abstraktionssystem (abstraktes Abbild AA_1 des zu modellierenden Originals). Das ist ebenfalls primär Aufgabe der Physiker und Biologen. Entscheidend ist hierbei,

111 Auf die Spezifik der Problematik mathematischer Hypothesen wird im folgenden nicht eingegangen. Vgl. hierzu zum Beispiel S. Paul, Die heuristische Funktion der Mathematik im wissenschaftlichen Erkenntnisprozeß, in: Experiment — Modell — Theorie (im Druck); S. Paul, Objektive Gesetze, a. a. O., S. 101ff.

112 Vgl. A. I. Uemov, Logičeskie osnovy metoda modelirovanija, a. a. O., S. 9—55.

insbesondere die allgemein-notwendigen und wesentlichen, das heißt die gesetzmäßigen Zusammenhänge innerhalb der zu untersuchenden Bereiche der physikalischen und biologischen Bewegungsformen der Materie im abstrakten Abbild AA_1 gedanklich zu erfassen und festzustellen, ob es sich bei diesen gesetzmäßigen Zusammenhängen um „dynamische" Gesetze bzw. Gesetze (Gesetzmäßigkeiten) „starrer" Determination handelt oder um statistische Gesetze, weil hiervon wesentlich abhängt, ob zu ihrer *adäquaten* mathematischen Abbildung Wahrscheinlichkeitstheorie und mathematische Statistik herangezogen werden müssen oder nicht. Völlig zu Recht bemerken Blechman, Myškis und Panovko, daß man bei der Konstruktion von Modellen — sie haben hier speziell Gleichungssysteme als Modelle von zu erforschenden physikalischen Objekten usw. im Auge — verschiedene Wechselbeziehungen zwischen den uns interessierenden Größen ausnutzen muß. Einige dieser Wechselbeziehungen werden im Modellierungsprozeß selbst abgeleitet, andere jedoch werden als *Postulate* angenommen. Von der Adäquatheit dieser Postulate hängt wesentlich die Adäquatheit des ganzen Modells ab. Einige dieser Postulate leiten sich unmittelbar aus universellen physikalischen Gesetzen ab, wie zum Beispiel dem Energieerhaltungsgesetz. Eine analoge Rolle spielen Gesetze mit einem begrenzten Wirkungsgebiet.[113]

Smirnov stellt die Frage, was einer Revolution auf dem Gebiete der Biologie — ähnlich jener auf dem Gebiete der Physik im 17. und 18. Jahrhundert unter dem Einfluß der mathematischen Analysis und der analytischen Geometrie vor sich gegangenen — mehr hinderlich ist, die ungenügende Reife der Biologie selbst oder das Fehlen von Zweigen der Mathematik, die die „grundlegenden Eigenschaften biologischer Strukturen" adäquat widerspiegeln. Er antwortet: „Solange in der *Biologie* kein umfangreiches und exaktes System von Begriffen und Gesetzen (besser: Gesetzesaussagen — d. Verf.), die die Erscheinungen der lebenden Natur adäquat widerspiegeln, ausgearbeitet ist (das heißt ein System, das gestattet, fundamentale Fragen, die wir der Natur stellen, exakt zu formulieren und auf sie klare und endgültige Antworten zu erhalten), kann man auch keine ernst zu nehmenden (wichtigen) Resultate von der ‚mathematischen Biologie' erwarten."[114]

Nach Smirnov ist eine „fruchtbare Hybridisierung" — als Beispiel führt er die Wechselbeziehungen zwischen Mechanik und mathematischer Analysis an — nur

113 Vgl. I. I. Blechman/A. D. Myškis/J. G. Panovko, Prikladnaja matematika: predmet, logika, osobennosti podchodov, a. a. O., S. 120.

114 S. G. Smirnov, Simbioz zrelych nauk, in: Priroda, 6/1975, S. 79 (Hervorhebung — d. Verf.). Vgl. in diesem Zusammenhang auch die „scharfen", wahrscheinlich zu „scharfen" Worte, mit denen der Mathematiker René Thom den augenblicklichen Zustand der Biologie beschreibt (R. Thom, Die Katastrophen-Theorie: Gegenwärtiger Stand und Aussichten, in: Mathematiker über die Mathematik., Berlin(West)—Heidelberg—New York 1974, S. 131ff.).

zwischen „reifen“ Wissenschaften möglich, wobei er unter einer „reifen“ Wissenschaft eine solche versteht, die bereits den Übergang von der Beschreibung zur erfolgreichen Modellierung und Voraussage von Erscheinungen vollzogen hat. Er weist darauf hin, daß die Schaffung der Grundlagen der Physik im 17./18. Jahrhundert das Vorhandensein eines großen Umfangs von zuverlässiger und geordneter Information zur Voraussetzung hatte. „Geordnete Information“ bedeutet hier, „daß sich im Prozeß der Sammlung und primären Verarbeitung der Information bereits ein zwar unvollständiges und ungenaues, jedoch handliches System von Grundbegriffen der Wissenschaft herausbildete und einige empirische Gesetzmäßigkeiten entdeckt wurden.“[115] Schließlich: „Wäre Newton kein hervorragender *Physiker* gewesen, hätte er in der Mechanik nicht die fundamentalen Aufgaben eruieren können, die eine vollständige Mathematisierung zulassen ... Wäre Newton andererseits nicht in der Lage gewesen, die ganze Mathematik des 17. Jahrhunderts vollkommen zu beherrschen ..., hätte er die entscheidenden Schritte bei der Mathematisierung der Mechanik nicht bis zu Ende gehen können.“[116]

3. *Mathematische* Abbildung bzw. Darstellung von AA_1 (Konstruktion des abstrakten Abbildes AA_2). Diese Modellierungsphase hat die inhaltliche Klärung der zu modellierenden physikalischen oder biologischen Originale, insbesondere die gedankliche Hervorhebung bzw. Isolierung der *wesentlichen* Elemente und Beziehungen dieser Originale zur Voraussetzung und ist — weil mathematische Symbole verwendet werden — unmittelbar mit ihrer *mathematischen* Symbolisierung verbunden. Bei der mathematischen Abbildung von AA_1 sollte man stets folgende Hinweise von Krylov beachten, die sich ohne Schwierigkeiten auf die hier behandelte gesamte Problematik verallgemeinern lassen: „Wenn eine konkrete Frage auf ein mathematisches Problem zurückgeführt wird, muß man immer eine Reihe von Annahmen machen, weil sowohl Mathematik als auch Mechanik mit idealen Objekten operieren, die den *realen* Objekten, auf die der Ingenieur die erhaltenen mathematischen Ergebnisse anwendet, nur mehr oder weniger nahe kommen. Wie genau auch eine mathematische Lösung sein mag, sie kann offenbar nicht genauer sein als jene angenäherten Annahmen, auf denen sie beruht.“[117]

Rudolph analysierte, „*wie* Marx mathematische Darstellungs- und Denkformen in der ökonomischen Theorie nutzte“. Die folgenden Bemerkungen lassen sich über Analogieschlüsse[118] auch auf die Symbolisierung wesentlicher Elemente und Be-

115 Ebenda, S. 80.
116 Ebenda (Hervorhebung — d. Verf.).
117 A. N. Krylov, Vospominanija i očerki, Moskva 1949, S. 284.
118 Bezüglich der Problematik von Analogieschlüssen vgl. A. I. Uemov, Analogija v praktike naučnogo issledovanija, Moskva 1970.

ziehungen physikalischer und biologischer Originale übertragen, beziehen sich aber nicht nur auf die *Symbolisierung*, sondern auch auf dieser Modellierungsphase vorausgehende und nachfolgende Phasen: „*Zuerst* analysierte er das Problem . . . und formulierte daraus — in der von ihm im ‚Kapital‘ entwickelten *Fachsprache* der politischen Ökonomie — seine Aussage über das Wesen, den gesetzmäßigen Zusammenhang der Dinge . . . in *verbaler Form*. Dann geht er dazu über, Begriffe . . . auf eine ‚Kurzform‘ zu bringen und schließlich ein *Symbol* dafür zu setzen. Die Aussage formulierte er dann so, daß er an die Stelle jener Wörter, die Relationen bezeichnen, die entsprechenden aus der Mathematik bekannten Symbole setzt . . . Wir können auch sagen: Er bringt Aussagesätze aus der verbalen in die mathematische Form. Erst dann . . . beginnt er ‚zu rechnen‘ — wir könnten auch sagen: zu experimentieren. Er experimentiert an einem ‚Zeichenmodell‘ und zwar mit dem Ziel, Ableitungen vorzunehmen, um *weitere theoretische Erkenntnisse* über den inneren Zusammenhang der Dinge zu gewinnen. Nicht immer treten diese ‚gedanklichen‘ Stufen des Erkenntnisprozesses so klar in Erscheinung.“[119]

Die Vorteile der mathematischen Symbolisierung gegenüber umgangssprachlichen Formulierungen bestehen u. a. in folgendem:

a) Die mathematischen Symbole sind frei von Mehrdeutigkeiten.

b) Die Darstellung von Sachverhalten in Form mathematischer Symbole ist im Verhältnis zu den entsprechenden umgangssprachlichen Formulierungen kürzer, ökonomischer und leichter überschaubar.

c) Wir erhalten die Möglichkeit, Formeln in andere Formeln nach ganz bestimmten (formalen) Regeln umzuwandeln.[120]

Der zuletzt genannte Vorteil der mathematischen Symbolisierung ist wesentlich an das Vorhandensein eines mathematischen Formalismus, Kalküls usw. gebunden. „Der Begriff des Kalküls — als eines bestimmte Eigenschaften besitzenden Apparates von Operationsregeln mit Zeichen, der bei der effektiven Lösung von Aufgaben (zur Gewinnung eines gesuchten Resultates) oder beim Beweis (bzw. bei der Widerlegung) von Sätzen verwendet wird, die mit Hilfe dieser Zeichen (in der ‚Sprache‘ des gegebenen Kalküls) ausgedrückt werden . . . —, ‚spaltet sich‘ seinerseits in eine Reihe von Begriffen auf“, z. B. in den Begriff des axiomatisch aufgebauten Kalküls und in den Begriff des Kalküls als einem induktiv sich entfaltenden Prozeß der Erzeugung, der Konstruktion von Objekten bestimmter Art. „Wenn für den Kalkül als einem Apparat, der durch die

119 J. Rudolph, Über Mathematik und Kybernetik im Erkenntnisprozeß der Wirtschaftswissenschaft, in: Mathematik/Kybernetik/Ökonomie, Berlin 1974, S. 51.

120 Vgl. hierzu näher und weiterführend: L. O. Reznikov, Rol’ znakovych sistem v naučnom tvorčestve, in: Voprosy filosofii, 4/1964; A. M. Koršunov/V. V. Mantatov, Teorija otraženija i ėvrističeskaja rol’ znakov, Moskva 1974, S. 144ff.; W. N. Molodschi, Studien zu philosophischen Problemen der Mathematik, Berlin 1977, S. 129ff.

‚Erlaubnis'-Regeln: ‚Wenn das und das erhalten wurde (oder existiert), dann *kann man* das und das machen', reguliert wird, die Modalität der *Möglichkeit*, der *Erlaubnis* charakteristisch ist, so ist für den anderen Begriff . . ., für den Begriff des Algorithmus, die Modalität der *Notwendigkeit* bestimmend. Die Regeln, aus denen sich der Algorithmus als eine gewisse Vorschrift zusammensetzt, tragen verpflichtenden, vorschreibenden Charakter (‚Wenn das und das erhalten wurde oder existiert, dann *muß man* das und das machen')."[121]

Insbesondere bezüglich der mathematischen Modellierung *biologischer* Originale drängt sich die Frage auf: Existieren mathematische Formalismen (Kalküle) bzw. mathematische Theorien, mit deren Hilfe bestimmte Seiten dieser Originale adäquat widergespiegelt werden können? Das bedeutet vor allen Dingen: Existieren mathematische Formalismen (Kalküle) bzw. mathematische Theorien, deren Elemente und Beziehungen zwischen den Elementen und Teilmengen der Menge der Elemente als wesentliche Elemente und Beziehungen der abzubildenden biologischen Sachverhalte interpretiert werden können?

Es geht zunächst um die mathematische Abbildung der *Grund*struktur der biologischen Originale, wobei in Abhängigkeit von den Genauigkeitsforderungen über die Abbildung der Grundstruktur hinaus die Abbildung weiterer Relationen erforderlich sein kann. Da sich das Ziel der mathematischen Modellierung biologischer Originale nicht darin erschöpft, die bereits erkannten wesentlichen Elemente und Beziehungen der biologischen Originale mathematisch abzubilden, sondern es insbesondere darauf ankommt, auf der Grundlage dieser Abbildung mit Hilfe formaler Operationen zu *neuen* Erkenntnissen zu gelangen, ist es wichtig, daß die entsprechenden mathematischen Formalismen (Kalküle) formale Umformungsregeln enthalten, über deren Anwendung diese den Problemstellungen entsprechenden neuen Kenntnisse über die biologischen Originale gewonnen werden können. Für den Fall, daß mit Hilfe der bereits vorhandenen mathematischen Formalismen (Kalküle) die gegebenen Problemstellungen nicht zufriedenstellend gelöst werden können, muß in Erwägung gezogen werden, für die Lösung dieser und ihr analoger Problemstellungen einen neuen mathematischen Kalkül zu entwickeln.

Für die mathematische Modellierung physikalischer oder biologischer Originale ist keineswegs bedeutungslos, ob ein mathematisches Modell M_1 gegenüber einem mathematischen Modell M_2 — bezogen auf das gleiche Original und hinsichtlich derselben Zielstellung — einfacher oder komplizierter ist. Wenn man davon spricht, daß das Modell M_1 gegenüber dem Modell M_2 einfacher ist, so ist damit vor allen Dingen die Einfachheit in syntaktischer und pragma-

121 B. V. Birjukov/E. S. Geller, Kibernetika v gumanitarnych naukach, Moskva 1973, S. 25f.; vgl. auch B. V. Birjukov, Sintez znanija i formaliza cija, in: Sintez sovremennogo naučnogo Znanija, Moskva 1973, S. 457f.

tischer Hinsicht gemeint.[122] In diesem Zusammenhang entstehen Fragen folgender Art, die stets einer konkreten Antwort bedürfen: Wie kompliziert muß das mathematische Modell sein, um einen bestimmten Zweck zu erfüllen? Welche Bestimmungsstücke des Originals müssen unbedingt durch das mathematische Modell widergespiegelt werden, damit das Original durch das entsprechende mathematische Modell bezüglich bestimmter Forderungen, etwa Genauigkeitsforderungen, adäquat widergespiegelt wird? Wichtig ist, daß in dieser Modellierungsphase Mathematiker und Physiker bzw. Biologen zusammenarbeiten, um stets die Frage konkret beantworten zu können, ob bestimmte vom Standpunkt der effektiven mathematischen Handhabung wünschenswerte Vereinfachungen des mathematischen Modells nicht zu einer inadäquaten Abbildung der zu modellierenden physikalischen bzw. biologischen Originale führen.

Mathematische Modelle sollten so einfach wie möglich und so kompliziert wie zur Lösung bestimmter Probleme notwendig sein. Sie erfüllen oft bereits ihren Zweck, wenn mit ihrer Hilfe eine Aufgabe nur *näherungsweise* gelöst wird. Das ist dann der Fall, wenn ein genauer Lösungswert nicht erforderlich oder nicht erwünscht ist, weil der zu seiner Bestimmung notwendige Aufwand gegenüber seinem Nutzen ökonomisch nicht zu vertreten wäre. Das dialektisch-widersprüchliche Verhältnis zwischen den Forderungen, einerseits die physikalischen und biologischen Originale in ihren mathematischen Modellen so genau wie möglich zu erfassen, andererseits aber den Aufwand, die Kosten der Entwicklung der mathematischen Modelle und der Operationen an ihnen so gering wie möglich zu halten, bedarf in jedem Falle einer konkreten Lösung.

4. Formale Ableitung von Folgerungen aus AA_2 mit Hilfe mathematischer oder/und formallogischer Methoden, die AA_2 *direkt* nicht zu entnehmen sind. Dieser Schritt des Modellierungsprozesses fällt primär in den Aufgabenbereich des sich mit der mathematischen Modellierung physikalischer bzw. biologischer Originale beschäftigenden Mathematikers. Hierbei geht es um die Gewinnung *neuer* Informationen, neuer Kenntnisse über das der mathematischen Modellierung unterliegende physikalische bzw. biologische Original. Die Frage jedoch, welche aus dem mathematischen Modell formal abgeleitete Information über das physikalische bzw. biologische Original tatsächlich neu ist, kann in der Regel erst nach

5. der *Interpretation* und Bewertung der Folgerungen, die sich aus den formalen Ableitungen ergeben, durch den Physiker bzw. Biologen beantwortet werden.

122 Bezüglich der Problematik der Einfachheit und ihres Maßes vgl. Logika i metodologija sistemnych issledovanij, Kiev—Odessa 1977, S. 80ff., 104ff.

5.3.2. *Bemerkungen zur Abfolge der Modellierungsphasen*

Erst in der 5. Modellierungsphase wird endgültig die Frage entschieden: Spiegelt das Modell den modellierten Prozeß, das modellierte System usw. hinsichtlich *ausgewählter* Charakteristika adäquat wider oder nicht? Man muß sich darüber im klaren sein, daß die Frage der Adäquatheit eines Modells nur in bezug auf *bestimmte* Merkmale, Charakteristika, die in der gegebenen Forschung als grundlegend angesehen werden, zu stellen ist. Es handelt sich hier also nur um eine relative Adäquatheit des Modells gegenüber dem zu modellierenden (objektiv realen) Prozeß, System usw.[123]

Auf den Einfluß, den die „Qualität" der Annahmen und die Erfassung der wesentlichen Elemente des zu modellierenden Prozesses, Systems usw. auf die „Brauchbarkeit" der Modellergebnisse ausüben, wurde bereits weiter oben kurz eingegangen. Die Mathematik „mahlt" eben — wie Huxley in einem Gespräch mit Thompson zum Ausdruck gebracht haben soll — „gleich einem Mühlstein alles, was man unter ihn schüttet, und so, wie Sie kein Weizenmehl erhalten, wenn Sie Spreu mahlen, so werden Sie aus falschen Annahmen nicht die Wahrheit erhalten, selbst wenn Sie ganze Seiten mit Formeln vollschreiben"[124]. Man muß sich aber im Falle der Abweichung der Modellergebnisse von den gemessenen, beobachteten usw. Werten z. B. auch fragen, ob richtig gerechnet wurde, oder allgemeiner: ob der benutzte mathematische Apparat richtig angewendet wurde, und insbesondere, ob man mit dem verwendeten mathematischen Apparat überhaupt jene Ziele realisieren *kann*, die über den Modellierungsprozeß realisiert werden sollen.

Oft werden mathematische Modelle physikalischer bzw. biologischer Originale auf der Grundlage von Beobachtungen der zu modellierenden Originale und von theoretischen Erkenntnissen schrittweise aufgebaut. Hierbei wird beispielsweise überprüft, ob bestimmte in das Modell eingehende Annahmen — z. B. die Annahme, daß eine bestimmte Größe von einer anderen *linear* abhängt — vom praktischen Standpunkt aus gerechtfertigt sind. Weiterhin kann es sich erweisen, daß bestimmte in das Modell eingehende Parameter präzisiert, weitere Elemente und Beziehungen im Modell berücksichtigt werden müssen, weil nur auf diese Art und Weise problemadäquate Lösungen gewonnen werden können. Der reale Modellierungsprozeß führt also nicht in jedem Falle bereits zum gewünschten Ergebnis, wenn ein einziges Mal nacheinander in strenger Reihen-

123 Vgl. I. I. Blechman/A. D. Myškis/J. G. Panovko, Prikladnaja matematika: predmet, logika, osobennosti podchodov, a. a. O., S. 112f.

124 Zit. in: W. N. Molodschi, Studien zu philosophischen Problemen der Mathematik, a. a. O., S. 91.

folge die skizzierten fünf Phasen „abgearbeitet“ werden. Oft müssen einzelne Phasen mehrmals durchlaufen werden.

5.3.3. Wesenszüge der mathematischen Modellierung physikalischer und biologischer Originale

1. Bei einem mathematischen Modell eines physikalischen oder biologischen Originals handelt es sich immer um eine *mathematische Abbildung* bestimmter Seiten dieses Originals. Dabei muß klar erkannt werden, daß die Mathematik nur *einige* Seiten dieses Originals gedanklich zu erfassen vermag.[125]

2. Mathematische Modelle physikalischer und biologischer Originale stellen *zweckmäßig vereinfachte* Abbildungen jener Originale dar. Der Mensch setzt die Ziele der Modellkonstruktion; der Mensch bestimmt, in welcher Hinsicht das Modell gegenüber dem Original einfacher ist — wozu, zu welchem Zweck und wovon im Modell abstrahiert wird. Mit der Konstruktion mathematischer Modelle physikalischer und biologischer Originale ist also nicht nur die Beantwortung der Fragen „Modell — wovon?“ und „Modell — wozu?“, sondern auch die Beantwortung der Frage „Modell — für wen?“ verbunden. Modelle sind also — wie Stachowiak richtig bemerkt — „nicht nur Modelle von etwas. Sie sind auch Modelle *für jemanden* . . . Sie erfüllen dabei ihre Funktionen in der Zeit, innerhalb eines Zeitintervalls. Und sie sind schließlich Modelle *zu einem bestimmten Zweck*.“[126]

3. Die Konstruktion mathematischer Modelle physikalischer und biologischer Originale ist mit einem „doppelten“ Abstraktionsprozeß verbunden: Im Ergebnis der physikalischen bzw. biologischen Analyse werden zunächst die von diesem Standpunkt *wesentlichen* Elemente und Beziehungen der zu modellierenden Originale durch entsprechende Abstraktionssysteme erfaßt. In der Regel erst danach geht es darum, die mathematisch abbildbaren Seiten dieser Abstraktionssysteme — und damit gleichzeitig die mathematisch abbildbaren Seiten der zu modellierenden Originale — in mathematischen Modellen widerzuspiegeln.

4. Für die problemadäquate mathematische Abbildung und demzufolge auch für die mathematische Modellierung physikalischer und biologischer Originale

125 Zur Spezifik der mathematischen abbildbaren Seiten derartiger Sachverhalte vgl. S. Paul, Philosophisch-methodologische Voraussetzungen der mathematischen Modellierung historischer Prozesse unter besonderer Berücksichtigung der Erkenntnis objektiver gesellschaftlicher Gesetze, Diss. B, Berlin 1977, S. 77ff., insbesondere S. 93ff.

126 H. Stachowiak, Allgemeine Modelltheorie, Wien—New York 1973, S. 133.

spielt sowohl der Abstraktions*grad* als auch die Abstraktions*richtung*[127] eine entscheidende Rolle. Bei einem zu hohen Abstraktionsgrad beispielsweise gehen bestimmte — für die Lösung des Problems notwendige — wesentliche Elemente und Beziehungen nicht in das mathematische Modell ein, und das physikalische bzw. biologische Original wird demzufolge durch das Modell inadäquat widergespiegelt. Zeichnet sich das mathematische Modell hingegen durch einen zu geringen Abstraktionsgrad aus, wird es durch unwesentliche — für die Lösung des Problems nicht notwendige — Elemente und Beziehungen kompliziert, wobei der zusätzliche Aufwand durch den eventuell zu erzielenden Nutzen nicht gerechtfertigt werden kann.

5. Mathematische Modelle physikalischer und biologischer Originale verkörpern einerseits bereits gewonnene Erkenntnisse, andererseits dienen sie der Gewinnung *neuer* Erkenntnisse. Die *problemadäquate* mathematische Abbildung physikalischer oder biologischer Originale ist nur eine *notwendige*, jedoch keine hinreichende Bedingung für mathematische Modelle dieser Originale. Von einem mathematischen *Modell* können wir erst dann sprechen, wenn auf der Grundlage der mathematischen Beschreibung der Originale mit Hilfe mathematischer bzw. formallogischer Operationen *neue* Erkenntnisse über die entsprechenden Originale gewonnen werden bzw. gewonnen werden können. Durch die zuletzt angeführte Eigenschaft unterscheidet sich die mathematische *Modellierung* als eine besonders wichtige Form der Mathematisierung von der mathematischen *Abbildung* (Beschreibung) physikalischer oder biologischer Originale allgemein, das heißt von der Mathematisierung im allgemeinen Sinne.

6. Mathematisch „einfache" Handhabung des Modells und die Forderung der adäquaten Abbildung bestimmter Seiten des physikalischen oder biologischen Originals stehen oft in einem dialektisch-widersprüchlichen Verhältnis. Diese Tatsache veranschaulichen Blechman, Myškis und Panovko an folgendem Beispiel: „Bei der Aufstellung eines Gleichungssystems zur Beschreibung eines zu erforschenden Objektes ist es unter dem Gesichtspunkt der Adäquatheit vorteilhaft, eine möglichst große Anzahl von Parametern zu berücksichtigen, die dieses Objekt charakterisieren; das kann jedoch zu ‚gewaltigen', mitunter nicht mehr überschaubaren Gleichungssystemen führen . . . Wir fordern deshalb *hinreichende Einfachheit des Modells* . . . Diese Forderung steht in gewissem Maße im Gegensatz zur Adäquatheitsforderung."[128]

127 Vgl. dazu S. Paul, Napravlenie abstragirovanija i stepen' abstrakcij obščej teorii sistem (OTS), in: Sistemyj metod i sovremennaja nauka, Vypusk 3, Novosibirsk 1975, S. 17ff.

128 I. I. Blechman/A. D. Myškis/J. G. Panovko, Prikladnaja matematika: predmet, logika, osobennosti podchodov, a. a. O., S. 115f.

6. Dialektik der kybernetischen Erkenntnis

Die Kybernetik erforscht Gesetze, die unabhängig von der Spezifik einzelner Bewegungsformen der Materie sein können. Sie ist also insofern nicht als Naturwissenschaft zu klassifizieren und ermöglicht Anwendungen, die nicht ausschließlich Wissenschaften von Systemen und Prozessen der Natur betreffen, sondern auch solche Wissenschaften, die es mit Mensch und Gesellschaft zu tun haben.

Die Kybernetik hat jedoch wesentliche naturwissenschaftliche Quellen.[129] Das gilt sowohl für ihre historische Herausbildung als auch für die weitere Fortentwicklung. Diese Wissenschaft hat gegenwärtig in doppelter Hinsicht Bedeutung für die verschiedenen Bereiche der Naturwissenschaften; eine unmittelbare, die mit der direkten Anwendung spezifischer kybernetischer Methoden verbunden ist, und eine andere, gegenüber der ersten vielleicht noch grundlegendere Bedeutung, die mehr auf wissenschaftstheoretisch-methodologischer Ebene liegt. Ein eindrucksvolles Beispiel dafür liefern die kybernetischen Theoriebildungen und die Anwendungen kybernetischer Methodiken für die Lösung naturwissenschaftlicher Probleme innerhalb der Biologie, was zu einer relativ eigenständigen biologischen Forschungsrichtung geführt hat, der sogenannten Biokybernetik.[130] Gerade die biokybernetischen Entwicklungen zeigen, auf welche Weise die Kybernetik und ihre Denkweisen[131] auch auf Theoriebildung und

129 Es ist bemerkenswert, daß die erste aus dem Russischen ins Deutsche übertragene Arbeit zu Fragen der Kybernetik, die 1957 in Moskau erschienen ist, den Beziehungen von Kybernetik und Naturwissenschaften gewidmet war (vgl. S. L. Soboljew/A. A. Ljapunow, Die Kybernetik und die Naturwissenschaften. Als Studienmaterial herausgegeben vom Staatssekretariat für das Hoch- und Fachschulstudium, Sektor Marxismus-Leninismus, o. J., als Manuskript gedruckt).

130 Die Denkweisen dieser Forschungsrichtung kann man etwa kennenlernen in: H. Drischel, Einführung in die Biokybernetik, Berlin 1972. Ein Ausdruck für das große Interesse, das die Biokybernetik auch international gesehen inzwischen gefunden hat, sind die zahlreichen, regelmäßig stattfindenden Tagungen zu verschiedenen Forschungsthemen dieses Gebietes. Erwähnt seien die seit 1960 veranstalteten Internationalen Kongresse über kybernetische Medizin in Neapel und Amsterdam, die seit 1963 stattfindenden Wissenschaftlichen Allunions-Konferenzen über Neurokybernetik in Rostov am Don sowie die seit 1967 durchgeführten Internationalen Symposien „Biokybernetik" in Leipzig.

131 „Denkweise" wird hier ausschließlich auf eine Wissenschaft bezogen verstanden. Sie läßt sich weder auf die zu ihr gehörende Theoriebildung noch auf die damit verknüpfte Methodik reduzieren; die Denkweise einer Wissenschaft oder die einzelner ihrer Teilgebiete weist Merkmale auf, die Theoretisches (und damit Begriffliches, Aussagemäßiges und Sprachliches) *und* Methodisches betreffen. Die Denkweise einer Wissenschaft hat ferner enge Beziehungen zu ihrer philosophisch-weltanschaulichen Grundlegung, jedoch fällt sie nicht mit dieser zusammen. Die Denkweise einer Wissenschaft hat ihr eigenes, relativ selbständiges Vermögen — z. B. zur Fortentwicklung der betreffenden Wissenschaft —, das nicht (ggf. nicht allein) aus ihren (meist verschiedenartigen) philosophischen Grundlegungen hergeleitet werden kann.

Methodik in verschiedenen Bereichen der naturwissenschaftlichen Forschung Einfluß nehmen. So tragen z. B. die Systemkonzeptionen der Kybernetik und ihre informationellen Betrachtungsweisen dazu bei, eine Synthese mehr oder weniger weit auseinanderliegender Resultate biologischer naturwissenschaftlicher Forschung vorzunehmen. Insofern offenbart sich in der Kybernetik auch in besonders starkem Maße jene charakteristische Tendenz der modernen Wissenschaftsentwicklung, die man gewöhnlich als „Integration der Wissenschaften" — die der anhaltenden Differenzierung gegenübersteht — bezeichnet. In enger Verbindung damit liefert die Kybernetik auch wichtige Beiträge zum dialektischen Verständnis der Einheit der Welt in ihrer Materialität.

6.1. Kybernetik als Wissenschaft

Kybernetik wird hier als Wissenschaft von den kybernetischen Systemen verstanden. Zu klären, was kybernetische Systeme sind, gehört zu den fundamentalen Aufgaben kybernetischer systemtheoretischer Konzeptionen.[132] Diese Bestimmung ist indessen nicht eine Festlegung, aus der die folgenden Überlegungen gleichsam deduziert werden können. Im Sinne von Hegel ist es der Vorbegriff der Wissenschaft, deren Gegenstand eigentlich erst durch ihre inhaltliche Ausbreitung konstituiert wird.[133] Gegenstand und Inhalt einer Wissenschaft bilden sich generell in demselben historischen Prozeß heraus, in dem sich diese Wissenschaft formt, ausbreitet, verändert und neue Gebiete betritt oder Probleme erfaßt.

Die Kybernetik ist das Produkt einer langen Entwicklung auf unterschiedlichen, zum Teil weit voneinander entfernt liegenden Gebieten der Naturwissenschaft und der Mathematik. Insofern ist sie Ausdruck einer wichtigen Gesetzmäßigkeit der modernen Wissenschaftsentwicklung, die man gewöhnlich als dialektisches Verhältnis von Integration und Spezialisierung beschreibt. Die Kybernetik ist eine integrierende wissenschaftliche Disziplin auf hoher Stufe, das heißt, sie stellt nicht nur Verbindungen zwischen zwei herkömmlichen Disziplinen her (wie etwa

132 Vgl. G. Klaus/H. Liebscher, Systeme — Informationen — Strategien, Berlin 1974, S. 23ff., wo diese Betrachtungsweise detailliert begründet wird. (Sie liegt implizit auch der systematischen Gestaltung von G. Klaus/H. Liebscher (Hrsg.), Wörterbuch der Kybernetik, Berlin 1976 zugrunde.)

133 Vgl. G. W. F. Hegel, Encyclopädie der philosophischen Wissenschaften, Leipzig 1949. Dort sagt Hegel zur Einführung in die Wissenschaft der Logik: „Es gilt von dieser wie von anderen in diesem Vorbegriffe enthaltenen Bestimmungen dasselbe, was von den über die Philosophie überhaupt vorausgeschickten Begriffen gilt, daß sie *aus* und *nach* der Übersicht, des Ganzen geschöpfte Bestimmungen sind." (S. 51).

die physikalische Chemie oder die Biochemie), sondern strebt danach, eine ganze Reihe solcher Disziplinen zu integrieren. Dabei verwendet sie in großem Umfange mathematische Methoden und gibt selbst Anstöße zur Entwicklung neuer mathematischer Theorien.

Obgleich die Kybernetik heute eine selbständige wissenschaftliche Disziplin ist, darf man sie dennoch nicht als eine Wissenschaft auffassen, die sich unabhängig und isoliert von den anderen Einzelwissenschaften weiterentwickeln könnte. Sofern dies tatsächlich der Fall ist, geschieht das immer nur in bestimmten Gebieten (wie etwa in der Automatentheorie oder der Spieltheorie) und in gewisser Hinsicht. Insgesamt gesehen aber wirkt auch weiterhin eine eigentümliche Dialektik von kybernetischer und spezialwissenschaftlicher Forschung. Denn obgleich die Kybernetik gerade von all den Gegebenheiten abstrahiert, die für die traditionellen Einzelwissenschaften grundlegend sind, heißt dies keineswegs, daß die kybernetische Forschung getrennt von der spezialwissenschaftlichen Forschung verlaufen könnte.[134]

Wenn hier der Systemaspekt als grundlegender Aspekt der Kybernetik betrachtet wird, so gibt es dafür hinreichende wissenschaftstheoretische und philosophische Gründe: Alle wesentlichen, innerhalb der kybernetischen Disziplinen untersuchten Phänomene wie Informationsaustausch, Regelungsvorgänge, strategisches Verhalten usw. können als Merkmale bzw. Verhaltensweisen kybernetischer Systeme — einer bestimmten Klasse materieller dynamischer Systeme, zu denen im Rahmen der kybernetischen Theorien Modelle konstruiert werden — verstanden werden. Dennoch muß konstatiert werden, daß der gegenwärtige Entwicklungsstand der Kybernetik noch nicht zu einer einheitlichen Vorstellung vom systematischen Gesamtaufbau dieser Wissenschaft geführt hat, weshalb die Entwicklung der Kybernetik innerhalb einer Reihe von Disziplinen erfolgt, die zum Teil wiederum in sich stark gegliedert sind. Zu diesen Disziplinen gehören Regelungs- und Steuerungstheorie, Automatentheorie, Theorie der Nervennetze, Zuverlässigkeitstheorie, Theorie großer oder komplexer Systeme, Informations- bzw. Nachrichten- und Signaltheorie, Algorithmentheorie, Spieltheorie Diese Aufzählung ist unvollständig, sie dürfte aber verständlich machen, daß es schwer ist, in einem einzigen Satz zu erklären, was „kybernetische Theorie" heißt. Entsprechendes gilt — wie später noch genauer gezeigt werden wird — für eine Antwort auf die Frage, ob und wenn ja, auf welche Weise kybernetische Theorie objektive Dialektik widerspiegelt. In jedem Falle wird es sinnlos sein, hierauf eine globale Antwort der Art zu erwarten: Die kybernetische Theorie kann ... oder: Die kybernetische Theorie kann nicht ... Antworten auf eine solche Frage können höchstens von der Art sein: Mit Hilfe

134 Zur Dialektik von kybernetischer und spezialwissenschaftlicher Forschung vgl. G. Klaus/H. Liebscher, Systeme — Informationen — Strategien, a. a. O., S. 326f.

der Theorie der Nullsummenspiele als Teilgebiet der mathematischen Spieltheorie ist es möglich, von wirklichen Systemen, die zu strategischem Verhalten fähig sind, in Situationen des Widerstreits das und das zu erfassen; von jenem dagegen wird in diesen Zusammenhängen abstrahiert usw.

Es wird hier ganz bewußt nach kybernetischer *Theorie* gefragt, nicht nach Begriffen oder Aussagen der Kybernetik. Dies hängt mit dem vorausgesetzten Theorieverständnis zusammen. Gewiß bedarf jedes wissenschaftliche Vorgehen bestimmter, möglichst streng gefaßter Begriffe,[135] führt zur Formulierung von Aussagen, die für die betreffende Wissenschaft spezifisch sind, und Begriffe und Aussagen werden innerhalb einer mehr oder weniger bewußt konstituierten eigentümlichen Sprache der betreffenden Disziplin gefaßt. Das eigentliche Ziel der wissenschaftlichen Tätigkeit besteht aber darin, eine Theorie zu schaffen (bzw. für verschiedene Phänomene Teiltheorien), innerhalb der die jeweiligen Begriffe und Aussagen (bzw. Aussagensysteme) erst ihren eigentlichen Sinn erhalten.[136]

So ist etwa der Begriff des Regelungssystems oder der des strategischen Spiels an und für sich vieldeutig und in seinem Inhalt schillernd, solange er nicht im Rahmen der Regelungstheorie (wenn es sich um den Begriff des Regelungssystems handelt) oder der Spieltheorie (im Falle des Begriffs des strategischen Spiels) genauer festgelegt ist. Die kybernetischen Forschungen zeigen nun die wesentlichen Züge wissenschaftlicher Theoriebildung: eine eigene Fachsprache mit entsprechender Fachterminologie, präzise Begriffsbildungen, eine spezifische Gesetzeserkenntnis, den Drang zur ständigen Weiterentwicklung der Theorie und schließlich das Bestreben, die Theorie anzuwenden.

Im Hinblick auf eine Beurteilung des Widerspiegelungsvermögens der Kyber-

135 Diese Vorstellung impliziert den Prozeßcharakter wissenschaftlicher Begriffsbildung. Sie führt in der Regel nicht schlechthin von unpräzisierten zu präzisierten Begriffen, sondern von noch nicht präzisierten zu präzisierten Begriffen einer bestimmten, durch den weiteren Fortgang der betreffenden Wissenschaft meist veränderten, *Stufe*. Welcher „Grad" von Präzision dabei jeweils erreicht wurde, läßt sich oft erst im Nachhinein, von einer inzwischen erreichten höheren Stufe her beurteilen. Der Prozeßcharakter wissenschaftlicher Begriffsbildung seinerseits schließt ein, daß auch die in irgendeinem Sinne noch nicht präzisierten Begriffe von wesentlicher Bedeutung für den Fortgang wissenschaftlicher Forschungen sein können: Alle sich heute exakt und präzis ausnehmenden naturwissenschaftlichen Begriffsbildungen (etwa in der Wärmelehre, der Elastizitätstheorie usw.) haben sich in einem mühevollen historischen Erkenntnisprozeß erst herausbilden müssen.

136 Auch Theorien entwickeln sich in einem Prozeß. Wenn man zu den Konstituenten einer Theorie ein System von Begriffen, ein System von Aussagen (darunter evtl. Gesetzesaussagen) und eine fach- bzw. theoriespezifische Sprache zählt, ergibt sich zwangsläufig schon aus dem Verständnis des Prozeßcharakters der Begriffsbildung die Vorstellung vom Prozeßhaften auch der Theorieentwicklung. Erst von der Theorieentwicklung her wird aber die vielfältige Einbettung der Begriffsentwicklung sichtbar; vor allem geht sie stets mit der Entwicklung der jeweiligen Aussagensysteme einher.

netik muß aber noch etwas anderes beachtet werden. Die Kybernetik umfaßt nicht nur viele Zweige mit einem entsprechend großen Arsenal von Erkenntnismitteln, sondern es kommen auch ständig noch neue Zweige hinzu, und die Erkenntnismittel in den einzelnen Zweigen erweitern sich rasch. Wenn man daher nach kybernetischer Theorie fragt und darauf reflektiert, das Widerspiegelungsvermögen solcher Theorie zu verstehen, muß man dies in die Betrachtung einbeziehen: Gerade für die Kybernetik (aber natürlich nicht nur für sie) ist es charakteristisch, daß neue Fragestellungen rasch zur Entwicklung neuer theoretischer Gebilde führen, mit deren Hilfe die neu untersuchten Erscheinungen erfaßt werden sollen. Es sei in diesem Zusammenhang lediglich auf die außerordentlich intensive Entwicklung der kybernetischen Theorie der Automaten hingewiesen, die eine der fruchtbarsten systemtheoretischen Ansätze überhaupt darstellt.

6.2. Zur Art und Weise der Widerspiegelung objektiver Dialektik in kybernetischer Theorie

Es versteht sich, daß hier nicht der Versuch unternommen werden kann, die Kybernetik insgesamt, mit all ihren Teiltheorien daraufhin durchzumustern, auf welche Weise von ihr Dialektik erfaßt wird. Ginge es lediglich darum, zu zeigen, ob Dialektik durch Kybernetik überhaupt erfaßbar ist, genügte ein einziges Beispiel, um dies zu belegen. Indessen kann es nicht nur um die Möglichkeit oder Unmöglichkeit der Widerspiegelung von Dialektik gehen, sondern vor allem um die Art und Weise, in der dies geschieht.

Wie sich zeigt, erfassen die verschiedenen theoretischen Mittel der Kybernetik Unterschiedliches auf verschiedene Weise. Im folgenden soll versucht werden, dies im Hinblick auf den fundamentalsten unter den wesentlichen Teilbereichen der Kybernetik zu zeigen, den system- und regelungstheoretischen.[137]

Über die Existenz und die Beschreibungsweise von Regelungsprozessen in den verschiedenen Bewegungsformen der Materie gibt es eine Fülle von Literatur,

137 Die hier zugrundeliegende Auffassung von der Gliederung der Kybernetik in Teilgebiete fußt auf der Vorstellung, daß der Systemaspekt der grundlegende Aspekt der Kybernetik ist. Eine detaillierte philosophische Begründung hierfür findet sich in: G. Klaus, Kybernetik in philosophischer Sicht, Berlin 1961 (1. Aufl.). Streng durchgeführt wurde eine solche Gliederung der Kybernetik im Rahmen einer Darstellung der Denkweisen dieser Wissenschaft in der schon erwähnten Arbeit von G. Klaus/H. Liebscher, Systeme — Informationen — Strategien, a. a. O.

darunter auch wichtige marxistische philosophische Arbeiten.[138] In solchen Arbeiten über Regelungssysteme in der Technik, Biologie und Gesellschaft wurde nicht nur der Beweis erbracht, daß es solche Regelungssysteme in diesen Bereichen gibt, sondern es konnte auch gezeigt werden, daß es eine große Zahl solcher Regelungsprozesse gibt, die im Rahmen ein und desselben mathematischen Beschreibungsmittels, nämlich mit Hilfe von Differentialgleichungen, erfaßt werden können. Auf dieses Beschreibungsmittel, das eng mit der Konstituierung der Regelungstheorie überhaupt verbunden ist, sei hier vor allem hingewiesen. Einzelbeispiele von Regelungsvorgängen in Technik, Biologie oder Gesellschaft werden hingegen nicht behandelt. Dies ist bereits zur Genüge geschehen, wohingegen das jeweils benutzte Beschreibungsmittel in den anfänglichen Arbeiten keine hinlängliche erkenntnistheoretische Würdigung erfahren hat.

Es ist für unseren Zusammenhang nicht uninteressant, darauf hinzuweisen, daß bereits F. Engels die Differentialrechnung als ein Mittel ansah, Dialektik mit Hilfe von Mathematik zu erfassen, weil damit nicht mehr nur Zustände, sondern auch Prozesse, Bewegung dargestellt werden können.[139]

In der Tat betrifft dieses Beschreibungsmittel einen der wesentlichen Gesichtspunkte bei der Beurteilung des Widerspiegelungsvermögens der Regelungstheorie für dialektische Vorgänge. Wer lediglich das allgemeine Regelkreisschema kennt — eine Darstellung zur besseren Verdeutlichung und Anschauung der Zusammenhänge und in der Technik auch als Anweisung für die Herstellung einer entsprechenden Struktur benutzt —, wird am Wesen eines grundlegenden Beschreibungsmittels der Regelungstheorie vorbeigehen.[140]

Nun erscheint freilich da, wo die Kybernetik mit ihrem regelungstheoretischen Aspekt mit dieser oder jener Einzelwissenschaft in Verbindung tritt, diese Verbindung oft in ganz anderer Gestalt, was dazu führen mag, daß jene Verknüpfung von Regelungstheorie und deren mathematischer Beschreibung mit Hilfe von Differentialgleichungen verdeckt wird. So benutzt etwa die Biokybernetik zwar regelungstechnische Begriffe und regelungstechnische Sche-

138 Vgl. G. Klaus, Kybernetik in philosophischer Sicht, a. a. O.; G. Klaus/R. Thiel, Über die Existenz kybernetischer Systeme in der Gesellschaft, in: DZfPh, 1/1962, S. 22—57; G. Klaus, Kybernetik und Gesellschaft, Berlin 1964; K. Fuchs-Kittowski, Probleme des Determinismus und der Kybernetik in der molekularen Biologie, Jena 1976; H. Hörz, Dialektischer Determinismus und allgemeine Systemtheorie, in: DZfPh, 6/1977, S. 656ff.

139 Vgl. F. Engels, Dialektik der Natur, in: MEW, Bd. 20, a. a. O., S. 534.

140 Jeder Regelkreis kann als ein geschlossenes dynamisches System mit mehreren Freiheitsgraden betrachtet werden. Die Dynamik eines solchen Systems kann durch ein System von Differentialgleichungen bzw. durch eine Differentialgleichung höherer Ordnung beschrieben werden. In gewissen Fällen können die Gleichungen auch partielle Ableitungen enthalten, und häufig schreibt man sie auch als Integro-Differentialgleichungen. Anstelle von Differentialgleichungen werden manchmal auch Differenzengleichungen benutzt.

mata, aber die mathematische Beschreibung von Regelungssystemen in lebenden Organismen tritt demgegenüber oft noch zurück. Die Gründe dafür wurden in der heute schon klassisch zu nennenden Arbeit von R. Wagner aus dem Jahre 1954 dargelegt: „Alle Betrachtungen, die in Physik und Technik auf Regler angewendet wurden, scheinen grundsätzlich auch auf diese Einrichtungen lebender Organismen anwendbar zu sein. Selbst dieselben mathematischen Behandlungsmethoden für solche Systeme sind hierbei in Betracht zu ziehen. Für den Biologen und Physiologen besteht nur die große Schwierigkeit, daß er noch weit davon entfernt ist, die Apparatkonstanten dieser Mechanismen so weit quantitativ in Erfahrung zu bringen, daß an eine exakte Behandlung dieser Problemseite des Lebens womöglich mit mathematischen Hilfsmitteln herangegangen werden kann. Nimmt man im Sinne eines Experimentes irgendeinen Eingriff im Organismus vor, um nach Art der Regeltechniker eine wichtige Größe quantitativ zu bestimmen, dann werden eben durch diesen Eingriff selbst andere Reglermechanismen, die man unangetastet lassen will, beeinflußt und gestört. Bei der gegenseitigen Wechselwirkung aller dieser Apparate, bei ihrer gegenseitigen ‚Vermaschung' wird dann auch jene Größe in oft unkontrollierbarer Weise beeinflußt, zu deren Messung man den Eingriff vorgenommen hat, so daß man schließlich, wenn überhaupt, so doch nur unter großen Schwierigkeiten, zu der Erkenntnis eines quantitativen Zusammenhanges kommt. Für viele Vorgänge, die im Organismus wahrscheinlich geregelt werden, ist es bisher nicht einmal möglich, die völlige Geschlossenheit jenes Kreises aufzuzeigen, der den Automatismus und die Rückwirkung auf sich selbst unserem Verstehen näherbringt. Um solchen Kreis zu schließen, fehlt oft noch die Kenntnis des einen oder anderen Regelgliedes bzw. eines zu erwartenden Teilapparates. Je weiter wir aber unsere Kenntnisse der Lebensvorgänge vertiefen, desto mehr scheinen sie unter Gesichtspunkten betrachtenswert, die ganz allgemein auch für die Regelmechanismen der Technik ihre Gültigkeit haben."[141]

Wagner, der Pionier auf dem Gebiet der Untersuchung biologischer Regelungsvorgänge, vertritt hier alles andere als einen pessimistischen Standpunkt; es ist die erkenntnisoptimistische Haltung des Naturwissenschaftlers, der nicht nur die großen Möglichkeiten des neuen Denk- und Beschreibungsmittels sieht, sondern auch die Schwierigkeiten seiner Nutzung.[142]

Die Biokybernetik zielt nicht nur auf eine mathematische Beschreibung biologischer Prozesse ab; dies mag ein Fernziel sein. Zunächst geht es meist um eine Betrachtung der Analogien von Regelungssystemen in Technik und Biologie. Hier ist dann aber von zwei recht verschiedenen Dingen die Rede, was leicht zu Mißverständnissen Anlaß geben kann: Untersuchungen in einem Gebiet mit

141 R. Wagner, Probleme und Beispiele biologischer Regelung, Stuttgart 1954, S. 15f.
142 Vgl. dazu auch H. Drischel, Einführung in die Biokybernetik, Berlin, 1972, S. 58.

Hilfe regelungstheoretisch-mathematischer Methoden ist etwas anderes als das Aufsuchen von Analogien zwischen technischen und biologischen Reglern. Der objektive Zusammenhang zwischen diesen beiden Aspekten wird freilich dadurch hergestellt, daß die Existenz der Analogien auf der Existenz gewisser gemeinsamer Gesetze in beiden Bereichen der Realität beruht.[143] Indessen ist es eine abgeleitete Frage, auf welche Weise diese Analogien beschrieben werden. Wie sich zeigt, ist dabei die Beschreibung durch Differentialgleichungen zwar ein höchst wirksames und relativ universelles Mittel, keineswegs aber das einzige. Man muß die Systembeschreibung durch Blockschaltbilder, Signalflußpläne usw. ebenso dazu rechnen wie etwa die mit den Mitteln der Automatentheorie. Welches Beschreibungsmittel jeweils am geeignetsten ist, hängt vor allem von zwei Umständen ab: einerseits vom jeweiligen Erkenntnisziel, das heißt der betreffenden einzelwissenschaftlichen Aufgabenstellung, und andererseits von den Möglichkeiten, die vom Untersuchungsobjekt her (gegebenenfalls in einem bestimmten wissenschaftsgeschichtlich bedingten Stadium der Untersuchungen) bestehen. Gerade der letzte Umstand bringt offenbar — wie den Bemerkungen von Wagner, Drischel und anderen zu entnehmen ist — im biokybernetischen Bereich noch erhebliche Einschränkungen für eine mathematische Beschreibung biologischer Regelungsvorgänge mit sich.

Aus den hier angestellten Überlegungen ergibt sich auch, daß es nicht möglich ist, die Frage nach dem Widerspiegelungscharakter der (kybernetischen) Regelungstheorie vollständig auf jene der Theorie der Differentialgleichungen zurückzuführen. Unbeschadet dessen sei aber darauf hingewiesen, daß die Frage nach dem Widerspiegelungsvermögen der Differentialrechnung und der Theorie der Differentialgleichungen z. B. in der marxistischen Literatur der DDR bereits ausgiebig behandelt worden ist.[144] Dabei wurde auch gezeigt, daß die Differentialrechnung „gewissermaßen die *klassische* Sprache der Dynamik“ ist[145], was einschließt, daß sie nicht nur für die Beschreibung von Regelungsprozessen geeignet ist.[146]

143 Lenin hat bekanntlich in seiner Mach-Kritik unter Berufung auf Boltzmann die Möglichkeit der Beschreibung analoger Naturvorgänge durch gleichartige Differentialgleichungen als Ausdruck der Einheit der Natur verstanden: „Die Einheit der Natur zeigt sich in der ‚überraschendsten Analogie‘ der Differentialgleichungen auf den verschiedensten Erscheinungsgebieten.“ (W. I. Lenin, Materialismus und Empiriokritizismus, in: Werke, Bd. 14, Berlin 1964, S. 290.)

144 Vgl. R. Thiel, Quantität oder Begriff?, Berlin 1967, S. 327ff.; R. Thiel, Mathematik — Sprache — Dialektik, Berlin 1975, S. 274ff.

145 R. Thiel, Mathematik — Sprache— Dialektik, a. a. O., S. 274.

146 So zeigt R. Thiel an Hand einer Reihe von Beispielen, wie mit Hilfe von Differentialgleichungen unterschiedliche Wachstumsprozesse und verschiedene Formen von Wechselwirkung adäquat beschrieben sowie die Begriffe der dialektischen Gegensätzlichkeit und des Qualitätsumschlages im Sinne der materialistischen Dialektik spezifiziert werden können (vgl. R. Thiel, Mathematik — Sprache — Dialektik, a. a. O., S. 276ff.).

Ein weiteres, mächtiges Beschreibungsmittel, das den eben genannten zur Seite tritt, liefert die moderne Automatentheorie. Ihre relativ universelle Bedeutung für die Beschreibung von Vorgängen in Systemen wurde schon verhältnismäßig früh erkannt, im Grunde genommen bereits in den klassischen Arbeiten von J. v. Neumann zur Automatentheorie.[147] In manchen Arbeiten, in denen die Bedeutung der Automatentheorie hervorgehoben ist, wird sogar auf gewisse Beschränkungen verwiesen, die mit der Beschreibung durch Differentialgleichungen verbunden sind.[148] Wenn aber behauptet wird: „Der Automatentheorie sind keine derartigen Grenzen gesetzt. Sie ist das gegebene Hilfsmittel für alle Gebiete der Kybernetik. Sie ist zugleich eine strenge Darstellungsmethode über enge Fachgebietsgrenzen hinaus"[149], so ist das zweifelsohne eine Überbewertung *eines* Beschreibungsmittels. Immerhin aber bleibt natürlich die Theorie der Automaten ein nicht zu unterschätzendes Beschreibungsmittel für die Vorgänge in komplexen (darunter auch in biologischen) Systemen. Sie ist geeignet, Rückkopplungsprozesse in Systemen und Probleme ihres zweckmäßigen Verhaltens zu untersuchen. Für Systeme mit veränderlicher Struktur stellt sie adäquate Beschreibungsmittel zur Verfügung.[150] Gerade die sich auf Differential- und Differenzengleichungen beschränkenden systemtheoretischen Ansätze vermochten dieses auch für die Erfassung dialektischer Vorgänge in Systemen wichtige Problem der Veränderung von Systemstrukturen nicht zu bewältigen.[151]

Summarisch betrachtet geht es hier gar nicht darum, dem einen oder dem

147 Vgl. J. v. Neumann, The general and logical Theory of automata, in: Symposium of the Hixon Foundation „Cerebral Mechanismus in Behavior", September 1948 in Pasadena, New York 1951, pp. 1—31, wo z. B. der Vergleich von Computer und lebendem Organismus einen breiten Raum einnimmt, sowie die Arbeit J. v. Neumann, Probabilistic logics and synthesis of reliable organisms from unreliable components, in: C. E. Shannon/I. McCarthy (eds.), Automat studies, Princeton 1956, pp. 43—98. Einen gedrängten Überblick gibt C. E. Shannon, Von Neumann's contributions to automata theory, in: Bull. of the American Mathem. Society, 3/1958, S. 123—129.

148 Vgl. W. Händler, Die Behandlung von Aufgaben in der Kybernetik mit Hilfe der Automatentheorie, in: W. Kroebel (Hrsg.), Fortschritte der Kybernetik, Bericht über die Tagung der Deutschen Arbeitsgemeinschaft Kybernetik, Kiel 1965, München—Wien 1967, S. 31.

149 Ebenda.

150 Vgl. hierzu etwa B. I. Varšavskij/I. P. Voroncova, O povedenii stochastičeskich avtomatov s peremennoj strukturoj, in: Avtomatika i Telemechanika, 24/1963, S. 353—360. Grundsätzliche Betrachtungen zur Anwendung automatentheoretischer Beschreibungsmittel bei der Untersuchung biologischer Systeme werden angestellt in: M. L. Cetlin, Issledovanija po teorii avtomatov i modelirovanie biologičeskich sistem, Moskva 1969.

151 Das gilt z. B. für den interessanten Ansatz von O. Lange, der unter anderem vektorielle Differenzengleichungen zur Systembeschreibung benutzt. (Vgl. O. Lange, Ganzheit und Entwicklung in kybernetischer Sicht, Berlin 1966, insbes. S. 36ff.) Auf diesen Systemansatz wird noch zurückgekommen werden. Vgl. zur Kritik: H. Hörz, Materiestruktur, Berlin 1971, S. 86ff.

anderen Beschreibungsmittel die größere Bedeutung beizumessen, sondern um die Problemangepaßtheit von Beschreibungsmitteln, das heißt darum, welche Beschreibungsmittel für welche Problemklassen am besten geeignet sind.

6.3. Abstraktive Vereinfachung und Erfassung von Komplexität in der Kybernetik

Die Kybernetik, insbesondere deren systemtheoretische Ansätze, tritt explizite mit dem Anspruch auf, das Nichteinfache in der Wirklichkeit, das Komplexe oder Komplizierte erfassen zu können oder zu wollen. Kybernetik wird oft sogar als Wissenschaft zur Beherrschung der Komplexität verstanden — ein Anspruch, den wohl außer der Philosophie in Gestalt der Theorie der materialistischen Dialektik kaum eine andere Wissenschaft in dieser Form je zuvor erhoben hat. Solchen Ansprüchen entgegengesetzt sind verschiedenartige Vorwürfe, die sämtlich darauf hinauslaufen, die Kybernetik oder mindestens einzelne ihrer Entwicklungslinien oder Anwendungen der unzulässigen Vereinfachung oder Simplifizierung anzuklagen.

W. R. Ashby, einer der bekanntesten Förderer kybernetischen Denkens in der Physiologie, ist sich dieser Situation voll bewußt, wenn er feststellt: „Für eine gewisse Zeit . . . scheint es so, als ob sie sich (die Kybernetik — d. Verf.) nur mit Allgemeinplätzen und Plattheiten abgäbe, aber dies dient lediglich dazu, die notwendigen Voraussetzungen und Grundlagen klar und eindeutig aufzubauen, eine strenge und stichhaltige Weiterentwicklung zu gewährleisten, die im Gegensatz zu den unklaren und verworrenen Versuchen der Vergangenheit steht, auf dem Gebiet der Komplexität, insbesondere der des denkenden Hirns, Fuß zu fassen.“[152] Für Ashby ist es eine ausgemachte Sache, daß die Kybernetik auf die Beschreibung von Komplexität aus ist und daß sie dies nur tun kann, wenn sie systematisch von der Erfassung des Einfachen zur Erfassung des Komplizierten fortschreitet.

Die fundamentale dialektisch-materialistische Vorstellung von der Erkenntnis als ewiger, unendlicher Prozeß der Annäherung des Denkens an das Objekt und zugleich als widersprüchlicher Prozeß (dies im Sinne von Lenin[153]) schließt die Dialektik des Fortschreitens vom Einfachen zum Komplizierten ein. Im gleichen Sinne unabhängig von der Kybernetik ist zu konstatieren, daß sich in der objektiven Realität einfachere von weniger einfachen Gebilden unter-

152 W. R. Ashby, Einführung in die Kybernetik, Frankfurt a. M. 1974, S. 22.
153 Vgl. W. I. Lenin, Konspekt zu Hegels „Wissenschaft der Logik“, in: Werke, Bd. 38, a. a. O., S. 185.

scheiden lassen. Diese Unterscheidung ist keineswegs nur eine Frage des Blickpunktes, der Subjektivität oder des Beschreibungsmittels, sondern hat objektive Grundlagen.

Für die erkenntnistheoretische Analyse ist zu beachten, daß Einfaches und Kompliziertes der objektiven Realität nicht mit dem Einfachen und Komplizierten auf der Ebene der Widerspiegelung gleichgesetzt werden können. Der Zusammenhang von beiden ist keinesfalls evident — etwa derart, daß dem Einfachen in der objektiven Realität einfache Widerspiegelungsformen entsprechen und dem Komplizierten in der Realität komplizierte Formen im Abbild. Dies ist nur *ein* möglicher Fall. Im allgemeinen kann das Einfache in der objektiven Realität sowohl einfach als auch kompliziert abgebildet werden und Kompliziertes sowohl mit vergleichbarer Kompliziertheit als auch in vereinfachter Form dargestellt werden. Jedenfalls bedarf es einer zusätzlichen Untersuchung, wenn entschieden werden soll, ob dem in einer Abbildung aufzufindenden Einfachen tatsächlich Einfaches entspricht oder ob es eine Vereinfachung darstellt. Entsprechendes gilt in bezug auf objektiv-reales und abgebildetes Kompliziertes.

Verschiedene kybernetische Ansätze gelangen zu unterschiedlichen Begriffen von Einfachem und Kompliziertem.[154] Dies ist nicht verwunderlich, wenn man den dialektischen Sachverhalt im Auge hat, wonach das Einfache nicht an und für sich Einfaches und Kompliziertes nicht an und für sich Kompliziertes ist, sondern Einfaches stets nur im Hinblick auf ein bestimmtes Kompliziertes eineinfach und umgekehrt Kompliziertes immer nur mit Rücksicht auf ein bestimmtes Einfaches kompliziert ist. In den konkreten Entwicklungsformen kybernetischer Theoriebildung schlägt sich diese Dialektik vor allem in der Art und Weise der Begriffsbildung und in der Natur der benutzten sprachlichen Ausdrucksmittel nieder.

Die hierher gehörende erkenntnistheoretisch sinnvolle Frage kann daher auch nicht heißen, was die Kybernetik unter einem einfachen System versteht oder unter einem komplizierten Gebilde, sondern muß in der Art formuliert werden: „Was versteht der und der systemtheoretische Ansatz der Kybernetik unter einem einfachen bzw. unter einem komplizierten System?“ Es ist freilich nur die halbe Wahrheit, wenn von diesen (wie auch von anderen) Begriffen der Kybernetik manchmal gesagt wird, man habe sich über ihren Inhalt noch nicht einigen können. Denn wohl ist es richtig, daß es für verschiedene Bereiche oder Ansätze innerhalb der Kybernetik keine einheitlichen Vorstellungen davon gibt; aber es kann immerhin gesagt werden, daß in bezug auf einen bestimmten

154 Entsprechendes gilt für verschiedene Vorstellungen von Graden der Kompliziertheit, für die Unterscheidung von Kompliziertheit und Komplexität, von einfachen, komplexen und hochkomplexen Systemen usw.

theoretischen Ansatz völlige Klarheit besteht. Keinesfalls handelt es sich nämlich darum, daß die jeweiligen Begriffe intuitiv oder verschwommen wären, daß es ihnen an Präzision mangelte. Die sich hinter solchen Erklärungen verbergende Frage ist gar nicht die nach der Übereinstimmung in den Begriffen, sondern die, welcher von den jeweiligen theoretischen Ansätzen der „richtige" sei. Wir stoßen damit wiederum auf einen bereits in etwas anderer Form geäußerten Gedanken, nach dem es auf weiten Gebieten nicht sinnvoll zu sein scheint, solche verschiedene Ansätze als konkurrierende oder einander ausschließende zu verstehen, sondern als solche, die für verschiedene Zwecke unterschiedlich gut geeignet sind.[155]

Wenn man von der Frage ausgeht, zu welchem Zweck in der Kybernetik Vereinfachungen vorgenommen werden, so wird man wohl sagen können, daß ihr Ziel letztlich darin besteht, objektiv reale Systeme in „angemessener Weise" zu beschreiben. Diese Zielstellung ergibt sich nicht primär aus der Kybernetik, sondern aus dem Ziel und gesellschaftlichem Auftrag von Wissenschaft überhaupt. Die Komplexität realer Systeme vor allem verhindert nun freilich, daß wir zu dieser Erfassung objektiv realer Systeme ohne Schwierigkeiten gelangen, gleichsam auf direktem Wege. Das bringt es mit sich, daß diese Zwecksetzung auf die unterschiedlichste Art und Weise verfolgt wird, daß sich dabei gelegentliche Abweichungen vom Ziel ergeben — scheinbare und wirkliche — und daß dieser ganze Prozeß den auf diesem Gebiet tätigen Forschern auch nur mehr oder weniger ins Bewußtsein tritt.

So spielt z. B. gerade in der Kybernetik, die es wesentlich mit komplexen Prozessen zu tun hat, ein *besonderer Typ der Theoriebildung* eine Rolle, der oft als unzulässige Vereinfachung mißdeutet wird, wohingegen er in Wirklichkeit als das Bemühen zu verstehen ist, objektive Möglichkeiten eines Systems auch auf der Ebene mathematischer Theorien zu erfassen. Die philosophische Interpretation dieses Typs der Theoriebildung wird dadurch erschwert, daß die jeweiligen Forscher sich dieser Tatbestände entweder nicht bewußt sind oder sie selbst nicht hervorheben. Ein lehrreiches Beispiel ist der systemtheoretische Ansatz, den seinerzeit O. Lange unternommen hatte.[156]

Lange gibt in seiner Arbeit vor, Entwicklungsprozesse mit Hilfe eines mathematischen Apparats präzis beschreiben zu wollen, und bemerkt zudem, daß er hiermit auch die einschlägigen philosophischen Fragen gelöst habe.[157] Nun läßt sich freilich unschwer erkennen, daß Entwicklung bei ihm allenfalls unter einem ganz bestimmten Aspekt erfaßt wird. Denn entsprechend seiner Definitionen

155 Diese Problematik tritt in verschärfter Form bei der Frage nach dem Allgemeinheitsgrad einer sogenannten allgemeinen Systemtheorie auf. H. Liebscher, Erkenntnis- und wissenschaftstheoretische Probleme der Bildung wissenschaftlicher Systembegriffe, Diss. A, Berlin 1969.

156 Vgl. O. Lange, Ganzheit und Entwicklung in kybernetischer Sicht, a. a. O.

157 Vgl. ebenda, S. 1ff.

werden sowohl die Elemente als auch die Strukturen als in der Zeit nicht veränderlich betrachtet.[158] Für reale Entwicklungsprozesse ist aber wohl eher das Gegenteil charakteristisch. Bekanntlich hat unter anderem dies dem Ansatz von Lange Kritik eingetragen, im ziemlichen Mißverständnis dazu, was er wirklich gezeigt hat. Lange konnte demonstrieren: Mit einem relativ bescheidenen mathematischen Aufwand ist es möglich, gewisse Merkmale zu beschreiben, die sich auch bei realen Entwicklungsprozessen zeigen, oder — anders ausgedrückt — es läßt sich ein ideelles Modell konstruieren, das solche charakteristischen Merkmale aufweist. Damit ist nicht gesagt, daß der Langesche Ansatz *das* Beschreibungsmittel für Entwicklungsprozesse ist, und es ist erst recht nicht gezeigt, daß es dafür das effektivste, das am besten geeignete Mittel darstellt.

Es gibt in der Kybernetik viele Parallelen zu dieser Art und Weise der Theoriebildung. Das heute schon klassisch zu nennende Beispiel hat J. v. Neumann mit seinen Theorieansätzen für einen sich selbst reproduzierenden und sich selbst entwickelnden Automaten geliefert.[159] Neumann hat nie geglaubt, daß ein Automat, wie er ihn entworfen hat, je wirklich gebaut würde. Seine Leistung besteht indessen darin, daß es ihm gelang, unter vergleichsweise einfachen Bedingungen (insbesondere im Vergleich zu den komplexen Vorgängen in biologischen Systemen) einen exakten mathematischen Beweis für die Möglichkeit zu Selbstreproduktion zu erbringen. Im Hinblick auf unseren Erkenntnisoptimismus liefert er zwar keine Konstruktionsvorschriften, aber die Gewißheit, daß man sie finden kann. Auf der gleichen Ebene liegen die verschiedenartigen Beweise für die Existenz von Lösungen in strategischen Spielen im Rahmen der Spieltheorie.[160]

In enger Beziehung zu dieser Art von „Existenzbeweisen" steht die kybernetische Black-box-Methode.[161] Für unseren Zusammenhang erscheint dabei zweierlei wichtig: das Problem der Hypothesenbildung über das Innere einer Black-box oder das Problem der Auswahl einer möglichst einfachen Struktur.

158 Vgl. ebenda, S. 4f. und 18ff.

159 Vgl. J. v. Neumann, The general and logical theory of automata, a. a. O., S. 1—31; L. A. Jeffress, The Computer and the Brain, New Haven 1958.

160 In der Spieltheorie handelt es sich dann aber auch um verschiedene Begriffe der Existenz von Lösungen, nämlich in Abhängigkeit vom jeweiligen Begriff der Lösung einer Klasse von Spielen (über verschiedene Begriffe der Lösung eines Spiels vgl. G. Klaus/H. Liebscher, Systeme — Informationen — Strategien, a. a. O., S. 278, 289, 305, 314, 317f.).

161 Die Black-box-Methode wurde bekanntlich nicht von der Kybernetik erfunden. Sie wurde aber in der Kybernetik systematisch entwickelt und erhielt auch durch ihre Vermittlung — vor allem im Rahmen der Automatentheorie — präzise mathematische Formulierungen. Eine tiefgründige philosophische Analyse dieser Methode unter Zurückweisung ihrer behavioristischen Vereinseitigungen findet sich bei G. Klaus, Kybernetik in philosophischer Sicht, a. a. O., S. 218ff.

Die Hypothesenbildung über das Innere einer Black-box zeigt deutlich einen eigentümlichen Doppelcharakter unserer Abbilder. Zum einen ergibt sich ihr schöpferisches Element daraus, daß aus der Analyse von Input und Output allein kein Schluß auf die tatsächliche Struktur möglich ist; eine Vielzahl möglicher Strukturen können ein und dieselben Input-Output-Beziehungen realisieren. Dies korrespondiert mit der Vorstellung, daß der Nachweis der Existenz einer Struktur, die ein bestimmtes Verhalten realisiert, allein noch nicht belegt, daß dies die einzige Struktur ist, die das leistet. In jedem Falle sind es Erkenntnisse anderer Art, die zudem der konstruktiven Tätigkeit unseres Geistes bedürfen, um Strukturen aufzufinden, die die jeweils gewonnenen Input-Output-Relationen befriedigen. Zum anderen haben die auf solche Weise gewonnenen Abbilder stets abstrakten Charakter. Im Zusammenhang mit der Black-box-Methode spricht man gewöhnlich davon, daß hier eine Erkenntnis bis auf Isomorphie bzw. Homomorphie erfolgt.[162]

Die Auswahl einer möglichst einfachen unter den denkmöglichen Strukturen setzt ein Auswahlkriterium voraus. Soll eine Black-box-Analyse für praktische Zwecke Bedeutung haben, spielt vor allem die in irgendeinem Sinne leichtere Handhabbarkeit der vorgenommenen Beschreibung der Struktur eine Rolle. „Leichter handhabbar" kann dabei heißen, daß man das Verhalten durch die Anwendung elementarer mathematischer Methoden voraussagen kann. Es kann aber auch heißen, daß sich auf verhältnismäßig einfache (das heißt „ökonomische", praktisch realisierbare) Weise ein mathematisches Modell der Struktur auf einem Rechner simulieren läßt. Unabhängig davon, wie die konkreten Anforderungen beschaffen sein mögen, zeigt sich hier in jedem Falle die untrennbare Verbindung von effektiver Erkenntnis der Struktur und benutztem Beschreibungsmittel. Dabei kann eine Erkenntnis in diesem Zusammenhange „effektiv" wohl nur dann genannt werden, wenn die gewählte Struktur eine Beschreibung gestattet, die entsprechende Vorhersagen des Verhaltens tatsächlich ermöglicht.[163]

Diese Tatbestände haben aber noch eine andere, für die Dialektik des Erkenntnisprozesses bedeutungsvollere Seite. Eine bestimmte Beschreibung ist nicht

162 Es muß hier darauf hingewiesen werden, daß Erkenntnis *bis* auf Isomorphie bzw. Homomorphie nicht bedeutet, daß ein isomorphes bzw. homomorphes Abbild der Realität vorliegt. Was damit behauptet werden soll, ist nur, daß entsprechende Aussagen für alle Gebilde gelten, die in Übereinstimmung mit dem betreffenden theoretischen Ansatz als isomorph bzw. homomorph zu betrachten sind. Gerade in diesem Sinne sind die jeweiligen Abbilder auch abstrakt.

163 Man denke etwa daran, daß die Beschreibung komplexer ökonomischer Systeme Gleichungssysteme liefern kann, die zwar die Prozesse adäquat erfassen, die jedoch gegenwärtig (mit der vorhandenen Rechnerkapazität etwa) oder prinzipiell nicht auflösbar sind oder bei denen der Rechenaufwand in einem bestimmten Zeitraum, der keinesfalls überschritten werden darf, nicht bewältigt werden kann.

nur leichter oder weniger leicht handhabbar in einem gegebenen Moment, sondern wegen der leichteren Handhabbarkeit (beispielsweise im Rahmen eines bestimmten mathematischen Formalismus) können die Grenzen der gewählten Beschreibung meist viel eher und weitaus präziser bestimmt werden. Dies ist natürlich ein Vorteil jeder mathematischen Beschreibung gegenüber einer rein verbalen, was auch gänzlich unabhängig von kybernetischen Betrachtungsweisen gilt. Es scheint, daß dieser Zusammenhang bisher noch zu wenig beachtet worden ist. Dabei wird jedoch die Erkenntnis der Grenzen einer Beschreibung um so leichter, je präziser die Beschreibung vorgenommen worden ist. Die Erkenntnis solcher Grenzen gibt dann den Weg zu einer verbesserten, vervollkommneten Beschreibung frei. So wiederum gelangt man um so eher zu einer vertieften Erkenntnis der untersuchten Phänomene.

Kapitel VI
Antidialektik und Pseudodialektik in der bürgerlichen Natur- und Wissenschaftsphilosophie

In den bisherigen Ausführungen wurde nachgewiesen, daß physikalische und biologische Veränderungs- und Entwicklungsprozesse in ihrem *philosophischen* Gehalt ohne Dialektik schlechthin nicht zu verstehen sind. Gleichzeitig hat sich gezeigt, daß die konsequente und bewußte Anwendung der materialistischen Dialektik als Theorie, Methode und Methodologie die naturwissenschaftliche Arbeit durch die Lösung weltanschaulicher, erkenntnistheoretischer und methodologischer Probleme zu fördern vermag (heuristische Funktion der Philosophie). Wo Dialektik nicht bewußt angewandt wird, wird doch in der Theoriebildung und im methodologischen Bereich vielfach ein „Zwang zur Dialektik", ein Zwang zu dialektischen Gedankengängen offenbar. Der Erkenntnisprozeß und die Entwicklung von zusammenhängenden Forschungsmethodiken sind dialektischen Gesetzen unterworfen. Umgekehrt trägt jede neue einzelwissenschaftliche Erkenntnis zur Vervollkommnung unserer Einsichten in die objetive Dialektik bei, wie metaphysisch sie auch zunächst interpretiert ist.

Die bürgerliche Naturphilosophie versucht diesem Zwang zur Dialektik auf verschiedene Weise auszuweichen oder ihn gar in Frage zu stellen. Zunächst ist sie dabei gezwungen, von den großen Errungenschaften der klassischen deutschen Philosophie abzurücken. Außerdem steht sie in einem ständigen Konflikt mit den modernen Entwicklungstendenzen der Naturwissenschaften selbst, und zwar sowohl was die immer gründlichere Enthüllung der objektiven Dialektik als auch was das dialektische Herangehen im einzelwissenschaftlichen Forschungsprozeß betrifft — bis hin zu bewußt dialektischen Konzeptionen einzelner Forscherpersönlichkeiten. Schließlich steht sie in einem Kampf mit der sich schnell weiterentwickelnden marxistisch-leninistischen Philosophie, deren Kern die materialistische Dialektik als die theoretische Grundlage einer weltverändernden Praxis ist. Marxistisch-leninistische Philosophen und Naturwissenschaftler finden heute zur Zusammenarbeit, in der die Konsequenzen der materialistischen Dialektik für die wissenschaftliche Arbeit systematisch erforscht werden.

Bei ihren Versuchen, die materialistische Dialektik zurückzuweisen oder zu diffamieren, stützt sich die bürgerliche Naturphilosophie ebenso wie die bürgerliche Wissenschaftsphilosophie auf verschiedenste Spielarten der spätbürgerlichen Philosophie und ihrer Traditionen. Daraus ergibt sich zunächst ein buntes Bild unterschiedlichster Konzeptionen. Untersucht man aber die Grundlinien dieser speziellen philosophischen Konzeptionen — und das läßt sich besonders markant an ihrem Dialektikverständnis durchführen —, so schrumpfen sie ebenso wie spätbürgerliche Philosophie in ihrer Gesamtheit im wesentlichen auf zwei große Tendenzen zusammen. Die eine läßt sich, ausgehend von der Leninschen Positivismuskritik mit M. Buhr, A. Gedö, R. Steigerwald u. a.[1], als positivistische Grundtendenz charakterisieren, die weit mehr ist, als eine historische Schulphilosophie allein. Die andere große Tendenz stellt in Übereinstimmung mit den genannten Autoren heute die Lebensphilosophie dar, die unter dem Eindruck der inzwischen weltweit keineswegs mehr uneingeschränkten Herrschaft der Bourgeoisie die positivistischen Versuche zur Elimination der Weltanschauung zurückzunehmen gezwungen ist und dabei ihrerseits selbst auch partiell auf positivistisches Gedankengut zurückgreift. Positivistische philosophische Ansätze reflektieren stärker die Entwicklung der Naturwissenschaften als die lebensphilosophischen. Beide treffen sich nicht selten in irrationalistischen Konsequenzen.

Unter den Modephilosophien des bürgerlichen Lagers wurden in den vergangenen Jahren einige als besonders attraktiv angepriesen. Neben neuesten Produkten der *positivistischen* Schulphilosophie waren dies besonders der *kritische Realismus* — bis hin zu seinen Konvergenzen zum *Neothomismus* —, die Philosophie der *Frankfurter Schule* und der *Existentialismus*. Selbstverständlich gibt es auch weitere Strömungen der spätbürgerlichen Philosophie, die sich mit naturphilosophischen und wissenschaftsphilosophischen Fragestellungen auseinandersetzen, auf die aber hier nicht näher eingegangen werden kann. Die von uns getroffene Auswahl der in der Auseinandersetzung mit der bürgerlichen Anti- und Pseudodialektik zu behandelnden Probleme geht von folgenden Überlegungen aus.

Unter den bürgerlichen philosophischen Strömungen, die sich auf naturwissenschaftliche und mathematisch-logische Erkenntnisse stützen, nimmt die weitestgehend der positivistischen Traditionslinie zuzuordnende philosophy of science zweifelsohne die führende Stellung ein (1). Obwohl der kritische Realismus (2) als philosophische Strömung einen geringeren Einfluß hat als der Schulpositi-

1 Vgl. M. Buhr, Zur Aktualität der Leninschen Positivismuskritik, in: A. Gedö/M. Buhr/V. Ruml, Die philosophische Aktualität des Leninismus, Berlin 1972, S. 31—49; A. Gedö, Philosophie der Krise, Berlin 1978; R. Steigerwald, Philosophie — Gesellschaftstheorie — Sozialismus. Eine Studie über den Zusammenhang von bürgerlicher Philosophie und Revisionismus im imperialistischen Deutschland, Diss. B, Berlin 1978.

vismus oder dessen partielles Fortwirken, stellt er eine nach wie vor ernst zu nehmende Naturphilosophie dar. Er ist sowohl wegen der ihm eigenen Weise, naturwissenschaftliche Entwicklungen philosophisch zu reflektieren, als auch wegen der in diesem Vorgehen erkennbaren positivistischen Elemente von Interesse. Seine Aktualität besteht nicht zuletzt darin, daß er sich als eine Alternativphilosophie zur marxistisch-leninistischen darstellt, die in Teilbereichen, vor allem im ethischen Bereich, den der Schulpositivismus nahezu vollständig ausklammert, scheinbar annehmbare und praktikable Lösungen für den bürgerlichen Naturwissenschaftler liefert.

Zu den antidialektischen Grundprinzipien gehört in der positivistischen Schulphilosophie ebenso wie im kritischen Realismus der Reduktionismus. Bei der Behandlung der Atomismusproblematik in der modernen Physik, den Fragen des Zusammenhangs von biologischer Mikro- und Makroevolution, der Problematik der Einheit der Physik, des Zusammenhangs physikalischer und biologischer Theorien und an vielen anderen Stellen waren wir auf das erkenntnistheoretische Problem wissenschaftlich berechtigter Reduktionen und die Notwendigkeit gestoßen, diese vom philosophischen Reduktionismus abzugrenzen. Die jeweils konkreten Lösungen wurden von uns mit den Mitteln der Dialektik angestrebt. Unter Hinweis auf diese Ausarbeitungen kommt es uns hier auf eine systematische Behandlung der Reduktionismusproblematik an (3). Wir führen dabei die Auseinandersetzung exemplarisch mit einigen konkreten reduktionistischen Ansätzen des Neopositivismus und streben generalisierend eine konstruktive Problemlösung an, die auch Bedeutung für andere Einzelfälle hat.

Während sich der kritische Realismus und auch der Positivismus noch relativ selten mit explizit marxistischen Argumenten auseinandersetzen, haben der Existentialismus, insbesondere seine französische Spielart (vor allem Sartre), und die Philosophie der Frankfurter Schule die politisch-ideologische Auseinandersetzung mit dem Marxismus-Leninismus in Form scheinbarer Aufnahme marxistischen Gedankengutes vor allem in den letzten Jahrzehnten zum Kern ihrer philosophischen Überlegungen gemacht (4).

Die theoretische Beschäftigung mit der Dialektik, die dabei zur Pseudodialektik entartet, rührt beim Existentialismus und der Frankfurter Schule oft von politisch linksradikalen Implikationen und Ambitionen her. Daher gilt ihr besonderes Interesse der Gesellschaftstheorie. Demgegenüber spielen philosophische Reflexionen der Naturwissenschaften eine vergleichsweise geringere Rolle. Das sollte aber nicht dazu verführen, solche Positionen im Rahmen bürgerlicher Naturphilosophie als unwichtig abzutun. Gerade in dem Verzicht auf eine der wesentlichen Seiten der objektiven Dialektik (beim Existentialismus) bzw. in dem Versuch der Negation dieser Dialektik (bei der Frankfurter Schule) offenbart sich nämlich das entscheidende Unverständnis bürgerlicher Philosophie gegenüber einem wirklich dialektisch-materialistischen Herangehen.

1. Antidialektik in der gegenwärtigen philosophy of science

1.1. Die positivistischen Invarianten

Vom „Aufstieg der wissenschaftlichen Philosophie“ hatte H. Reichenbach voller Emphase gesprochen.[2] Er hatte den „Aufstieg“ des Neopositivismus, sowohl als Schulphilosophie wie als Denkweise im Blick. Daran gemessen wirken die Versuche des neuesten Neopositivismus, sich von seinen Quellen zu distanzieren, geradezu hilflos. Nachdem H. Lenk die „Väter“ der neopositivistischen Wissenschaftstheorie, Popper und Carnap, zu Antipositivisten erklärt, behauptet er in seinem Vorwort zu den „Neuen Aspekten der Wissenschaftstheorie“: „Überpointiert könnte man die Situation zeichnen mit dem Satz: Der Neupositivismus ist tot — außer in der Phantasie seiner streitbaren Gegner und mancher wissenschaftstheoretisch naiver Fachwissenschaftler.“[3] In ähnlichem Sinne findet es W. Stegmüller unverständlich, „warum das Nachdenken über derartige Dinge“ — wie sie die „moderne Wissenschaftstheorie“ behandelt — „die Gemüter so erregen kann, daß eine Disziplin, welche sich mit solchen Fragen systematisch beschäftigt, als eine Spielart ‚positivistischer Philosophie‘ attackiert und dadurch mit einem Namen belegt wird, der im mitteleuropäischen Raum bei philosophisch Interessierten Abneigung und Widerwillen hervorzurufen geeignet ist“[4]. Und er meint an anderer Stelle: „Das gemeinsame Band, welches sie“ — die von Stegmüller als „moderne Empiristen“ bezeichneten Neopositivisten — „verknüpft, ist nicht ein bestimmter Lehrgehalt, sondern *die Leugnung aller Art von Metaphysik.*“[5]

Die eigentliche Pointe solcher Ausführungen ist, daß der positivistische Rationalitätsbegriff, der dem angeblichen Irrationalismus des Marxismus scharf gegenübergestellt wird, selbst ein zutiefst irrationaler ist. Eine marxistische Betrachtung des Positivismus kann sich selbstverständlich nicht auf solcherlei irrationalen „Rationalismus“ bei der Charakterisierung des Neopositivismus stützen. Sie kann auch nicht jede Änderung von einzelnen Anschauungen, Methoden und Verfahrensweisen als dessen Überwindung ansehen. Sie wird vielmehr philosophiegeschichtlich vorgehend den „invarianten Gehalt“ positi-

2 Vgl. H. Reichenbach, Der Aufstieg der wissenschaftlichen Philosophie, Braunschweig 1968.

3 Neue Aspekte der Wissenschaftstheorie, Hrsg.: H. Lenk, Braunschweig 1971, S. 8.

4 W. Stegmüller, Probleme und Resultate der Wissenschaftstheorie und Analytischen Philosophie, Bd. IV, Personelle und statistische Wahrscheinlichkeit, 1. Halbband, Berlin—Heidelberg 1973, Nr. 7, S. 29.

5 W. Stegmüller, Hauptströmungen der Gegenwartsphilosophie, 4., erw. Aufl., Stuttgart 1969, S. 346.

vistischen Denkens und Philosophierens ausmachen.[6] Spricht sie von Wissenschaftsentwicklung, ist die Entwicklung der Philosophie eingeschlossen, während der Neopositivismus weder die Geschichtlichkeit der Wissenschaften noch seine eigene Geschichte zu begreifen imstande ist.

Es gibt eine umfangreiche Literatur zum Neopositivismus von marxistisch-leninistischen Positionen aus, etwa die bekannten Monographien von Narski und Ruml,[7] in neuerer Zeit die Arbeiten von Buhr, Horstmann, Schreiter, Kahl[8] sowie viele Einzeluntersuchungen innerhalb wissenschaftsphilosophischer und ideologiekritischer Analysen,[9] um nur einige zu nennen. In verschiedenen Formen wird darin, meist fußend auf Lenins genialer Positivismusentlarvung in „Materialismus und Empiriokritizismus", angestrebt, den positivistischen vom marxistischen Positivismusbegriff abzugrenzen, und das kann nichts anderes bedeuten, als der positivistischen Überbewertung von Nuancen und Schattierungen *innerhalb* des Positivismus eine Herausarbeitung der *wesentlichen* Züge *aller* Spielarten des Positivismus, insbesondere des Neopositivismus, entgegenzusetzen.

So benennt beispielsweise J. Kahl als objektive Strukturelemente der positivistischen Denkweise, die „allen . . . positivistischen Philosophen — unbeschadet ihrer vielfältig divergierenden Lehrmeinungen und Kontroversen untereinander — gemeinsam ist":

— das Prinzip des *Nominalismus* (Leugnen der objektiv-realen Existenz des Allgemeinen; Allgemeinbegriffe als bloße Namen, die mehrere Einzeldinge sprachlich zusammenfassen)

— das Prinzip des *Phänomenalismus* (Reduktion der menschlichen Erkenntnis auf die des (äußeren) Phänomens, der Erscheinung)

6 Vgl. H. Horstmann, Der Physikalismus als Modellfall positivistischer Denkweise, Berlin 1973, S. 106.

7 Vgl. I. S. Narski, Positivismus in Vergangenheit und Gegenwart, Berlin 1967; V. Ruml, Der logische Positivismus, Berlin 1965.

8 Vgl. H. Horstmann, Der Physikalismus als Modellfall positivistischer Denkweise, a. a. O.; J. Schreiter, Zur Kritik der philosophischen Grundpositionen des Wiener Kreises, Berlin 1977; J. Kahl, Positivismus als Konservatismus, Köln 1976; M. Buhr, Zur Aktualität der Leninschen Positivismuskritik, in: A. Gedö/M. Buhr/V. Ruml, Die philosophische Aktualität des Leninismus, a. a. O.

9 Vgl. Naturphilosophie — von der Spekulation zur Wissenschaft, Hrsg.: H. Hörz/R. Löther/K.-F. Wessel, Berlin 1969, S. 389ff.; H. Hörz, Marxistische Philosophie und Naturwissenschaften, Berlin 1974, S. 557ff.; A. W. Panin, Die Entwicklung der wissenschaftlichen Kenntnisse in der Interpretation von K. R. Popper, in: Der dialektische Materialismus und seine Kritiker, Hrsg.: H. Hörz/A. I. Iljin, Berlin 1975; G. Domin/H.-H. Lanfermann/R. Mocek/D. Pälike, Bürgerliche Wissenschaftstheorie und ideologischer Klassenkampf, Berlin 1973, S. 66ff.; Wissenschaftskonzeptionen, Hrsg.: G. Domin, Berlin 1978, S. 185ff.; Mensch — Wissenschaft — Technik, Hrsg.: M. Buhr/G. Kröber, Berlin 1977, S. 270ff.

- das Prinzip des *Dezisionismus* (die Behauptung, Werte, Normen und Ziele praktischen Handelns könnten nicht rational und allgemeinverbindlich legitimiert oder kritisiert werden)
- das Prinzip des *Naturalismus* (Betrachtung des „Gegebenen", sprich der naturwissenschaftlichen Erkenntnisse, als „Naturgegebenes").[10]

H. Horstmann charakterisiert positivistisches als metaphysisches Denken[11] und benennt neben dem Phänomenalismus vor allem den *Reduktionismus* und die bewußt forcierte „*Entideologisierung*" (und damit sein eklatantes Unverständnis aller gesellschaftlichen Entwicklung gegenüber) als seine wesentlichsten Merkmale.[12]

Alle genannten Strukturelemente positivistischer Denkweise sind antidialektische Positionen. Der *Nominalismus* vermag die Dialektik von Allgemeinem, Einzelnem und Besonderem nicht zu fassen. Die metaphysische Gegenposition dazu, der Realismus, erscheint heute zwar manchem seiner zeitgenössischen Anhänger als Antipositivismus, fügt sich aber in der Tat zumeist sehr zwanglos in den Komplex der übrigen genannten Strukturelemente ein und stellt vor allem nicht das Metaphysische der positivistischen Denkweise in Frage. Der in der positivistischen Traditionslinie nirgends durchbrochene *Phänomenalismus* vermag die Dialektik von Wesen und Erscheinung nicht zu erfassen und führt zu einer Reihe von Problemen, die formallogisch bis heute unentschieden sind (Problem des Induktionsschlusses, Duhem-Quine-These u. a.) Mit dem Prinzip des *Dezisionismus* wird innerhalb positivistischer Wissenschaftsgläubigkeit dem Irrationalismus Tür und Tor geöffnet; es verbleibt Raum, in den lebensphilosophische Begründungen von Normen und Werten vorstoßen können. Dieses Prinzip selbst ist die Folge des Unvermögens metaphysischen Denkens, Erkenntnis als gesellschaftlichen Prozeß zu erfassen und die Praxis als Kriterium der Wahrheit in die wissenschaftsphilosophischen Reflexionen einzubringen. Der *Naturalismus* setzt unter Vernachlässigung der dialektischen Wechselbeziehungen von Empirie und Theorie auf eine empiristische Begründung des Erfolgs naturwissenschaftlicher Forschung. Wegen der in jedem wissenschaftlichen Erkenntnisprozeß zu konstatierenden dialektischen Einheit von Abbilden und Entwerfen ist die metaphysische Gegenposition zum Empirismus, der Rationalismus, keineswegs notwendig antipositivistisch. Er ist vielmehr, wie der Realismus, durchaus verträglich mit den anderen genannten Strukturelementen positivistischer Denkweise. Wenn wir berücksichtigen, daß der *Reduktionismus* zur positivisti-

10 J. Kahl, Positivismus als Konservatismus, a. a. O., S. 255.
11 Vgl. H. Horstmann, Studien zur metaphysischen und dialektisch-materialistischen Denkweise, Berlin 1977, S. 51ff.
12 Vgl. H. Horstmann, Der Physikalismus als Modellfall positivistischer Denkweise, a. a. O., S. 10.

schen Denkweise gehört, dann wird klar, daß Realismus bzw. Rationalismus zum Nominalismus bzw. Empirismus jeweils nur die anderen Pole positivistischer Reduktionen sind und deshalb keineswegs allein schon genügen, um den Rahmen der positivistischen Denkweise zu sprengen. Mit dem später ausgeführten Reduktionismusverständnis wird darüber hinaus deutlich, daß der Holismus einer Philosophie, die Erklären und Verstehen in scharfe metaphysische Trennung gegeneinander setzt (Windelband, Rickert) und die ideographische Erkenntnis von Totalitäten als unverträglich mit der Gesetzeserkenntnis ansieht, lediglich die Umkehrung der für den Positivismus charakteristischen Reduktion des Ganzen auf die Teile darstellt.

Der sich auf Nominalismus, Phänomenalismus, Dezisionismus, Naturalismus und Reduktionismus stützende Positivismus, der nach wie vor seine ideologische Funktion über die Proklamation eines nirgends eingehaltenen, weil nicht einzuhaltenden Weltanschauungsverzichtes erfüllt, „ist mehr als eine bloße Richtung oder Strömung der spätbürgerlichen und imperialistischen Philosophie. Der Positivismus ist *die* Denkweise der bürgerlichen Gesellschaft — oder: die Denkstruktur der bürgerlichen Ideologie in der Phase der uneingeschränkten Herrschaft der Bourgeoisie, die gleichbedeutend ist mit der Phase ihres ideologischen Verfalls. Insofern ist es falsch, wie es oft geschieht, die positivistische Denkweise nur mit den Namen Comte und Spencer, Mach und Avenarius, Wittgenstein, Carnap und Popper usw. in Beziehung zu bringen. Der Positivismus als positivistische Denkweise muß zunächst und zuallererst auf seine gesellschaftlichen Voraussetzungen, die kapitalistische Gesellschaftsordnung, zurückgeführt werden . . . In diesem Sinne ist die positivistische Denkweise ein *Grundzug* aller bürgerlichen (und revisionistischen) Ideologie.“[13] Was nicht bedeutet, wie M. Buhr hinzufügt, daß der Positivismus die einzige Form bürgerlicher Ideologie ist; im Gegensatz zu anderen Formen handelt es sich bei ihm jedoch „um eine Strömung mit Dauereffekt und -Funktion“[14]. Als wesentlichste gesellschaftliche Voraussetzung erweist sich, daß „die Bourgeoisie bei Strafe ihres Untergangs die fortlaufende Entwicklung der Produktivkräfte und die damit verbundene Wissenschaftsentwicklung vollziehen muß, andererseits jedoch eine sich dem Stand der Produktivkräfte angleichende Umgestaltung der Produktionsverhältnisse zu verhindern sucht“[15]. Aus diesem *Grundwiderspruch* lassen sich die bereits genannten und möglicherweise weitere Einzelcharakteristika ableiten. Er führt letztlich zur Abstraktion von der gesellschaftlichen Bewegung, zur Leugnung und damit zur Negierung der Erkennbarkeit der Gesetzmäßigkeit

13 M. Buhr, Zur Aktualität der Leninschen Positivismuskritik, in: A. Gedö/M. Buhr/V. Ruml, Die philosophische Aktualität des Leninismus, a. a. O., S. 37f.
14 Ebenda, S. 39.
15 Ebenda.

historisch-gesellschaftlicher Prozesse. Dies wiederum muß, zunächst im gesellschaftlichen Bereich, dann aber in der philosophischen Verallgemeinerung, darüber hinausgehend zum Phänomenalismus, zum Dezisionismus und zum Naturalismus führen. Die Ausklammerung von gesellschaftlichen Gesetzen, von Normen und Werten als Untersuchungsgegenständen der Philosophie, die Forderung, Wissenschaft — und damit „wissenschaftliche" Philosophie im positivistischen Selbstverständnis — habe von weltanschaulichen, politischen und praktischen Standpunkten frei zu sein, führt zunächst zum Versuch zu „entideologisieren". Sie führt aber zugleich dazu, daß der Positivismus und besonders der Neopositivismus mit nahezu allen Spielarten von Irrationalismus, Metaphysik und Mystik zu kreuzen ist, da jene genau in „Freiräume" vorstoßen, die ihnen die positivistische „Selbstbeschränkung" weit offen gelassen hat.

So fällt die radikale Reduktion des Gesellschaftlichen auf das Individuum im Existentialismus mit der positivistischen Position zusammen; gleichzeitig gibt der Existentialismus im Gegensatz zum Positivismus weltanschauliche „Antworten" auf die Frage nach dem Sinn des Lebens und nach der Stellung des Menschen in der Welt, die mit dieser Reduktion mühelos verträglich erscheinen. Bezüglich der Einschätzung der ideologischen Funktion einer Schule des Neopositivismus, dem Wiener Kreis, muß man J. Schreiter zustimmen: „Objektiv hat der Neopositivismus nicht nur nichts gegen die Mythisierung in der Ideologie und die Faschisierung im gesellschaftlichen Sein auszurichten vermocht, sondern er wirkte innerhalb der imperialistischen Ideologie sogar als das notwendige Gegenstück zum Irrationalismus."[16]

Alles bisher Gesagte läßt sich unter einem vereinheitlichenden Gesichtspunkt zusammenfassen: positivistisches Denken ist undialektisches Denken, das sowohl die objektive Dialektik des Zusammenhangs von Natürlichem und Gesellschaftlichem, von Produktion, Wissenschaft und Erkenntnis als auch die Dialektik des Erkenntnisprozesses, den Zusammenhang von Allgemeinem, Besonderem und Einzelnem, von Ganzem und Teilen, von Wesen und Erscheinung usw. weitgehend vernachlässigt oder negiert. Positivistisches Denken ist antidialektisches Denken, weil es der materialistischen Dialektik, dem dialektischen Materialismus bewußt entgegengestellt wird mit dem Ziel, im Sinne imperialistischer Ideologie scheinwissenschaftliche Argumente gegen den Marxismus-Leninismus und seine weltverändernden ideologischen Konsequenzen zu entwickeln. Es stützt sich dabei auch auf neuere Ergebnisse der Physik und Biologie sowie die Entwicklung physikalischer und biologischer Theorien, leugnet das Vordringen der materialistischen Dialektik in diesen und den anderen Einzelwissenschaften und versucht seine Wissenschaftlichkeit vielmehr dadurch zu demonstrieren, daß es oft kritik-

16 J. Schreiter, Zur Kritik der philosophischen Grundpositionen des Wiener Kreises, a. a. O., S. 18.

los einzelwissenschaftliche Methoden und Methodologien übernimmt bzw. die Darstellung naturwissenschaftlicher Resultate bereits für Philosophie hält.[17]

Positivistisches Denken im hier verstandenen Sinne findet seinen Niederschlag in der im angelsächsischen Sprachbereich „philosophy of science" genannten philosophischen Auseinandersetzung mit der Wissenschaftsentwicklung. Integrierendes Moment aller dieser philosophischen Ansätze ist ein positivistisches Wissenschaftsverständnis, das in unterschiedlicher Ausprägung die Wissenschaften entweder auf die Resultate wissenschaftlichen Forschens reduziert oder aber auf ein System von Tätigkeiten bringt. Im ersten Falle überwiegt in den Untersuchungen die Analyse sprachlich fixierter Sachverhalte, im zweiten werden vor allem operationale Begründungen für die Methoden zur Erkenntnisgewinnung angestrebt. Der Widerspruch derartig unterschiedlicher philosophischer Bemühungen erscheint den an den Auseinandersetzungen um Analytik und Konstruktivismus beteiligten Wissenschaftsphilosophen als derart fundamental, daß sie die gemeinsame positivistische Basis innerhalb der philosophy of science nicht zu erkennen vermögen. Hinzukommt, daß die in der philosophy of science heute vorherrschende positivistische Denkweise aus sehr unterschiedlichen schulphilosophischen Richtungen gespeist wird. Den an den Auseinandersetzungen beteiligten bürgerlichen Wissenschaftsphilosophen scheinen die Verschiedenheiten in den philosophischen Quellen weitaus bedeutender als das, was sie theoretisch vereint und von einer marxistisch-leninistischen Untersuchung der philosophischen Fragen der Wissenschaftsentwicklung unterscheidet.

Die Schärfe der Auseinandersetzung innerhalb der philosophy of science und die Bedeutung, die man in der wissenschaftlichen Öffentlichkeit der imperialistischen Länder heute den wissenschaftsphilosophischen Diskussionen beimißt, ist nur zu verstehen, wenn man die von der wissenschaftlich-technischen Revolution erzwungene Neubewertung der Stellung der Wissenschaft in der Gesellschaft berücksichtigt.

Der bereits von Comte signalisierte Grundwiderspruch des Positivismus — Entwicklung der Produktivkräfte und der Wissenschaft bei gleichzeitiger Konservierung der Produktionsverhältnisse — wirkt spätestens nach der Entstehung der „big science" auf eine neue Weise. Jetzt ist es für den Imperialismus auch unumgänglich notwendig, den Prozeß der Wissenschaftsentwicklung selbst rational und effektiv zu leiten und zu steuern. Dazu sind wenigstens Teileinsichten in die objektiven Gesetzmäßigkeiten und damit in die objektive Dialektik dieses Prozesses notwendig. Andererseits hat er ein noch größeres Interesse als bei der Betrachtung der unmittelbaren Dialektik in Physik und Biologie, die zugrunde liegende gesellschaftliche Dialektik, das Verhältnis von Wissenschafts-

17 Vgl. W. Stegmüller, Hauptströmungen der Gegenwartsphilosophie, Bd. II, Stuttgart 1975, S. 255ff.

und Produktivkraftentwicklung zu verschleiern. Zwang zur Dialektik und Angst vor der Dialektik halten einander die Waage. Es kommt zu richtigen und sehr interessanten Teileinsichten in die objektive Dialektik der Wissenschaftsentwicklung bei gleichzeitig undialektischer Betrachtungsweise der Wissenschaftsentwicklung im Ganzen.

Die „Ambivalenz des Fortschritts“[18] läßt vielen bürgerlichen Humanisten unter den Naturwissenschaftlern und Philosophen der imperialistischen Staaten das positivistische Konzept der Wissenschaftsphilosophie suspekt erscheinen. Sie spüren, wie das C. F. v. Weizsäcker sehr deutlich zum Ausdruck gebracht hat, in den Tendenzen gesellschaftlicher Verwertung wissenschaftlicher Resultate den Zwang, sich stärker als bisher mit der Hegelschen und Marxschen Dialektik zu beschäftigen. Die offene Antidialektik bürgerlicher Wissenschaftsphilosophen bleibt aber weiterhin für viele Naturwissenschaftler kapitalistischer Länder ein Hindernis, um von Ansätzen spontaner Dialektik zu bewußter Dialektik vorzustoßen.

1.2. Tendenzen im antidialektischen Vorgehen

Die der positivistischen Tradition zuzuordnenden Vertreter der philosophy of science sehen nach wie vor in der Dialektik vor allem ein irrationales, scheinwissenschaftliches philosophisches Instrumentarium von Denkern des 19. Jahrhunderts bzw. deren späten Nachfolgern, welche in romantisch verklärter Weltdeutung den Konsequenzen radikaler Aufklärung auszuweichen versuchen. Die aus der analytischen Philosophie oder dem Empirismus des Wiener Kreises bzw. dessen kritisch-rationalistischer Überwindung zu vernehmenden Ansichten über die Dialektik unterscheiden sich nur graduell. Bestenfalls erscheint die Hegelsche Triade These — Antithese — Synthese, in der — wenn Dialektik überhaupt rezipiert wird — der Gipfelpunkt aller Dialektik gesehen wird, als wissenschaftlich akzeptables formales Schema zur Darstellung der Abfolge von Ereignissen bestimmter historischer Prozesse. Diese von vielen Philosophen gegebene Fehleinschätzung wird auch teilweise von Naturwissenschaftlern unkritisch übernommen. Sie erweist sich in der Regel als Folge einer politisch motivierten Angst vor der „Algebra der Revolution“.

Bezeichnend für diese Art der „Dialektikbewältigung“ ist W. K. Esslers Vorgehen. In seinen Betrachtungen zur Methodenlehre meint er die Dialektik nicht aussparen zu können, weil auch sie vielleicht einmal methodisch fruchtbar werden könnte. Deshalb wird man also nach Essler „Hegel *um der Sache*

18 C. F. v. Weizsäcker, Der Garten des Menschlichen, München 1977, S. 357ff.

willen wohlwollend interpretieren müssen"[19]. Dazu hätte es gereicht, das „Kapital" zu studieren. Essler aber erscheint es vielmehr „zweckmäßig, von Hegel gänzlich zu abstrahieren und sich der Methode selbst zuzuwenden"[20]. Bei dieser „Abstraktion" wird er, unter Hinweis darauf, daß einige Begriffe der Alltags- und der Wissenschaftssprache nicht fließen, en passant mit „Hegels Theorie der fließenden Begriffe" fertig und gelangt zu der Überzeugung, daß die dialektische Methode eigentlich das niemals abbrechende Verfahren der Aufstellung von Hypothesen und deren Falsifizierung meint. Folglich drängt sich ihm der Schluß auf, daß Popper der größte Dialektiker sei,[21] die Theorie der Dialektik — wenn man an einem so vorbelasteten Namen festhalten will — also mit der „Logik der Forschung" zusammenfällt. Das erscheint ihm als besonders befriedigend, denn: „Auch Dialektiker haben gelegentlich das Bedürfnis gespürt, genau zu sagen, was Dialektik denn nun eigentlich sei" — und das natürlich nicht vermocht.[22] Engels strebte beispielsweise nach Essler eine „induktive Logik" an, anderen Marxisten sei die Dialektik lediglich ein „Glaubensbekenntnis". In derartigen Behauptungen, die jegliche Bemühung um das Verständnis von Dialektik vermissen lassen, trifft sich der Analytiker Essler wieder mit K. R. Poppers philosophiehistorischer Behandlung der Dialektik. Allerdings wird Popper wenig erbaut sein, sich als „größter Dialektiker" tituliert zu finden, wo er doch in der Dialektik lediglich einen — manchmal recht brauchbaren — Weg zur Beschreibung von Entwicklungsprozessen sah und gleichzeitig die Hegelsche Philosophie, insbesondere die Hegelsche Dialektik und Identitätsphilosophie, als „die übelste all jener absurden und unglaublichen philosophischen Theorien"[23] bezeichnete.

In dem Artikel, der die Theorie Hegelscher Dialektik so scharf angreift und die Möglichkeit bestreitet, diese Theorie materialistisch zu fassen, war Popper zunächst von einer formalen Anerkennung dialektischer Methode ausgegangen. Da er sich aber bei seinen Versuchen, diese Methode formallogisch zu normieren, stets in unauflösliche Widersprüche verstrickt hatte, erschien es ihm zweckmäßig, Dialektik als „unwissenschaftlich" zu erklären. Er stellte sich in diesem für jede Wissenschaftsphilosophie wichtigen Punkt in die positivistische Tradition und schlug vor, ausschließlich mit der trial-and-error-Methode Erkenntniszuwachs widerzuspiegeln. Diese Methode ist in ihrer Verabsolutierung in Poppers Erkenntnistheorie unter der Dominanz der Logik eine Konsequenz des Zwangs zur Dialektik bei Reflexionen über den Erkenntnisprozeß.

19 W. K. Essler, Analytische Philosophie I, Stuttgart 1972, S. 88.
20 Ebenda.
21 Vgl. ebenda, S. 92.
22 Ebenda, S. 90.
23 K. R. Popper, Was ist Dialektik?, in: Logik der Sozialwissenschaften, Hrsg.: E. Topitsch, Köln—Berlin(West) 1967, S. 281.

Hat nun eine derartige ablehnende Haltung zur Dialektik ihre Wurzel im analytischen Vorgehen des kritischen Rationalismus? Ist sie in der philosophy of science vielleicht in der konstruktivistischen Richtung aufgehoben? Daß das nicht der Fall ist, ließe sich an vielfältigen Beispielen demonstrieren. P. Lorenzen beispielsweise, für den die Philosophie damit beginnt, „Vernunft in die *Wissenschaften* zu bringen“[24], hat in der Auseinandersetzung mit der analytischen Philosophie versucht nachzuweisen, „daß — wie die Dialektiker immer schon behauptet haben — praktische Vernunft möglich ist“[25]. Dabei ist auch ihm die Dialektik ausschließlich eine Methode. Ihm erscheint „die Forderung an die Dialektiker berechtigt, solche Wörter wie ‚dialektisch‘ . . . erst dann zu gebrauchen, *nachdem* man eine begreifbare Gebrauchsanweisung gegeben hat“[26]. Wir sind, wie alle vorangegangenen Ausführungen gezeigt haben, weit davon entfernt, der Mystifizierung der Dialektik das Wort zu reden, oder Versuche zu verhindern, die Gesetze der Dialektik mit formallogischen Mitteln zu verschärfen bzw. die Regeln dialektischen Vorgehens auch mit den Mitteln der Logik zu präzisieren. Trotzdem sind wir aber der Meinung, daß es eine „Gebrauchsanweisung“ im Lorenzenschen Sinne für Dialektik nicht geben kann. Wer Dialektik allein an den Maßstäben formaler Logik mißt, sie als formalisiertes Element in analytischen oder konstruktivistischen Formalismen einbauen will, der verkennt das Wesen der dialektischen Methode. Sie ist ein hervorragendes philosophisches Instrument zur Untersuchung der Beziehungen verschiedener formalisierter und nicht formalisierter einzelwissenschaftlicher Methoden. Sie selbst ist aber keine einzelwissenschaftliche Methode. Gegenüber der positivistischen Denkweise verfügt sie aber vor allem über den in der philosophy of science generell übersehenen Vorzug, die allgemeinste philosophische *Theorie* der Struktur-, Bewegungs- und Entwicklungszusammenhänge zu sein, die *Methoden* zur Untersuchung objektiver Zusammenhänge bereitzustellen und zugleich das Instrumentarium zur Untersuchung des Methodengefüges der Wissenschaften zu liefern, also Theorie, Methode und Methodologie zu vereinen.

Feyerabend, der innerhalb der philosophy of science im Zusammenhang mit der seit Th. S. Kuhns „Struktur wissenschaftlicher Revolutionen“[27] zu beobachtenden verstärkten Hinwendung zur tatsächlichen Wissenschaftsgeschichte die Grenzen formallogisch normierter Untersuchungsverfahren am deutlichsten erahnt, vertrat 1969 die Auffassung, daß die Wissenschaftstheorie von Hegel

24 P. Lorenzen, Szientismus versus Dialektik, in: Praktische Philosophie und konstruktive Wissenschaftstheorie, Hrsg.: F. Kambartel, Frankfurt a. M. 1974, S. 39.

25 Ebenda, S. 53.

26 Ebenda, S. 50.

27 Vgl. Th. S. Kuhn, Die Struktur wissenschaftlicher Revolutionen, Frankfurt a. M. 1973.

„noch viel wird lernen müssen“[28]. Er setzte Hoffnungen auf I. Lakatos, „der sich schon seit langem an der Lenin-Hegelschen Quelle labt“[29], und kritisierte ihn ob der einseitigen Darstellung seiner intellektuellen Entwicklung. Kurz vor seinem Tode hat Lakatos diese Kritik auf seine Weise aufgenommen. 1974 stattete er seinem Lehrer K. R. Popper Dank ab und hob vor allem dessen Anteil an seiner „Befreiung“ von Hegel hervor. Er bedauerte, Popper erst als 40jähriger kennengelernt zu haben und deshalb nahezu 20 Jahre unter dem Einfluß Hegels gestanden zu haben.[30] Auch der in methodologischen Anarchismus mündende Methodenpluralismus Feyerabends scheint also nicht besonders geeignet, der Dialektik in der philosophy of science zu Ansehen zu verhelfen. Trotz des unter dem Einfluß der stärkeren Hinwendung von Wissenschaftsphilosophen zur tatsächlichen Wissenschaftsgeschichte sich verstärkenden Zwangs zur Dialektik[31] bleibt der Schlüssel zur materialistischen Dialektik in der philosophy of science weiterhin aus gesellschaftlichen Gründen verborgen; die „Väter der Dialektik“ bleiben in den sehr heterogenen philosophiehistorischen Quellen der zeitgenössischen Auseinandersetzung bürgerlicher Philosophie mit der Wissenschaftsentwicklung faktisch weiterhin ausgeschlossen.

2. Kritischer Realismus und Neothomismus

Die erfolgreiche dialektisch-materialistische Interpretation naturwissenschaftlicher Erkenntnisse, die zunehmende bewußte Anwendung der materialistischen Dialektik als methodologische Grundlage der Erkenntnisgewinnung und die damit einhergehende weitere Entfaltung der materialistisch-dialektischen Entwicklungstheorie bewirkt sehr unterschiedliche Reaktionen bürgerlicher Philosophen. Bei der Einschätzung positivistischer, neothomistischer, kritisch-realistischer und verschiedener eklektischer Positionen kann nicht übersehen werden, daß es die Tendenz gibt, verschiedene klassische Strömungen der Philosophie miteinander in Übereinstimmung zu bringen.

Ein Beispiel dafür lieferte Del-Negro. Er stellte sich das Ziel, „einen Beitrag zu leisten zur teilweisen Überwindung der vielbeklagten Zersplitterung in der

28 P. K. Feyerabend, Wie wird man ein braver Empirist? Ein Aufruf zur Toleranz in der Erkenntnistheorie, in: Erkenntnisprobleme der Naturwissenschaften, Hrsg.: L. Krüger, Köln—Berlin(West) 1970, S. 307.
29 Ebenda.
30 Vgl. I. Lakatos, Popper on Demarcation and Induction, in: The Philosophy of Karl Popper, Hrsg.: P. A. Schilpp, Book I, La Salle 1974, S. 241.
31 Dies wird in 3.3. am Beispiel des Reduktionismus näher ausgeführt.

gegenwärtigen Philosophie sowie der Spannungen zwischen Philosophie und Physik . . ., daß eine sachliche Zusammenarbeit zwischen den Bemühungen der Philosophen und der Physiker . . . durchaus im Bereiche des Möglichen liegen müßte und daß als Ergebnis dieser Zusammenarbeit eine Milderung der Gegensätze zwischen einigen sehr einflußreichen philosophischen Denkrichtungen, vor allem zwischen der die kommunistische Welt beherrschenden des Diamat und der im angelsächsischen Gebiet dominierenden des Neopositivismus und Neoempirismus, herauszuspringen scheint"[32].

Eine solche Konzeption findet auch im Bereich der bürgerlichen Ideologie selbst wenig Gegenliebe. Die Konvergenz strebt auf den kritischen Realismus zu, und das ist für viele bürgerliche Philosophen nicht annehmbar. Überdies ist der Naturwissenschaftler und insbesondere der Physiker oft nicht geneigt, sich dem kritischen Realismus anzuschließen, geschweige denn, sich selbst „kritischer Realist" zu nennen.

Das ändert aber nichts an der Tatsache, daß die Position von Del-Negro wenigstens insofern einen rationellen Kern enthält, als der Übergang zwischen Positivismus und kritischem Realismus durchaus fließend sein kann. Zu den von Del-Negro eruierten Konvergenzen tritt vor allem die übereinstimmend antidialektische Haltung von Positivisten und kritischen Realisten innerhalb der naturwissenschaftlichen Forschung. J. Meurers beispielsweise stellte fest — und hier reicht die Konvergenz bis zur Pseudodialektik der Frankfurter Schule —: „Das dialektische Prinzip ist ohne Zweifel von großer Wichtigkeit für die Betrachtung der menschlichen Gesellschaft und deren Geschichte. Die Frage ist jedoch, ob es sich auch bei der Betrachtung der nichthumanen Wirklichkeit bewährt bzw. von Nutzen ist . . . Unabhängig von politischen und gesellschaftlichen Konfrontationen muß die Frage gestellt werden, was Dialektik in der Natur soll, nachdem Hegel sie zuerst am Geistigen, d. h. im Bereich des Humanen konstituiert hat . . . Bereits unabhängig vom dialektischen Materialismus zeigt sich schon lange vorher bei Schelling, wie problematisch die Anwendung des dialektischen Prinzips auf die Naturwirklichkeit ist."[33] Die Negation der Dialektik ist ein Grundzug positivistischer Denkweise im oben bestimmten Sinne. Kritische Realisten unterscheiden sich von radikal positivistisch eingestellten Schulphilosophen lediglich graduell. Sie sind weitaus vorsichtiger bei der Negation metaphysischer (hier verstanden als philosophisch-weltanschaulicher) Probleme. Meurers beispielsweise sieht durchaus noch Chancen für die Dialektik, „vor allem, wenn einmal von Dialektik gesprochen werden kann ohne die politische Weltkonfrontation, mit der gegenwärtig die Dialektik belastet ist"[34]. Klarer kann

32 W. v. Del-Negro, Konvergenzen in der Gegenwartsphilosophie und die moderne Physik, Berlin(West) 1970, S. 5.

33 J. Meurers, Metaphysik und Naturwissenschaft, Darmstadt 1976, S. 114f.

34 Ebenda, S. 115.

man den allen bürgerlichen Philosophen gemeinsamen Grund für die Furcht vor der Dialektik nicht aussprechen. Es geht immer darum, die philosophische Theorie und Methode als philosophisch-weltanschauliche Waffe in der internationalen Klassenauseinandersetzung zu entschärfen. Dies wird dann in aller Regel scheinbar apolitisch verbrämt. Bei Meurers heißt es: „Die Dialektik ist einer der Versuche des menschlichen Geistes, die metaphysischen Bezüge in den Tiefen des Seins zu greifen. Er wird seine Bedeutung behalten, aber er ist nicht der allein mögliche — und er ist ein metaphysischer Versuch!“[35]

Es ist häufig so, daß die extremen erkenntnistheoretischen Auffassungen unterschiedlicher philosophischer Richtungen durch ihre Verbindung zur Naturwissenschaft abgeschwächt werden und sich dann kaum noch in reiner Form zeigen. Dieser Sachverhalt ist natürlich keineswegs neu und auch nicht erst durch Del-Negro erkannt worden. Als Beispiel sei lediglich auf die Beziehung von E. Becher zu E. Mach verwiesen.

1907 schrieb E. Becher in einem Brief an E. Mach, daß er sich sehr über die von Mach festgestellte Verwandtschaft ihrer Gedanken freue. „Aber gerade wegen dieser Verwandtschaft vieler Grundgedanken hielt ich eine Auseinandersetzung für geraten und für vielleicht nicht unfruchtbar. Wenn ich dabei das Übereinstimmende weniger betonte, so liegt das nicht daran, daß ich es nicht zu würdigen wußte.“ Und abschließend heißt es dann in diesem Brief: „Ich bin übrigens der Ansicht, daß es sehr an der Zeit ist, das Gemeinsame hervorzuheben in einer Zeit, in der extrem metaphysische, antiempiristische Richtungen ohne Zweifel wieder im Erstarken sind.“[36]

Es kann inzwischen keinen Zweifel mehr daran geben, daß induktive Metaphysik des kritischen Realismus und Positivismus zu Fragen der Wissenschaftsentwicklung oft zu Positionen kommen, die sehr eng beieinander liegen. Im weiteren wird unter dem Aspekt naturphilosophischer Betrachtungen der Neothomismus in den kritischen Realismus eingeschlossen. Kritischer Realismus ist die erkenntnistheoretische Grundposition neothomistischer Naturphilosophie, bei aller Verschiedenheit der Erscheinungs- und Darstellungsweisen dieser Grundpositionen.

2.1. Antidialektik des kritischen Realismus und des Neothomismus

Der kritische Realismus läßt sich als eine objektiv-idealistische Philosophie charakterisieren, die sich in Deutschland im vergangenen Jahrhundert entwickelte, zu Beginn des 20. Jahrhunderts ausgebaut und weiterentwickelt wurde, sich mit

35 Ebenda.

36 Briefe deutscher Philosophen an Ernst Mach aus den Jahren 1865 bis 1915, Einleitung und Anmerkungen von J. Thiele, in: Philosophia Naturalis, 1/1976, S. 81f.

naturphilosophischen Argumenten entschieden gegen den Neukantianismus und extremen Positivismus wandte und in nahe Verwandtschaft mit dem Neothomismus gebracht werden kann.[37]

Die Mehrzahl der kritischen Realisten waren und sind naturphilosophisch orientiert. Der kritische Realismus ist aus mehreren Gründen gegenwärtig als philosophische Strömung wirkungsvoll. Mindestens die folgenden sollte man anführen:

Erstens zwingt die wissenschaftlich-technische Revolution auch imperialistische Staaten zu einer unaufhörlichen Förderung der Naturwissenschaften und Technikwissenschaften. Kritischer Realismus bietet sich in Verbindung mit der Religion an, die damit zu bewältigenden Probleme lösen zu können. In einem Problembericht zum V. Salzburger Humanismusgespräch 1970 heißt es: „Die zukünftige Bedeutung der Religion könnte auch darin bestehen, daß sie die Fähigkeit des Menschen zum Widerspruch überall dort ausbildet, wo die wissenschaftlich-technische Denkweise den Menschen totalitär zu überwältigen und für ihre Zwecke verfügbar zu machen versucht."[38]

Zweitens ergibt sich die Aktualität aus der engen Verbindung zum Neothomismus. Sie führt zweifelsohne dazu, daß der kritische Realismus immer dann genannt oder ungenannt hervortritt, wenn sich der Neothomismus mit der Naturwissenschaft bzw. ihren Auswirkungen auf das gesellschaftliche und soziale Leben beschäftigt. Die Auswertung der Beschlüsse des II. Vatikanischen Konzils läßt keinen Zweifel darüber aufkommen, daß im gegenwärtigen Katholizismus eine enge Anlehnung an kritisch-realistische Interpretationen der Naturwissenschaften, wie sie etwa durch Bavink bekannt geworden sind, vorhanden ist.[39]

Drittens zwingt die Entwicklung der Naturwissenschaft und Technik zunehmend und immer wieder erneut zu Reflektionen über das Wesen und die Funktionen der Naturwissenschaft und der Technik. Die entsprechenden Auseinandersetzungen mit dem Positivismus werden in der bürgerlichen Ideologie häufig ausgehend von kritisch-realistischen Positionen geführt.

Erwin Chargaff schrieb einen verzweifelt suchenden, aber keinen Ausweg findenden Artikel mit der Überschrift „Bittere Früchte vom Baume der Erkenntnis". Chargaff, der an der Aufklärung der DNS-Struktur entscheidend mitwirkte, entwarf darin das Bild gesellschaftlicher Fehlleistungen auf Grund negativer

37 Vgl. H. Hörz/K.-F. Wessel, Zur Naturphilosophie des Positivismus und Neothomismus, in: Naturphilosophie — von der Spekulation zur Wissenschaft, Hrsg.: H. Hörz/R. Löther/K.-F. Wessel, a. a. O.; K. F. Wessel, Kritischer Realismus und dialektischer Materialismus, Berlin 1971.

38 Salzburger Humanismusgespräch über die Zukunft der Religion, in: Herder-Korrespondenz, 11/1970, S. 533.

39 Vgl. Beschlüsse des Konzils. Der vollständige Text der vom II. Vatikanischen Konzil beschlossenen Dokumente in deutscher Sprache, Hrsg.: W. Becker, Leipzig 1967; K.-F. Wessel, Kritischer Realismus und dialektischer Materialismus, a. a. O., S. 16ff.

Lösungen der Ambivalenz wissenschaftlicher Entdeckungen. Er kennzeichnete die Wissenschaft als entfremdet. Eine pessimistische Grundhaltung führte ihn zu Fragen, die nur verständlich sind, wenn der soziale und gesellschaftliche Hintergrund, die kapitalistische Wirklichkeit, mitgedacht und vorausgesetzt wird. Da das Wesen der gesellschaftlichen und sozialen Verhältnisse als gegeben hingenommen und selbst keiner Analyse unterzogen wurde, wurden letztlich unzutreffende Probleme formuliert: „Auch ich habe keine Lösung für das Rätsel, warum während des größten Teils der Menschheitsgeschichte das gewöhnliche Volk seinen Trost nicht in der induktiven und nicht in der deduktiven Wahrheit, weder in der Wissenschaft noch in der Philosophie fand, sondern in offenbarter Wahrheit, in der Religion, die aus tieferen und geheimnisvolleren Schichten des menschlichen Geistes spricht als die Vernunft."[40]

Es kann keine Lösung für eine so gestellte Frage geben. Ein derartiges Rätsel kann lediglich fixiert werden, wenn die Einheit der Welt in der Materialität mit kritisch-realistischer Argumentation geleugnet wird und wenn die Existenz von zwei Wahrheiten unterstellt wird. Wissenschaft wird von Chargaff nicht als Produkt der Auseinandersetzung des Menschen mit der Natur angesehen; der Prozeß der Erkenntnisgewinnung nicht als ein dialektischer Prozeß aufgefaßt, sondern in einen Gegensatz zur offenbarten Wahrheit gebracht. „Das große Pendel von Geburt und Tod, die Dunkelheit und das Geheimnis der Menschengeschicke; die großen Gedanken, die Jahrhunderte hindurch zum Geist und mehr noch zum Herzen der Menschheit sprachen — Versöhnung und Gnade, Erlösung und Heil — sind sie alle durch die Wissenschaft beiseitegeschoben und ausgerottet worden? Ich glaube es nicht. Aber wenn das tatsächlich der Fall wäre, trüge die Wissenschaft eine Schuld, die noch größer wäre, als ihre erbittertsten Ankläger je behauptet haben."[41]

Auch der Neurophysiologe J. C. Eccles geht, allerdings in einem ganz anderen Zusammenhang, davon aus, daß es ein Etwas gäbe, das außerhalb des wissenschaftlichen Zugriffs liege, aber recht eigentlich erst den Menschen ausmachen würde. Geradezu in klassischer Weise vertritt er auf dem Boden moderner Wissenschaft kritisch-realistische Positionen.[42] Inzwischen hat die Übereinstimmung seiner philosophischen Positionen mit denen K. R. Poppers die Möglichkeiten einer Konvergenz von Positivismus und kritischem Realismus erneut demonstriert.[43]

40 E. Chargaff, Bittere Früchte vom Baume der Erkenntnis, in: Scheidewege (Stuttgart), 3/1974, S. 331.
41 Ebenda, S. 345.
42 Vgl. J. C. Eccles, Wahrheit und Wirklichkeit, Berlin(West)—Heidelberg—London—New York 1975.
43 Vgl. K. R. Popper/J. C. Eccles, The Self and its Brain, Berlin(West)—Heidelberg—London—New York 1977.

Viertens liegt verschiedentlich nur eine kritisch-realistische Haltung zugrunde, wenn die philosophische Position eines Naturwissenschaftlers von uns als „spontan materialistisch“ oder „verschämt materialistisch“ eingeschätzt wird.

Worin besteht nun das Wesen kritisch-realistischer Positionen? Der Begriff — kritischer Realismus — wird, wenn man von der Vieldeutigkeit in der Geschichte absieht, zu Beginn des 20. Jahrhunderts von zwei Gruppen von Philosophen benutzt. Zur einen gehören diejenigen, die den kritischen Realismus als ein relativ geschlossenes philosophisches System vertreten, sie werden als kritische Realisten bezeichnet; und zu der anderen die Neothomisten, die ihre erkenntnistheoretische und naturphilosophische Haltung zum Teil kritisch-realistisch nennen, sie sollen als Vertreter des kritischen Realismus im Neothomismus bezeichnet werden. Zunächst läßt sich zwischen diesen beiden Gruppen kein Unterschied feststellen. Sie stimmen bei der Erklärung des Begriffs „Realismus“ überein, nach der Realismus die Existenz einer von unserem Bewußtsein unabhängigen Außenwirklichkeit bedeutet, deren Beziehungen und Veränderungen weitgehend erklärbar sein sollen; wobei das Adjektiv „kritisch“ die Annahme hinzufügt, daß nicht auszumachen ist, ob die erschlossenen räumlichen und zeitlichen Beziehungen den Merkmalen der Außenwirklichkeit entsprechen und die Erkenntnis Grenzen hat.

Diese, zunächst noch allgemeinste Bestimmung des kritischen Realismus wird von Molčanov und Novik[44] so interpretiert, daß sie dem kritischen Realismus eine religiöse Tendenz und die Unterordnung des Wissens unter den Glauben vorwerfen. Allerdings muß solche Einschätzung weiter differenziert werden.

Es ist durchaus nicht von allen kritischen Realisten beabsichtigt gewesen, in die Nähe des Neothomismus zu gelangen; keineswegs ist es das Ziel der meisten gewesen, die Unterordnung des Wissens unter den Glauben zu behaupten. Eine weitergehende Erklärung des Begriffes „Realismus“ macht den Unterschied bei aller Übereinstimmung deutlich.

In der scholastischen Philosophie bezeichnete der Begriff „Realismus“ den Gegensatz zum Nominalismus, indem er an Platos Ideenlehre anknüpft und erklärt, daß die Allgemeinbegriffe vor den individuellen Dingen seien. So wird auch heute noch „Realismus“ in der thomistischen Philosophie benutzt, wenn etwa von den zwei „Ordnungen“ gesprochen wird.[45] Natürlich berühren sich beide Begriffsinhalte, indem der kritische Realismus eben durch den Zusatz „kritisch“ zum Teil das mit aufnimmt, was in der scholastischen Begriffsbestimmung bereits enthalten war. Dennoch sind es zwei verschiedene Begriffsinhalte. Während im scholastischen Begriff des Realismus die Betonung auf der

44 Vgl. J. B. Molčanov/L. B. Novik, Protiv teologičeskoj interpretacii estestvoznanija, in: Voprosy filosofii, 11/1960, S. 96—105.

45 Vgl. Beschlüsse des Konzils, a. a. O., S. 193.

angeborenen Idee liegt und die Tendenz der Ablehnung des Nominalismus enthalten ist, liegt im Realismusbegriff der kritischen Realisten die Betonung auf einer von unserem Bewußtsein unabhängigen Außenwirklichkeit. Diese Außenwirklichkeit ist auch der Ausgangspunkt des Philosophierens für die kritischen Realisten. Für die Neothomisten ist der Ausgangspunkt die angeborene Idee in unserem Geiste als das manifestierte Göttliche in unserem Bewußtsein. Von dieser Annahme kommen sie dann in ihrer Betrachtung zu der existierenden Außenwelt, die unabhängig vom erkennenden Menschen ist. Der kritische Realist dagegen kommt, ausgedrückt etwa bei A. Wenzl,[46] zu einer wenn auch unterschiedlich interpretierten Annahme der Grenze unseres Erkennens, die durch das Vorhandensein eines nicht erkennbaren inneren Willens erklärt wird. Die Neothomisten gehen von Dogmen aus. Die kritischen Realisten gelangen von wirklichen Schwierigkeiten, die die Erkenntniskraft des Menschen selbst produziert, zu objektiv idealistischen Aussagen. Dafür sind eine Reihe von Faktoren verantwortlich. Erstens das Vorhaben der kritischen Realisten, einen dritten Weg zwischen Idealismus und Materialismus zu finden, zweitens die Ignoranz der erkenntnistheoretischen Subjekt-Objekt-Dialektik, drittens das Unverständnis der Rolle der Praxis im Erkenntnisprozeß.

Kritischer Realismus war, jedenfalls bei B. Bavink und E. Becher, eine Reaktion auf die erkenntnistheoretische Situation zu Beginn dieses Jahrhunderts. Auch heute ist er noch eine Reaktion auf den Positivismus und auf den Neukantianismus mit dem Ziel einer Metaphysik, die wieder ein philosophisches Weltbild ermöglichen soll. Naturwissenschaft wird weitgehend unbelastet diskutiert, jedenfalls erscheint die Auseinandersetzung mit dem Positivismus in ihrer Abstraktion nicht durch Glaubensbekenntnisse belastet. Zusammenfassend kann man feststellen, daß es im Verhältnis von kritischem Realismus und Neothomismus ein einheitliches Zwischenglied gibt, die Betrachtung und Diskussion der Naturwissenschaft und Technik — aber keine einheitlichen Voraussetzungen und ebensowenig einheitliche metaphysische Ergebnisse.

2.2. Hauptmerkmale des kritischen Realismus

Für die Einschätzung des kritischen Realismus sind folgende, sich gegenseitig durchdringende Hauptmerkmale relevant:

1. Die Anerkennung und Begründung der realen Außenwelt.
2. Das Streben nach Metaphysik, die von naturwissenschaftlichen Ergebnissen ausgeht.

46 Vgl. A. Wenzl, Erwiderung, in: Osteuropa, 1/1961, S. 4.

3. Die Annahme von Erkenntnisschranken, die prinzipiellen Charakter tragen.
4. Die metaphysische Aufhebung des objektiven Zusammenhangs.
5. Das Leib-Seele-Problem und der Vitalismus.

Das Realitätsproblem (1.) wird als Hauptpunkt des kritischen Realismus bezeichnet. Die Anerkennung der „Realität" der Außenwelt ist bereits im Begriff „Realismus" enthalten. Gegen den Neukantianismus wird hinzugefügt, daß innerhalb gewisser Grenzen auch gültige Aussagen über das Ding-an-sich gemacht werden können. In bewußter Reaktion sowohl auf den Positivismus als auch auf den Neukantianismus wird nach dem wirklich zu Erkennenden gesucht, um gegenüber dem positivistischen Empirismus eine Ursache für die Empfindungen angeben und gegenüber dem Neukantianismus die Möglichkeit einer Metaphysik behaupten zu können. Dementsprechend heißt es bei E. Becher:

„Wir müssen eine Außenwelt außerhalb der Bewußtseine der Menschen und Tiere als wirklich anerkennen, weil sonst die Gesetzmäßigkeitsvoraussetzung undurchführbar ist und den Sinneswahrnehmungen die Ursachen fehlen, die sie doch nach dem Kausalprinzip haben müssen."[47] Aus dieser Begründung geht bereits hervor, daß die Grundannahme sowohl unter dem Einfluß der Naturwissenschaft, die die kritischen Realisten mehr oder weniger selbst vertraten, als auch nach dem metaphysischen Ziel einer Naturphilosophie zustande kam. In dem einem wie dem anderen Fall ist die Grenze der Realitätsauffassung gegeben. Sie zielt auf die Aufrechterhaltung von Grundannahmen wie etwa der Gesetzmäßigkeitsvoraussetzung und der Kausalität, nicht aber auf die philosophische Lösung der Grundfrage der Philosophie. Die dialektisch-materialistische Anerkennung der materiellen Einheit der Welt, des Primats der Materie gegenüber dem Bewußtsein und der aktiv-schöpferischen Rolle des erkennenden Subjekts wird in der dialektischen Einheit dieser Erkenntnisse nicht begriffen.

Die Realitätsauffassung ist nicht identisch mit der marxistischen Anerkennung der objektiven Realität. Sie wird sofort eingeschränkt durch die Interpretation des Zusatzes „kritisch". So selbstverständlich diese Einschätzung auch sein mag und so sehr sich auch hier die Übereinstimmung mit dem Neothomismus zeigt, darf doch nicht daran vorbeigegangen werden, daß die Anerkennung der realen Außenwelt und im besonderen die Form des Zustandekommens der Begründung in der Ablehnung des Positivismus und des Neukantianismus ein positives Element enthält. Es darf nicht verkannt werden, daß der kritische Realismus gerade damit erfolgreich auf die Naturwissenschaftler wirken konnte und wirkt. Für den nicht philosophisch reflektierenden Forscher ist die Anerkennung der realen Außenwelt durch die kritischen Realisten mit der spontan materialistischen Haltung wenn nicht identisch, so aber doch bestens vereinbar. Für den philosophisch reflektierenden Naturforscher ist der kritische Realismus in diesem

47 E. Becher, Grundlagen und Grenzen des Naturerkennens, München—Leipzig 1928, S. 52.

Zusammenhang annehmbar, da er eine gesunde Reaktion (jedenfalls im Bereich der Naturwissenschaften) auf den sich antiphilosophisch darstellenden Positivismus und auf den Neukantianismus ist, der das ewig unerkennbare Ding an sich, gleichsam das schlechte Stück Erbe Kants, wie Engels es nennt, rettet.

Da aber die Anerkennung der realen Außenwirklichkeit sowohl zum Materialismus als auch zum kritischen Realismus, ganz in Abhängigkeit davon, wie man sie weiter interpretiert, führen kann, ist bei der Einschätzung der philosophischen Auffassungen eines Naturwissenschaftlers allein seine Haltung zum Problem der realen Außenwelt nicht ausreichend. Fehleinschätzungen ergeben sich, wenn jemand, der in der konkreten Auseinandersetzung mit dem Positivismus eine realistische Position vertritt, bereits als Materialist eingeschätzt wird.

Das erste Merkmal ist zwar wesentlich für die Charakterisierung des kritischen Realismus, zeichnet ihn als objektiven Idealismus aus, zeigt auch die prinzipiellen Grenzen der Anerkennung der Dialektik auf, sagt aber allein noch wenig über seine Besonderheiten.

Metaphysik (2.) ist ein höchst ungenauer Begriff, der für seine Verwendung immer der genauen Bestimmung bedarf, soweit diese nicht aus dem diskutierten Zusammenhang hervorgeht. Die Bestimmung dessen, was kritische Realisten darunter verstehen, ist einfach, wenn man nur die Zitate wiedergibt, sie wird kompliziert, sobald man sich mit den Motiven, mit ihren Wegen und ihren Ergebnissen beschäftigt. Die Metaphysik der kritischen Realisten ist sowohl, mit Engels gesprochen, Abfall der alten Metaphysik als auch die Reaktion auf eine Situation, die Engels schon 1885 wie folgt einschätzte: „Jedenfalls ist die Naturwissenschaft jetzt so weit, daß sie der dialektischen Zusammenfassung nicht mehr entrinnt."[48] Metaphysik der kritischen Realisten ist der Versuch, auf idealistischer Grundlage unter Berücksichtigung des Gesamtwissens unserer bzw. der entsprechenden Zeit eine Weltanschauung zu begründen, die auf die letzten Fragen nach dem Wesen der Welt eine das Gemüt, das Gefühl und das Denken befriedigende Antwort zu geben vermag. Sie ist in vielerlei Hinsicht das bürgerliche Gegenstück zur marxistischen Reaktion auf die philosophischen Fragen der Wissenschaftsentwicklung. Die naturwissenschaftlich orientierten kritischen Realisten, und nur um die geht es hier, lebten stets im Kampf gegen die positivistische Ablehnung der Metaphysik durch die Naturwissenschaftler. Sie betonen daher ganz bewußt, daß von den drei Wegen, die sie für die Metaphysik sehen, die Intuition, die Spekulation und die Erfahrung, nur der letztere in Frage kommt. Denkt man an die Zusammenarbeit mit den Naturwissenschaftlern oder an die Veröffentlichungen der kritischen Realisten, so bleibt die beste

48 F. Engels, Herrn Eugen Dührings Umwälzung der Wissenschaft („Anti-Dühring"), in: Karl Marx/Friedrich Engels, Werke (im folgenden MEW), Bd. 20, Berlin 1975, S. 14.

Bestimmung ihres Begriffs der Metaphysik die von N. Hartmann gegebene. Er sprach von der induktiven Metaphysik als einer „a posteriori"-Theorie.

Induktive Metaphysik soll dabei die Rolle der Einzelwissenschaften zum Ausdruck bringen. Wenzl schreibt dazu: „. . . sie will die Berücksichtigung und den Zusammenhalt all unserer unmittelbaren und wissenschaftlichen Erfahrung — daher ‚induktiv'."[49] Das Induktive erhält durch das Metaphysische eine Richtung, das Metaphysische durch das Induktive einen positiven Ausgangspunkt. Über das Induktive wird der Naturwissenschaftler angesprochen; idealistische Interpretation von naturwissenschaftlichen Ergebnissen können damit scheinbar belegt werden.

Negatives wie Positives liegen hier eng beieinander. Wie sehr das Induktive Ausgangspunkt für die kritischen Realisten ist, geht schon daraus hervor, daß sie zum Teil hervorragende Naturwissenschaftler waren bzw. über umfangreiche Kenntnisse auf naturwissenschaftlichem Gebiet verfügten. Als letztes großes Beispiel kann A. Wenzl gelten.[50] Es ist zweifelsohne ein positiver Faktor, wenn die Naturwissenschaften Ausgangspunkt der Naturphilosophie sind und die Naturphilosophie bewußt darauf verzichtet, spekulative Aussagen zum Ausgangspunkt ihrer Betrachtungsweise zu machen. Das Positive ist aber in der ausgearbeiteten Naturphilosophie der kritischen Realisten negiert und kann nur in Rechnung gestellt werden, wenn Naturwissenschaftler unbewußt eine kritisch-realistische Haltung einnehmen.

Die kritisch-realistische Philosophie ist letzten Endes objektiver Idealismus. Das wird immer wieder in den Versuchen deutlich, sie als Überwindung des Materialismus und Idealismus zu fassen. Der kritische Realist W. Strobl zeigt dies bei der Einschätzung A. Wenzls ganz deutlich. „Wenzl selbst nennt sein Denken *Real-Idealismus*: In überhöhender Synthese sind in ihm die erkenntnistheoretischen und metaphysischen Grundsätze des Realismus und des Idealismus überwunden. Wenzls Philosophie hat viel gemeinsam mit der Lehre von der ontologischen Wahrheit der Dinge, die wohl als erster Augustinus ganz klar erfaßt hat: ‚Wir sehen die von Dir geschaffenen Dinge, weil sie sind; sie sind aber, weil Du sie siehst'."[51] Während der Materialismus die ewige unerschöpfliche objektive Realität als Quelle unseres Wissens anerkennt, betont der objektive Idealist zwar die Existenz einer Realität außerhalb unseres Bewußtseins, ihr Charakter ist aber nicht materiell, sondern ideell.

Über und durch das Induktive bietet die Naturphilosophie der kritischen Realisten die Möglichkeit, spontan-materialistische Haltungen und religiöse

49 A. Wenzl, Erwiderung, in: Osteuropa, 1/1961, S. 5.

50 Vgl. W. Strobl, Die Bedeutung der Synthese. Aloys Wenzl — Philosoph der Integration, Synthese und Ganzheit, in: Akten des XIV. Internationalen Kongresses für Philosophie, Bd. 2, Wien 1968, S. 454ff.

51 Ebenda, S. 461.

Gesinnung miteinander auszusöhnen. Das schließt atheistische Haltungen kritischer Realisten nicht aus. Sie lehnen die Schöpfung der Realität ab und betonen nur, daß ihr Charakter unbestimmt sei. Insofern gehören sie doch einer schwachen Version des objektiven Idealismus an. Diese Einschätzung darf nicht davon absehen, daß im Rahmen des Wesens der Metaphysik der kritischen Realisten die Naturphilosophie trotzdem zum Teil sinnvolle Aufgaben gestellt bekommt. So gibt B. Bavink drei Aufgaben an:

1. Die Methoden der Naturforschung als solche mit dem Ziel zu bestimmen, auf welche letzten Grundlagen sie sich stützt und welche Geltung sie für ihre Ergebnisse beanspruchen kann.
2. Sie hat die Ergebnisse der Naturwissenschaften unter dem Gesichtspunkt ihres Einflusses auf die Weltanschauung zu betrachten.
3. Diese Ergebnisse müssen unter dem Gesichtspunkt ihrer praktisch kulturellen Auswirkungen analysiert werden (Technik, Vererbungsforschung).[52]

Diese richtige Aufgabenstellung, die — in die Philosophie des kritischen Realismus eingeordnet — natürlich nicht die objektiv erforderlichen Ergebnisse bringen konnte, gleichwohl sie partiell Vorzügliches leistete, wurde von E. Becher bereits 1914 in seiner „Naturphilosophie" ausgearbeitet.[53]

Die ursprünglich bei E. Becher und B. Bavink in keiner Weise apologetisch verbrämte Aufgabenstellung hat einen doppelten Charakter, insbesondere dann, wenn spätere Interpretationen dieser Aufgabenstellung (A. Wenzl) berücksichtigt werden: sie geht einerseits den objektiv vor der Gesellschaft und der Wissenschaft stehenden Aufgaben relativ unvoreingenommen nach, zieht ihre Grenzen aber dort, wo der Übergang zu einer dialektisch-materialistischen Haltung Voraussetzung wird. Soweit naturwissenschaftlicher Fortschritt und dementsprechende philosophische Interpretation im bürgerlichen Rahmen notwendig und möglich ist, sind die naturphilosophischen Ergebnisse richtig. Daraus ergibt sich auch die Möglichkeit, die Aufgabenstellung als objektiv richtig einzuschätzen, auf die Widersprüchlichkeit bei der Lösung hinzuweisen und sie für eine differenzierte Einschätzung bürgerlicher Philosophie zu nutzen. Insbesondere kann man die Forderungen, die kritische Realisten stellen, auf ihre eigene Philosophie anwenden und sie daran messen. E. Becher schreibt beispielsweise: „Wo wissenschaftliche Richtungen sich befehden, gilt es, auf ihre Voraussetzungen zurückzugehen und sie zu prüfen. Höchste Aufmerksamkeit aber verdienen vor allem diejenigen Voraussetzungen, die die Streitenden selbst stillschweigend und unbeachtet, sozusagen als etwas Selbstverständliches, aufgenommen haben, die von ihnen ungeprüft aus der naiven Weltanschauung des täglichen, praktischen Lebens übernommen worden sind, oder die sich bei der einzelwissenschaftlichen Arbeit

52 Vgl. B. Bavink, Ergebnisse und Probleme der Naturwissenschaften, Leipzig 1941, S. 26f.
53 Vgl. E. Becher, Naturphilosophie, Leipzig—Berlin 1914, S. 25ff.

gebildet und umgestaltet haben, ohne daß man sich dessen recht bewußt geworden ist."[54]

Die ganze Geschichte der Naturwissenschaften und die Leistungen der marxistischen Analyse der philosophischen Probleme der Naturwissenschaften beweisen, daß es eine durchaus richtig erkannte Aufgabe ist, die Philosophen zu lösen haben. Und eine Aufgabenstellung bedeutet selbst dann schon etwas, wenn sie nicht gelöst oder nicht richtig behandelt worden ist. Interessant ist in diesem Zusammenhang eine zweite Feststellung E. Bechers: „Es ist sozusagen das Ziel naturphilosophischer Vermutungen, in naturwissenschaftliche Hypothesen und Erkenntnisse überzugehen. Je weiter die Naturwissenschaft fortschreitet, um so mehr tritt die Aufgabe der Naturphilosophie, naturwissenschaftliche Hypothesen und Einsichten vermutend zu antizipieren, zurück; um so mehr tritt die andere Aufgabe hervor, die philosophisch wichtigsten Ergebnisse der Naturwissenschaften zum Bilde der Gesamtnatur zu vereinen."[55] Interessant ist diese Aufgabenstellung, weil sehr richtig zwei wesentliche Elemente im Verhältnis von Philosophie und Naturwissenschaft erkannt wurden. Die naturphilosophische Vermutung bzw. Hypothese ist nicht nur das vielleicht aktivste Moment in dem genannten Zusammenhang, sondern auch das verfänglichste, gleichsam die Achillesferse im Verhältnis von Naturwissenschaftlern und Philosophen. Wer dieses Element zu meistern versteht, hat die besten Voraussetzungen im Verhältnis von Naturwissenschaft und Philosophie geschaffen, oder anders ausgedrückt, die Philosophie, die dieses Moment zum beiderseitigen Vorteil beherrscht, erweist sich schon dadurch als diejenige, die Objektives richtig widerzuspiegeln vermag.[56] Kritischer Realismus, wie sich noch zeigen wird, bewältigt diese Aufgabe nicht.

Alle möglichen Vergleiche und positiven Interpretationen haben eine gemeinsame Grenze in der Annahme prinzipieller Erkenntnisschranken (3.). In gebotener Kürze auf alle erkenntnistheoretischen Zusammenhänge einzugehen, die mit der Schranke der Erkennbarkeit in Verbindung gebracht werden können, ist schwer, da sich die Grenzbestimmung aus der Erkenntnistheorie der kritischen Realisten ergibt, die aber außer bei E. Becher von den Naturphilosophen selten oder gar nicht dargelegt wird.

Von vier Klassen von Urteilen, die Becher angibt, nennt er als wesentliche und grundlegende — die weder durch Erfahrung sicherzustellenden noch denknotwendigen Urteile. Dazu gehören die Annahme, wie das Vertrauen in die Erinnerung, die Voraussetzung der Regelmäßigkeit des Wirklichen und auch der Gesetzmäßigkeit des Wirklichen. Sie sind erkenntnisnotwendig.

54 Ebenda, S. 30.
55 Ebenda, S. 29.
56 Vgl. H. Hörz, Marxistische Philosophie und Naturwissenschaften, a. a. O., S. 117–139.

Zunächst folgert Becher erst einmal die Erkennbarkeit: „Da mein eigenes Bewußtsein, für sich genommen, keineswegs der Gesetzmäßigkeitsvoraussetzung und dem Kausalprinzip Genüge tut, fordern diese Voraussetzungen die Annahme von bewußtseinstranszendenten Realobjekten, von Objekten-an-sich, insbesondere zunächst von Ursachen meiner Empfindungen außerhalb meines Bewußtseins. Die so geforderte *reale Außenwelt-an-sich* ist so zu denken, daß Gesetzmäßigkeitsvoraussetzung und Kausalprinzip befriedigt werden. Daraus ergibt sich aber sogleich, daß diese Welt-an-sich nicht schlechthin unerkennbar ist."[57]

Da die Erkennbarkeit aus den Urteilen der vierten Klasse gefolgert wird, kann sie sich auch nur auf die vorausgesetzten Annahmen beziehen. Und es heißt entsprechend auch an einer anderen Stelle bei Becher: „ . . . zahlenmäßige, zeitliche und außerweltsräumliche Beziehungen in der Welt-an-sich können erkannt werden."[58] Wenn zusätzlich berücksichtigt wird, daß nach E. Becher Empfindungsqualitäten nicht den Außenweltsobjekten zugesprochen werden dürfen, sind wir bei der positiven Formulierung der Grenzen menschlicher Erkenntnis. „*Nur die Form der Außenwelt-an-sich, nicht ihr möglicherweise sehr reicher qualitativer Gehalt ist nach kritisch-realistischer Auffassung erkennbar.* Die Erkenntnis der Außenwelt-an-sich trägt *formalen Charakter.* Damit ist die wichtigste *Grenze der Außenweltserkenntnis angegeben.*"[59]

Es soll hier nicht weiter die Erkenntnistheorie verfolgt werden, aber ersichtlich ist schon aus dem bisher Gesagten, daß die kritischen Realisten nicht zum Kriterium der Wahrheit vorzustoßen vermögen. Das Bewußtsein wird nicht als Widerspiegelung der objektiven Realität erkannt. Durch die Annahme des Seelischen, einer nicht erkennbaren Qualität, waren sie nie in der Lage, die Einheit der Welt in der Materialität anzunehmen. Dies ist aber die Voraussetzung für die Anerkennung der Praxis als Kriterium der Wahrheit. Die bisherige Bestimmung der vom kritischen Realismus postulierten Grenzen der Erkennbarkeit läßt noch völlig offen, wie die Außenwelt, ihr qualitativer Inhalt etwa, zu bestimmen wäre. Die Naturphilosophie der kritischen Realisten gibt eine Bestimmung, die am deutlichsten bei E. Becher ausgesprochen wurde: „Diese Grenzbestimmung bedarf freilich noch eines Zusatzes oder, wenn man so will, einer kleinen Korrektur. Es liegt nämlich sehr nahe, anzunehmen, daß die Außenwelt-an-sich in ihrem qualitativen Gehalt oder Wesen dem Seelischen verwandt ist."[60] Eine solche Bestimmung ist die Grundlage für verschieden gefärbte weltanschauliche Aussagen, sie legt nicht eine bestimmte Interpretation

57 E. Becher, Erich Becher, in: Die deutsche Philosophie der Gegenwart in Selbstdarstellungen, Leipzig 1921, S. 15.
58 Ebenda, S. 16.
59 E. Becher, Einführung in die Philosophie, München—Leipzig 1926, S. 151.
60 E. Becher, Grundlagen und Grenzen des Naturerkennens, a. a. O., S. 151.

des qualitativen Gehalts fest und bietet daher unter anderem auch dem Neothomismus Gelegenheit, den Ausführungen der kritischen Realisten in quantitativen Bereichen zu folgen und eine vorgefaßte Meinung dem Qualitativen zu unterstellen.

In jedem Fall aber wird im kritischen Realismus der objektive Zusammenhang in der Realität negiert, und damit die objektive Dialektik reduziert, das heißt metaphysisch negiert (4.). Selbst allgemein akzeptierte evolutionstheoretische Sachverhalte werden auf kritisch-realistischen Positionen immer metaphysisch reduziert. Und dies, obgleich sich evolutionstheoretische Betrachtungen in nahezu allen Wissenschaften durchgesetzt haben. H. Ley ist prinzipiell zuzustimmen, wenn er schreibt: „Im Unterschied zu dem Zeitintervall um die Mitte des 20. Jahrhunderts läßt sich konstatieren, daß sich die theoretische Idee der Entwicklung in Astrophysik, Biologie und der die Menschwerdung behandelnden Anthropologie praktisch ausnahmslos durchgesetzt hat, Antievolutionismus gegenwärtig nur als Kuriosität vorkommt.“[61]

Gleichzeitig muß aber auch festgehalten werden, daß sich auf der Ebene philosophischer Reflexionen der Antievolutionismus wieder reproduziert. Intensive Anwendung und Entwicklung von Entwicklungstheorie enthält immer gleichzeitig das Moment der Reproduktion von mechanizistischen und idealistischen Vorstellungen, darunter auch solchen, die kritisch-realistisch zu nennen sind.

Ein Beispiel dafür ist ein Artikel von I. Eisenstein. Da es unmöglich ist, die Evolution zu leugnen, wird eine sogenannte „Mikroevolution“ postuliert. Hingegen sei eine Umwandlung der Arten in- und auseinander rational gar nicht faßbar. Eisensteins Konzeption wird deutlich an den Voraussetzungen, die unterstellt werden: „Eine Theorie, welche durch Beobachtung bzw. Experiment nicht verifizierbar ist, kann nur dann als wissenschaftlich akzeptiert werden, wenn (1) ihre logischen Konsequenzen und Implikationen mit den Tatsachen der Erfahrung vereinbar sind. (2) Sie darf sich nicht auf unkritische Verallgemeinerungen gründen und — irregeleitet durch inadäquate Analogie — allzuweitgehenden Extrapolationen Raum geben, wodurch der ganze Erfahrungsbereich spekulativ überschritten wird. Auch geht man (3) fehl, wenn man Prinzipien von begrenztem, *relativem* Erklärungswert generelle Bedeutung zuerkennt, sie über das Gebiet der Empirie hinaus, in welchem allein sie Geltung haben können, verwendet. Wir werden sehen, daß die Evolutionstheorie diese Bedingungen verletzt, so daß ihre Argumente, mögen sie auch zunächst sehr plausibel erscheinen, keine wirkliche Beweiskraft besitzen. In ihren theoretischen Konsequenzen überschreitet die Entwicklungslehre den Rahmen rein biologischer Fragestellungen und tritt mit dem Anspruch auf, eine geschlossene Naturphilosophie zu bieten. Es ergibt

61 H. Ley, Zum Stand der Entwicklungstheorie in den Naturwissenschaften, in: Deutsche Zeitschrift für Philosophie (im folgenden DZfPh), 7/1975, S. ?72.

sich daher die Notwendigkeit, sie auch unter einem allgemeineren erkenntnistheoretischen Gesichtspunkt zu prüfen."[62] Der Autor resümiert: „Bedenken wir, daß jede Deutung, die dem Naturgeschehen einen Sinn unterlegt, unsere menschliche Privatsache ist und keine Aussage der Natur. Das gilt letztlich sogar von der objektivsten aller Deutungen, der kausalen. Wir haben gesehen, daß sie nur relativen Erkenntniswert hat, daß die Zurückführung auf Ursachen uns nicht das eigentliche Wesen der Erscheinungen enthüllt."[63] Das ist eine kritisch-realistische Interpretation der Evolutionstheorie. Erkenntnisgrenzen werden vorausgesetzt, ein Bereich, der prinzipiell unerkannt bleiben muß, unterstellt. All dies soll methodologisch untermauert werden. Der objektive Zusammenhang wird geleugnet, Gesetzeserkenntnis als Erkenntnis von wesentlichen Zusammenhängen der objektiven Welt gar nicht erst in Rechnung gestellt. Dem Naturgesetz wird ein Geltungsbereich zugeordnet, der es gestattet, alle naturwissenschaftlichen Ergebnisse zu diskutieren, ohne idealistische Positionen aufzugeben: „Jedoch bestimmt das Gesetz ... nur den *Ablauf des Geschehens* und nicht seine *Ursache*; da das Seiende an sich keine uns naturwissenschaftlich erkennbare Ursache hat, wird durch das Naturgesetz der Geltungsbereich des Determinismus nicht erweitert, bloß der Determinismus *innerhalb* seines Bereiches *verschärft*. Darin liegt seine Bedeutung, damit sind aber auch seine Grenzen gezeichnet."[64]

Die Haltung zum Leib-Seele-Problem kann als ein wesentliches Merkmal des kritischen Realismus angesehen werden (5.), das die Beziehungen zwischen allen genannten Merkmalen verdeutlicht. Überdies haben die kritischen Realisten selbst das Leib-Seele-Problem bis heute als ein fundamentales Problem betrachtet. So schreibt beispielsweise W. Büchel: „Eines der zentralen Themen von Naturphilosophie und philosophischer Anthropologie ist fraglos das Leib-Seele-Problem, formuliert in heutiger Terminologie: Ist das Lebewesen und insbesondere der Mensch nur ein extrem komplexer und miniaturisierter computerartiger Automat, oder ist vor allem im Menschen eine Realität enthalten — Entelechie oder Seele oder Geist genannt —, die sich nicht auf eine bloße computerhafte Zusammensetzung materieller Elemente (Elementarteilchen, Atome, Moleküle) zurückführen läßt und darum in ontologischem Sinn als übermateriell zu bezeichnen wäre?"[65]

Büchel, der keine klare Antwort im zitierten Artikel gibt, diskutiert natürlich die Frage auf einem ganz anderen Hintergrund, dem der Computertechnik,

62 I. Eisenstein, Ist die Evolutionstheorie wissenschaftlich begründet?, in: Philosophia Naturalis, 3/1975, S. 242.
63 Ebenda, S. 292.
64 A. Fischer, Die philosophischen Grundlagen der wissenschaftlichen Erkenntnis, Wien—New York 1967, S. 194.
65 W. Büchel, Naturphilosophische Überlegungen zum Leib-Seele-Problem, in: Philosophia Naturalis, 3/1975, S. 308.

als dies beispielsweise E. Becher und B. Bavink möglich war; er wendet sich auch gegen verschiedene Formen des Reduktionismus, bleibt aber dennoch bei Erkenntnisgrenzen stehen, die ersichtlich bereits in der zitierten Feststellung enthalten sind. Aber aus der Bestimmung der Erkenntnisschranken, ebenso aus der induktiven Metaphysik ergibt sich für die kritischen Realisten die Forderung einer Vermittlung zwischen dem Seelischen und dem Materiellen.

Der induktive Charakter läßt sich nicht aufrechterhalten, wenn es keine, ganz gleich wie auch immer geartete Korrespondenz zwischen Leib und Seele gäbe. Es ist in diesem Zusammenhang relativ uninteressant, die Diskussion über die verschiedenen Parallelismen (obwohl die kritischen Realisten sehr viel Wert darauf legen) zu verfolgen. Von A. Wenzl (einem Schüler E. Bechers) beispielsweise wurde die Wechselwirkungshypothese Bechers, die sich als Doppeleffekt- und Doppelursachenhypothese darstellt, mit dem Ei des Kolumbus verglichen: Seelisches Geschehen und Großhirngeschehen sollen „darum so innig verknüpft erscheinen, weil seelische Vorgänge und Großhirnvorgänge zusammenwirkend weitere seelische Vorgänge und Großhirnvorgänge verursachen und bestimmen“[66].

Materielle Vermittlungen von Materie und Bewußtsein werden nicht diskutiert. Von einer Nähe zur materialistischen Abbildtheorie ist nirgends etwas zu spüren. Del-Negro glaubt, daß die Entwicklung der modernen Physik den kritisch-realistischen Standpunkt bekräftigt habe, wenn er auch das Leib-Seele-Problem in anderer Weise zu begründen versucht, als dies die „Klassiker“ des kritischen Realismus getan haben. In Verkennung des Leninschen Materiebegriffes meint er, daß die Entwicklung der Elementarteilchenphysik zur Notwendigkeit führe, den Materiebegriff aufzugeben, und behauptet in verfehlter Interpretation der physikalischen Forschungsresultate: „So bietet sich als Ausweg eine Identitätshypothese in dem Sinne an, daß das Transzendente einerseits irgendwelche dimensionalen Eigenschaften hat, die durch die dimensionalen Züge in der phänomenalen Körperwelt repräsentiert werden, andererseits aber auch Wesenszüge besitzt, die dem intentionalen Aktverhalten innerhalb des psychischen Bereiches entsprechen. Mit dieser Hypothese ... würden auch die Tücken des Leib-Seele-Problems verschwinden, da die transzendente Wirklichkeit nicht mehr in zwei völlig disparate Welten aufgespalten wäre.“[67]

Etwas weiter heißt es dann: „Man müßte vielmehr annehmen, daß ‚psychische‘ und ‚physische‘ Wesenszüge in der realen Außenwelt ... in nicht näher zu bestimmender Weise eng verkoppelt sind. Vom Standpunkt einer solchen Abwandlung der Identitätsthese wäre zwar auch wie in der strengen Identitätslehre

66 E. Becher, Einführung in die Philosophie, a. a. O., S. 225.

67 W. v. Del-Negro, Konvergenzen in der Gegenwartsphilosophie und die moderne Physik, a. a. O., S. 145.

ein einheitlicher Vorgang zu supponieren, der aber seinem eigentlichen Wesen nach nicht durchschaut werden kann."[68]

Es bleibt also letztendlich bei einer antidialektischen Bestimmung, die außerstande ist, den Zusammenhang von Materie und Bewußtsein, das Bewußtsein als ein Entwicklungsprodukt der Materie und die dialektischen Beziehungen zwischen Materie und Bewußtsein zu erklären.[69]

3. Reduktionismus — ein antidialektisches Grundprinzip bürgerlicher Wissenschaftsphilosophie

3.1. Einzelwissenschaftliche Reduktionen und philosophischer Reduktionismus

Die strenge Unterscheidung von einzelwissenschaftlichen Reduktionen und philosophischem Reduktionismus hängt eng mit dem Verständnis des Unterschieds von einzelwissenschaftlicher und philosophischer Verallgemeinerung zusammen und entspricht der durch H. Horstmann vorgeschlagenen klaren Trennung von Denkmethode und Denkweise.[70] Jede einzelwissenschaftliche Verallgemeinerung hat zum Ziel, objektive Struktur-, Bewegungs- und Entwicklungszusammenhänge in ihrem Objektbereich — die Physik im physikalischen, die Biologie im biologischen, die Gesellschaftswissenschaften im gesellschaftlichen usw. — aufzudecken und in Form von Regeln, Bedingungen, Gesetzen, Theorien u. ä. zu erfassen, mit einem Wort: die objektive Dialektik ihres spezifischen Objektbereichs zu fassen. Dabei kann sie qualitativ höhere Struktur-, Bewegungs- oder Entwicklungszusammenhänge auf niedrigere reduzieren. Dabei kann sie Entwicklungs- auf Bewegungszusammenhänge, Bewegungs- auf Strukturzusammenhänge reduzieren. Dabei kann sie die objektiv existierende Dialektik von Allgemeinem, Besonderem und Einzelnem, von Ganzem und Teilen, von Wesen und Erscheinung, von Qualität und Quantität usw. auf nur eine Seite des dialektischen Zusammenhangs reduzieren. Alle einzelwissenschaftlichen Mittel und damit auch alle einzelwissenschaftlichen Reduktionen sind erlaubt, wenn sie zu einem

68 Ebenda, S. 147.
69 Vgl. H. Hörz, Materie und Bewußtsein, Berlin 1965.
70 H. Horstmann, Studien zur metaphysischen und dialektisch-materialistischen Denkweise, a. a. O., S. 12ff.; vgl. dazu auch E. Dölling/J. Erpenbeck, Philosophische und einzelwissenschaftliche Verallgemeinerung, in: DZfPh, 2/1978, S. 232—241.

erweiterten Verständnis des untersuchten Objekts, wenn sie zu echtem Erkenntnisfortschritt führen. Auch die marxistisch-leninistische Philosophie benutzt in ihrem Verallgemeinerungsprozeß Reduktionen, die sie jedoch sorgfältig als methodologische Hilfsmittel kennzeichnet.

Die Grenze einzelwissenschaftlicher Reduktionen liegt da, wo die durchgeführte Reduktion hinter die bereits einzelwissenschaftlich erkannte objektive Dialektik des untersuchten Objekts zurückgeht. *Erkannt* heißt hier auch: die Bedingungen und Grenzen der Reduktion müssen, soweit das vom einzelwissenschaftlichen und philosophischen (!) Wissensstand aus möglich ist, explizit angegeben werden.

Nehmen wir das Beispiel biologistischer Aggressionstheorien. Selbstverständlich ist eine Untersuchung menschlichen Aggressionsverhaltens unter biologischen Gesichtspunkten möglich und liefert — etwa für die Psychologie — interessante Ergebnisse. Selbstverständlich spielen die biologischen Gegebenheiten des Menschen auch in gesellschaftlichen Auseinandersetzungen eine bestimmte Rolle und können als solche analysiert werden. Der Biologismus aber zielt in eine ganz andere Richtung: er stilisiert solche biologischen Einzeluntersuchungen zum Wesen menschlichen Aggressionsverhaltens, zu einem grundsätzlichen Bewegungszusammenhang der menschlichen Gesellschaft hoch. Er mißachtet die Dialektik, er reduziert, um weltanschaulich falsche Anschauungen zu unterstützen und durchzusetzen.

Eine solche Haltung soll hier Reduktionismus genannt werden. Sie ist immer — bewußt oder unbewußt — philosophischer Natur. Sie baut oft auf einzelwissenschaftlichen Reduktionen auf, hat in letzter Konsequenz aber immer zum Ziel, diese philosophisch zu verallgemeinern, gibt *falsche* und damit unwissenschaftliche Antworten auf weltanschauliche Fragen. Da es sich um philosophische Verallgemeinerungen handelt, ist das Untersuchungsmaterial meist aus mehreren einzelwissenschaftlichen Reduktionen rekrutiert. So benutzen beispielsweise physikalistische Ansätze eine Vielzahl von physikalisch-einzelwissenschaftlichen Reduktionen zur „Begründung". Weltanschaulich wirkungsvoller Reduktionismus — wie der des Positivismus — bleibt aber nicht beim simplen weltanschaulichen Kurzschluß stehen. Er versucht sowohl aus Reduktionen innerhalb der Struktur-, Bewegungs- und Entwicklungszusammenhänge als auch aus Reduktionen wissenschaftlich bereits erkannter dialektisch-kategorialer Zusammenhänge eine *systematische* Antidialektik abzuleiten und zu „*begründen*" und damit die weltanschaulichen Grundfragen entweder falsch zu beantworten oder sie als Scheinfragen abzutun.

Natürlich existieren einzelwissenschaftliche Reduktion und philosophischer Reduktionismus nicht unabhängig voneinander. Der philosophische Reduktionismus „integriert" Ergebnisse, Hypothesen und Methoden moderner Einzelwissenschaften — etwa der Physik, der Biologie, der Kybernetik, der Sprachwissenschaften und anderer — und insbesondere auch mit diesen verbundene einzelwissenschaftliche Reduktionen; dies tut er aber immer im Hinblick auf *weltanschaulich* relevante Fragestellungen. Er mißachtet dabei die materialistische Dialektik, er orientiert sich an wissenschaftlichen Teilergebnissen, er vernachlässigt den Gesichtspunkt des Gesamtzusammenhangs, der Totalität, er negiert das Prinzip der Einheit von Logik, Dialektik und Erkenntnistheorie. Insofern kann es auch durchaus zu einer Annäherung an die positivistische Denkweise durch — philosophierende — Einzelwissenschaftler kommen.[71]

Umgekehrt kann der philosophische Reduktionismus restriktiv (aber auch u. U. fördernd) auf die Einzelwissenschaften zurückwirken, indem er richtige oder falsche einzelwissenschaftliche Reduktionen anregt. Daraus ist jedoch nicht der Schluß zu ziehen, philosophischer, z. B. positivistischer Reduktionismus wirke generell wissenschaftsfördernd. Auch der dialektische Materialismus bejaht, fordert und fördert einzelwissenschaftliche Reduktionen, aber nur er vermag sie im philosophischen Gesamtzusammenhang methodologisch richtig zu werten.

Schließlich noch eine mehr terminologische Anmerkung. Oft wird in bezug auf Reduktionismus abgekürzt davon gesprochen, daß z. B. das Wesen (W) auf die Erscheinung (E) oder das Ganze, die Totalität (G) auf Teile (T) usw. reduziert würde. Berücksichtigt man die Dialektik von Wesen und Erscheinung, von Teil und Ganzem usw., so wird natürlich *diese Dialektik* auf einen Teil ihrer (kategorialen) Bestandteile reduziert. Die *Dialektik* von Wesen und Erscheinung wird also auf die Erscheinung, die Dialektik von Teil und Ganzem auf Teile usw. reduziert. Dies soll in der Form abgekürzt werden:

$$\binom{W}{E} \xrightarrow{R} E, \qquad \binom{G}{T} \xrightarrow{R} T \quad \text{usw.}$$

$\binom{W}{E}$ ist zu lesen: „die Dialektik von W, E"

$\xrightarrow{R}$ ist zu lesen: „wird reduziert auf".

Damit ist klar, daß z. B. auch gilt

$$\binom{G}{T} \xrightarrow{R} G.$$

Also auch der Holismus läßt sich als eine Art Reduktionismus fassen!

71 Vgl. M. Buhr, Zur Aktualität der Leninschen Positivismuskritik, in: A. Gedö/M. Buhr/V. Ruml, Die philosophische Aktualität des Leninismus, a. a. O., S. 46.

3.2. Arten des Reduktionismus

Jede Antidialektik ist partiell reduktionistisch, jeder Reduktionismus ist antidialektisch. Faßt man Dialektik als philosophische Verallgemeinerung von Struktur-, Bewegungs- und Entwicklungszusammenhängen über den Objektbereichen Natur und Gesellschaft, Erkenntnis, Denkresultate und Theorien[72] [1] und berücksichtigt weiterhin, daß bisher in diesem Sinne die Dialektik einer Vielzahl philosophischer Kategorien untersucht wurde [2], so kann man zunächst formal Arten und Formen des Reduktionismus erfassen:

[1] Arten des Reduktionismus

		Reduktionen in den Objektbereichen			
Philosophische Verallgemeinerung bezüglich	Reduktion bezüglich des Zusammenhangs	Natur (1)	Gesellschaft (2)	Erkenntnis (3)	Denkresultate Theorien (4)
(1) Strukturzusammenhang	(R_1)	R_{11}	R_{12}	↑	R_{14}
(2) Bewegungszusammenhang	(R_2)	R_{21}	R_{22}	R_E	R_{24}
(3) Entwicklungszusammenhang	(R_3)	R_{31}	R_{32}	↓	R_{34}

[2] Formen des Reduktionismus

$$\begin{pmatrix}\text{Allgemeines}\\ \text{Besonderes,}\\ \text{Einzelnes}\end{pmatrix} \xrightarrow{R} \text{Besonderes, Einzelnes} \qquad (1)$$

$$\begin{pmatrix}\text{Ganzes, Totalität}\\ \text{Teile}\end{pmatrix} \xrightarrow{R} \text{Teile oder Summen von Teilen} \qquad (2)$$

72 Vgl. H. Hörz, Marxistische Philosophie und Naturwissenschaften, a. a. O., S. 92ff.

$$\begin{pmatrix}\text{Wesen}\\ \text{Erscheinung,}\\ \text{Phänomene}\end{pmatrix} \xrightarrow{R} \text{Erscheinung, Phänomene} \tag{3}$$

$$\begin{pmatrix}\text{Qualität}\\ \text{Quantität}\end{pmatrix} \xrightarrow{R} \text{Quantität} \tag{4}$$

$$\begin{pmatrix}\text{Komplexes}\\ \text{Einfaches}\end{pmatrix} \xrightarrow{R} \text{Einfaches} \tag{4a}$$

$$\begin{pmatrix}\text{Qualitativ Höheres}\\ \text{Qualitativ Niedrigeres}\end{pmatrix} \xrightarrow{R} \text{Qualitativ Niedrigeres} \tag{4b}$$

schließlich auch

$$\begin{pmatrix}\text{Zukünftiges}\\ \text{Vergangenes}\end{pmatrix} \xrightarrow{R} \text{Vergangenes} \tag{5}$$

usw., wobei hier die „holistischen“ Reduktionen vernachlässigt sind.

Wie ist nun der Zusammenhang zwischen [1] und [2] zu sehen? Innerhalb einzelwissenschaftlicher Untersuchungen von Struktur-, Bewegungs- und Entwicklungszusammenhängen in den aufgeführten Objektbereichen können einzelwissenschaftliche Reduktionen der Arten R_{ij} vorgenommen werden (i, j stehen als Abkürzungen für beliebige der vorkommenden Indizes). Philosophischer Reduktionismus *verwendet* diese Arten und benutzt sie *zur „Begründung“* seiner falschen philosophischen Verallgemeinerungen. Dabei wird die Dialektik mindestens in einer der Formen [2] verletzt. Prinzipiell ist jede Reduktionismusart R_{ij} mit jeder der Reduktionismusformen (1) bis (5) usw. durchzuführen.

Dies sei am Beispiel der Reduktion bezüglich des Strukturzusammenhangs (R_1) erläutert (erste Zeile von [1]). In abkürzender Sprechweise: Allgemeine Strukturzusammenhänge können auf besondere, einzelne; Strukturganzheiten auf Teile; das Wesen von Strukturzusammenhängen auf einzelne Erscheinungen; die Qualitäten bestimmter Strukturzusammenhänge auf ihre Quantitäten; qualitativ höhere Strukturzusammenhänge auf qualitativ niedrigere; zukünftige Strukturzusammenhänge auf vergangene usw. reduziert werden. Dies gilt für jeden Objektbereich. (R_1) soll, einem Vorschlag von Horstmann folgend,[73] „horizontale Strukturreduktion“ heißen; (R_2) muß entsprechend eine „horizontale Bewegungsreduktion“ genannt werden, sie vernachlässigt die in (1) bis (5) usw. zusammengefaßte Dialektik hinsichtlich der Bewegungsformen; (R_3) soll als „vertikale Reduktion“ bezeichnet werden, weil erst die Existenz eines Entwicklungskriteriums

73 Vgl. H. Horstmann, Der Physikalismus als Modellfall positivistischer Denkweise, a. a. O., S. 109.

gestattet, entwicklungsmäßig „höhere“ und „niedrigere“ qualitative Unterschiede von Strukturen und Bewegungsformen zu unterscheiden.[74]

Schließlich kann Entwicklung auf Bewegung (R_3—R_2) oder sogar Bewegung auf Strukturzusammenhänge (R_2—R_1) reduziert auftreten. Struktur-, Bewegungs- und Entwicklungszusammenhänge sind über die Grundgesetze der Dialektik untrennbar miteinander verbunden.[75] Strukturen sind nichts Statisches — wie manchmal der terminologisch sauberen Trennung von Struktur, Bewegung und Entwicklung unterstellt wird[76] —, sie sind stets in Bewegung und Entwicklung begriffen, sie stellen nur Elemente *relativer* Ruhe dar. Andererseits besitzen alle Bewegungs- und Entwicklungszusammenhänge auch eine Struktur, die einzelwissenschaftlich zu ermitteln, die aber auch philosophisch zu berücksichtigen ist. Deshalb reicht es nicht aus, beispielsweise die objektive Dialektik von Bewegungszusammenhängen richtig philosophisch zu erfassen, aber die Dialektik der Entwicklungszusammenhänge zu reduzieren. Allgemeiner: „Wenn von der prinzipiellen Überlegenheit der materialistischen Dialektik gegenüber der positivistischen Denkweise die Rede ist, muß beachtet werden, daß sich diese Überlegenheit vor allem aus dem *untrennbaren Zusammenhang*, aus der Einheit der dialektischen Gesetze selbst ergibt. Die Anerkennung des einen oder anderen dialektischen Gesetzes oder bestimmter Seiten der Dialektik führt noch nicht notwendig zu dialektisch-materialistischen weltanschaulichen Konsequenzen.“[77] Konkret: Wenn Th. S. Kuhn Wissenschaftsentwicklung auf Wissenschaftsbewegung reduziert, kann die Erfassung objektiver Dialektik innerhalb der Wissenschaftsbewegung noch nicht zu einem dialektisch-materialistischen Verständnis der Wissenschaftsentwicklung führen.

Nicht alle Reduktionsarten R_{ij} haben gleiche Bedeutung. Außerdem muß man berücksichtigen, daß zwischen den R_{ij} zusätzlich verschiedene Beziehungen bestehen können (beispielsweise zwischen Strukturreduktionen über den Objektbereichen Gesellschaft (R_{12}) und Natur (R_{11}): R_{12}—R_{11} — wobei z. B. gesellschaftliche Strukturen auf biologische reduziert werden im Sinne eines biologistischen Vorgehens; analog lassen sich die weiteren Beziehungen ableiten und darstellen).

Einige typische Reduktionen, die im positivistischen Denken zu philosophischem Reduktionismus benutzt werden, mögen nachfolgend als Beispiele für viele andere stehen:

R_{11}, R_{21}, R_{31}: Reduktion chemischer oder biologischer Struktur-, Bewegungs- und Entwicklungszusammenhänge auf physikalische

74 Vgl. ebenda, S. 109f.

75 Vgl. J. Erpenbeck/H. Hörz, Philosophie contra Naturwissenschaft?, Berlin 1977.

76 Vgl. G. Stiehler, Dialektik und historischer Materialismus, in: DZfPh, 3/1978, S. 294.

77 H. Horstmann, Der Physikalismus als Modellfall positivistischer Denkweise, a. a. O., S. 85 (Hervorh. — d. Verf.).

R_{12}: Reduktion gesellschaftlicher Strukturzusammenhänge auf Substrukturzusammenhänge

R_{22}, R_{32}: Reduktion gesellschaftlicher Bewegung (Entwicklung) als gesellschaftliche Totalität auf Bewegung (Entwicklung) der Produktivkräfte und der Erkenntnis — und damit Verhinderung der Umgestaltung von Produktionsverhältnissen; Reduktion der Gesellschaft auf Oberflächenerscheinungen; Reduktion des Geschichtsprozesses auf Stückwerk, Anpassung, Aussöhnung; Reduktion gesellschaftlicher auf individuelle (und damit unbegründbare) Werte (Dezisionismus)

$R_{12}-R_{11}$, $R_{22}-R_{21}$, $R_{32}-R_{31}$: Reduktion gesellschaftlicher Struktur-, Bewegungs- und Entwicklungszusammenhänge auf biologische (Biologismus) oder physikalische (Physikalismus)

$R_{32}-R_{22}$: Reduktion gesellschaftlicher Entwicklung auf gesellschaftliche Bewegung

R_{14}: Reduktion von Theorien auf Aussagesysteme; Reduktion von einzelwissenschaftlichen Begriffen auf physikalische

$R_{34}-R_{24}$: Reduktion von Theorienentwicklung auf Theorienbewegung, also auf eine qualitativ nicht unterscheidbare und in der Entwicklungshöhe nicht wertbare Abfolge von formalen Konstrukten.

Eine besondere Rolle spielen für die positivistische Denkweise Reduktionen im Bereich der Erkenntnis, sieht sie doch in ihrer Erkenntnistheorie — die selbst positivistisch zurechtgestutzt ist — das wesentlichste philosophische Forschungsgebiet. Dabei baut sie wiederum auf charakteristischen Reduktionen auf, die in [1] mit R_E gekennzeichnet wurden (da sich hier Struktur-, Bewegungs- und Entwicklungsaspekte schwerer differenzieren lassen, wurde auf eine weitere Indizierung verzichtet):

Die *Grundreduktion* von R_E:

a) „Alter" Positivismus:

Realität $\xrightarrow{R}$ Empfindungen, „unmittelbar Gegebenes"

bzw.

Wissen von der Welt $\xrightarrow{R}$ „empirisches Wissen"

b) Neopositivismus:

Realität $\xrightarrow{R}$ Ergebnisse der Abstraktionen konkreter Prozesse

bzw.

Wissen von der Welt $\xrightarrow{R}$ ⟨Protokollsätze⟩ = „Sinnesdaten" „empirisches Wissen", durch „Intersubjektivität" festgestellt

Und damit die *abgeleiteten Reduktionen* von R_E:

c) Gesamte Erkenntnistätigkeit, Kultur $\xrightarrow{R}$ einzelwissenschaftliche Forschungsverfahren und Methoden

d) Philosophie $\xrightarrow{R}$ Einzelwissenschaften

e) Wissenschaft $\xrightarrow{R}$ abstrakte Zeichensysteme

f) $\begin{pmatrix}\text{Logisches}\\ \text{Historisches}\end{pmatrix} \xrightarrow{R}$ Logisches

g) $\begin{pmatrix}\text{Theoretisches}\\ \text{Empirisches}\end{pmatrix} \xrightarrow{R}$ Empirisches oder autonom Theoretisches

h) $\begin{pmatrix}\text{Abbild}\\ \text{Entwurf}\end{pmatrix} \xrightarrow{R}$ empirisches Abbild oder autonomer Entwurf

In a), b) wird also die objektive Dialektik des Erkenntnisprozesses auf einzelne Seiten dieses Prozesses reduziert und demzufolge auch in den abgeleiteten Reduktionen c) — h), wenngleich dies nur teilweise ((f), (g), (h)) in dialektisch-korrelativen Kategorien (analog [2]) darzustellen ist.

Physik und Biologie und alle von ihnen mehr oder weniger tangierten weiteren Einzelwissenschaften lieferten schon immer ein bevorzugtes Material für positivistische Verallgemeinerungen. Hier hatten einzelwissenschaftliche Reduktionen zuerst ihre wissenschaftsfördernde Kraft bewiesen, hier kamen Methoden und Methodologien zum Erfolg, die positivistische Denker zum Teil mit entwickelt, oder die sie, umgekehrt, in ihr philosophisches Weltbild „integriert" hatten. Viele Neopositivisten hatten umfangreiche physikalische, biologische und mathematische Kenntnisse. Es ist kein Zufall, daß der Physikalismus zu einem Modellfall positivistischer Denkweise wurde.[78] Je mehr die Entwicklung der Wissenschaften und damit auch der Physik und Biologie die objektive Dialektik in jenen Bereichen zum Vorschein brachte, desto öfter zog sich der Neopositivismus auf immer esoterischere Einzeluntersuchungen zur Wissenschaftssprache und -logik zurück, was ihm den Vorwurf nicht nur marxistischer Kritiker eintrug, auf alle wesentlichen philosophischen Fragen keine Antworten zu haben.[79]

Das hat sich spätestens nach Veröffentlichung des Buches von Thomas S. Kuhn scheinbar noch einmal geändert. Neopositivistische Theoretiker sind an der Diskussion um Wissenschaftsentwicklung und wissenschaftliche Revolutionen aus verschiedenen Gründen maßgeblich beteiligt. Erstens kann erneut auf das

78 Vgl. ebenda.
79 Vgl. Th. W. Adorno, u. a., Der Positivismusstreit in der Soziologie, Berlin—Neuwied 1975.

bereits „integrierte“ einzelwissenschaftliche Material, insbesondere wiederum auf biologisches und physikalisches, zurückgegriffen werden, nur daß jetzt nicht die *Ergebnisse* selbst, sondern deren *Entwicklungen* im Mittelpunkt des Interesses stehen. Zweitens enthielten zwar nicht die Programme des „orthodoxen“, physikalischen Neopositivismus, wohl aber andere Ansätze, vor allem die von Popper weiterentwickelte Variante in nuce eine „Revolutionstheorie der Erkenntnisfortschritte“, wie sie Spinner hochtrabend und auf den „Pluralismus“ Poppers pochend bezeichnet[80] — eben eine positivistische Theorie der Wissenschaftsentwicklung, die allerdings weder die Wissenschaft noch deren Entwicklung adäquat erfaßt. Drittens spielen bei der Analyse der Wissenschaftsentwicklung mathematisch-logische Grundlagenüberlegungen eine wesentliche Rolle; hier bieten positivistische Wissenschaftstheoretiker ihre umfangreichen Erfahrungen an. Viertens kommt auf Grund der großen Komplexität von Wissenschaft und Wissenschaftsentwicklung bei deren Untersuchung einzelwissenschaftlichen Reduktionen eine entscheidende Bedeutung zu; damit ist aber zugleich Material für positivistische Reduktionen in der alten Manier bereitgestellt.

Bei all dem bleibt aber das alte Unverständnis des früheren Positivismus für den Zusammenhang von Gesellschaft und Wissenschaft. Der philosophische Streit zwischen Kuhn und Popper ist ein Streit innerhalb des Positivismus. „Kuhn, Lakatos oder Stegmüller sind keine ‚Postpositivisten‘ sondern Positivisten, da sie charakteristische Positionen und Verfahren dieser variantenreichen Strömung teilen“, hebt D. Wittich hervor.[81]

Daß gerade Kuhn zum Ansatzpunkt der neueren neopositivistischen Diskussionen wurde, hat nicht sosehr seine Ursache in der absoluten Neuartigkeit seiner Ideen, sondern in der neuartigen Situation der Wissenschaftsverwertung im Imperialismus. Es lassen sich glücklosere bürgerliche Vorläufer mit ähnlichen Ideen benennen. Schließlich finden sich einige seiner mindestens zum Teil akzeptablen Gedanken bereits bei Marx und Engels philosophisch fundierter ausgesprochen.[82] Die neuartige Verwertungssituation erzwingt schließlich auch differenziertere Anforderungen an die Weiterentwicklung der imperialistischen Wissenschaftstheorie und -philosophie, insbesondere den Verzicht auf allzu enge positivistische Restriktionen, ein Abrücken vom „statement view“ der Wissenschaft und den Übergang zum „non-statement view“ (unter Berücksichtigung der „Protokollsatz“-Problematik, der „Physikalismus“-Problematik, der „Sinnkri-

80 Vgl. H. Spinner, Pluralismus als Erkenntnismodell, Frankfurt a. M. 1974, S. 74ff.

81 D. Wittich, Die Spezifik der Dialektik des Erkenntnisprozesses und ihre Untersuchung, in: DZfPh, 9/1977, S. 1072.

82 Vgl. D. Wittich, Eine aufschlußreiche Quelle für das Verständnis der gesellschaftlichen Rolle des Denkens von Thomas S. Kuhn, in: DZfPh, 1/1978, S. 105ff.; L. Schäfer, Theorien — Dynamische Nachlieferungen, in: Ztschr. f. phil. Forschung, 1/1977.

terium"-Problematik, der „Empirismus"-Problematik, der „Kumulations"-Problematik usw.) bei gleichzeitiger Bewahrung ideologischer Interessen der Bourgeoisie.[83]

3.3. Dialektik der Wissenschaftsentwicklung

Mit der Frage nach der objektiven Dialektik der Wissenschaftsentwicklung ist zunächst die Frage nach den objektiven Determinanten dieser Entwicklung und ihren Zusammenhängen gestellt. Die marxistische Philosophie hat sich, ebenso wie die marxistische Wissenschaftstheorie, Wissenschaftssoziologie, Wissenschaftsökonomie und andere einzelwissenschaftliche Disziplinen, dieser Frage zu stellen; sie gewinnt ihre Antworten in Form philosophischer Verallgemeinerungen aus den Erkenntnissen eben solcher Einzelwissenschaften, aus den bereits erarbeiteten philosophischen Grundprinzipien und den präzisierten philosophischen Aussagen, wobei sie wiederum befruchtend auf diese Einzelwissenschaften zurückwirkt. Es ist also ein ähnliches Verhältnis, wie es für die Beziehung von Philosophie und Naturwissenschaften bereits ausführlich erarbeitet wurde.[84]

Ausgangspunkt der marxistischen Wissenschaftstheorie und -philosophie ist das Verständnis der Wissenschaft als ein Phänomen und Resultat *spezifischer gesellschaftlicher Tätigkeit.* Damit ist das dialektisch widersprüchliche Verhältnis von Produktivkräften und Produktionsverhältnissen als eigentlicher Motor gesellschaftlicher und somit auch aller wissenschaftlicher Entwicklung eingeschlossen. Mit Marx wird *Wissenschaft als „allgemeine Arbeit"* begriffen. Es werden die Konsequenzen dieses Ansatzes verfolgt: Wissenschaftliche Arbeit ist Erkenntnistätigkeit, die objektive Gesetzmäßigkeiten gesellschaftlich verfügbar und praktisch nutzbar macht. Sie ist unmittelbar auf die Produktion, Reproduktion, Vermittlung und Anwendung von Erkenntnissen, von systematischem und methodischem Wissen gerichtet.[85]

Der mit Kuhn neu aufgeflammte Streit um die Priorität „externer" oder „interner" Determination der Wissenschaftsentwicklung ist nur deshalb möglich, weil die Dialektik beider Determinanten reduktionistisch vernachlässigt wurde. Ebenso geht in der Dialektik kontinuierlicher und diskontinuierlicher Momente der Wissenschaftsentwicklung die Frage nach deren „kumulativem" oder „revolutionärem" Charakter weitgehend auf.

83 Vgl. D. Wittich, Eine aufschlußreiche Quelle für das Verständnis der gesellschaftlichen Rolle des Denkens von Thomas S. Kuhn, in: DZfPh, 1/1978, S. 111.
84 Vgl. H. Hörz, Marxistische Philosophie und Naturwissenschaften, a. a. O., S. 92ff.
85 Vgl. G. Kröber, Die Wissenschaft und ihre Erforschung im Sozialismus: Prozesse, Probleme, Prinzipien, in: Wissenschaft im Sozialismus, Hrsg.: G. Kröber, Berlin 1973, S. 42f.

Selbstverständlich bedeutet der Ausgangspunkt „Wissenschaft als allgemeine Arbeit“ keinen Universalschlüssel, keine Definition der Wissenschaft. Das hat H. Laitko eindrucksvoll belegt.[86]

Wissenschaft läßt sich in philosophischen und wissenschaftstheoretischen Untersuchungen nicht auf die Tätigkeit von Wissenschaftlern reduzieren. Versucht man dies dennoch, so führt das zu einem Reduktionismus mit umgekehrtem Vorzeichen. Der Erkenntnisprozeß ist immer ein gesellschaftlich determinierter Prozeß und kann folglich nicht unabhängig von den entsprechenden Produktionsverhältnissen materialistisch analysiert werden. Seine Besonderheiten lassen sich aber andererseits nicht auf den Einfluß der jeweiligen Produktionsverhältnisse allein zurückführen. Die offene Frage, ob an den *Resultaten* des Erkenntnisprozesses in Form einzelwissenschaftlicher Theorien die gesellschaftlichen Determinanten des Erkenntnisprozesses überhaupt noch ablesbar sind, mag zumindest die Kompliziertheit der Problematik veranschaulichen.

Geht man also davon aus, daß Wissenschaft allgemeine Arbeit ist, so zeigt sich die Stärke historisch-materialistischen, dialektischen Herangehens nicht zuletzt darin, wie es gelingt, die Produktion von neuem Wissen im wissenschaftlichen Forschungsprozeß mit den Resultaten dieses Prozesses in Form wissenschaftlicher Theorien, einzelner wissenschaftlicher Erkenntnisse, aber auch in ihrer technisch vergegenständlichten Form dialektisch zu synthetisieren. Das ist ein außerordentlich kompliziertes Problem, dem man sich nur durch Teiluntersuchungen nähern kann; die Analyse der Beziehungen zwischen Theorienentwicklung und philosophischer Entwicklungstheorie ist dazu ein solcher Teilbeitrag.[87] Wissenschaftsentwicklung ist nicht auf Theoriendynamik reduzierbar, wie es der Neopositivismus in verschiedenen Varianten immer wieder glaubhaft zu machen versucht. Andererseits ist Wissenschaftsentwicklung ohne die Entwicklung wissenschaftlicher Theorien, ohne eine immer adäquatere Widerspiegelung objektiver Gesetzmäßigkeiten in Natur, Gesellschaft und Denken, in wissenschaftlichen Erkenntnissen und deren Synthese in wissenschaftlichen Theorien unmöglich.

Neuere marxistische Arbeiten zur Wissenschaftstheorie bemühen sich, solche komplizierten Zusammenhänge, soweit sie heute einzelwissenschaftlich und philosophisch untersucht sind, in ihrer Gesamtschau oder in Einzelaspekten darzustellen.[88] H. Hörz hat Faktoren verschiedener Determinationsebenen in ihrer Bedeutung als Determinanten der Wissenschaftsentwicklung dargestellt und damit

86 Vgl. H. Laitko, Wissenschaft als allgemeine Arbeit, Berlin 1979, S. 15f.

87 Vgl. J. Erpenbeck/U. Röseberg, Wissenschaftsentwicklung, Theorienentwicklung und Entwicklungstheorie, in: DZfPh, 2/1977, S. 133ff.

88 Vgl. Wissenschaft — Stellung, Funktion und Organisation in der entwickelten sozialistischen Gesellschaft, Hrsg.: G. Kröber/H. Laitko, Berlin 1975.

methodologische Vorarbeiten für die Erforschung von Gesetzen der Wissenschaftsentwicklung geleistet.[89] Der enge Zusammenhang philosophischer und einzelwissenschaftlicher Untersuchungen auf diesem Gebiet wird durch den von G. Kröber und M. Buhr herausgegebenen Band „Mensch — Wissenschaft — Technik“ nachdrücklich unterstrichen.[90] Das heute durch marxistisch-leninistische Wissenschaftler zusammengetragene Material ist, gemessen an der Kompliziertheit der zu erforschenden Prozesse, natürlich keineswegs vollständig, es reicht aber aus, um das Versagen der neopositivistischen Ansätze eindeutig nachzuweisen. Es reicht insbesondere dazu aus, das Verhältnis von einzelwissenschaftlich notwendigen Reduktionen und neopositivistischem Reduktionismus besser zu klären.

3.3.1. Ebenen und Faktoren der Wissenschaftsentwicklung

Jede philosophische Analyse von Entwicklungsprozessen muß, will sie die ganze Kraft der Grundgesetze der Theorie der Dialektik und der präzisierten philosophischen Aussagen dieser Theorie ausnutzen, von Festlegungen ausgehen, welche Objekte in ihrer Entwicklung zu untersuchen sind, worin das Wesen der jeweiligen Prozesse, worin die Qualitätsunterschiede zu sehen sind. Diese Forderung führt, betrachtet man Veränderungen innerhalb der Wissenschaften, wissenschaftlicher Theorien oder wissenschaftstheoretischer Konzeptionen daraufhin, ob sie als Entwicklungsprozesse zu begreifen sind, zur Differenzierung von mindestens vier Untersuchungsebenen, die jedoch nicht metaphysisch getrennt werden dürfen. Das dialektische Zusammenspiel innerhalb des Gesamtzusammenhangs der Wissenschaftsentwicklung kann aber nur erfaßt werden, wenn auch die qualitativen Besonderheiten dieser Ebenen genügend berücksichtigt bleiben.

Ebene 1: ist die *Ebene der Struktur-, Prozeß- und Entwicklungszusammenhänge in der objektiven Realität* (der Natur und Gesellschaft). Für die Naturwissenschaften ist das z. B. die vom Menschen beobachtete und umgestaltete Natur, auf die der Naturwissenschaftler im Erkenntnisprozeß einwirkt, der er in der praktisch gegenständlichen wissenschaftlichen Tätigkeit und durch theoretische Überlegungen mehr und mehr ihre Geheimnisse entreißt und die er für die Gesellschaft in immer größerem Umfang beherrschbar macht. Es ist dies die Ebene der objektiven Dialektik der Natur.

89 Vgl. H. Hörz, Gesetze der Wissenschaftsentwicklung, in: Struktur und Prozeß, Hrsg.: K.-F. Wessel, Berlin 1977.

90 Vgl. Mensch — Wissenschaft — Technik, Hrsg.: M. Buhr/G. Kröber, Berlin 1977.

Seitdem die Geologie und die Biologie im 19. Jahrhundert begannen, in Evolutionstheorien die objektiven Entwicklungsgesetze ihres Objektbereichs zunehmend adäquat widerzuspiegeln, werden immer mehr Naturwissenschaften von ihren jeweiligen Gegenständen her gezwungen, Entwicklungsprozesse abzubilden. Astronomie, Astrophysik, Kosmologie, Kosmogonie, statistische Physik (insbesondere die Untersuchung dissipativer Strukturen), Kristallphysik, Elementarteilchenphysik, Biophysik, Biochemie, Biopaläontologie untersuchen immer weitere Bereiche objektiver Entwicklungszusammenhänge. Damit leisten sie ihren Beitrag zum Entwicklungsverständnis.

Für die Gesellschaftswissenschaften haben wir es auf Ebene 1 neben vielen anderen Entwicklungsprozessen, die sie untersuchen, gerade mit der objektiven Entwicklung der wissenschaftlichen Tätigkeit, abhängig von verschiedensten gesellschaftlichen Faktoren, zu tun.

Ebene 2: ist die *Ebene der einzelwissenschaftlichen Theorien* über Struktur-, Bewegungs- und Entwicklungszusammenhänge in der objektiven Realität. Die naturwissenschaftlichen Theorien sind dialektische Widerspiegelungen objektiver Naturdialektik, die gesellschaftswissenschaftlichen Theorien entsprechend dialektische Widerspiegelungen objektiver gesellschaftlicher Dialektik. Theorien der Wissenschaftsentwicklung sind beispielsweise dialektische Widerspiegelungen der objektiven Entwicklungen in den Wissenschaften.

Ebene 3: ist die *Ebene der Entwicklung einzelwissenschaftlicher Theorien*, etwa die Ebene der Entwicklung naturwissenschaftlicher Theorien, aber auch gesellschaftswissenschaftlicher Theorien.

Ebene 4: schließlich ist die *Ebene der Entwicklungstheorien einzelwissenschaftlicher Theorien*, also sowohl von Entwicklungstheorien naturwissenschaftlicher wie gesellschaftswissenschaftlicher Theorien.

Entsprechend lassen sich die Determinanten der Wissenschaftsentwicklung in mindestens vier Gruppen von Faktoren einordnen:

Erstens gibt es objektive Faktoren in der gesellschaftlichen Entwicklung, die auf der Basis der jeweils herrschenden Produktionsverhältnisse, vermittelt über Anforderungen der Produktion, der Politik und der anderen Bereiche gesellschaftlicher Praxis, die Wissenschaftsentwicklung vorantreiben.

Zweitens gibt es Faktoren, die die Übereinstimmung von Theorien und objektiver Realität beinhalten, wie Näherungsgrad, Umfang, Fruchtbarkeit usw. Sie sind letztlich ein Maß dafür, wie richtig und umfassend die objektiven Faktoren in der Theorie berücksichtigt sind.

Drittens gibt es Faktoren, die den Entwicklungsprozeß der Theorien berücksichtigen, die die Erhöhung des Näherungsgrades, die Erweiterung des Umfangs, die gewachsene Fruchtbarkeit einer weiterentwickelten Theorie beinhalten. Diese Faktoren hängen explizit und implizit von den ersten beiden ab, werden aber durch sie nicht erschöpft.

Viertens lassen sich Faktoren finden, die für die Entwicklung der Theorie von der Theorieentwicklung von Bedeutung sind. Solche Faktoren gestatten es, Voraussagen über zukünftig mögliche Ansätze der Theoriendynamik zu machen und sind damit von großer heuristischer Wirkung. Allerdings stecken Überlegungen hierzu noch ganz in den Anfängen.

Innerhalb dieser vier Ebenen und zwischen ihnen sowie zwischen ihren Determinationsfaktoren bestehen mannigfaltige Beziehungen, die es im einzelnen zu untersuchen gilt. Dabei ist es philosophisch bedeutsam, auf die Untrennbarkeit dieser Ebenen in der Gesamtsicht ebenso hinzuweisen wie auf die jeweiligen qualitativen Besonderheiten.

Die Entwicklung der Produktionsverhältnisse und der Produktivkräfte sowie der vielfältigen Wechselbeziehungen zwischen Basis und Überbau spiegeln sich im Verhältnis der Ebene 1 und der Ebenen 2, 3, 4 wider.

Es ist einsichtig, daß auf der Ebene 1 das gesellschaftliche Phänomen Wissenschaft von den anderen gesellschaftlichen Bereichen zwar getrennt werden kann, es aber über vielfältigste Vermittlung in die Gesellschaftsentwicklung eingebettet ist. Insofern diese Vermittlungen nicht zum Gegenstand der wissenschaftlichen Forschung gemacht werden — das trifft für alle Naturwissenschaften zu —, werden damit für die Theorienentwicklung äußere Faktoren konstituiert. Man könnte meinen, daß die Faktoren der Untersuchungsebenen 2, 3 und 4 dann zu den inneren Faktoren der jeweiligen Theorienentwicklung zählen. Das ist aber nur bedingt richtig. Wir hatten bereits festgestellt, daß sie explizite und implizite Beziehungen zu den Faktoren der Ebene 1 aufweisen. Außerdem lassen sich die Erkenntnisse, die wir bei der Beobachtung objektiver Entwicklungsprozesse gesammelt haben, methodologisch jeweils für die höheren Ebenen benutzen. Schließlich vermögen Theorien über die Wissenschaftsentwicklung über weltanschauliche, ideologische und heuristische Forderungen, Normen und Werte den Theorienentwicklungsprozeß auf den Ebenen 2, 3 und 4 entscheidend zu beeinflussen.

Die einzelwissenschaftlichen Theorien werden zuerst und vor allem an ihrer Übereinstimmung mit der objektiven Realität gemessen. Es gibt aber keine Instanz, die diese Theorien unmittelbar mit den entsprechenden Zusammenhängen in der objektiven Realität vergleichen könnte. Dazu ist es immer erforderlich, bestimmte Konsequenzen der Theorie an entsprechenden Vorgängen in der Natur und der Gesellschaft zu überprüfen.

Es sollen nun die Beziehungen der Ebenen 2, 3 und 4 näher betrachtet werden. Zunächst erscheint es wichtig, nicht den gesamten Prozeß der Abbildung objektiv-dialektischer Zusammenhänge einerseits und der Erkenntnisentwicklung andererseits, also die Ebenen 2 und 3 unter einen Begriff der „subjektiven Dialektik" zu subsumieren. Es ist zwischen der Dialektik des Erkenntnisprozesses und der Dialektik der Erkenntnisresultate (also z. B. der Erkenntnisentwicklung) zu unterscheiden.[91] Wird dies nicht getan, so kann nicht sauber zwischen Entwicklung im Objektbereich und Entwicklung im Bereich der Abbildungsresultate (z. B. in Form von Theorien) differenziert werden. Beide können zusammenhängen, müssen es aber nicht; Erkenntnisentwicklung ist auch über sich nicht entwickelnde Gegenstände möglich.[92]

Auf der Ebene 2 werden verschiedene Theorien über Struktur-, Prozeß- und Entwicklungszusammenhänge in der objektiven Realität zusammengefaßt. Betrachten wir diese Theorienmenge, so stellen wir entweder eine zeitliche Abfolge von Theorien über einen bestimmten Objektbereich oder ein zeitliches Nebeneinander verschiedener sich ergänzender, z. T. aber auch miteinander konkurrierender Theorien fest. Gelingt es uns, Kriterien dieser Abfolge aufzufinden, die als Entwicklungskriterien anzusprechen sind, so läßt sich die objektiv vor sich gehende Theorienentwicklung des Objektbereiches wissenschaftlich erfassen. Dies geschieht auf der Ebene 3. An derartigen Untersuchungen sind Philosophen, Wissenschaftstheoretiker und Naturwissenschaftler gleichermaßen interessiert, sind doch dabei Rückschlüsse auf die weitere Theorienentwicklung zu erwarten. Um Theorien systematisch weiterzuentwickeln, ist eine Untersuchung der inneren Entwicklung der Theorien oft unerläßlich, theoretische Weiterentwicklung setzt metatheoretisches Fragen voraus.

Die Resultate wissenschaftlicher Forschung lassen sich prinzipiell immer in die relativ geschlossene Form wissenschaftlicher Theorien bringen. Dabei verstehen wir unter einer wissenschaftlichen Theorie eine ideelle Struktur zur Abbildung einer Klasse von Gesetzmäßigkeiten eines bestimmten Objektbereiches. Eine wissenschaftliche Theorie läßt sich nur in Form eines Systems miteinander verknüpfter Aussagen formulieren. Sie ist aber dadurch allein noch nicht ausreichend bestimmt. Die Spezifik einer Theorie kommt unter anderem in dem von ihr benutzten Begriffsgefüge, in der jeweiligen Theoriesprache, den in der Theorie enthaltenen Prinzipien, Regeln, Gesetzen und ihren Bedingungen zum Ausdruck. Die wissenschaftliche Theorie ist als Resultat eines wissenschaftlichen Forschungsprozesses qualitativ verschieden von jener gesellschaftlichen Tätigkeit, die zu leisten war, um die entsprechenden wissenschaftlichen Erkenntnisse zu erzielen.

Über die objektive Dialektik in Natur, Gesellschaft und im Denken läßt sich nichts ohne die Erkenntnisse jener Wissenschaften auf Ebene 2 sagen, die die Erforschung der Ebene 1 zum Gegenstand haben. Insbesondere sind z. B. die philosophischen Erkenntnisse über die Dialektik der Natur nicht die Frucht des von der naturwissenschaftlichen Forschung getrennten philosophischen For-

91 Vgl. D. Wittich, Die Spezifik der Dialektik des Erkenntnisprozesses und ihre Untersuchung, in: DZfPh, 9/1977, S. 1060f.

92 Vgl. ebenda, S. 1061.

schungsprozesses, sondern das Resultat eines komplizierten philosophischen Verallgemeinerungsprozesses der Erkenntnisse der Naturwissenschaften unter Berücksichtigung aller Erfahrungen des gesellschaftlich tätigen Menschen und des Erbes der gesamten Philosophiegeschichte.

Auf der Ebene 4 wird die Theorienentwicklung selbst mit theoretischen Mitteln erfaßt. Auch dieser Prozeß unterliegt der Entwicklung. Es treten verschiedene Theorien der Theorienentwicklung konkurrierend oder zeitlich nacheinander auf. Dabei prallen die beiden von Lenin charakterisierten grundlegenden Konzeptionen der Entwicklung aufeinander, ohne daß man sagen könnte, die Auseinandersetzungen um die Konzeptionen zur Wissenschaftsentwicklung von Kuhn, Popper, Lakatos, Toulmin und anderen schieden bereits die dialektische Entwicklungskonzeption von der metaphysischen.

Zwischen den vier Ebenen der Wissenschaftsentwicklung und ihren Determinationsfaktoren gibt es generell eine Abhängigkeit derart, daß die nächsthöhere Ebene stets von allen darunterliegenden abhängt. Das bedeutet nicht, daß man die höhere Ebene auf die darunterliegenden einfach reduzieren könnte, denn das würde auf Formen des Reduktionismus und letztlich, von Ebene 1 aus gesehen, zum Empirismus führen.

Andererseits kann kein Einzelwissenschaftler, der sich z. B. mit der Theorienentwicklung oder der Entwicklung der Theorienentwicklung beschäftigt, alle Faktoren aller Ebenen und deren Zusammenhänge berücksichtigen oder auch nur kennen. Er muß immer eine Auswahl treffen und diese einzelwissenschaftlich und philosophisch begründen. Es ist also wieder die eingangs allgemein diskutierte Situation gegeben: Notwendigkeit einzelwissenschaftlicher Reduktionen auf einige oder eine der Ebenen oder sogar nur auf Teilzusammenhänge innerhalb der Ebenen; andererseits die Gefahr, diese Reduktionen philosophisch zu überhöhen, weltanschauliche Fragen damit beantworten zu wollen, Reduktionismus zu betreiben.

Übereinstimmend mit [1] lassen sich, bezogen auf die vier Ebenen, Typen von reduktionistischem Vorgehen beschreiben, wie sie in der neopositivistischen Wissenschaftsphilosophie realisiert werden. Reduktionen innerhalb der Ebene 1 entsprechen dabei den Reduktionen R_{i1}, R_{k2} und ihren Zusammenhängen R_{i1}-R_{k2} (mit *i*, *k* als laufendem Index). Besonders wesentlich sind hierbei Reduktionen der Art R_{32} und R_{32}-R_{22} (Reduktionen gesellschaftlicher Entwicklungen auf Teilentwicklungen, Reduktionen gesellschaftlicher Entwicklungen auf Bewegungen). Zwischen den Ebenen 1 und 2 finden die verschiedenen Reduktionen des Neopositivismus bezüglich R_E (vgl. b)—(h)) statt, nun bezogen auf objektive Entwicklungen einschließlich gesellschaftlicher (etwa die Reduktion der Erkenntnisentwicklung auf die Entwicklung einzelwissenschaftlicher Forschungsverfahren und Methoden, die Reduktion der Wissenschaftsentwicklung auf die Entwicklung abstrakter Zeichensysteme, vor allem aber die Reduktion der Dialektik von Logischem und Historischem auf Logisches. Da die wesentlichsten objektiven Faktoren der Wissenschaftsentwicklung nicht unmittelbar in den Theorien Ausdruck finden, werden sie so einfach negiert. Schließlich werden hier Theorien über objektive Entwicklungszusammenhänge auf solche über objektive Bewegungs- und Strukturzusammenhänge reduziert). Zwischen den Ebenen 2 und 3 spielen jetzt die Reduktionen R_{34}-R_{24}, R_{24}-R_{14} die Hauptrolle (dabei wird der Entwicklungszusammenhang von Theorien auf Bewegungs- bzw. Strukturzusammenhänge zwischen diesen reduziert). Weiterhin ist die Reduktion R_{34} häufig anzutreffen (kompliziertere Entwicklungszusammenhänge von Theorien werden auf einfachere zurückgeführt). Zwischen den Ebenen 3 und 4 gelten dieselben generellen Reduktionsformen wie zwischen den Ebenen 2 und 3, nur daß jetzt Theorien der Theorienentwicklung (Metatheorien) Gegenstand der Reduktionen sind.

3.3.2. *Kritik reduktionistischer Versuche neopositivistischer Wissenschaftsphilosophie*

Die Betrachtung einiger Ansätze neopositivistischer Wissenschaftsphilosophen soll verschiedene der aufgeführten antidialektischen Verfahrensweisen veranschaulichen. Dabei geht es nicht um eine ausgewogene Darstellung der unterschiedlichen Standpunkte, sondern um die verwendeten Reduktionen, ihre philosophisch-weltanschaulichen Konsequenzen und um die mit ihnen systematisch „begründete" Antidialektik — was keineswegs der Erfassung objektiver Dialektik der Wissenschaftsentwicklung in Teilbereichen widerspricht.

Der große Erfolg des Kuhnschen Buches „Die Struktur wissenschaftlicher Revolutionen" erklärt sich wohl, neben den bereits erwähnten neuartigen Verwertungsbedingungen des Imperialismus für die Wissenschaft, vor allem aus drei Gründen: Erstens wird darin, über bisherige neopositivistische Versuche hinausgehend, sowohl im Bereich der objektiven Grundlagen der Wissenschaftsentwicklung als auch im Bereich der Theorien auf die Existenz von Widersprüchen hingewiesen, die zur Aufhebung durch Entwicklung drängen; mit anderen Worten wird die zur Wissenschaftsentwicklung führende Dialektik wenigstens in Teilbereichen (Rolle wissenschaftlicher Schulen, Paradigmenwechsel) anerkannt.[93] Zweitens werden in dem Buch viel zutreffende und oft amüsant zu lesende Einzelbeobachtungen des Wissenschaftsbetriebs, vor allem wissenschaftssoziologischen und -psychologischen Charakters, zusammengetragen. Drittens ist der Begriff des „Paradigmas" schwammig genug, um ihn auf unterschied-

93 Vgl. J. Erpenbeck, Dialektik — Logik — Wissenschaftsentwicklung, in: DZfPh, 6/1974, S. 753ff.

lichste Weise zu interpretieren. Damit bot er glänzende Möglichkeiten für weitere Diskussionen im neopositivistischen Rahmen.[94] Das gleiche läßt sich für die Begriffe der „normalen Wissenschaft", der „wissenschaftlichen Revolutionen" und der „Anomalien" feststellen.

In den Diskussionen um Kuhns Ansichten wurde schon von seiten neopositivistischer Kritiker auf manche ernsten Mängel seiner Theorie hingewiesen. Die Vorwürfe gipfeln in der Feststellung, „daß man die Entwicklung der Einzelwissenschaften, und zwar gerade der sogenannten exakten Naturwissenschaften" — wenn man Kuhn folgt — „als einen vollkommen ‚irrationalen' Prozeß nicht etwa deuten kann, sondern deuten muß".[95] Dies erscheint um so verwunderlicher, als der Ausgangspunkt seiner Untersuchungen ganz und gar „rationale" Theorien aus Physik, Astronomie, Chemie, Geologie und Biologie sind. Wie kann es dazu kommen?

Es passiert einfach deshalb, weil Kuhn die bereits erwähnte Tatsache, daß Theorien nicht *unmittelbar* mit den Zusammenhängen in der objektiven Realität vergleichbar sind, zum Anlaß nimmt, den Prozeß der Wissenschaftsentwicklung als einen „Prozess der Evolution von primitiven Anfängen *her*", nicht aber als einen „Prozess der Evolution auf etwas *hin*" zu bezeichnen und die Frage zu stellen: „Ist es wirklich eine Hilfe, wenn man sich vorstellt, daß es eine vollständige, objektive, allein richtige Erklärung der Natur gibt und daß das wahre Maß einer wissenschaftlichen Leistung der Grad ist, in dem sie uns dem endgültigen Ziel" — der Erkenntnis der objektiven Wahrheit — „näherbringt?"[96] Er hat diese Position später teilweise revidiert.[97] Die Bedeutung der Dialektik zur Lösung des Problems hat er jedoch nicht gesehen. Im Gegenteil: Er benutzt die neopositivistische „Grundreduktion" (R_E, b), um die Praxis als objektives Kriterium der Wahrheit weitgehend auszuklammern. Er benutzt sie, um die Dialektik von relativer, objektiver und absoluter Wahrheit in Frage zu stellen; er „begründet" also systematisch einen antidialektischen Standpunkt. Der Reduktionismus ist offensichtlich. Von diesem Standpunkt aus ist er auch nicht in der Lage, wenigstens auf Ebene 3 innertheoretische Kriterien für

94 Marxistisch-leninistische Einschätzungen der Arbeit von Kuhn liegen vor: S. R. Mikulinskij/L. A. Markova, Vorwort, in: T. S. Kuhn, Struktura naučnych revoljucii, Moskva 1975, S. 265ff.; D. Wittich, Die Spezifik der Dialektik des Erkenntnisprozesses und ihre Untersuchung, in: DZfPh, 9/1977, S. 1058—1074; D. Wittich, Eine aufschlußreiche Quelle für das Verständnis der gesellschaftlichen Rolle des Denkens von Thomas S. Kuhn, in: DZfPh, 1/1978; Th. S. Kuhn, in: Wissenschaftskonzeptionen, Hrsg.: G. Domin, a. a. O.

95 W. Stegmüller, The Structure and Dynamic of Theories, Berlin—Heidelberg—New York 1976, S. 169ff. und S. 155.

96 Th. S. Kuhn, Die Struktur wissenschaftlicher Revolutionen, a. a. O., S. 223f.

97 Vgl. Th. S. Kuhn, Logik der Forschung oder Psychologie der wissenschaftlichen Arbeit?, in: Kritik und Erkenntnisfortschritt, Hrsg.: I. Lakatos/A. Musgrave, Braunschweig 1974, S. 20f.

Theoriendynamik anzugeben. Die Abfolge der Paradigmen reduziert er zu einer ziellosen Bewegung (R_{34}—R_{24}), was ihm den Vorwurf des Irrationalismus einträgt — allerdings von Positionen eines selbst irrationalen Rationalitätsbegriffs aus, wie ihn alle neopositivischen Kritiker gemein haben. Die tiefere Ursache solchen Vorgehens und der Anwendung von Reduktionen R_E liegt darin, daß Kuhn, wie alle Neopositivisten, Gesetze gesellschaftlicher Entwicklung nicht anerkennt, die Zusammenhänge von Wissenschaft und Arbeit, von Produktionsverhältnissen, Produktivkraft-, Wissenschafts- und Erkenntnisentwicklung schon auf der Ebene 1 der objektiven Gesetze nicht wahrnimmt und deshalb Wissenschaftsentwicklung auf Wissenschaftsbewegung (R_{32}—R_{22}) reduziert bzw. Wissenschaftsentwicklung nur als Teilentwicklung, als Phänomen soziologischer und psychologischer Entwicklung begreift (R_{32}). Das Fehlen einer wissenschaftlichen Gesellschaftstheorie und einer konsequent materialistischen Weltanschauung wird in diesem reduktionistischen Vorgehen ganz deutlich. Die Dialektik wird bestenfalls durch teildialektische Einsichten ersetzt.

Wohl am schärfsten und unsachlichsten hat sich Popper in der Anti-Kuhn-Diskussion exponiert. Das ist verständlich, zielt doch die Kuhnsche Theorie ganz vornehmlich auf Poppers Falsifikationismus als einziges ernst zu nehmendes neopositivistisches Konkurrenzparadigma.

Bereits in seiner „Logik der Forschung" hatte Popper Wissenschaftsentwicklung auf das Aufstellen falsifizierbarer Theoriensysteme reduziert (was ihm von Kuhn prompt vorgehalten wird): „Die Tätigkeit des wissenschaftlichen Forschers besteht darin, Sätze oder Systeme von Sätzen aufzustellen und systematisch zu überprüfen."[98] Kuhn konstatiert zu Recht, daß Poppers Wortgebrauch und damit der ganze „Falsifikationismus" „an jene induktivistischen Überbleibsel appelliert, die in uns allen noch lebendig sind. Der Induktivist, der glaubt, daß die richtigen Theorien auf dem Wege von richtigen Induktionen aus den Tatsachen selbst kommen, muß selbstverständlich auch glauben, daß eine falsche Theorie nur das Ergebnis eines Fehlers in der Induktion darstellen kann."[99] Aber es ist wesentlich zu konstatieren, daß — wenn es sich um eine ganze Theorie oder sogar um ein wissenschaftliches Gesetz handelt — „die Argumente selten so apodiktisch sind wie in der Logik oder in der Mathematik[100], so daß die „Falsifikation" niemals einen rein logischen Charakter haben kann. Echte logische Widersprüche in Theorien gehören in den Bereich der „Normalwissenschaft", mit ihrer Hilfe „wissenschaftliche Revolutionen" charakterisieren zu wollen sei also falsch.

98 K. R. Popper, Logik der Forschung, Tübingen 1971, S. 3.

99 Th. S. Kuhn, Logik der Forschung oder Psychologie der wissenschaftlichen Arbeit?, in: Kritik und Erkenntnisfortschritt, Hrsg.: I. Lakatos/A. Musgrave, a. a. O., S. 12.

100 Ebenda, S. 14.

Was K. Popper darauf zu erwidern hat, ist ziemlich kläglich. Er äußert sein Unbehagen über die „Normalwissenschaft". Er widerspricht — zu Recht — der Kuhnschen These von der absoluten Unvergleichbarkeit alter und neuer Theorien, behauptet aber, qualitative Unterschiede nun völlig negierend, die neue Theorie sei in die alte wie eine Sprache in die andere übersetzbar.[101] Den Begriff des Sprungs (zwischen Theorien) kann er nur mit dem Adjektiv „irrational" versehen durchgehen lassen.[102] Seine These, „daß die ‚wissenschaftliche Erkenntnis' als subjektlos gelten darf" — also das Unverständnis, daß der gesellschaftlich erkennende Mensch Subjekt der Erkenntnis ist —, hat er inzwischen theoretisch weiter verfolgt.[103] Popper benutzt die neopositivistische Grundreduktion (R_E, b) in modifizierter Form. Er erkennt den Bezug auf die objektive Realität durchaus an, dieser spielt aber bei seinem Kriterium der Wissenschaftsentwicklung neben dem logischen eine untergeordnete Rolle. Auf einer solchen Basis „begründet" Popper dann seine Sprünge nicht anerkennende Theorie der Wissenschaftsentwicklung, eine „permanente Revolution" (das entspricht der Reduktion R_{34}—R_{24}). Er vernachlässigt damit die Dialektik von Induktion und Deduktion, von Abbild und Entwurf. Er begründet also auf der Basis seiner Reduktionen antidialektische Positionen. Auf die antikommunistischen Folgerungen des Popperschen Ansatzes ist von marxistischen Autoren oft genug hingewiesen worden; wenn Kuhn feststellt, „die Lehre von Sir Karl ist nicht so sehr eine Logik als eher eine Ideologie",[104] so trifft dies die Wahrheit genauer, als Kuhn wohl im Sinne hatte.

Ähnlich wie Popper verurteilt auch Toulmin die Kuhnsche Vorstellung von der „Normalwissenschaft". Anders als bei Popper wird bei ihm aber der ideologische Hintergrund sofort sichtbar. Er hofft, daß unvermeidlich die „ursprüngliche Unterscheidung zwischen der ‚normalen' und der ‚revolutionären' Wissenschaft völlig verschwindet", und setzt das der Behauptung parallel, es seien „auch in der politischen Sphäre die Aussagen über die Vorkommnisse von ‚Revolutionen' nur provisorisch im Vergleich zu jenen wichtigeren Fragen über den politischen Mechanismus, der durch die revolutionäre Veränderung betroffen wurde".[105] Die Dialektik von kontinuierlichen und diskontinuierlichen

101 Vgl. K. R. Popper, Die Normalwissenschaft und ihre Gefahren, in: Kritik und Erkenntnisfortschritt, Hrsg/I. Lakatos/A. Musgrave, a. a. O., S. 56.

102 Vgl. ebenda.

103 Ebenda, S. 57; K. R. Popper, Objektive Erkenntnis. Ein evolutionärer Entwurf, Hamburg 1973.

104 Th. S. Kuhn, Logik der Forschung oder Psychologie der wissenschaftlichen Arbeit?, in: Kritik und Erkenntnisfortschritt, Hrsg.: I. Lakatos/A. Musgrave, a. a. O., S. 16.

105 S. Toulmin, Ist die Unterscheidung zwischen Normalwissenschaft und revolutionärer Wissenschaft stichhaltig?, in: Kritik und Erkenntnisfortschritt, Hrsg.: I. Lakatos/A. Musgrave, a. a. O., S. 41.

Entwicklungsmomenten wird also aus weltanschaulichen Gründen auf die Kontinuität reduziert.

I. Lakatos bemühte sich um einen Standort zwischen Popper und Kuhn. Er versuchte, Poppers Falsifikationismus zu retten — und damit dessen vorgebliche Rationalität zu bewahren —, indem er zwischen einem „naiven“ und einen „raffinierten“ Falsifikationismus unterschied. Genau besehen handelt es sich danach bei Popper zumeist um „naiven“ Falsifikationismus. Erst die Lakatossche Theorie der Forschungsprogramme stelle die höhere Form des Falsifikationismus dar: T', eine neue Theorie, falsifiziert die alte T, wenn sie einen „Gehaltüberschuß“ besitzt, das heißt neue Tatsachen voraussagt; T' erklärt frühere Erfolge von T; ein Teil des „Gehaltüberschusses“ von T' muß bewährt sein; es entstehen damit Theorienreihen, die entweder „theoretisch oder empirisch progressiv“ sind, das heißt neue Tatsachen theoretisch voraussagen oder zur Entdeckung einer solchen führen; es kommt innerhalb der Theorienreihe zu einer progressiven oder degenerativen „Problemverschiebung“.[106] Lakatos stellt fest: „Der raffinierte Falsifikationismus verwandelt also das Problem der Bewertung von *Theorien* in das Problem der Bewertung von *Theorienreihen.*“[107] Die Lakatossche „Rekonstruktion“ der Wissenschaftsentwicklung in Form konkurrierender Forschungsprogramme weist eine gewisse Nähe zum Kuhnschen Paradigmawechsel auf, die dem Popperschen Ansatz fremd war. Indem sich Lakatos aber gegen die Reduktion der Wissenschaftstheorie auf Wissenschaftspsychologie bei Kuhn wandte, negierte er im Grunde das letzte Element objektiver Determinanten. Seine Überlegungen spielten sich der positivistischen Grundreduktion (R_E, b) folgend ganz auf den Ebenen 2, 3 und 4 ab. Völlig folgerichtig bezeichnete er sein Verfahren als *„Rekonstruktion von Kuhns sozialpsychologischer Konzeption des ‚Paradigmas‘ in der Popperschen ‚dritten Welt‘“*.[108] Dabei entsprach die Teilung in (1.) „materielle Welt“, (2.) „Welt des Bewußtseins“ und (3.) „Welt von Sätzen, Wahrheiten und Maßstäben, Welt der objektiven Kenntnisse“ einer metaphysischen Trennung der oben angegebenen 4 Ebenen der Wissenschaftsentwicklung. Die Einsicht, man könne „die Geschichte der Wissenschaft nicht verstehen, wenn man die Wechselwirkung der drei Welten nicht in Betracht zieht“[109], blieb reine Proklamation. Damit war auch Lakatos unfähig, wirkliche innertheoretische Entwicklungskriterien anzugeben; weil er mit der Dialektik von Theorie und Empirie nicht zu Rande kam, verblieb er letztlich im Bereich der angeblich autonomen theoretischen Forschung

106 I. Lakatos, Falsifikation und die Methodologie wissenschaftlicher Forschungsprogramme, in: Kritik und Erkenntnisfortschritt, Hrsg.: I. Lakatos/A. Musgrave, a. a. O., S. 114ff.

107 Ebenda, S. 116.

108 Ebenda, S. 173.

109 Ebenda, S. 174.

(R_{34}—R_{24}). In Übereinstimmung mit der neopositivistischen Tradition gehörte für Lakatos die Weltanschauung eines Wissenschaftlers nicht zur „Welt der objektiven Kenntnisse“, sondern zur „Welt des Bewußtseins“ und konnte insofern keinerlei Bedeutung für die Theorienentwicklung erlangen.

Auf die Spitze getrieben wird die „rationale Rekonstruktion“ des Kuhnschen Ansatzes von Stegmüller.[110] Auch dabei werden wiederum wichtige objektive Determinanten der Wissenschaftsentwicklung völlig ausgeklammert. Theorienentwicklung wird auf Theorienabfolge reduziert, ein Entwicklungskriterium wird nicht angegeben (R_{34}—R_{24}).[111] Während Lakatos wenigstens in Fallstudien das Historische zu seinem Recht kommen ließ, vernachlässigt Stegmüller die Dialektik von Logischem und Historischem vollständig (R_E, f). Philosophie wird für ihn unter Berufung auf logische Analysen von Sneed zu einer logisch forschenden Einzelwissenschaft von Theoriestrukturen (R_E, d).

Besonders heftig wurden die der neopositivistischen Tradition verhafteten Ansätze zur Wissenschaftsentwicklung — von denen hier einige und auch nur andeutungsweise skizziert werden konnten — von P. Feyerabend attackiert.[112] Obwohl Feyerabend vielmehr im Selbstverständnis als im Verständnis marxistisch-leninistischer Philosophen dem dialektischen Materialismus nahesteht, ist sein „theoretischer Anarchismus“ ein wirkungsvoller Beitrag, die neopositivistische Wissenschaftsphilosophie ad absurdum zu führen. Indem er deren Ansätze ins Extrem treibt, zeigt er auf eine witzige, beinahe clowneske Weise deren unhaltbare Konsequenzen, denen gegenüber sich Feyerabends wissenschaftstheoretische Maxime „tu, was du willst“ (anything goes) noch rational ausnimmt. Der Sinn des zeitgenössischen Positivismus wird damit zum Unsinn erklärt.

Dieser weitreichenden Folgerung muß man sich nicht unbedingt anschließen. Klar aber ist, daß das reduktionistische und damit antidialektische Vorgehen der neopositivistischen Wissenschaftsphilosophie zu philosophisch, aber auch zu einzelwissenschaftlich und wissenschaftstheoretisch unhaltbaren Konseqenzen führt. Das heißt nicht, daß in ihrem Schoße nicht auch weiter einzelwissenschaftlich fruchtbare Ideen entstehen können. Der neopositivistische Hintergrund erweist sich aber keineswegs als eine notwendige, sondern vielmehr als eine störende Voraussetzung. Die saubere Trennung von einzelwissenschaftlicher Reduktion und philosophischem Reduktionismus in der marxistischen Philosophie gestattet die wissenschaftlich-weltanschaulich richtige Einordnung

110 Vgl. W. Stegmüller, The Structure and Dynamic of Theories, a. a. O.

111 Vgl. J. Erpenbeck, Wissenschaftsentwicklung und induktive Inferenz, in: Experiment — Modell — Theorie, Materialien des Zentralinstituts für Philosophie der AdW, Berlin 1977.

112 Vgl. P. Feyerabend, Kuhns Struktur wissenschaftlicher Revolutionen — ein Trostbüchlein für Spezialisten?, in: Kritik und Erkenntnisfortschritt, Hrsg.: I. Lakatos/A. Musgrave, a. a. O., S. 191; P. Feyerabend, Wider den Methodenzwang, Frankfurt a. M. 1976.

aller einzelwissenschaftlichen Ergebnisse und der ihnen zugrundeliegenden Reduktionen, ohne diese zu philosophischem Reduktionismus umzufunktionieren.

4. Pseudodialektik im Existentialismus und in der Frankfurter Schule

Während die mindestens teilweise an den naturwissenschaftlichen Entwicklungen ausgerichteten philosophischen Strömungen des Neopositivismus und des kritischen Realismus in der Auseinandersetzung mit der materialistischen Dialektik in mehr oder minder bewußt artikulierte Antidialektik verfallen, geraten die stärker lebensphilosophisch orientierten Strömungen des Existentialismus und auch der Frankfurter Schule in eine wissenschaftsphilosophisch unfruchtbare Pseudodialektik. Diese Positionen sollen für den Existentialismus hier exemplarisch am Beispiel von Heidegger und Sartre und für die Frankfurter Schule am Beispiel von Alfred Schmidt näher beleuchtet werden. Die Nähe dieser ansonsten recht unterschiedlichen philosophischen Strömungen ergibt sich in unserem Zusammenhang aus der dort vorherrschenden Ignoranz bzw. ungenügenden Berücksichtigung der realen Wissenschaftsentwicklung.

4.1. „Undialektische Natur“ und „dialektische Gesellschaft“

Im Existentialismus und in der Frankfurter Schule wird der Gegensatz von „undialektischer Natur“ und „dialektischer Gesellschaft“ behauptet. Das ist ein „ausgedachter“ Konflikt, den es, wie materialistisch-dialektische Erkenntnisse zeigen, in der Wirklichkeit nicht gibt. Die objektive Realität kann einen solchen Gegensatz ebensowenig hervorbringen, wie sie etwa in der Lage wäre, einen Gott oder ein sie bestimmendes, von ihr nicht mehr abhängiges Bewußtsein — ein Subjekt außer ihr selbst — hervorzubringen. Vielmehr bringt die Entwicklung und Bewegung der objektiven Realität — also gewissermaßen „ihre Dialektik“ — die menschliche Gesellschaft und das menschliche Denken hervor.

Das menschliche Denken ist aber in der Lage, derartige „ausgedachte“ Gegensätze und entsprechende illusionär-phantastische Vorstellungen hervorzubringen. Unter den Bedingungen der Ausbeutergesellschaft werden derartige Vorstellungen entsprechend den jeweiligen politökonomischen Verhältnissen und entsprechend dem jeweiligen Entwicklungsstand der Gesellschaft mit *Notwendigkeit* entwickelt. Marx und Engels haben solche ideologischen Produkte als „falsches Bewußtsein" charakterisiert und untersucht. In der spätkapitalistischen Gesellschaftsentwicklung verstärkt sich die Notwendigkeit solchen falschen Bewußtseins, wobei die bürgerlichen Bemühungen zur gedanklichen Bewältigung der realen Lebensverhältnisse dabei auch einem verstärktem Trend zum Irrationalismus unterliegen. Der Existentialismus ist eine für diese Entwicklung durchaus typische ideologische Erscheinung, deren politisch-ideologische Funktion, ebenso wie bei der Frankfurter Schule, wesentlich darin besteht, die Anziehungskraft des Marxismus-Leninismus einzuschränken und seine Verbreitung zu verhindern.

Eine gründliche marxistische Auseinandersetzung mit solchen Erscheinungen spätkapitalistisch-bürgerlicher Denkentwicklung kann sich jedoch in dem Nachweis dieser Funktion und dem Hinweis auf bestimmte Abstrusitäten derartigen Denkens nicht erschöpfen. Eine umfassende Erklärung der Bedeutung bestimmter Produkte bürgerlicher Philosophie ist letztlich nur unter der Voraussetzung der materialistisch-dialektischen Untersuchung und Erklärung der sie hervorbringenden und sie bedingenden gesellschaftlichen Verhältnisse möglich. Der in der Frankfurter Schule gedanklich kultivierte Gegensatz von Gesellschaft und Natur, der sich erkenntnistheoretisch in solchen Formulierungen wie „erkennbar im strengen Sinne sei nur das von den Subjekten ‚Gemachte'"[113] äußert, wird innerhalb existentialistischen Philosophierens zu einem generellen Gegensatz zwischen Mensch und Wirklichkeit. Dementsprechend ist für den Existentialismus die Wirklichkeit eigentlich überhaupt nicht objektiv erkennbar.

4.2. Pseudodialektik in Isolation von den Naturwissenschaften (Heidegger und Sartre)

Das, was sich bei einigen Vertretern der Frankfurter Schule vergleichsweise als resignierendes Reflektieren über die Möglichkeit der Revolution oder vielleicht auch als „resignierendes Revoluzzertum" bezeichnen läßt, kann im Existentialismus geradezu als „Reflexion der Verzweiflung" gefaßt werden — und der Existentialismus, der sich ja weitgehend selbst so versteht und auch entsprechend verstanden werden will, stellt tatsächlich in seinem eigentlichen Inhalt einen ideologischen Reflex der realen Verzweiflung bestimmter Schichten der spätkapitalistischen Gesellschaftsordnung dar. Ganz im Unterschied zur Frankfurter Schule, welche stets ein vorwiegend akademisches Dasein führte, ist

113 A. Schmidt, Der Begriff der Natur in der Lehre von Marx, Frankfurt a. M. 1974, S. 123.

der Existentialismus keine relativ geschlossene „Schule“, sondern erscheint eher als „Strömung“, welche vor allem auf dem Gebiete der belletristischen Literatur und des Theaters ihre massenwirksame Ausprägung vollzog. Dementsprechend werden von bestimmten Vertretern des gegenwärtigen Existentialismus auch eine Reihe von Schriftstellern wie etwa Rilke und Kafka oder Andre Gide postum zu Vorläufern des Existentialismus erklärt.[114]

Als bekanntester Vertreter der philosophischen Richtung werden aber Heidegger und Jaspers in Deutschland sowie Sartre und Marcel in Frankreich angesehen, wobei als Vorläufer vor allem Nietzsche, Kierkegaard und Husserl zu nennen wären. Aber auch bei diesen kann keineswegs von einer Schule im akademischen Sinne gesprochen werden.

Heidegger erreichte den Höhepunkt seiner akademischen Laufbahn in der Zeit des deutschen Faschismus als eindeutig „nationalsozialistisch“ engagierter Hochschulfunktionär, wohingegen Sartre sich der antifaschistischen Widerstandsbewegung in Frankreich anschloß, in den fünfziger Jahren sogar zeitweilig der Kommunistischen Partei Frankreichs angehörte und sich später in zunehmendem Maße linksradikalen Strömungen anschloß. 1964, als Heideggers reaktionäre Wirksamkeit schon längst wieder in das akademische Leben der BRD eingebettet war, lehnte Sartre, der sich als ein revolutionärer und der bürgerlichen Gesellschaft feindlich gegenüberstehender Schriftsteller empfand, den Nobelpreis ab.

Wenn aber die Entstehungsbedingungen und die grundlegenden philosophischen Begriffe und Fragestellungen der äußerlich diffus erscheinenden philosophischen Strömung des Existentialismus betrachtet werden, so zeigt sich doch eine Reihe integraler Momente. Diese Strömung, deren Entstehung sich zunächst in der Zeit der Weltwirtschaftskrise Ende der zwanziger Jahre in Deutschland abzeichnete, erlebte ihren bislang größten Aufschwung in der Zeit nach dem zweiten Weltkrieg in Frankreich und der BRD. Ein Vertreter der gegenwärtigen westdeutschen „Existenzphilosophie“, O. F. Bollnow, charakterisiert die Entstehung dieser Strömung selbst so: „Sie ist entstanden in der verzweifelten Zeit nach dem ersten Weltkrieg mit der ganzen damals über den Menschen hereinbrechenden Unsicherheit und trägt die Spuren dieser alles ergreifenden Erschütterung deutlich an sich. Sie verdankt ihren erneuten Durchbruch unter dem Einfluß des französischen Existentialismus den noch unendlich viel tiefer in das gesamte Gefüge unseres Daseins eingreifenden Folgen des zweiten Weltkriegs und des nunmehr totalen Zusammenbruchs unsrer ganzen bisherigen geistigen Welt . . .“[115] Und in typisch existentialistischer Art und Weise argu-

114 Vgl. O. F. Bollnow, Existenzphilosophie, Stuttgart 1955, S. 13; E. J. Solowjow, Der Existentialismus, in: Sowjetwissenschaft, Gesellschaftswiss. Beiträge, 11/1967, S. 1171.
115 O. F. Bollnow, Existenzphilosophie, a. a. O., S. 126f.

mentiert er dann: „In einer Zeit, wo die Gesamtheit der bis dahin als selbstverständlich hingenommenen Wertordnung fragwürdig geworden war, wo der Mensch nichts Festes mehr außer sich hatte, an das er sich halten konnte, da mußte in der Tiefe der einzelnen, einsamen Existenz ein letzter, unterster Boden freigelegt werden, der in diesem allgemeinen Zusammenbruch noch standhielt. Als der Sinn aller überindividuellen Bindungen verlorengegangen war, da mußte in der Existenz selber ein letzter, von allem äußeren Geschehen unberührbarer Halt gefunden werden." Und: „So ist die Existenzphilosophie gewissermaßen die letzte Fluchtburg einer sinnlos gewordenen Außenwelt . . ."[116] Das Werk Heideggers, der als einer der Mentoren dieser Richtung gelten kann, liefert wesentliche kategorial-integrierende Momente der existentialistischen Philosophie, welche vermutlich noch längere Zeit innerhalb bürgerlichen Denkens wirksam bleiben.[117] Ausgangspunkt ist dabei das einzelne, letztlich abstrakt gefaßte Individuum, welches durch solche Begriffe wie „Sein", „Nichts", „Existenz", „Angst", „Geworfenheit" usw. erscheint. Hierin hat existentialistische Philosophie ihren stabilisierenden theoretischen Hintergrund, der, abhängig von weiteren realen Krisenerscheinungen des kapitalistischen Systems, auch stets neue existentialistische Denkleistungen zustande bringen kann.

Heideggers theoretisches Vorgehen wird besonders in seiner 1935 gehaltenen Vorlesung über Metaphysik deutlich. Sie beginnt mit der „Grundfrage": „Warum ist überhaupt Seiendes und nicht vielmehr Nichts? Das ist die Frage . . . In einer großen Verzweiflung z. B., wo alles Gewicht aus den Dingen schwinden will und jeder Sinn sich verdunkelt, steht diese Frage auf."[118] Dazu sagt Heidegger: „Die Frage greift am weitesten aus. Sie macht bei keinem Seienden irgendwelcher Art halt. Die Frage umgreift alles Seiende und d. h. nicht nur das jetzt Vorhandene im weitesten Sinne, sondern auch das vormals Gewesene und künftig Seiende. Der Bereich dieser Frage hat seine Grenzen nur am schlechthin nicht und nie Seienden, am Nichts. Alles was nicht Nichts ist, fällt in die Frage, am Ende sogar das Nichts selbst; nicht etwa deshalb, weil es Etwas, ein

116 Ebenda, S. 127.

117 Gegenwärtig wird in der BRD eine 70 Bände umfassende Gesamtausgabe des Werkes von Heidegger herausgegeben; zudem gibt es in letzter Zeit verstärkte Bestrebungen, sein Werk auch über den bisherigen Hauptwirkungsbereich des Existentialismus (BRD, Frankreich, Italien) hinaus in Lateinamerika, Asien, England und den USA zu verbreiten. Leider gibt es aber noch keine umfassende marxistische Auseinandersetzung mit dem Werk Heideggers. Zudem muß auch beachtet werden, daß die kolossale Abstraktheit der Heideggerschen Philosophie ihr innerhalb bürgerlichen Philosophierens eine größere Bedeutung und wohl auch eine längere Wirksamkeit ermöglichen kann als gegenwärtig abzusehen ist. Jedenfalls ist das Werk Heideggers nicht unbedingt auf die gegenwärtige existentialistische Modephilosophie festgelegt, sondern ermöglicht durchaus weitere Interpretationen.

118 M. Heidegger, Einführung in die Metaphysik, Tübingen 1953, S. 1.

Seiendes, ist, da wir doch von ihm reden, sondern weil es das Nichts ‚ist‘. Der Ausgriff unserer Frage ist *so* weit, daß wir ihn nie zu überholen vermögen. Wir befragen nicht dieses und nicht jenes, auch nicht, es der Reihe nach durchgehend, alles Seiende, sondern im vorhinein das ganze Seiende . . .“[119]

Auf diese Weise wird mit spezifisch Heideggerscher Wortkultur (die allerdings für die ganze Richtung des existentialistischen Philosophierens mehr oder weniger symptomatisch ist) die eigentliche Grundfrage der Philosophie, die Frage nach dem Verhältnis von Materie und Bewußtsein, umgangen und für irrelevant erklärt. Allerdings ist sie unter der Voraussetzung des Heideggerschen „Seins-Begriffes“ implizite bereits idealistisch beantwortet. Ein solcher Begriff ist philosophisch nur denkbar, indem die abstrakte Existenz des philosophischen Bewußtseins und seine Fähigkeit, derartige Fragen auszudenken, vorausgesetzt wird. Das konkrete menschliche Bewußtsein und der konkrete Mensch, der, durch die Tätigkeit vermittelt, die Welt mit seinem Bewußtsein erkennt, spielen dann aber keine Rolle mehr: „Innerhalb des Seienden im Ganzen ist kein Rechtsgrund zu finden für die Hervorhebung gerade *des* Seienden, das man Mensch nennt, zu dem wir selbst zufällig gehören.“[120]

Mit derartigen, in hohem Maße an einen spezifisch Heideggerschen Gebrauch der deutschen Sprache gebundenen Formulierungen wird von vornherein die Abstraktheit existentialistischen Philosophierens konzipiert. H.-G. Gadamer, der sich eindeutig um eine Apologie Heideggers bemüht, betont dabei zu Heideggers Sprachgebrauch: „Es ist ja auch wirklich nicht die Sprache der Information.“[121]

Diese Abstraktheit des Philosophierens von Heidegger ist nun aber nicht einfach als konzeptionsloses und prinzipienloses Abstrahieren zu verstehen. Vielmehr kann man bei näherer Betrachtung sehen, wie von ihm die Abstraktion als Prinzip selbst bis in den Bereich weitergeführt wird, wo der Existentialismus anscheinend Stellung zu den konkreten Menschen bezieht.

Heidegger geht vom Begriff des „Seienden“ zum Begriff des „Seins“ über, der jedoch prinzipiell nicht definiert werden könne. Hier sei man — so Heidegger — einem Zirkel, einem circulus vitiosus, ausgeliefert (jede Definition von Sein müsse beispielsweise sagen, was Sein ist, aber „ist“ schließe Sein ja bereits ein). Dieser durch die Abstraktheit seiner Grundfrage bereits implizierte „Zirkel“ ist für Heidegger jedoch kein Grund, um auf dem Wege weiterer Abstraktion innezuhalten. „Das Entscheidende ist nicht, aus dem Zirkel heraus-, sondern in ihn nach der rechten Weise hineinzukommen.“[122] Damit ist das „Sein“ freilich

119 Ebenda, S. 2.
120 Ebenda, S. 3.
121 H.-G. Gadamer, Der Denker Martin Heidegger, in: Die Frage Martin Heideggers, Hrsg.: H.-G. Gadamer, Heidelberg 1969, S. 66.
122 M. Heidegger, Sein und Zeit, Halle 1935, S. 153.

nicht erkennbar, sondern nur verstehbar, denn Seiendes, dem es als In-der-Welt-sein um sein Sein selbst geht, hat eine ontologische Zirkelstruktur: „Dieser Zirkel des Verstehens ist . . . der Ausdruck der existentialen Vorstruktur des Daseins selbst.“[123]

Von einem solchen, unbestimmten Begriff des „Verstehens“ her äußert sich Heidegger dann zu der Frage nach dem „Wesen des Seins“. „Mit der Frage nach dem Wesen des Seins ist die Frage, wer der Mensch sei, innig verknüpft. Die von hier aus nötige Bestimmung des Wesens des Menschen ist jedoch nicht Sache einer freischwebenden Anthropologie, die den Menschen im Grunde auf die gleiche Weise vorstellt wie die Zoologie die Tiere. Die Frage nach dem Menschsein ist jetzt in ihrer Richtung und Reichweite *einzig* aus der Frage nach dem *Sein* bestimmt. Das Wesen des Menschen ist innerhalb der Seinsfrage . . . als die *Stätte* zu begreifen und zu begründen, die sich das Sein zur Eröffnung ernötigt. Der Mensch ist das in sich offene Da. In dieses steht das Seiende herein und kommt zum Werk. Wir sagen daher: das Sein des Menschen ist, im strengen Sinne des Wortes, das ‚Da-sein‘. Im Wesen des Da-seins als solcher Stätte der Seinseröffnung muß die Blickbahn für die Eröffnung des Seins ursprünglich gegründet sein.“[124]

Wer über alle Wortklippen hinweg, von der schier unübertrefflichen Abstraktheit der Heideggerschen Grundfrage, bis zu dieser Antwort auf die Frage nach der Erkenntnismöglichkeit des Menschen herabgestiegen ist, steht auch nun wieder vor dem Dilemma, daß letztlich *alle* Begriffe im Abstrakten verbleiben. Und gerade zur „Stätte der Seinseröffnung“, nämlich dem „Wesen des Da-seins“ (welches ja bei Heidegger synonym für „Wesen des Menschen“ steht), soll konkrete Wissenschaft nichts zu sagen haben. Insbesondere letztere Haltung ist typisch für Heidegger und seine Philosophie. So propagierte er beispielsweise in den fünfziger Jahren die These, daß auch Atomwissenschaftler nicht befugt seien, darüber auszusagen, ob die Atomkraft Wege zu einem glücklicheren Leben der Menschen eröffnen könne.[125]

Bereits 1926 hatte Heidegger in seinem Hauptwerk „Sein und Zeit“ ausdrücklich die Abgrenzung seiner „Daseinsanalytik“ gegenüber Anthropologie, Psychologie und Biologie betont und dieser Frage einen besonderen Abschnitt seines Werkes gewidmet.[126] Dies heißt bei Heidegger jedoch keinesfalls, daß er

123 Ebenda.

124 M. Heidegger, Einführung in die Metaphysik, a. a. O., S. 156.

125 Vgl. M. Heidegger, Gelassenheit, Tübingen 1960, S. 19.

126 Vgl. M. Heidegger, Sein und Zeit, a. a. O. Siehe insbesondere den Abschnitt: Die Abgrenzung der Daseinsanalytik gegen Anthropologie, Psychologie und Biologie, S. 45ff. Heidegger verfolgt hier die gleiche Linie wie Rickert, dem es schon vor der Jahrhundertwende um die prinzipielle Leugnung der philosophischen Relevanz der Naturwissenschaften, insbesondere der Biologie, ging. In diesem Sinne — vor allem aber in Auseinander-

nun ohne quasi-anthropologisch-psychologische Begriffe in seiner Philosophie auskäme. Im Gegenteil — einer der zentralen Begriffe seiner Philosophie ist die „Angst". Seine Abgrenzung gegen Anthropologie, Psychologie und Biologie, und letztlich gegen Naturwissenschaften überhaupt, entspricht inhaltlich eigentlich nur der Abgrenzung gegen die Konkretisierung seiner philosophischen Begriffe. In seinem Hauptwerk „Sein und Zeit" fungiert die „Angst" als „ausgezeichnete Entschlossenheit des Daseins",[127] die damit in seiner Philosophie als eine Grundvoraussetzung des „Verstehens" der Welt gilt. Das „Dasein" (also der Mensch — wobei es bei Heidegger implizite stets um das Dasein des Menschen als letztlich individuelles Subjekt geht), welches die „Geworfenheit" als seine eigene Wesensbestimmung enthält, kommt erst über die „Angst" zum Verstehen seiner „Geworfenheit".[128]

In einer den Original-Text Heideggers bereits „erklärenden" Formulierung eines gegenwärtigen Adepten dieser Philosophie wird jener für Heideggers Konzeption überaus wesentliche Zusammenhang folgendermaßen dargestellt: „In der Einheit des in der Angst erschlossenen In-der-Welt-seins liegen die beiden Charaktere des Verstehens, Entwurf und Geworfenheit, beschlossen. Sie zeigen sich in ihrer Zugehörigkeit. Der Entwurf, das ‚sich vorweg', ist nicht abtrennbar von der Geworfenheit. Denn das Dasein ist *als Entwurf* je schon in eine Welt geworfen."[129]

Unter dem Aspekt der Erkenntnisproblematik wird hier deutlich, daß Heidegger nicht nur die Grundfrage der Philosophie umgeht, sondern auch die Frage nach dem Erkenntnissubjekt für eine sinnlose Frage hält. Bei ihm verfügt das „Dasein" immer schon über „Seinsverständnis". Die Frage nach dem Zustandekommen von Erkenntnis wird von ihm als Scheinproblem der Philosophie abgetan. Er vermerkt dazu lediglich, daß „das Erkennen selbst vorgängig . . . in einem Schon-sein-bei-der-Welt" gründet[130] und das „Dasein" „seiner primären Seinsart nach immer schon ‚draußen' bei einem begegnendem Seienden der je schon entdeckten Welt"[131] ist.

Die von Heidegger vorausgesetzte „Begegnung mit dem Sein" widerfährt dem „Dasein" allerdings nur über „das Nichts". Mit diesem konfrontiert, eröffne sich dem Dasein das Sein. „In der hellen Nacht des Nichts der Angst entsteht erst

setzung mit dem Marxismus — entwickelte Rickert auch den philosophischen Begriff des ‚Biologismus', wobei er gerade den Marxismus als einen Hauptvertreter des Biologismus bezeichnete.

127 M. Heidegger, Sein und Zeit, a. a. O., S. 184.

128 Vgl. ebenda, S. 191f.

129 W. Schulz, Über den philosophischen Ort Martin Heideggers, in: Heidegger, Hrsg.: O. Pöggeler, Köln—Berlin 1969, S. 101.

130 M. Heidegger, Sein und Zeit, a. a. O., S. 61.

131 Ebenda, S. 62.

die ursprüngliche Offenheit des Seienden als eines solchen: daß es Seiendes ist — und nicht Nichts.“[132]

C. F. v. Weizsäcker, der sich Heidegger freundschaftlich verbunden fühlt und geneigt ist zu akzeptieren, „daß man philosophiere wie er; und daß man der Naturwissenschaft nur eine seinsvergessene Projektion der Wahrheit“[133] zubillige, sah sich aus der Position des philosophisch interessierten Naturwissenschaftlers in einem Gespräch mit Heidegger einmal veranlaßt, die Frage zu stellen, „wie man in seiner Philosophie verständlich mache, daß die Naturwissenschaft überhaupt gelingt“[134]. Die von Weizsäcker überlieferte Antwort Heideggers lautete unumwunden: „Das weiß ich auch nicht.“[135]

Neben allen Interpretationsmöglichkeiten Heideggerscher Sprachgestaltung und Heideggerscher „Verstehenskonzeption“ (Erkenntnis der Welt im eigentlichen Sinne kommt bei ihm nicht vor) ist hier jedoch vor allem die Bedeutung solcher Kategorien wie „Angst“, „Nichts“, „Geworfenheit“, „Entwurf“ usw. für existentialistisches Philosophieren festzuhalten. Diese zeigt sich auch deutlich im Werk von Sartre, für dessen philosophische Konzeption das Studium Husserls und Heideggers ausschlaggebend war. In Sartres philosophischem Hauptwerk „Das Sein und das Nichts“ wird die „Angst“ als die Erfahrung der eigenen Nichtigkeit des Menschen konzipiert. Sartre spricht dabei, indem er Heidegger zustimmend interpretiert, von „Selbstheit“.

„Das Kennzeichen der Selbstheit ist es nämlich, daß der Mensch immer von dem, was er ist, durch die ganze Weite des Seienden, das er nicht ist, geschieden ist. Er verkündet sich selbst von der anderen Seite der Welt her und kehrt vom Horizont her zu sich selbst zurück, um sich zu verinnerlichen: der Mensch ist ‚ein Sich-vorweg-sein‘ . . . In dieser Bewegung von Verinnerlichung, die jedes Wesen durchdringt, taucht das Seiende auf und organisiert sich als Welt, ohne daß es einen Vorrang jener Bewegung vor der Welt oder der Welt vor jener Bewegung gäbe.“[136]

Diese hier von Sartre dargestellte „Bewegung der Selbstheit“ wird von ihm

132 M. Heidegger, Was ist Metaphysik?, Frankfurt a. M. 1949, S. 34.
133 C. F. v. Weizsäcker, Der Garten des Menschlichen, a. a. O., S. 408.
134 Ebenda.
135 Ebenda; der durch eine Reihe von Arbeiten zur Evolutionsproblematik und seine ‚Bio-Philosophie‘ bekannte Biologe Bernhard Rensch äußerte sich zu einem Vortrag eines Heidegger-Schülers: „Ich muß gestehen, daß es quälend war, dieses mit HEIDEGGERschen Wortschöpfungen gewürzte, mir gänzlich nichtssagend erscheinende Gerede eineinhalb Stunden lang anzuhören. Wenn das als ‚Philosophie‘ gelten soll, dann muß ich den Biologen verzeihen, die diesen Begriff als eine Art Schimpfwort gebrauchen.“ B. Rensch, Lebensweg eines Biologen in einem turbulenten Jahrhundert, Stuttgart—New York 1979, S. 239.
136 J.-P. Sartre, Das Sein und das Nichts, Hamburg 1966, S. 57.

auch als „ein Emportauchen der ‚menschlichen Realität' im Nichts"[137] apostrophiert, welches wiederum dadurch bedingt ist, daß „die Welt in das Nichts ‚hineingehalten' ist"[138]. Die „Entdeckung dieser zweifachen und ununterbrochenen Nichtung"[139] ergibt für ihn dann die Kategorie der „Angst" als Erfahrung der Nichtigkeit des Menschen!

Es finden sich bei Sartre also eine ganze Reihe von Begriffen, die mit Begriffen Heideggers identisch oder zumindest eng verwandt sind (wie Angst, Hineingehaltensein, Geworfenheit, Nichts, Sein, Dasein, menschliche Realität — und auch die „Zirkel-Problematik" von Heidegger begegnet uns hier wieder). Auch Sartres Begriffe verbleiben weitgehend im Abstrakten. Wie bei Heidegger zeigt sich auch hier das Bemühen, die Grundfrage der Philosophie zu umgehen. Weder die „Bewegung des Sichvorwegseins des Menschen" hat einen Vorrang vor der Welt — noch umgekehrt. In denselben Worten Sartres findet sich aber auch eine eindeutig idealistische Beantwortung der Grundfrage, nämlich ein geradezu unverhüllter Subjektivismus. Das „Seiende organisiert sich als Welt" nur durch den Menschen. Die „Angst" ist dabei — ähnlich wie bei Heidegger — voraussetzende Erfahrung für die „sich aus dem Seienden organisierende Welt".

Allein mit diesen Parallelen im Werke Heideggers und Sartres würde man aber der Spezifik des Sartreschen Denkens noch nicht gerecht werden. Es muß hier vor allem gesehen werden, daß der „Mensch" bei ihm weitaus weniger verschlüsselt erscheint. Ja er spricht sogar von „menschlicher Realität". Allerdings — und hier ist er konsequent in den existentialistischen Ansatz eingeordnet — wird auch bei ihm der Mensch nur als Individuum, als „individuelle Existenz" gedacht.[140] Die „Angst" ist bei Sartre, ganz im Sinne seiner individualistischen Auffassung vom Menschen, auch bei Erfahrung der eigenen Freiheit und damit der Verantwortung des Menschen.

Ausgehend von der „Geworfenheit" des Individuums, welche dem Menschen stets aufnötigt, sich selbst frei und verantwortlich zu „entwerfen", resümiert Sartre gegen Ende seines Werkes „Das Sein und das Nichts": „Die wesentliche Folgerung aus unseren vorhergehenden Darlegungen ist, daß der Mensch, der verurteilt ist, frei zu sein, das ganze Gewicht der Welt auf seinen Schultern trägt: er ist, was seine Seinsweise betrifft, verantwortlich für die Welt und für sich selbst. Wir nehmen das Wort ‚Verantwortlichkeit' in dem banalen Sinne eines ‚Bewußtseins', der unbestreitbare Urheber eines Ereignisses oder eines Gegenstandes (zu) sein'. In diesem Sinne ist die Verantwortlichkeit des Für-sich

137 Ebenda.
138 Ebenda.
139 Ebenda.
140 Siehe dazu beispielsweise die Kritik von W. R. Beyer an Sartre, in: W. R. Beyer, Vier Kritiker, Köln 1970.

drückend, denn es ist ja das, wodurch es geschieht, daß es eine Welt *gibt*; und da es auch das ist, was sich *veranlaßt, zu sein* (welches auch die Situation sein mag, in der es sich befindet), muß das Für-sich diese Situation samt ihrem gegebenenfalls unerträglichen Feindseligkeitskoeffizienten im ganzen übernehmen . . ."[141]

Es gibt auf Grund dieser Konzeption für den Menschen letztlich nur die Alternative zwischen Voluntarismus und Resignation. Diese Alternative, die als ideologischer Reflex in geradezu klassischer Weise die reale politische Situation kleinbürgerlicher Schichten der spätkapitalistischen Gesellschaft symbolisiert, zeigt sich auch in der widersprüchlichen Entwicklung Sartres selbst. In seinem von bürgerlicher Seite oft spektakulär überbetontem Versuch einer Hinwendung zum Marxismus zeigt sich diese Widersprüchlichkeit am augenfälligsten. Sartre, der im Unterschied zu Heidegger (welcher wohl mehr das Moment möglicher Kontinuität existentialistischen Philosophierens repräsentiert) eher die Widersprüchlichkeit und Zerrissenheit der existentialistischen Denkentwicklung verkörpert, hat dabei selbst einmal den Existentialismus als „ein parasitäres System, das am Rande des Wissens lebt"[142], bezeichnet und dabei betont, daß eigentlich der Marxismus die „Philosophie unserer Zeit"[143] sei. Er insistiert dabei allerdings darauf, sein existentialistisches Anliegen — die existentialistisch gefaßte Problematik des „Individual-Menschen" — der marxistischen Philosophie einzuverleiben. Und in dieser Hinsicht steht Sartre ganz fest in der Tradition des Existentialismus.

Sartre bezieht so ziemlich alle antikommunistischen Vorurteile gegen den Marxismus ein, ist dabei jedoch bestrebt, stets auch einen angeblich „echten Marxismus" zu unterstellen. Das Bild, was er sich allerdings von diesem macht, läuft lediglich auf eine bürgerliche Verfälschung des Marxismus hinaus.

Am deutlichsten zeigt sich dies bei einer Problematik, zu der sich der Existentialismus nur selten explizite äußert — nämlich bei der Problematik der Erkenntnistheorie. Innerhalb seiner Schrift „Existentialismus und Marxismus" geht Sartre in Form einer Fußnote auf diese Frage ein.[144] Seine Vorbehalte gegen den Marxismus richten sich nun nicht nur gegen einen etwa „in der Praxis verkümmerten" oder „durch Parteipolitik verfälschten" Marxismus, sondern betreffen dessen philosophische Grundlagen selbst. Hier wird nicht nur sein Unverständnis des Marxismus, sondern auch seine offensichtliche Unkenntnis des Marxismus deutlich.

141 J.-P. Sartre, Das Sein und das Nichts, a. a. O., S. 696.
142 Zitiert nach: W. Biemel, Sartre, Hamburg 1964, S. 155.
143 Ebenda, S. 152.
144 Dazu findet sich unter dem Gesichtswinkel des Verhältnisses von Erkenntnistheorie und Physik eine ausführliche Polemik gegen die diesbezügliche Auffassung von Sartre in: H. Hörz, Marxistische Philosophie und Naturwissenschaften, a. a. O., S. 298ff.

Sartre interpretiert Marx auf Grund eines angeblichen Zitates (dessen Quelle er nicht angibt[145]) als einen Philosophen, der sich „zum objektiven Weltauge“[146] mache und „alle Subjektivität abgestreift habe“ — wohingegen Lenin mit seiner Konzeption der Widerspiegelung „die Subjektivität ausgeschaltet hätte“. Daran anknüpfend wirft er dem Marxismus vor, ein „Doppelspiel“ zu betreiben, und behauptet (wohlgemerkt, es geht hier bei Sartre um den Marxismus von Marx und Lenin), daß der Marxismus demzufolge dem Idealismus verfällt.[147]

Sartre, in dessen Philosophie es wesentlich um die subjektivistisch gefaßte Subjektivität geht, greift insbesondere die Kategorie der Widerspiegelung an, die er kurzerhand als „vor-marxistisch“ bezeichnet. Für eine „noch auszuarbeitende Erkenntnistheorie“, die Sartre dem Marxismus empfehlen möchte, müsse die Konzeption der Widerspiegelung als „irreführendes und unnützes Vermittlungsgebilde“ ausgeschaltet werden.[148] Im deutlichen Gegensatz zu einer solchen Auffassung wird in den marxistisch-leninistischen Arbeiten zu philosophischen Fragen der Wissenschaftsentwicklung die Fruchtbarkeit der dialektisch-materialistischen Widerspiegelungskonzeption für die Erkenntnistheorie nachgewiesen. Dabei ergeben sich aus dem Material der Biologie weiterführende Fragestellungen über den Zusammenhang von Information, Evolution und Widerspiegelung.[149]

Der Marxismus hat weder Grund, den Sartreschen Vorwurf des Idealismus wirklich ernst zu nehmen, noch besteht aus Anlaß der Sartreschen Polemik ein Grund, etwa die Konzeption der Widerspiegelung aufzugeben. Wir benötigen diese für das materialistisch-dialektische Verständnis der Welt, welches seinerseits eine wesentliche Voraussetzung für die optimistisch-tatkräftige Veränderung der Welt ist. Es bedarf selbstverständlich auch künftig der weiteren Präzisierung der Widerspiegelungskonzeption, wobei weitere Anstrengungen detaillierter Forschungsarbeit in Natur und Gesellschaft unumgänglich sind.

4.3. Der Angriff der Frankfurter Schule auf die Naturdialektik

4.3.1. Zur Rolle der Frankfurter Schule

In der bürgerlichen „Marxologie“, die sich als eine Vielzahl von philosophischen Tendenzen, einzelnen Ideologen oder kleineren Gruppen von Theoretikern mit verschiedensten Anliegen und verschiedenster politischer Ausrichtung repräsentiert, hat es wohl kaum eine Richtung gegeben, die sich wie die „Frankfurter

145 Vgl. J.-P. Sartre, Marxismus und Existentialismus, Hamburg 1964, S. 29.
146 Ebenda.
147 Vgl. ebenda, S. 30.
148 Ebenda, S. 31.
149 Siehe dazu Kap. IV/3.

Schule“ als „Schule“ formieren konnte und inzwischen auf eine über Jahrzehnte zurückreichende eigene Tradition verweisen kann.[150]

Kennzeichnend dabei sind vor allem zwei Aspekte. Einmal hat sich die Frankfurter Schule seit Beginn ihrer Existenz stets „marxistisch drapiert“ und ist insbesondere in der BRD als angeblich „authentische Marxinterpretation“ zu spezieller Bedeutung gelangt. Durch die in der „Frankfurter Schule“ veranstalteten Bemühungen, eine möglichst radikale Kritik des staatsmonopolistischen Systems zu liefern, hat sie „manches getan, um unter der von ihr beeinflußten studentischen Jugend eine kritische Einstellung zur spätkapitalistischen Gesellschaft zu wecken. Sie hat objektiv auch geholfen, Barrieren gegen die Beschäftigung mit marxistischen Ideen niederzureißen.“[151] Diese Wirkung, die sie vor allem während der Studentenunruhen der sechziger Jahre in Westeuropa beanspruchen konnte und die ihr eine gewisse theoretische Autorität bei der Formierung der meist als „Neue Linke“ bezeichneten Bewegung verschaffte, ist, wenn man diese Zusammenhänge grundsätzlich betrachtet, weniger aus den spezifischen *Leistungen* dieser Schule als aus der international zunehmenden Ausstrahlungskraft der Ideen des Marxismus-Leninismus und der wachsenden Kraft der revolutionären Weltbewegung zu erklären. Symptomatisch ist dabei, daß auf dem Höhepunkt der bisherigen Wirksamkeit der „Frankfurter Schule“, Ende der sechziger Jahre, ihre geistigen Stammväter Horkheimer und Adorno bereits deutlich in selbsterklärtem Widerspruch zu jeder realen revolutionären Bewegung standen. Mit dem Höhepunkt der Wirksamkeit und der Ausstrahlungskraft der „Frankfurter Schule“ zeichnete sich gleichzeitig ein unübersehbarer Zerfallsprozeß ab. Dies wurde nicht nur an der unterschiedlichen und zum Teil konträren Haltung ihrer Vertreter zu den realen Gesellschaftsprozessen deutlich, sondern zeigte sich auch in zunehmendem Maße in der theoretischen Uneinheitlichkeit und Unfruchtbarkeit ihrer Theorien und der letztlich illusionären Funktion der „kritischen Theorie“. Es offenbarte sich auch die reale Funktion dieser eben nur in der Theorie kritisch erscheinenden Kritik, die sich inzwischen bei einigen Vertretern der „Frankfurter Schule“ bis zur offenen Apologetik des kapitalistischen Systems gemausert hat.

150 Institutionell ist diese Richtung mit dem bereits Ende der zwanziger Jahre in Frankfurt am Main gegründeten „Institut für Sozialforschung“ und der später erscheinenden „Zeitschrift für Sozialforschung“ verbunden. Während der Herrschaft des deutschen Faschismus arbeiteten dieses Institut und die Zeitschrift vorwiegend in den USA. Das „Institut für Sozialforschung“ wurde Anfang der fünfziger Jahre in Frankfurt am Main reorganisiert. Als geistige Stammväter und Organisatoren wirkten vornehmlich Max Horkheimer und Theodor W. Adorno, die vor allem in den fünfziger und sechziger Jahren ihre ideologische Wirksamkeit in der BRD entfalten konnten.

151 J. H. von Heiseler/R. Steigerwald/J. Schleifstein (Hrsg.), Die Frankfurter Schule im Lichte des Marxismus, Frankfurt a. M. 1970, S. 5.

Horkheimer bekannte sich damals zum „wahren Konservatismus“[152], und Adorno ließ in der bürgerlichen Presse verlauten, daß die „kritische Theorie, wie sie vom Institut für Sozialforschung in Frankfurt ... entwickelt wurde, ... nie nach ihrer Anwendbarkeit geschielt und gar dem Kriterium von Anwendbarkeit sich unterworfen“ habe.[153] Durch andere Vertreter der Frankfurter Schule, die sich mehr linksradikal und „aktionistisch“ gaben, wie etwa Herbert Marcuse, ist in der realen Gesellschaftspraxis letztlich die gleiche praktische Unfruchtbarkeit der „kritischen Theorie“ erwiesen worden.

Als Gesamteinschätzung dieser Richtung bürgerlicher „Marx-Beschäftigung“ muß hervorgehoben werden, daß ihre ideologische Ausstrahlungskraft innerhalb der bürgerlichen Gesellschaft im wesentlichen systemstabilisierend war und auf die demokratischen und sozialistischen Bewegungen hemmend wirkte. Was ihr wirkliches Verhältnis zum Marxismus betrifft, so erweist sich die „kritische Theorie“ in ihrer gesamten Entwicklung letztlich als antimarxistisch.

Dies soll im Folgenden besonders an Hand der theoretischen Bestrebungen von Alfred Schmidt und seiner für die „Frankfurter Schule“ charakteristischen Kritik an der Naturdialektik untersucht und dargestellt werden.

4.3.2. Die Marx-Interpretation von Alfred Schmidt

Alfred Schmidt gehört zu den Vertretern der Frankfurter Schule, die (wie beispielsweise auch J. Habermas) seit einigen Jahren versuchen, die Kontinuität dieser Schule zu wahren und in gewisser Weise eine erneute Integration der von Horkheimer und Adorno ausgehenden Denkansätze vornehmen. Es ist bemerkenswert, daß Schmidts Bemühungen mit einem demonstrativen Rückgriff auf Originalarbeiten von Marx und Engels und zum Teil auch Lenins verbunden sind. Bei ihm ist die Beschäftigung mit Marx offensichtlicher und erweckt sehr oft auch den Anschein, als ob sie gründlicher sei, als es in der vergangenen Entwicklung der „Frankfurter Schule“ der Fall war. Dabei ist sein Anfangs- und Ausgangspunkt die Frage nach der Naturdialektik und sein später von ihm selbst formuliertes Anliegen die Entwicklung des „westeuropäischen Marxismus“.

A. Schmidt begann seine philosophische Karriere in der „Frankfurter Schule“ mit einer Abhandlung über den „Begriff der Natur in der Lehre von Marx“. Diese als Dissertation noch unter der unmittelbaren geistigen Mentorschaft von Horkheimer und Adorno angefertigte Arbeit steht bereits deutlich unter dem Vorzeichen antimarxistischer Ideengeschichte und typisch bürgerlicher Marxinterpretation. Das von Adorno und Horkheimer verfaßte Vorwort zu der bereits 1962

152 Der Spiegel (Hamburg), 1/2/1970.
153 Süddeutsche Zeitung vom 27. 4. 1969.

veröffentlichten Arbeit von Schmidt macht sowohl das allgemeine Dilemma der „Frankfurter Schule“ als auch ein grundsätzliches Dilemma ihrer Marxinterpretation deutlich. Horkheimer und Adorno schreiben: „So wenig wie ein anderer Philosoph hat Marx je gefordert, daß die Gestalt des Gedankens der Praxis sich anmessen solle, auf Kosten der Wahrheit nach praktischen Erfordernissen zuzuschneiden sei. Über Gelehrte, die einem praktischen thema probandum, irgendeinem Effekt zuliebe, von ihrer Erkenntnis etwas sich abhandeln lassen, hat Marx verächtlich geredet: er hat sie Lumpen genannt. Politische Marx-Studien pflegen im Osten der inneren Gleichschaltung, der Ausrichtung der Jugend, der Mission in fremden Ländern zu dienen, die der Kolonisation den Weg bereitet; im Westen nicht selten der Defensive gegen das neue aggressive Evangelium. Allzuoft wirkt äußere Rücksicht selbst im Westen auf die Behandlung des Themas, ja darauf zurück, daß man sich überhaupt mit ihm beschäftigt. Durch die bescheidene philologische Fragestellung hat Schmidt solcher Versuchung sich entzogen.“[154]

Die Entwicklung und Bewegung der Frankfurter Schule kommt nicht ohne eine Interpretation der Ideen von Marx aus, muß sich aber an der Realisierung der Ideen von Marx sowohl in der Interpretation als auch in der gesellschaftlichen Wirklichkeit möglichst vorbei bemühen. In einer „bescheidenen Fragestellung“ wird nun Marx eine Konzeption unterstellt, die das Verhältnis von Wissenschaft und Gesellschaft möglichst unverbindlich auffaßt. Damit wird letztlich das Prinzip der marxistisch-leninistischen Parteilichkeit angegriffen und geleugnet. Es handelt sich dabei nicht nur um eine vielleicht unmaßgebliche Bemerkung von Horkheimer und Adorno zu Schmidts Marx-Interpretation. Schmidt hat später, im Sinne der von ihm versuchten Fortführung „marxistischer“ Traditionen der Frankfurter Schule, Horkheimer den gleichen Interpretationsdienst erwiesen.

Anläßlich der von ihm veranstalteten Neuherausgabe der frühen Arbeiten Horkheimers (Zeitschrift für Sozialforschung), deren Studium er für unerläßlich hält, wenn man sich „unabhängig von parteipolitisch-ideologischem Für und Wider mit der Lehre von Marx und Engels beschäftigen will“[155], betont er den von ihm behaupteten „Einklang von Marx und Horkheimer“ besonders bei folgender Formulierung Horkheimers: „In keinem Falle haben gesellschaftliche Interessen über die Wahrheit zu entscheiden, sondern es gelten Kriterien, die sich . . . mit dem theoretischen Fortschritt entwickelt haben . . .“[156]

Die Leugnung des Zusammenhangs von Interessen und theoretischem Fortschritt, von sozialer Entwicklung und wissenschaftlicher Erkenntnis der Wahrheit

154 A. Schmidt, Der Begriff der Natur in der Lehre von Marx, Frankfurt a. M. 1962, S. 7f.

155 A. Schmidt, Die „Zeitschrift für Sozialforschung“, Geschichte und gegenwärtige Bedeutung, München 1970, S. 1.

156 Ebenda, S. 18.

ist so die Voraussetzung, um letztlich den von Marx und Engels als Ausgangspunkt ihrer Wissenschaftlichkeit betonten Zusammenhang von Philosophie und Proletariat zu umgehen. Hinsichtlich der Beschäftigung mit der Politischen Ökonomie wird diese Haltung von A. Schmidt noch schärfer akzentuiert. Hier betont er, daß die „westliche Marx-Forschung die ‚Kritik der Politischen Ökonomie' als wesentlichen Gehalt der Marxschen Lehre wieder zu erkennen beginnt"[157]; und eine wesentliche Besonderheit dieses „westlichen Marxismus", um dessen Entwicklung er sich ja bemüht, wird dann durch folgende Worte deutlich: „Während die westlichen Autoren, jeder Praxis des sozialistischen Alltags enthoben, sich energisch den dialektischen Feinheiten der Marxschen Methode zuwenden, sehen sich die Ökonomen der sozialistischen Länder genötigt, eine ‚Politische Ökonomie' unter positivem Vorzeichen zu entwickeln, die nicht selten dazu tendiert, hinter den spezifisch kritischen Sinn der Marxschen Theorie zurückzufallen."[158]

Die „dialektischen Feinheiten" der sozialökonomischen Bedingtheit ihrer eigenen Theorie und entsprechender Theorienentwicklung können bei dieser Haltung ebenso weitgehend aus der theoretischen Betrachtung ausgeblendet werden wie die dialektischen Feinheiten und der spezifisch kritische Sinn des Prinzips der Parteilichkeit im Marxismus, der Erkenntnis der wirklichen Zusammenhänge von Gesellschaftsentwicklung und Wissenschaftsentwicklung und der durch die Entwicklung der Arbeiterklasse möglich werdenden Veränderungen der Welt.

Auf der Suche nach dem auf diese Weise völlig abstrakt gefaßten „kritischem Sinn der Marxschen Theorie" ist es für die „Kritische Theorie" der „Frankfurter Schule" letztlich auch konsequent, wenn A. Schmidt unterstreicht, daß die Resultate des Marxismus „nur relative, jeweils geschichtlich bedingte Bedeutung" hätten und daß gerade dieser Gedanke „erst in der historischen Dialektik Horkheimers und seiner Mitarbeiter zu seinem vollen Recht" gelangt sei.[159]

Diese Haltung, die sowohl in der politischen Praxis als auch in der Theorie unter dem Niveau des Marxismus bleiben muß, erweist sich jedoch als notwendige ideologische Voraussetzung für eine Marxinterpretation, die innerhalb bürgerlichen Denkens Anspruch auf Authentizität erhebt, da gerade sie um ein tieferes Verständnis der „historischen Dialektik" und um den „kritischen Sinn" des Marxismus bemüht sei.

Unter der Voraussetzung vorgeblicher Abstinenz zu „äußerer Rücksicht" auf reale politische Verhältnisse und entsprechend behaupteter ideologischer Unab-

157 Kritik der Politischen Ökonomie heute, 100 Jahre Kapital, Hrsg.: A. Schmidt/W. Euchner, Frankfurt a. M. 1968, S. 359.
158 Ebenda.
159 A. Schmidt, Die „Zeitschrift für Sozialforschung", Geschichte und gegenwärtige Bedeutung, a. a. O., S. 3.

hängigkeit der theoretischen Bemühungen können dann innerhalb bürgerlicher Theorie „Triumphe“ des Denkens gefeiert werden, die sich antimarxistisch auf Marx berufen.

Als einer seiner Triumphe erscheint dann die Leugnung der Naturdialektik. Diese Leugnung ist bei Schmidt jedoch nur möglich, indem nun gerade die Rolle gesellschaftlicher Verhältnisse bei der Erkenntnis und der Entwicklung der Natur betont und überbetont werden. Hier beruft sich Schmidt auf die Arbeit von G. Lukács „Geschichte und Klassenbewußtsein“, in welcher dieser 1923 auf der Grundlage einer linkshegelianischen Interpretation der Dialektik betonte, daß das, „was die Natur der Form und dem Inhalt, dem Umfang und der Gegenständlichkeit nach zu bedeuten hat, . . . stets gesellschaftlich bedingt“ ist, und dabei den Standpunkt vertrat, daß der Natur ohne den Menschen wesentliche Bestimmungen der Dialektik fehlten.[160]

Gerade dieser Auffassung schließt sich A. Schmidt an — unbeschadet der weiteren Diskussion dieser Frage unter Marxisten, unbeschadet der weiteren Entwicklung der Ansichten von G. Lukács zu diesem Problem und letztlich auch unbeschadet der Ansichten von Marx und Engels dazu. In gleichem Sinne unterstützt er die Auffassung des französischen Existentialismus. Die Dialektik der Gesellschaft ist ihm, da er Dialektik nur als Subjekt-Objekt-Dialektik gelten lassen möchte, ohnehin einzig mögliche Dialektik.

Nachdem er sich also bei seinen Bemühungen um den „westeuropäischen Marxismus“ von den Anstrengungen der sozialistischen Praxis enthoben vorfindet, seine oben charakterisierte Haltung ihn von bestimmten Anstrengungen der marxistischen Theorie entbindet, entbindet er sich mit der so verstandenen Dialektik auch von den Anstrengungen der wirklichen philosophischen Beschäftigung mit Naturwissenschaften.[161] Die Natur ohne den Menschen hat bei ihm per definitionem keine Dialektik.

160 G. Lukács, Geschichte und Klassenbewußtsein, Berlin 1923, S. 240.

161 Auf diesen Aspekt — die Ignoranz der Frankfurter Schule gegenüber der philosophischen Beschäftigung mit Naturwissenschaften, welche gar nicht erst den Versuch unternimmt, „das Eigentümliche der naturwissenschaftlichen Erkenntnisarbeit philosophisch gegenständlich zu machen“ (P. Ruben, Probleme und Begriff der Naturdialektik, S. 53) — hat besonders Peter Ruben aufmerksam gemacht. Dieser Aspekt erscheint auch als Schwerpunkt seiner Auseinandersetzung mit den „Neo-Linkshegelianern“, wenn er schreibt: „Und sie werden dieses metaphysische Naturbild so lange als ihre eigene Voraussetzung gedankenlos unterstellen, bis sie sich entschließen, die ‚physikalisch-mathematische Formelsprache‘ nicht länger zu ignorieren. In diesem Augenblick bricht die Leugnung der Naturdialektik zusammen.“ (Ebenda, S. 58.) Es wäre allerdings illusionär anzunehmen, daß die Leugnung der Naturdialektik tatsächlich augenblicklich zusammenbrechen wird, sobald bestimmte Linkshegelianer entschlossen sind, sich doch der „physikalisch-mathematischen Formelsprache“ zuzuwenden. In der theoretischen Auseinandersetzung muß die Kritik solcher „neo-linkshegelianischer“ Konzepte mehr Aspekte erfassen und m. E. vor allem die damit

Diese für die „Frankfurter Schule" in ihrer Gesamtheit typische Haltung befindet sich in einem grundsätzlichen Konflikt mit den dialektischen Traditionen der Philosophie und der Entwicklung der Naturwissenschaften. C. F. v. Weizsäcker, dem es als bürgerlichem Philosophen und Naturwissenschaftler um ein philosophisches Verständnis dieser Entwicklung zu tun ist, hat dies in einer verhalten formulierten Polemik gegen J. Habermas angedeutet. Er berichtet von einem 1962 geführten Gespräch, in dem er sich gegenüber Habermas zu der Behauptung hinreißen lassen habe, „das Rhodus für den Saltus der Dialektik sei nicht die Geschichte, sondern die Natur. Genau wenn wir die Natur dialektisch verstehen können", sei er bereit, „auch in der Geschichte die Dialektik für mehr zu halten denn als eine Aushilfe in der Nacht, in der alle Katzen schwarz sind"[162].

Damit ist tatsächlich ein neuralgischer Punkt des Problems berührt. Welche philosophische Gültigkeit kann eine Dialektik-Konzeption beanspruchen, die die Naturwissenschaften aus ihrer Betrachtung ausklammert, die keine Naturdialektik gelten lassen will? Wie vertrauenswürdig kann eine Dialektik-Konzeption über die Gesellschaft sein, die die Naturdialektik leugnet? Gerade diese Fragen müssen auch gegenüber A. Schmidt im Auge behalten werden. Seine philosophischen

implizit oder explizit verbundene Leugnung der „Gesellschaftsdialektik" bloßlegen, wobei der wirkliche „Zusammenbruch" solcher Konzeptionen letztlich nur im Zusammenhang mit der endgültigen Überwindung der Ausbeutergesellschaft, welche ihrerseits die wirkliche Voraussetzung der Leugnung der Naturdialektik in der „Frankfurter Schule" ist, realisiert werden kann.

Wesentlich bei dieser Problematik ist aber eben auch, daß die „Naturdialektik" nicht nur als philosophische Theorie über die Natur (bzw. die Naturwissenschaften) anerkannt wird, sondern es geht letztlich um die Anerkennung der objektiv-realen Existenz der „Dialektik der Natur". Wenn nur die Frage nach dem „Sinn jeglicher Naturdialektik" (ebenda, S. 68) gestellt wird (der freilich nur innerhalb einer Subjekt-Objekt-Dialektik zu finden bzw. zu begründen ist), so ist die Frage nach dem Sinn des Standpunktes, der die Natur, die objektive Realität, auch ohne den Menschen und auch ohne das Zutun des Menschen als dialektisch auffaßt (wie er eben von Marx, Engels und Lenin entwickelt wurde) und woran der bürgerliche Angriff auf die Naturdialektik seinen sichersten Ansatzpunkt gefunden zu haben glaubt, weder gestellt noch beantwortet. Die Anerkennung der objektiv-realen Existenz der „Dialektik der Natur" folgt nicht zwingend aus der philosophischen Beschäftigung mit Naturwissenschaften und/oder mit „physikalisch-mathematischer Formelsprache" (wobei diese selbstverständlich dazu — wie das Werk von Marx und Engels deutlich zeigt — eine theoretische Voraussetzung ist), welche sich — als Subjekt-Objekt-Dialektik konzipiert — dann durchaus auch auf die Position zurückziehen kann, daß zwar die Theorie über die Natur (bzw. die Naturwissenschaften) und auch die menschliche Beschäftigung mit der Natur (bzw. Naturwissenschaften) „dialektisch" sein müsse, daß aber die Natur selbst, die Natur ohne den Menschen, nicht notwendig „dialektisch" sei; daß der Natur ohne den Menschen eben doch „wesentliche Bestimmungen der Dialektik fehlten". (Siehe dazu: P. Ruben, Probleme und Begriff der Naturdialektik, in: A. Griese/H. Laitko (Hrsg.), Weltanschauung und Methode, Berlin 1969.)

162 C. F. v. Weizsäcker, Der Garten des Menschlichen, a. a. O., S. 375.

Anstrengungen bemühen sich nicht um naturwissenschaftliche Fakten, sondern gehen ausschließlich in Richtung einer „Uminterpretation“ der marxistisch-leninistischen Dialektikkonzeption. Und hier hat er tatsächlich große Anstrengungen unternommen.

Die Bescheidenheit seiner philosophischen Fragestellung zum „Naturbegriff bei Marx“ muß dabei allerdings unweigerlich zu einer Bescheidenheit im schlechten Sinne werden. So wie ihn bei seiner Aufnahme der Gedanken des jungen G. Lukács weder kümmert, in welcher Weise sich diese Konzeption in die damalige Entwicklung der bürgerlichen Ideologie einpaßte, noch wie Lukács, der später gerade diesen (auch philologisch nachweisbaren) Zusammenhang hervorgehoben hat, selbst schließlich dazu stand, so wenig kümmert er sich um die wirkliche Haltung von Marx zu der Frage der Naturdialektik. Schmidt konzentriert sein Bemühen auf eine neohegelianische Interpretation bestimmter Stellen des Marxschen Werkes. Dabei macht er sich den Umstand zunutze, daß sich vor allem Engels mit der Frage der Naturdialektik befaßt hat. Er versucht also in einem philologisch reduzierten Verfahren die arbeitsteilig bedingten Unterschiede im Werk von Marx und Engels als philosophischen Gegensatz zu interpretieren.

Dieses Verfahren ist in der bürgerlichen Marxinterpretation oft versucht worden und ebenso oft gescheitert. Es gibt dazu eine entsprechend ausführliche Argumentation vom marxistisch-leninistischen Standpunkt, in der, wie R. Steigerwald betont, auch philologisch schon längst alles gesagt ist.[163] Zur „Philologie“ von A. Schmidt muß jedoch gesagt werden, daß sie von bemerkenswerter Willkür beherrscht ist. Das Schema dieser Willkür, welche von vornherein eine bürgerliche und letztlich — wie sich zeigt — eine idealistische Dialektik-Konzeption zur Grundlage hat, intendiert dabei ganz offensichtlich keine „philologische Bescheidenheit“, sondern theoretisch verfeinerten Antikommunismus, insbesondere Antisowjetismus. Die Verfeinerung besteht dabei neben philosophischen Verklausulierungen wesentlich darin, daß zur besseren Illustration der beabsichtigten Marxinterpretation auch Engels und Lenin zuweilen durchaus wohlwollend zitiert werden. Schmidt behauptet zu seiner Arbeit: „Als Quellentexte legt sie das gesamte zugängliche Werk von Marx zugrunde. Sie zieht die Engelsschen Schriften zur Verdeutlichung der Marxschen Position hinzu, soweit sie nicht, gemessen an dieser Position, der Kritik verfallen. Das gilt insbesondere für die Engelssche Fassung des Begriffs der Naturdialektik.“[164] So wie demnach die „Dialektik der Natur“ von Engels „der Kritik verfällt“, so wird auch Lenin behandelt, der zuweilen da, wo er über Dialektik als Erkenntnistheorie

163 Vgl. R. Steigerwald, Herbert Marcuses dritter Weg, Berlin 1969; J. H. v. Heiseler/R. Steigerwald/J. Schleifstein (Hrsg.), Die Frankfurter Schule im Lichte des Marxismus, a. a. O., S. 158.

164 A. Schmidt, Der Begriff der Natur in der Lehre von Marx, a. a. O., S. 10.

und Methode spricht, zustimmend zitiert wird, dessen Arbeit „Materialismus und Empiriokritizismus“ aber wegen ihrer „parteigeschichtlichen Bedingtheit“[165] als philosophisch und erkenntnistheoretisch nicht ernst zu nehmend dargestellt wird. Allerdings muß Schmidt letztlich — wie sich bei näherer Betrachtung zeigt — mit Marx ebenso verfahren. Zunächst zeigt sich aber der antikommunistische Charakter seiner Auffassung vor allem daran, daß er, nachdem er glaubt gezeigt zu haben, daß Engels „in eine dogmatische Metaphysik zurückfällt“[166], eine solche „dogmatische Metaphysik“ zum Wesen des Marxismus-Leninismus in den sozialistischen Ländern überhaupt erklärt.

Der von Schmidt postulierte Gegensatz von „authentischem Marxismus“ „zu allen sowjetmarxistischen Darlegungen“[167] hat seinen theoretischen Grund in dem „folgenreichen Engelsschen Versuch, die Dialektik auch auf die vor- und außermenschliche Natur auszudehnen“[168], auf den die von der „sowjetmarxistischen Orthodoxie“ vertretene These zurückgehe, daß die Natur, „reduziert auf Materie“, dialektischer Bewegungs- und Entwicklungsgesetzen gehorche[169]. Dies ist für ihn der eigentliche Sündenfall des Marxismus. „Mit der dynamischen Struktur der Welt überhaupt beschäftigt, verlieren die sowjetischen Philosophen die des Menschen ... immer mehr aus dem Blick.“[170] So wird Engels dann auch als eine theoretische Quelle des „Stalinismus“ interpretiert, wobei Schmidt sogleich betont, daß sich diese Tendenz der „Rückübersetzung ursprünglich kritischer in dogmatisch-weltanschauliche Begriffe“[171] „in der nachstalinistischen Ära noch verstärkte“[172]: „Zur allgemeinen Weltanschauung hypostatiert, schrumpft Dialektik zu einem je nach den tagespolitischen Zeitläufen sich ändernden Katalog von Prinzipien zusammen, die als leere Hülsen und Schemata den Inhalten übergestülpt werden.“[173] Sein Hauptanliegen ist also keineswegs eine „authentische Marxinterpretation“, sondern ein Angriff auf den Marxismus-Leninismus, wobei zunächst vor allem Engels‘ Auffassungen zur Naturdialektik zum Anlaß genommen werden. Da wo Schmidt nicht umhin kann zuzugeben, daß Marx die Engelsschen Ansichten zur Naturdialektik durchaus geteilt haben muß,[174] wird dann auch Marx ohne weiteres nach Maßgabe der Schmidtschen „Marxinterpretation“ kritisiert und uminter-

165 Ebenda, S. 167. 166 Ebenda, S. 41.

167 A. Schmidt, Zum Verhältnis von Geschichte und Natur im dialektischen Materialismus, in: Existentialismus und Marxismus, Frankfurt a. M. 1965, S. 150.

168 Ebenda, S. 106.

169 Vgl. A. Schmidt, Existential-Ontologie und historischer Materialismus bei Herbert Marcuse, in: Antworten auf Herbert Marcuse, Hrsg. J. Habermas, Frankfurt a. M. 1969, S. 42f.

170 A. Schmidt, Zum Verhältnis von Geschichte und Natur im dialektischen Materialismus, in: Existentialismus und Marxismus, a. a. O., S. 106.

171 Ebenda.

172 Ebenda, S. 148.

173 Ebenda, S. 148f.

174 Vgl. A. Schmidt, Der Begriff der Natur in der Lehre von Marx, a. a. O., S. 152.

pretiert. Letztlich wird der stets behauptete Widerspruch zwischen Marx und Engels dann auch für das Werk von Marx selbst behauptet. Nachdem Schmidt bei Engels ein angeblich „beziehungslose(s) Nebeneinander eines gesellschaftlich vermittelten und eines dogmatisch-metaphysischen Naturbegriffes“[175] behauptet und kritisiert, glaubt er auch bei Marx „merkwürdig undialektische Unterscheidungen zwischen der Menschennatur überhaupt und der historischen Form, die sie jeweils hat,“[176] zu erkennen. Indem er behauptet, daß wohl nicht mehr genau auszumachen sei, inwieweit sich Marx selbst der „Differenz seines Naturbegriffs zum Engelsschen bewußt war“[177], und daß es sehr schwer sei, „zu entscheiden, wo bei Marx die Metapher anfängt und wo er wörtlich verstanden werden will“[178], gelangt er zu der Feststellung, daß Marx wohl selbst kaum ein richtiges Selbstverständnis dessen hatte, was er in der Theorie tat.[179] „So wichtig das Marxsche Selbstverständnis ist — oft genug bleibt es weit hinter dem zurück, was Marx in seinen materialen Analysen theoretisch bietet . . .“[180]

Schmidt legt natürlich mehr Wert darauf, anhand ausgesuchter „Textstellen“ von Marx theoretische Spekulation zu betreiben, als offensichtlich nicht metaphorisch, sondern durchaus wörtlich zu verstehende Formulierungen von Marx ernst zu nehmen. In entsprechender Weise bezieht er dann auch den Standpunkt, daß im Werk von Marx die „berühmten Vor- und Nachworte . . . schiefe Interpretationen begünstigen“[181] — er verfährt also letztlich mit Marx durchaus ähnlich wie mit Engels oder Lenin. Sein vorgebliches Anliegen einer von den „metaphysisch-dogmatischen“ Implikationen von Engels unbeeinflußten „authentischen Marxinterpretation“ erweist sich bei näherer Betrachtung als der einfache Versuch einer Uminterpretation des Marxschen Werkes im Sinne der philosophischen Traditionen der Frankfurter Schule. So glaubt Schmidt dann auch bei Marx den Freudschen Gedanken des „Realitätsprinzips“ gefunden zu haben[182] und möchte Marx, ganz entsprechend dem Selbst- und Weltverständnis der Frankfurter Schule, sogar in die „Tradition der großen europäischen Pessimisten“[183] eingeordnet wissen.

175 Ebenda, S. 150.
176 Kritik der Politischen Ökonomie heute, 100 Jahre Kapital, Hrsg.: A. Schmidt/W. Euchner, a. a. O., S. 51.
177 A. Schmidt, Der Begriff der Natur in der Lehre von Marx, a. a. O., S. 151. Zu dieser Frage sei nochmals auf den Diskussionsbeitrag von Robert Steigerwald in: Die Frankfurter Schule im Lichte des Marxismus, a. a. O., S. 5 verwiesen, vor allem S. 255ff.
178 Kritik der Politischen Ökonomie heute, 100 Jahre Kapital, Hrsg.: A. Schmidt/W. Euchner, a. a. O., S. 51.
179 Vgl. ebenda, S. 46.
180 Ebenda, S. 32.
181 Ebenda.
182 Vgl. A. Schmidt, Der Begriff der Natur in der Lehre von Marx, a. a. O., S. 118.
183 Ebenda.

In der Marxinterpretation von Schmidt reproduzieren sich bestimmte Illusionen und Fehlleistungen des bürgerlichen Denkens. Er hat zwar nicht die sachlichen Argumente, die er zu haben behauptet, für sich, aber er hat eben doch bestimmte klassenmäßig bedingte Vorurteile und Illusionen der bürgerlichen Ideologie auf seiner Seite. Es genügt daher nicht, seinen Anspruch auf Marx „philologisch" zu widerlegen. Ebenso wie sich Schmidt unbekümmert auf den frühen, theoretisch „selbstwiderlegten" G. Lukács beruft, werden sich trotz der (auch unter philologischem Aspekt) offensichtlichen Unhaltbarkeit seiner Interpretation gewiß so lange bürgerliche Ideologen auf Schmidt berufen, wie es ein aus der Gesellschaftsentwicklung erwachsendes Interesse an subjektivistischer, voluntaristischer Gesellschaftsinterpretation geben wird.[184] Hier liegt die eigentlich wesentliche philosophische Traditionslinie der „Frankfurter Schule", durch welche sie unmittelbar mit den Gegnern des Marxismus verbunden ist.

Die Leugnung der Naturdialektik ist dabei sowohl theoretischer Vorwand als auch theoretische Voraussetzung, um eine Dialektik-Konzeption für die gesellschaftliche Entwicklung zu installieren, bei der die Erkenntnis der Gesetze der gesellschaftlichen Entwicklung letztlich geopfert wird. Unter der Voraussetzung, daß eine wesentliche theoretische Leistung des Marxismus eben gerade in der dialektisch-materialistischen Untersuchung der Gesetzmäßigkeiten der gesellschaftlichen Entwicklung besteht, möchte Schmidt dann unter dem Vorwand, den gesellschaftlichen Prozessen verstärkte Aufmerksamkeit zu widmen, eine innerhalb bürgerlicher Ideologie sogar mit „marxistischem Anschein" drapierte Gesellschaftsdialektik vertreten, in der die marxistische Theorie sozusagen „soziologistisch" behandelt wird. Die Lehre von Marx wird zum Vorwand genommen, zunächst die Erkenntnis der Gesetze der Naturwissenschaften und die Naturwissenschaft selbst als soziale Erscheinung (die sie nun mal tatsächlich sind) zu interpretieren, um sie dann ihrem Inhalt nach soziologistisch zu relativieren. Damit wird der Weg frei für ein reduktionistisches Herangehen an die Probleme gesellschaftlicher Entwicklung. Der dabei implizit enthaltene Angriff auf den Materialismus wird dann neohegelianisch mit einem erhöhten Aufwand an „dialektischen" Formulierungskünsten und zuweilen eben auch mit philologischem Raffinement getarnt.

Nur unter diesem Aspekt ist das theoretische Geheimnis aller Verzerrungen, Ungereimtheiten und Uminterpretationen des Marxismus, wie sie sich bei Schmidt finden, zu entschlüsseln. Die philologischen Inkonsequenzen seiner Marxismus-

184 Man vergleiche dazu die gegenwärtig in England stattfindende Diskussion um die Frage der Naturdialektik (siehe dazu z. B. die Diskussion in „Marxism Today" ab Januar 1977, wo von einigen Autoren G. Lukács und A. Schmidt als unanfechtbare Autoritäten und gültige Kritiker von Engels dargestellt und gehandhabt werden. Kurios, aber symptomatisch für die dabei waltende „philologische Korrektheit" ist hier, daß z. B. auch Lenin als Kritiker von Engels interpretiert wird.

interpretation erweisen sich hier durchaus als theoretische Konsequenz bürgerlicher Ideologie. Daß dieses Denken vorgibt, auf politisch-revolutionäre Aktion und sozialistische Gesellschaftsumgestaltung abzuzielen (wie es bei Schmidt tatsächlich verbal zu finden ist, oder — gemessen an den Erfahrungen mit der bisherigen Entwicklung der „Frankfurter Schule" — vielleicht besser gesagt, *noch* zu finden ist), bleibt, gemessen an dem ideologisch-illusionären Gehalt dieser Denkkonstruktion und eben gemessen am Maßstab wirklich revolutionärer, nämlich wissenschaftlicher Gesellschaftsauffassung und Gesellschaftsumgestaltung, letztlich unerheblich. Der weltanschaulich-politische Gegensatz zum Marxismus bleibt unaufhebbar. Die Leugnung der Naturdialektik impliziert die Unmöglichkeit, die wirkliche Dialektik der Gesellschaftsentwicklung zu erfassen. Dies ist als politisches und philosophisch-theoretisches Fazit der Entwicklung der Frankfurter Schule von marxistisch-leninistischer Seite mehrfach betont worden.[185] Bei Schmidt zeigt sich dies gerade dann besonders deutlich, wenn man seine Konzeption nicht einfach unter dem Blickwickel einer „verunglückten Marxinterpretation" und damit verbundener „Mißverständnisse" betrachtet, sondern direkt nach ihrem weltanschaulich-ideologischem Gehalt befragt. So viele Worte er auch um die neue Qualität des dialektischen Materialismus von Marx gegenüber dem Idealismus und dem vormarxschen Materialismus macht, letztlich bleibt in seiner Konzeption doch bestehen, daß die Zukunft der Philosophie nur im Idealismus liegen kann.

Im einzelnen wird dies folgendermaßen entwickelt: Zunächst betont Schmidt, daß die Natur nur dadurch dialektisch werde, „daß sie den Menschen als veränderndes, bewußt handelndes Subjekt hervorbringt"[186].

Die Ignoranz der Frankfurter Schule gegenüber naturwissenschaftlichen Sachverhalten und ihr damit verbundenes Unvermögen, die philosophische Dialektikkonzeption auch für die naturwissenschaftliche Entwicklung fruchtbar werden zu lassen, wird damit auch programmatisch auf bestimmte Bereiche der menschlichen Geschichte ausgedehnt, da hier bereits die Dialektik der Menschwerdung ausgeklammert ist.

Aber mehr noch: Der Wirkungsbereich der Dialektik wird weiter eingeschränkt, da es nach der Marxinterpretation von A. Schmidt „streng genommen nur zwei wahrhaft historische Dialektiken gibt: die des je nach den nationalen Gegebenheiten mehr oder weniger revolutionären Übergangs von der antik-feudalen zur bürgerlichen Ära und die des katastrophisch-befreienden Übergangs von dieser

185 Vgl. J. H. von Heiseler/R. Steigerwald/J. Schleifstein (Hrsg.), Die Frankfurter Schule im Lichte des Marxismus, a. a. O., S. 5; Socialnaja filosofija frankfurtski školi, Moskva 1975.

186 A. Schmidt, Der Begriff der Natur in der Lehre von Marx, a. a. O., S. 50.

zur sozialistischen"[187]. Die Frage etwa, wie es in der künftigen Gesellschaftsentwicklung um die Dialektik bestellt ist, inwiefern es Dialektik künftig überhaupt noch geben wird, ist für ihn offenbar philosophisch relevanter als die wirklich umfassende Untersuchung der tatsächlichen Dialektik in Natur- und Menschheitsgeschichte. Seiner Auffassung nach sind ohnehin alle Kategorien von Marx „im Hinblick auf einen Zustand, wo sie nicht mehr zu gelten brauchen"[188], konzipiert, wobei auch, was Schmidt bei seiner Marxinterpretation ausdrücklich betont, „der Materialismus von Marx seine Selbstaufhebung intendiert"[189]. Dies begründet sich für Schmidt gerade mit der zunehmenden Beherrschung gesellschaftlicher Prozesse in der zukünftigen Geschichte, wobei er diese eben auch nicht unter dem Blickwinkel konkreter, klassenbezogener Analyse der materiellen Triebkräfte untersucht, sondern vor allem abstrakt-erkenntnistheoretisch betrachtet. Dies — und damit eine besonders markante Seite seiner Konzeption — zeigt sich vornehmlich in folgenden Darlegungen:

Nachdem er zunächst betont hat, „daß die Bewegungsformen der Materie einzig durch die vermittelnde Praxis hindurch von den Menschen erkannt und zweckmäßig angewandt werden können"[190] (wogegen vom marxistischen Standpunkt natürlich nichts einzuwenden ist), kommt er zu folgender (mit Marx' Intentionen und Formulierungen allerdings offen in Widerspruch stehender)[191] Aussage: „Indem mit der beginnenden Neuzeit die Natur immer mehr zum Moment gesellschaftlicher Tätigkeiten herabgesetzt wird, wandern die Bestimmungen der Objektivität stufenweise ins Subjekt ein. Auf den Begriff gebracht wird diese Verlagerung des Schwergewichts innerhalb der Arbeitsbeziehung auf die Subjektseite in dem von Descartes bis zum deutschen Idealismus abstrakt-logisch verstandenen, bei Vico und Marx radikal geschichtlich gewendeten Grundsatz, erkennbar im strengen Sinne sei nur das von den Subjekten ‚Gemachte'."[192]

Wenn dies ernst genommen werden soll, so wären von vornherein weite Gebiete der Naturwissenschaften tendenziell zum Agnostizismus verurteilt. Die Frage nach der Erkenntnis von Gesetzen in Natur und Gesellschaft wird dabei außerdem, soweit sie nicht durch diese Konzeption und das Herangehen von Schmidt ohnehin umgangen wird, elegant beiseite geschoben. Naturgesetze seien dialektisch-

187 A. Schmidt, Zum Verhältnis von Geschichte und Natur im dialektischen Materialismus, in: Existentialismus und Marxismus, a. a. O., S. 128.

188 Kritik der Politischen Ökonomie heute, 100 Jahre Kapital, Hrsg.: A. Schmidt/W. Euchner, a. a. O., S. 52.

189 A. Schmidt, Der Begriff der Natur in der Lehre von Marx, a. a. O., S. 115.

190 Ebenda, S. 81.

191 Man vergleiche hierzu den Original-Text von Marx, auf den Schmidt hier offensichtlich, freilich ohne ihn direkt zu zitieren, sich berufen möchte!, in: K. Marx, Das Kapital, Erster Band, in: MEW, Bd. 23, Berlin 1973, S. 392f.

192 A. Schmidt, Der Begriff der Natur in der Lehre von Marx, a. a. O., S. 104.

materialistisch betrachtet nur als „soziale Probleme“ zu fassen, und soziale Gesetze werden in Subjektivität aufgelöst — bestenfalls läßt sich im Nachhinein etwas über sie aussagen —, letztlich sind sie, da die „Objektivität zunehmend ins Subjekt einwandert“, überhaupt nicht erkennbar, sondern eigentlich nur (im Sinne der von Schmidt avisierten „Selbstaufhebung des Marxschen Materialismus“) überwindbar. Und damit ist dann auch das kleine (philosophisch freilich „groß aufgemachte“) Stück Dialektik, welches Schmidt zunächst als objektiv-real gelten lassen möchte, zukünftig zumindest zum allmählichen Absterben verurteilt. Als einzig „unbestrittenes“ Gebiet bleibt der Dialektik dann — wie im Idealismus — der Bereich der Subjektivität und der Bereich des Denkens.

Es liegt auf der Hand, daß den Vertretern einer solchen Konzeption gerade der Standpunkt zuwider sein muß, bei dem in der zunehmenden Erkenntnis von objektiven Naturgesetzen und Gesellschaftsgesetzen eben eine zunehmende Erkenntnis der objektiv-realen Dialektik gesehen und in diesem Sinne auch darauf bestanden wird, dialektische Einsichten Hegels für die Erkenntnis von Natur und Gesellschaft fruchtbar zu machen. Und es liegt ebenso auf der Hand, daß bei dieser Konzeption von Schmidt gerade auch der Standpunkt korrekturbedürftig erscheinen muß, bei dem die objektive Realität selbst in ihrer Gesamtheit als dialektisch aufgefaßt wird.

Die dialektisch-materialistische Umkehrung der Hegelschen Dialektik im Marxismus — welcher gerade diesen Standpunkt bezieht und damit auf die Aufhebung des Proletariats abzielt und, historisch-konkret verbunden mit dem Prozeß dieser Aufhebung, praktisch und erkenntnistheoretisch-philosophisch neue reale Möglichkeiten im Sinne der menschlichen Veränderung der Welt erschließt — ist natürlich mit den Mitteln idealistisch konzipierter Dialektik weder zu leisten noch zu begreifen.

Es handelt sich bei der Schmidtschen Konzeption also letztlich keineswegs etwa um eine „verunglückte Marxinterpretation“, sondern es liegt hier eher ein unglücklicher Versuch vor, unter der Voraussetzung des negierten Marxismus erneut eine quasi-hegelianische Konstruktion der Dialektik zu begründen. Darin zeigen sich dabei allerdings bemerkenswerte Unterschiede zur Hegelschen Konstruktion.

Hegel hatte das Ende seiner Geschichtsdialektik schon für die Gegenwart seiner Gesellschaftsordnung konzipiert, wohingegen Schmidt, „selbstaufhebend-materialistisch“ getarnt, dies für die Zukunft behauptet.

Hegel war als bürgerlicher Denker mit seiner Dialektik-Konzeption der realen bürgerlichen Revolution in Gedanken ausgewichen, hatte dabei aber Gedankenmaterial entwickelt, welches materialistisch in sein Gegenteil gekehrt zur Entwicklung der revolutionären Theorie des Proletariats verwendet werden konnte.

Schmidt, der als bürgerlicher Denker der realen proletarischen Revolution ausweicht, ist an den Versuchen der Umkehrung und Zurückführung der revolutionären Theorie des Proletariats in das hegelianische Muster beteiligt — das Gedankenmaterial, welches er dabei erarbeitet, taugt vornehmlich für bestimmte, der Arbeiterbewegung feindliche, utopisch-illusionäre Bestrebungen voluntaristischer Gesellschaftsumwandlung und darüber hinaus für die unmittelbar antikommunistische Ideologie der imperialistischen Gesellschaftsordnung. Die letzten Endes nach hegelianischen Maßstäben erfolgende Marxinterpretation der „Frankfurter Schule“ wird als Gedankenkonstruktion — ganz entsprechend dem uralten Denkverfahren des Idealismus — zum Maßstab für die Beurteilung der Wirklichkeit.

Dabei verfällt die sozialistische Wirklichkeit der Kritik, und die Kritik der kapitalistischen Wirklichkeit verfällt, wie die Entwicklung der Frankfurter Schule zeigte, in Resignation. Innerhalb dieser Denkstruktur ist es selbstverständlich philosophisch folgerichtiger, die Wirklichkeit der Dialektik in Frage zu stellen, als sich der Untersuchung der dialektischen Wirklichkeit zuzuwenden.

Auswahlbibliographie

Kapitel I

1. I. A. Akčurin, Edinstvo estestvenno-naučnogo znanija, Moskva 1974
2. Filosofskaja bor'ba idej v sovremennom estestvoznanii, Moskva 1977
3. Dialektik des Geschichtsprozesses in der Epoche des Übergangs vom Kapitalismus zum Sozialismus, V. Philosophiekongreß der DDR, 21. bis 23. November 1979 in Berlin, Berlin 1980
4. Dialektik in der modernen Naturwissenschaft. Materialien der II. Allunionskonferenz zu philosophischen Fragen der Naturwissenschaft, Moskau 1970, Berlin 1973
5. Materialističeskaja dialektika i metody estestvennych nauk, Moskva 1968
6. F. Engels, Dialektik der Natur, in: Karl Marx/Friedrich Engels, Werke (im folgenden MEW), Bd. 20, Berlin 1973
7. F. Engels, Herrn Eugen Dührings Umwälzung der Wissenschaft („Anti-Dühring"), in: MEW, Bd. 20, Berlin 1973
8. J. Erpenbeck/H. Hörz, Philosophie contra Naturwissenschaft? Berlin 1977
9. Sovremennoe estestvoznanie i materialističeskaja dialektika, Moskva 1977
10. Weltanschauung und Methode, Hrsg.: A. Griese/H. Laitko, Berlin 1969
11. Naturforschung und Weltbild. Eine Einführung in philosophische Probleme der modernen Naturwissenschaften, Hrsg.: M. Guntau/H. Wendt, Berlin 1967
12. L. Geymonat, Grundlagen einer realistischen Theorie der Wissenschaft, Köln 1980
13. H. Hörz, Der dialektische Determinismus in Natur und Gesellschaft, Berlin 1974
14. H. Hörz, Marxistische Philosophie und Naturwissenschaften, Berlin 1976
15. H. Hörz, Zufall — Eine philosophische Untersuchung, Berlin 1980
16. H. Horstmann, Studien zur metaphysischen und dialektisch-materialistischen Denkweise, Berlin 1977
17. G. Klaus, Beiträge zu philosophischen Problemen der Einzelwissenschaften, Berlin 1978
18. W. I. Lenin, Materialismus und Empiriokritizismus, in: Werke, Bd. 14, Berlin 1964
19. Quo vadis Universum? Hrsg.: H. Ley/H. Hörz/R. Löther, Berlin 1965
20. Mikrokosmos — Makrokosmos, Hrsg.: H. Ley/R. Löther, Berlin 1967, (2 Bde.)
21. Der dialektische Materialismus und die moderne Wissenschaft, Prag 1978
22. Weltanschauliche und methodologische Probleme der materialistischen Dialektik, Berlin 1976
23. R. Mocek, Gedanken über die Wissenschaft, Berlin 1980
24. Prostranstvo, vremja, dviženie, Moskva 1971
25. Theorie und Labor, Hrsg.: H.-J. Sandkühler, Köln 1978
26. W. Segeth, Materialistische Dialektik als Methode, Berlin 1977

27. Sintez sovremennogo naučnogo znanija, Moskva 1973
28. Streitbarer Materialismus und gegenwärtige Naturwissenschaft, Berlin 1974
29. Struktur und Formen der Materie. Dialektischer Materialismus und moderne Naturwissenschaft, Berlin 1969
30. Struktur und Prozeß, Hrsg.: K.-F. Wessel, Berlin 1977

Kapitel II

1. H.-H. Borzeszkowski/R. Wahsner, Newton und Voltaire, Berlin 1980
2. M. Buhr, Vernunft — Mensch — Geschichte. Studien zur Entwicklungsgeschichte der klassischen bürgerlichen Philosophie, Berlin 1977
3. Ch. Darwin, Die Entstehung der Arten durch natürliche Zuchtwahl, Leipzig 1980
4. D. Diderot, Gedanken zur Interpretation der Natur — Philosophische Grundsätze über Materie und Bewegung, Leipzig 1976
5. P. S. Dyšlevyj/F. M. Kanak, Materialističeskaja filosofija i razvitie estestvoznanija, Kiev 1977
6. Zur Geschichte des wissenschaftlichen Denkens im Altertum, Hrsg.: F. Jürß, Berlin 1982
7. Geschichte der Dialektik, 14. bis 18. Jahrhundert, Berlin 1979
8. Geschichte der Dialektik. Die klassische deutsche Philosophie, Berlin 1980
9. Geschichte der marxistischen Dialektik. Von der Entstehung des Marxismus bis zur Leninschen Etappe, Berlin 1975
10. Geschichte der marxistischen Dialektik. Die Leninsche Etappe, Berlin 1976
11. Griechische Geschichte bis 146 v. u. Z., Berlin 1978
12. A. J. Gurjewitsch, Das Weltbild des mittelalterlichen Menschen, Dresden 1978
13. Naturphilosophie — von der Spekulation zur Wissenschaft, Hrsg.: H. Hörz/R. Löther/S. Wollgast, Berlin 1969
14. Friedrich Engels über die Dialektik der Naturwissenschaft, Hrsg.: W. M. Kedrow, Berlin 1979
15. G. Klaus, Philosophiehistorische Abhandlungen: Kopernikus — D'Alembert — Condillac — Kant, Berlin 1977
16. Kulturgeschichte der Antike, 2 Bde., Berlin 1976/1978
17. B. G. Kuznezow, Von Galilei bis Einstein. Entwicklung der physikalischen Ideen, Berlin 1970
18. Mechanika i civilizacija XVII—XIX vv, Moskva 1979
19. Natur — Kunst — Mythos. Beiträge zur Philosophie F. W. J. Schellings, Hrsg.: S. Dietzsch, Berlin 1978
20. Hegel und wir, Hrsg.: E. Lange, Berlin 1970
21. Zum Hegelverständnis unserer Zeit, Hrsg.: H. Ley, Berlin 1972
22. 100 Jahre „Anti-Dühring", Hrsg.: R. Kirchhoff/T. I. Oiserman, Berlin 1978
23. Zum Kantverständnis unserer Zeit, Hrsg.: H. Ley/P. Ruben/G. Stiehler, Berlin 1975
24. Revolution der Denkart oder Denkart der Revolution. Beiträge zur Philosophie Immanuel Kants, Hrsg.: M. Buhr/T. I. Oiserman, Berlin 1976
25. H. Seidel, Von Thales bis Platon, Berlin 1980
26. Veränderung und Entwicklung. Studien zur vormarxistischen Dialektik, Hrsg.: G. Stiehler, Berlin 1974

27. G. Strohmaier, Denker im Reich der Kalifen, Leipzig—Jena—Berlin 1979
28. H. Stubbe, Kurze Geschichte der Genetik bis zur Wiederentdeckung der Vererbungsregeln Georg Mendels, Jena 1963
29. R. Wahsner, Mensch und Kosmos. Die copernikanische Wende, Berlin 1978
30. S. Wollgast, Der deutsche Pantheismus im 16. Jahrhundert, Berlin 1972
31. H. Wußing, Vorlesungen zur Geschichte der Mathematik, Berlin 1979
32. W. Zimmermann, Evolution. Die Geschichte ihrer Probleme und Erkenntnisse, Freiburg—München 1953

Kapitel III

1. L. G. Antipenko, Problema fizičeskoj real'nosti, Moskva 1973
2. Astronomija — Metodologija — Mirovozrenie, Moskva 1979
3. V. S. Baraženkov, Problemy subatomnogo prostranstva i vremeni, Moskva 1979
4. V. V. Bažan/P. S. Dyšlevyj/V. S. Luk'janec, Dialektičeskij materializm i problema real'nosti v sovremennoj fizike, Kiev 1974
5. V. P. Branskij, Filosofskie osnovanija problemy sinteza reljativistskich i kvantovych prinzipov, Leningrad 1973
6. E. M. Čudinov, Teorija otnositel'nosti i filosofija, Moskva 1974
7. K. Ch. Celokarov, Relativitätstheorie und Materialismus. Philosophische Fragen der speziellen Relativitätstheorie in den sowjetischen Diskussionen der 20er und 30er Jahre, Berlin 1977
8. P. S. Dyšlevyj, Materialističeskaja dialektika i fizičeskij reljativizm, Kiev 1972
9. Ėjnštejn i filosofskie problemy fiziki XX veka, Moskva 1979
10. Filosofskie voprosy kvantovoj fiziki, Moskva 1970
11. Filosofskie problemy astronomii XX veka, Moskva 1976
12. Fizičeskaja nauka i filosofija, Moskva 1973
13. V. A. Fok, Kvantovaja fizika i stroenie materii, Leningrad 1975
14. F. Gehlhar, Kosmos und Entwicklung, in: Astronomie und Raumfahrt, 3—6/1980
15. W. L. Ginsburg, Über Physik und Astrophysik, Berlin 1977
16. V. S. Gott, Filosofskie voprosy sovremennoj fiziki, Moskva 1972
17. H. Hörz, Atome, Kausalität, Quantensprünge, Berlin 1964
18. H. Hörz, Werner Heisenberg und die Philosophie, Berlin 1968
19. H. Hörz, Materiestruktur. Dialektischer Materialismus und Elementarteilchenphysik, Berlin 1971
20. H. Hörz, Physik und Weltanschauung, Leipzig—Jena—Berlin 1975
21. H. Hörz/H.-D. Pöltz u. a., Philosophische Probleme der Physik, Berlin 1978
22. M. A. Markov, O prirode materii, Moskva 1976
23. Metodologičeskie prinzipy fiziki, Moskva 1975
24. Ju. B. Molčanov, Četyre koncepcii vremeni v filosofii i fizike, Moskva 1977
25. M. E. Omeljanovskij, Dialektika v sovremennoj fizike, Moskva 1973
26. A. P. Polikarov, Otnositel'nost' i kvanty, Moskva 1966
27. Princip dopolnitel'nosti i materialističeskaja dialektika, Moskva 1976
28. Princip simmetrii, Moskva 1978

29. Princip sootvetstvija, Moskva 1979
30. Relativitätstheorie und Weltanschauung, Berlin 1967
31. U. Röseberg, Determinismus und Physik, Berlin 1975
32. U. Röseberg, Quantenmechanik und Philosophie, Berlin 1978
33. R. Rompe/H.-J. Treder, Über Physik, Berlin 1978
34. R. Rompe/H.-J. Treder, Grundfragen der Physik, Berlin 1980
35. J. V. Sačkov, Wahrscheinlichkeit und Struktur, Berlin 1978
36. H.-J. Treder, Philosophische Probleme des physikalischen Raumes, Berlin 1977
37. A. Tursunov, Osnovanija kosmologija, Moskva 1979

Kapitel IV

1. Beiträge zur Genetik und Abstammungslehre, Hrsg.: H. Böhme/R. Hagemann/R. Löther, Berlin 1976
2. F. Čižek/D. Hodáňová, Evolution als Selbstregulation, Jena 1971
3. Diskretität und Stetigkeit von Lebensprozessen, Hrsg.: E. Geißler/J. H. Scharf/W. Scheler, Berlin 1977
4. K. Fuchs-Kittowski, Probleme des Determinismus und der Kybernetik in der molekularen Biologie, Jena 1976
5. Gesetz — Entwicklung — Information, Hrsg.: H. Hörz/Č. Nowiński, Berlin 1979
6. Humangenetik in der sozialistischen Gesellschaft, Hrsg.: H.-M. Dietl/H. Gahse/H.-G. Kranhold, Jena 1977
7. Information. Philosophisch-ethische Probleme der Biowissenschaften, Berlin 1976
8. R. S. Karpinskaja, Philosophie und Molekularbiologie, Berlin 1974
9. U. Körner, Probleme der Biogenese, Jena 1978
10. A. V. Konstantinov, Osnovy ėvoljucionnoj teorii, Minsk 1979
11. H. Ley, Über die Schwierigkeiten des Einzelwissenschaftlers, Berlin 1973
12. R. Löther, Die Beherrschung der Mannigfaltigkeit. Philosophische Grundlagen der Taxonomie, Jena 1972
13. R. Löther, Biologie und Weltanschauung, Leipzig—Jena—Berlin 1972
14. Philosophische und ethische Probleme der modernen Genetik, Hrsg.: E. Geißler/H. Ley, Berlin 1972
15. Philosophische und ethische Probleme der Molekularbiologie, Hrsg.: E. Geißler/A. Kosing/H. Ley/W. Scheler, Berlin 1974
16. W. Plesse, Philosophische Probleme der ontogenetischen Entwicklung, Jena 1967
17. A. Schmidt, Philosophische Studien zur Populationsgenetik, Jena 1970
18. W. F. Sershantow, Einführung in die Methodologie der modernen Biologie, Jena 1978
19. M. Schellhorn, Probleme der Struktur, Organisation und Evolution biologischer Systeme, Jena 1969
20. G. Tembrock/E. Geißler/W. Scheler, Philosophische und ethische Probleme der modernen Verhaltensforschung, Berlin 1978
21. E. Teumer, Philosophische Probleme der Wechselbeziehungen in der Biologie, Jena 1969
22. E. Thomas, Philosophisch-weltanschauliche Probleme der Molekularbiologie, Jena 1966

23. N. V. Timofeeff-Ressovsky/N. N. Voroncov/A. N. Jablokov, Kurzer Grundriß der Evolutionstheorie, Jena 1975
24. W. Voigt, Homologie und Typus in der Biologie. Weltanschaulich-philosophische und erkenntnistheoretische Probleme, Jena 1973
25. S. Wappler, Philosophische Studien zum Problemkreis Genetik und Evolution, Jena 1973

Kapitel V

1. L. B. Baženov, Stroenie i funkcii estestvennonaučnoj teorii, Moskva 1978
2. B. V. Birjukov, Kibernetika i metodologija nauki, Moskva 1974
3. I. I. Blechman/A. D. Myškis/J. G. Panovko, Prikladnaja matematika, Predmet, logika, osobennosti podchodov, Kiev 1976
4. E. M. Čudinov, Priroda naučnoj istiny, Moskva 1977
5. J. Erpenbeck, Psychologie und Erkenntnistheorie, Berlin 1980
6. Evrističeskaja i prognostičeskaja funkcii filosofii v formirovanii naučnych teorii, Leningrad 1976
7. Experiment — Modell — Theorie, Hrsg.: H. Hörz/M. E. Omel'janovskij, Berlin 1981
8. Fizičeskaj teorija, Moskva 1980
9. G. Klaus, Spezielle Erkenntnistheorie, Berlin 1965
10. G. Klaus, Kybernetik in philosophischer Sicht, Berlin 1971
11. P. L. Kapiza, Eksperiment — teorija — praktika, Moskva 1974
12. Kibernetika i dialektika, Hrsg.: A. D. Ursul, Moskva 1978
13. P. W. Kopnin, Dialektik, Logik, Erkenntnistheorie, Berlin 1970
14. Mathematische Modellierung von Lebensprozessen, Berlin 1972
15. Metodologičeskie problemy naučnogo poznanija, Novosibirsk 1977
16. K. E. Morozov, Matematičeskoe modelirovanie v naučnom poznanii, Moskva 1969
17. Natur und Erkenntnis, Hrsg.: H. Hörz/R. Löther, Berlin 1964
18. Nauka v social'nych, gnoseologičeskich i cennostnych aspektach, Moskva 1980
19. H. Parthey/D. Wahl, Die experimentelle Methode in Natur- und Gesellschaftswissenschaften, Berlin 1966
20. S. Paul, Objektive Gesetze, Berlin 1978
21. Problemy materialističeskoj dialektiki kak teorii poznanija, Moskva 1979
22. Evrističeskaja rol' matematiki v fizike i kosmologii, Leningrad 1975
23. A. Rényi, Dialoge über Mathematik, Berlin 1967
24. G. I. Ruzavin, Metody naučnogo issledovanija, Moskva 1974
25. G. I. Ruzavin, Naučnaja teorija. Logiko-metodologičeskij analiz, Moskva 1978
26. A. V. Slavin, Problema vozniknovenija novogo znanija, Moskva 1976
27. V. S. Stepin, Stanovlenie naučnoj teorii, Minsk 1976
28. V. A. Štoff, Modellierung und Philosophie, Berlin 1969
29. V. A. Štoff, Problemy metodologii naučnogo poznanija, Moskva 1978
30. G. Straaß, Modell und Erkenntnis, Jena 1971
31. A. I. Uemov, Logičeskie osnovy metoda modelirovanija, Moskva 1971
32. Wege des Erkennens, Hrsg.: H. Laitko/R. Bellmann, Berlin 1969
33. D. Wittich/K. Gößler/K. Wagner, Marxistisch-leninistische Erkenntnistheorie, Berlin 1978

Kapitel VI

1. K. Bayertz/J. Schleifstein, Mythologie der „kritischen Vernunft“, Köln 1977
2. W. R. Beyer, Die Sünden der Frankfurter Schule, Berlin 1971
3. M. Buhr/J. Schreiter, Erkenntnistheorie — kritischer Rationalismus — Reformismus. Zur jüngsten Metamorphose des Positivismus, Berlin 1979
4. Der dialektische Materialismus und seine Kritiker, Hrsg.: H. Hörz/A. I. Iljin, Berlin 1975
5. Die Frankfurter Schule im Lichte des Marxismus, Hrsg.: J. H. von Heiseler/R. Steigerwald/J. Schleifstein, Frankfurt a. M. 1970
6. A. Gedő/M. Buhr/V. Ruml, Die philosophische Aktualität des Leninismus, Berlin 1972
7. A. Gedő, Philosophie der Krise, Berlin 1978
8. H. Horstmann, Der Physikalismus als Modellfall positivistischer Denkweise, Berlin 1973
9. J. Kahl, Positivismus als Konservatismus, Köln 1976
10. M. A. Kissel', Sud'ba stranoj dilemmy. Racionalizm i empirizm v buržuaznoj filosofii XX. veka, Moskva 1974
11. N. G. Michaj, Naučnoe poznanie mira i neoracionalizm, Kišinev 1976
12. I. S. Narski, Positivismus in Vergangenheit und Gegenwart, Berlin 1967
13. Positivizm i nauka, Moskva 1975
14. V. Ruml, Der logische Positivismus, Berlin 1965
15. J. Schreiter, Zur Kritik der philosophischen Grundpositionen des Wiener Kreises, Berlin 1977
16. W. M. Skcoj, Materie, Gesellschaft und Praxis in der Philosophie Alfred Schmidts, Frankfurt a. M. 1977
17. R. Steigerwald, Herbert Marcuses „dritter Weg“, Berlin 1969
18. R. Steigerwald, Bürgerliche Philosophie und Revisionismus im imperialistischen Deutschland, Berlin 1980
19. K.-F. Wessel, Kritischer Realismus und dialektischer Materialismus, Berlin 1971
20. V. von Wroblewsky, Jean-Paul Sartre: Theorie und Praxis eines Engagements, Berlin 1977

Sachregister

Personenregister

FSC
www.fsc.org
MIX
Papier | Fördert gute Waldnutzung
FSC® C083411

Kolibri 360 GmbH
Ferdinand-Jühlke-Straße 7
99095 Erfurt, Deutschland
produktsicherheit@kolibri360.de